Technikzukünfte, Wissenschaft und Gesellschaft / Futures of Technology, Science and Society

Reihe herausgegeben von
A. Grunwald, Karlsruhe, Deutschland
R. Heil, Karlsruhe, Deutschland
C. Coenen, Karlsruhe, Deutschland

Diese interdisziplinäre Buchreihe ist Technikzukünften in ihren wissenschaftlichen und gesellschaftlichen Kontexten gewidmet. Der Plural „Zukünfte" ist dabei Programm. Denn erstens wird ein breites Spektrum wissenschaftlich-technischer Entwicklungen beleuchtet, und zweitens sind Debatten zu Technowissenschaften wie u.a. den Bio-, Informations-, Nano- und Neurotechnologien oder der Robotik durch eine Vielzahl von Perspektiven und Interessen bestimmt. Diese Zukünfte beeinflussen einerseits den Verlauf des Fortschritts, seine Ergebnisse und Folgen, z.B. durch Ausgestaltung der wissenschaftlichen Agenda. Andererseits sind wissenschaftlich-technische Neuerungen Anlass, neue Zukünfte mit anderen gesellschaftlichen Implikationen auszudenken. Diese Wechselseitigkeit reflektierend, befasst sich die Reihe vorrangig mit der sozialen und kulturellen Prägung von Naturwissenschaft und Technik, der verantwortlichen Gestaltung ihrer Ergebnisse in der Gesellschaft sowie mit den Auswirkungen auf unsere Bilder vom Menschen

This interdisciplinary series of books is devoted to technology futures in their scientific and societal contexts. The use of the plural "futures" is by no means accidental: firstly, light is to be shed on a broad spectrum of developments in science and technology; secondly, debates on technoscientific fields such as biotechnology, information technology, nanotechnology, neurotechnology and robotics are influenced by a multitude of viewpoints and interests. On the one hand, these futures have an impact on the way advances are made, as well as on their results and consequences, for example by shaping the scientific agenda. On the other hand, scientific and technological innovations offer an opportunity to conceive of new futures with different implications for society. Reflecting this reciprocity, the series concentrates primarily on the way in which science and technology are influenced social and culturally, on how their results can be shaped in a responsible manner in society, and on the way they affect our images of humankind.

Weitere Bände in der Reihe http://www.springer.com/series/13596

Barbara Kolany-Raiser · Reinhard Heil
Carsten Orwat · Thomas Hoeren
(Hrsg.)

Big Data und Gesellschaft

Eine multidisziplinäre Annäherung

Herausgeber
Barbara Kolany-Raiser
Universität Münster
Münster, Deutschland

Carsten Orwat
Karlsruher Institut für Technologie
Karlsruhe, Deutschland

Reinhard Heil
Karlsruher Institut für Technologie
Karlsruhe, Deutschland

Thomas Hoeren
Universität Münster
Münster, Deutschland

ISSN 2524-3764   ISSN 2524-3772 (electronic)
Technikzukünfte, Wissenschaft und Gesellschaft / Futures of Technology, Science and Society
ISBN 978-3-658-21664-1   ISBN 978-3-658-21665-8 (eBook)
https://doi.org/10.1007/978-3-658-21665-8

Die Deutsche Nationalbibliothek verzeichnet diese Publikation in der Deutschen Nationalbibliografie; detaillierte bibliografische Daten sind im Internet über http://dnb.d-nb.de abrufbar.

Springer VS
© Springer Fachmedien Wiesbaden GmbH, ein Teil von Springer Nature 2018
Das Werk einschließlich aller seiner Teile ist urheberrechtlich geschützt. Jede Verwertung, die nicht ausdrücklich vom Urheberrechtsgesetz zugelassen ist, bedarf der vorherigen Zustimmung des Verlags. Das gilt insbesondere für Vervielfältigungen, Bearbeitungen, Übersetzungen, Mikroverfilmungen und die Einspeicherung und Verarbeitung in elektronischen Systemen.
Die Wiedergabe von Gebrauchsnamen, Handelsnamen, Warenbezeichnungen usw. in diesem Werk berechtigt auch ohne besondere Kennzeichnung nicht zu der Annahme, dass solche Namen im Sinne der Warenzeichen- und Markenschutz-Gesetzgebung als frei zu betrachten wären und daher von jedermann benutzt werden dürften.
Der Verlag, die Autoren und die Herausgeber gehen davon aus, dass die Angaben und Informationen in diesem Werk zum Zeitpunkt der Veröffentlichung vollständig und korrekt sind. Weder der Verlag noch die Autoren oder die Herausgeber übernehmen, ausdrücklich oder implizit, Gewähr für den Inhalt des Werkes, etwaige Fehler oder Äußerungen. Der Verlag bleibt im Hinblick auf geografische Zuordnungen und Gebietsbezeichnungen in veröffentlichten Karten und Institutionsadressen neutral.

Verantwortlich im Verlag: Frank Schindler

Gedruckt auf säurefreiem und chlorfrei gebleichtem Papier

Springer VS ist ein Imprint der eingetragenen Gesellschaft Springer Fachmedien Wiesbaden GmbH und ist ein Teil von Springer Nature
Die Anschrift der Gesellschaft ist: Abraham-Lincoln-Str. 46, 65189 Wiesbaden, Germany

Inhalt

Einleitung XVII
Zusammenfassung XXI

1 Ethische und anthropologische Aspekte der Anwendung von Big-Data-Technologien 1
Klaus Wiegerling, Michael Nerurkar und Christian Wadephul

1.1 Einleitung (*Klaus Wiegerling*) 2
    1.1.1 Big Data in Philosophie, Ethik und Technikfolgenabschätzung 2
    1.1.2 Was ist Big Data? 6
    1.1.3 Rechtlicher und ethischer Diskurs 8
    1.1.4 Ethische Grundfragen 9
        Privatheit, Persönlichkeitsschutz und Autonomie 11
        Angewandte Ethik als Ermöglichungsethik 12
    1.1.5 Wissenschaftstheorethische und technikphilosophische Grundprobleme 13
        Vernachlässigbarkeit der Datenqualität 13
        Datenkorrelation vor Ursachenforschung 13
        Datafizierung – Artikulation und Desartikulation 14
        Ähnlichkeit als kulturelle Zuschreibung 15
        Unterbietung der Wissens- und Informationsgesellschaft durch die Datengesellschaft 16
1.2 Big Data in der Wissenschaft (*Christian Wadephul*) 17
    1.2.1 Big Data als Herausforderung für die Wissenschaft 17
    1.2.2 Big-Data-Analysen (BDA) als abduktiv-exploratives Forschungsinstrument? 18
        Abduktion in Erkenntnis- und Wissenschaftstheorie 20

	Abduktive Wende in der KI-Forschung?	21
	Big-Data-Analysen als abduktiv-exploratives Forschungsinstrument in den Wissenschaften?	23
1.2.3	Prekarisierung von Wissenschaft durch fehlende Kontrolle und Überprüfbarkeit von BDA?	25
	Unterschätzung der Interpretation bei gleichzeitiger Erwartung einer Angemessenheit von BDA-Ergebnissen	26
	Ethisch-normative Grundfragen durch Big Data in der Wissenschaft	28
1.3	Big Data im Gesundheitswesen *(Klaus Wiegerling)*	32
1.3.1	Allgemeine Fragestellungen	32
	Wie stellt sich die Nutzung von Big-Data-Technologien im Anwendungsfeld dar?	32
	Nach welchen Kriterien erfolgt die Mustererkennung im Datenstrom?	36
	Nach welchen Kriterien erfolgen automatisierte Aktionen des Systems?	37
1.3.2	Ethische Implikationen	39
	Persönlichkeitsschutz	39
	Entmündigung vs. Ermächtigung	40
	Intransparenz	42
	Machtverschiebungen	43
	Optimierung des Bestehenden vor kritischer Beurteilung	44
1.3.3	Zusammenfassung und Anlegung an die metaethischen und ethischen Leitfragen	44
	Auswirkungen auf die metaethischen Bedingungen des ethischen Diskurses	44
	Auswirkungen auf ethische Leitwerte	46
1.4	Big Data in der Finanzwirtschaft *(Michael Nerurkar)*	47
1.4.1	IuK-Technologien in den Märkten	47
1.4.2	IuK-Technologien: Anwendungen und ethische Fragen	49
1.4.3	Hochfrequenzhandel/High Frequency Trading (HFT)	51
1.4.4	Vernetzte Globalwirtschaft	57
1.5	Fazit	58
1.5.1	Auswirkung des Einsatzes von Big-Data-Technologien auf unser Selbst-, Welt- und Gesellschaftsverständnis	58
1.5.2	Wechselwirkung von Erkenntnis – Anerkennung	60
1.5.3	Identifizierung ethischer Probleme	61
Literatur		63

2 Big Data in soziologischer Perspektive 69
Johannes Weyer, Marc Delisle, Karolin Kappler, Marcel Kiehl,
Christina Merz und Jan-Felix Schrape

2.1 Einleitung: Big Data in soziologischer Perspektive (*Marc Delisle, Johannes Weyer und Jan-Felix Schrape*) 69
    2.1.1 Begriffsbestimmung 70
        Neuartige Formen der Datenerhebung 71
        Neuartige Analyseverfahren 72
        Neue Herausforderungen für die Gesellschaft 72
    2.1.2 Big-Data-Taxonomien 72
    2.1.3 Das Big-Data-Prozessmodell 74
    2.1.4 Utopien und Dystopien um Massendaten und Datenmassen seit den 1960er-Jahren 76
        Marshall McLuhans „Global Village" (1960er Jahre) 76
        „Assault on Privacy" und „Mythos der Maschine" (1970er Jahre) 77
        Bildschirmtext und Kabelfernsehen (1980er Jahre) 78
        Das frühe World Wide Web: Demokratisierung, Pluralisierung, Emanzipation (ab 1993) 79
        Web 2.0: „Data is the Next Intel Inside" (ab 2005) 80
        Der Aufstieg des Prosumenten 81
        Das Ende der Massenmedien 81
        Demokratisierung gesellschaftlicher Entscheidungsprozesse 82
        Kritische Stimmen 82
        Big Data im öffentlichen Diskurs (seit 2010) 82
2.2 Datengenerierung (*Marc Delisle und Johannes Weyer*) 84
    2.2.1 Einleitung 84
        Daten in der Vormoderne 84
        Daten im Zeitalter von smarter Technik und Big Data 84
        Treiber der Entwicklungen 85
    2.2.2 Datenquellen 86
        Smart Factory (Industrie 4.0) 87
        Smart Mobility, Smart Car 87
        Smart Home, Smart Meter, Smart Grids 88
        Smartphone 88
        Soziale Netzwerkplattformen 88
        Wearables 89
        Online-Shopping 89

	Zwischenfazit 89

- 2.2.3 Datentypen 90
  - Inhalts-, Nutzer- und Nutzungsdaten 90
  - Verhaltens- und Kontextdaten 91
  - Metadaten 91
- 2.2.4 Fallbeispiel Selbstvermessung 92
  - Gesundheitsmonitoring 92
  - Motivationen der Selbstvermesser 93
  - Selbstthematisierung und Sinnstiftung durch Technik 94
  - Optimierung 95
  - Emanzipation und Autonomisierung 95
  - Befolgung neuer sozialer Normen 95
  - Gamification 96
  - Risiken der Selbstvermessung 96
  - Konkurrenzkampf 96
  - Normierung des Alltagslebens 97
- 2.2.5 Daten-Weitergabe an Dritte 98
  - Weitergabe an die Community der Peers 99
  - Weitergabe an Datenverarbeitende 99
  - Datenschutzrechtliche Problematiken 100
  - Legitimations-Strategien 100
- 2.2.6 Fazit 101
- 2.3 Datenverarbeitung (*Johannes Weyer und Marcel Kiehl*) 102
  - 2.3.1 Einleitung 102
  - 2.3.2 Anwendungsfelder 102
  - 2.3.3 Datenqualität und -reliabilität 105
    - Datenqualität 105
    - Verkehrsdatenanalyse 105
    - Datenreliabilität 106
  - 2.3.4 Strategien der Datenverarbeitung 107
    - Lagebilder und Trends 107
    - Prognosen 108
    - Mustererkennung 109
    - Profilbildung 110
    - Anomalie-Erkennung 111
    - Zwischenfazit 112
  - 2.3.5 Traditionelle Verfahren der Datenverarbeitung 112
    - Konventionelle Statistik 112
    - Netzwerkanalyse 113

	2.3.6	Neuartige Verfahren der Datenverarbeitung 113
		Datenverarbeitung in Echtzeit 113
		Data Mining und Machine Learning 114
	2.3.7	Soziologie und Big Data 116
	2.3.8	Fazit 117
2.4	Steuerung komplexer Systeme (*Johannes Weyer und Christina Merz*) 117	
	2.4.1	Steuerung individuellen Verhaltens 118
	2.4.2	Echtzeit-Steuerung komplexer Systeme 119
		Verkehrssteuerung 120
		Smart Grids 121
		Smart Governance 122
	2.4.3	Predictive Policing 123
		Einführung 123
		Grundlagen des Predictive Policing 123
		Ein unscharfes Konzept 124
		Von der Vision des „Vor-der-Lage-Seins" zum „In-der-Lage-Sein" 125
		Kritik des Predictive Policing-Konzepts 126
		Abschließende Bemerkungen 127
	2.4.4	Macht und Ungleichheit 127
		Ressourcenbasierte Machttheorien 128
		Relationale Machttheorien 128
		Asymmetrischer Tausch 129
		Prozesse der Machtbildung 129
		Fazit 131
	2.4.5	Politische Regulierung von Big Data 131
2.5	Vertrauen als Bedingung von Big Data (*Marc Delisle und Marcel Kiehl*) 133	
	2.5.1	Vertrauen in Datenverarbeiter 134
	2.5.2	Vertrauen in Nutzerinnen und Nutzer 135
	2.5.3	Vertrauen in Algorithmen 135
	2.5.4	Vertrauen in Empfehlungen 136
	2.5.5	Vertrauen in den institutionellen Rahmen 136
2.6	Fazit 137	
Literatur 138		

3 Dimensionen von Big Data: Eine politikwissenschaftliche Systematisierung ... 151
Lena Ulbricht, Sebastian Haunss, Jeanette Hofmann, Ulrike Klinger, Jan-Hendrik Passoth, Christian Pentzold, Ingrid Schneider, Holger Straßheim und Jan-Peter Voß

- 3.1 Einleitung ... 151
- 3.2 Big Data als epistemische Innovation? Kulturell-kognitiv hergestellte Erwartungen durch Big Data *(Jan-Peter Voß)* ... 155
  - 3.2.1 Epistemische Performativität: „Enacting Big Data Realities" ... 157
    - Selektivität der Rohdaten ... 157
    - Mangelnde Zurechenbarkeit von Handlung ... 158
    - Spekulative Statistik ... 158
  - 3.2.2 Politische Performativität: Big-Data-gestützte Repräsentation kollektiver Interessen ... 160
    - Performative politische Repräsentation ... 160
    - Vielfältige und verteilte Repräsentationsformen ... 160
    - Big Data als neue politische Repräsentations-Technologie ... 161
- 3.3 Big Data im Wahlkampf: Wählerinnen- und Wählermodellierung, Micro-Targeting und Repräsentationsansprüche *(Jeanette Hofmann)* ... 163
  - 3.3.1 Repräsentation als ein interaktiver Schaffensprozess ... 164
  - 3.3.2 Wählermodelle: Objektivierung auf Widerruf ... 165
  - 3.3.3 Big Data für die Beeinflussung des Wählerinnen- und Wählerverhaltens ... 166
  - 3.3.4 Big Data für die Herstellung von Repräsentation ... 167
- 3.4 Normativ hergestellte Erwartungen durch Big Data. Normierung, Normalisierung und Nudging *(Jan-Hendrik Passoth und Holger Straßheim)* ... 169
  - 3.4.1 Normierung durch Big Data ... 169
    - Vervielfältigung ... 171
    - Personalisierung und Granularisierung ... 172
    - Zyklische Neuberechnung ... 172
  - 3.4.2 Normierung und Verhaltenssteuerung ... 173
    - Big Data und Nudging ... 173
    - Staatliches „Big Nudging" ... 175
    - Grenzen der Steuerbarkeit ... 176

Inhalt

3.5 Wenn Big Data Regeln setzt. Regulativ hergestellte Erwartungen durch Big Data (*Lena Ulbricht und Sebastian Haunss*) 178
    3.5.1 Big Data und Regulierung: eine Systematisierung 178
        Forschungsstand über Big Data und Algorithmic Regulation 178
        Versuch einer Systematisierung 180
    3.5.2 Fallbeispiele zu Regulierung durch Big Data 182
        Fluggastdaten (PNR) 182
        Routinedaten für Gesundheitsforschung 186
    3.5.3 Fazit und Ausblick 188
3.6 Kulturell-kognitiv hergestellte Erwartungen an Big Data (*Ulrike Klinger und Christian Pentzold*) 189
    3.6.1 Was erwarten wir, wenn wir von Big Data reden? 189
    3.6.2 (Wie) verändert Big Data Politik? 192
        Big Data als Akteurin bzw. Akteur? 192
        Big Data und politische Prozesse 194
        Big Data und politische Strukturen 196
    3.6.3 Ausblick 197
3.7 Ist Big Data fair? Normativ hergestellte Erwartungen an Big Data (*Ingrid Schneider und Lena Ulbricht*) 198
    3.7.1 Forschungsstand und Bedarfe 199
    3.7.2 Differenzierung oder Diskriminierung? 201
    3.7.3 Diskriminierung aufgrund der Dateneingabe und -aufbereitung 202
    3.7.4 Diskriminierung durch algorithmisch basierte Entscheidungssysteme 204
    3.7.5 Ethische Prinzipien und Regulierung 205
3.8 Regulativ hergestellte Erwartungen an Big Data: Regulierung von Big Data als Deutungskonflikt? (*Lena Ulbricht*) 207
    3.8.1 Big Data stellt Regulierung infrage: ein Deutungskampf 208
    3.8.2 Große Vielfalt der Regulierungsansätze 211
    3.8.3 Möglichkeiten der Wettbewerbsregulierung 212
    3.8.4 Fazit und Fragen für politikwissenschaftliche Forschung ... 215
3.9 Fazit und Ausblick 217
Literatur 219

4 Big Data – Eine informationsrechtliche Annäherung 233
Benjamin Schütze, Stefanie Hänold und Nikolaus Forgó
4.1 Vorwort 234
4.2 Einleitung und Gang der Untersuchung 234
4.3 Big-Data-Begriff 237
 4.3.1 Definition 237
 4.3.2 Folge der Begriffsdefinition für die juristische
   Begutachtung 238
4.4 Ausschließlichkeitsrechte an Daten 239
 4.4.1 Einführung 239
 4.4.2 Sacheigentum 240
   Anwendung des § 903 BGB 240
   Daten als Rechtsfrüchte gem. § 99 Abs. 2 BGB 241
   Dateneigentum und § 303a StGB, § 903 BGB analog 241
   Sonstiges Recht i. S. d. § 823 Abs. 1 BGB 242
 4.4.3 Immaterialgüterrechte 243
   Urheberrechtsschutz / Datenbankwerk 243
   Verwandte Schutzrechte 244
 4.4.4 Geschäfts- und Betriebsgeheimnisse, Ansprüche
   aus Wettbewerbsverstößen 244
 4.4.5 Eigentum an personenbezogenen Daten 246
 4.4.6 Abhilfe durch vertragliche Regelungen 247
 4.4.7 Schutzdefizit für Maschinendaten 247
 4.4.8 Schutzdefizit für Daten juristischer Personen 248
 4.4.9 Einführung eines Leistungsschutzrechts an Daten? 248
4.5 Datenschutz 249
 4.5.1 Gesetzlicher Rahmen (Datenschutzrichtlinie, BDSG
   und landesrechtliche Datenschutzvorschriften,
   bereichsspezifische Gesetze,
   Datenschutzgrundverordnung) 250
 4.5.2 Sachlich-persönlicher Anwendungsbereich 252
   Absoluter oder relativer Personenbezug 252
   Was sieht die Datenschutzgrundverordnung vor? 253
   Einfluss von Big Data auf die Frage des Personenbezugs
   von Daten? 253
 4.5.3 Vereinbarkeit von Big Data mit datenschutzrechtlichen
   Prinzipien 254
   Verbot mit Erlaubnisvorbehalt 254

Inhalt XIII

		Prinzip der Zweckbegrenzung und Zweckbindung 255
		Grundsatz der Erheblichkeit und Grundsatz der Datensparsamkeit 257
		Sachliche Richtigkeit, Datenaktualität 258
		Aufbewahrungsdauer, Löschungspflichten 259
	4.5.4	Einwilligung 259
	4.5.5	Scoring und das Verbot der automatisierten Einzelentscheidung 261
	4.5.6	Rechte der Betroffenen 263
	4.5.7	Datensicherheit und Privacy by Design and by Default 264
	4.5.8	Datenschutzgrundverordnung – Neuerungen für Big Data 266
4.6	Rechtsgeschäftslehre und Big Data in der M2M-Kommunikation 267	
	4.6.1	Neue Transaktionsszenarien 268
	4.6.2	Rechtsgeschäftliche Prinzipien und Gesetzliche Vorgaben 270
		Eigene Willenserklärung 270
		Stellvertretung und Botenschaft 271
		Lösung nach allgemeinen Grundsätzen 272
	4.6.3	Zivilrechtliche Haftung in einem Big Data-Szenario: Mängelgewährleistung und Mangelschaden 274
		Anwendbare Vertragstypen 274
		Datenmangel oder Mangel des Algorithmus 279
		Mängelgewährleistung und Mangelfolgeschaden 286
4.7	Wettbewerbs- und Kartellrecht 287	
	4.7.1	Fusionskontrolle 289
		Fusionskontrollrechtliche Aufgreifschwelle 290
		Prüfungsmaßstab 291
	4.7.2	Marktmachtmissbrauch 292
		Relevanter Markt 292
		Marktmacht 293
	4.7.3	Behinderungsmissbrauch 297
	4.7.4	Preisdiskriminierung 298
4.8	Fazit 299	
Literatur 302		

5 Big Data aus ökonomischer Sicht: Potenziale und Handlungsbedarf 309
Arnold Picot (†), Yvonne Berchtold und Rahild Neuburger

- 5.1 Einleitung 310
- 5.2 Konzeption und Schwerpunkte der Studie 312
- 5.3 Problemorientierte Begriffsabgrenzung – Big Data aus ökonomischer Perspektive 314
  - 5.3.1 Entwicklungen zur Datenökonomie 314
  - 5.3.2 Definition von Big Data 316
  - 5.3.3 Kritische Betrachtung aus ökonomischer Perspektive 318
  - 5.3.4 Big Data – Ein neues Erfolgsrezept? 319
- 5.4 Big-Data-Wertschöpfung 322
  - 5.4.1 Das ökonomische Potenzial von Big Data 322
  - 5.4.2 Elemente der Big-Data-Wertschöpfung 323
  - 5.4.3 Die Big-Data-Wertschöpfung in der Praxis 329
- 5.5 Big-Data-as-a-Business 332
  - 5.5.1 Der Einfluss von Big Data auf bestehende und neue Geschäftsmodelle – Ein Überblick zu datengetriebenen Geschäftsmodellen 333
  - 5.5.2 Big Data nimmt Einzug in die Industrien: Viele Daten – große Chancen, aber auch Herausforderungen 337
  - 5.5.3 Implikationen für den Mittelstand 341
  - 5.5.4 Plattformen und Datenmärkte der neuen Datenwelt 343
- 5.6 Das Unternehmen im Zeitalter von Data Analytics 349
  - 5.6.1 Big Data Analytics 349
  - 5.6.2 Predictive Analytics – Datengestützte Prognosen mit Big Data 352
  - 5.6.3 Echtzeit-Ökonomie 356
  - 5.6.3 Transformation und Wandel durch Big Data: Neue Anforderungen an Strategie, Führung und Mitarbeiter 359
    - Strategie, Führung und datenbasierte Entscheidungen 360
    - Neue Anforderungen an Mitarbeiter 363
    - Datengetriebene Kooperationen 367
    - Kultureller Wandel 367
- 5.7 Wettbewerb und Regulierung 371
  - 5.7.1 Maßgeschneiderte Produkte und Preisdifferenzierung – Eine kritische Betrachtung 372

	5.7.2 Der Big-Data-Markt: Zwischen Monopolisierung und Regulierung	375
5.8	Big Data & die Gesellschaft: Ein ökonomischer Blickwinkel	381
	5.8.1 Datenschutzrichtlinien und die ökonomischen Implikationen	383
	5.8.2 Gesellschaftliche Implikationen – Zwischen Chancen und Risiken	388
5.9	Übergreifende Betrachtungen	392
	5.9.1 Wem gehören die Daten? Die Frage nach dem Eigentum	392
	5.9.2 Der Wert von Daten	395
Literatur		399

Verzeichnis der Abbildung und Tabellen	417
Autorenverzeichnis	419
Glossar	423

Einleitung

Barbara Kolany-Raiser, Reinhard Heil, Carsten Orwat und Thomas Hoeren

„Big Data is like teenage sex: everyone talks about it, nobody really knows how to do it, everyone thinks everyone else is doing it, so everyone claims they are doing it."
Dan Ariely

Big Data ist kein genau definiertes Konzept; es lässt sich keine Bestimmung aufweisen, die von allen Akteurinnen und Akteuren geteilt wird. Ebenso wenig gibt es allgemeingültige Abgrenzungskriterien. Aus einem technischen Blickwinkel könnte man sich dem Begriff anhand der Drei-V-Definition annähern, wonach „Volume", „Variety" und „Velocity" für die Begriffsbestimmung entscheidend sind. Man könnte Big Data auch als Marketingkonzept verstehen, gerade in einer Zeit, in der aufgrund der Vielzahl an Informationen und Eindrücken, die auf den Einzelnen wirken, Schlagwörter mitunter wichtiger sind als die dahinter steckenden Inhalte. Teilweise wird der Begriff auch als eine schlichte Neubenennung von Altbekanntem abgetan oder aber auch als Bezeichnung für eine utopische oder dystopische Zukunft. Jeder dieser Ansätze hat etwas für und etwas gegen sich; die Gemeinsamkeit liegt darin, dass keiner tauglich ist, das Phänomen Big Data erschöpfend zu bestimmen. Was unter den Begriff Big Data zu fassen ist und was nicht, hängt stets von der Position der oder des Betrachtenden ab.

Ein wesentlicher Faktor für das rasante Wachstum von Datenmengen ist die fortschreitende Digitalisierung und Vernetzung, die mit der Jahrtausendwende in vielen Industrie- und Schwellenländern an Geschwindigkeit gewonnen hat. Es gibt heute kaum einen Lebensbereich, in dem die Digitalisierung und die Vernetzung – auf direkte oder indirekte Art und Weise – noch nicht Einzug gehalten haben. Deutlich wird dies bei einem Blick auf die Zahl der Internetnutzerinnen und -nutzer und auf das damit einhergehende gesteigerte Datenaufkommen. Betrug der Anteil der Internetnutzerinnen und -nutzer an der Weltbevölkerung im Jahr 1995 noch

0,8 %, so wurde im Jahr 2002 die 10 %-Marke überschritten. Im Jahr 2015 lag der Wert bei 43,4 %; Tendenz: weiter steigend.[1]

Bei den erfassten Daten handelt es sich zum einen um solche, die wissentlich von den Nutzerinnen und Nutzern zur Verfügung gestellt werden (Webseiteninhalte, Postings in sozialen Netzwerken, usw.) und zum anderen um Metadaten (beispielsweise Ortsdaten, IP-Adressen, Betriebssystem und Browsertyp, besuchte Webseiten und Klickverhalten). Des Weiteren wird das Internet of Things, welches die Vernetzung von Haushalts- und Freizeitgeräten, Immobilien, Fahrzeugen oder auch Kleidungsstücken umfasst, immer stärker genutzt, wodurch die Zahl an vernetzten Geräten steigt und mit ihr ebenso das generelle Datenaufkommen. Die Schnittstelle zwischen vernetzten Geräten und dem Internet ist häufig das Smartphone. Einer Bitkom-Umfrage[2] aus dem Jahr 2016 zufolge besitzen mittlerweile etwa 78 % aller Bundesbürger im Alter von 14 oder mehr Jahren ein Smartphone. Häufig sammeln diese Geräte eine große Menge an personenbezogenen oder personenbeziehbaren Daten und leiten sie an unterschiedliche Unternehmen zur Auswertung weiter, ohne dass es von den Nutzerinnen und Nutzern bemerkt wird. Neben den bereits genannten Metadaten können im Rahmen der Nutzung all dieser digitalen Geräte detaillierte Bewegungsdaten und oftmals auch Körper- bzw. Gesundheitsdaten erfasst werden. Dieser Blick auf den Status quo zeigt, dass mittlerweile ständig im alltäglichen Leben Daten produziert, erfasst, gespeichert, verarbeitet und weitergeleitet werden. Diese Prozesse erfolgen dabei zumeist im Hintergrund, ohne dass den Betroffenen die Möglichkeit zur Wahrnehmung offensteht.

In den Debatten über die Auswirkungen neuer Technologien lassen sich zwei Hauptargumentationslinien unterscheiden. Kritische Stimmen argumentieren häufig, dass mit dem Einsatz neuer Techniken völlig neue gesellschaftliche Herausforderungen verbunden seien. Für einen verantwortungsvollen Einsatz müssten somit zunächst die gesellschaftspolitischen Chancen und Risiken untersucht werden, bevor die Technik unter Berücksichtigung der Erkenntnisse eingesetzt werden darf. Dagegen wird angeführt, dass es sich zwar – den technischen Aspekt betreffend – um eine disruptive Innovation handele. Dies sei jedoch, im zeitgeschichtlichen Kontext gesehen, lediglich eine Fortschreibung einer schon lange bestehenden Entwicklung, mit der die Gesellschaft bisher gut zurechtgekommen sei.

---

1   Internet Live Stats. (n. d.). Anteil der Internetnutzer an der Weltbevölkerung in den Jahren 1993 bis 2015 sowie eine Prognose für 2016. In Statista – Das Statistik-Portal. Zugriff am 21. Juni 2017, von https://de.statista.com/statistik/daten/studie/172508/umfrage/internetnutzung-weltweit-zeitreihe/.

2   https://www.bitkom.org/Presse/Presseinformation/Mobile-Steuerungszentrale-fuer-das-Internet-of-Things.html

Es stimmt zwar, dass Big Data einerseits nur eine Fortsetzung der Entwicklungen bei Konzepten und Methoden der automatisierten Datenverarbeitung ist; andererseits stellen die nun zur Verfügung stehenden umfassenden Möglichkeiten, sehr große Datenmengen aus unterschiedlichsten Lebens- und Anwendungsbereichen zusammenzuführen und automatisiert auszuwerten, nicht nur eine quantitative Veränderung dar, sondern erreichen auch qualitativ eine neue Ebene. Hiermit verbunden ist eine Vielzahl an möglichen Einsatzbereichen. Es ist möglich, neue Erkenntnis- und Auswertungsmethoden zu schaffen, wovon gerade die Wissenschaft, der Medizinbereich sowie das produzierende Gewerbe profitieren würden. Dem Einzelnen könnten durch Big-Data-Anwendungen dergestalt Vorteile entstehen, dass neue Produkte oder Dienstleistungen angeboten werden. Daneben könnte es zu erheblichen Kosteneinsparungen kommen, an denen womöglich auch die Verbraucherinnen und Verbraucher partizipieren würden. Bei all dem Streben nach Innovation sollte jedoch der Staat, das Unternehmen sowie jede und jeder Einzelne, bei dem Einsatz von Big-Data-Anwendungen die Vor- und Nachteile gegeneinander abwägen. Dies gilt mit Blick darauf, dass durch die Abgabe von Daten zwar nicht unmittelbar eine Zahlung in Geld geleistet wird, es jedoch mittelbar zu ökonomischen Nachteilen für den Nutzer kommen kann. Daneben sind gerade im Zusammenhang mit personenbezogenen Daten stets die Grundrechte der Betroffenen zu berücksichtigen, explizit das Grundrecht auf informationelle Selbstbestimmung aus Art. 2 Abs. 1 GG i. V. m. Art. 1 Abs. 1 GG. Beispielsweise kann man angesichts der rasant anwachsenden Mengen personenbeziehbarer Daten und den nun zur Verfügung stehenden Konzepten und Methoden, diese zu umfassenden, detaillierten und ständig weiter entwickelten Personenprofilen zu verarbeiten, festhalten, dass wir uns auf dem Weg zum „digitalen Double" befinden, das seinen ersten Atemzug bereits lange vor der Geburt des Originals machte und noch lange nach dessen Tod weiteratmet. Häufig heißt es in diesem Kontext, dass es derart exakte Personenprofile ermöglichen, die Menschen differenziert zu betrachten und jeder und jedem Einzelnen angemessen zu begegnen. Dazu gehören nicht nur angepasste und individualisierte Werbeanzeigen, sondern auch personalisierte politische Ansprachen, journalistische Informationen, Preise im Handel, Versicherungstarife, Kreditentscheidungen, Entlohnungen oder Behandlungen im Arbeitswesen und Ausbildungssystem.

Bislang noch unklar ist, wie die durch Big-Data-Anwendungen geschaffenen Vorteile zwischen Anbietern bzw. datenverarbeitenden Stellen einerseits und Betroffenen bzw. Datensubjekten andererseits aufgeteilt werden. Bislang gestalten sich die Abläufe für die Betroffenen oftmals intransparent, was wohl eher auf eine systematische Schieflage in diesen gesellschaftlichen Aufteilungsprozessen hindeutet. Zudem besteht das innovationsimmanente Risiko, dass heute noch unklar ist, welche Schlüsse in Zukunft aus gesammelten Daten gezogen werden können; dies gilt auch für heute noch scheinbar „harmlose" Daten wie solchen, die bei der Nutzung von vernetzten Geräten entstehen. Die schon 1983 beim Volkszählungsurteil zur informationellen Selbstbestimmung getroffene Feststellung, dass es kein „belangloses" Datum mehr gibt (BVerfGE 65, 1 [45]), kann heute nur unterstrichen werden. Das Grundrecht auf informationelle Selbstbestimmung, welches besagt, dass jede und jeder grundsätzlich selbst über die Preisgabe und Verwendung ihrer oder seiner persönlichen Daten bestimmen kann, wird durch die sich abzeichnenden, tatsächlichen Big-Data-Praktiken gefährdet (z. B. Weichert 2013; Roßnagel et al. 2016: 21ff.).

Technik ist, wie Kranzberg es formulierte, weder gut noch böse noch neutral (vgl. Kranzberg 1986). Technische Entwicklung oder technischer Fortschritt erfolgt immer eingebunden in ein gesellschaftliches Umfeld. Akteure mit unterschiedlichsten Absichten und Interessen, verschiedenste Anwendungen und organisatorische Nutzungen, vielfältige innovationsfördernde und risikobehandelnde institutionelle Rahmenbedingungen und politische Eingriffe bilden ein komplexes Ensemble, das nicht mit einfachen Beispielbeschreibungen und deren Bewertungen angegangen werden kann. Daher sind technologische Entwicklungen, mit ihren Profiteuren und Betroffenen, ihren intendierten Zwecksetzungen und – teils risikoreichen – Nebenfolgen in ihrer Vielschichtigkeit zu erfassen, genauso wie rechtliche Rahmenbedingungen auf Reform- und Handlungsbedarfe zu überprüfen sind. Um sich diesen komplexen Fragestellungen anzunähern, wird in diesem Buch ein multidisziplinärer Blick auf die mit Big Data verbundenen Chancen und Risiken eingenommen. Der vorliegende Band bündelt dazu Erkenntnisse zu Big Data aus fünf Disziplinen: Ethik, Ökonomie, Politikwissenschaft, Rechtswissenschaft und Soziologie.

Literatur

Kranzberg, Melvin (1986): Technology and History: 'Kranzberg's Laws', in: Technology and Culture. 27 (3), S. 544-560.
Roßnagel, Alexander, Christian Geminn, Silke Jandt und Philipp Richter (2016): Datenschutzrecht 2016 – „Smart" genug für die Zukunft? Ubiquitous Computing und Big Data als Herausforderungen des Datenschutzrechts, Kassel: Kassel University Press.
Weichert, Thilo (2013): Big Data und Datenschutz – Chancen und Risiken einer neuen Form der Datenanalyse, in: Zeitschrift für Datenschutz 3. Jg., H. 6, S. 251-259.

Zusammenfassung

Der erste Sammelbandbeitrag „Ethische und anthropologische Aspekte der Anwendung von Big-Data-Technologien" bewertet moderne Big-Data-Anwendungen aus ethischer Perspektive. Hierfür wird zunächst eine Abgrenzung zu rechtlichen Diskursen vorgenommen, um zu verdeutlichen, dass gesetzliche Regelungen nicht notwendigerweise Ausdruck einer Ethik oder eines geltenden Moralanspruches sind. Für die Untersuchung leitend sind zum einen metaethische Fragen, die die formale Basis der ethischen Diskussion betreffen und nach ihren Bedingungen fragen. Hier wird insbesondere nach der Identität des Handlungssubjekts und dem Problem der Bestimmung der Wirklichkeit in medial disponierten Lebens- und Arbeitswelten gefragt. Zum anderen werden ethisch-normative Fragen diskutiert, die den Diskurs im materialen, inhaltlichen Sinne beleuchten, z. B. die im Grundgesetz verankerten Leitwerte unseres Selbst- und Gesellschaftsverständnisses. Im Blick ist hier die Untersuchung der menschlichen Würde, Autonomie und Subsidiarität als Sicherung gegen Entmündigung und Paternalismus, und inwiefern diese durch den Technologieeinsatz abgeschwächt oder aufgehoben werden. Daran anschließend wird die Frage nach der „Entscheidung" diskutiert, die die zentrale Grundannahme als bewusstes und gewähltes Tuns für die ethische Untersuchung bildet.

Anhand exemplarischer Anwendungsanalysen aus den Bereichen Gesundheitswesen, Wissenschaft und Finanzmärkten wird versucht, die Grundprobleme des Big-Data-Diskurses in der aktuellen Debatte zu identifizieren. Nach einigen Grundüberlegungen zu Datenqualität, Datenkorrelation und Datafizierung beschreibt der Beitrag zunächst die Herausforderungen von Big Data für die Wissenschaft und problematisiert hier die erhebliche Datenmenge, die gerade in der naturwissenschaftlichen Forschung durch umfangreiche Mess- und Modelldaten anfällt. Dabei wird die Frage aufgeworfen, ob es in den Wissenschaften zu einem Paradigmenwechsel von der hypothesen- zur datengeleiteten Forschung kommen könnte und inwiefern Big-Data-Analysen in den Wissenschaften zu einem abduktiv-explorativen Forschungsinstrument werden. Schließlich werden mögliche

Risiken dessen – die Prekarisierung der Wissenschaft und die Unterschätzung des Interpretationsbedarfs von Big-Data-Analysen – überprüft.

Zunächst werden die Nutzung von Big-Data-Technologien im Gesundheitsbereich und die damit zusammenhängenden Erwartungen für ihren Einsatz zur Unterstützung und eigenständiger Wahrnehmung medizinischer, therapeutischer und pflegerischer Handlungen dargelegt. Dafür werden die Kriterien bestimmt, nach denen die Mustererkennung im Datenstrom erfolgt und nach denen sich automatisierte Systemaktionen vollziehen. Im Anschluss daran untersucht der Beitrag die ethischen Implikationen für den Gesundheitsbereich, insbesondere ob durch Datenverarbeitung und -weitergabe Persönlichkeitsrechte gefährdet sind, ob und inwieweit durch Big-Data-Technologien eine Entmündigung der Patienten und des medizinischen Personals stattfindet und wie eine Machtverschiebung vom medizinischen Personal hin zu den Systemen erfolgt. Schlussfolgernd werden die Auswirkungen dessen auf die metaethischen Bedingungen und auf die ethischen Leitwerte dargestellt.

Das Kapitel „Big Data in der Finanzwirtschaft" befasst sich zunächst mit dem Einsatz von Informations- und Kommunikationstechnologien an den Märkten und der daraus resultierenden Transformation der Marktstruktur und des Verhaltens der Marktakteure. Im Besonderen werden dabei zwei Anwendungsfelder kritisch betrachtet: Die Systeme zur Informationsbeschaffung und -auswertung vor dem Hintergrund der Erwartung an einen zeiteffizienten Umgang mit großen Datenmengen sowie die vollautomatisch ausgeführten Handelsaktivitäten mit Schwerpunkt auf dem Hochfrequenzhandel.

Im Schlussfazit werden die Auswirkungen des Einsatzes von Big-Data-Technologien auf unser Selbst-, Welt- und Gesellschaftsverständnis herausgestellt und das Verhältnis von Erkenntnis und Anerkennung skizziert.

Im Beitrag „Big Data in soziologischer Perspektive" wird ein Big-Data-Prozessmodell vorgestellt, das Big Data aus einer dezidiert soziologischen Perspektive in den Blick nimmt und so nach den sozialen Voraussetzungen, den sozialen Mechanismen sowie nach den sozialen Folgen von Big Data fragt. Nach Bestimmung des Begriffs und Aufzeigen der existierenden Utopien und Dystopien um Datenmassen seit den 1960er Jahren befasst sich der Beitrag zunächst unter Rückgriff auf etabliert Big-Data-Taxonomien mit der Erläuterung des Big-Data-Prozessmodells, welches als Grundstein für die soziologische Betrachtung dient und den Zusammenhang zwischen den folgenden Untersuchungsaspekten darstellt. Dabei orientiert sich das Modell an dem Datenverarbeitungsprozess, der von der Datengenerierung über die Datenauswertung bis hin zur Steuerung komplexer sozio-technischer Systeme in Echtzeit reicht und zudem in einen institutionellen Rahmen und den sozio-kulturellen Kontext eingebettet ist. Zunächst werden verschiedene Datenquellen und

-typen sowie Techniken und Verfahren zur Erfassung der Daten diskutiert. Da die elektronisch vermittelte Datenerfassung zunehmend in den privaten Alltag vordringt, liegt der Fokus der Untersuchung insbesondere auf der Frage, aus welchen Motiven Individuen smarte Geräte nutzen und so die Datafizierung der Privatsphäre vorantreiben. Am Beispiel der Selbstvermessung in den Bereichen Gesundheit und Fitness werden die Praktiken der Erhebung privater Daten, die dahinter stehenden Motivationen sowie die damit verbundenen Risiken diskutiert.

Die von Datenanalysten konstruierten digitalen Handlungsräume und Bezugsgrößen prägen zunehmend die soziale Ordnung und beeinflussen die damit zusammenhängenden Rollen- und Machtverteilungen. Im dritten Kapitel gibt der Beitrag daher einen Einblick in die Blackbox der Auswertung von Datenmassen durch datenverarbeitende Organisationen, durch die Aussagen über das Verhalten sozialer Kollektive in der digital konstruierten Lebens- und Arbeitswelt möglich werden. Dazu wird zunächst ein Überblick über die relevanten Anwendungsfelder von Big-Data-Analysen geliefert und die besondere Datenqualität und Datenreliabilität vor dem Hintergrund der Möglichkeit zur Auswertung von Massendaten in Echtzeit erörtert. Im Anschluss werden unterschiedliche Strategien der Datenverarbeitung und -auswertung, die sich vor allem hinsichtlich ihrer Ziele und ihrer Reichweite unterscheiden, sowie die dazu angewandten traditionellen und neuartigen Methoden betrachtet. Auch der mögliche Einsatz dieser Verfahren innerhalb der soziologischen Forschung wird erörtert. Der Zweck der Datenverarbeitung, die Generierung von Informationen zur Steuerung des individuellen Verhaltens und komplexer Systeme, wird schließlich im Anwendungsfeld des Predictive Policing, der Unterstützung der Polizeiarbeit durch Datenanalysen, beleuchtet. Im letzten Abschnitt des Kapitels widmet sich der Beitrag der Frage, welchen Einfluss auf Machtausübung und Ungleichheit die Fähigkeit zur Steuerung bzw. Regulierung komplexer Systeme haben kann und inwiefern eine politische Steuerung der Echtzeitgesellschaft möglich ist. Insbesondere wird erörtert, wie sich die Entstehung und Verfestigung gesellschaftlicher Machtverhältnisse vollzieht, welche Formen der digitalen Ungleichheit sich daraus ergeben und wie sich dies aus soziologischer Perspektive erklären lässt.

Das Big-Data-Prozessesmodell, das diesem Beitrag zugrunde liegt, umfasst an etlichen Stellen digitale Transaktionen, d.h. die Weitergabe von Daten an Dritte. Wie bei Transaktionen auf herkömmlichen Märkten, setzt auch der Big-Data-Prozess daher Vertrauen in die beteiligten Akteure sowie den institutionellen Rahmen voraus. Daher fragt der Sammelbandbeitrag abschließend, an welchen Stellen in diesem Prozess Vertrauen unabdingbar ist, um die Unsicherheiten zu bewältigen, die mit Big Data einhergeht.

Der Beitrag „Dimensionen von Big Data: eine politikwissenschaftliche Systematisierung" hat zum Ziel, die vielfältigen Dimensionen aufzufächern, in denen Big Data nach einer politikwissenschaftlichen Beschäftigung verlangt. Denn durch Big Data werden zentrale politikwissenschaftliche Erkenntnisse und Konzepte infrage gestellt, zum Beispiel bezüglich der Grundlagen menschlichen Entscheidens, der Reichweite staatlicher Regulierung und der demokratietheoretischen Bewertung von Big-Data-bezogenen Phänomenen.

Der Beitrag nimmt dabei die Wechselwirkungen zwischen Big Data und Gesellschaft in den Blick. Seine Wirkung entfaltet Big Data, so die Annahme, indem es kollektiv geteilte Erwartungen weckt oder begrenzt – in kulturell-kognitiver, normativer und regulativer Hinsicht. Zugleich wird Big Data wiederum selbst durch kollektive Erwartungen geprägt – ebenfalls in diesen drei Dimensionen. Jeder dieser insgesamt sechs Dimensionen ist ein Kapitel des Beitrags gewidmet.

Das erste Kapitel widmet sich der kulturellen und kognitiven Wirkung von Big Data auf Gesellschaften, indem es die These untersucht, dass Big Data das Potenzial zur epistemischen Innovation hat. Wenn Big Data das Bild prägt, das eine Gesellschaft von sich hat, können diese Vorstellungen auch politische Prozesse verändern, etwa wenn im Rahmen von Big-Data-basierten Wahlkämpfen neue Repräsentationsbeziehungen und kollektive Identitäten geschaffen werden.

Auch in normativer Hinsicht kann Big Data kollektive Erwartungen produzieren. So finden auf der Grundlage von Big Data Normalisierungsprozesse statt, die auch für Verhaltenssteuerung eingesetzt werden. Dabei zeigen sich als besondere Eigenschaften dieser Techniken ex-post Zuschreibungsprozesse, eine doppelte Intransparenz der algorithmischen Analysen und der daraus abgeleiteten Verhaltensregulierung sowie eine Situation von Selbst- und gegenseitiger Beobachtung.

Big Data wird auch regulativ eingesetzt, wie das dritte Unterkapitel herausarbeitet, und kann Regelsetzung und -implementierung beeinflussen: So ermöglicht Big Data eine Differenzierung von staatlich gesetzten Regeln nach Zielgruppen oder Gebieten, die bislang allerdings wenig Einfluss auf die Regeln der Regelsetzung selbst haben.

Mit Blick auf die Frage, welche kulturellen und kognitiven Erwartungen Big Data selbst prägen, zeigt sich, dass Algorithmen zwar als Akteure verstanden werden, aber (noch) nicht eigenständig und reflexiv die Wirklichkeit gestalten. Dennoch weckt Big Data neue analytische Ambitionen, nämlich, dass die soziale Wirklichkeit sich über Daten selbst abbildet. Diese Erwartungen werden auch für die Gestaltung von Politik bedeutsam.

Das Unterkapitel über die normativen Erwartungen an Big Data beschäftigt sich mit der Annahme, dass Big Data menschliche Vorurteile und Defizite umgehen könne und eine neutrale und faire Grundlage für Entscheidungssysteme sei.

Allerdings deuten erste Forschungsbefunde darauf hin, dass Big-Data-basierte Verfahren ebenfalls Verzerrungen beinhalten und diskriminierend wirken können. Mit Blick auf die regulativ hergestellten Erwartungen an Big Data findet zuletzt eine Auseinandersetzung mit der These statt, dass Big Data die bestehende Regulierung grundlegend herausfordert und dass technologischen Herausforderungen in erster Linie technisch begegnet werden muss. Die sehr umfangreiche Debatte über die Regulierung von Big Data deutet auf größere gesellschaftliche Auseinandersetzungen über gesellschaftliche Gestaltung hin.

Mit Blick auf die übergreifende These des Beitrags, dass sich durch Big Data die Bedingungen kollektiv bindenden Entscheidens verändern, sind die Befunde gemischt: Zwar zeigt sich in vielen Bereichen tatsächlich eine Mikrofokussierung von Regulierung, Normen und sozialen Wissensbeständen. Dies bringt durchaus weitreichende Änderungen mit sich. Deren Tiefe und Reichweite ist allerdings je nach Dimension und Bereich ganz unterschiedlich. Diese differenzierte Bilanz gilt es weiter auszuarbeiten und entsprechende Thesen empirisch zu überprüfen.

Die rechtlichen Dimensionen der Verwendung von Big-Data-Technologien zur Echtzeitverarbeitung großer, heterogener Datenmengen werden in dem Beitrag „Big Data – Eine informationsrechtliche Annäherung" beleuchtet. Der erste Teil befasst sich mit der Begriffsdefinition von Big Data und den daraus resultierenden Folgen für die juristische Begutachtung. Hier werden die verschiedenen Phasen des Big-Data-Prozesses und die damit zusammenhängenden rechtlichen Fragestellungen untersucht. Danach werden mögliche Ausschließlichkeitsrechte an Daten betrachtet. Hier erfolgt zunächst eine Prüfung eines Sacheigentums nach § 903 BGB. Danach wird untersucht, ob Daten unter bestimmten Umständen als Rechtsfrüchte nach § 99 Abs. 2 BGB eingeordnet werden können, bevor eine Heranziehung der Grundgedanken des Strafrechts aus § 303a StGB zur Festlegung eines Dateneigentums überlegt wird. Geprüft wird ebenfalls, ob ein Recht am eigenen Datenbestand als „sonstiges Recht" i.S.d. § 823 Abs. 1 BGB qualifiziert werden kann. Rechte an Daten können ebenfalls durch das Immaterialgüterrecht erwachsen. In diesem Abschnitt erfolgt eine Auseinandersetzung mit dem Urheberrechtsschutz sowie dem Schutz an Datenbankwerken und dem Leistungsschutzrecht sui generis gem. §§ 87a ff. UrhG. Des Weiteren wird versucht eine Zuordnung über § 17 UWG vorzunehmen, der den Verrat von Geschäfts- und Betriebsgeheimnissen unter Strafe stellt. Ergänzend wird geprüft, inwieweit ein ergänzender wettbewerbsrechtlicher Leistungsschutz gem. § 4 Nr. 3 UWG vorliegen könnte. Die kontroverse Diskussion des „Quasi-Eigentums" an personenbezogenen Daten wird ebenso dargestellt wie die schon längst gängige Praxis der Datenlizenzverträge. Das Zwischenfazit beschäftigt sich zunächst mit dem Schutzdefizit für Maschinendaten sowie für Daten von juristischen Personen, um sodann die Frage nach der Notwendigkeit der Einführung eines Leistungsschutzrechts für Daten zu stellen. Der datenschutzrechtliche Teil des Sammelbandbeitrags legt zunächst den gesetzlichen Rahmen dar, bevor eingehend die Vereinbarkeit der datenschutzrechtlichen Prinzipien mit dem Einsatz von Big-Data-Analysemethoden untersucht wird. Hier werden neben dem Verbot mit Erlaubnisvorbehalt auch das Prinzip der Zweckbegrenzung und Zweckbindung sowie der Grundsatz der Erheblichkeit und der Datensparsamkeit untersucht. Auch Themen wie die sachliche Richtigkeit und Datenqualität sowie Aufbewahrungs- und Löschungspflichten von personenbezogenen Daten werden thematisiert. Zudem wird neben der informierten Einwilligung des Datensubjekts auch Scoring und das Verbot von automatischen Einzelentscheidungen im Lichte der Big-Data-Entwicklungen diskutiert, bevor die Rechte der Betroffenen dargelegt und Datensicherheit und Privacy by Design and by Default sowie die sich durch das Inkrafttreten der Datenschutzverordnung ergebenden Neuerungen für Big Data besprochen werden. Das Kapitel zur Rechtsgeschäftslehre und Big Data in der M2M-Kommunikation beschäftigt sich mit der Frage, ob und wie autonom agierende Maschinen Transaktionen herbeiführen können, wie diese Transaktionen im System des BGB einzuordnen sind und wem diese „Willenserklärungen" zugerechnet werden können. Dabei beschäftigt sich der erste Fragekomplex mit der Frage, ob Maschinen rechtlich bindende Erklärungen abgeben können oder wer als Angebotsgeber angesehen wird. In einem zweiten Schritt wird dann die Frage der zivilrechtlichen Haftung in Big-Data-Szenarien beleuchtet. Der letzte Teil des Sammelbandbeitrags befasst sich mit den wettbewerbs- und kartellrechtlichen Bedeutung von Big Data. Hier werden die Fusionskontrolle, der Marktmissbrauch, der Behinderungsmissbrauch und die Preisdiskriminierung untersucht. Nicht nur nationale Behörden, sondern auch die EU hat ein erhebliches Interesse an der Regulierung von Big Data und dem daraus resultierenden oder bereits bestehenden Wettbewerb, wobei die Regulierung in erster Linie auf Plattformen abzielt. Die anhängigen Verfahren gegen Facebook und Google werden ebenso diskutiert wie die Schwächen der bestehenden kartellrechtlichen und wettbewerbsrechtlichen Regelungen in Bezug auf deren Anwendung auf Datenmärkte und neue datengetriebene Geschäftsmodelle.

Der Beitrag „Big Data aus ökonomischer Sicht: Potenziale und Handlungsbedarf" beleuchtet den Einfluss von Big Data aus ökonomischer Perspektive. Anfangs wird hier zum einen eine Begriffsabgrenzung zu ähnlichen Phänomenen vorgenommen, um darzulegen, was das spezifisch Neue an Big Data ist im Vergleich zu früheren Konzepten wie Decision Support, Online Analytical Processing oder Business Intelligence. Zum anderen wird die Big-Data-Wertschöpfung für Unternehmen näher betrachtet. Durch den Einsatz von Big Data kommt es nicht nur zu einer Veränderung von bereits bestehenden Geschäftsmodellen; Big Data bietet vielmehr ein großes Potenzial für die Entwicklung ganz neuer Geschäftsmodelle und Wertschöpfungsstrukturen. Für den Einsatz von Big Data in der deutschen Wirtschaft gibt es mittlerweile einige Beispiele, die in diesem Kapitel näher aufgezeigt werden.

Das Teilkapitel „Big-Data-as-a-Business" gibt einen detaillierten Einblick in datenbasierte Geschäftsmodelle und zeigt Hindernisse für neue Ideen und Innovationen durch den Einsatz von Big Data z. B. aufgrund der Angst vor Selbstkannibilisierung existierender Geschäftsmodelle auf. Anhand von ausgewählten Branchenbeispielen werden die sich ergebenden Veränderungen durch Big Data analysiert und auch die sich für den Mittelstand, Datenmärkte und Plattformen ergebenden Implikationen beleuchtet. Das Thema des Einsatzes von Big-Data-Technologien beschäftigt den Mittelstand mittlerweile intensiv. Zum einen besteht jedoch ein großer Mangel an Big-Data-Kompetenzen; zum anderen hat sich trotz vieler Potenziale Big Data noch nicht zum Kerngeschäft von kleinen und mittelständischen Unternehmen (KMUs) entwickelt. Als Basis von Big-Data-Ökosystemen werden zukünftig Plattformen gesehen, wobei eine gemeinsame Nutzung der Plattformen durch mehrere Unternehmen – insbesondere im Bereich von KMUs – dabei stark diskutiert wird. Während hier aber zumeist technische Aspekte wie z. B. Zugangskontrolle und das wichtige Thema Datensicherheit betrachtet werden, fehlen Untersuchungen zu den ökonomischen Aspekten der kollaborativen Entwicklung und Nutzung von Big Data.

Das Kapitel „Unternehmen im Zeitalter von Big Data" befasst sich mit den durch Big Data verursachten Veränderungen in Unternehmen in Bezug auf Analytics, Echtzeit-Ökonomie und Prognosefähigkeit. Dazu werden sowohl die durch Big Data geschürten Erwartungen betrachtet wie auch die Umsetzung in den Unternehmen. Neben der Darstellung des gegenwärtigen Standes geht es hier auch um Schwierigkeiten und Herausforderungen sowie offene Fragestellungen. Datengestützte Prognosen mit Big Data, Predictive Analytics, werden dabei eingehend beleuchtet und mögliche Grenzen angesprochen. Hier wird klar zwischen den Prognosen im technischen Bereich und jenen im sozialen Umfeld unterschieden und deren mögliche unterschiedliche Folgen aufgezeigt. Des Weiteren wird die Transformation des Geschäftsprozesses und der Organisationsstruktur hin zur Echtzeit-Ökonomie untersucht. Gerade im Konsumgüterbereich werden oft schon beinahe in Echtzeit Entscheidungen getroffen. Big Data wird hier bereits eingesetzt, um bessere und insbesondere individuelle Werbeansprachen zu tätigen und das Streuverhalten zu minimieren. Das produzierende Gewerbe profitiert durch den Einsatz von Big Data vor allem in Form der Prozessoptimierung auf der Basis von Maschinendaten, da Fehlsteuerungen schneller erkannt und behoben werden können. Ebenso können Entscheidungsprozesse effizienter und effektiver gestaltet werden. Neben diesen sich hieraus ergebenden Anforderungen an die Unternehmensstrategie ändern sich auch die Anforderungen an die Führung und die Mitarbeiter der Unternehmen.

Besonders in die Bereiche des Recruitings und des Talentmanagements findet Big Data zunehmend Einzug. Hier wird die Situation in Deutschland im Vergleich zu den USA dargelegt, wobei auch auf Wunschvorstellungen und Ängste eingegangen wird. Der Abschnitt zu Wettbewerb und Regulierungen betrachtet Unternehmensübernahmen wie DoubleClick durch Google oder WhatsApp durch Facebook, die wettbewerbsrechtlich als unbedenklich eingestuft wurden, und wirft die Frage auf, ob nicht doch die Gefahr eines Marktmissbrauchs oder der Monopolisierung von Unternehmen auf Basis von Daten vorliegen kann. Fragen nach der Schaffung von Markteintrittsbarrieren durch den Datenbesitz werden ebenso diskutiert wie mögliche Mindestanforderungen (Aufgreifschwellen) bei Fusionskontrollen. In Bezug auf Datenmärkte werden die unterschiedlichen Lösungsansätze zur Verhinderung eines möglichen Marktmissbrauchs durch Plattformbetreiber vorgestellt.

Das Kapitel „Big Data und die Gesellschaft" wirft einen ökonomischen Blickwinkel auf Datenschutzrichtlinien und beleuchtet, inwieweit eine sinnvolle Abgrenzung zwischen personenbezogenen und nicht-personenbezogenen Daten möglich ist. Hier werden neben dem sogenannten Privacy Paradox die Wünsche der Kundinnen und Kunden und die gesellschaftlichen Implikationen von Big Data angesprochen.

Den Abschluss dieses Sammelbandbeitrags bildet die übergreifende Betrachtung von Fragestellungen nach dem „Eigentum" an Daten sowie die Herausforderungen bei deren Wertbestimmung.

Jedes der einzelnen Kapitel dieses Beitrags weist auf den bestehenden Forschungsbedarf hin.

Ethische und anthropologische Aspekte der Anwendung von Big-Data-Technologien

Klaus Wiegerling, Michael Nerurkar und Christian Wadephul

Zusammenfassung

Die Beiträge fokussieren drei prominente Anwendungsgebiete von Big Data: Wissenschaft, Gesundheitswesen und Finanzmärkte.[3] Dabei ist der Zweck nicht derjenige, Lösungen für ethische Probleme vorzulegen, sondern zuallererst diejenigen Aspekte der Anwendung von Big-Data-Technologien zu identifizieren, durch die ethische Fragen aufgeworfen werden, und den Rahmen abzustecken für ethische und wissenschaftstheoretische Reflexion und Beurteilung.

Hinsichtlich des Anwendungsfeldes Wissenschaft ist dabei vorrangig von Interesse, ob Big Data – wie des Öfteren propagiert wird – einen Paradigmenwechsel auslösen könnte, und welche Erklärungskraft und praktische Verlässlichkeit Ergebnissen zugesprochen werden können, die durch Verfahren wie Data Mining, maschinelles Lernen usw. zustande kommen.

Big-Data-Technologien in Gesundheitswesen und medizinischer Praxis verstärken den Widerstreit zwischen Entlastung und Entmündigung. Die Gestaltung der Mensch-Maschine-Interaktion wird zu einer Kernaufgabe. Rückt der Werkzeugcharakter der Technologien aus dem Blick, geraten wir in die Zwänge einer Macht, die den Patienten entindividualisiert und menschliche Interaktionsformen in der medizinischen Praxis infrage stellt.

---

[3] Unser Dank gilt den Mitgliedern des Arbeitskreises Ethik des Projekts Assessing Big Data (ABIDA), die im Rahmen zahlreicher Diskussionen wertvollen Input für diesen Beitrag geleistet haben. Der Text spiegelt jedoch nicht notwendigerweise die Meinung der Arbeitskreismitglieder wider. Mitglieder des Arbeitskreises Ethik sind: Dr. Regine Buschauer, Prof. Dr. Alexander Filipović, Dr. Bruno Gransche, PD Dr. Jessica Heesen, Prof. Dr. Wolfgang Hesse, Prof. Dr. Christoph Hubig, Dr. Andreas Kaminski und Prof. Dr. Arne Manzeschke.

© Springer Fachmedien Wiesbaden GmbH, ein Teil von Springer Nature 2018
B. Kolany-Raiser et al. (Hrsg.), *Big Data und Gesellschaft*, Technikzukünfte, Wissenschaft und Gesellschaft / Futures of Technology, Science and Society, https://doi.org/10.1007/978-3-658-21665-8_1

In den Finanzmärkten bestehen die ethisch interessanten, durch Big Data und IuK-Technologien ausgelösten bzw. zu erwartenden Veränderungen vor allem in der globalen informatischen Verschaltung sowie dem Entwickeln hochkompetitiver künstlicher Intelligenzen, die unter Modellen eines rationalen Homo oeconomicus arbeiten.

1.1 Einleitung

1.1.1 Big Data in Philosophie, Ethik und Technikfolgenabschätzung

Big Data ist eines der gegenwärtig prominentesten Schlagwörter im Feld der Informationstechnologien und ihrer Anwendungen. Mit der Entwicklung neuer Technologien gehen üblicherweise auch Vermarktungsabsichten einher, die sich in zum Teil überschwänglichen Visionen und Verheißungen äußern: So wird Big Data als Möglichkeit zur Lösung von informatischen Problemen angepriesen, die bislang nicht oder nur mit hohen Kosten und zeitlichem Aufwand angegangen werden konnten. Big Data ermögliche neue Anwendungen und Geschäftsmodelle, bedeute oder verspreche einen Zuwachs an Produktivität und Effizienz in Industrie und Wirtschaft, ein neues Methodenparadigma in den Wissenschaften sowie bessere Steuerungs-, ja sogar Optimierungsmöglichkeiten in privaten und sozialen Angelegenheiten. Zugleich bleibt notorisch vielfältig und diffus, was mit Big Data eigentlich gemeint ist – der Terminus scheint zwischen der Verwendung als informationstechnologisches Konzept und der als Marketing-Buzzword zu schwanken (vgl. Dutcher 2014).

Verheißungen technologischen Fortschritts provozieren wiederum in der Regel kritische, zum Teil dystopische Reaktionen, die sich in Feuilletons und populärwissenschaftlichen Büchern an eine breitere Öffentlichkeit richten: Befürchtet werden allgegenwärtige Überwachung durch Konzerne und Staaten, Manipulation von Konsumenten, Nutzern und Bürgern, der Verlust von Privatheit und Freiheit usw. Auch hier bleibt allerdings häufig unklar, wovon mit Big Data die Rede ist. Insbesondere bleibt zweifelhaft, ob, sowohl bei denjenigen, die derartige Warnungen aussprechen, als auch bei deren Adressaten, das Verständnis für die als bedrohlich dargestellten Technologien tatsächlich hinreicht, um rationale Beurteilungen vornehmen zu können.

1.1 Einleitung

Von einer rationalen Reflexion und Beurteilung von Technologien ist freilich dann ebenso wenig zu sprechen, wenn das ideologische, technikpessimistische oder technikeuphorische Bedürfnis das Ergebnis vorwegnimmt, wie wenn die Überlegungen in weitgehendem Unverständnis der diskutierten Technologien stattfinden. Angezeigt ist eine ergebnisoffene Reflexion, die auch über die zu beurteilenden Technologien hinreichend Bescheid weiß, um sich nicht in euphemistischen oder dystopischen Spekulationen zu verlieren, die nichts mit einer rationalen wissenschaftlichen Technikfolgenabschätzung zu tun haben – was wiederum nicht bedeutet, dass Visionen, die einer Technikentwicklung zugrunde liegen und ohne die diese Technik nicht zu verstehen ist, unberücksichtigt bleiben können.

Der Überblick über die vielfältigen Darstellungen und technischen Bestimmungsversuche führt zu dem Eindruck, dass mit Big Data nahezu alles an Neuerungen im Bereich informatischer Technologien des zweiten Jahrzehnts des 21. Jahrhunderts bezeichnet werden kann – sowohl im Sinne von Hardware: schnellere Prozessoren, größere Speicherkapazitäten, verbesserte Sensoren, gesteigerte Bandbreiten bzw. Durchsätze in der Datenübertragung usw., als auch im Sinne von Software: neuartige Architekturen, Verfahren, Algorithmen usw. All dies wird gerne auch in den landläufig bekannten Definitionen der vier, fünf, sechs oder sieben ‚V' zusammengefasst: volume, velocity, variety, veracity, validity, value, visibility usw. (vgl. McNulty 2014). Die V-Charakteristika suggerieren einen spezifischen Charakter, der aber größtenteils genauso gut auf relationale Datenbanken anwendbar ist – natürlich spielen volume, velocity, variety oder validity auch dort eine zentrale Rolle. Man könnte stattdessen ebenso gut und nicht weniger informativ von ‚bigger, better, faster, more' sprechen, wäre nicht, jedenfalls in wissenschaftlichen Kontexten, eine prinzipielle Skepsis gegenüber der Praxis angebracht, Bezeichnungen und Definitionen primär an stilistischen Kriterien, etwa der Alliteration, zu orientieren, statt an der Sache selbst.

Der gegenwärtige Begriffsgebrauch ist selbst in der Wissenschaft so vage, dass er kaum als Verständigungsgrundlage dienen kann. Als Integrationsbegriff wird Big Data gebraucht, insofern er es ermöglicht, Fragestellungen fortgeschrittener informatischer Konfigurationen höchststufig unter dem Aspekt der Analyse großer Datenmengen zu diskutieren. Dabei soll der metaphorische Gebrauch des Begriffs dessen integrative Leistung erhöhen. Als Reflexionsbegriff schließlich wird der Begriff gebraucht um ein Verhältnis zu bestimmen, das wir zu einem Objektbereich einnehmen. Dabei sind wir nicht objektreferierend, sondern fassen eine Relation ins Auge.

Eine zu Zwecken der Technikfolgenabschätzung vorgenommene Begriffsbestimmung von Big Data muss dabei auch nicht vorrangig auf spezifische Technologien Bezug nehmen. Außerhalb fachinformatischer Kontexte scheint sich die Rede von

Big Data dann auch nicht auf die Technologien als solche, sondern vielmehr auf ihren Einsatz zu beziehen. Big Data ist hier deshalb Thema, weil durch diesen Einsatz schon jetzt zu beobachtende sowie künftig zu erwartende Folgen als problematisch empfunden bzw. mit einem massiven gesellschaftlichen Veränderungspotenzial verknüpft werden. Technikfolgenabschätzung als wissenschaftlich-rationale Prüfung solcher Problemlagen hat sich freilich zunächst zu vergewissern, ob das fragliche Phänomen überhaupt Bestand hat. Dies ist hier zweifelsohne der Fall: Der Trend einer an Breite und Tiefe zunehmenden Erfassung und Verarbeitung von Daten in Gesellschaft, Alltagsleben, Wirtschaft, Verwaltung usw. ist seit Jahren deutlich zu sehen. Gemeint ist hier nicht lediglich die immer weiter wachsende Nutzung von Computern und Smart Devices sowie die fortschreitende Vernetzung aller Lebensbereiche inklusive der Dinge, sondern auch die Tatsache, dass immer mehr und qualitativ vielfältigere Daten automatisch erfasst, ohne Latenz verarbeitet und in Systemreaktionen und Steuerungen umgesetzt werden können. In immer mehr Bereichen des Lebens wird immer mehr gemessen und in Echtzeit ausgewertet: Bewegungsprofile, Verkehr, Warenströme, Datenverarbeitung, medizinische Daten usw. sind freilich nichts Neues, sondern dringen spätestens seit den 1970er Jahren in alle Bereiche des privaten und gesellschaftlichen Lebens vor. Die Rede von „Big" Data zeigt hier jedoch zu Recht an, dass gegenwärtig eine neue Qualität an gesellschaftlicher Durchdringung mit informatischen Technologien erreicht wird, ein Dominantwerden der in Rede stehenden Technologien und Anwendungen.

Als Gefahren dieser Entwicklung werden zumeist Überwachung, Manipulation und der Missbrauch individueller personenbezogener Daten diskutiert – also eine Bedrohung insbesondere der Werte Privatheit, Freiheit und Sicherheit. Der Fokus auf diese zweifelsohne relevanten Themen lässt allerdings leicht übersehen, dass die Gefahren informatischer Technologien des 21. Jahrhunderts nicht nur in ihrem Missbrauch liegen, d. h. in ihrem absichtlichen Einsatz zur Unterdrückung oder in verdeckten und den Interessen der Nutzer zuwiderlaufenden Absichten seitens der Entwickler, Unternehmen oder Staaten. In den Fokus zu rücken ist vielmehr auch die Problematik der nicht intendierten Wirkungen des Technologieeinsatzes. Die breite Implementierung informatischer Technologien hat praktische Wirkungen, die weder seitens der Entwickler noch seitens der Nutzer intendiert oder auch nur abgesehen oder erwartet werden, wobei nicht intendierte Effekte freilich nicht per se schlecht sind. Damit ist der Blick also auch nicht lediglich auf die Technologien als solche zu richten, sondern vor allem auch auf den Prozess ihrer Implementierung. Dieser Prozess vollzieht sich in einem Zusammenwirken von Gesellschaft und Technologieanwendung und wirkt dabei auf beide Elemente dieses Zusammenspiels zurück. Keine moderne informatische Anwendung wird einfach in der Entwicklungsabteilung geschaffen und dann distribuiert, sondern sie befinden sich quasi

1.1 Einleitung

immer in der „Beta-Phase": Sie werden weiterentwickelt und gestaltet in Reaktion auf ihre Nutzung, woraus wiederum neue und andere Nutzungsmöglichkeiten und -wirklichkeiten resultieren. Um auf derartige transformative Prozesse begrifflich Bezug zu nehmen, müssen wir die nicht fachinformatische Rede berücksichtigen, die mit Big Data das Phänomen der Durchdringung und den Wandel unserer Lebenswelt mit Verfahren der automatischen Datenverarbeitung bezeichnet. Mag in dieser Rede auch anklingen, dass es um „große" Datenmengen geht, so hat auch diejenige Deutung ihre Berechtigung, die mit „Big" Data eher das Wichtig-, Dominant- oder eben „Groß"-werden automatisierter Datenverarbeitung in allen Lebensbereichen fokussiert. Mit dem gleichen Recht hätte man in früheren Zeiten auch von „big electricity" sprechen können.

Die Technologien selbst allerdings sind – auch wenn es zweifelsohne so etwas wie eine Eigenlogik der Technik gibt – nicht „die" Triebkraft gesellschaftlicher Veränderungen. Technik wirkt immer in einem Zusammenspiel von ökonomischen, rechtlichen, politischen und kulturellen Faktoren und die Gestaltung und Anwendung von Technik wirkt wiederum auf alle diese Elemente zurück.

Es geht bei der Technikfolgenabschätzung um die Reflexion und Beurteilung von Technikanwendungen, d. h. um die Beurteilung möglicher Auswirkungen auf Individuum und Gesellschaft. Big Data einer Technikfolgenabschätzung zu unterziehen heißt damit: Analyse und Beurteilung des in alle Lebensbereiche vordringenden automatisierten Umgangs mit Daten hinsichtlich ethischer, sozialer, ökonomischer, politischer und rechtlicher Folgen. Dass es nicht um Fragen der Informatik im engeren Sinne geht, heißt freilich nicht, dass auf ein Verständnis der konkret zugrundeliegenden Technologien verzichtet werden könnte. Dieser Verzicht würde ein sinnvolles und kritisches Sprechen verunmöglichen und den Diskurs in die Beliebigkeit der seit Jahren anhaltenden Digitalisierungsdebatte führen.

Eine multidisziplinäre Technikfolgenabschätzung setzt einen Begriff des zu beurteilenden Phänomens voraus, der in der Lage ist, die disziplinär vielfältigen Beschreibungs-, Analyse- und Reflexionshinsichten zu integrieren. Solche Reflexions- oder Integrationsbegriffe sind über Beschreibungen typischer Phänomene zu bilden, die hinreichend abstrakt und übergeordnet sind, um in verschiedene fachdisziplinäre Richtungen anschlussfähig zu sein und derartige begriffliche Explikationsarbeit ist eine der vorrangigen Aufgaben von Philosophie in interdisziplinären Kontexten. Hinzu kommen fachdisziplinäre Aufgaben in Gestalt der philosophischen Kerndisziplinen der Ethik, aber auch der Erkenntnistheorie und Anthropologie, denen wir uns im Folgenden widmen werden.

1.1.2 Was ist Big Data?

Big Data steht für die Erzeugung und Verarbeitung zunehmend großer Datenmengen. Diese entstehen durch in der Umwelt verteilte Sensoren, aber auch durch die Auswertung von digital vernetzten Medien oder smarten Elektrogeräten, die permanent Daten sammeln und weiterleiten bzw. mit anderen Systemen „kommunizieren". Ständig entstehen digitale Datenspuren und werden Metadaten, etwa über unser Nutzungsverhalten, generiert. Die so entstehende Datenmasse ist unstrukturiert und komplex aufgrund ihrer Heterogenität. Es handelt sich jedoch weniger um einen „Datenberg" als vielmehr um eine ständig wachsende Zahl delokal gespeicherter Datensätze und einen anwachsenden „Datenstrom". Große und komplexe Datenmengen sowie die Steigerung der Datengenerierung und Verarbeitungsgeschwindigkeit spielen eine zentrale Rolle, wobei letztere eine neue Dimension erreicht, wenn es zu Echtzeitanalysen fließender Datenströme kommt. Die Herausforderung von Big Data besteht jedoch weniger in der Sammlung und Archivierung großer Datenmengen, als vielmehr in deren Analyse, Verarbeitung und Verwertung in Echtzeit.

Im populären metaphorischen Sprachgebrauch steht Big Data nicht nur für spezielle informatische Instrumente und Analyseverfahren, sondern auch für den Totalanspruch gegenwärtiger Digitalisierungs- und Vernetzungsbegehren. Als Schlagwort wird der Begriff auch dystopisch verwendet für zunehmende Überwachung, Intransparenz der Datenverwendung, fortschreitende Automatisierung von Produktionsprozessen sowie Delegation von Entscheidungsprozessen an Informations- und Kommunikationssysteme – selbst wenn dabei keine großen Datenmengen anfallen. Entscheidend für einen sinnvollen wissenschaftlichen Gebrauch des Begriffs ist aber die Fokussierung spezifischer Informationstechnologien auf die Mustererkennung in dynamischen, sich wandelnden und heterogenen Datenflüssen in Echtzeit sowie die Echtzeitsteuerung von Prozessen.

Benennen wir einige zentrale informatische Elemente von Big Data, die auch in den folgenden exemplarischen Anwendungsanalysen von Bedeutung sind. Unter Data Mining versteht man das „Schürfen" nach neuen Informationen in einem scheinbar wertlosen Datenberg. Dabei geht es um die Auswertung großer Datenbestände, indem man durch Such- und Identifikationsprozesse neue Muster entdeckt. Von zentraler Bedeutung ist das sogenannte „Hashing", eine Reduktionsmethode, die große, strömende Datenmengen in kürzere Zahlen- oder Indexwerte fester Länge verwandelt. Man spricht von einem „Fingerabdruck" des gelesenen Datensatzes, mit dessen Hilfe man nicht nur eine hohe Abfragegeschwindigkeit erreicht, sondern man Daten schneller identifizieren und vergleichen kann. Die meisten „Hash-Algorithmen" sind Einweg-Operationen, die Daten zwar identifizieren, aber nicht zurückverfolgen können. Mit Hilfe sogenannter „Bloomfilter" können Daten in einem Datenstrom identifiziert werden. Allerdings erfolgt diese Identifizierung nur nach Wahrscheinlichkeitskriterien. Von Bedeutung für die Bearbeitung großer Datenmengen sind auch Verfahren des Machine Learning. Dabei soll sich ein System selbständig an neue Konstellationen adaptieren. Maschinelles Lernen zeichnet sich dadurch aus, dass es selbstorganisiert und autoadaptiv ist, also auf unbekannte externe Sensor- bzw. Eingabedaten reagieren kann. In gewisser Weise handelt es sich um ein Reiz-Reaktions-Lernen. Harrach unterscheidet zwischen einem zielorientierten und einem ergebnisoffenen „neugierigen" Lernen. Ersteres ist durch einen strategisch-autonomen Autoadaptionsprozess gekennzeichnet, bei dem mithilfe einer Vorstrukturierung Probleme gelöst werden sollen. Ergebnisoffenes Lernen soll darüber hinaus eine Adaption der eigenen Programmstruktur herstellen können. Ziel dieses Lernens ist es, uns Muster in fließenden großen Datenmengen sehen zu lassen, die wir ohne es nicht gesehen hätten (vgl. Harrach 2014, S. 284).

Eine sinnvolle Rede von Big Data setzt voraus, dass Technologien zum Einsatz kommen, durch die „Mustererkennung, Datenverknüpfung, Informationskorrelationen und Strukturvorschläge möglich werden, die vom Menschen […] nicht einmal mit extrem hohem Zeit-, Kosten- und Personenaufwand gefunden werden könnten" (Gransche 2014, S. 37). Weiterhin sind Echtzeitanalysen, vor allem zur Steuerung in automatisierten Prozessen, von Bedeutung. Auch wenn traditionelle Architekturen, Verfahren und Methoden der Datenanalyse weiterhin genutzt werden, so genügen diese nicht den Leistungsanforderungen von Big Data. Automatische Mustererkennung setzt voraus, dass eine Datenumgebung als unüberblickbar angesehen wird und durch den verwendeten Algorithmus Vorschläge gemacht werden, die eine Struktur erst erkennen lassen.

1.1.3 Rechtlicher und ethischer Diskurs

Zur Positionierung einer ethischen Bewertung ist es notwendig, auf die Spezifika ethischer Diskurse zu achten. Ein rechtlicher Diskurs unterscheidet sich von einem ethischen in vielerlei Hinsicht, was nicht bedeutet, dass es keine Überschneidungen gibt oder die beiden Diskurse voneinander völlig getrennt sind. Ethik als Moralbegründung ist selbst dann, wenn sie sich bei Präskriptionen zurückhält und eher auf eine begleitende Reflexion unseres Handelns setzt, immer bemüht, auch Tugendaspekte in den Fokus zu rücken, also positiv zu bestimmen, welche Handlungen für den Handelnden und die Gesellschaft, in der er lebt, wertvoll sind.

Bei rechtlichen Regelungen geht es nicht notwendigerweise um moralische Fragen. Die gesetzliche Regelung des Straßenverkehrs, von Verfahrensabläufen oder Vereinsgründungen hat zunächst mit Ethik nichts zu tun. Diese Dinge sind in vielen Rechtsstaaten unterschiedlich geregelt, ohne dass damit irgendwelche ethischen Geltungsansprüche erhoben werden. Dies bedeutet freilich nicht, dass sich aus solchen Regelungen nicht auch moralische Konflikte ergeben können, etwa wenn jemand Verfahrensabläufe verweigert, um sich dadurch einen geschäftlichen Vorteil zu verschaffen. Das Recht reguliert Beziehungen, schreibt aber in der Regel nicht vor, was moralisch geboten ist. Schon Kant wies darauf hin, dass sich eine moralische Haltung nicht aus der Rechtsförmigkeit unseres Handelns ableiten lässt. Rechtliche Rahmungen lassen durchaus Raum für unmoralisches Verhalten. Vieles, was wir tun, mag rechtlich zulässig sein, moralisch richtig ist es deshalb noch lange nicht. Ethik hat immer auch einen transzendierenden Charakter, der bei der Bewertung von Technologien, denen ein Veränderungspotenzial in Bezug auf unser Selbst- und Gesellschaftsverständnis zugesprochen wird, eine besondere Rolle spielt. Moralisches Handeln deckt sich nicht notwendigerweise mit den Vorgaben des positiven Rechts. Gewiss sind Kompetenzzuweisungen beispielsweise zwischen Chirurg und OP-Schwester klar geregelt, es sind aber Situationen denkbar, in denen eine Kompetenzüberschreitung moralisch geboten sein, nicht aber rechtlich gedeckt werden kann. Religiöse bzw. weltanschauliche und rechtliche Geltungsansprüche können erheblich differieren. Das Gesetz erlaubt in einem säkularen Rechtsstaat oft mehr als nach dem jeweiligen religiösen Verständnis moralisch erlaubt ist. Dennoch fließen, wie das Grundgesetz belegt, durchaus moralische Kategorien in rechtliche Rahmungen. Es ist allerdings auch zu konstatieren, dass eine Engführung von Recht und Moral, was gegenwärtig zuweilen auch politisch angestrebt wird, problematisch sein kann, führt diese doch häufig zu Wertekonflikten, etwa zwischen Transparenz und Privatheit, oder gar zur Tugenddiktatur. Gesetzliche Regelungen müssen schon aus Gründen der Rechtssicherheit eine gewisse „Haltbarkeit" haben, was sich nicht zuletzt auch in Unbestimmtheiten artikuliert. Gesetze müssen Spiel haben, um dauerhaft anwendbar zu sein – dies gilt insbesondere bei Regelungen, die technische Entwicklungen betreffen. Der ethische Diskurs hat immer auch eine motivierende Komponente, insofern er begründet, warum dieses oder jenes Handeln geboten ist. So kommt der Ethik durchaus auch eine Erziehungsfunktion zu, die dem Gesetz nicht zukommt.

Halten wir fest: Der ethische Diskurs geht 1) nicht im rechtlichen auf, weil er auch eine kritische, sozusagen die bestehende Moral überprüfende sowie eine transzendierende Aufgabe hat; er beschäftigt sich 2) nicht mit zufälligen Regulierungen, die ohne unmittelbaren moralischen Bezug sind; er hat 3) durchaus einen motivierenden Charakter, der das Überdenken bzw. Ändern bestehender rechtlicher Regelungen einschließt.

1.1.4 Ethische Grundfragen

Leitend für unsere Untersuchung sind zum einen metaethische Fragen, die die formale Grundlage des ethischen Diskurses betreffen, zum zweiten ethisch-normative Fragen, die den ethischen Diskurs in einem materialen Sinne auszeichnen und zum dritten die Frage nach dem, was eine Entscheidung auszeichnet, denn im Kontext der Bewertung von Big-Data-Technologien spielt die Zuschreibung einer Entscheidungskompetenz an Systemtechnologien eine wichtige Rolle. Mit der Frage nach der Entscheidung rückt aber auch der ethische Grundbegriff des Handelns in den Blick.

Metaethische Fragen betreffen die Bedingungen des ethischen Diskurses. Dies ist einmal die Frage nach der Identität des Handlungssubjekts, dem verantwortliches Handeln zugeschrieben werden soll, denn nur einem identischen Handlungssubjekt kann Verantwortung zugeschrieben werden. Zum zweiten geht es um die Bestimmung der Wirklichkeit, in der gehandelt werden soll, was sich in medial disponierten Lebens- und Arbeitswelten als Problem darstellt – in simulierten Welten sind wir eigentlich wie im Spiel moralisch dispensiert. Zum dritten geht es um die Frage der Wahl, denn wir können nur verantworten, was wir auch tatsächlich gewählt haben.

Die Diskussion metaethischer Fragen ist im Rahmen einer ethischen Technikbewertung insofern von zentraler Bedeutung, als es dabei darum geht, ob eine Technik die Identität des Handlungssubjektes schwächt, infrage stellt oder gar aufhebt, ob Wirklichkeitsbestimmung für das Subjekt, das handeln soll, erschwert oder gar verunmöglicht, und ob Wahl reduziert oder gar aufgehoben wird.

Unter ethisch-normativen Fragen sind solche zu verstehen, die inhaltlich den ethischen Diskurs leiten. Dies sind z. B. die Leitwerte unseres Selbst- und Gesellschaftsverständnisses, wie sie im Grundgesetz als Vermächtniswerte aufgegeben sind. Wir wollen dabei vor allem drei in den Fokus der Untersuchung rücken. Dies ist zum einen die Würde als unveräußerliches Recht jedes Menschen, als einzigartiges und selbstzweckhaftes Wesen behandelt zu werden. Dies ist zum zweiten die Autonomie des Einzelnen, der das unveräußerliche Recht hat, sein eigenes Leben zu führen. Zum dritten ist es die Subsidiarität als Sicherung gegen Entmündigung und Paternalismus einerseits und als Grundprinzip der Gesellschaftsorganisation, nach dem möglichst alle als Verantwortungsträger zu beteiligen sind und Macht nur in gebrochener Form mit entsprechender Verteilung auf viele legitimiert ist. Immer soll also die Frage im Blick bleiben, ob durch den Einsatz einer Technologie menschliche Würde, Autonomie und Subsidiarität aufgehoben oder geschwächt wird.

Zuletzt soll die Frage nach der „Entscheidung" in den Blick gerückt werden, weil sie die für den ethischen Diskurs zentrale Grundannahme des Handelns als bewussten und gewählten Tuns betrifft. Von Handeln im eigentlichen Sinne können wir nur reden, wenn so etwas wie Folgenverantwortlichkeit, Mittelwahlkompetenz und Zwecksetzungsautonomie vorliegt (Janich 2006, S. 21). Wenn wir Systemen Entscheidungsfähigkeit zubilligen, dann müssen wir ihnen auch Handlungsfähigkeit zuschreiben, denn Handeln setzt im Gegensatz zum Verhalten eine bewusste Entscheidung voraus. Es ist allerdings problematisch einem System, solange es unser Werkzeug ist, eine solche Fähigkeit zuzubilligen. In einem metaphorischen Sinn könnte einem intelligenten System vielleicht Mittelwahlkompetenz zugesprochen werden, wenn es zur Lösung eines Problems unterschiedliche Mittel einsetzen kann. Folgenverantwortlichkeit wäre aber nur denkbar, wenn es eine echte Wahl trifft, Zwecksetzungsautonomie nur unter der Bedingung, dass das System eigene Zwecke verfolgt. Tatsächlich aber rechnet ein System nur, es entscheidet nicht, da es von dem Ergebnis seiner Entscheidung selbst nicht betroffen ist, also keine Folgenverantwortlichkeit trägt.

Eine historische Entität wie der Mensch entscheidet niemals nur aufgrund von Kalkülen, sondern auch von historisch-kulturellen Befunden, die nicht in Gänze explizit gemacht werden können, weil sie nicht vollständig erfassbar sind und sich in einem permanenten Wandel befinden. Somit würde ein System erst dann entscheiden, wenn es zu einer historisch-kulturellen Bewertung imstande wäre und damit auch über eine hermeneutische Kompetenz verfügte, in der es sich selbst gegenüber dem Ausgelegten positioniert. Die Rede von Systementscheidungen verschleiert somit die Tatsache, dass es nicht Systeme sind, die für bestimmte Rechenergebnisse verantwortlich sind, sondern diejenigen, die Algorithmen implementieren und die Ergebnisse der Systeme anerkennen.

Würde, Autonomie und Subsidiarität sind aufs Engste miteinander verknüpft und haben ihren Ursprung in den Hauptquellen unserer abendländischen Tradition, der antik-griechischen Logostradition, der christlichen Tradition sowie der jüngeren Tradition der Aufklärung. Auch wenn damit nicht das gesamte Wertegefüge abgedeckt ist, so lässt sich doch zeigen, dass nur diejenigen Werte wirklich allgemeine Geltung beanspruchen können, die auf diese Basiswerte beziehbar sind. Sogar der Gleichheitsgrundsatz gründet in gewisser Weise in der Idee der Würde, insofern der Mensch in seiner Einzigartigkeit zu sehen ist und niemals einem Kalkül unterworfen werden, nie wie eine Sache Gegenstand eines Verrechnungsprozesses sein darf. In dieser Einzigartigkeit artikuliert sich aber zugleich die Gleichheit aller menschlichen Wesen. Der Mensch ist gleich in seiner jeweiligen Individualität, er ist niemals nur ein Typus.

Aus den klassisch-kantischen Leitwerten der Autonomie und Würde des Menschen lässt sich in gewisser Weise der jüngere, der katholischen Soziallehre entstammende Leitwert der Subsidiarität deduzieren. Ein autonomes Wesen darf nicht bevormundet werden, auch wenn diese Bevormundung den Interessen einer Gesellschaft entgegenkommt. Ihm darf allerdings auch nichts abgenommen werden, was es selbst entscheiden und leisten kann. Subsidiarität ist zwar an die Autonomie und Würde des Individuums geknüpft, sein Anspruch gilt aber für die gesamte Organisation der Gesellschaft. Alles, was auf der jeweils niedersten Stufe der Gesellschaftsorganisation geregelt werden kann, soll auch dort geregelt werden. Sie ist ein Prinzip, das jeder Form von Entmündigung einen Riegel vorschieben soll. Auf keiner individuellen oder gesellschaftlichen Stufe darf es zu Entmündigungen und damit aber auch nicht zu Verantwortungsentlastungen kommen. Das Subsidiaritätsprinzip verhindert zwar Entmündigung, bürdet uns gleichzeitig aber auch Verantwortung auf. Subsidiarität ist also zugleich eine Entlastungs- und eine Beteiligungsidee.

Es steht außer Frage, dass die Leitwerte Autonomie, Würde und Subsidiarität formaler Natur sind. Es handelt sich weder um Güter- noch um Tugendwerte, sondern um Werte, die unserem Handeln eine begrenzende Form geben; d. h. sie legen unser Handeln nicht fest, sondern geben ihm einen Rahmen. Die inhaltliche Ausgestaltung bzw. Realisierung dieser Werte lässt eine große Varietät zu. Es handelt sich in gewisser Weise um Reflexionswerte, die unser Handeln begleiten sollen. Wir werden nicht auf ein bestimmtes Handeln festgelegt, sondern genötigt es auf Folgen hin zu reflektieren. Das im Würdebegriff implizierte Instrumentalisierungsverbot bedeutet nicht, dass der Mensch nicht auch, sondern nur, dass er nicht ausschließlich in einer Rolle wahrgenommen werden darf. Es handelt sich also um ein Reduktionsverbot.

Es gibt keine Subsidiarität, die nicht zugleich die Mündigkeit des Einzelnen, keine Würde des Einzelnen, die nicht auch dessen Freiheit und keine Autonomie des Einzelnen, die nicht zugleich die Würde dieses einzigartigen, selbstzweckhaften autonomen Wesens voraussetzt. Jede Erläuterung eines der genannten Basiswerte verweist auf die beiden anderen.

Privatheit, Persönlichkeitsschutz und Autonomie

Der Wandel des Privatheitsverständnisses wird seit Jahrzehnten im Zeichen eines sogenannten „medial turn" diskutiert. Dabei werden zwar Privatheitstypen untersucht, Abgrenzungen vorgenommen, Bedeutungsverschiebungen und Verlustanzeigen (Forget privacy!) angezeigt, selten aber der positive Sinn der Privatheit erörtert. Der etymologische Hinweis, dass Privatheit eigentlich eine Reduktion des Menschen benennt, nämlich dessen Existenz jenseits der Öffentlichkeit, wie sie in der Antike die Sklaven zu leben hatten, ist zwar berechtigt, klärt aber nicht den tieferen Sinn der Privatheit, der eigentlich im Felde der Muße (gr. scholé) zu finden ist. In der Mußesphäre war der Mensch nämlich in einem absoluten Sinne selbstbestimmt. Hier war das „Reich der Freiheit", in dem keine heterogenen Kräfte walten durften. Der positive Sinn der Privatheit liegt weder in der Separation, noch im Alleinsein, sondern darin in einer Sphäre ohne Zwänge selbstbestimmt walten zu können. Ein Häftling mag separiert und allein sein, Privatheit hat er deshalb noch lange nicht. Die Frage nach der Privatheit ist also aufs Engste mit der nach Autonomie bzw. Selbstbestimmung verknüpft. Privatheit als Sphäre der Selbstbestimmung und Selbstbesinnung ist eine notwendige Bedingung von Autonomie, denn nur wenn eine exklusive Sphäre des Privaten garantiert und als sicher und unbeobachtet wahrgenommen wird, ist garantiert, dass Individuen sich in Prozessen freier Überlegung und Entscheidung betätigen können. Die Frage nach der Privatheit im Zeitalter von Big Data hat sich also an der Frage anzumessen, ob Big Data Bedingungen für Autonomie gefährdet, etwa wenn Persönlichkeitsprofile angelegt werden, um unsere Entscheidungsfähigkeit zu manipulieren oder um uns ganz zum Gegenstand eines Kalküls zu machen und damit die Einzigartigkeit und Selbstzweckhaftigkeit zu nehmen.

Angewandte Ethik als Ermöglichungsethik

Im Fokus einer anwendungsbezogenen ethischen Erörterung steht die Ermöglichung einer verantwortlichen Systemgestaltung. Christoph Hubig hat drei Typen medienbezogener praktischer Ethik identifiziert, wovon der letzte Typ für die ethische Beurteilung von Big Data eine besondere Relevanz beanspruchen kann. (vgl. Hubig 2007) Der erste Typ besteht in der durch die Urteilskraft vollzogene Bezugnahme allgemeiner ethischer Prinzipien auf konkrete Situationen. Der zweite Typ versucht einen Bezug zu möglichen Anwendungen in unterschiedlichen Situationen herzustellen, wobei der Blick auf mögliche Ziele und Mittel zu ihrer Verwirklichung geht. Dieser klugheitsethische Typus agiert in der Weise von Ratschlägen und Warnungen in Bezug auf Handlungsfolgen. Der dritte Typus schließlich ist der einer Ermöglichungs- oder Gestaltungsethik. In seinem Fokus steht die Eruierung neuer Handlungsspielräume in Lebenswelten, die infolge von fortschreitenden technischen Entlastungen bzw. Automatisierungsprozessen tendenziell durch Kompetenzverluste und Verluste von Handlungsmöglichkeiten gekennzeichnet sind. Ihr Fokus ist die Autonomie des Handlungssubjekts. Selbstbestimmtes Handeln darf sich nicht selbst aufheben. Es geht darum, dass technische Dispositionen so gestaltet werden, dass sie positive Handlungsfreiheiten gewähren. Einschränkungen durch technische Dispositionen sind nur hinzunehmen, wenn uns dafür neue Handlungsoptionen gegeben werden. Nicht zuletzt ist deshalb zu fragen, was uns Big-Data-Technologien als neue Handlungsoptionen bieten können und inwieweit diese Optionen geeignet sind, die Handlungs- und Kompetenzverluste, die mit dem technischen Automatisierungsprozessen einhergehen, zu kompensieren.

1.1.5 Wissenschaftstheorethische und technikphilosophische Grundprobleme

Versuchen wir, anhand exemplarischer Anwendungsanalysen in den Feldern Gesundheitswesen, Finanzen und Wissenschaft, die Grundprobleme im gegenwärtigen Big-Data-Diskurs zu identifizieren, die in gegenwärtigen ethischen Debatten eine zentrale Rolle spielen.

Vernachlässigbarkeit der Datenqualität

Mayer-Schönberger und Cukier nennen drei wesentliche Neuerungen, die Big-Data-Technologien mit sich bringen (vgl. Mayer-Schönberger 2013). Es wird behauptet, dass es zu präziseren Ergebnissen durch Datenmassen kommt und die Datenqualität keine Rolle mehr spielt. Dies ist insofern richtig, als bei großen Datenmassen Daten, die nicht präzise gemessen worden sind, sozusagen „herausgerechnet" werden können. Es sei in diesem Zusammenhang aber an einen riesigen Datensatz erinnert, der 2011 am CERN erhoben und analysiert wurde und tatsächlich zum Versuch führte, die Relativitätstheorie zu widerlegen. Es stellte sich aber peinlicherweise heraus, dass der Datensatz aufgrund eines defekten Glasfaserkabels zustande gekommen ist (vgl. Seidler 2012). Viele Daten müssen also keineswegs zu wahren Ergebnissen führen. Bedingung, dass die Datenqualität im Einzelnen vernachlässigt werden kann, ist, dass die Qualität des Großteils der Daten hoch ist. Weiterhin spielt die Anwendungssphäre eine Rolle, wenn es um die Vernachlässigung der Datenqualität geht. Es mag sein, dass in nicht allzu langer Zeit Wahlprognosen aufgrund von Einträgen bei Twitter und anderen sozialen Netzwerken eine ähnliche Genauigkeit erlangen wie Methoden, die derzeit Anwendung finden. Es ist aber Skepsis angebracht, wenn es um Anwendungen etwa in der Medizin geht. Zwar kann eine größere Zahl von Vitaldatenmessungen zu besseren Ergebnissen führen, Bedingung dafür ist aber, dass die Datenerfassung im Großen und Ganzen präzise ist. Die Rede von der Vernachlässigbarkeit der Datenqualität mag für bestimmte Anwendungsfelder stimmen, generell ist sie irreführend.

Datenkorrelation vor Ursachenforschung

Die Überlegung, dass im Zeitalter von Big Data Datenkorrelation vor Ursachenforschung geht, mag zutreffen. Damit ist aber auch blankem Unsinn Tür und Tor geöffnet. Man konnte z. B. über längere Zeit eine Parallele des Rückgangs der Geburtenrate und der Population der Klapperstörche feststellen. Ganz ohne Ursachenforschung scheint es also weder inner- noch außerhalb der Wissenschaft zu gehen. Dass die Vernachlässigung der Ursachenforschung aber Auswirkungen auf unser Sozialwesen und gesellschaftliches Selbstverständnis haben wird, liegt auf der Hand. Man stelle sich eine Gesellschaft vor, in der das Prinzip der Verantwortungszuschreibung keine Rolle mehr spielt. In medizinischen Kontexten würde die Vernachlässigung der Ätiologie bedeuten, dass man nur noch Symptome behandelt und die Heilung nicht mehr im Fokus der Behandlung steht.

Datafizierung – Artikulation und Desartikulation
Von Teilen der Autorenschaft wird behauptet, dass die Datafizierung im Sinne der Skalier- und Kalkulierbarkeit aller Lebens- und Naturartikulationen ein zentraler Anspruch des Big-Data-Zeitalters ist. Nun ist aber generell sowohl in wissenschaftlichen als auch in außerwissenschaftlichen Kontexten daran zu zweifeln, ob es die Möglichkeit einer totalen Datafizierung gibt. Die Datafizierungsidee birgt ein altes wissenschaftstheoretisches Missverständnis, nämlich die Verwechslung von Modell und Wirklichkeit. Es sei daran erinnert, dass jedes erfasste Datum eine Artikulation ist, der Desartikulationen korrespondieren. Jede Messung erfolgt aufgrund einer Bewertung. Etwas wird als relevant bestimmt, was dann gemessen wird, anderes dagegen als irrelevant, was nicht gemessen wird.

Vertiefen wir das Problem der Datafizierung in einem Begriffsexkurs. Die gegenwärtige Diskussion um Big Data krankt an einem laxen Gebrauch der Begriffe Datum, Information und Wissen. Es verwundert, dass diese in unterschiedlichen Disziplinen breit geführte Diskussion im aktuellen Diskurs weitgehend ausgeblendet bleibt. In der Informationswissenschaft hat sich ein Begriffsgebrauch durchgesetzt, der Daten nulldimensional als „semantikfreie" Gegebenheiten versteht und Informationen eindimensional als erkannte und entsprechend bewertete Gegebenheiten. Wissen dagegen ist mehrdimensional und resultiert aus einer Zuordnung und Hierarchisierung von Informationen. Was Wissen auszeichnet ist eine Anwendungsorientierung und ein Selektionsprozess, in dem bestimmte Informationen als höherwertig und andere als von geringer Bedeutung oder als bedeutungslos angesehen werden. Die Rede von Big Data suggeriert, dass wir es quasi mit einem Rohstoff zu tun hätten, der sich einer Bewertung entzöge. Daten sind aber keine Vorgegebenheiten im Sinne der antiken Naturbegriffs, der „physis", die sich uns unabweisbar aufdrängt, sondern Ergebnisse von Erfassungs- und Sammelprozessen, von Artikulationen und Desartikulationen. Die Vorstellung von der Semantikfreiheit der Daten ist insofern irreführend als Daten immer schon Ergebnis eines vorgängigen Artikulations- bzw. Bewertungsprozesses sind. Daten sind keine Rohstoffe, die beliebig verwendet werden können, und stehen immer in bestimmten Bewandtniszusammenhängen, aus denen sie ihre Bedeutung erlangen. Vitaldaten können sowohl in medizinischer wie in ökonomischer Absicht, etwa zur Berechnung von Krankheitskosten, sowohl in allgemeiner als auch in individueller Hinsicht genutzt werden. Wenn Daten im Unterschied zu bereits bewerteten Informationen oder gar in Bezug auf handlungsrelevantes Wissen in unterschiedliche Kontexte gesetzt werden können, so bedeutet dies nicht, dass sie denselben ontologischen Status wie die antike „physis" hätten. Informatische Daten kommen nicht von selbst zustande, drängen sich uns nicht auf und wir können uns ihnen entziehen. Sie sind Ergebnis eines technisch-praktischen Zugriffs auf die Welt, markieren ein Verhältnis von Subjekt und intendiertem Objekt und kommen aufgrund einer ausdrücklichen Relevanzzuschreibung zustande. Zu „Rohstoffen" werden sie in „künstlichen" Prozessen gemacht. Entscheidend ist, dass sie unter Bewertungsgesichtspunkten zustande kommen. Bei jeder Messung ist der Wert der Messung durch die Intention festgelegt, die mit ihr verfolgt wird. Datenbewertung impliziert ein vorgängiges Moment, d. h. eine vorgängige, lebenspraktische Festlegung dessen, was wert ist als Datum erfasst zu werden. Informatische Probleme bei der Bewältigung großer Datenmengen rühren nicht zuletzt daher, dass Daten etwas Präformiertes sind. Sie werden unter bestimmten Zwecksetzungen gesammelt und in unterschiedlichen Formaten gespeichert. Man kann sie nicht beliebig bearbeiten, so wie man aus einem Holzstamm Sitzmöbel und Spielzeuge, Skulpturen und Stützbalken machen kann. Daten sind uns nicht „rein" gegeben. Ein Datum steht nicht für sich allein, es verweist auf Mitdaten und die gemeinsame Rahmung. Das Problem, das uns hier begegnet, ist aber, dass eine Rahmung zwar erweitert und variiert, aber nicht ohne weiteres ersetzt werden kann. Hinter der Datafizierungsidee steht zweifellos eine positivistische Metaphysik, die Daten als einen „selbstgegebenen" Grundbestand sieht, dabei aber die Vermitteltheit von Daten in Bewertungs- und Selektionsprozessen unterschlägt.

Ähnlichkeit als kulturelle Zuschreibung

Als ein Problem erweist sich bei der Mustererkennung, was eigentlich „Ähnlichkeit" bedeutet. Zunächst geht es dabei um auffällige Redundanzen, die typologisch gefasst werden. Ähnlichkeit ist aber alles andere als leicht zu fassen, da sie sich „auch" als eine kulturelle Zuschreibung erweist, also als etwas, das sich nur fassen lässt, wenn entsprechende Erfassungsrahmen explizit gemacht worden sind. Besteht Ähnlichkeit zwischen zwei Musikstücken nur wegen eines gemeinsamen Taktes, oder weil eine Notenfolge, eine Tonart oder ein paar Pausenwerte übereinstimmen? Wann und wie lange können wir von Ähnlichkeit sprechen? Was Ähnlichkeit auszeichnet, ist nicht nur ein Katalog logischer Kriterien, sondern auch historisch-kulturelle Komponenten, die freilich nicht die Stabilität logischer Relationen haben. Es gibt Kulturen, in denen Ähnlichkeiten zwischen Naturabläufen und Abläufen menschlicher Sozialbeziehungen gesehen werden, die wir nicht sehen. Ähnlichkeit ist eine vage und perspektivische Zuschreibung, die von einem System als Typus erkannt werden muss, wenn es angemessen agieren soll. Typisch sind Verhältnisse aber nur innerhalb bestimmter Rahmungen. Ähnlichkeiten als perspektivische Zuschreibungen sind kulturrelativ und müssen für das System explizit gemacht werden. Der Algorithmus ist insofern in seiner informatischen Konfiguration Teil einer kulturellen Fügung. Mustererkennung kann nicht völlig losgelöst von kulturellen Vorgaben gesehen werden. Bei Big-Data-Anwendungen geht es ja nicht um einen formalwissenschaftlichen Gebrauch, sondern darum, Natur- und Lebenszusammenhänge erfassen und steuern zu können.

Unterbietung der Wissens- und Informationsgesellschaft durch die Datengesellschaft

Das Schlüsselproblem des aktuellen Big-Data-Diskurses ist die Unterbietung der von der Wissensgesellschaft überwunden geglaubten Informationsgesellschaft durch die Datengesellschaft. Während die Wissensgesellschaft als eine der Hierarchisierung und Anwendungsorientierung beschrieben wurde und die Informationsgesellschaft als eine des Sammelns von Informationen, geht die Datengesellschaft davon aus, dass es sich bei Daten um einen Rohstoff handelt, aus dem die Welt beliebig zusammengebaut werden könne. Die Fortschritte in der Entwicklung der Informatik scheinen vor allem in der Fähigkeit der Systeme zu liegen, quasi in Echtzeit große Datenflüsse analysieren zu können. Es werden Korrelationen erkannt und deren Analysen unmittelbar zu Steuerungsprozessen genutzt. Der informatische Leitspruch: „Immer automatisierter, immer mehr in immer kürzerer Zeit" soll also realisiert werden ohne mit Hilfe heuristischer Verfahren Datenbestände reduzieren zu müssen. Damit ist sozusagen auch der Abgesang auf die „alte" KI-Forschung eingeleitet, die sich genau auf diese heuristischen Verfahren fokussierte (vgl. Dreyfus 1987). Mit Big-Data-Technologien ist die einst überwunden geglaubte „Massenideologie" wieder in den Fokus gerückt, die glaubt, dass ein mehr an Daten prinzipiell mit Erkenntnisgewinn verknüpft sei. Schon Hans Sachsse wies 1972, quasi in vordigitaler Zeit, darauf hin, dass ein Mehr an Daten keineswegs zu besseren, „wissenschaftlicheren" Ergebnissen führen muss. Die Qualität von Wissen und deren Begründung hängt wesentlich von der Hierarchisierung und paradigmatischen Rahmung von Informationen ab (vgl. Sachsse 1972, S. 121–148). An dieser Einsicht hat sich auch im Big-Data-Zeitalter nichts geändert.

1.2 Big Data in der Wissenschaft

Christian Wadephul

Im Wissenschaftsbetrieb des 20. und 21. Jahrhunderts haben vor allem Massenvernichtungswaffen sowie Gen- und Nanotechnik, aber auch zunehmende Fälle von Vertrauensverlusten (etwa durch Korruption, Lobbyismus und sogar vorsätzliche Fälschung von Forschungsergebnissen) die Notwendigkeit einer Wissenschaftsethik aufgezeigt. Doch welche Big-Data-spezifischen ethisch-normativen Grundfragen stellen sich? Big Data als interdisziplinäre und meta-methodologische Perspektive auf unterschiedliche Gegenstandsbereiche (primär der „Computational Sciences", aber auch aller datenbasierten Methoden, deren „computational turn" vollzogen wurde oder noch aussteht) und deren Systemgestaltung und Nutzung wirft vielfältige normative Fragen auf. Die thematischen, methodischen und fachspezifischen Übergänge werden fließend, da die Bearbeitung der relevanten Phänomene und Probleme (z. B. Umgang mit Daten, Digitalisierung, Algorithmisierung, Automatisierung etc.) unterschiedliche Technologien („Converging Technologies") und vielfältige, z. T. hybride Methoden beanspruchen. Normendiskussionen können aber grundsätzlich nicht unabhängig vom zugrundeliegenden wissenschaftlichen Selbstverständnis des Gegenstandsbereichs geführt werden, weshalb auch die ethische Reflexion eines derartig technik- und methodenspezifischen Phänomens wie Big Data nicht ohne die Einbettung in epistemologische, vor allem methodologische Konzepte, die mit Big Data verbunden werden, geleistet werden kann. Deshalb müssen zuerst die Geltungsansprüche, die mit Big Data erhoben werden, überprüft werden.

1.2.1 Big Data als Herausforderung für die Wissenschaft

Die Datenmenge, die im modernen Wissenschaftsbetrieb anfällt – vor allem umfangreiche Mess- und Modelldaten in den naturwissenschaftlichen Disziplinen –, steigt exponentiell und ist eine echte Herausforderung für das Datenmanagement. In der Raumfahrtforschung werden Satellitendaten von ca. 1 Petabyte (= 1000 Terabyte) pro Jahr archiviert. Derartige Big Data gibt es auch in der Physik (z. B. am Teilchenbeschleuniger LHC am CERN in Genf), in der Klimaforschung (z. B. am Deutschen Klimarechenzentrum, DKRZ) und in den Biowissenschaften, etwa in daten-intensiven Großexperimenten (z. B. am KIT mithilfe des High Throughput Microscopy, HTM, vgl. García 2011; Hartenstein/Mickel/Nussbaumer 2009; SCC 2007). Doch auch in den Geisteswissenschaften ist die große Datafizierung angekommen. Ein Beispiel: Das Projekt ePoetics an der Universität Stuttgart analysiert und visualisiert zwanzig deutschsprachige Poetiken als digitales Textkorpus mit interaktiver Analyse- und Visualisierungssoftware. Dazu wurden die Texte in digitale Dokumente transkribiert und durch bibliographische, strukturelle aber auch inhaltliche Metadaten angereichert. Methodologisches Ziel der Pilotstudie ist es zu zeigen, wie sich qualitative, also hermeneutische, und computergestützte quantitative, also algorithmische Verfahren, als „Algorithmic Criticism" zueinander verhalten und ergänzen können. Die Überprüfung vorhandener und Entwicklung neuer Hypothesen soll durch eine Kombination von hermeneutischem „Close Reading" und algorithmischem „Distant Reading" geleistet werden – vor allem durch computer-linguistische, statistische Text- und Sprachanalysen, etwa zur Berechnung quantitativer Aussagen zur Unterstützung hermeneutischer Hypothesen, Textmining (Erkennen von benutzerdefinierten Konzepten) und „Word Clouds" (automatisch generierten Zusammenfassungen). Hierbei handelt es sich nicht um Big-Data-Analysen (BDA) im eigentlichen Sinne, aber es liegt eine Form von Künstlicher Intelligenz (KI) vor, nämlich maschinelles Lernen – also eine computer- und datengestützte Methode, die manuell so nicht möglich wäre und auch für BDA relevant ist. Dadurch ergeben sich Erweiterungsmöglichkeiten auf andere Gegenstände, weshalb alle „Digital Humanities" davon in Hinblick auf neue, auch methodologische, Forschungsfragen profitieren können.

1.2.2 Big-Data-Analysen (BDA) als abduktiv-exploratives Forschungsinstrument?

Die Möglichkeiten von Big Data suggerieren, dass das Zeitalter des Verstehens, der Theorien und Modelle obsolet ist und man nur noch Korrelationen zu betrachten braucht. Chris Anderson hat großspurig und medienwirksam das Ende der Theorie und die Überflüssigkeit wissenschaftlicher Methoden verkündet (Anderson 2008/2013, S. 126). Doch sollte man dies nicht einfach als Spinnerei ad acta legen, etwa weil sich der Autor inzwischen viel vorsichtiger äußert, denn die provokanten Thesen basieren auf einer richtigen Beobachtung, nämlich dass sich heute automatisch unvorstellbar große Datenmengen sammeln und – das ist entscheidend – gerade in Zeiten von Big Data automatisiert und algorithmenbasiert analysieren und auswerten lassen. Geht nun endlich der positivistische Traum von den „nackten Zahlen", die für sich sprechen, in Erfüllung? Auch weniger euphorische Experten nehmen an, dass sich der Wissenschaftsbetrieb durch Big Data grundlegend verändern wird. Doch werden die Wissenschaften dadurch *wissenschaftlicher*, was etwa Viktor Mayer-Schönberger für die Sozialwissenschaften erwartet? Können

1.2 Big Data in der Wissenschaft

auch die Geisteswissenschaften von Big Data profitieren, indem sie „durch Quantifikation und Datenanalyse neue Erkenntnisse gewinnen" und damit einen „neuen Zugang zur Welt", eine „Infrastruktur der Aufklärung für das 21. Jahrhundert" (Mayer-Schönberger 2016) liefern? Weniger zuversichtliche Wissenschaftler sehen darin vielmehr reine Sammelwut: Daten würden um ihrer selbst willen gehortet, ohne dass man eine konkrete Forschungsfrage oder Problemstellung habe. Während früher der Datenmangel ein Problem war, bestehe heute eher Analysemangel. Manche befürchten gar einen „Daten-Tsunami" (Müller-Jung 2013), der die Forschung überrollen und überfordern könne, so dass Chaos und digitaler Kollaps sich abzeichnende Gefahren seien.

Kommt es durch Big-Data-Technologien zu einem Paradigmenwechsel in der Wissenschaft samt „epistemologischer Revolution", insofern die ehemals „hypothesengeleitete zur datengeleiteten Forschung" (Rheinberger 2007, S. 123) wird? Datenbasierte Methoden gelten in den „Computational Sciences" bereits als vierte Säule – neben Theorie, Experiment und Simulation – wissenschaftlicher Erkenntnisgewinnung (vgl. Gramelsberger 2010, S. 85). Das ist eine Aufgabe, die nur interdisziplinär – vor allem in Kooperationen mit der IT – gemeistert werden kann. Zudem müssen standardisierte Methoden entwickelt und die entwickelten Technologien der gesamten Forschungsgemeinschaft zur Verfügung gestellt werden. Wie aber steht es um einen etwaigen Paradigmenwechsel in der wissenschaftlichen Methodologie? „[E]rsetzt die große Datenmasse und -vielfalt sowie deren Durchforstung mittels hochkomplexer Algorithmen demnach die klassische deduktiv-nomologische Logik [... mithilfe] einer induktiv-explorativen Logik, ähnlich wie Data Mining-Verfahren?" (Mayerl 2015, S. 1; vgl. González-Bailón 2013, S. 158). Mayerl (2015) hat bereits in sieben Punkten Überlegungen zu methodologischen Implikationen und Problemen von Big Data skizziert, auf die auch die vorliegenden Überlegungen aufbauen. Genügen die Methoden etwa den wissenschaftlichen Standards der Gültigkeit (Validität) und Zuverlässigkeit (Reliabilität)? Und genügt der Gegenstandsbereich („Daten") dem Anspruch der Repräsentativität? Nicht-aufbereitete digitale Daten bzw. digitale Spuren, etwa in sozialen Netzwerken, sind weit weniger objektiv und häufig von zweifelhafter Qualität (Venturini u. a. 2015, S. 17ff.).

Die Wissenschaftstheorie als Teilgebiet der Philosophie und als Hilfswissenschaft der einzelnen Disziplinen reflektiert das wissenschaftliche Selbstverständnis in Form der Kritik ihrer Voraussetzungen, Methoden und Ziele – mit besonderem Fokus auf ihren Wahrheitsanspruch. Deshalb sind an dieser Stelle auch einige wissenschaftstheoretische Hinweise geboten, um gerade eine ethisch-normative Bewertung von Big Data in der Wissenschaft leisten zu können. Es würden nämlich wissenschaftsethisch relevante Wissenschaftsstandards und wissenschaftliche Wahrheitsansprüche ignoriert, wenn unbegründete oder gar unbegründbare Analyseergebnisse zu Wissen deklariert werden, obwohl gerade die Datenqualität der Quelldaten nicht den wissenschaftlichen Standards genügt, was auch die Qualität der Ergebnisse beeinträchtigt. Denn aus nicht-repräsentativen Daten können keine repräsentativen Ergebnisse gewonnen werden. Eine Fixierung auf die Suche nach Korrelationen kann zu falschen Schlüssen führen. Sind Algorithmen überhaupt nützliche wissenschaftliche Instrumente? Die größte Herausforderung der nahen Zukunft liegt (nicht nur für die Computational Sciences) in der Kombination von klassischer Wissenschaft und digitalen Technologien. Das hat Auswirkungen auf den Wissenschaftsbetrieb, unser Wissenschaftsverständnis und unsere zukünftige Epistemologie. Denn mit dem Austauschen von Erkenntnismitteln geht auch eine Veränderung der Methodologie und sogar des Erkenntnisbegriffs selbst einher, wie manche meinen (vgl. Boyd/Crawford 2013, S. 192). In den Wissenschaften, die Big-Data-Analysemethoden benutzen, steht nicht länger eine Hypothese, sondern ein exploratives Vorgehen am Beginn des Forschungsprozesses. Das deduktiv-nomologische Modell wissenschaftlicher Erkenntnisgewinnung wird durch eine (vermeintlich) „theoriefreie", auch methodisch nicht anders handhabbaren Suche nach neuartigen, bisher unbekannten Korrelationen bzw. „Mustern" ersetzt, die wiederum im Anschluss weiter untersucht und interpretiert werden müssen (vgl. Röhle 2014, S. 167). Im Folgenden soll gezeigt werden, dass computergestützte datenbasierte Analysemethoden methodologisch höchstens ergänzend genutzt werden können, wobei die „Logik" dieser Methodologie eine abduktiv-explorative ist.

Abduktion in Erkenntnis- und Wissenschaftstheorie

Im Unterschied zur analytischen, formal-gültigen Deduktion (dem Schluss vom Allgemeinen auf das Besondere) und der durch Sammlung und Klassifikation von Erfahrungsdaten generalisierenden Induktion (dem Schluss von einer üblichen Regelmäßigkeit auf das Allgemeine), ist die heuristische Abduktion ein hypothetischer Schluss vom Einzelnen und einer Regel auf eine Regelmäßigkeit. Aus wissenschaftstheoretischer Sicht bietet das folgenden Vorteil: „Jede Hypothese kann daher, wenn keinerlei besondere Gründe für ihre Ablehnung vorhanden sind, zulässig sein, vorausgesetzt, dass sie in der Lage ist, experimentell verifiziert zu werden, und nur insofern sie solcher Verifikation zugänglich ist" (Peirce CP 1998, CP 5.197). Doch der Nachteil besteht darin, dass die Abduktion nur bloße Möglichkeit liefert, sie ist also immer solange spekulativ, bis die abduzierte Hypothese empirisch validiert worden ist, denn man kann mit ihr alles begründen. Ein überraschendes Phänomen, also etwas, was eigene Überzeugungen in Frage stellt, steht am Anfang dieser Inferenz. Dann wird im abduktiven Schritt die Überraschung beseitigt – und zwar durch eine unterstellte, bisher noch unbekannte neue Regel, denn wenn es eine Regel A gäbe, dann wäre das überraschende Phänomen

1.2 Big Data in der Wissenschaft

erklärt. Ließe sich dies auch durch bereits bekannte Regeln erreichen, dann wäre das Phänomen nicht überraschend gewesen. Bei der Abduktion muss eine neue Regel erst noch gefunden bzw. konstruiert werden. Dann muss erstens überprüft werden, ob das überraschende Phänomen überhaupt ein Fall der neuen Regel ist und zweitens, ob diese überzeugend ist.

Wir können in einem ersten Schritt nichtkreative Abduktionen von kreativen unterscheiden. Doch was bestimmt die „Güte" kreativer Abduktionen? Die Forderung nach Kohärenz und Vereinheitlichung. Kohärenz als alleiniges Kriterium führt zu der problematischen Frage, warum ein (intern) kohärentes System „wahrer" sein soll als eine anderes. Auch Fiktionen können intern höchst kohärent sein. Erst ohne begriffliche Zirkularitäten gelangt man zu einem befriedigenden Kohärenzbegriff – und das über das Konzept der Vereinheitlichung: „Dabei ist ein Wissenssystem […] umso mehr vereinheitlicht, je mehr elementare Tatsachen darin auf je weniger elementare Prinzipien plus elementare Tatsachen argumentativ zurückführbar sind" (Schurz 1995, S. 11). Die kreative Abduktion als „Schluss auf die beste Erklärung" dient der Vereinheitlichung, so Schurz' Vorschlag; aber sie „kann nur dann Vereinheitlichung erbringen, und macht daher nur dann wissenschaftlichen Sinn, wenn sie sich auf empirische Regelmäßigkeiten bezieht – auf empirische Gesetze, die durch übergeordnete Theorien erklärt werden" (Schurz 1995, S. 12). Mit Hubig können wir – über Peirce hinausgehend – zwischen vier Abduktionstypen unterscheiden: 1.) Schluss auf den Fall unter anerkannten Regeln (abduktive Induktion), 2.) Schluss auf die Regel (hypostatische Abstraktion), 3.) Schluss auf die beste Erklärung (kreative Abduktion), 4.) Schluss auf die beste Erklärungsstrategie (vgl. Hubig 2006, S. 208ff.).

Abduktive Wende in der KI-Forschung?

Klassische Algorithmen „rechnen" derart, dass ihre „Berechnungen" als logischer Prozess (re-)konstruiert werden können: Das deduktive Lernen ist aus interdisziplinärer Perspektive insofern interessant, als es den Grenzbereich zwischen maschinellem Lernen und nichtlernenden Algorithmen beleuchtet" (Harrach 2014, S. 147). Operationen von maschinell lernenden Algorithmen bzw. Artefakten (MLA) können zwar ebenfalls als Abfolge von Schlussfolgerungen betrachtet werden, indem aus Datensätzen Muster bzw. Strukturvorschläge „erschlossen" werden (vgl. Toprak 2011, S. 234; Bishop 2008; MacKay 2003). Im Unterschied zu nicht-lernenden Algorithmen, die deduktiv vorgehen, lässt sich maschinelles Lernen als Abfolge von abduktiven Schlüssen rekonstruieren: „Die Rede von einem abduktiven Schluss bezieht sich immer auf den Prozess der Erstellung des Strukturvorschlages und berücksichtigt insbesondere die Vorstruktur als Modell für die technischen Formalisierungen der jeweils eingesetzten Selbstorganisationsprinzipien" (Harrach 2014,

S. 304; vgl. Kaminski/Harrach 2010). Das Hauptproblem jeglichen Diskurses ist an dieser Stelle, dass die „hegemoniale" empiristische und (neo-)positivistische Wissenschaftstheorie, rationale Schlüsse („Inferenzen") auf Deduktion und Induktion reduziert. Ganz anders Peirce: „Jedes einzelne Stück wissenschaftlicher Theorie ist der Abduktion zu verdanken" (Peirce 1998, CP 5.172).

Eine erste, logizistische Deutung sieht in der Abduktion eine formal-logische Operation, die methodisch herstellbar ist. Die KI-Forschung versucht dementsprechend im Anschluss an Thagard, welcher den semiotischen Erkenntnisgewinn in der Kognitionsforschung mithilfe der Abduktion erklärt, indem er menschliches Denken in Analogie zu computergestützten Verarbeitungsprozessen setzt, Abduktionen algorithmisch umzusetzen. Aber die Möglichkeit, menschliche, also auch assoziative oder kreative, Prozesse zu algorithmisieren, ist vor allem wegen der Vagheit, Unsicherheit und Kontextabhängigkeit sehr beschränkt. In einer zweiten Lesart hilft die Abduktion schlichtweg, Überraschendes zu erklären und Unverständliches zu verstehen. Vor allem in den klassischen hermeneutischen Wissenschaften, für die das Verstehen, Interpretieren und Übersetzen zentral ist, fasst man die Abduktion im Wesentlichen als Detektivschluss auf. So ist auch Umberto Ecos Aphorismus „Alle Interpretation beruht auf Abduktion" zu verstehen, denn Interpretationen laufen nicht formal (deduktiv) ab, sondern sind vor allem heuristisch. Doch welche Heuristik ist adäquat? In einer dritten Lesart liefert die Abduktion als Schluss auf die beste bzw. wahrscheinlichste Erklärung eine pragmatische und wissenschaftspraktische Strategie, durch welche wahrscheinliche bzw. plausible Hypothesen gebildet und abgesichert werden.

Alle diese Faktoren abduktiven Schließens – nämlich ihre logische Form, ihre heuristische Funktion und ihre Fähigkeit, plausible Hypothesen zu liefern – reichen jedoch nicht aus, um zu erklären, wie MLA „abduzieren". Harrach meint, „zielorientierte Autoadaptionsprozesse würden am ehesten einem abduktiven Schluss entsprechen, der unter einer Reihe von denkbaren Regeln die im konkreten Kontext optimale Regel identifiziert und zum Einsatz bringt" (Harrach 2014, S. 304; vgl. auch Kaminski/Harrach 2010) – also Hubigs Abduktionstyp 2, der „hypostatischen Abstraktion" entspricht. Doch wie steht es um ergebnisoffene Autoadaptionsprozesse, „in denen eine mathematische Modellierung und Optimierung noch nicht möglich ist und eine autoadaptive Vorstruktur mit geringen Vorgaben zu Vorwissen erstellt werden muss" (Harrach 2014, S. 305)? Wir wollen an dieser Stelle keine wissenschaftstheoretische Vertiefung liefern (vgl. Wadephul 2016), sondern auf praktische Konsequenzen hinweisen.

Die Stärke maschinellen Lernens, dass der Algorithmus autoadaptiv entscheidet, welche Kriterien wichtig sind, kann nämlich in der Praxis zum Problem werden. So reagiert beispielsweise selbst bei gut erforschten teil-autonomen Fahrsystemen

1.2 Big Data in der Wissenschaft

die Technik auch falsch – gerade weil MLA auch falsch lernen können, etwa wenn ein Aufkleber auf dem Heck eines Lkws als ein Verkehrsschild missinterpretiert oder Schattenwürfe und Spiegelungen des Sonnenlichts als repräsentativ erachtet wurden, weshalb das System nachts nicht funktionierte. Jüngst haben sich derartige „Lernfehler" in der Praxis insofern als verheerend herausgestellt, als der erste Unfalltote durch ein Fahrsystem zu beklagen war. Das System „verwechselte" einen weißen Lkw-Anhänger mit dem Horizont, so dass das Auto ungebremst dagegen raste und dessen Dach regelrecht abrasiert wurde. Für den „Tesla-Crash" gibt es im Untersuchungsbericht PE 16-007 ein Klassifikationsproblem des Systems als Erklärung: „Both the radar and camera sub-systems are designed for front-to-rear collision prediction mitigation or avoidance. The system requires agreement from both sensor systems to initiate automatic braking. The camera system uses Mobileye's EyeQ3 processing chip which uses a large dataset of the rear images of vehicles to make its target classification decisions. Complex or unusual vehicle shapes may delay or prevent the system from classifying certain vehicles as targets/threats" (NHTSA 2017, S. 3). Über die Schlussfolgerungen für das Systemdesign (und die implizite Kritik an Teslas Umsetzung) muss und wird gestritten. Das grundsätzliche Problem lautet, kurz gesagt, wie folgt: „Es erweist sich hier immer noch als ungemein schwierig, gewöhnliche „intuitive" Denkleistungen des Common Sense algorithmisch zu implementieren" (Schurz 1995, S. 14). Das Abduktionsschema soll in der KI dabei helfen, menschliche Denkprozesse technisch zu imitieren und zu simulieren, um letztlich „ein Expertensystem zu entwickeln, das insofern operiert, als es seine eigene Semantik hat, flexibel ist und aus seinen eigenen Fehlern lernt, assoziative und kreative Prozesse vollzieht und mit vager, unsicherer Information umgehen kann" (Wirth 1995, S. 418). Die Frage, wie solche Erfahrungen von MLA empirisch validiert werden, gilt es unter wissenschaftstheoretischen Gesichtspunkten zu problematisieren.

Big-Data-Analysen als abduktiv-exploratives Forschungsinstrument in den Wissenschaften?

Wissenschaftshistorisch betrachtet, tauchte in den Geistes- und Sozialwissenschaften immer wieder der Wunsch auf, durch eine Quantifizierung die menschliche Fehlerquelle zu überwinden (vgl. Röhle 2014, S. 163). Aktuell zeigt sich dies etwa in Plädoyers für eine neue, auf Big Data und maschinelle Analysemethoden gestützte Sozialwissenschaft als Teil der „*Digital Humanities*". Big Data ist vor allem aus zwei Gründen auch für die Sozialwissenschaften relevant: Erstens gibt es immer mehr klassische Forschungsgegenstände – Texte, Audioaufnahmen, Bilder und Filme – in digitaler Form, was die Anwendung computergestützter Analysemethoden ermöglicht. Zweitens findet ein nicht geringer Teil öffentlicher und privater Kommunikation bereits in digitalen Medien statt, was auch die Wissenschaftskommunikation verändert hat. Langwierige Transkriptions- und Erfassungsverfahren haben sich so zwar erübrigt, aber die Herausforderungen für computergestützte quantitative Analysen von sozialen Medien – also das „Entdecken" bisher unbekannter, aber potenziell nützlicher Strukturen, Muster bzw. Routinen in diesen Kommunikationsprozessen, die mit exemplarischen qualitativen Analysen nicht erkennbar sind – sind enorm. Auf zwei spezifische Probleme computergestützter Analysen von Internet-Korpora sei hier verwiesen: Erstens ist der Gegenstandsbereich komplexer (als etwa Textkorpora wie bei ePoetics) aufgrund der Heterogenität der Daten, die sowohl unterschiedliche Symbolsysteme (natürliche Sprache, Abkürzungen, Sonderzeichen, Metadaten etc.) als auch unterschiedliche Modi (Schrift, Bilder, Emoticons, Grafiken) beinhalten. Es ist deshalb zweitens nötig, qualitative Kriterien für quantitative computergestützte Analysen von Text- und Internet-Korpora zu entwickeln sowie interdisziplinär zwischen hermeneutisch-qualitativen und quantitativ-algorithmischen Verfahren zu vermitteln – wie etwa bei ePoetics zwischen Computerlinguistik, Diskursforschung, Netzwerkforschung, Medien- und Kommunikationswissenschaft und Simulationstheorie. Damit stehen nun auch die Sozialwissenschaften methodologisch vor dem Schritt, die bereits mit mixed-method-Ansätzen begonnene Verknüpfung von qualitativen Fallstudien und quantitativen, statistischen Auswertungen zu algorithmisieren und zu institutionalisieren.

Viele Sozialwissenschaftler verstehen – im Anschluss an Hanson (1958) und wie KI-Forscher – die Abduktion in ihrer ersten Lesart als formal-logische Operation, die methodisch herstellbar ist. Dementsprechend könn(t)en MLA und BDA auch in den Sozialwissenschaften als Forschungsinstrument algorithmisch erzeugte Abduktionen liefern. Doch handelt es dabei nicht um kausale, sondern heuristische Erklärungsangebote. Deshalb finden sich auch kritische Stimmen: „Aus Sicht einer geisteswissenschaftlichen Soziologie, wie sie Adorno der empirisch-positivistischen Soziologie entgegenstellt, ist der Algorithmus Feindbild: weil er das Gesellschaftliche auf Mathematik reduziert und abweichende, alternative Positionierungen blockiert" (Simanowski 2014, S. 85). Die Ersetzung von Kausalität bzw. von Begründungsverhältnissen durch Korrelationen wäre das Ende wissenschaftlicher Wahrheitsansprüche, da in jedem endlichen Datensatz eine Systematik gefunden werden kann (vgl. Harrach 2014, S. 283). Ob die Korrelationen relevant sind oder nur Zufall, kann man bei BDA und MLA schwer sagen. Korrelationen erlangen aber erst dann einen wissenschaftlichen Wert, wenn sie auf ihre Sinnhaftigkeit hin überprüft werden. BDA können im schlechtesten Fall zur Apophänie führen, also dazu, Muster wahrzunehmen, wo keine existieren (vgl. Boyd/Crawford 2013, S. 198), im besten Fall jedoch zu einer neuen deskriptiven Perspektive auf Daten-

1.2 Big Data in der Wissenschaft

korrelationen – sie geben aber niemals kausale Wirkzusammenhänge oder rationale Begründungsverhältnisse an. Belegende oder widerlegende Bedeutung erlangen sie nur innerhalb eines Theorierahmens (vgl. zur Veränderung des Theoriebegriffs durch Big Data: Mainzer 2016).

Wissenschaftstheoretisch ausgedrückt, können BDA und MLA als exploratives Forschungsinstrument durch ihre „ergebnisoffenen" Strukturvorschläge und damit neuartigen Weltbezüge eine (abduktive) Vorarbeit in einem datenbasierten wissenschaftlichen Erkenntnisprozess leisten: „Genau an diesem Punkt setzt [...] Theoriebildung ein; sie stellt die allgemeinen Thesen auf, die dann [...] [anhand von] Daten überprüft werden. In dieser Hinsicht ändert sich also nichts für die (sozial-)wissenschaftliche Methodologie des kausalen Erklärens, Verstehens und Prognostizierens von [...] Phänomenen" (Mayerl 2015, S. 2). Auch bei BDA-Ergebnissen handelt es sich um interpretationsbedürftige Phänomene (bisher unbekannte Muster bzw. Strukturvorschläge), welche (noch) nicht erklärt werden können. Dies stört den gewohnten Erkenntnismodus und führt zu Zweifeln. Mit einer neuen Regel (Theorie) jedoch bestünde eine Erklärung für das Phänomen. Der Forschungsprozess besteht im Erklären von bisher unbekannten Phänomenen durch neue, regelhafte Erklärungen, mit dem Ziel, Überzeugungen zu festigen – und ist dementsprechend selbst abduktiv: „Dennoch herrscht bis heute der Irrglaube vor, dass Wissenschaftler, die auf qualitative Methoden setzen, Geschichten erzählen, während Forscher, die auf quantitative Verfahren setzen, Tatsachen produzieren. In dieser Hinsicht laufen wir mit Big Data Gefahr, traditionelle Trennlinien innerhalb der uralten Diskussion über wissenschaftliche Methoden und die Legitimität der sozial- und humanwissenschaftliche Forschung zu reproduzieren" (Boyd/ Crawford 2013, S. 196).

1.2.3 Prekarisierung von Wissenschaft durch fehlende Kontrolle und Überprüfbarkeit von BDA?

Computergestützte, datenbasierte Methoden und maschinelle Auswertungen gelten bereits als vierte Säule im Wissenschaftsbetrieb. Doch besteht die Möglichkeit der intersubjektiven Überprüfbarkeit und Replikation von BDA-Ergebnissen? Nicht nur Mayerl sieht das kritisch, denn wenn kein universeller Zugang zu Big-Data-Archiven und BDA-Technologien möglich ist, „so fehlt den generierten Ergebnissen ein wesentliches Merkmal wissenschaftlicher Erkenntnisgewinnung: die intersubjektive Nachprüfbarkeit und Wiederholbarkeit empirischer Resultate" (Mayerl 2015, S. 2). Neben diesem praktischen und vor allem ethisch und politisch brisanten Problem gibt es auch ein grundsätzlich wissenschaftstheoretisches Problem, denn selbst bei dem prinzipiell simplen Forschungsprojekt zur Erstellung einer Fotodatenbank aller Sehenswürdigkeiten, ist retrospektiv nicht mehr sicher beurteilbar, ob und wie algorithmische Technik „zur Unterstützung bei der Erstellung von Weltbezügen und zum Umgang mit Nichtwissen eingesetzt wurde" (Harrach 2014, S. 291). Verliert die Herstellung von Nachprüfbarkeit als zentrale Wissenschaftsfunktion durch computerbasierte Technologien zunehmend an Bedeutung? Dann begeben sich auch Wissenschaftler „dem Output von Big-Data-Systemen gegenüber in ein Vertrauens- oder Glaubensverhältnis, eine Kontrolle der Funde, Strukturvorschläge etc. ist jedoch ausgeschlossen. Diese verunmöglichte Überprüfbarkeit hat Konsequenzen in Bezug auf die Wissenschaftlichkeit der Ergebnisse" (Gransche u. a. 2014, S. 138), weil „es mangels Erwartung, wie ein Ergebnis aussehen kann (bzw. soll), keine „fehlerhaften" Ergebnisse geben [kann] und somit keine Fehlerkorrektur oder Kontrolle im engeren Sinn" (ebd., S. 185).

Zudem besteht die Gefahr zirkulärer Methodik, denn Autoadaptionsprozesse sind iterative, d. h. sich ständig wiederholende Prozesse, durch die neuartige Strukturvorschläge ermöglicht werden, indem in weiteren, höherstufigen Wiederholungen die so hergestellten Muster in den Analyseprozess integriert und schließlich immer stabilere Ergebnisse erzeugt werden. Somit ist ein zentrales Charakteristikum von BDA „die zunehmende Umstellung auf zirkuläre Anwendungen von datenbasierten Mustern auf die jeweiligen Datensätze selbst" (Püschel 2014, S. 4). Neben der Frage, ob BDA von ergebnisoffenen MLA abhängig sind, bleibt letztlich ungeklärt, ob die erkannte Struktur angemessen bzw. relevant ist und wie sie interpretiert werden soll. Ist jegliches Ergebnis von BDA bzw. jeglicher Strukturvorschlag von MLA angemessen? Selbstverständlich nicht! Doch soll an dieser Stelle das Kriterium der Falsifizierbarkeit allein über die Güte von BDA-Ergebnissen entscheiden? Wir stehen hier vor dem Rechtfertigungsproblem jeglicher Abduktion. Auf der einen Seite versuchen Abduktionen, plausible Erklärungen für anderweitig Unerklärbares zu liefern, sie geben aber keine Rechtfertigungen. Auf der anderen Seite jedoch muss den jeweiligen technischen Prozessen eine (wenn auch schwache) Form von Rationalität unterstellt werden. „Damit ergibt sich auch in der KI-Forschung die Notwendigkeit, sich mit dem „abduktiven Zirkel", der die Reformulierung des hermeneutischen ist, auseinanderzusetzen" (Wirth 1995, S. 419; vgl. Luger/Stern 1993, S. 157).

Unterschätzung der Interpretation bei gleichzeitiger Erwartung einer Angemessenheit von BDA-Ergebnissen

Die Aufgabe von BDA liegt darin, Daten als Informationen in spe eine potenzielle Bedeutung zu verleihen. Doch welche Muster bzw. Strukturvorschläge sind relevant und welche nicht? BDA liefern zwar stabile Input-Output-Beziehungen, aber welche

1.2 Big Data in der Wissenschaft

Funktionen bzw. Informationen diese haben, wird projiziert – da es keinerlei kausale Verbindungen gibt. Diese Projektionen sind selbst modell- und kontextabhängig und können sich stark ändern. Deshalb bergen gerade Big-Data- und KI-Technologien ein erhebliches „Konfliktpotenzial, da die entstehungskontextunabhängige Interpretation zu Fehlannahmen, Missverständnissen oder falschen Voraussagen führen kann" (Püschel 2014, S. 16). Bei der Interpretation, die selbst eine höherstufige Abduktion darstellt, spielt das Vorwissen des Interpretierenden eine Rolle, das auch bei Wissenschaftlern nicht völlig explizit, aber Teil der wissenschaftlichen Praxis des Argumentierens ist.

Doch es zeigt sich ein weiteres schwerwiegendes praktisches Problem, denn die aus BDA mittels MLA gewonnenen Ergebnisse als unvorhergesehene Strukturvorschläge werden in der Praxis vom Nutzer zumindest mit einem Wunsch nach Angemessenheit der Korrelationen, Muster oder Strukturvorschläge aufgeladen. Doch da gerade aufgrund der autoadaptiven Prozesse von MLA BDA-Ergebnisse vielfältig und auch widersprüchlich ausfallen können, ist fraglich, ob derartige Ergebnisse auch relevant sind, denn sie müssen interpretiert werden, bevor man sie überhaupt als (Roh-)Informationen geschweige denn als Wissen bezeichnen kann. Speziell bei MLA ist eine Qualitätskontrolle wichtig, weshalb Informatiker entsprechende Algorithmen systematischen Fehleranalysen unterziehen, welche wiederum technik- und zeitintensiv sind – und selbst dann gibt es keine Gewähr für andere Anwendungen. Paradoxerweise jedoch wird in der Praxis bei Nutzern automatischer Analysemethoden aus einem berechtigten Wunsch nach Angemessenheit der Ergebnisse oft eine unberechtigte Erwartung, v. a. wenn vollständig unbekannte Daten analysiert werden sollen – was gerade für BDA konstitutiv ist: „Dieser Effekt kann sich [...] – radikalisieren, wenn – insbesondere im Felde der Big Data – die Zielräume offen gehalten bzw. überhaupt keine Zielräume mehr definiert werden. Es besteht dann eine Erwartung/Hoffnung/Neugier auf Ergebnisse von Selbstorganisationsprozessen" (Gransche u. a. 2014, S. 65).

Die positivistischen Metaphern Rohdaten und Data Mining suggerieren zudem, dass die zu analysierenden Daten „als faktisch vorfindliche Entitäten in der Welt bestehen und nur von entsprechenden Apparaturen „abgebaut" werden müssten, um dann das in ihnen gelagerte Wissen nutzen zu können" (Püschel 2014, S. 12). Püschel wirft dem Positivismus dementsprechend berechtigterweise vor, „einen allgemeingültigen, systemübergreifenden Mechanismus der Rekontextualisierung und Verarbeitung von Daten zu suggerieren" (ebd., S. 17). Aber Daten sind nie selbsterklärend. Wie können Fehler durch die algorithmische Aufbereitung erkannt und beseitigt werden? Bei BDA und MLA müssen Wissenschaftler mit Urteilskraft viel Interpretationsarbeit leisten, was zu vielfältigen Problemen wie subjektiven Verzerrungen führen kann. Denn das (Big) Data Mining i. e. S. ist nur ein Analyseschritt des Data Minings im weiten Sinn. Die Entdeckung relevanter Muster in großen Datenmengen meint nämlich den fünfstufigen, iterativen Prozess der sogenannten Knowledge Discovery in Databases: 1) Fokussieren: Datenerhebung und Selektion, aber auch Bestimmen bereits vorhandenen Wissens; 2) Vorverarbeitung: Datenbereinigung von Inkonsistenzen und Entfernen oder Ergänzen von unvollständigen Datensätzen; 3) Transformation in das passende Format für den Analyseschritt; 4) Data Mining im engen Sinn, der eigentliche Analyseschritt; 5) Interpretation/Evaluation der „gefundenen" Muster (vgl. Fayyad 1996; Ester/Sander 2000). Auch der wissenschaftliche Einsatz von BDA und MLA ist von der erfolgreichen Interpretation der Strukturvorschläge abhängig und sollte Statistikern bzw. Data Scientists vorbehalten sein oder zumindest in enger Kooperation mit diesen stattfinden.

Leider kommt es in der Praxis zu einer Überschätzung von Software-Agenten, die vor allem darin liegt „anzunehmen, dass es sich um Artefakte handelt, die selbsttätig Muster in Daten erkennen und daraus, unabhängig von menschlichen Einflüssen, Konzepte oder Modelle erstellen bzw. diese Modelle eigenständig in den Rohdaten entdecken" (Harrach 2014, S. 16). Das ist insofern problematisch, als eine automatisierte „autonome" Entscheidungsfindung durch Software menschliche Entscheidungen qua Urteilskraft sowie rechtliche und moralische Verantwortung tangiert. Auch die angebliche Alternativlosigkeit von computergestützten Verfahren kann zu Autonomieverlusten führen, vor allem aufgrund der relativen Autonomie derartiger Systeme. Ob es zu einer Optimierung wissenschaftlicher Praxis durch Data Mining, Data Analytics und Big Data kommt, wird sich zeigen. Eine zentrale Frage bleibt, inwieweit MLA dazu in der Lage sind, eigenständig Hypothesen zu bilden, welche im Forschungsprozess angewandt werden können.

Ethisch-normative Grundfragen durch Big Data in der Wissenschaft

Wissenschaft als zusammenhängendes „enzyklopädisches" Wissenssystem soll über die wesentlichen Eigenschaften, kausalen Zusammenhänge und Gesetzmäßigkeiten der Natur, Technik und Gesellschaft in Form von Theorien, Begriffen, Kategorien, Gesetzen und Messungen aufklären, indem es sich als Wissens- und Erfahrungsinstitution in Teildisziplinen und Einzelwissenschaften ausdifferenziert, welche sich wiederum auf jeweilig abgegrenzte Gegenstandsbereiche beziehen. Dies geschieht prozessual-methodisch. Wissenschaft ist damit ein methodischer, intersubjektiv überprüf- und nachvollziehbarer Forschungsprozess, der begründetes, geordnetes und gesichertes Wissen generiert, wenn die Aussagen, Theorien und Verfahrensweisen strengen Prüfungen der Geltung unterzogen wurden und dem Anspruch objektiver, transsubjektiver Gültigkeit genügen. Wie verändert Big Data den Wissenschaftsbetrieb? „In *sachlicher* Hinsicht ersetzt Big

1.2 Big Data in der Wissenschaft

Data Theorien, denn Daten und deren Verknüpfung reichen aus, um Modelle zu entwickeln und neue Einsichten zu gewinnen. In *zeitlicher* Hinsicht beschleunigen sich Datenerfassung und -auswertung dank Big Data massiv, sie laufen in Echtzeit ab, also simultan zur Datenerzeugung. In *sozialer* Hinsicht treten mit Big Data Computer und Algorithmen als lernende Maschinen an die Stelle von Personen, die auf der Grundlage von Erfahrung und Expertise urteilen" (Ritschel/Müller 2016, S. 5). Eine mögliche Gefährdung dieser gesellschaftlich fundamentalen Institution, nämlich die Prekarisierung von Wissenschaft durch fehlende Kontrolle und Überprüfbarkeit von Big-Data-Analyseergebnissen, wurde bereits dargestellt. MLA, die angesichts von festgestellten Korrelationen Hypothesen bilden, müssen für die Forschung transparent sein, wenn sie sinnvoll in den Wissenschaftsbetrieb eingebunden werden sollen. Nun folgen thesenartig ethisch-normative Überlegungen, denn auch der Wissenschaftsbetrieb ist nicht „normfrei", sondern Ort ethischer Herausforderungen.

In der ethischen Reflexion der gerade mittels computergestützten und datenbasierten Technologien und Methoden bedingten Veränderung wissenschaftlicher Praxis entstehen einerseits Fragen zur Zukunft wissenschaftlicher Methodik (Korrelationen und statistische Muster statt Kausalitätsbegründung), andererseits zum Verhältnis zwischen Wissenschaftlern und Technologie. Insbesondere ist an die relative Formen von Autonomie zu denken, wobei dies computerbasierte Formen ebenso betrifft, wie die Automatisierung und Digitalisierung oder die Ablösung wissenschaftlicher Berufsfelder durch den Einsatz von maschinell lernenden Artefakten und Robotern. Dabei wird deutlich, dass das Spannungsfeld zwischen Wissenschaft und technologischer Entwicklung weitreichende Folgen für die zukünftige Wissenschaft hat. Eine datenbasierte Berechnung kann nämlich potenziell auch von Informatikern geleistet werden. Dabei ginge aber das theoretische und praktische Wissen und Können der Fachwissenschaften verloren. Nur eine verstärkte Entwicklung inter- und transdisziplinärer Forschungsprojekte kann diesen Kompetenzverlust kompensieren, so dass die neuen technologischen Möglichkeiten von Big Data mit dem theoretischen Wissen und den praktischen Erfahrungen der Fachwissenschaften sinnvoll verknüpft werden können (vgl. Mayerl/Zweig 2016).

Technik rechtfertigt sich durch ihre Entlastungsfunktion und durch neue Handlungsoptionen, die sie verschafft. Es stellt sich in automatisierten Prozessen durchaus die Frage, ob es tatsächlich durch den Einsatz von Big-Data-Technologien eine Entlastung und sozusagen Ermächtigungen gibt oder ob nicht vielmehr Entmündigungen stattfinden. Die Akzeptanz von Big Data im Wissenschaftsbetrieb wird mittel- und langfristig davon abhängen, ob sie in ihrer Entlastungsfunktion nicht zu Kompetenzverlusten und Verletzungen von Optionswerten, nicht zuletzt des Handelnkönnens selbst führen. Die technischen und methodischen Bedingungen – von der Sensorik über die Art der Daten und der Analysemethoden, die Software, Algorithmen und MLA, die Strategien zur Modellierung und Interpretation – müssen transparent und überprüfbar sein, so dass Wissenschaftler mit validen Ergebnissen umgehen können. Wenn aber nur noch eine unberechtigte Erwartung an die Ergebnisse besteht, bringt das zwangsläufig Prekarisierungen und Kompetenzverluste, wenn nicht gar Kontrollverluste mit sich. Wissenschaft darf aber nicht die Kontrolle über ihre Systemdynamik verlieren. Deshalb ist das Potenzial von BDA und MLA für wissenschaftliche Prozesse und Beteiligungsformen stets im Spannungsfeld zwischen Ermöglichung höherer wissenschaftlicher Qualität einerseits, und asymmetrischer Spezialisierung, Fragmentierung und Polarisierung oder gar Gefährdung wissenschaftlicher Standards andererseits zu reflektieren. Das wiederum geht nicht ohne kritische ethische Reflexion und normativ begründete Argumentationen auf Basis ethischer Prinzipien wie Autonomie, Subsidiarität, Teilhabe, Egalität, Neutralität oder Freiheit der Forschung.

Wie vor allem die ausführlichen wissenschaftstheoretischen Ausführungen zeigen sollten, liegen genuin metaethische Fragen bezüglich Big Data in der Wissenschaft vor allem in der Bestimmung von Wirklichkeit und der durch datenbasierte Methoden einhergehenden Gefahren des Positivismus sowie der Verwechslung von Modell und Wirklichkeit. Mit Neuser (2013, S. 112) lässt sich zwischen spezifischem und unspezifischem Nichtwissen unterscheiden. Während spezifisches Nichtwissen immer noch in einen begrifflich aufgespannten Erfahrungsraum passt, der z. B. für Risikoanalysen bedeutsam ist, gilt dies nicht für unspezifisches Nichtwissen, das gar nicht gewusst werden kann, da die entsprechende Begrifflichkeit fehlt und der Suchraum gar nicht markiert werden kann. In gewisser Weise können wir sagen, *dass ergebnis-offene MLA aus unspezifischem Nichtwissen ein spezifisches Nichtwissen machen können*, wenn sie uns anderweitig unentdeckbare Relationen und Muster sehen lassen. Die Frage, wie in der Wissenschaft mit der neuartigen Wissensform des *spezifischen Nichtwissens* adäquat umgegangen werden kann, wird sich erst noch zeigen. Doch wissenschaftliche Autonomie und das Prinzip der Subsidiarität – auch in der Wissenschaft – dürfen hierbei nicht geschwächt oder gar aufgehoben werden. Machen digitale Datenanalysen, denen weder Hypothesen noch theoretische Modelle zugrunde liegen, am Ende Wissenschaftler (samt ihrer Urteilskraft, die bei den verschiedenen Entscheidungen im Forschungsprozess nötig ist) überflüssig? Sollen Menschen auch im Wissenschaftsbetrieb durch Maschinen bzw. Algorithmen ersetzt werden?

Ethische Herausforderungen durch Big Data, wie Fragen der Datensicherheit und Datensparsamkeit sind nicht Big-Data-spezifisch, sondern betreffen allgemeine ethische Probleme digitalisierter Wissenschaftsprozesse, wie etwa die digitale De-

1.2 Big Data in der Wissenschaft

terminierung wissenschaftlicher Praxis. Hier besteht kein Bedarf einer neuen Ethik des Big Data-Managements, wie bereits die Mutter der Computerethik, Deborah Johnson, wusste (vgl. Johnson 1985). Dennoch können ethisch relevante Phänomene wie etwa die Entstehung eines „Digitalen Grabens", d. h. der ungerecht verteilte Zugang zu digital gespeichertem Wissen, auch im Wissenschaftsbetrieb durch Big Data verstärkt werden und Hierarchien und Monopolbildungen begünstigen. Lev Manovich (2014, S. 77) hat auf die gesellschaftliche Spaltung zwischen der Mehrheit der Datenproduzenten, den wenigen Datensammlern und der verschwindend kleinen Gruppe der Datenanalysten hingewiesen. Hier könnte Open Access im Sinne einer freien Verfügbarkeit wissenschaftlicher Informationen auch auf Big Data angewandt werden, um einen leichteren Zugang zu aktuellen Forschungsergebnissen voranzutreiben und die digitale Kluft zwischen Instituten und Disziplinen zu verkleinern. Allerdings stellt sich hier die Frage, ob die Freigabe immer verantwortet werden kann. Probleme dieser Art betreffen die Wissenschaftsethik im Allgemeinen und die Ethik der Computational Sciences im Besonderen.

Big Data könnte sich auch im Wissenschaftsbetrieb insofern als Machtfaktor erweisen, als auch in dieser Praxisform „wahre Erkenntnisse" nicht kontextfrei und automatisch, sondern „konkret wissenschaftspolitisch" in Projekten durchgesetzt werden müssen. Vermeintlich rein technische (Entscheidungs-)Prozesse können aber durchaus normativ oder politisch wirksam sein. Böschen, Huber und König (2016) sehen in Big-Data-Algorithmen eine Form „passiv-struktureller Subpolitik", die sich selbst zwar als unpolitisch begreift, gleichwohl aber normative Strukturen schafft. Zukünftige institutionelle Entwicklungen und damit verbundene Machtfragen und -konstellationen innerhalb des Wissenschaftsbetriebs müssen genau beobachtet und reflektiert werden.

Das Prinzip der informationellen Selbstbestimmung führt für eine *Big-Data-Ethik* als *Ethik der Systemgestaltung* unweigerlich zu der Forderung, zumindest Rekonstruktionen der Prozesse, in denen sich das Systemverfahren abspielt, wahrnehmbar und diskutierbar, wenn schon nicht transparent, zu machen. Erst dann kann im Sinne einer *anwendungsbezogenen Ethik* über Verfahrensoptionen und Ergebnisinterpretationen normativ gestritten werden. Als Kompensationsmittel schlagen wir – analog zur Diskussion um Ubiquitous Computing – eine Mensch-System-Metakommunikation im Sinne der wissenschaftlichen Transparenzbildung vor.

Drei Ebenen einer derartigen Parallelkommunikation müssten eingerichtet werden, damit über diese Systeme normativ geurteilt werden kann:

1. zwischen Entwicklern, Dienstleistern, Providern und Nutzern;
2. zwischen Nutzern und System bezüglich der Frage, ob die in den Systemen modellierte Nutzererwartung noch adäquat ist;

3. eine wissenschaftlich-interdisziplinäre Parallelkommunikation über Monitoring und Diskursverfahren, in der über Standards, Bewährtheit oder Misslichkeit der Systemnutzung zu beraten ist.

Erst eine Systemnutzung kann explizit machen, inwiefern

a. die von den Nutzern (in diesem Falle den Wissenschaftlern) intendierten Ziele,
b. die von den benutzten Big-Data-Systemen als intendiert unterstellten Ziele,
c. die Ziele der Entwickler, Hersteller und Anbieter der Big-Data-Technologien

mit den faktischen Ergebnissen übereinstimmen oder nicht (vgl. Hubig 2007).

1.3 Big Data im Gesundheitswesen

Klaus Wiegerling

1.3.1 Allgemeine Fragestellungen

Wie stellt sich die Nutzung von Big-Data-Technologien im Anwendungsfeld dar?

Das gesamte Gesundheitswesen, von der im engeren Sinne medizinischen Forschung und Praxis, über therapeutische Anwendungen und Anwendungen im Pflegebereich, von der ökonomischen Organisation und Verwaltung bis zur Patientenlogistik, ist zunehmend datenbasiert und die gesamte Entwicklung des Anwendungsfeldes datengetrieben. Die Erhebung und Auswertung großer Datenmengen mit neuen informatischen Werkzeugen ist quasi die „natürliche" Erweiterung des eingeschlagenen Wegs einer informatischen Verschaltung aller Felder des Gesundheitswesens (Wiegerling et al. 2005, S. 253-286). Man verspricht sich von den unter Big Data gefassten neuen Anwendungsmöglichkeiten präzisere physiologische Einsichten, differenziertere Behandlungsmöglichkeiten und individuellere Behandlungsmethoden. Dabei wird davon ausgegangen, dass im gesamten Anwendungsfeld Big-Data-Technologien, oft mit robotischen Systemen gekoppelt, zum Einsatz kommen, die medizinische, therapeutische und pflegerische Handlungen nicht nur unterstützen, sondern in Teilbereichen auch selbständig agieren und die Patienten, das medizinische und pflegerische Personal sowie die Angehörigen entlasten. Darüber hinaus erhofft man sich für das gesamte Gesundheitswesen direkte oder indirekte Einsparungen. Big-Data-Technologien im engeren Sinne sind dabei nur

1.3 Big Data im Gesundheitswesen

„ein" – wenn auch ein zunehmend wichtiger – Teil der zur Anwendung kommenden informatischen Techniken.[4] Sie sind oft verwoben mit Datenbanktechniken und robotischen Techniken. Die vorliegende Darstellung übergeht nicht den Kern von Big-Data-Technologien, die Echtzeiterfassung und Echtzeitsteuerung, nimmt aber auch deren Einbettung in andere informatische Technologien zur Kenntnis. Schauen wir auf einige Anwendungsszenarien.

In der Anästhesie können Systeme, die eine große Zahl fließender Vitaldaten eines Patienten überwachen, eigenständig präzise und behutsame Regulierungen durchführen – dies freilich unter der Kontrolle eines menschlichen Anästhesisten. Man geht davon aus, dass ein System Datenmengen überwachen kann, die die Aufnahmefähigkeit des Anästhesisten übersteigt. Darüber hinaus soll das System über die Kontrolle hinaus Datenbewertungen vornehmen und entsprechend dieser Bewertungen agieren. Dabei müssen die Rahmenbedingungen, unter denen die Bewertung erfolgt, allerdings explizit vorliegen. Die Systeme sollen weiterhin auf Datenmaterial „ähnlicher" Fälle zurückgreifen und im Abgleich mit diesen Aktionen initiieren (vgl. Lemke 2012, S. 13-19). Ziel der Entwicklung wäre die Annäherung und möglicherweise Überbietung der ärztlichen Bewertungskompetenz durch das System.

Big-Data-Algorithmen werden genutzt, um Vorhersagen über das Aufkommen und die Verbreitung von Epidemien treffen zu können. Man analysiert dabei z.B. das Suchverhalten und Einträge in sozialen Netzwerken im Hinblick auf die Artikulation von Symptomen und Ärztekontakten (vgl. Mooney et al. 2015, S. 390 ff.).

Im Pflegebereich versucht man durch die permanente Auswertung medizinischer Daten und sozialer Interaktionsdaten zu einer Pflege zu gelangen, die die persönliche Befindlichkeit des Pflegebedürftigen stärker berücksichtigt und das Notwendige mit individuellen Wünschen vermittelt. Man verspricht sich davon mehr Flexibilität, mehr Adaption an den organischen Zustand und eine höhere Akzeptanz seitens des Pflegebedürftigen.

Im Therapiebereich erhofft man sich durch die permanente Analyse großer Datenmengen eine bessere individuelle Justierung therapeutischer Maßnahmen. Diese sollen präziser den individuellen Notwendigkeiten angepasst werden, was

---

4 Einen guten Überblick über die Thematik verschafft der WinfWiki-Artikel „Big Data im Gesundheitswesen" (http://winfwiki.wi-form/Index.php/Big_Data_im_Gesundheitswesen). Ohne explizit auf Big Data einzugehen, gibt über die Konvergenz von Biotechnologie und Informatik der Bericht von Van Est und Stemerding einen guten Überblick (vgl. Van Est/Stemerding 2012, insbes. Kap. 5: Biocybernetic Adaption and Human Computer Interfaces: Applications and Concerns). Auf biopolitische Aspekte, Fragen der Assistenz im Alltag und in der Pflege geht der Beitrag von Manzeschke, Assadi und Viehöver ein (vgl. Manzeschke et al. 2015).

eine Verbesserung und Beschleunigung von Heilprozessen zur Folge haben, aber auch ökonomische Ressourcen schonen soll. Die Medikamentierung soll durch die permanente Analyse physiologischer Daten den organischen Zuständen angepasst werden (vgl. Langkafel 2016).

Die Ätiologie verspricht sich einen Schub bei der Früherkennung von Krankheiten sowie Hinweise auf bisher unbeachtete physiologische Zusammenhänge (vgl. ebd.).

In der medizinischen Forschung erhofft man sich bei der statistischen Auswertung medizinischer Daten einen Quantensprung. Bei noch unerforschten seltenen Krankheiten könnten neue Einsichten gewonnen werden, wenn entsprechende Möglichkeiten des Aufweises von Datenkorrelationen gegeben und die statistische Auswertung einer höheren Zahl ähnlich gelagerter Krankheitsbilder möglich sind – was voraussetzt, dass Datenbestände zumindest in den hochtechnisierten Teilen der Welt zugänglich sind (vgl. ebd.). Einblicke in die Strukturen und Prozesse unseres Körpers sollen immer präziser, medizinische Maßnahmen immer individueller und passgenauer werden. Es wird von einer kompletten digitalen Vermessung unseres Körpers geträumt, von einer verbesserten Diagnostik und Therapie (vgl. Mainzer 2014, insbes. Kap. 9). Der Körper wird dabei quasi zu einem digitalen Double transformiert, das Gegenstand kalkulierender Prozesse ist.

Intelligente Implantate könnten aufgrund der permanenten Überwachung von Vitaldaten selbständig Regulierungen vornehmen oder die Notwendigkeit von Neujustierungen anzeigen, die extrakorporal von einem Fachmann vorgenommen werden. Damit könnte immer tiefer und präziser in organische Prozesse eingegriffen werden. Unser Gesundheitszustand würde eine permanente Überwachung erfahren, was vor allem bei Risikopatienten hilfreich sein könnte.

Schauen wir genauer auf den Einsatz datenbasierter Systeme im OP-Bereich (vgl. Reckter 2016). Dabei ist zu unterscheiden zwischen a) *Assistiven Systemen*, die rechnergestützt und mit einer Aktorik ausgestattet sind, letztlich aber komplett der menschlichen Steuerung unterliegen, b) *Teilautonomen Systemen*, die Teilschritte im Operationsvorgang übernehmen und eine Alarmfunktion ausüben können, um den Chirurgen zur Korrektur zu nötigen, und c) *Wissensbasierte Systeme,* die Entscheidungen des Operateurs vorstrukturieren und Teilentscheidungen übernehmen; sie können chirurgische Entscheidungen managen und Planungen zur Nachsorge übernehmen (vgl. Manzeschke 2014, S. 230ff.). In diesem Feld sind auch Big-Data-Technologien anzusiedeln. Bei der Fortentwicklung wissensbasierter Systeme können Big-Data-Technologien einen Fortschritt bewirken, wenn alle verfügbaren Daten über den Patienten, ähnlich gelagerte Fälle und Operationsverläufe digital verarbeitet und in Echtzeit aufeinander bezogen werden. Hinzu kommen Daten aus medizinischen Datenbanken, die in den Operationsvorgang eingebunden und auch zur Steuerung von Instrumenten genutzt werden. Aufgrund archivierter

1.3 Big Data im Gesundheitswesen

OP-Daten können Systeme weiterentwickelt bzw. optimiert bzw. in ihrer „Entscheidungsfähigkeit" ausdifferenziert werden. Dies kann zur Folge haben, dass es zu einem Abbau von Arbeitsplätzen im chirurgischen Bereich kommt. Gleichzeitig ist davon auszugehen, dass es zu einem Zuwachs beim technischen Personal zur Wartung, Überwachung und Steuerung der Systeme vor, während und nach der OP kommen wird (vgl. Manzeschke 2014, S. 236).

Es sind nach Müller-Jung in der Medizin vier große Trends zu verzeichnen: die Digitalisierung, Big-Data-Analysen, die Systembiologie als molekulares Netzwerkdenken sowie die Vernetzung durch soziale Medien, die Einfluss auf die medizinische Praxis nehmen. Unter dem Stichwort Präzisionsmedizin wird eine erweiterte Stufe datenbasierter und personenzentrierter Medizin verstanden, deren Ziel es ist, ein leibliches Wohlbefinden und eine physiologische Stabilität zu garantieren. Es soll ein gläserner Mensch verwirklicht werden, der in seinem physiologischen Zustand vollkommen überwacht und jederzeit durch minimale Eingriffe oder die Verabreichung von Medikamenten gesund erhalten werden kann. „Jeder soll seine Echtzeit-Daten, Millionen von Datenpunkten, in eine „individuelle und dynamische Datenwolke" abgeben, in der seine körperlichen Stärken und Schwachstellen rigoros und fortlaufend ausgewertet werden" (Müller-Jung 2016, S. 1). Der im engeren Sinne physiologische Bereich soll dabei transzendiert werden. Präzisionsmedizin achtet nach dem US-amerikanischen Unternehmer Leroy Hood nicht nur auf genetische Daten, sondern auch auf Umweltdaten: „Wir nehmen jeden Menschen und kreieren um ihn herum eine dichte und dynamische Datenwolke mit Milliarden von Datenpunkten, und wir können dann diese Datenpunkte nach der Analyse und Integration nutzen, um einen Möglichkeitsraum zu schaffen, der es den Menschen erlaubt, gesund zu werden oder eine gesunde Lebensweise beizubehalten." (Hood 2016, S. 1). Hood schließt in diesem Interview rasch von Daten- auf Wissensbasierung, etwa wenn er von einer wissensbasierten Wellness spricht, wobei dies ein „Kurzschluss" ist. Es ist aber wahrscheinlich, dass zur medizinischen Analyse vermehrt eine Kontrolle der Lebensweise hinzukommen wird, schließlich steht der Mensch als offenes System in einem permanenten Austausch mit der Welt, die von der Nahrungsaufnahme bis zu sozialen Beziehungen Auswirkungen auf unser Wohlbefinden hat. Man muss kein Kritikaster sein, um die Fehlschlüsse solcher Visionen, die die fundamentale Bedeutung der Datenbewertung quasi überspringen, erkennen zu können. Allerdings markieren sie einen Trend im gegenwärtigen Gesundheitsdiskurs. Gesundheit soll auf Messungen, Datenauswertungen und Regulierungsweisen basieren, die über körperliche Zustände hinausreichen. Unser Wohlbefinden resultiert dann letztlich auf Rechenleistungen.

Nach welchen Kriterien erfolgt die Mustererkennung im Datenstrom?

Mustererkennung erfolgt bei medizinischen Anwendungen entlang bisher als gesichert angenommener Normalverhältnisse. Neu erkannte Muster werden auf diese bezogen. Im Fokus medizinischer Anwendungen stehen typische Abweichungen von Normen, die aus relationalen Verhältnissen gewonnen werden. Erst solche Abweichungen lassen auf bestimmte Krankheitsbilder schließen. Während in der medizinischen Praxis vor allem die Stabilisierung physiologischer Zustände aufgrund vorgängiger Bewertungen bzw. bestehender Wissensbestände im Fokus steht, geht es im Falle der medizinischen Forschung um die Einsicht in bisher nicht erfasste organische Zusammenhänge. Neue Relationen sollen sichtbar werden, mit deren Hilfe Krankheitsursachen eruiert werden können. Die Ätiologie sucht nach typologisch fassbaren Auffälligkeiten, die Hinweise auf Krankheitsursachen geben. Erst wenn es zu einer Krankheitsbestimmung gekommen ist, wenn individuelle Datensätze mit anderen individuellen Datensätzen abgeglichen wurden und es zu typologisch fassbaren Abweichungen von Normen kommt, die sich in Ähnlichkeitsbeziehungen von Datenserien artikulieren, können medizinische Maßnahmen zur Heilung ergriffen werden. Es finden zwar auch „Heilungen" von Krankheiten, deren Ursachen unbestimmt sind, durch „Erprobung" von Maßnahmen statt, daraus lässt sich aber noch kein medizinisch gesichertes Wissen ableiten. Wer nur auf Korrelationen achtet, führt bestenfalls eine Stabilisierung physiologischer Zustände herbei, nicht aber eine Heilung. Der Patient bleibt damit grundsätzlich in einer Abhängigkeit von medizinischen Institutionen, Apparaturen und Medikamenten.

Echtzeiterfassungen von Vitaldaten und Echtzeitsteuerungen von physiologischen Prozessen, etwa über Implantate oder extrakorporal agierende Geräte dienen im Wesentlichen der Stabilisierung physiologischer Zustände, nicht der Heilung. Systeme erfassen Abweichungen vom Normbereich und können u. U. in automatisierten Aktionen regulierend eingreifen. Als Problem zeigt sich dabei, dass der Organismus immer in einem Austausch mit der Umwelt steht, die ihrerseits datenmäßig erfasst werden müsste. Gewiss lassen sich klimatische Bedingungen, Luftfeuchtigkeit, Luftdruck etc. präzise erfassen, allerdings geraten wir bei Daten aus der sozialen Mitwelt an Grenzen der Datenerfassung, da in diesem Falle auch historisch-kulturelle Befunde einem Kalkül unterworfen werden müssten. Der erwähnte gläserne Mensch, der eine vollkommene Datafizierung erfährt, bleibt so eine Chimäre, weil die angestrebte vollkommene Transparenz aufgrund der Notwendigkeit von Desartikulationen im Erkenntnisprozess nicht erreicht werden kann und historisch-kulturelle Entitäten wie Personen und Institutionen in ihrem Wirken keinem Kalkül unterworfen werden können.

1.3 Big Data im Gesundheitswesen

Nach welchen Kriterien erfolgen automatisierte Aktionen des Systems?

Die Idee einer personalisierten Medizin, die mit Hilfe von Big-Data-Technologien eine Realisierung erfahren soll, ist in der medizinischen Praxis nicht neu. Medizinische Praxis sollte natürlich immer personalisiert betrieben werden, also unter Einbeziehung von Lebensweisen, Belastungsfaktoren, körperlichen Schwächen etc. Gesundheit zu definieren ist medizinisch ein Problem, da sie wesentlich auch von gesellschaftlichen Leistungserwartungen abhängt (Wiegerling 2012, S. 137-154). Nicht nur organische Funktionalitäten spielen hier eine Rolle, sondern auch körperliche Potenziale. Es geht nicht nur um ein physiologisches Gleichgewicht, sondern auch um erweiterte, das Organische transzendierende Harmonievorstellungen, also auch um harmonische Körper-Psyche- und Körper-Umwelt-Verhältnisse.

Es ist zu unterscheiden zwischen der medizinischen Praxis, die eine wissenschaftliche Kenntnisse nutzende personalisierte Kunst ist, und der Medizin als Wissenschaft, die nicht personalisiert agieren kann, schließlich gilt hier wie in jeder Wissenschaft: De singularibus non est scientia. Es ist allerdings möglich, personale Spezifika, also persönliche Datenkorrelate, bei der Behandlung von Erkrankungen stärker zu berücksichtigen und so medizinische Maßnahmen quasi „smart" zu gestalten, wozu Big-Data-Technologien einen Beitrag leisten sollen.

Systeme sollen so eingerichtet werden, dass Einsichten in individuelle physiologische Zustände gewonnen werden, welche zu individuellen Behandlungsmethoden führen, die alle körperlichen Stärken und Schwächen sowie außerorganische Faktoren in medizinische Entscheidungen einbeziehen. Dabei lässt sich von einer wissensbasierten Medizin sprechen, wenn Entscheidungen auf kontrollierbarem und hierarchisiertem Datenmaterial beruhen. Auch wenn ein lebendiger Organismus eine nie völlig „feststellbare" Entität ist, so lassen sich doch typische Veränderungsverläufe feststellen. Man kann ein datenerfassendes und -verarbeitendes System so einrichten, dass es in Verbindung mit Aktoren sozusagen selbständig auf die permanente Datenanalyse reagiert. Man kann Systemaktionen aber auch begrenzen, wenn Situationen entstehen, die eine ärztliche Bewertung erfordern.

In gewisser Weise nimmt auch ein System „Bewertungen" vor. Diese liegen in einem normierten Bereich, der vor dem Einsatz des Systems festgelegt wurde, wobei typische Abweichungen patientenspezifischer Relationen, also Anomalien, Berücksichtigung finden. Systembewertungen haben aber einen anderen Charakter als ärztliche Entscheidungen, die die bestehende Situation und die herkömmlichen Bewertungsstandards transzendieren können und es möglicherweise zu einer Neubewertung von Datenrelevanzen kommt. Wir müssen konstatieren, dass je komplexer ein Relationsgefüge ist, desto problematischer automatisierte Systemaktionen werden. In Bezug auf medizinische Entscheidungen verkehrt sich in gewisser Weise das, was über die Anästhesie gesagt wurde, nämlich dass Anästhesisten die Vielzahl von Daten nicht mehr überblicken können. Ein System kann letztlich nicht die tatsächlich bestehenden Entscheidungsmöglichkeiten überblicken, weil es keine Fähigkeit zur Transzendierung der Handlungssituation und keine Kompetenz zur Neusetzung von Zwecken hat. Hätte es diese Fähigkeit, wäre das System schlichtweg kein Werkzeug mehr. So sind einfache Aktionen, wie die automatische Regulierung des Blutzuckerspiegels durchaus machbar. Ab einem bestimmten Komplexitätsgrad muss die Relevanz von Relationen aber eingeschätzt werden. Die können je nach Behandlungsziel und aktuellem organischem Befund unterschiedlich sein. Zwar hängt in einem Organismus alles mit allem funktional zusammen, das heißt aber nicht, dass allen inneren und äußeren Organen das gleiche Gewicht zukommt. Auch der Arzt geht perspektivisch mit dem Patienten um, und nur perspektivisch erlangt er zu Erkenntnissen, da er Hervorhebungen und Nachordnungen vornimmt. Eine Gleichordnung von Daten lässt nichts erkennen. In Krisensituationen kommt es auf bestimmte, nicht auf alle Datenserien an. Der behandelnde Arzt muss unter Zeitdruck entscheiden, welche Daten relevant sind und durch den Einsatz von Medikamenten verändert werden müssen und welche man vernachlässigen kann. Dies kann sich in medizinisch-physiologischen Kontexten, vor allem bei Multimorbidität ganz unterschiedlich darstellen. Vernachlässigbar erscheinende Daten, die normalerweise nicht untersucht werden, können dann u. U. eine hohe Relevanz gewinnen.

Immer wieder kommt es in der medizinischen Forschung zur Auf- oder Abwertung von Daten. Nicht das einzelne Datum kennzeichnet einen Befund, sondern eine Datenrelation wie das Verhältnis von systolischem und diastolischem Blutdruck. In der medizinischen Forschung versucht man mit Hilfe von Big-Data-Algorithmen neue Einsichten in Krankheitsursachen zu gewinnen, indem Datenrelationen, deren Zusammenhang bisher wenig beachtet wurde, untersucht bzw. neu erkannte Datenrelationen in den Fokus gerückt werden. Big-Data-Technologien, die neue Weltzusammenhänge in den Fokus bringen (vgl. Harrach 2014, S. 284), können dabei ein wichtiger Motor des medizinischen Fortschritts sein. Sie können quasi zu Befunden gelangen, nach denen nicht gesucht wurde.

Datenrelationen unterliegen in der Medizin einer permanenten Bewertung. Dabei kann ein System als Werkzeug, das auffällige Datenveränderungen anzeigt, die Bewertung unterstützen. Es wäre aber fahrlässig, bei komplexeren Entscheidungslagen von einem System Bewertungen und daraus folgende Aktionen vornehmen zu lassen, etwa die Erhöhung eines Medikaments, ohne dass dies von einem Fachmann kontrolliert wird, der zur Transzendierung der jeweiligen Handlungssituation imstande ist. Die vermeintliche „Professionalität" des Systems rührt von dessen Fähigkeit her, quasi alles von sich „abtropfen" zu lassen, was nichts mit der

Kontrolle und Regulierung bestimmter Daten zu tun hat. Ein Anästhesist dagegen ist nie nur Anästhesist, sondern weiß auch um die Einbettung seiner Arbeit, kennt die technischen Bedingungen des OPs, die Handlungspräferenzen und Schwächen seiner Kollegen. Die Fähigkeit Situationen zu transzendieren und mit Mitakteuren im OP zu kommunizieren kann auch bedeuten, dass Maßnahmen unkonventionell abgeändert oder aufgegeben werden. Bei der Meisterung von Krisen kann die Fähigkeit zur Transzendierung des gewohnten professionellen Handlungsrahmens von großer Bedeutung sein.

Es ist davon auszugehen, dass bestimmte „intuitive" Fähigkeiten im OP künftig nicht mehr als notwendig angesehen werden, dagegen informatische Kenntnisse vermehrt eingefordert werden. Der unmittelbare Arzt-Patient-Kontakt wird verstärkt medial gebrochen werden. Das Gespräch zwischen Arzt und Patient wird zwar nicht überflüssig werden, aber mehr denn je aus der Bewertung und Erläuterung von Datenbefunden bestehen. Der Austausch ist datenbasiert, der Arzt zunehmend Übersetzer und Interpret von Daten.

Die Notwendigkeit Entscheidungsprozesse der Systeme kritisch zu kontrollieren und die eigene Entscheidungskompetenz zu erhalten wird erschwert, zum einen aufgrund mangelnder Zeit, aber auch aufgrund der Undurchschaubarkeit paralleler Rechenprozesse und fließender Datenmengen. Zuletzt gibt es auch Grenzen der technischen Kompetenz des Arztes, die nur durch die beständige Kooperation mit informatischen Spezialisten kompensiert werden kann. Wir müssen uns auf veränderte Bedingungen der medizinischen Praxis einstellen. Die Kritik an den vom System errechneten Ergebnissen kommt aber eigentlich immer zu spät, wenn das System mit Aktoren gekoppelt ist, die unmittelbar auf Analysate reagieren. Systeme lassen in der Anwendungssituation kaum konkrete Überprüfungen, kaum eine Reflexion der Analysate zu. So kommt zuletzt der ärztlichen Intuition und der Möglichkeit eines ad hoc herstellbaren Einblicks in Metadaten eine wichtige Funktion bei der Systemanwendung zu (vgl. Wiegerling 2011, S. 186 ff.).

1.3.2 Ethische Implikationen

Persönlichkeitsschutz

Unter bestimmten technischen und rechtlichen Bedingungen kann durch Anonymisierungsverfahren ein Schutz persönlicher Daten, die zu statistischen, zumeist wissenschaftlichen Zwecken erhoben werden, durchaus ermöglicht bzw. eine Deanonymisierung extrem erschwert werden. Solche Verfahren greifen freilich nicht in der konkreten medizinischen Praxis, wo es darauf ankommt, dass persönliche physiologische Daten in ihren konkreten Relationen erhalten bleiben, da nur so

Einsicht in physiologische Zustände gewonnen werden kann. Durch die angestrebte Digitalisierung und Vernetzung aller Bereiche des Gesundheitswesens ist ein effizienter Datenschutz hier nur schwer zu erreichen. Es ist davon auszugehen, dass die einem Datensatz zugrunde liegende Person identifizierbar bleibt. Wenn medizinische Daten verstärkt ausgetauscht (z. B. ärztlicher Austausch oder Austausch zwischen Arzt und Krankenkassen) werden, ist die Sicherheitsarchitektur der vernetzten Systeme vor neue Herausforderungen gestellt. Neben technischen Sicherheitsmaßnahmen sind auch autorisierte Kontrollinstanzen vermehrt gefordert.

Von großer Bedeutung ist die Frage, ab wann durch Datenverarbeitung und -weitergabe im Gesundheitswesen Persönlichkeitsrechte gefährdet sind, wann ein Missbrauch tatsächlich vorliegt. Wenn Krankenkassen Datensätze von Patienten mit deren Einwilligung überprüfen, um ärztlichen Betrug aufzudecken, hat dies noch nichts mit einem Verstoß gegen das Datenschutzrecht zu tun, wenn medizinische Daten an den Arbeitgeber weitergegeben werden, hingegen schon. Die entscheidende Frage ist, wie gesichert werden kann, dass Gesundheitsdaten den engeren Bereich des Gesundheitswesens nicht verlassen. Wir müssen allerdings zur Kenntnis nehmen, dass es durch die zunehmende Nutzung Wearables die Möglichkeit gibt, persönliche physiologische Daten sowie Daten über die persönliche Lebensweise (etwa sportliche Aktivitäten und Ernährungsweise) jenseits eines engeren medizinischen Gebrauchs für Zwecke der Optimierung der persönlichen Leistungsfähigkeit zu nutzen. Damit werden Daten aber unter Umständen. auch für die Produktanbieter zugänglich, die damit kommerzielle Interessen verfolgen können. Dies muss mir noch nicht schaden, kann es aber, wenn Daten, die die körperliche Leistungsfähigkeit einer Person dokumentieren, für nicht autorisierte Kreise zugänglich werden. Dies betrifft nicht nur das berufliche, sondern auch das öffentliche Leben; selbst politische Funktionen oder Vereinsämter werden an körperliche Leistungserwartungen gebunden. Generell stellt sich die Frage, ob sich über Wearables und privat genutzte Vitaldatenmess- und Verarbeitungsgeräte ein medizinisch unkontrolliertes paralleles „Gesundheitswesen" entwickelt, das die Nutzer vermehrt kommerziellen Interessen einer kaum kontrollierten „Gesundheitsindustrie" aussetzt.

Entmündigung vs. Ermächtigung

Von grundsätzlicher Bedeutung ist die Frage, inwieweit durch den Einsatz von Big-Data-Technologien Entmündigungen des Patienten und des Arztes stattfinden können. Dies ist kein medizinspezifisches Problem. Es ergibt sich durch eine enge Koppelung von Big-Data-Technologien mit vermeintlich „autonom" mittels Aktoren agierenden Systemen, wobei der Begriff der Autonomie im Sinne einer selbstgesetzgebenden starken Autonomie unangemessen ist (vgl. Gransche et al. 2014).

1.3 Big Data im Gesundheitswesen

Ermächtigung ergibt sich zunächst aus der Idee des Technikeinsatzes, da Technik idealiter nicht nur entlastet, sondern auch Handlungsmöglichkeiten eröffnet. So ist zu konstatieren, dass mithilfe von Big-Data-Technologien neue medizinische Handlungsmöglichkeiten angezeigt werden. Es werden Zusammenhänge von physiologischen Daten erkannt, die ohne sie nicht erkannt werden könnten. Durch die Verknüpfung von Big-Data-Technologien mit Aktoren können vom System selbständig Maßnahmen durchgeführt werden wie Veränderungen in der Dosierung von Medikamenten oder die automatische Justierung eines Implantates. Entmündigungen liegen vor, wenn medizinische Entscheidungen und Handlungen durch die Systemnutzung eingeschränkt werden. Damit ist nicht gesagt, dass die Einschränkung zum Schaden des Patienten sein muss. Wissensbasierte Systeme können den Handlungsspielraum des Arztes zwar einschränken, wenn aufgrund von Gewohnheit mögliche Alternativen als nicht gegeben erachtet werden, sie verringern aber auch Unsicherheiten, was die Aussicht erhöht, dass ärztliches Handeln erfolgreich ist. Dennoch besteht eine Dialektik von Entlastung und Entmündigung, wenn Handlungsspielräume bzw. -alternativen durch die Systemnutzung ausgeblendet werden und Krisenkompetenzen bei ungewöhnlichen Krankheitsverläufen nicht mehr zur Verfügung stehen.

Im OP-Bereich sind chirurgische Handlungen zunehmend eingebunden in intelligente Handlungsumgebungen, die nicht zuletzt mithilfe von Big-Data-Technologien auch selbständig Wissen generieren sollen. Diskret unterscheidbare Träger von Handlungen und Entscheidungen lassen sich hier kaum mehr finden. Die Aufbereitung der Daten wird an Algorithmen delegiert, deren Ergebnis unmittelbar Einfluss auf das medizinische Handeln nimmt. In einem strengen Sinne, konstatiert Manzeschke, kann dem Chirurgen in Umgebungen mit hybriden Systemen kein auktoriales Handeln mehr zugeschrieben werden. „Im Unterschied zu Handlungen in Verbundsystemen, in denen viele Menschen gemeinsam an einer Verbundhandlung zusammenwirken, werden im systemgebundenen Handeln in zunehmendem Maße Maschinen eingebunden, die aufgrund ihrer Rechenfähigkeit und ihrer Kapazität zu Künstlicher Intelligenz einen eigenen Anteil an der Entscheidung und damit an der Handlung haben, die vom Menschen selbst nicht intendiert und auch nicht mehr vollständig überblickt werden kann." (Manzeschke 2014, S. 242). Der Chirurg wird damit zu einem ausführenden Organ mit eingeschränkter Entscheidungskompetenz. Medizinische Verantwortung wird damit zunehmend auf die jeweilige medizinische Institution übertragen, die sich durch eine entsprechende apparative und personale Ausstattung und deren Zusammenspiel bewähren muss.

Intransparenz

Transparenz ist keine moralische Kategorie, prinzipiell besteht aber etwa zwischen Privatheit und Transparenz ein Gegensatz (vgl. Han 2012). Es gibt viele Bereiche, in denen der Intransparenz, so im Gesundheitswesen, eine Schutzfunktion zukommt. In Bezug auf den Einsatz von Big-Data-Technologien liegt Intransparenz bereits darin, dass ein System, das mit fließenden Datenmengen arbeitet, streng genommen nur noch unter Zuhilfenahme anderer Technologien kontrollierbar ist. Die Intransparenz wird dadurch erhöht, dass wir es mit sich permanent wandelnden Datenmengen zu tun haben. Eine vollkommene Rückführung der Analysate auf konkrete Daten wie im Falle der Arbeit mit Datenbanken ist nicht möglich (vgl. Mayerl 2015). Nicht das einzelne Datum ist die Basis des Analysats, sondern Abläufe, die sich typologisch fassen lassen. Aus diesen Abläufen und ihrem Verhältnis zu anderen Abläufen werden Schlüsse gezogen. Manzeschke beschreibt das Komplexitäts- bzw. das Entscheidungsproblem beim digitalen Operieren und damit das Problem der Intransparenz der Systemkonfiguration so: „Entscheidungen für das Digitale Operieren werden zunehmend komplexer aufgrund der Quantität an Daten und der verschiedenen Klassen, denen sie angehören: Sensordaten (optisch, kalorisch, metrisch usw.), Vitaldaten des Patienten, Metadaten zum Krankheitsbild und zur Behandlung, Daten aus virtuellen Modellen von Patienten, Daten zur Navigation der Instrumente u. a. Diese komplexen Entscheidungen stellen selbst wieder Daten einer weiteren Klasse dar, die für weitere Operationsentscheidungen relevant sein können – eine permanente Rekursion, mit der das System immer weiter lernt und die Basis für weitere Entscheidungen kontinuierlich verbreitert, was wiederum als Ausweis der Objektivität und Evidenzbasierung gelesen werden kann" (Manzeschke 2014, S. 242f.).

Das Entscheidungsmanagement erfolgt entsprechend einer bestimmten Hierarchie bzw. informatischen Ontologie, die im Systemprogramm realisiert ist. Um dem Chirurgen wenigstens eine bescheidene Kontrollmöglichkeit zu geben, wären Weisen der Parallelkommunikation mit dem System hilfreich, die ad hoc bei Irritationen eingesetzt werden können und Metadaten in Bezug auf das gegebene Analysat angeben. So könnte etwa angezeigt werden, dass einem Analysat keine hormonellen Befunde zugrunde liegen oder ein Sensor ausgefallen ist. Die relative Intransparenz des Zustandekommens von Analysaten und den darauf beruhenden Systementscheidungen wird die Medizin vor neue Herausforderungen stellen. Parallele Kommunikationsstrukturen mit dem System, die mit einfacher Bedienung schnelle Überprüfungsmöglichkeiten bieten, können zwar nicht alle Intransparenzprobleme lösen, aber die Möglichkeit eines verbesserten Umgangs bieten.

Machtverschiebungen

Machtverschiebungen artikulieren sich darin, dass menschliche Entscheidungskompetenzen zunehmend an Systeme delegiert werden, die vermeintlich unvoreingenommener, wissensbasierter und objektiver entscheiden. Der Arzt mag juristisch gesehen die letzte Verantwortungsinstanz des medizinischen Geschehens sein, in einem streng analytischen Sinne ist er nur noch „eine" Entscheidungsinstanz in einem Verbund von Mensch und System.

„Entscheidungen" auf niedriger Komplexionsebene und bei eindeutigen Zweckbestimmungen sind denkbar, ohne dass es wirklich zu Entmündigungen kommt. Wir bewegen uns hier noch auf einer Entlastungsebene, die Handlungs- und Entscheidungsmöglichkeiten auf der Seite des Arztes freisetzen kann. Dies lässt sich in Analogie zu Fahrassistenzsystemen sehen, die helfen die Kontrolle über das Fahrzeug zu erhalten. Das Assistenzsystem unterstützt dabei mein Kontrollbegehren, was andere Handlungsmöglichkeiten freisetzen kann.

Erst auf einer höheren Komplexionsebene kommt es wirklich zu Problemen. Das System kann nur innerhalb einer vorgegebenen Rahmung funktionieren, wobei jede Rahmung durch eine Metarahmung überschritten werden kann. Jede Metarahmung muss aber als solche auf einem Template explizit gemacht werden. Wenn Rahmungen bei selbstlernenden Systemen uneinsehbar werden und Zwecke der Systemeinrichtung verborgen bleiben, findet eine Machtverschiebung zugunsten des Systems statt, was aus Sicht des Patienten aber noch nicht notwendigerweise ein Schaden sein muss – man denke nur an eine Situation, in der von einem unerfahrenen Arzt ohne Systemunterstützung Entscheidungen getroffen werden müssen.

Es können Machtverschiebungen in dem Sinne vorliegen, dass das System eine gewisse Eigenmächtigkeit erlangt, was voraussetzt, dass seinen „Entscheidungen" ein besonderer Wert zugeschrieben wird, weil es unbestechlich und nur nach „Faktenlage" agiert. Diese Zuschreibung basiert aber auf der Anerkennung einer von den Einrichtern vorgenommenen Rahmung. Das System agiert aufgrund von Prämissen, die ab einer bestimmten Komplexität auch zu widersprüchlichen Ergebnissen führen können (vgl. Weston 2016).

Machtverschiebungen kann es auch durch Wertewandel geben, etwa wenn bestimmte Fähigkeiten höher, andere niedriger bewertet werden. Diese Verschiebungen finden schleichend statt, etwa wenn im OP die Rolle des informatischen Fachpersonals ähnlich wie die des Chirurgen oder wenn die maschinelle Assistenz höher bewertet wird als die Assistenz durch Fachpersonal; nicht zuletzt hängen sie vom Erfolg des Systemeinsatzes ab.

Machtverschiebungen sind auch insofern zu konstatieren, als Systeme nicht kritisch agieren, sondern innerhalb vorgegebener Rahmungen. Reformnotwendigkeiten, die sich aus einer Neubewertung institutioneller Fügungen ergeben, werden vom System nicht vorgenommen, solange das System unser Werkzeug ist und über keine eigene Zwecksetzungskompetenz verfügt. Der Systemeinsatz dient der Optimierung der bestehenden institutionellen Fügungen, nicht deren Neugestaltung oder Aufhebung.

„Selbstentscheidende" Systeme können auf niedriger Stufe eine entlastende und unser Handeln absichernde Funktion inne haben, auf einer höheren Stufe aber können sie zu Entmündigungen und Machtverschiebungen zugunsten bestehender institutioneller Fügungen sowie ökonomischer oder gar politischer Interessen führen, die sich nicht zuletzt in der Einrichtung der Systeme artikulieren.

Optimierung des Bestehenden vor kritischer Beurteilung

Fokussieren wir den Machtdiskurs unter dem Gesichtspunkt der Unterscheidung von Verbesserung und Optimierung. Optimierungen finden nur innerhalb einer anerkannten bzw. nicht in Frage gestellten Rahmung statt. Wir optimieren, was wir im Prinzip für gut und richtig erachten. Verbesserungen dagegen können die Veränderung oder Aufhebung der bestehenden Rahmung beinhalten. Bei der Optimierung dringen im engeren Sinne technische Prinzipien in die medizinische Praxis. Es geht um Effizienzsteigerungen, wobei der Maßstab die Zustandsverbesserung des Patienten sein sollte. Daten allein führen nicht zur Zustandsverbesserung, sondern allein die Nutzung der daraus gewonnenen Analysate.

Die kritische Beurteilung der Analysate bleibt aber das Geschäft des Arztes. Er wird mehr denn je sein kritisch-unterscheidendes Vermögen ausbilden müssen und mehr denn je auch über technische, d.h. vor allem informatische Kompetenzen verfügen müssen, um die Leistungsfähigkeit der ihn entlastenden und unterstützenden, aber auch steuernden Systeme kritisch begleiten zu können. Der allzu technikgläubige Arzt wird ersetzbar, der Arzt als kritischer Begleiter der technischen Unterstützung für die Patienten unverzichtbar sein.

1.3.3 Zusammenfassung und Anlegung an die metaethischen und ethischen Leitfragen

Auswirkungen auf die metaethischen Bedingungen des ethischen Diskurses

Es steht außer Frage, dass medizinische Wirklichkeit wie in vielen anderen Lebensbereichen zunehmend informatisch vermittelt ist. Dies ist nicht neu in der Medizin; man denke nur an Stethoskope oder Röntgengeräte. Die sich am Sichtbaren orientierende Medizin behält zwar ihre Bedeutung, schrumpft aber in der medizinischen Praxis. Biochemische Auswertungen von Vitaldaten gewinnen dagegen an Bedeutung. Medizinisches Handeln ist von der Diagnostik bis zur Chirurgie apparateabhängig. Durch den vermehrten Einsatz wissensbasierter Systeme rücken Krankheitswahrscheinlichkeiten bzw. die Früherkennung von Krankheiten ins Zentrum. Die Krankheitsvorsorge gewinnt an Bedeutung. Die Medizin wandelt sich in eine Präventionsdisziplin. Die medizinische Wirklichkeit wird modaler, wenn sie Krankheitspotenziale fokussiert. Wahrscheinlichkeiten, die mit apparativer Hilfe errechnet werden können, fließen verstärkt in sie ein. Big-Data-Technologien stehen häufig im Dienst einer Präventionsmedizin. Für die medizinische Praxis bedeutet das, dass sie zu einem Steuerungsinstrument für die Lebenspraxis wird, um Wohlbefinden und Leistungsfähigkeit auf einem hohen Niveau zu ermöglichen. Die ärztliche Tätigkeit wird mittelbarer. Die Erfahrung der Widerständigkeit des kranken Körpers – der sich meinem Willen wie im Falle eines Schlaganfalls nicht mehr unterwerfen lässt, wenn es nicht mehr gelingt den Arm zu heben – wird quasi reduziert, womit die Gefahr einhergeht, dass die Aktivierung von Selbstheilungs- bzw. Abwehrkräften reduziert wird und die Selbsteinschätzung körperlicher Vermögen schrumpft (vgl. Böhme 2008, Kap. V).

Das Handlungssubjekt wird durch den Einsatz von Big-Data-Technologien möglicherweise geschwächt, wenn „Entscheidungen" vom System getroffen werden. Patienten, Ärzte und Pflegekräfte unterstehen gewissermaßen der Systemkontrolle. Eine Stärkung erfährt das Handlungssubjekt dagegen, wenn ihm durch den Einsatz von Big-Data-Technologien neue Handlungsmöglichkeiten gegeben werden. Dies ist der Fall, wenn der Arzt von Routinekontrollen entlastet wird, sich auf das Wesentliche konzentrieren kann und durch den „erkennenden" Systemeinsatz zu alternativen Einschätzungen und Eingriffen inspiriert wird.

In Bezug auf die metaethische Bedingung der Wahl müssen wir gegenläufige Tendenzen konstatieren. Einerseits findet eine Verengung des medizinischen Handelns statt, wenn das System „Entscheidungen" trifft und Handlungsalternativen ausschließt. Andererseits besteht aber auch die Möglichkeit, dass die Nutzung von Big-Data-Technologien als Instrument zur Entdeckung bisher nicht erkannter Relationen neue Handlungsoptionen in den Blick bringt. Entscheidend ist, dass einmal Big Data im Kontext von „autonomer" Technik zu sehen ist und einmal im Kontext einer „welterschließenden" Technik. „Systementscheidungen" sind erst dann unter dem Aspekt der Wahlreduzierung zu sehen, wenn sie über die Entlastung hinaus eine entmündigende Wirkung zeitigen und ärztliche Kompetenz ersetzen oder marginalisieren.

Auswirkungen auf ethische Leitwerte

Das Würdeprinzip ist gefährdet, wenn der Mensch nicht mehr in seiner Einzigartigkeit erfahren wird, sondern als etwas, das einem Kalkül unterworfen werden kann. Wenn das System allein über das Wohl und Wehe des Patienten entscheidet, wird dieser nicht mehr in seiner Einzigartigkeit wahrgenommen, die nicht Gegenstand der Wissenschaft, aber sehr wohl der medizinisch-ärztlichen Praxis ist. Das Würdeprinzip ist das Prinzip eines radikalen Nominalismus, dem nur in praktischen Verhältnissen, die durch einen unmittelbaren menschlichen Kontakt gekennzeichnet sind, entsprochen werden kann. Dies schließt nicht aus, dass der Mensch „auch" als Fall behandelt wird – schließlich muss der gebrochene Arm vom Arzt auch als typischer behandelt werden. Entscheidend ist allerdings, dass der Patient nie nur als Fall behandelt wird, was sich in einer besonderen Beziehung zwischen Arzt und Patient artikulieren sollte.

Eine Gefährdung der Autonomie findet insofern statt, als Big-Data-Technologien Entmündigungspotenziale haben. Es muss abgewogen werden, inwiefern die Systemunterstützung Freiheitsspielräume durch Entlastung eröffnet und inwieweit sie solche verschleiert, wenn Handlungsoptionen nicht angezeigt oder verunmöglicht werden; inwiefern Fragen des Aushandelns in Fragen der Funktionalität umgedeutet und damit individuelle Entscheidungsspielräume zugunsten der Funktionalität des Ganzen ausgeschlossen werden. Auch hier gilt, dass die Mündigkeit des Patienten wie des Arztes und der Pflegekraft erhalten bleiben muss. Der Patient muss sein Leben führen, der Arzt eigenverantwortlich seine beruflichen Handlungen ausführen können. Die Nutzung des Systems als Werkzeug schließt Entlastung, vermehrte Erkenntnis und verbesserte Eingriffspraxis ein. Die Selbständigkeit des als Werkzeug genutzten Systems darf aber nicht die Entscheidungsbefugnis und -kompetenz des Arztes oder des Patienten beeinträchtigen. Dies schließt eine permanente Überprüfung der Einsatzfelder der Systeme und die Reflexion der Mensch-Maschine-Interaktion ein. Systemaktionen können das Autonomieprinzip gefährden, wenn sie sich der Kontrollierbarkeit entziehen.

Eine Gefährdung des Subsidiaritätsprinzips liegt vor, wenn die Eigenleistung beim Gesundungsprozess marginalisiert, der menschliche Leib zum Körper transformiert wird und physiologische Stabilisierungen Heilungsintentionen dominieren. Sie liegt vor, wenn durch Big-Data-Technologien Schwächungen der Entscheidungskompetenz des medizinischen und pflegerischen Personals stattfinden. Dies ist eine der Kernfragen künftiger Gestaltungen der Mensch-Maschine-Interaktion in der medizinischen Praxis. Es ist wichtig, den Werkzeugcharakter informatischer Systeme, nicht zuletzt auch von Big-Data-Technologien in den Fokus zu rücken. Rückt er aus dem Blick, geraten wir in die Zwänge einer Macht, die nicht nur den

Patienten entindividualisiert, sondern letztlich menschliche Interaktionsformen in der medizinischen Praxis infrage stellt.

1.4 Big Data in der Finanzwirtschaft

Michael Nerurkar

1.4.1 IuK-Technologien in den Märkten

Das Geschehen an den Börsen des frühen 21. Jahrhunderts unterscheidet sich grundsätzlich von dem in der Öffentlichkeit noch immer vorherrschenden Bild von den gestikulierenden und brüllenden Händlern auf dem Börsenparkett. Die Märkte haben mittlerweile nahezu vollständig auf Computerhandel umgestellt, statt auf dem Börsenparkett wird heutzutage fast ausschließlich an sog. Electronic Exchanges gehandelt, deren Funktionen sich wesentlich auf IuK-Technologien stützen (vgl. Johnson 2010), und die dabei zum Einsatz gebrachten Anwendungen lassen sich in vielen Fällen als Big-Data-Anwendungen auffassen. Der Übergang zu elektronischen Märkten bedeutet nicht lediglich die Ersetzung der physischen Präsenz der Händler in den Börsen durch das Bedienen einer Handelssoftware, sondern stellt eine grundsätzliche Transformation in Charakter und Struktur der Märkte sowie der Verhaltensformen der Marktakteure dar:

- Marktteilnehmer können ihre Geschäfte von einem beliebigen Ort aus tätigen. Hierzu ist an technischer Ausstattung lediglich ein Computer mit Anbindung an die Börse erforderlich, um Handelsanweisungen („Orders") durch Bedienung einer Handelssoftware zu übermitteln. Elektronische Märkte sind, anders als der frühere Parketthandel, zentralisiert: Die Handelsaktivität läuft über Börsencomputer, die mittels Algorithmen („matching algorithm") die Marktteilnehmer als Parteien von Transaktionen vermitteln.
- Der Handel vollzieht sich anonym: Die an den Transaktionen beteiligten Akteure haben kein weiteres Wissen von einander, als dasjenige über die Parameter der Transaktionen als solcher.
- Der „data feed", der die Aktivitäten am Markt protokolliert und in Echtzeit an die Teilnehmer übermittelt, stellt einen Zuwachs an informationeller Transparenz, allerdings auch an zu verarbeitender Datenmenge dar.
- Die Marktplätze/Börsen stützen sich auf eine anspruchsvolle IuK-technologische Infrastruktur (Server, Kommunikationsnetzwerke, Protokollierungs- und

Sicherungssysteme usw.), die hohen Belastungsanforderungen entsprechen muss: Börsenserver dürfen durch die Datenmengen, die die nahezu gleichzeitig eingehende Vielzahl von Handelsanweisungen darstellen, nicht überlastet werden und Latenzen erzeugen oder gar ausfallen, sondern müssen diese in Echtzeit verarbeiten können, und in der Lage sein, laufend Kursdaten an eine große Zahl von Marktteilnehmern zu liefern.

- Moderne Finanzmärkte erscheinen in ihrer durch die informationstechnologische Infrastruktur begünstigten Globalisiertheit als gigantischer und unüberblickbarer datenproduzierender und -verarbeitender Systemzusammenhang, mit dem die Differenz lokal/global zunehmend irrelevant wird: Märkte unterschiedlichster Güter/Werte und regionaler Bezüge erfahren eine zunehmende Verkoppelung, so dass Vorgänge in einem Markt die Vorgänge in anderen Märkten nahezu unmittelbar beeinflussen.

Der Einsatz von IuK-Technologien beschränkt sich nicht auf die technische Infrastruktur der Börsen, sondern findet auch seitens der Marktakteure statt: Diese nutzen IuK-Technologien zum einen, um Prognosen zu erstellen und Handelsentscheidungen zu treffen (modellgestützte Analyse von Marktdaten), zum anderen, um an den Märkten zu agieren. Beide Aufgaben lassen sich auch automatisieren und verkoppeln, so dass auch vollautomatische Handelssysteme Einsatz finden, die keiner unmittelbaren Steuerung durch einen menschlichen Händler mehr bedürfen (vgl. Gsell 2010). Da das Börsengeschehen prinzipiell durch einen sehr starken Wettbewerb bestimmt ist, ist hier in den letzten Jahren auch eine rapide Entwicklung der eingesetzten Technologien und Strategien zu beobachten. Den Akteuren geht es hierbei vor allem darum, einen informationellen Vorsprung gegenüber anderen Marktteilnehmern zu erlangen und in Markthandlungen umzusetzen: Zumindest einige Gruppen von Marktakteuren sind daher stets um eine Steigerung der Kapazitäten und Geschwindigkeiten in der Informationsverarbeitung und der Kommunikation mit den Börsensystemen bemüht. Dieses informationstechnologische Wettrüsten lässt die Akteure auf der Hardware-Seite zu immer leistungsfähigeren Rechnern greifen, beispielsweise zu mikrowellen- oder lasergestützter Datenübertragung (vgl. Anthony 2016). Auf der Software-Seite wird auf immer komplexere, datenintensivere Modelle und eine Automatisierung des Handels, der Auswertung von Nachrichtenmeldungen usw. gesetzt, insgesamt also zunehmend auf unterschiedliche Formen Künstlicher Intelligenz.

Wenngleich primär nicht Börse und Marktakteure in einer Konkurrenzsituation stehen, sondern die Marktakteure untereinander, so stellt das Wettrüsten derselben gleichwohl doch auch an die Börsen das Erfordernis, hier mitzuziehen. Zum einen entwickeln diese als Dienstleister einschlägige Geschäftsmodelle, die

1.4 Big Data in der Finanzwirtschaft

das Geschwindigkeitsbedürfnis der Marktteilnehmer bedienen (beispielsweise das nicht unkontroverse „Co-Location Hosting" von zum Handel eingesetzten Rechnern, die gegen erhebliche Gebühren in räumliche Nähe zu den Servern der Börse gestellt werden können, wodurch die Übertragungszeiten von Signalen minimiert werden (vgl. Eurex 2016a, CME 2016)). Zum anderen sind die elektronischen Börsen das Spiel- oder Gefechtsfeld jenes sich beschleunigenden und ausweitenden Marktgeschehens und ihre technischen Infrastrukturen unterliegen damit auch einer starken Belastung bzw. Gefahr von Überlastung. Schließlich können Börsen und Marktakteure auch dadurch in Konkurrenz stehen, dass einige Akteure Schwachstellen der technischen Infrastruktur der Börse ausnutzen, mit für die übrigen Marktteilnehmer nachteiligen Auswirkungen (s. u.). Ein derartiges Verhalten scheint an elektronischen Märkten, wenn nicht begünstigt, so doch zumindest ermöglicht zu werden, und gibt Anlass zu ethischen Überlegungen.

Die im Rahmen der thematischen Schwerpunktsetzung „Big Data in der Finanzwirtschaft" anzustellenden Überlegungen sollen übergeordnet der Frage nachgehen: Bedeuten die Umstellung der Märkte auf automatisierte Datenverarbeitung und das durch den (freie Märkte kennzeichnenden) Wettbewerb bedingte IuK-technologische Wettrüsten eine ethisch relevante qualitative Änderung des Geschehens an den Finanzmärkten und welche neuartigen und ethisch relevanten Systemrisiken bringt dies mit sich? Denn wenngleich ein wesentlicher Legitimationsgrund für das Bestehen der Finanzmärkte gerade in der Kontrolle von Risiken besteht (hierzu dienen insbesondere die sogenannten Derivate, die den Großteil der an Finanzmärkten eingesetzten Instrumente ausmachen), tendieren Risiken der Finanzmärkte aufgrund der unmittelbaren Verkoppelung von Finanzwirtschaft und Realwirtschaft zunehmend dazu, sich in das Feld des Realwirtschaftlichen fortzuschreiben. Hier werden insbesondere ethische Fragen der Zurechenbarkeit von Effekten, des Handlungscharakters von Systemaktionen, der Externalisierung von Systemrisiken und dergleichen aufgeworfen. Unter anderem ist hier also zu überlegen, ob das Bild Adam Smiths von der gemeinwohldienlichen unsichtbaren Hand unter solchen Bedingungen sich sogar geradezu in sein Gegenteil verkehren könnte, nämlich zu einer erhebliches Schadenspotenzial bergenden „unsichtbaren" Hand des Gesamtsystems.

1.4.2 IuK-Technologien: Anwendungen und ethische Fragen

Ethische Fragen können hier zunächst nur abgesteckt, nicht schon im engeren Sinne bearbeitet oder einer Lösung zugeführt werden. Der Einsatz von IuK-Technologien findet in den Finanzmärkten, wie dargestellt, zu unterschiedlichen Zwecken statt.

Vor allem zwei Anwendungsfälle sind von Relevanz, die als Big-Data-Anwendungen aufzufassen sind, insofern sich die Erfüllung der Aufgaben der Systeme auf ihre Fähigkeit zum zeiteffizienten Umgang mit großen Datenmengen gründet:

1. Die von professionellen Marktakteuren betriebenen Systeme zur Informationsbeschaffung und -auswertung: Die im Handel eingesetzten Modelle müssen in weitest möglicher Echtzeit Informationen erfassen und integrieren. Aufgrund der (durch die Marktteilnehmer selbst bewirkten) globalen Verschaltung der Märkte[5] handelt es sich alleine bei den marktinternen Informationen (betreffend Preisänderungen, Umsätze usw.) um große Datenmengen, deren zeitliche Taktung sehr gering ist (derzeit bis zu nur ca. 150 Mikrosekunden) (vgl. Eurex 2016b). Hinzu kommt das Erfordernis der zeitnahen Verarbeitung auch von Informationen über Ereignisse außerhalb der Märkte, was bedeutet, dass auch marktexterne Informationsquellen, beispielsweise Nachrichtenmeldungen, automatisiert ausgewertet und ggf. in Systemreaktionen umgesetzt werden (vgl. Karang 2013, S. 136). Diesbezüglich besteht zwischen einigen Marktakteuren ein starker Wettbewerb, in dem stets nach Technologie- und Strategie-Vorteilen in Hardware und Software gesucht wird. Dies erscheint nicht per se als ethisches Problem, gibt es doch in Wettbewerben (schon aus ethischen Gründen) nicht so etwas wie ein Recht auf Sieg, und sofern ein freier Markt als Wettbewerb begriffen wird, also kein Recht auf Profitabilität. Allerdings werfen die von Marktakteuren eingesetzten datenintensiven Modelle eine Reihe von ökonomischen, wissenschaftstheoretischen und auch ethische Fragen auf. Zum Teil betreffen diese den Modellgebrauch überhaupt und sind insofern hier in den Hintergrund zu stellen. Denk- und erwartbar, wenn auch bislang noch nicht erreicht, ist allerdings auch eine vollständige kybernetische Verschaltung der Globalwirtschaft, die in den Handelsaktivitäten von Handelssystemen besteht, die auf Basis vielfältiger Modelle operiert. Welche ethischen Probleme wirft die Tatsache einer global vollständig vernetzten datenproduzierenden und -prozessierenden Echtzeit-Wirtschaft auf? Welche ökonomischen Entscheidungen dürfen an Systeme delegiert werden, welche nicht, seien die Modelle und definierten Kriterien auch noch so elaboriert?

---

5   „Globale Verschaltung" meint hier nicht die Tatsache, dass Internetkabel den gesamten Globus überziehen, sondern die der Koordiniertheit von Markthandlungen/-ereignissen und Preiseffekten in unterschiedlichsten Märkten. Dieser Effekt stellt sich ein, weil Akteure in verschiedenen Märkten zugleich tätig sind und auf Basis von Modellen tätig sind, in denen diese Märkte als zusammenhängend beschrieben sind.

1.4 Big Data in der Finanzwirtschaft

2. Vollautomatisch ausgeführte Handelsaktivitäten, wobei hier insbesondere der sogenannte Hochfrequenzhandel bzw. High Frequency Trading (HFT) von Interesse ist: HFT-Ansätze zeichnen sich durch das Erfordernis aus, dass in sehr kurzer Zeit eine große Zahl an Handelsanweisungen an die Börsenserver übermittelt werden müssen (vgl. UK Government Office for Science 2012, S. 3). Handelsaktivitäten im HFT werden in Reaktion auf die aktuelle Marktlage betrieben, so dass hier jederzeit eine erhebliche Menge diesbezüglicher Daten aufgenommen und zeitnah in Entscheidungen umgesetzt werden muss; insofern ist hier von Big-Data-Anwendungen zu sprechen. Aufgrund des sehr kleinen Zeitfensters der Handelsaktivitäten im HFT ist die Zeiteffizienz in der Datenverarbeitung hier noch dringender, als bei konventionelleren Handelsansätzen. Ethische Überlegungen sind mindestens in Bezug auf einzelne Ansätze im HFT angezeigt, nämlich wenn Vorteilsnahmen stattfinden, die sich in einer rechtlichen und ethischen Grauzone bewegen, indem sie zwar Prinzipien korrekten oder „anständigen" Marktverhaltens zu widersprechen scheinen, sich aber andererseits nicht ohne Schwierigkeiten durch rechtliche Regelungen ausschließen ließen.

Diese beiden Anwendungsfelder sind unter ethischen Gesichtspunkten eingehender zu diskutieren. Dabei soll es nicht lediglich um Fragen der Normenbegründung gehen. Eine der Hauptaufgaben der Ethik liegt auch in der Reflexion der ethischen Charakteristik von Handlungen: Eine Handlung kann unter ethischen Gesichtspunkten hinsichtlich des Akteurs, seiner Motive, Absichten, Zwecke und involvierten Mittel beschrieben, analysiert und beurteilt werden, ferner hinsichtlich ihrer Folgen, schließlich in Bezug auf ihre Kontexte. Dies bedeutet einen Rückgriff auf sowohl deontologische, wie auch konsequentialistische, wie auch tugend-/fähigkeitenorientierte Ansätze in der Ethik. Überlegungen zur ethischen Charakteristik von Handlungstypen, Anwendungen, Technologien usw. sind erforderlich, da die in der Ethik zu begründenden Normen notwendigerweise sehr abstrakt sind und entsprechend nach vermittelnd-konkretisierenden Überlegungen verlangen (Angewandte Ethik). Derartige Überlegungen stellen, neben ihrer Funktion der Bestimmung ethischer Tatbestands-Charakteristiken, auch ein Anschlussangebot für politische und rechtliche Überlegungen dar.

1.4.3 Hochfrequenzhandel/High Frequency Trading (HFT)

Wie häufig bei kontroversen Technologien oder Anwendungen, ist auch hinsichtlich des HFT schon die Definition strittig, was sicher nicht zuletzt daher rührt, dass Fragen der Beurteilung schon auf definitorischer Ebene mitberührt werden. Über die

Definitionen lässt sich lange streiten, jedenfalls definiert der deutsche Gesetzgeber das HFT über die technischen Mittel (Minimierung der Latenzen), die vollständige Automatisiertheit des Handels sowie das hohe Aufkommen an Orderanweisungen (vgl. §§ 1, Abs. 1a, Nr. 4 d) Kreditwesengesetz (KWG). HFT gründet sich auf die IuK-technologisch konstituierte Fähigkeit, schnell bzw. in sehr kurzer Zeit viele Orders zu erzeugen oder wieder zu löschen, und hierbei möglichst instantan auf beobachtete Marktveränderungen zu reagieren. Die primäre Bezugsgröße sind dabei die Reaktionsgeschwindigkeiten anderer Marktteilnehmer: HFT-Strategien gründen sich, wie überhaupt alle spekulativen Trading-Strategien, darauf, in der Beschaffung und Verarbeitung von Information, der Entscheidungsfindung und der Aktion schneller zu sein, als andere Marktteilnehmer. HFT ist schon per Definition die schnellstmögliche Form des Handels in den Märkten, markiert also den Spitzenbereich eines Echtzeit-Handelns, das insbesondere auch mit marktmikrostrukturellen Modellen operiert. High Frequency Trading ist dabei weder eine Handelsstrategie im engeren Sinne, noch eine „Technologie" (vgl. Gresser 2016, S. 6), sondern eine Familie von Strategien, deren Implementation IuK-Technologien voraussetzt.

Konkrete HFT-Strategien gehören zu den bestgehüteten Geheimnissen der Branche. Für die Zwecke ethischer Überlegung ist es allerdings auch nicht erforderlich, diese im Detail zu diskutieren, sondern es genügt, Strategie-Typen in den Blick zu nehmen, betreffs derer zumindest unkontrovers ist, dass sie die im HFT hauptsächlich applizierten Ansätze abgeben (vgl. Aldrige 2010, S. 4). Diese Strategie-Typen sind nicht prinzipiell nur auf Basis von HFT-Technologien realisierbar, da ihr Erfolg jedoch wesentlich davon abhängt, schneller ausgeführt zu werden, als durch andere Marktteilnehmer, ist dies zunehmend der Fall.

Market Making: Die Akteursgruppe der Market Maker stellt den Märkten bzw. übrigen Marktteilnehmern Liquidität bereit, indem sie Handelsbereitschaft über die Orderbücher der Börsen signalisieren. Market Maker erfüllen also eine für die Märkte zuträgliche Funktion, dies allerdings nicht ohne Risiko. Die Market Maker müssen ihre Handelsangebote dabei laufend an die Marktlage anpassen, um bei plötzlichen Marktbewegungen nicht mit ihren Positionierungen in Schieflagen zu geraten oder durch andere Akteure übervorteilt zu werden. Dies bedeutet das Erfordernis besonders schneller Informationsverarbeitung und Reaktion, das Market Making ist somit eine typische HFT-Anwendung.

Arbitrage: Es ist immer wieder zu beobachten, dass Märkte ineffizient sind, d. h. dass die real gehandelten Preise nicht immer denjenigen Preisen entsprechen, die durch Modelle als die korrekten Preise bestimmt werden. Auftretende Preisdifferenzen können gewinnbringend ausgebeutet werden. Die hier auftretenden Ineffizienzen sind allerdings heutzutage äußerst gering und bestehen nur für sehr

1.4 Big Data in der Finanzwirtschaft

kurze Zeit. Hier ist überhaupt nur noch durch automatisiert handelnde Systeme sinnvoll zu reagieren, die zunehmend dem HFT-Bereich zuzurechnen sind.

Front Running: Dies bezeichnet die Strategie, auf Basis der Auswertung von Marktdaten unmittelbar bevorstehende Preisbewegungen zu antizipieren und sich entsprechend zu positionieren. Auch hier kommt es wesentlich darauf an, einen informationellen Vorsprung gegenüber anderen Akteuren zu erreichen und umzusetzen.

Es handelt sich hierbei um für die Betreiber der Handelssysteme vergleichsweise risikoarme Strategien, insbesondere in ihrer Realisierung als HFT, da bei diesen im Falle eines ungünstigen Marktverhaltens besonders schnell (d. h. schneller als durch andere Akteure) reagiert werden kann. Dies stellt sich zunächst freilich noch nicht als ethisches Problem dar, allerdings erscheint es wahrscheinlich, dass sich unter spezifischen Konstellationen Systemeffekte einstellen könnten, die in extremen Fällen als katastrophal empfunden werden (so beispielsweise der berühmte Flash-Crash von 2010, dessen Auslösung allerdings nicht unmittelbar auf HFT-Akteure zurückgeführt wird, sondern auf „klassische" algorithmengestützte Orderausführung (vgl. CFTC/SEC 2010)). Kontrovers ist ferner die Frage, welche konkreten Marktrisiken das HFT für andere Marktteilnehmer in den Markt bringt. Dies aber ist eine Frage, die nicht in der Ethik zu beantworten ist, sondern durch marktwissenschaftliche Untersuchungen. Eine ethische Überlegung kann hier erst mit der Frage einsetzen, in welchem Maße es akzeptabel ist, dass bestimmte Gruppen von Akteuren spezifische Risiken in den Markt bringen, und unter welchen Bedingungen. Hier ist unter anderem an Risiken zu denken, die einen Vertrauensverlust in mikrostrukturelle Marktprozesse mit sich bringen, sowie auch an Systemrisiken.[6] Ob solche Risiken zu akzeptieren sind, ist allerdings nicht durch eine im Lehnstuhl betriebene Ethik zu dekretieren, sondern hängt wesentlich auch vom Risikoprofil von Gesellschaften ab, wobei die Globalisiertheit der Märkte auch hier nach transnationalen Lösungen verlangen wird.

Für HFT-Anwendungen, die sich unter verschiedenen Gesichtspunkten als Big-Data-Anwendungen auffassen lassen, ist eine ethische Charakteristik ihres Einsatzes zu erarbeiten. Zu zeigen ist dabei zunächst, hinsichtlich welcher Eigen-

---

6   Beispielsweise das sogenannte Order Spoofing, eine durch HFT-Akteure zwar nicht eingeführte, aber optimierte Strategie, die darin besteht, Handelsbereitschaft (für die übrigen Marktakteure also: Handelsmöglichkeit) bloß vorzutäuschen, indem Orders in das Orderbuch der Börsen eingestellt, aber kurz vor einer möglichen Ausführung wieder gelöscht werden. Dies kann zu einem Vertrauensverlust anderer Marktteilnehmer in den Marktplatz führen, die sich dann entsprechend nach anderen Handelsmöglichkeiten umsehen, weshalb auch die Börsen ein Interesse daran nehmen, derartige Vertrauensverluste zu verhindern und Strategien wie Order Spoofing zu unterbinden.

schaften HFT-Aktivtäten als Handlungen in einem normativ relevanten Sinne zu beschreiben sind. Es kommen dabei u. a. folgende Aspekte in Betracht:

- Das Design eines Algorithmus und Implementierung eines Modells durch Entwickler und Analysten.
- Das Betreiben eines Algorithmus in einem Live-Setting („im Markt") durch Nutzer/Händler.
- Die durch einen Algorithmus automatisch vorgenommenen Anweisungen des Börsensystems (Markthandlungen).
- Die durch einen Algorithmus vorgenommenen Transaktionen.
- Die durch die Orders und Transaktionen eines Algorithmus im Markt gezeitigten Effekte.

Dies sind allerdings zunächst nur übergeordnete Gesichtspunkte, die nicht spezifisch für das HFT sind, sondern sich in anderen Kontexten automatisierten Handelns bzw. Künstlicher Intelligenz in ähnlicher Weise stellen (Fragen der Zurechenbarkeit, Verantwortung, Zuverlässigkeit von Modellen usw.). In Bezug auf das HFT im Besonderen ist dann näherhinzu klären:

- Wer sind die Akteure im HFT? Hier sind mehrere Akteursgruppen zu identifizieren, die nicht notwendigerweise alle dem Segment „Spekulation" zuzurechnen sind.
- Welche Aktivitäten werden betrieben bzw. welche Strategien werden verfolgt?
- Welche Folgen haben HFT-Anwendungen? Es kommen sowohl die durch Handlungen einzelner Akteure/Akteursgruppen wie auch des HFT im Ganzen bewirkten Folgen in Betracht, mithin Effekte auf allen Marktebenen, von der mikrostrukturellen bis hin zur makroökonomischen.
- Wer ist marktintern und marktextern durch HFT betroffen und auf welche Weise?
- Wie lässt sich die Compliance von HFT-Akteuren hinsichtlich der Börsenregeln und Gesetze nachvollziehen/gewährleisten?

Von zentraler Bedeutung ist dabei der Handlungskontext. Zum einen zeichnet sich die Tätigkeit an den Finanzmärkten dadurch aus, dass sie für einen handlungs- und spieltheoretischen Zugriff in einer Weise zugänglich ist, wie dies für andere Handlungskontexte nicht der Fall ist. Die elementaren Handlungsmöglichkeiten sind hier seitens der Börsen standardisiert, die Entscheidungsprozesse stehen unter dem Ideal einer mathematisch und spieltheoretisch fassbaren ökonomischen Rationalität, und die Handlungszwecke (Profit) stehen – jedenfalls auf den ersten Blick – außer Frage. Zum Anderen lässt sich allerdings bei einigen HFT-Akteuren

1.4 Big Data in der Finanzwirtschaft

ein Überschreiten des eigentlichen Handlungskontextes beobachten, indem Markthandlungen ausgeführt werden mit der Intention, sich einen technischen Vorteil zu verschaffen, der durch die Regeln eines freien Marktes ursprünglich eigentlich ausgeschlossen ist. Dieses sogenannte „Gaming" erscheint zumindest zunächst als ethisch fragwürdig; fragwürdig bleibt hierbei allerdings auch, ob bzw. wie ein derartiges Verhalten regulierbar wäre, und zwar unter anderem deshalb, weil die Differenz zum unproblematischen Verhalten in den Intentionen der Akteure zu liegen scheint, die rechtlich nur schwer greifbar sind.

HFT-Akteure sind, wie alle spekulativ tätigen Marktakteure, auf Marktineffizienzen angewiesen, d. h. auf das Auftreten von Preisen, in die noch nicht alle Informationen „eingepreist" sind, die also in einem idealen (effizienten) Markt anders wären. Derartige Ineffizienzen können durch verschiedene Handelsstrategien profitabel ausgebeutet werden, allerdings ist hierzu zu bemerken, dass die Preisineffizienzen dadurch zugleich zum Verschwinden gebracht werden.[7] Dass die Märkte immer effizienter werden, ist somit auch Ergebnis des spekulativen Handels, dessen Akteure hier auch zu immer datenintensiveren und zeiteffizienteren Strategien und Technologien greifen, da die nutzbaren Ineffizienzen zunehmend geringer werden und für immer kleinere Zeitfenster bestehen.

Seitens der HFT-Akteure lassen sich allerdings auch Verhaltensweisen beobachten bzw. rekonstruieren, die mit hoher Wahrscheinlichkeit den Zweck haben, Marktineffizienzen für minimale Zeitspannen allererst zu erzeugen, um diese dann umgehend auszunutzen. Hierunter fällt insbesondere das kontroverse Quote Stuffing, das darin besteht, den Server einer Börse mit einer hohen Zahl von in kürzester Zeit übermittelten Orderanweisungen zu überlasten und zu verlangsamen. Dies erzeugt Latenzen seitens des Börsencomputers in der Verarbeitung von Orders, wodurch es zu Verzögerungen im Handel oder Preisdifferenzen beispielsweise gegenüber anderen Marktplätzen kommt.[8] Dies kann dann vom HFT-Akteur durch Handelsaktivitäten ausgenutzt werden. Auf welche Weise die erzeugten Latenzen ausgenutzt werden, ist hier unerheblich, von Interesse ist für die ethische Reflexion vielmehr der übergeordnete Gesichtspunkt, dass bei solchen Strategien eine Störung der technischen Infrastruktur der Börsen über für sich gesehen zulässige und regelkonforme Markthandlungen (Setzen und Löschen von Orders) erreicht wird.

---

7 Eine überwiegend positive Haltung zum HFT nehmen die Autoren in Gregoriou 2015 ein, dabei wird insbesondere auf die Steigerung der Markteffizienz und die Zunahme an Liquidität in den Märkten abgehoben.

8 Für einschlägige empirische Untersuchungen und Belege vgl. Nanex Research (http://www.nanex.net/NxResearch/, Abruf 12.11.16), deren HFT-kritische Forschung und Öffentlichkeitsarbeit schließlich auch zu Reaktionen seitens der US Securities and Exchange Commission führte.

Man kann dies als „Gaming der technischen Infrastruktur der Börse" bezeichnen und es ist jedenfalls von Hacking im Sinne des Einbruchs in ein Computersystem und der Manipulation von Daten zu unterscheiden.

Hier ist nun die Frage eingehender zu diskutieren, ob bzw. inwiefern solches Verhalten unter „Betrug" zu subsumieren ist. Zwar können Börsen spezifische Regelungen einführen oder technische Einrichtungen vornehmen, um nachweisbare Gaming-Strategien zu verhindern,[9] allerdings scheint auf diesem Wege das prinzipielle Problem nicht bewältigt werden zu können: Die starke Wettbewerbssituation in den Finanzmärkten reduziert die Formen des spekulativen Handelsverhaltens in seinen extremeren, mikrostrukturell-orientierten Formen darauf, andere Marktakteure zu übervorteilen. Hierbei wird ohne Zweifel ein Maximum an ökonomischer Rationalität im Verbund mit wissenschaftlicher und technischer Intelligenz eingesetzt. Das ethische Problem liegt nicht in dieser Tatsache, sondern darin, dass jener extreme Wettbewerbsdruck eine ökonomische und technische Rationalität begünstigt (oder gar erzeugt), die ihre Suche nach Vorteilen offensichtlich nicht auf den durch das Regelwerk der Märkte abgesteckten und konstituierten Raum beschränkt. Dabei scheint es praktisch unmöglich, Verhaltensweisen durch Regeln auszuschließen, wenn das Besondere dieser Verhaltensweisen gerade darin besteht, Regeln zu unterlaufen, sie dabei aber zugleich zu wahren. Spezifische rechtliche Regelungen oder technische Einrichtungen, die einzelne fragwürdige Praktiken betreffen, verschieben letztlich nur den Kampfplatz der im Spitzenbereich agierenden Marktakteure. Was die Frage nach einer Antwort auf diese Problematik von Seiten der Ethik angeht, erscheinen insbesondere tugendethische Ansätze tauglich, hier Angebote zu machen – wobei nicht primär an Tugendethik im Sinne von einzuhaltenden berufsethischen Kodizes und Selbstverpflichtungen zu denken ist, sondern an die Diskussion von Fragen der Gestaltung von Institutionen als Handlungskontexten, also unter anderem unter Gesichtspunkten ihrer Begünstigung von tugendhaften und schädlichem Verhalten.

Diese Überlegungen zeigen, dass ein prinzipielles Problem eines in seiner Infrastruktur und Operationen zunehmend auf IuK-Technologien gegründeten finanzwirtschaftlichen Systems darin besteht, dass diese datengenerierende und -prozessierende Infrastruktur Möglichkeiten bietet, Schwachstellen auszubeuten. Auf einer anderen Ebene als die Problematik der Angreifbarkeit der technischen

---

9 So arbeitet die zu diesen Zwecken neu gegründete Börse IEX mit künstlich erzeugten Latenzen, Mindesthaltedauern von Positionen usw. (https://www.iextrading.com, Abruf 12.11.16). In diese Richtung argumentieren einige Wissenschaftler, vgl. Beispielsweise Budish et al. (o. J.).

Infrastruktur von Systemen (Gaming, Hacking, Cybercrime, -terrorism, -warfare usw.) liegt dann die Problematik der Systemeffekte.

1.4.4 Vernetzte Globalwirtschaft

Die Tendenz geht derzeit zweifelsohne zu einem global vernetzten Wirtschaftssystem, dessen Märkte über elektronische Börsen und modellbasierte Handelsalgorithmen konstituiert und in Zusammenhang gebracht werden. Auch hier wird eine Reihe ethischer Probleme aufgeworfen:

Zu fragen ist, ob nichtakzeptable Gesamtrisiken entstehen, deren Entstehung keinem der individuellen Teilnehmer bzw. keiner spezifischen Verhaltensweise zuzurechnen wären, und die deshalb auch nicht unmittelbar durch Regulierung kontrolliert werden können.

Die Modelle, unter denen die verschiedenen Marktakteure arbeiten, sind sehr vielfältig. Hierbei werden auch spekulative Handelsalgorithmen eingesetzt, deren Strategien gerade darin bestehen, sich auf die (rekonstruierten) Modelle der anderen Akteure zu beziehen, um diese höherstufig zu übervorteilen. Derartiges Verhalten ist als solches noch nicht ethisch problematisch, sondern Teil jedes elaborierteren Wettbewerbs, gerade auch des spekulativen Handels. Der Einsatz von informational immer komplexeren und autonomen Algorithmen (Künstliche Intelligenz) unter dem hohen Optimierungs- und Evolutionsdruck, den der Handel an den Finanzmärkten darstellt, könnte allerdings dazu führen, dass sich Effekte einstellen, die von einem marktexternen Standpunkt als erheblicher Schaden erscheinen können. Hier wird gerade jener Typus von menschlicher Rationalität als Künstliche Intelligenz automatisiert, dessen eigentlicher Modus gerade im Überlisten und Austricksen besteht.

Zwar darf man, wie oben dargestellt, einen ökonomisch rationalen Marktakteur als typisch unterstellen. Allerdings ist nicht auszuschließen, dass sich Akteure mit völlig anderen Zwecken an den Märkten bzw. deren IuK-Systemen betätigen (Kriminalität, Terrorismus, Kriegsführung). Es kann also festgehalten werden, dass die Finanzmärkte mit ihrer IuK-technologischen Infrastruktur und dem technologiegestützten Handeln der Akteure sich als breites Anwendungsfeld von Big-Data-Anwendungen darstellen. Ansatzpunkte für ethische Überlegungen liegen hier auf unterschiedlichen Ebenen: Solche sind sowohl betreffs der Verhaltensweisen einzelner Akteure und der von ihnen eingesetzten Technologien anzustellen, als auch hinsichtlich der Tatsache der Institutionalisierung eines informationstechnologisch konstituierten globalen Marktes, als auch hinsichtlich übergeordneter Systemeffekte eines derartigen global verschalteten, kybernetischen, datenproduzierenden und

-prozessierenden Systems. Entsprechend kommen sowohl „klassische" ethische Normenfragen in den Blick, als auch angewandt-ethische Subsumtionsprobleme; ferner Fragen der wettbewerbsmäßigen Fairness und des Risikos in den Märkten, der Akzeptabilität von Werteverschiebungen, der Gestaltung von Institutionen, technologischer Strukturentscheidungen usw.

1.5 Fazit

1.5.1 Auswirkung des Einsatzes von Big-Data-Technologien auf unser Selbst-, Welt- und Gesellschaftsverständnis

Die Wirkung von Big-Data-Technologien ist einerseits technikintern im Verbund mit anderen informatischen und robotischen Techniken, andererseits im Verbund von ökonomischen, sozialen und kulturellen Faktoren zu sehen. Die informationstheoretischen Errungenschaften der vergangenen Dekaden haben enorme Veränderungen nicht nur im menschlichen Kommunikations- und Informationsverhalten gebracht, sondern für die gesamte Gesellschaftsorganisation. Und es ist nicht davon auszugehen, dass dieser Wandlungsprozess sein Tempo verringern wird. Informatische Techniken haben enorme Veränderungspotenziale und durchwalten alle Lebensbereiche. Waren traditionelle Techniken meist separierbar und auf bestimmte Anwendungssphären begrenzt, so zeichnen sich informatische Techniken dadurch aus, dass sie alle Lebensbereiche erfassen, vernetzen, kontrollieren und steuern können. Die Besonderheit von Big-Data-Technologien liegt nicht zuletzt in neuen Möglichkeiten der Datenauswertung, ohne dass dem einzelnen Datum noch eine besondere Belegkraft zukommen muss. Erfasst wird im Analysat vor allem eine Verlaufsform. Das Analysat ist die Grundlage der Bewertung, nicht das einzelne Datum.

Unser Weltverständnis wandelt sich insofern, als wir zunehmend von der Möglichkeit ausgehen, dass die Welt in einem digitalen Double zu erfassen sei, das man in automatisierten Prozessen beliebig manipulieren kann. Die Wirklichkeit in ihrer tatsächlichen Fülle und Widerständigkeit ist aber nicht zu verdoppeln.

Grundsätzlich haben Big-Data-Anwendungen Entmündigungspotenziale, wenn ihnen eine unangemessene Anerkennung zukommt. Dies ist der Fall, wenn die Bedingungen des Zustandekommens ihrer Ergebnisse bzw. automatisierten Aktionen ausgeblendet werden. Das heißt nicht auf die Anwendung dieser Technologien zu verzichten, schließlich gibt es genug Anwendungsfelder, in denen Echtzeiterfassungen und -analysen wertvolle Dienste leisten. Wir müssen uns aber auch der

1.5 Fazit

Grenzen einer Technologie bewusst sein, wenn wir angemessen mit ihr umgehen wollen. Probleme liegen da, wo Entlastungen in Entmündigungen umschlagen und Systementscheidungen als unrevidierbar gelten oder eine Revision tatsächlich unmöglich ist. Wo menschliche Verantwortung hinter dem System verschwindet, muss von einer Ideologisierung der Technologie gesprochen werden.

Der Ort des Ethischen liegt nicht im Feld des Technischen. Technik funktioniert oder funktioniert nicht, entsprechend der Zwecke, die durch sie realisiert werden sollen. Diese können in der Tat verwerflich sein. Dies festzustellen ist aber keine Sache der Technik. Dennoch ist Moralisch-Normatives bei der Entwicklung einer Technik immer schon im Spiel, schließlich gibt es keine neutrale Technik. Dies äußert sich z. B. darin, dass kulturelle Vorentscheidungen für die Mustererkennung immer schon getroffen sind, gleichzeitig aber eine transkulturelle Bedeutung der Ergebnisse beansprucht wird.

Ein vermeintlich autonom agierendes System trifft jedoch keine Entscheidung, sondern rechnet. Es kennt Zu-, Unter- und Überordnung sowie Gleichgültigkeit. Auch ein innerhalb eines vorgegebenen Rahmens lernendes und selbständig agierendes System trifft keine Entscheidung, da es keine Folgenverantwortlichkeit kennt, keine eigenen Intentionen verfolgt und sich im starken kantischen Sinne auch keine Gesetze gibt. Ethische Probleme ergeben sich also: a) aus der Intention, die mit einer Technik verfolgt wird, wobei sich diese in ihrer konkreten Gestaltung niederschlagen kann, und b) aus ihrer Anwendungssphäre.

Ethische Probleme können sich aus Rückkoppelungseffekten und automatisierten Anpassungen ergeben. Kontexte wandeln sich und damit auch die Antwort auf die Frage, woran ein System angepasst werden soll. Man stelle sich einen Roboter vor, der darauf geeicht war, behinderte Menschen bevorzugt zu bedienen, sich jetzt aber an eine soziale Umgebung adaptiert, in der es üblich ist Behinderte wie Aussätzige zu behandeln.

Technik rechtfertigt sich durch ihre Entlastungsfunktion und durch Handlungsoptionen, die sie verschafft. Es stellt sich die Frage, ob es tatsächlich durch den Einsatz von Big-Data-Technologien eine Entlastung und Ermächtigung gibt oder ob nicht auch Entmündigungen stattfinden, wenn Systemfunktionen nicht mehr auf ihre Basis zurückverfolgt, kontrolliert und gesteuert werden können.

Es steht außer Frage, dass selbständig vorgenommene Datenkorrelationen praktische Wirkungen auf das individuelle und gesellschaftliche Handeln und Verhalten zeitigen. Problematisch kann es werden, wenn das Individuelle, über das es keine Wissenschaft gibt, und das Ereignishafte aus dem Auge verloren werden. Es kann sogar eine Entethisierung stattfinden, wenn suggeriert wird, dass Ereignisse prinzipiell berechenbar seien, Wirklichkeit die Summe ihrer Daten und eine Fehlprognose allein auf einen Mangel an Daten zurückzuführen sei. Die menschliche Entscheidungskompetenz wäre dann komplett dem System überantwortet. Wirklichkeit ist aber nicht die Summe der Daten, die wir über sie haben, weil wir sie perspektivisch und diskursiv auffassen und dementsprechend unterschiedliche Bewertungen bzw. Artikulationen vornehmen. Prognosen, die wir mit Big-Data-Technologien herstellen, erheben zuweilen den Anspruch, dass man die Zukunft rechnend meistern könne. Dies wird uns aber nur eingeschränkt gelingen, da wir sie nur bewertend ergreifen können, indem wir Auffassungspräferenzen setzen und Desartikulationen vornehmen. Es ist kein Problem, der Zukunft rechnend zu begegnen. Das tun Wissenschaft und Technik immer schon. Problematisch ist, wenn „Entscheidungen" rechnenden Systemen überantwortet werden, die keine Folgenverantwortlichkeit übernehmen und keine Zwecke setzen. Letztere werden in sozialen Prozessen ausgehandelt, begründet und kritisiert. Und genau hier liegt die Sphäre des Ethisch-Normativen. Technische Normierungen sind etwas grundsätzlich anderes als ethische. Wo nur gerechnet wird, wird nicht mehr entschieden und damit auch nicht mehr gehandelt.

1.5.2 Wechselwirkung von Erkenntnis – Anerkennung

Von herausragender Bedeutung ist das Verhältnis von Erkenntnis und Anerkennung. Wenn Big-Data-Technologien Werkzeuge der Welterkenntnis sind, die uns wie Mikro- und Teleskope neue Einsichten in Weltrelationen gewähren, dann stellt sich auch die Frage, welche Anerkennung die präsentierten Relationen erlangen. Erkenntnis ist mit Anerkennung verbunden. Dies gilt nicht zuletzt innerhalb der Wissenschaft. Erkenntnis muss, um Wirksamkeit zu erlangen, Geltung beanspruchen. Explizites Wissen wird nicht zuletzt durch die Anerkennung der Fachgemeinde gerechtfertigt. Geltungsfragen sind Anerkennungsfragen. Die Frage nach der Anerkennung ist insofern von fundamentaler Bedeutung, als sie in unmittelbarer Weise das Verantwortungsproblem betrifft. Nicht das System verantwortet seine „Entscheidung", sondern diejenigen, die die Entscheidung des Systems disponieren und anerkennen, die also die Bedingungen und Datenpräferenzen für Systementscheidungen setzen und Rechenergebnisse als Entscheidungen anerkennen.

Zwischen Erkenntnis und Anerkennung besteht insofern eine Wechselwirkung, als Erkenntnis erst durch Anerkennung zu Wissen wird. Umgekehrt basiert Anerkennung auf Erkenntnis, insofern Anerkennung voraussetzt, dass Einsicht vorliegt. Anerkennung ist auch mit Fragen der Macht verbunden. Sie kann erzwungen werden – nicht notwendigerweise in der Weise einer Unterwerfung, aber durchaus im Sinne einer „überzeugenden" Durchsetzungsmacht. Wir erkennen Ergebnisse an, weil wir glauben, dass es zu dieser Anerkennung keine Alternative gibt. Im

Falle von Big-Data-Technologien spielt die Anerkennung insofern eine besondere Rolle, als es in vielen Anwendungen keine Möglichkeit gibt, an die Datenbasis zu gelangen. Anerkennung hängt nicht zuletzt vom erfolgreichen Einsatz der Technologie ab, nicht aber davon, dass die Basis des Zustandekommens der Ergebnisse noch eingesehen werden kann. In den Bereich der Anerkennung gehört auch der Glaube, dass Daten die Wirklichkeit repräsentieren. Wirklichkeit ist aber etwas, das historisch vermittelt und perspektivisch gefasst ist. Anerkennung kann insofern auch auf metaphysischen, also unausgewiesenen Voraussetzungen beruhen.

1.5.3 Identifizierung ethischer Probleme

Legen wir Big-Data-Technologien an die metaethischen Bedingungen des ethischen Diskurses an, ist Folgendes zu konstatieren: Das Handlungssubjekt wird möglicherweise geschwächt, wenn „Entscheidungen" vom System getroffen werden und die eigene Urteilskraft bezüglich des Zustandekommens dieser „Entscheidungen" nicht mehr vorhanden ist. Eine Stärkung erfährt das Handlungssubjekt dagegen, wenn ihm durch den Einsatz von Big-Data-Technologien neue Handlungsmöglichkeiten gegeben werden, etwa durch die Entlastung bei Routinekontrollen – wobei Plausibilitätskontrollen etwa durch Parallelkommunikation mit dem System aber jederzeit möglich sind – oder etwa, wenn die Nutzer durch den „erkennenden" Systemeinsatz zu alternativen Einschätzungen und Eingriffen inspiriert wird.

Eine Schwächung besonderer Art liegt im epistemischen Bereich vor, wenn Wissenschaftler empirische Belege und die Rekonstruktion von Ergebnissen nicht mehr zu leisten vermögen. Damit würde auch der gesellschaftliche Anspruch der Wissenschaft, Hervorbringerin und Bürgin von Wahrheit und Wissen zu sein, infrage gestellt. Wissenschaft und Wissenschaftler wären ganz in den Dienst pragmatisch-technischer Zwecke gestellt. Wahrheitsfragen wären nur noch als Fragen eines technischen Gelingens zu sehen. Wenn technisches Gelingen als einziges Wahrheitskriterium übrig bliebe und das zentrale Kriterium der Widerständigkeit nicht mehr im Fokus der Bestimmung läge, wäre davon auch die Wirklichkeitsfrage betroffen.

Im Falle von Big-Data-Anwendungen im Finanzbereich, der als Konkurrenzsystem organisiert ist, sind nicht generell Schwächungen von Handlungssubjekten zu konstatieren, sondern Machtverschiebungen unter Akteuren, die über entsprechende Technologien verfügen, und solchen, die darüber nicht verfügen. Mit der Verfügbarkeit gibt es Möglichkeiten, ökonomische Verhältnisse zu eigenen Gunsten manipulieren zu können. Zwei Aspekte des High Frequency Trading (HFT) erscheinen ethisch besonders relevant: 1) das Ausbeuten von Schwächen der IuK-technischen

Infrastruktur von Börsen durch „an sich" regelkonforme Markthandlungen. 2) die Vortäuschung von Liquidität durch sehr schnell reagierende Systeme. Beides sind Markthandlungen, die erst mit elektronischen Märkten und insbesondere dem Einsatz von HFT-Technologien möglich wurden. Es ist fraglich, ob Verhaltensweisen diesen Typs auf dem Wege rechtlicher Regelungen in den Griff zu bekommen sind. In Feldern wie dem Finanzwesen ist zu fragen, ob jenseits tugendethischer Konzepte, die sich an kaufmännische Selbstverpflichtung und Fairness richten, sowie der ständigen Überprüfung der Regeln in Hinblick auf faire Teilhabechancen am ökonomischen Geschehen hinaus, Handlungsmöglichkeiten bestehen. In einer Sphäre, deren agonale Basis gewünscht ist und der unter dem Begriff „soziale Marktwissenschaft" ein Wertstatus zugeschrieben wird, kann es nur um Fairness gehen, die tugendethisch abgesichert, sowie Stabilität des ökonomischen bzw. gesellschaftlichen Gesamtsystems, die politisch abgesichert werden muss. Vorgänge im einen Bereich haben Auswirkungen auf den anderen. Einzelne Akteure bzw. Handelssysteme können in einem vernetzten Globalmarkt, nicht zuletzt bedingt durch Big-Data-Technologien, absichtlich oder unabsichtlich Effekte im Gesamtsystem auslösen, die dessen Stabilität unterminieren. Bei globalen Datensystemen dieser Art ist die Unterscheidung von „lokal" und „global" irrelevant geworden. Die Anfälligkeit für Cyberkriminalität, -terrorismus und sogar -kriegsführung ist gewachsen. Hier nützen weder tugendethische Appelle noch juristische Regelungen, sondern allein technische Absicherungen.

In Bezug auf die metaethische Bedingung der Wahl müssen gegenläufige Tendenzen konstatiert werden. Einerseits findet eine Reduktion statt, wenn das System „Entscheidungen" trifft und Handlungsalternativen ausschließt. Andererseits besteht aber auch die Möglichkeit, dass die Nutzung von Big-Data-Technologien als Instrument zur Entdeckung bisher nicht erkannter Relationen neue Handlungsoptionen in den Blick bringt. Entscheidend ist, dass Big Data einmal als „autonome" und einmal als „welterschließende" Technik zu sehen ist. Wahlreduzierungen durch das System sind erst dann problematisch, wenn sie über die Entlastung hinaus eine entmündigende Wirkung zeitigen.

In normativer Hinsicht lässt sich folgendes konstatieren: Das Würdeprinzip ist gefährdet, wenn der Mensch nicht mehr in seiner Einzigartigkeit erfahren wird, sondern als etwas, das einem Kalkül unterworfen werden kann. Eine Gefährdung der Autonomie findet insofern statt, als Big-Data-Technologien Entmündigungspotenziale haben. Dabei muss unterschieden werden, inwiefern die Systemunterstützung Freiheitsspielräume durch Entlastung eröffnet und inwieweit sie solche verschleiert, wenn Handlungsoptionen nicht angezeigt oder verunmöglicht und Fragen des Aushandelns in Fragen der Funktionalität umgedeutet und damit individuelle Entscheidungsspielräume zugunsten der Funktionalität des Ganzen ausgeschlossen werden. Die Nutzung des Systems als Werkzeug schließt Entlastung, vermehrte Erkenntnis und verbesserte Eingriffspraxis ein. Die Selbständigkeit des als Werkzeug genutzten Systems darf aber nicht die Entscheidungsbefugnis und -kompetenz beeinträchtigen. Dies schließt die permanente Überprüfung der Einsatzfelder der Systeme und die Reflexion der Mensch-Maschine-Interaktion ein. Systemaktionen können das Autonomieprinzip gefährden, wenn sie sich der Kontrollierbarkeit entziehen. Eine Gefährdung des Subsidiaritätsprinzips liegt vor, wenn durch den Einsatz von Big-Data-Technologien Entmündigungen oder Schwächungen der Entscheidungskompetenz stattfinden.

Literatur

Aldrige, I. (2010). *High Frequency Trading. A Practical Guide to Algorithmic Strategies and Trading*. New Jersey: Wiley.
Anderson, C. (2013). Das Ende der Theorie. Die Datenschwemme macht wissenschaftliche Methoden obsolet. In H. Geiselberger & T. Moorstedt (Hrsg.), *Big Data: Das neue Versprechen der Allwissenheit* (S. 124-131). Berlin: Süddeutscher Verlag.
Anthony, S. (2016). The secret world of microwave networks. Ars Technica 3.11.2016. http://arstechnica.com/information-technology/2016/11/private-microwave-networks-financial-hft/. Zugegriffen: 12. November 2016.
Bishop, C. M. (2006). *Pattern Recognition and Machine Learning*. Berlin: Springer.
Penner, E., Stienecker, M., Waider, S., & Töns, A. (2015). Big Data im Gesundheitswesen. http://winfwiki.wiform/Index.php/Big_Data_im_Gesundheitswesen. Zugegriffen: 12. Oktober 2016.
Böhme, G. (2008). *Invasive Technisierung – Technikphilosophie und Technikkritik*. Kusterdingen: Die Graue Edition.
Böschen, S., Huber, G., & König, R. (2016). Algorithmische Subpolitik: Big Data als Technologisierung kollektiver Ordnungsbildung? *Berliner Debatte Initial 27(4)*, 66-76.
Boyd, D., & Crawford, K. (2013). Big Data als kulturelles, technologisches und wissenschaftliches Phänomen. In H. Geiselberger & T. Moorstedt (Hrsg.), *Big Data. Das neue Versprechen der Allwissenheit* (S. 187-218). Berlin: Süddeutscher Verlag.
Budish, E., Cramton, P., & Shim, J. (2015). The High-Frequency Trading Arms Race: Frequent Batch Auctions as a Market Design Response. *The Quarterly Journal of Economics 130(4)*, 1547-1621. doi: 10.1093/gje/qjv027
Han, B. (2012). *Transparenzgesellschaft*. Berlin: Matthes und Seitz.
Chen, M., Mao, S., Zhang, Y., & Leung, V. C. (Hrsg.). (2014). *Big Data. Related Technologies, Challenges and Future Prospects*. Heidelberg: Springer.
CME (2017). CME Co-Location Facility. http://www.cmegroup.com/trading/files/co-location-facility-update.pdf. Zugegriffen: 12. November 2016.
Dreyfus, H. L., & Dreyfus, S. E. (1987). *Künstliche Intelligenz – Von den Grenzen der Denkmaschine und dem Wert der Intuition*. Reinbek bei Hamburg: Rohwolt.

Dutcher, J. (2014). What is Big Data? https://datascience.berkeley.edu/what-is-big-data/. Zugegriffen: 12. November 2016.
Ester, M., & Sander, J. (2000). *Knowledge Discovery in Databases. Techniken und Anwendungen*. Berlin: Springer.
Eurex (2016a). Co-location Services. http://www.eurexchange.com/exchange-de/technologie/co-location-services. Zugegriffen: 12. November 2016.
Eurex (2016b). Eurex Exchange vollständig auf neue, moderne Handelsarchitektur migriert. http://www.eurexchange.com/exchange-de/ueber-uns/news/Eurex-Exchange-vollstaendig-auf-neue--moderne-Handelsarchitektur-migriert/529492. Zugegriffen: 12. November 2016.
Fayyad, U. M., Piatetsky-Shapiro, G., & Smyth, P. (1996). From Data Mining to Knowledge Discovery in Databases. *AI Magazine 17(3)*, 37-54.
CFTC & SEC (2010). Findings regarding the Market Events of May 6, 2010. Report of the Staffs of the CFTC and SEC to the Joint Advisory Committee on Emerging Regulatory Issues. http://www.sec.gov/news/studies/2010/marketevents-report.pdf. Zugegriffen: 12. November 2016.
García, A. O., Bourov, S., Hammad, A., van Wezel, J., Neumair, B., Streit, A., Hartmann, V., Neuberger, P., & Stotzka, R. (2011). The Large Scale Data Facility: Data Intensive Computing for scientific experiments. Proceedings of The 12th IEEE International Workshop on Parallel and Distributed Scientific and Engineering Computing. *IEEE Computer Society 2011*, 1467-1474. doi: 10.1109/IPDPS.2011.286
Goel, A. K., Josephson, J. R., Fischer, O., & Sadayappan, P. (1995). Practical abduction: characterization, decomposition and concurrency. *Journal of Experimental and Theoretical Artificial Intelligence 7(4)*, 429-450. doi: 10.1080/09528139508953821
González-Bailón, S. (2013). Social Science in the Era of Big Data. *Policy and Internet 5(2)*, 147-160.
Gramelsberger, G. (2010). *Computerexperimente. Zum Wandel der Wissenschaft im Zeitalter des Computers*. Bielefeld: Transcript.
Gransche, B., Shala, B., Hubig, C., Alpsancar, S., & Harrach, S. (2014). Wandel von Autonomie und Kontrolle durch neue Mensch-Technik-Interaktionen. Grundsatzfragen autonomieorientierter Mensch-Technik-Verhältnisse. Stuttgart: Fraunhofer Verlag.
Gregoriou, G. N. (2015). The Handbook of High Frequency Trading. London: Academic Press.
Gresser, U. (2016). *Praxishandbuch Hochfrequenzhandel, Bd 1*. Wiesbaden: Springer.
Gsell, M. (2010). *Essays on Algorithmic Trading*. Hannover: Ibidem-Verlag.
Hanson, N. R. (1958). *Patterns of Discovery: An Inquiry into the Conceptual Foundations of Science*. Cambridge: Cambridge University Press.
Harrach, S. (2014). *Neugierige Strukturvorschläge im maschinellen Lernen – Eine technikphilosophische Verortung*. Bielefeld: Transcript.
Hartenstein, H., Mickel, K.-P., & Nussbaumer, M. (Hrsg.). (2009). Informationstechnologie und ihr Management im Wissenschaftsbereich. Festschrift für Prof. Dr. Wilfried Juling. Karlsruhe: KIT.
Hood, L. (2016). Hundert Jahre alt werden und dann ganz schnell sterben (Interview). *FAZ v. 03.02.2016*, Natur und Wissenschaft, S. 1.
Hubig, C. (2006). *Die Kunst des Möglichen I: Grundlinien einer dialektischen Philosophie der Technik. Bd 1: Technikphilosophie Als Reflexion der Medialität*. Bielefeld: Transcript.
Hubig, C. (2007). Ubiquitous Computing – Eine neue Herausforderung für die Medienethik. *International Review of Information Ethics 8(12)*, 28-35.

Literatur

Janich, P. (2006). *Kultur und Methode – Philosophie in einer wissenschaftlich geprägten Welt*. Frankfurt a.M.: UTB.
Johnson, B. (2010). *Algorithmic Trading and DMA: An introduction to direct access trading strategies*. London: Myeloma Press.
Johnson, D. (1985). *Computer Ethics*. Englewood Cliffs: Prentice-Hall.
Kaminski, A., & Harrach, S. (2010). Do abductive machines exist? Proposal for a multi-level concept of abduction. In *Proceedings of ecap10: 8th European Conference on Philosophy and Computing* (482-487). München: Dr. Hut.
Kaminski, A. (2012). Wie entsteht Software? Übersetzungen zwischen vertrautem Kontext und formalem System: Die heiße Zone des Requirements Engineerings. In C. Schilcher & M. Will-Zocholl (Hrsg.), *Arbeitswelten in Bewegung* (S. 85-123). Wiesbaden: Springer.
Karang, R.K. (2013). *Inside the Black Box. A Simple Guide to Quantitative and High-Frequency Trading*. New Jersey: Wiley.
Langkafel, P. (2016). *Big Data in medical Science and Healthcare Manangement*. Berlin: De Gruyter.
Lemke, H.U., & Berliner, L. (2012). Der digitale Operationssaal – Stand und zukünftige Entwicklungsphasen. In W. Niederlag, H.U. Lemke, G. Strauß & H. Feußner (Hrsg.), *Der digitale Operationssaal. Methoden, Werkzeuge, Systeme, Applikationen und gesellschaftliche Aspekte* (S. 13-19). Dresden: De Gruyter.
Luger, G., & Stern, C. (1993). Expert Systems and the Abductive Circle. In R.J. Jorna, B. van Heusden & R. Posner (Hrsg.), *Signs, Search and Communication. Semiotic Aspects of Artificial Intelligence* (S. 151-171). Berlin: De Gruyter.
Mainzer, K. (2014). *Die Berechnung der Welt – Von der Weltformel zu Big Data*. München: C.H. Beck.
Mainzer, K. (2016). Zur Veränderung des Theoriebegriffs im Zeitalter Big Data und effizienten Algorithmen. *Berliner Debatte Initial 27(4)*, 22-34.
MacKay, D.J.C. (2003). *Information Theory, Inference and Learning Algorithms*. Cambridge: Cambridge University Press.
Manovich, L. (2014). Trending. Verheißungen und Herausforderungen der Big Social Data. In R. Reichert (Hrsg.), *Big Data. Analysen zum digitalen Wandel von Wissen, Macht und Ökonomie* (S. 65-83). Bielefeld: Transcript.
Manzeschke, A. (2014). Digitales Operieren und Ethik. In W. Niederlag, H.U. Lemke, G. Strauß & H. Feußner (Hrsg.), *Der digitale Operationssaal* (S. 227-250). Berlin: De Gruyter.
Manzeschke, A., Assadi, G., & Viehöver, W. (2015). The Role of Big Data in Ambient Assisted Living. IRIE 24(5), 22-31.
Mayerl, J. (2015). Bedeutet „Big Data" das Ende der sozialwissenschaftlichen Methodenforschung? Soziopolis. https://www.researchgate.net/publication/312042281_Bedeutet_Big_Data_das_Ende_der_sozialwissenschaftlichen_Methodenforschung. Zugegriffen: 12. November 2016.
Mayerl, J., & Zweig, K.A. (2016). Digitale Gesellschaft und Big Data: Thesen zur Zukunft der Soziologie. *Berliner Debatte Initial 27(4)*, 77-83.
Mayer-Schönberger, V., & Cukier, K. (2013). *Big Data, die Revolution, die unser Leben verändern wird*. München: Redline.
McNulty, E. (2014). Understanding Big Data: The Seven Vs. http://dataconomy.com/2014/05/seven-vs-big-data. Zugegriffen: 12. November 2016.
Mooney, S.J., Westreich, D.J., & El-Sayed, A.M. (2015). Commentary: Epidemiology in the Era of Big Data. *Epidemiology 26(3)*, 309-394. doi: 10.1097/EDE.0000000000000274

Müller-Jung, J. (2016). Der Anfang einer digitalen Wohlfühl-Utopie. *FAZ vom 03.02.2016*, Natur und Wissenschaft.

Müller-Jung, J. (2013). Wird Big Data zur Chiffre für den digitalen GAU? *FAZ vom 06.03.2013*, Natur und Wissenschaft, S. 1.

National Highway Traffic Safety Administration, Office of Defects Investigations, U.S. (NHTSA) (2017). ODI Resume – Investigation: PE 16-007. https://static.nhtsa.gov/odi/inv/2016/INCLA-PE16007-7876.PDF. Zugegriffen: 20. Januar 2017.

Niederlag, W., Lemke, H., Strauß, G., & Feußner, H. (Hrsg.). (2014). *Der digitale Operationssaal*. Berlin: De Gruyter.

Peirce, C. S. (1998). Collected Papers of Charles Sanders Peirce, Reprint of the Edition 1931-1958. Vol 1-6 hg von , 1931-1935. von C. Hartshorne & P. Weiss (Hrsg.), vol. 7-8 hg. von A.W. Burks, Cambridge: Harvard University Press.

Püschel, F. (2014). Big Data und die Rückkehr des Positivismus. Zum gesellschaftlichen Umgang mit Daten. In M. Burkhardt & S. Gießmann (Hrsg.), *Mediale Kontrolle 3.1/2014* (S. 1-23).

Reckter, B. (2016). Big Data unterstützt das Team im Operationssaal. VDI Nachrichten vom 15.1.2016, Ausgabe 01. http://www.vdi-nachrichten.com/Technik-Wirtschaft/Big-Data-unterstuetzt-Team-im-Operationssaal. Zugegriffen: 12. November 2016.

Rheinberger, H. (2007). Wie werden aus Spuren Daten, und wie verhalten sich Daten zu Fakten? *Nach Feierabend – Zürcher Jahrbuch für Wissensgeschichte 3*, 117-125.

Richter, P. (2016). Big Data. In J. Heesen (Hrsg.), *Handbuch Medien- und Informationsethik* (S. 210-216). Stuttgart: Springer.

Ritschel, G., & Müller, T. (2016). Big Data als Theorieersatz? *Berliner Debatte Initial 27(4)*, 4-11.

Roßnagel, A. (2013). Big Data – Small Privacy? *Zeitschrift für Datenschutz 3(11)*, 562-567.

Röhle, T. (2014). Big data – Big Humanities? Eine historische Perspektive. In: R. Reichert (Hrsg.), *Big Data. Analysen zum digitalen Wandel von Wissen, Macht und Ökonomie* (S. 157-172). Bielefeld: Transcript.

Sachsse, H. (1972). *Technik und Verantwortung. Probleme der Ethik im technischen Zeitalter.* Freiburg i. Br.: Rombach.

Schurz, G. (1995). Die Bedeutung des abduktiven Schließens in Erkenntnis- und Wissenschaftstheorie. https://www.academia.edu/19417147/Die_Bedeutung_des_abduktiven_Schlie%C3%9Fens_in_Erkenntnis-_und_Wissenschaftstheorie_Author. Zugegriffen: 20. September 2016.

Seidler, C. (2012). Neutrino-Experiment. Loses Kabel blamiert Teilchenphysiker. http://www.spiegel.de/wissenschaft/natur/neutrino-experiment-loses-kabel-blamiert-teilchenphysiker-a-817077.html. Zugegriffen: 30. Juni 2016.

Simanowski, R. (2014). *Data Love*. Berlin: Matthes & Seitz.

Staun, H. (2014). Wie wir gerne leben sollen – Big Data & Social physics. http://www.faz.net/aktuell/feuilleton/big-data-social-physics-wie-wir-gern-leben-sollen-13126401.html. Zugegriffen: 30. Juli 2016.

Steinebach, M., Halvani, O., Schäfer, M., Winter, C., & Yannikos, Y. (2014). *Big Data und Privatheit*. Darmstadt: Fraunhofer.

Steinbuch Centre for Computing (SCC) (2007). SCIENTIFIC COMPUTING, HPC AND GRIDS. Karlsruhe: KIT.

Thagard, P. (1988). *Computational Philosophy of Science*. Cambridge: MIT Press.

Toprak, C. (2011). System: maschinelles Lernen. In M. Mühlhäuser, W. Sesink, A. Kaminski & J. Steimle (Hrsg.), *IATEL. Interdisciplinary Approaches to Technology-enhanced Learning* (S. 229-234). Münster: Waxmann.

UK Government Office for Science (2012). High frequency trading – assessing the impact on market efficiency and integrity. http://mbsportal.bl.uk/secure/subjareas/accfinecon/bis/14064812_1061_dr28_efficiency.pdf. Zugegriffen: 12. November 2016.

Van Est, R., & Stemerding, D. (2012). *Making Perfect Life – European Governance Challenges in 21st Century Bio-engineering.* Brussels: European Parliament.

Venturini, T., Latour, B., & Meunier, A. (2015). Eine unerwartete Reise. Einige Lehren über die Kontinuität aus den Erfahrungen des Sciences Po médialab. In F. Süssenguth (Hrsg.), *Die Gesellschaft der Daten. Über die digitale Transformation der sozialen Ordnung* (S. 17-39). Bielefeld: Transcript.

Wadephul, C. (2016). Führt Big Data zur abduktiven Wende in den Wissenschaften? *Berliner Debatte Initial 27 (4)*, 35-49.

Weston, H. (2016). Data Analytics as Predictor of Character or Virtues, and the Risks to Autonomy. *IRIE 24(5)*, 32-43.

Wiegerling, K. (2005). Szenarien Gesundheit. In J. Heesen, C. Hubig, O. Siemoneit & K. Wiegerling (Hrsg.), *Leben in einer vernetzten und informatisierten Welt. Context-Awareness im Schnittfeld von Mobile und Ubiquitous Computing.* Nexus Schriftenreihe, SFB 627 Bericht Nr. 2005/05. ftp://ftp.informatik.uni-stuttgart.de/pub/library/ncstrl.ustuttgart_fi/SFB627-2005-05/SFB627-2005-05.pdf. Zugegriffen: 30. Juni 2017.

Wiegerling, K. (2011). *Philosophie intelligenter Welten.* München: Wilhelm Fink.

Wiegerling, K. (2012). Der technische aufgerüstete Mensch und die Frage nach der Gesundheit. In C. Hoffstadt, F. Peschke, M. Nagenborg & S. Müller (Hrsg.), *Dualitäten – Aspekte der Medizinphilosophie* (S. 137-154). Bochum: Projektverlag.

Wirth, U. (1995). Abduktion und ihre Anwendungen. Ein Forschungsbericht. *Zeitschrift für Semiotik 17(3-4)*, 405-424.

Big Data in soziologischer Perspektive 2

Johannes Weyer, Marc Delisle, Karolin Kappler, Marcel Kiehl,
Christina Merz und Jan-Felix Schrape

Zusammenfassung

In diesem Beitrag stellen wir ein Big-Data-Prozessmodell vor, welches Big Data aus einer dezidiert soziologischen Perspektive in den Blick nimmt. Die wesentlichen Elemente des Modells orientieren sich an dem traditionellen Datenverarbeitungsprozess, beginnend bei der Datengenerierung über die Datenauswertung bis hin zur Steuerung komplexer Systeme. Es werden verschiedene Datenquellen und -typen diskutiert. Deren Besonderheiten werden anhand des Fallbeispiels der Selbstvermessung exemplifiziert. Im Rahmen der Datenverarbeitung stellen sich Fragen der Datenqualität und -reliabilität sowie geeigneter Strategien und Verfahren. Ferner erörtern wir den möglichen Einsatz dieser Verfahren innerhalb der soziologischen Forschung. Schließlich legen wir die Möglichkeiten der Steuerung komplexer Systeme mittels Big-Data-Verfahren anhand der Fallbeispiele Verkehrssteuerung, Smart Grid, Smart Governance und Predictive Policing dar. Abschließend diskutieren wir, inwiefern Vertrauen Grundlage für den Einsatz der beschriebenen Big-Data-Verfahren ist.

2.1 Einleitung: Big Data in soziologischer Perspektive

Marc Delisle, Johannes Weyer und Jan-Felix Schrape

Das folgende Kapitel nimmt eine dezidiert soziologische Perspektive ein und fragt nach den sozialen Voraussetzungen, den sozialen Mechanismen sowie den sozialen Folgen von Big Data.

Die Soziologie analysiert die Wechselwirkungen von sozialem Handeln und gesellschaftlichen Strukturen. Sie will den Sinn verstehen, den die Akteure ihrem

Handeln beimessen. In dieser Fokussierung auf den subjektiven (und somit individuell unterschiedlichen) Sinn grenzt sie sich von anderen Disziplinen wie der Physik ab, deren Elemente keinen Sinn prozessieren. Darüber hinaus interessiert die Soziologie sich dafür, wie durch das Zusammenwirken einer Vielzahl autonomer Akteure gesellschaftliche Ordnung entsteht (Mikro-Makro-Link), aber auch wie die gesellschaftliche Ordnung umgekehrt die Handlungen der Akteure prägt (Makro-Mikro-Link) – und zwar sowohl im Sinne der Eröffnung als auch der Beschränkung von Handlungsspielräumen (z. B. Giddens 1988; Esser 1993; Ostrom 2005).

In der Befassung mit Big Data sind aus soziologischer Perspektive also die Handlungen, Praktiken und subjektiven Motive der Akteure relevant, die sich an der Erfassung großer Datenmengen – mittlerweile auch im privaten Bereich – beteiligen (Kap. 2.2). Relevant sind ferner die Mechanismen der Verarbeitung großer Datenmengen durch Datenanalysten, da die von ihnen konstruierten digitalen Handlungsräume und Bezugsgrößen in zunehmendem Maße die soziale Ordnung prägen bzw. neue soziale Strukturen und damit verbundene Rollenverteilungen und Machtverteilungen schaffen (Kap. 2.3). Zudem rücken mögliche Chancen und Risiken von Big Data in den Mittelpunkt, die sich unter anderem in neuartigen Möglichkeiten der Steuerung komplexer Systeme niederschlagen (Kap. 2.4). Alle diese Prozesse können jedoch nur funktionieren, wenn ein Mindestmaß an Vertrauen zwischen den Akteuren besteht (Kap. 2.5).

Das Big-Data-Prozessmodell stellt einen Zusammenhang zwischen den genannten Teilaspekten her und will auf diese Weise einen Grundstein für eine soziologische Betrachtung von Big Data legen (Kap. 2.1.3).

2.1.1 Begriffsbestimmung

In Anlehnung an Mützel (2014, S. 67f.) verstehen wir Big Data nicht nur als ein neuartiges soziotechnisches Phänomen, sondern auch als ein neuartiges Verfahren zur Analyse von Massendaten, das sowohl die Informatik als auch die Sozialwissenschaften insgesamt tangiert. Für die Soziologie im Besonderen eröffnet Big Data die Möglichkeit der

> „Analyse großer Datenmengen [...], die nicht durch klassische Datenerhebungsmethoden wie Umfrage, Beobachtung oder Experimente generiert wurden, sondern durch digitale Kommunikationen (z. B. Twitter, Emails, Facebook) und durch die Nutzung digitaler Medien (z. B. geographische Ortung, Suchbegriffe im Internet). Die interdisziplinär entwickelte Analyse solcher Datenmengen, die nicht auf Stichproben

sondern auf Gesamtpopulationen basieren, verspricht neue Einblicke in prozessuale Handlungsmuster."

Mützel benennt zentrale Charakteristika einer soziologischen Sichtweise, die wir im Folgenden weiter ausführen und analysieren werden. Dabei begreifen wir Big Data nicht als rein informationstechnisches, sondern als ein soziokulturelles Phänomen, das auf dem Wechselspiel folgender drei Dimensionen beruht:

> "(1) Technology: maximizing computation power and algorithmic accuracy to gather, analyze, link, and compare large data sets. (2) Analysis: drawing on large data sets to identify patterns in order to make economic, social, technical, and legal claims. (3) Mythology: the widespread belief that large data sets offer a higher form of intelligence and knowledge that can generate insights that were previously impossible, with the aura of truth, objectivity, and accuracy." (Boyd und Crawford 2012, S. 663, unsere Kursivsetzungen)

Neuartige Formen der Datenerhebung

Die fortschreitende Digitalisierung der Gesellschaft führt zu einer Flut von Daten z. B. über die Position von Objekten oder das Verhalten von Personen: Smartphones übermitteln Verhaltens- und Bewegungsdaten der Personen, die diese nutzen, über das mobile Internet; Social-Networking-Dienste sammeln Daten ihrer Nutzerinnen und Nutzer; Online-Shops protokollieren das Kaufverhalten der Kundschaft; und das „smarte Haus" registriert, wer sich im Gebäude befindet (vgl. Davenport et al. 2013; Brenner 2012; King 2014; ausführlich Kap. 2.2.4).

Diese Daten werden über digitale Online-Medien kommuniziert und in der Cloud gespeichert; sie müssen daher nicht mit Hilfe klassischer Methoden erhoben werden (Lupton und Michael 2015, S. 1). An ihrer Erzeugung sind nicht nur Menschen, sondern auch Maschinen bzw. Algorithmen beteiligt; die Daten werden also durch Interaktionen von Menschen und Maschinen produziert (z. B. von smarten Geräten, die menschliches Verhalten aufzeichnen; vgl. ebd.; Boyd und Crawford 2012).

Die neue Qualität von Big Data zeigt sich also darin, dass unterschiedliche Datenquellen ausgeschöpft werden können und zunehmend auch der Bereich der privaten Lebensführung erfasst wird. Zudem fallen die Daten quasi „nebenbei" an, wodurch es tendenziell möglich wird, Gesamtpopulationen – und nicht nur Stichproben – zu untersuchen.

Neuartige Analyseverfahren

Die so erhobenen Daten werden in Echtzeit an datenverarbeitende Organisationen[10] übermittelt – oftmals ohne das explizite Wissen der Nutzerinnen und Nutzer (vgl. Klein et al. 2013). Da es sich um große Mengen strukturierter, aber auch unstrukturierter Daten aus unterschiedlichsten Quellen handelt, stoßen traditionelle Analyseverfahren an ihre Grenzen (vgl. Nash 2013). Hier kommen neuartige Verfahren des *Data-Mining* bzw. des *Machine Learning* zum Einsatz, die Erkenntnisse versprechen, welche über das bisher Mögliche hinausgehen (De Raedt und Kersting 2011). Hier handelt es sich um lernende Maschinen. Auf Grundlage von neuen Daten trainieren sich die berechnenden Algorithmen durch Selbstprogrammierung neu. Ziel der Datenanalysten ist es, Muster in den Daten zu erkennen und Prognosen zu entwickeln (vgl. ausführlich Kap. 2.3).

Neue Herausforderungen für die Gesellschaft

Die gesellschaftspolitische Dimension von Big Data hat mehrere Facetten. Mit Hilfe von Datenanalysen lassen sich umfängliche Persönlichkeitsprofile anlegen, was unter bestimmten Umständen eine Gefährdung der Privatsphäre darstellt. Prognosen (z. B. von Krankheitsverläufen oder von Aktienkursen) verleihen der Person Macht bzw. eine exponierte Entscheidungsposition, die in der Lage ist, sie zu entwickeln. Und schließlich lässt sich das Wissen über das Verhalten komplexer Systeme zu deren Steuerung nutzen – ebenfalls eine Quelle von Macht, die derzeit in den Händen weniger Internet-Konzerne liegt, die über die entsprechenden Mittel und Fähigkeiten verfügen (vgl. ausführlich Kap. 2.4). Big Data hat also immer auch eine politische Dimension (Lupton 2015b).

2.1.2 Big-Data-Taxonomien

Es gibt verschiedene Ansätze zur Charakterisierung von Big Data, die teilweise eine eher technische, teilweise eine eher kritische, gesellschaftspolitische Ausrichtung haben.

Eine eher technische – aber weit verbreitete – Definition von Big Data findet sich in den drei Vs – Volume, Variety und Velocity (vgl. Laney 2001; Horvath 2013).

---

10 Im Folgenden verwenden wir für datenverarbeitende Organisationen auch den Begriff Datenanalysten.

2.1 Einleitung: Big Data in soziologischer Perspektive

- *Volume* bezeichnet dabei die Datenmenge, die sich gegenwärtig weltweit alle zwei Jahre verdoppelt (vgl. Plattner 2013). Dieses enorme Wachstum speist sich aus der Digitalisierung von Inhalten jeglicher Art, der Erfassung von Mess-, Steuer- und Kommunikationsdaten (z. B. in Produktionsanlagen), dem Datenaustausch mit intelligenten Geräten (z. B. im Smart Home) sowie aus Telekommunikationsdaten und dem mobilen Internet.
- *Variety* beschreibt die Unterschiedlichkeit der verfügbaren Daten, die aus vielfältigen Quellen stammen und in diversen Datenformaten vorliegen. Damit stoßen klassische Datenbanksysteme an ihre Grenzen; zudem stellt sich die Frage der Verlässlichkeit der Daten, falls diese aus unterschiedlichen, teilweise kaum zu verifizierenden Quellen stammen (Klein et al. 2013; BITKOM 2012; Püschel 2014).
- *Velocity* beschreibt die Geschwindigkeit, mit der Daten erzeugt, aber auch die Geschwindigkeit, mit der Daten verarbeitet werden. Hier gibt es erhebliche Unterschiede: Im Falle der Verkehrssteuerung erfolgt beides nahezu in Echtzeit; im Fall von *Predictive Policing* vergehen hingegen oftmals Tage, bis eine aussagekräftige Analyse vorliegt (vgl. Ferguson 2012 sowie Kap. 2.4.3).[11]

Es erweist sich allerdings als schwierig, das Wesen von Big Data allein aufgrund dieser drei technischen Dimension adäquat zu erfassen. Deshalb werden von unterschiedlichen Autoren anders gelagerte Taxonomien vorgeschlagen, die auch die sozio-kulturellen Dimensionen von Big Data einbeziehen.

Boellstorff und Maurer (2015) sehen beispielsweise drei Rs (Relation, Recognition und Rot) als wesentliche Merkmale von Big Data, denn es sind Beziehungen (Relations) zwischen menschlichen und nicht-menschlichen Akteuren, durch die die Daten ihren spezifischen Sinn erhalten. Dieser Sinn ist zudem erst erkennbar (Recognition), wenn die Daten in den betreffenden sozio-kulturellen Kontext eingebettet werden; ansonsten werden sie zu sinnlosem Datenmüll (Rot). Boellstorff und Maurer (2015) grenzen sich damit von Definitionen der Data Science und Data Analytics ab, die Daten als etwas Objektives und Neutrales verstehen, und rücken die sozio-kulturellen und politischen Prozesse in den Mittelpunkt.

In ähnlicher Weise schlägt Lupton (2015b) vor, Big Data durch dreizehn Ps zu beschreiben, womit sie unter anderem auf die in den Daten enthaltenen persönlichen Informationen verweist, deren Verarbeitung Auswirkungen auf die Privatsphäre hat. Damit hat Big Data immer auch eine politische Dimension, insbesondere

---

11 Der Aspekt der Zuverlässigkeit von Daten (Veracity) wird von manchen Autoren als eine weitere Dimension von Big Data begriffen, vgl. u. a. Klein et al. 2013, Uprichard 2013.

wenn Datenauswertungen dazu verwendet werden, Prognosen zu entwickeln (vgl. Kap. 2.3.4).

2.1.3 Das Big-Data-Prozessmodell

Wir greifen im Folgenden auf die drei genannten Taxonomien zurück und kombinieren informationstechnische und soziopolitische Sichtweisen. In analytischer Perspektive kann Big Data als ein Prozess beschrieben werden, der aus den folgenden drei Schritten besteht (vgl. Abbildung 1):

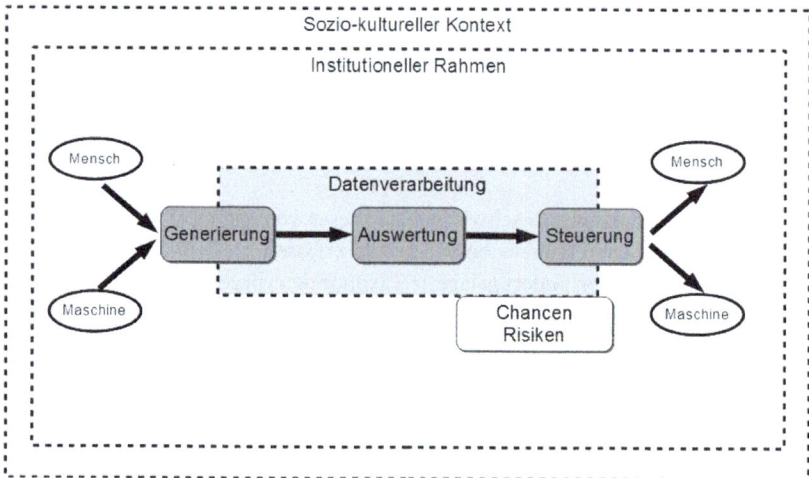

Abb. 1 Das Big-Data-Prozessmodell
Quelle: Eigene Darstellung ©

- Die Generierung von Daten durch Menschen und Maschinen, die eine Selbstdiagnose und Selbstortung vornehmen, wobei die Daten entweder von den Nutzerinnen und Nutzern oder von technischen Systemen übermittelt werden, welche automatisch respektive ohne Eingreifen der benutzenden Personen agieren;
- die Analyse dieser Daten durch Datenanalystinnen und -analysten, die von Algorithmen gesteuert wird, die ebenfalls weitgehend automatisch operieren und dabei sowohl auf traditionelle statistische Verfahren als auch auf neuartige Methoden des maschinellen Lernens zurückgreifen;die Steuerung komplexer

2.1 Einleitung: Big Data in soziologischer Perspektive

sozio-technischer Systeme (bestehend aus Menschen und/oder Maschinen) in Echtzeit, und zwar auf Basis von Verhaltensmodellen und -prognosen, die sich aus Schritt 2 ergeben.

Der gesamte Prozess ist in einen sozio-kulturellen Kontext eingebettet, der nicht nur die politische Dimension von Big Data, sondern auch den institutionellen Rahmen staatlich-regulativen Handelns umfasst. Zudem unterstellen wir, dass mit Big Data Chancen, aber auch Risiken einhergehen – für einzelne Unternehmen bzw. Privatpersonen, aber auch für die gesamte Ökonomie bzw. Gesellschaft. Das Prozess-Modell ist als eine sich wiederholende Sequenz gedacht: Der Output, also das Verhalten von Mensch und/oder Maschine, wird wiederum zum Input für den nächsten Zyklus der Datenverarbeitung. Damit wird es auch möglich, die Wirksamkeit gestalterischer Eingriffe in den Big-Data-Prozess zu evaluieren.

Das Prozessmodell lässt sich anhand des Beispiels der Verkehrssteuerung illustrieren (vgl. Kap. 2.4.2):

- *Generierung*: Navigationsdienste wie TomTom oder Google Maps nutzen Daten, die in sehr großer Menge aus unterschiedlichsten Quellen (Messschleifen, Handydaten etc.) in sehr kurzen Zeiträumen generiert werden.
- *Auswertung*: Diese Daten werden nahezu in Echtzeit verarbeitet, wobei unterschiedlichste Verfahren (Statistik, maschinelles Lernen etc.) zum Einsatz kommen.
- *Steuerung*: Anschließend werden die Lagebilder und Prognosen wiederum in Echtzeit an eine Vielzahl unterschiedlichster Verkehrsteilnehmer (Rad, Auto und Bahn Fahrende, aber auch technische Assistenzsysteme, autonome Fahrzeuge etc.) zurückgespielt, die dabei unterschiedliche Techniken nutzen (Handy, Computer, Navigationssystem). Stunden später wären die Informationen wertlos.
- *Feedback*: Die Verkehrsteilnehmende passen ihr Verhalten an (oder auch nicht) und generieren so den Input für den nächsten Zyklus.
- *Kontext*: Der gesamte Prozess ist in einen institutionellen Rahmen eingebettet, der beispielsweise gesetzliche Vorschriften für den Umgang mit den Daten der Verkehrsteilnehmenden enthält. Auch der soziokulturelle Kontext gesellschaftlicher Werte, Normen und Erwartungen spielt eine wichtige Rolle, da er das Handeln aller Teilnehmenden prägt.

Die folgenden Kapitel 2.2 bis 2.4 nehmen entlang der drei Schritte des Prozessmodells eine Bestandsaufnahme der Praktiken des Big Data vor. Ebenso werden die Details und Wechselwirkungen zwischen den drei Schritten sowie dem institutionellen Rahmen und dem soziokulturellen Kontext diskutiert. Dabei nehmen wir eine dezidiert soziologische Perspektive ein, welche die sozialen Akteure (Kap. 2.2), die soziale Konstruktion digitaler Welten (Kap. 2.3) sowie die Steuerung komplexer sozio-technischer Systeme (Kap. 2.4) in den Mittelpunkt rückt. Zuvor betrachten wir in Form eines kurzen historischen Rückblicks die Hoffnungen und Befürchtungen, die den Diskurs um die Informatisierung der Gesellschaft bereits vor Big Data geprägt haben.

2.1.4 Utopien und Dystopien um Massendaten und Datenmassen seit den 1960er-Jahren

1997 wurde der Begriff Big Data das erste Mal in einem wissenschaftlichen Papier zur Visualisierung großer Datenmengen erwähnt (Cox und Ellsworth 1997); 2001 veröffentlichte Doug Laney seinen heute kanonischen Text „3D Data Management: Controlling Data Volume, Velocity, and Variety"; 2010 widmete das Wochenmagazin *The Economist* digitalen Datenmassen bzw. Massendaten eine erste große Sonderausgabe. Damit war Big Data als Schlagwort in der öffentlichen Diskussion angekommen.

Bereits in den Jahrzehnten davor gärte freilich ein facettenreicher, durch augenfällige Kontinuitäten gekennzeichneter Diskurs um die mit der Computerisierung der Gesellschaft anwachsenden Datenfluten und die damit verknüpften Chancen bzw. Risiken. Dabei zeigt sich, dass die erweiterten Möglichkeiten zur Datensammlung und Datenauswertung (sowie die damit verbundenen Kontroll- und Observationspotenziale) seit jeher mit der allgemeinen technikinduzierten Effektivierung der gesellschaftlichen Informations- und Kommunikationsstrukturen in Bezug gesetzt wurden.

Marshall McLuhans „Global Village" (1960er Jahre)

Auch wenn der Begriff Big Data selbst erst Ende der 1990er-Jahre entstanden ist, unternahmen Schriftstellende wie Philip K. Dick in „The Minority Report" (1956) schon in der Frühzeit des digitalen Computers literarische Annäherungsversuche an die Informatisierung des Lebens und die Ambivalenzen der zunehmenden Datenansammlung. Nur wenig später spannte Marshall McLuhan (1962, S. 31f.) unter dem Begriff der *Global Village* das erste sozialwissenschaftlich informierte Zukunftsszenario einer elektronisch vernetzten Gesellschaft auf, die ohne eindeutige soziale Rollenverteilungen auskommen und von wechselseitiger Überwachung geprägt sein sollte.

McLuhan selbst knüpfte an den Begriff der *Global Village* also keineswegs Ideen wie Egalität, Freiheit oder Offenheit, sondern beschrieb damit den vermuteten Übergang von der Schriftkultur der *Gutenberg-Galaxis* zu einer elektronisch vermittelten, erneut entlang mündlicher Kommunikation strukturierten Stammeskultur. Neuen Kommunikations- bzw. Informationstechniken schrieb er vielfältige Effekte auf menschliche Wahrnehmungs- und Organisationsweisen zu, deren Bewertung aber nach der angelegten Beobachtungsperspektive variiere. Insofern ging es McLuhan (1962, S. 254) zunächst einmal darum, überhaupt ein Bewusstsein für technikinduzierten Wandel zu schaffen.

„Assault on Privacy" und „Mythos der Maschine" (1970er Jahre)

Der Jurist Arthur Miller nahm in seinem vielrezipierten Buch „The Assault on Privacy" (1971) eine weitaus eindeutigere Bewertung der neuen Kommunikations- und Informationsmöglichkeiten vor. Er vermutete, dass die *positiven* Effekte der Computertechnologien den Blick auf ihre *negativen* Folgen verstellten, die er vor allem in einem schleichenden Verlust der Privatsphäre durch die erleichterte Aggregation von Daten sah. Eine vergleichbare Schreckensvision zeichnete Lewis Mumford in seinem Buch „Mythos der Maschine" ([1967] 1977), in dem er die alleinige Orientierung der modernden Gesellschaft an quantifizierbarem Fortschritt insgesamt verurteilte:

> „[…] in naher Zukunft wird […] der Computer […] in der Lage sein, jede Person auf der Erde augenblicklich zu finden und […] anzusprechen; er kann jede Einzelheit im täglichen Leben des Untertanen kontrollieren, anhand eines Akts, in dem alles verzeichnet ist […]. Dies würde nicht nur die Invasion der Privatsphäre bedeuten, sondern die totale Zerstörung der menschlichen Autonomie […]." (Mumford 1977, S. 650)

Ben Haig Bagdikian (1971) sah die Gefahr der elektronischen Medien hingegen weniger in diesem Überwachungspotenzial, sondern in der „Überschwemmung des Individuums mit Informationsfluten frei Haus": Sie ermutigten „eher zur Reaktion auf aktuell wichtige Ereignisse als auf große Trends" und erweckten nur „die Illusion umfassenden Wissens" (Spiegel o. V. 1972, S. 164). Ähnlich argumentierte der Futurologe Alvin Toffler (1970, S. 354f.), der auf die Gefahr der kognitiven Überstimulation durch neue Technologien hinwies. Während Toffler dieses Risiko des *information overload* (ebd., S. 350) auf stetig dezentralere Medienstrukturen zurückführte, warnten einige Informatikpioniere indes bereits in dieser Zeit vor dem anderen Extrem – vor zunehmend zentralisierten Systemen, deren Kontrolle wenigen Anbietern überlassen würde (Steinbuch 1971, S. 208).

Nach den Markterfolgen der ersten persönlichen Mikrocomputer und der Herausbildung einer frühen Amateur-Computing-Szene verbreitete sich Ende der 1970er Jahre aber auch eine Vielzahl positiver Visionen zur informatisierten Gesellschaft, die sich verdichtet in einem Artikel des *Time Magazine* von 1978 wiederfinden:

„Paper clutter will disappear as home information management systems take over from memo pads, notebooks, files, bills and the kitchen bulletin board. […] The computer might appear to be a dehumanizing factor, but the opposite is in fact true. It is already leading the consumer society away from the mass-produced homogeneity of the assembly line […]." (Time Magazine 1978, 46ff.)

Bildschirmtext und Kabelfernsehen (1980er Jahre)

In den 1980er Jahren wurden erste Formen der elektronischen Vernetzung in der Alltagswelt sichtbar. Zwar wurden die entsprechenden Medieninnovationen von der Bevölkerung zunächst eher zurückhaltend aufgenommen (Kellerman 1999); zugleich aber entwickelte sich auch hierzulande eine rege Debatte zu den Folgen neuer Informationstechnologien.

Der *Bildschirmtext* etwa sollte den Abschied von Druck bzw. Papier einläuten und den Bürgern neuartige Optionen bieten, „an wesentlichen Entscheidungen unmittelbar teilzunehmen" (Haefner 1984, S. 290); das *Kabelfernsehen* sollte je nach Perspektive „alle freie Information und Kommunikation […] überwuchern" (Ratzke 1975, S. 104) oder aber zu der Schaffung basisdemokratischer Strukturen beitragen (Modick und Fischer 1984). Weil in den meisten Ländern nicht in den angedachten Rückkanal investiert wurde, führte das Kabel jedoch nicht zu einer Erosion der Massenkommunikation sondern ermöglichte im Verbund mit der 1984 eingeführten dualen Rundfunkordnung die Etablierung einer Vielzahl kommerziell ausgerichteter privater TV-Sender (Jarren et al. 1994).

Parallel dazu konkretisierte sich in der Informatik die Diskussion um die erhöhte Produktion von Daten und Informationen im Zeitalter elektronischer Medien. Ithiel de Sola Pool (1983, S. 610) stellte in seiner Auswertung medienvermittelter Informationsflüsse in den USA zwischen 1960 und 1977 fest:

„[…] much of the growth in the flow of information was due to the growth in broadcasting […] But toward the end of that period the situation was changing: point-to-point media were growing faster than broadcasting."

Hal Becker (1986) schätzte, dass auf einer Steintafel ein Zeichen pro Kubikzoll, mit dem Buchdruck 500 Zeichen pro Kubikzoll und auf Halbleiterspeichern im Jahr 2000 ca. 1.25×10^{11} Bytes pro Kubikzoll gespeichert werden könnten und überschrieb seinen Artikel vor diesem Hintergrund mit dem Titel: „Can users really absorb data at today's rates? Tomorrow's?" Und Peter Denning (1990, S. 402) stellte schließlich die Frage nach Möglichkeiten der *Automatisierung in der Datenstrukturierung* und sah eine Antwort in Maschinen „that can recognize or predict patterns in data without understanding the meaning of the patterns".

Das frühe World Wide Web: Demokratisierung, Pluralisierung, Emanzipation (ab 1993)

In diese Gemengelage an Hoffnungen und Enttäuschungen stieß ab 1989 Tim Berners-Lee mit seiner Idee des *World Wide Web*, die auf Vannevar Bushs (1945) Vorstellung einer universellen Wissensmaschine basierte. Im seinem originären Projektantrag ging es zunächst weniger um ein globales Informationssystem als um ein typisches Problem großer Organisationen, denn das CERN als Berners-Lees Arbeitgeber verfügte zwar über ein elektronisches Dokumentationssystem; dieses war aber hierarchisch angelegt und konnte den vielfältigen Verweisen zwischen Projekten und Dokumenten nicht mehr gerecht werden. Auch die personelle Fluktuation führte dazu, dass Informationen verloren gingen oder nicht mehr auffindbar waren. Berners-Lee (1989) schlug daher eine flexible Hypertext-Struktur als Lösung für dieses Problem der Datenstrukturierung vor.

Das originäre Problem, das Berners-Lee angehen wollte, war also das der Darstellung und Verknüpfung von Daten – und er schuf mit dem World Wide Web als eingängigem Organisationsprinzip und „Interface" des Internets zugleich die Grundlage für deren beschleunigte Produktion und Diffusion. Genau diesen Wechselprozess zwischen wachsenden Datenmassen, erweiterten Zugriffsmöglichkeiten und stetig steigenden nutzerseitigen Erwartungen an deren Organisation beschrieb der Computerwissenschaftler John Mashey bereits 1998 als *„Big Data and the Next Wave of InfraStress"*. Ab 1996 war es günstiger, Daten digital statt auf Papier zu speichern, der Datenverkehr im Internet wuchs um 100 Prozent per anno und erstmals in der Geschichte wurde das Gros der Daten durch Nutzerinnen und Nutzer selbst generiert (Morris und Truskowski 2003; Lyman und Hal 2000).

Einerseits wurde das World Wide Web daher rasch als freies Medium gepriesen, das eine „Verschiebung der Intelligenz vom Sender zum Empfänger" (Negroponte 1995, S. 29) befördere, weil „es im Netz keine totalitären Instrumente mehr gibt, die Kontrolle über das Denken ausüben können" (Bollmann und Heibach 1996, S. 473) und sich „die Rollentrennung von Kommunikator und Rezipient auflöst" (Höflich 2013, S. 13). „Mit dem Internet notierte Mark Poster (1997, S. 170), sei ein „subversive[s] Medium" entstanden, das „dezentrale und damit demokratischere Kommunikationsstrukturen fördert" (vgl. kritisch: Wehner 1997).

Andererseits monierte Stanisław Lem (1996, S. 108), dass das Netz seine Tore jedem öffne, der „Daten stehlen und Geheimnisse aushorchen will", Neil Postman (1999, S. 124) postulierte, dass nicht mehr die Verbreitung von Information das Problem der Gegenwart sei, sondern „wie man Information in Wissen verwandelt und wie Wissen in Erkenntnis", Jarren (1997, S. 28) merkte an, dass „soziale Momente wie Zeitbudget, Finanzierung, Inhalte und Aktivitätsmanagement der Nutzer" im Diskurs um die Potenziale des Netzes berücksichtigt werden sollten, und Hans Magnus Enzensberger (2000, S. 96) verwarf seine „Prophezeiung von der emanzipatorischen Kraft" neuer Medien: „Nicht jedem fällt etwas ein, nicht jeder hat etwas zu sagen, was seine Mitmenschen interessieren könnte. Die viel beschrieene Interaktivität findet hier ihre Grenze."

Web 2.0: „Data is the Next Intel Inside" (ab 2005)

Diese allgemeine Debatte um die Chancen und Risiken des neuen Mediums führte Tim O'Reilly (2005) in seinem begriffs- und diskursprägenden Artikel „What is Web 2.0" wieder auf das Grundproblem der Digitalisierung – den Umgang mit Daten – zurück:

> „Database management is a core competency of Web 2.0 companies [...]. This fact leads to a key question: Who owns the data? [...] Data is indeed the Intel Inside of these applications. In many cases [...] there may be an opportunity for an Intel Inside style play, with a single source for the data."

Ein Hauptmerkmal des *Web 2.0* sah O'Reilly in seinem ursprünglich internetökonomisch angelegten Essay insofern in einer so noch nie dagewesenen *Zentralstellung von Daten in der Geschäftswelt* sowie den damit verbundenen Fragen nach ihrer Kontrolle und Auswertung.

In der Tat wurden bis Mitte der 2000er Jahre die Grundsteine für den Aufstieg global agierender Technologieunternehmen gelegt, deren Kerngeschäft zu wesentlichen Teilen auf der Aggregation und Urbarmachung von Daten bzw. dem Verkauf der entsprechenden Geräte und Services basiert: Apple, Google, Amazon und Facebook stellen inzwischen zentrale infrastrukturelle Grundlagen der Online-Welt bereit, prägen den Erfahrungsraum der meisten Nutzer signifikant mit und machen Jahresumsätze, die mit klassischen produzierenden Unternehmen wie Bosch (Umsatz 2015: 70,6 Mrd. Euro) oder Daimler (2015: 101,5 Mrd. Euro) vergleichbar sind (Tabelle 1).

Tab. 1 Jahresumsätze ausgewählter IT-Unternehmen in US-Dollar

	2003	2006	2009	2012		
Apple	6,2	19,3	41,5	156,5	233,7
Google (ab 2015: Alphabet)	1,5	10,6	23,7	46,0	74,9
Amazon	5,3	10,7	24,5	61,1	107,0
Facebook	–	0,05	0,7	5,1	17,9
Microsoft	32,2	44,3	58,0	73,7	93,6

Quelle: Jahresberichte der genannten Unternehmen ©

Die öffentliche wie sozialwissenschaftliche Diskussion entfernte sich in dieser Phase indes zügig von dem eigentlichen Topos des Datenmanagements und das *Web 2.0* avancierte rasch zum Synonym für eine erneute allumfassende Aufbruchsstimmung um das Netz bzw. seine kommunikationsermöglichenden Eigenschaften. Dabei lassen sich drei interagierende Veränderungserwartungen unterscheiden, die letztlich alle auf einen *technikinduzierten Rückbau eingespielter sozialer Differenzierungen und Einflussasymmetrien* hinauslaufen (Schrape 2012; Dickel und Schrape 2015):

- das Aufbrechen starrer Rollenverteilungen zwischen Produzenten und Konsumierenden;
- ein Relevanzverlust massenmedialer Anbieter (*one-to-many*) gegenüber nutzerzentrierten Austauschprozessen im Web (*many-to-many*);
- sowie eine umfassende Demokratisierung gesellschaftlicher Entscheidungsprozesse.

Der Aufstieg des Prosumenten

Als benennbare Sozialfigur wurde der *Prosument* durch Alvin Toffler (1980) eingeführt und dient seither als Sammelbegriff für Konsumierende, die durch die Kommunikation ihrer Präferenzen die Gestalt von Produkten mitbestimmen, für die arbeitende Kundschaft, die in Produktions- oder Dienstleistungsprozesse eingebunden werden, für Teilhabende an Do-it-Yourself-Netzwerken oder für Nutzerinnen und Nutzer, die in der Produktentwicklung eigene Impulse setzen. Erstmals auf das Web bezogen wurde der Ausdruck durch Don Tapscott (1995), der damit neue Formen der Massenkollaboration beschrieb. Ritzer und Jurgenson (2010) sahen sogar eine neue Form des Kapitalismus entstehen, in dem Produktion und Konsumtion ineinander verschmelzen. In dieser neuen Ökonomie würden die Prosumenten für ihre Arbeit nicht bezahlt; dafür seien die Produkte stets frei verfügbar.

Das Ende der Massenmedien

Mit diesem Glauben an das Aufbrechen eingespielter Rollenverteilungen verbunden waren Vorstellungen eines schwindenden Einflusses massenmedialer Strukturen in der Nachrichtenverteilung sowie in der Konstitution von Öffentlichkeit:

> „Grassroots journalists are dismantling Big Media's monopoly on the news, transforming it from a lecture to a conversation." (Gillmor 2006, S. I)

Viele Sozialwissenschaftler (z. B. Bieber 2011; Castells 2009) vertraten nun die These, dass die journalistische Nachrichtenverteilung gegenüber der nutzerzentrierten "many-to-many"-Kommunikation im Web mehr und mehr an Relevanz verliere. Zurückhaltende Stimmen, die wie Jürgen Habermas (2008, S. 161) auf die ambivalenten Folgen fragmentierter Publika für die politische Öffentlichkeit hinwiesen, wurden zunächst als rückwärtsgewandt eingestuft (so z. B. in Bruns 2007).

Demokratisierung gesellschaftlicher Entscheidungsprozesse

Wie bereits bei der „Demokratisierung des Wissens à la Wikipedia", finde, so Sury (2008, S. 270), nunmehr auch „eine weltweite Demokratisierung [..] der Willens- und Bewusstseinsbildung statt" da jetzt „alle ihren Einfluss geltend machen können, unabhängig von Herkunft, Kontostand, Beziehungsnetz" (Grob 2009). Dutton gab im *Spiegel* (2011) zu Protokoll, das Web mache „die Demokratie pluralistischer", die *Zeit* rief die „Facebookratie" aus (Stolz 2011), und auch im sozialwissenschaftlichen Diskurs wurden solche Annahmen zur netzvermittelten Demokratisierung rege aufgegriffen – etwa mit Blick auf neue Beteiligungsverfahren und Mobilisierungsformen (Bennett und Segerberg 2012; Lindner 2012).

Kritische Stimmen

Kritische Anmerkungen erfuhren auch in dieser zweiten Diskussionsphase zu onlineinduzierten Wandlungsprozessen lange nur wenig Gehör. Seit 2010 allerdings werden neben utopischen zunehmend auch dystopische Erwartungen erörtert – darunter zuvorderst Datenschutzbedenken und die ambivalente Zentralstellung von Unternehmen wie Facebook oder Google. Evgeny Morozov (2011, S. 118) etwa sprach von der „Falle der Self-Empowerment-Diskurse – die kaum mehr darstellten als eine ideologische List, die die Unternehmensinteressen verschleiern [...]". Zygmunt Bauman (2013, S. 54f.) vermutete, die meisten Nutzerinnen und Nutzer seien sich der Überwachung im Internet durchaus bewusst, allerdings werde heute „die alte Angst vor Entdeckung von der Freude darüber abgelöst, dass immer eine Person da ist, die einen wahrnimmt." Und Jaron Lanier (2006, S. 246) warnte vor dem schieren Glauben an die *Schwarmintelligenz*: „Ein Kollektiv auf Autopilot kann ein grausamer Idiot sein [...]."

Big Data im öffentlichen Diskurs (seit 2010)

Trotz dieser intensiven Debatte um das *Web 2.0* und seine gesellschaftlichen Effekte rückten *Daten* an sich erst in den letzten Jahren in den Fokus der öffentlichen wie sozialwissenschaftlichen Aufmerksamkeit: 2008 lancierte der Internetvisionär Chris Anderson, der auch die Vorstellung des *Long Tails* popularisiert hat, seinen provokanten Text „The End of Theory: The Data Deluge Makes the Scientific Method Obsolete" (Anderson 2008), 2011 beschrieb das Marktforschungsunternehmen

2.1 Einleitung: Big Data in soziologischer Perspektive

Gartner Big Data als größte ökonomische Herausforderung unserer Tage (Genovese und Prentice 2011) und 2014 prognostizierte die *International Data Corporation* (Corporation/IDC 2014), dass das digitale Datenuniversum von 0,8 Zettabyte 2009 auf 44 Zettabyte im Jahr 2020 anwachsen werde.

Ähnlich wie im Falle des Labels *Web 2.0*, das die kommunikationserleichternden Eigenschaften der Onlinetechnologien betont hat, legt der Begriff Big Data als semantischer Bezugspunkt heute in nahezu allen gesellschaftlichen Bereichen den Eindruck eines disruptiven Umbruchs nahe, auf den unmittelbar reagiert werden müsse. Die Idee eines separaten Kommunikations- und Handlungsraums im Web weicht dabei der Vorstellung einer *digitalen Gesellschaft*, die von einem omnipräsenten Internet der Dinge durchdrungen wird. Big Data wird nun nicht mehr nur als informationstechnisches, sondern als „a cultural, technological, and scholarly phenomenon" (Boyd und Crawford 2012, S. 663) gefasst und dementsprechend reichen die Erwartungen um diesen Kompaktbegriff von dem „Versprechen der Allwissenheit" (Geiselberger und Moorstedt 2013), über die ubiquitäre Vernetzung der Welt und Vorhersagbarkeit menschlichen Verhaltens bis hin zum orwellschen Albtraum einer nicht mehr zu entrinnenden Totalüberwachung.

Insofern spiegeln sich im aktuellen Diskurs um Big Data viele der dystopischen und utopischen Erwartungen wider, die bereits seit den 1960er Jahren an digitale Massendaten und Datenfluten geknüpft worden sind – von der Gefahr eines *information overload* über die Angst vor einer Invasion der Privatsphäre bis hin zu vielfältigen positiven Visionen, die entlang von Stichworten wie Dezentralisierung, Demokratisierung oder Emanzipation immer wieder die Öffentlichkeit durchkreuzen.

Gerade der Soziologie als klassische Gesellschaftswissenschaft kommt in dieser Phase eine zentrale Rolle zu, denn anders als in der Industrieforschung und anwendungsbezogenen Disziplinen geht es ihr nicht um kurzfristige Vorhersagen oder eine möglichst zeitnahe Verwertbarkeit ihrer Forschungsergebnisse, sondern um die Einordnung gegenwärtiger Dynamiken in langfristige gesellschaftliche Entwicklungsprozesse (J.-F. Schrape 2016). Aus ihrer synthetisierenden Beobachtungsperspektive kann sie ein notwendiges Gegengewicht zu der verbreiteten Überzeugung bieten, dass „with enough data, the numbers speak for themselves" (Anderson 2008) – denn je größer die verfügbare Datenbasis ist, desto größer wird auch die Wahrscheinlichkeit, sich zufällig ähnelnde Datenreihen zu finden und daraus Zusammenhänge abzuleiten, die realiter gar nicht vorhanden sind. Dementsprechend hat das genuine Kernanliegen der soziologischen Forschung – die Vermeidung von Phantasiewissen die Entzauberung von Beobachtungsmythen (Elias 2006) – im Zeitalter von Big Data nichts an Dringlichkeit verloren.

2.2 Datengenerierung

Marc Delisle und Johannes Weyer

2.2.1 Einleitung

Die neue Qualität der Generierung und Weitergabe auch privater Daten im Zeitalter von Big Data wird deutlich, wenn man einen Blick in frühere Epochen wirft.

Daten in der Vormoderne

Schon vormoderne Gesellschaften, etwa in Ägypten oder Mesopotamien, praktizierten vielfältige Verfahren der Datenerfassung und -auswertung. Wie bereits die Bibel berichtet, ging es dabei um Daten zur Bevölkerungsstruktur, die unter anderem für Zwecke der Finanzverwaltung genutzt wurden. Dabei kamen zumeist traditionelle Technologien wie beispielsweise der Datenaufzeichnung mittels Keiltafeln oder später Papier zum Einsatz.

Neben dem öffentlichen Interesse an Daten kamen im Laufe der Jahrhunderte auch privatwirtschaftliche Interessen hierzu, etwa in Form der Buchführung, die in den Klöstern des Hochmittelalters und später in den Handelskontoren der frühneuzeitlichen Städte praktiziert wurde. Der Geist des Protestantismus hat diesen Trend zur Rechenhaftigkeit sozialer Praktiken weiter verstärkt (Weber 1985).

Die Dokumentation privater Daten ist hingegen jüngeren Datums und reicht in die Romantik des 19. Jahrhundert zurück, als es Mode wurde, Daten zur privaten Lebensführung, zu Stimmungslagen etc. in Tagebüchern systematisch zu dokumentieren (Zillien et al. 2015a). In der modernen Wohlstandsgesellschaft der 1960er Jahre und danach wurde es dann gängige Praxis, dass Sporttreibende ihre Trainingsdaten protokollierten und Übergewichtige ihre Kalorien zählten – zunächst auf Papier, später auch mithilfe unterschiedlicher Technologien.

Daten im Zeitalter von smarter Technik und Big Data

Das Zeitalter der smarten Technik bringt eine neue Qualität der Datenerfassung mit sich. Diese lässt sich in folgenden Dimensionen beschreiben:

- Ubiquität: Mittlerweile werden nahezu alle Bereiche des Lebens und Arbeitens vermessen und datentechnisch erfasst, und zwar nicht nur in öffentlichen und unternehmerischen Kontexten, sondern zunehmend auch in privaten Kontexten, beispielsweise im Bereich der Ernährung oder der Fitness. Die Menge verfügbarer Daten steigt damit exponentiell an.

2.2 Datengenerierung

- Automatisierung: Die Daten werden zunehmend durch smarte Geräte (s. u.) erfasst, die teil- oder vollautomatisch operieren und die Menschen größtenteils von der Mühsal der Aufzeichnung, Dokumentation, Archivierung und schließlich auch der Auswertung der Daten entlasten.
- Kontinuität: Die Datenerfassung erfolgt nicht mehr nur punktuell, sondern es ist prinzipiell möglich, Daten kontinuierlich aufzuzeichnen.
- Ortsunabhängigkeit: Die Daten werden typischerweise nicht lokal gespeichert, sondern in elektronischen Netzwerken kommuniziert und in der Cloud – auch im außereuropäischen Ausland – abgelegt, womit sie nicht nur der datenerhebenden Instanz, sondern prinzipiell auch anderen Akteuren zur Verfügung stehen, die diese Daten – im Rahmen der jeweils gültigen Gesetze – für eigene Zwecke nutzen und ggf. weiterverarbeiten können (dazu ausführlich Kap. 3).
- Vielseitigkeit: All dies gilt nicht nur für stationäre Geräte, sondern im Zeitalter der Mobil-Kommunikation auch für mobile Geräte, die damit zum Bestandteil eines umfassenden Netzwerks werden. Neben den Inhaltsdaten übermitteln sie auch Meta-Daten, die Angaben zum Zeitpunkt und zum Ort enthalten, an dem bestimmte Aktivitäten getätigt wurden (vgl. Kap. 2.2.3). Damit ist es möglich, die Identität und den Standort eines Objekts bzw. einer Personen zu jedem beliebigen Zeitpunkt zu erfassen.
- Simultanität: Angesichts der enormen Rechen-Leistung auch mobiler Geräte und der gewaltigen Kapazitäten von Cloud-Diensten ist es möglich, die Daten in Echtzeit zu erfassen, zu übermitteln und langfristig zu speichern. Sie sind damit ubiquitär verfügbar.

Treiber der Entwicklungen

Vorreiter der Entwicklung smarter Technik waren das Militär, die Logistik und später der Handel, die ein Interesse daran hatten, Materialströme zu erfassen und Prozesse zu optimieren. Viele der Technologien, wie beispielsweise die RFID-Funkchips, wurden in diesen Bereichen in den 1980er Jahren erstmals eingesetzt und erprobt (Läpple 1985; Clausen und Buchholz 2009). Im zivilen Bereich sind vor allem die Einlasskontrollen (z. B. Skipässe) und das Kreditkartenwesen zu nennen, die bereits seit Jahrzehnten praktiziert werden (und nur in geringem Maße öffentliche Debatten über Datenschutzfragen provoziert haben). Allen genannten Beispielen ist gemeinsam, dass sie von einer Logik der Kontrolle geprägt sind, also der Identifikation von Subjekten und Objekten sowie der Quantifizierung sämtlicher Prozesse, die im Interesse einer Gesamtoptimierung des Systems betrieben wird (Rochlin 1997).

Die folgenden Kapitel befassen sich insbesondere mit dem Vordringen dieser Form der (elektronisch vermittelten) Datenerfassung in den privaten Alltag. Von wenigen Vorläufern abgesehen, ist es ein Novum, dass auch sensible private Daten nunmehr elektronisch erfasst und darüber hinaus Dritten zur Verfügung gestellt werden. Privatpersonen sind in einem bislang kaum vorstellbaren Maß daran beteiligt, Daten über sich selbst und ihr Verhalten zu sammeln und mit anderen zu teilen. Die folgenden Kapitel beleuchten, aus welchen Motiven Individuen smarte Geräte nutzen und die Datafizierung der Privatsphäre vorantreiben – sei es in Form der aktiven Beteiligung an der Datenerhebung (z. B. Kalorieneingabe), sei es in Form der passiven Duldung der automatischen Datenerfassung (z. B. Schrittzahlen). Sie fragen zudem nach dem Vordringen der Logik der Kontrolle in den privaten Bereich, z. B. in Form neuartiger Praktiken der Selbstvermessung und Selbstkontrolle.

Zunächst erfolgt ein kurzer Überblick über Techniken und Verfahren der Datenerfassung – mit Fokus auf den smarten Alltag, also den privaten Bereich.

2.2.2 Datenquellen

Hinter den Begriffen Internet der Dinge (Fleisch und Mattern 2005) bzw. „Cyber-physical systems" (Geisberger und Broy 2012) verbirgt sich die Vorstellung, dass sämtliche Gegenstände des privaten wie beruflichen Alltags „intelligent" werden (Weiser 1993), also mit der Fähigkeit ausgestattet sind, ihre Umgebung zu erfassen und auf sie zu reagieren.

> „The Internet of Things is the general idea of things, especially everyday objects, that are readable, recognizable, locatable, addressable, and controllable via the internet – whether via RFID, wireless LAN, wide-area network or other means" (SRI Consulting BusinessIntelligence 2008).

Das Internet der Dinge verbindet die reale Welt mit dem weltweiten Netz. Man schätzt, dass es im Jahr 2020 ca. 50 Milliarden vernetzte Geräte geben wird, das Siebenfache der Weltbevölkerung, welche über Sensoren verfügen, die Bewegungen, Klang, Licht, Temperatur, Feuchtigkeit, Standort, Puls und weitere Daten erfassen und vermessen können (Swan 2012).

Nach einer Definition von Geisberger und Broy (2012, S. 22) umfassen „Cyber-Physical-Systems […] eingebettete Systeme, also Geräte, Gebäude, Verkehrsmittel und medizinische Geräte, aber auch Logistik-, Koordinations- und Managementprozessen sowie Internet-Dienste, die

- mittels Sensoren unmittelbar physikalische Daten erfassen und mittels Aktoren auf physikalische Vorgänge einwirken,

2.2 Datengenerierung

- Daten auswerten und speichern sowie auf dieser Grundlage aktiv oder reaktiv mit der physikalischen und der digitalen Welt interagieren,
- mittels digitaler Netze untereinander verbunden sind, und zwar sowohl drahtlos als auch drahtgebunden, sowohl lokal als auch global,
- weltweit verfügbare Daten und Dienste nutzen,
- über eine Reihe multimodaler Mensch-Maschine-Schnittstellen verfügen, also sowohl für Kommunikation und Steuerung differenzierte und dedizierte Möglichkeiten bereitstellen, zum Beispiel Sprachen und Gesten."

Cyber-physikalische Systeme finden sich in mittlerweile in unterschiedlichen Bereichen, die wir hier nur knapp thematisieren:

Smart Factory (Industrie 4.0)

Zentrales Element einer vernetzten Produktion sind RFID-Chips und intelligente Sensoren, die die Datenerhebung und -übermittlung in der smarten Fabrik der Zukunft bewerkstelligen. Mit Sensoren ausgestattete Objekte liefern Informationen zu Standort, Temperatur, Lage und Beschleunigung sowie Prozess- und Qualitätsdaten (z. B. Termine, Kapazitäten, Kompatibilität mit Produktionsanlagen). Die Anlagen ihrerseits stellen Informationen etwa zur Produktionsdauer oder zum Auslastungsgrad zur Verfügung und ermöglichen zudem eine automatische Konfiguration für das jeweilige Produkt (Siepmann und Graef 2016; Geisberger und Broy 2012).

Smart Mobility, Smart Car

Das intelligente Auto der Zukunft steuert nicht nur die bordeigenen Prozesse zunehmend autonom und steigert so Komfort und Sicherheit, sondern ist auch mit anderen Verkehrsteilnehmern (Car-2-Car) sowie Verkehrsleitzentralen vernetzt (TA-SWISS 2003). Es empfängt, generiert und verarbeitet Daten z. B. über den Straßenzustand, den Fahrstil oder die aktuelle Position und übermittelt diese an andere Akteure wie Versicherungen oder Service-Abteilungen der Hersteller. Auf Basis der Daten lassen sich somit personalisierte Versicherungstarife entwickeln, aber auch Werkstatt-Aufenthalte besser planen. Smarte Mobilitätsassistenten ermöglichen zudem eine effiziente Reiseplanung, die auch intermodale Optionen berücksichtigt (ACATECH 2012). Auf diese Weise entstehen große Mengen von Mobilitätsdaten, die Aufschlüsse über die aktuelle Verkehrslage, aber auch über das Verhalten einzelner Verkehrsteilnehmer ermöglichen.

Smart Home, Smart Meter, Smart Grids

Das smarte Haus der Zukunft verfügt über eine Reihe von Sensoren beispielsweise zur Steuerung von Heizung, Beleuchtung oder Haushaltsgeräten, die miteinander vernetzt sind (Suryadevara und Mukhopadhyay 2015). Smarte Waschmaschinen melden automatisch, wenn das Waschmittel zu Neige geht, Heizungen schalten sich kurz vor der Ankunft der Bewohnerinnen und Bewohner automatisch ein, Kohlenstoffdioxid-Sensoren analysieren die Luftqualität, und Wohnungstüren erkennen Einbruchsversuche. Dies soll den Komfort, aber auch die Sicherheit steigern. Das intelligente Haus erschließt also Datenräume, die zuvor nur schwer zugänglich waren, und öffnet somit die Privatsphäre für Dritte – mit der Konsequenz, dass Rückschlüsse auf die Lebensgewohnheiten der Hausbewohner möglich werden. Zukunftsszenarien einer intelligenten Netzsteuerung (vgl. Kap. 2.4) sehen darüber hinaus vor, dass über Smart Meter das Energieverbrauchsverhalten vermessen wird und diese Daten an die stromanbietenden Unternehmen übermittelt werden, damit diese ein effizientes Netzmanagement auch in kritischen Situationen betreiben kann.

Smartphone

Bei der Datafizierung des sozialen Lebens (Mayer-Schönberger und Cukier 2013, S. 77) hat die mobile Telefonie eine wichtige Rolle gespielt, denn Handys erzeugen Kommunikationsdaten, die an die anbietenden Unternehmen übermittelt und von diesen gespeichert werden. Ein weitaus zentraleres Element dieser Datazifierung ist seit 2008 jedoch das Smartphone, dass es innerhalb weniger Jahre geschafft hat, zum Begleiter unseres Alltags in digitalen Welten zu werden, der sämtliche Aktionen protokolliert, aber auch steuert. Der „Spion in der Hosentasche" (Kurz 2011) hat sich zum Wegweiser durch das mobile Internet (wie auch die Realwelt) entwickelt, der jedoch zugleich Daten in nie dagewesener Menge und Qualität sammelt und an Dritte übermittelt.

Soziale Netzwerkplattformen

Eine wichtige Rolle spielen auch Soziale Netzwerkplattformen. Bei jeder Kommunikation und Interaktion auf Facebook, Twitter, Instagram etc. erfassen die Plattformanbieter Daten, die weitreichende Rückschlüsse auf individuelle Präferenzen und Eigenschaften zulassen, über Beziehungsnetzwerke informieren und für Werbezwecke sowie den Handel mit Daten (vgl. FTC 2014) genutzt werden können. So registriert Facebook nicht nur die basalen profilbildenden Informationen zu Freundschaften und Interessen, sondern auch alle Likes und Kommentare in Unterhaltungen, emotionale Reaktionen sowie Gelöschtes oder Nicht-Kommentiertes (vgl. Kramer et al. 2014). LinkedIn verwandelt berufliche Netzwerke in digitale

2.2 Datengenerierung

Interfaces, und YouTube verdatet den freizeitlichen Austausch audiovisueller Inhalte (vgl. Van Dijck 2014).

Wearables

Mit Wearables werden erstmals auch die körperliche Gesundheit und Fitness einer Datafizierung zugänglich. Wearables machen es den Nutzern leicht, lückenlos Datenreihen zu erheben, deren Erfassung zuvor mit erheblichem Aufwand verbunden und zumeist nur punktuell möglich war (vgl. Leger et al. 2016, S. 8; Lupton 2015a, S. 6; Kochsiek 2016). Interessant ist dieser Bereich insofern, als die Nutzerinnen und Nutzer sich in Form der Selbstvermessung aktiv an der Produktion dieser sensiblen Daten beteiligen (vgl. Kap. 2.2.4).[12]

Online-Shopping

Schließlich generieren die Nutzerinnen und Nutzer durch den Besuch von Websites, beispielsweise von Online-Shops, eine große Zahl von Daten, die durch Cookies erfasst werden.[13] Diese Daten können von den anbietenden Unternehmen genutzt werden, um individuelle Kaufmuster zu erstellen, die für personen- und standortbezogene Werbung, aber auch für das Cross Selling[14] genutzt werden können (vgl. Kap. 2.3.2)

Zwischenfazit

Wie diese kurze Übersicht zeigt, fallen in nahezu allen Bereichen des sozialen Lebens Daten in einer noch vor wenigen Jahren kaum vorstellbaren Menge, Varietät und Qualität an, die weitreichende Rückschlüsse über das Verhalten einzelner Individuen zulassen. Jede einzelne Nutzerin bzw. jeder einzelne Nutzer trägt also durch seine eigenen digitalen Interaktionen tagtäglich dazu bei, dass Big Data möglich wird.

Eine ähnliche Funktion wie Smartphones erfüllen Wearables – am Körper getragene Geräte, die eine umfangreiche Erfassung und Vermessung der Körperdaten (Puls), des individuellen Verhaltens (Schrittzahl) sowie der Gewohnheiten (Schlafrhythmus) ermöglichen (vgl. Lupton 2015a, S. 4f.). Zu nennen sind etwa:

---

12 Diese Daten stellen i. d. R. Schätzungen und Näherungswerte dar und bilden daher die Wirklichkeit nur annähernd ab. Problematisch ist dies, da die Nutzer diese Artefakte jedoch als objektive Daten interpretieren (vgl. Püschel 2014).

13 Cookies speichern Informationen über besuchte Webseiten, die beim wiederholten Besuch wieder aufgerufen werden, was diesen Prozess vereinfacht, zugleich aber Datenspuren produziert.

14 Unter Cross Selling wird im Marketing der Verkauf ergänzender Produkte oder Dienstleistungen verstanden (Homburg und Schäfer 2001).

- Smartwatches – Armbanduhren mit Computerfunktionalität, Sensoren und Smartphone-Konnektivität;
- Activity Tracker – Fitnessarmbänder zur Aufzeichnung aktivitäts- und gesundheitsbezogener Daten, aber auch von Standort- und Beschleunigungsdaten;
- Smarte Brillen, die Informationen im peripheren Sichtfeld einblenden (z. B. Google Glass, Recon Snow2), zum Teil mit eingebauter Digitalkamera (vgl. Delisle und Jülicher 2016);
- weitere am Körper getragene Sensoren zur Erhebung von Körper- und Vitaldaten (z. B. Blutzucker, Herzfrequenz oder Gehirnaktivität) (vgl. Kamenz 2015; Hänsel et al. 2016).

2.2.3 Datentypen

Smarte Geräte und die Nutzung von digitalen Plattformen und Portalen produzieren unterschiedliche Datentypen, auf die wir kurz eingehen, um die neue Qualität der Datenerfassung im Zeitalter von Big Data, aber auch die darauf basierenden neuen Geschäftsmodelle der Internet-Wirtschaft zu dokumentieren.

Inhalts-, Nutzer- und Nutzungsdaten

Hierunter fallen die *Daten der Nutzerinnen und Nutzer*, z. B. die *personal identifiable information*, die eine eindeutige Identifikation der betreffenden Personen ermöglichen, sowie die *Nutzungsdaten* bzw. Metadaten, beispielsweise zur Dauer der Nutzung eines Services, und schließlich die *Inhaltsdaten*, beispielsweise der Text einer E-Mail, eines Twitter-Postings oder das Foto und Emojis einer WhatsApp Nachricht. Soziale Netzwerkplattformen und andere digital wirtschaftende Unternehmen registrieren und analysieren das digital vermittelte Verhalten der Nutzerinnen und Nutzer, z. B. zu kommerziellen aber auch zu anderen Zwecken, deren sich die Nutzerinnen und Nutzer nicht bewusst sein müssen (vgl. Kosinski et al. 2013, S. 1). Mit Hilfe von Mustererkennungsalgorithmen können Bilder erkannt und maschinell als ähnlich oder unähnlich kategorisiert werden. Semantische Analysen ermöglichen es beispielsweise, Inhaltsdaten automatisiert nach bereits bekannten Schlüsselbegriffen zu analysieren während statistische Verfahren genutzt werden, um die Häufigkeit der gemeinsamen Nutzung bestimmter Wörter zu analysieren. Als besondere Dimension von digital generierten Daten kommt hinzu, dass sie bereits selbst schon Resultate von algorithmischen Prozessen sind. Soziale Netzwerkplattformen wie Suchmaschinen formatieren auf der Grundlage von Berechnungen vor, welche Nachrichten oder welche Suchergebnisse den Nutzerinnen und Nutzern in welcher Reihenfolge angezeigt werden. Diese algorithmischen Formatierungen,

2.2 Datengenerierung

die u. a. auf der Grundlage von eigenen, vorherigen Entscheidungen begründet sind aber auch auf den Entscheidungen von anderen, ähnlichen Nutzerinnen und Nutzern, führen dazu, dass Nutzerinnen und Nutzer personalisierte Ergebnisse angezeigt bekommen. Auf dieser Grundlage treffen Nutzerinnen und Nutzer weitere Entscheidungen, die wiederum neue Daten generieren.

Verhaltens- und Kontextdaten

Bei der Nutzung smarter Geräte fallen zudem Verhaltens- und Kontextdaten an, wie Beschleunigungs- oder Bewegungsdaten, die es ermöglichen, den Kalorienverbrauch von Sporttreibenden oder das Fahrverhalten von Autofahrenden zu ermitteln (vgl. Selke 2016, Piwek et al. 2015). Zudem liefern sie Informationen über die jeweilige Umgebung, beispielsweise die aktuelle Temperatur.

Metadaten

Metadaten sind Daten über Daten (Rühle 2012, S. 2), die die (primären) Daten durch zusätzliche, strukturierte Informationen anreichern. Im Fall eines Buchs sind dies beispielsweise Autor/in, Titel, Verlag, Erscheinungsjahr, Anzahl der Seiten etc. Im Fall digitaler Daten können Metadaten das genutzte Gerät, den Standort, die Uhrzeit, die Nutzungsdauer oder die Kommunikationspartner umfassen. Diese Metadaten sind eine wertvolle Ressource der Internet-Wirtschaft. Denn die sogenannte Verkehrsdatenanalyse kann anhand der Meta-Daten weitreichende Schlussfolgerungen über das Verhalten einzelner Individuen und deren soziales Beziehungsnetzwerk ziehen – und dies auch ohne Kenntnis der Inhaltsdaten (vgl. Kap. 2.4).

Diejenigen Personen, die über derartige Daten verfügt, besitzen insofern Macht und Einfluss in der Internet-Wirtschaft (vgl. Kap. 2.4.4). Die Datenanalystinnen und -analysten stellen ihre Services nur scheinbar unentgeltlich zur Verfügung, da sie als Gegenwert die Metadaten und die in ihnen enthaltenen Informationen erhalten, die sich monetarisieren lassen (vgl. Van Dijck 2014, S. 198f.; Jentzsch et al. 2012; S. 26f.; FTC 2014).[15]

Welchem Datentypus ein Datum jeweils zuzuordnen ist, hängt teilweise vom Anwendungskontext ab. So ist der Standort im Falle von digitalen Fotos ein Metadatum, während er bei Navigationssystemen ein Inhalts- bzw. Kontextdatum ist.

---

15 Eine umfassende Nutzung der Metadaten ist bislang aufgrund datenschutzrechtlicher und technischer Beschränkungen noch nicht möglich; zudem sind nicht alle Metadaten interoperabel, da die Formate und Modelle häufig historisch gewachsen sind (vgl. Rühle 2012).

Welche Praktiken zur Entstehung derartiger Daten führen, welche Motivationen diese Praktiken antreiben und welche Risiken damit einhergehen, wird im folgenden Kapitel anhand des Fallbeispiels der Selbstvermessung detailliert erläutert.

2.2.4 Fallbeispiel Selbstvermessung

Die neue Qualität der digitalen Datenerfassung im Zeitalter von Big Data besteht unter anderem darin, dass auch das private Leben sowie der individuelle Körper nunmehr umfassend datafiziert werden. Allerdings ist dies nicht Resultat staatlicher oder unternehmerischer Strategien, sondern Ergebnis einer von den vermessenen Akteuren selbst inszenierten Bewegung, die sich mit dem Label „Quantified self" schmückt (vgl. Kochsiek 2016, S. 1).[16] Selbstvermessende Personen erheben private Daten gezielt und bewusst zum Zwecke der Selbstanalyse und kommunizieren diese über soziale Medien, um den Vergleich mit anderen *Peers* zu ermöglichen (vgl. Leger et al. 2016, S. 1).[17]

Selbstvermessende Personen erheben Informationen über Fitness, Gesundheit, Verhalten, Umgebung und andere Aspekte des alltäglichen Lebens, und zwar mithilfe von Smartphones, Fitnessarmbändern und Körpersensoren, die bislang schwer quantifizierbare Bereiche des Lebens wie den eigenen Leib und das emotionale Erleben relativ einfach messbar machen – und damit zugleich zum Objekt gezielter Veränderung werden lassen. Die selbstvermessenden Personen zielen nicht nur auf einen Erkenntnisgewinn, sondern auch auf eine Verhaltensänderung, eine Selbstoptimierung und, daraus folgend, eine höhere Lebensqualität ab (vgl. Kamenz 2015; vgl. Kappler und Vormbusch 2014, S. 3).

Gesundheitsmonitoring

Ein zentraler Bereich ist das Gesundheitsmonitoring, also das Messen von Vitaldaten (Puls, Blutdruck, Blutzuckergehalt etc.) im Zeitverlauf, um diese mit Normwerten bzw. (selbst gesetzten) Zielwerten vergleichen und im Fall von Abweichungen das

---

16 Im Zusammenhang der Quantified Self finden sich auch Begriffe wie Selbstvermesser, Lifelogging, Self-Tracking, Body Monitoring u. ä. Diese werden entweder synonym verwendet oder bezeichnen bestimmte Bereiche des Lebens, die aufgezeichnet, archiviert und ausgewertet werden. So bezieht sich beispielsweise das Body Monitoring nur auf den eigenen (biologischen) Körper und dessen Vitalfunktionen, nicht aber auf psychische Bereiche des eigenen Lebens (vgl. ausführlich Kamenz 2015, Selke 2014a, S. 173 ff.).

17 Der Begriff der Selbstvermesser bezeichnet Akteure, die mittels Sensoren und Smartphone-Apps biologische, physische, personenbezogene oder umweltbezogene Messwerte mittels Sensoren erfassen und speichern (vgl. Kamenz 2015).

2.2 Datengenerierung

Verhalten anpassen zu können. Gesundheitsmonitoring wird von zwei Gruppen betrieben:

- den Gesunden, die bereits einen gesunden Lebensstil pflegen und dies durch Selbstvermessung dokumentieren wollen. Diese Gruppe kann durch Wearables motiviert werden, weiterhin aktiv zu bleiben und sich weiterhin gesund zu verhalten. Ihr Ziel ist es, den Körper und ihre alltägliche Lebensführung zu optimieren und ihre Leistungspotenziale auszuschöpfen (Kochsiek 2016, S. 3). Ihr Antrieb ist, „das eigene Leben noch perfekter, stromlinienförmiger und effizienter gestalten zu können" (Selke 2014a, S. 178; Kamenz 2015).
- den (chronisch) Kranken, die mithilfe von automatisch generierten Langzeitdaten den Krankheitsverlauf protokollieren und Fortschritte dokumentieren können, was in vielen Fällen eine preiswerte Alternative zur stationären Behandlung darstellt (vgl. Piwek et al. 2015, S. 2). Damit vermeidet man die Fehler, die bei manueller Protokollierung unumgänglich sind, und die Patientinnen und Patienten müssen nicht auf ihre autonome Lebensführung verzichten. Wearables ermöglichen eine unkomplizierte Überwachung im Fall von Diabetes, Schlaf-Apnoe, Fettleibigkeit, Panikattacken, PTSD und Asthma (Neville et al. 2009; Christensen et al. 2004; Carlbring et al. 2001; Lange et al. 2003; Bartholomew et al. 2000). Auch zur Früherkennung von Parkinson könnten sie demnächst eingesetzt werden (vgl. Piwek et al. 2015, S. 3; Arora et al. 2014; Harrington et al. 2013). Smarte Techniken der Selbstvermessung können schließlich zur Unterstützung von Therapien einsetzt werden, z. B. bei Medikamentengaben (vgl. Piwek et al. 2015).

Während Privatpersonen immer mehr smarte Geräte zum Gesundheitsmonitoring nutzen, steht der Einsatz zu medizinischen Zwecken im engeren Sinne noch in den Anfängen. Viele Anwendungen befinden sich noch in der Entwicklungsphase und sind noch nicht für den medizinischen Gebrauch zugelassen, u. a. wegen Problemen mit der Datenqualität (vgl. Leger et al. 2016; Piwek et al. 2015, S. 3). Piwek et al. (2015) betonen, dass es große Unterschiede bei den Ergebnissen verschiedener Wearables gibt, teilweise differieren die Ergebnisse um 25 bis 30 %. Ebenso können die Sensoren schlicht falsche oder unscharfe Daten liefern (vgl. Case et al. 2015, BMJV 2016).

Motivationen der Selbstvermesser

Die Datafizierung der privaten Lebensführung und sogar des eigenen Körpers erfolgt überwiegend freiwillig, auch wenn ein gewisser Druck der *Peers* eine Rolle spielen mag. Nur in wenigen Fällen erfolgt die Datafizierung der Privatsphäre auf staatliche Anordnung, etwa im Fall des eCall, der ab 2018 serienmäßig in allen

Neuwagen eingebaut sein muss, die in der EU zugelassen werden. Bei einem Unfall übermittelt eCall automatisch und ohne Einwilligung des Nutzers sämtliche relevante Daten an die Polizei.

Insofern ist es soziologisch interessant, den Motivationen nachzugehen, die immer mehr Menschen dazu bringen, ihre private Lebensführung mit Hilfe smarter Geräte zu vermessen und die so gewonnenen Daten mit Dritten zu teilen. Und ebenso interessant ist es herauszufinden, welche Auswirkungen diese permanente Selbstvermessung auf das Verhalten einzelner Individuen hat.

Selbstthematisierung und Sinnstiftung durch Technik

Durch die zunehmende Individualisierung des Lebens und die daraus resultierende „biographische Freisetzung" von herkömmlichen Lebensweisen entsteht ein Gewinn an Entscheidungschancen, gleichzeitig aber auch der Verlust des *Sinn-Dachs*, das zuvor eine übergreifende, kollektive und individuelle Verbindlichkeit darstellte (vgl. Hitzler und Honer 1994).

> „Der Sinn des Lebens entgleitet in einer unübersichtlich gewordenen Moderne immer leichter, zugleich werden immer mehr Anstrengungen unternommen, bestimmte Sinnerfahrungen zu machen – Sinn ist die Mangelware des 21. Jahrhunderts." (Selke 2014b, S. 184)

Erste Studien zeigen, dass „der Einsatz von Messverfahren eine Folge der weitverbreiteten Unsicherheit ist" (Selke 2014b, S. 199) und die digitale Lebensprotokollierung somit zu einem neuen Sinn-Lieferanten werden kann.

Die gesteigerte Selbstreflexion durch Daten stellt eine zentrale Idee der Selbstvermessung dar. Aus dem permanenten Feedback, verstärkt durch die vermeintliche Objektivität, entsteht eine Art flexibler Dauerorientierung. Die erzeugten Zahlen und Fakten bieten Sicherheit und ermöglichen immer neue Selbststilisierungsformen. Hitzler und Honer (1994) und Selke (2014b) folgend, stellen sich die selbstvermessenden Personen ihren individuellen Lebenssinn stetig aus unterschiedlichen Quellen und unter zur Hilfenahme unterschiedlichster Techniken her. Erlebnisse und Aktivitäten bilden die Eckdaten der jeweils festgelegten Zeitblöcke, die teilweise automatisch zusammengestellt werden, wie im Fall der Facebook-Chronik.

Die beschriebene Orientierungslosigkeit und das seit der Aufklärung immer stärker ausgeprägte Streben nach einer einzigartigen Existenz führen zu einer Zunahme der Selbstthematisierung. Die eigene Wahrnehmung als Individuum basiert auf der Herstellung von Unterschieden (vgl. Selke 2014b, S. 188ff.), die sich durch scheinbar objektive Daten verdeutlichen lassen. Wenn diese Daten über Soziale Netzwerkplattformen geteilt werden, kann man seine Individualität demonstrieren und sich zudem durch den Vergleich mit anderen Genugtuung und Achtung verschaffen (vgl. Leger et al. 2016, S. 14).

Optimierung

Selbstvermessung soll zu einem besseren Verständnis des Körpers beitragen, um Möglichkeiten der Optimierung zu identifizieren oder die eigene Hilfsbedürftigkeit zu erkennen (vgl. Gilmore 2015, S. 5).

> „Mittels Daten sollen [ ] bislang unsichtbare Muster und Regelmäßigkeiten der leiblichen Performanz sicht- und optimierbar gemacht werden." (Vormbusch und Kappler 2015, S. 2)

Die erhobenen Daten sollen zu einer reflexiven Steuerung des eigenen Verhaltens führen – mit dem Ziel, (chronische) Krankheiten zu heilen, Gefühle zu erkennen und zu kontrollieren, Risiken zu antizipieren, aber auch die Leistungsfähigkeit zu steigern.

Emanzipation und Autonomisierung

Selbstvermesser sehen sich als kenntnisreiche, erfinderische und kompetente Patienten, die Daten über sich selbst sammeln, vergleichen und nutzen. Dies befähigt sie zur eigenständigen Überwachung und Kontrolle des Körpers. Dieser autonome Zugang zu Körperwissen verringert die Abhängigkeit von der Schulmedizin. Ein wesentlicher Motivator zur Selbstvermessung ist die Chance, der informationellen Hegemonie der medizinischen Expertinnen und Experten entkommen zu können (vgl. Vormbusch und Kappler 2015, S. 3; Kochsiek 2016, S. 6). Dies ändert jedoch nichts an der Tatsache, dass die Interpretation und Auswertung der Daten weiterhin zumeist diesen vorbehalten bleibt.

Befolgung neuer sozialer Normen

Auch soziale Normen, welche die Verantwortung für den eigenen Körper immer mehr auf das einzelne Individuum verlagern, beeinflussen die Praktiken der Selbstvermessung.

> „Wenn Gesundheit und Krankheit nicht mehr gottgegeben bzw. durch eine höhere Macht fremdbestimmt sind, werden gesellschaftliche Ansprüche an die Gesundheit der Einzelnen sehr viel deutlicher gestellt." (Beck-Gernsheim 1994, S. 323)

Die Nutzung und Modellierung des korporalen Kapitals[18] unter Einsatz entsprechender Technologien wird damit zur Pflicht des Einzelnen (vgl. Zillien et al. 2015, S. 80), um dem gesellschaftlichen Idealbild eines sich selbst optimierenden, leistungsstarken Individuums näherzukommen, das anderenfalls die Solidargemeinschaft belastet (vgl. Kochsiek 2016; Urban 2016).

Gamification

Die Nutzung smarter Geräte und Applikationen wird auch durch die anhaltende Gamifizierung angeregt (vgl. Piwek et al. 2015, S. 2ff.), womit die Anwendung spieltypischer Elemente in ursprünglich spielfernen Kontexten gemeint ist. Die Selbstvermessung mittels Wearables und Ähnlichem spricht intrinsische Motive wie Freude etc. an, enthält aber auch extrinsische Anreize wie Belohnungen und Auszeichnungen, was die (freiwillige) Preisgabe von Daten befördert (vgl. Hänsel et al. 2016, S. 2; Robson et al. 2015; Lupton 2012). N. Schrape (2014) weist darauf hin, dass Gamification-Anwendungen eine wesentlich direktere Steuerung von Verhalten möglich machen: „Points, badges and leaderboards are more pleasant than prisons and execution." Die versprochenen Belohnungen animieren die Nutzerinnen und Nutzer dazu, die Angebote weiter zu verwenden, um stets höhere Level und einen besseren Status zu erreichen. Dabei dürfte den wenigsten bewusst sein, dass ihr Verhalten überwacht wird.

Risiken der Selbstvermessung

Kritische Stimmen befürchten, dass die permanente Aufzeichnung von Daten der privaten Lebensführung negative Folgewirkungen und Risiken für die Gesellschaft nach sich ziehen wird.

Konkurrenzkampf

Durch die Protokollierung und Vermessung ihres Lebens, vor allem aber durch das Teilen und Vergleichen der Daten geraten die Nutzerinnen und Nutzer in einen permanenten Konkurrenzkampf mit anderen (vgl. Gilmore 2015, S. 5). Das Verbesserungsstreben ist zwar eine anthropologische Konstante (vgl. Selke 2014b, S. 187): Es erhöht die Motivation, reduziert die Unsicherheit und steigert die Leistung. Permanenter Wettkampf mit anderen kann sich aber auch negativ auf das persönliche Wohlbefinden und die persönlichen Beziehungen auswirken (vgl. Hänsel et al. 2016, S. 5; Selke 2014b, S. 186f.). Misserfolge oder das Nicht-Erreichen

---

18 Von Schroeter (2009) als zusätzliche Kategorie zu bekannten Kapitalsorten, soziales, ökonomisches, kulturelles und symbolisches Kapital, nach Bourdieu (2012), eingeführt.

gesetzter Ziele kann zu Schuldgefühlen, abnehmender Zufriedenheit, Unehrlichkeit gegenüber anderen und Leistungssucht führen (vgl. Lyubomirsky und Ross 1997; White et al. 2006). In Zusammenhang mit Versagensängsten oder überzogenen Erwartungen der *Peers* kann die Selbstvermessung und -optimierung somit in Selbstzerstörung umschlagen (vgl. Selke 2014b, S. 196).

Normierung des Alltagslebens
Die Datafizierung des Alltags führt zu einer omnipräsenten, numerischen Repräsentation des Lebens. Der damit einhergehenden Suggestivkraft vermeintlich objektiver Zahlen kann sich das einzelne Subjekt kaum entziehen (vgl. Zillien et al. 2015, S. 80ff.). Damit wird die Aufmerksamkeit der Nutzerinnen und Nutzer auf spezifische, von der Technik bzw. von den Algorithmen gesteuerte Sachverhalte und Kategorien gelenkt, die kaum nachvollziehbar sind und dennoch die Entscheidungen präformieren (vgl. Kappler und Vormbusch 2016, S. 12f.). Dies verändert die institutionalisierten Regeln des Zusammenlebens und bringt neue Bewertungs- und Organisationsprinzipien mit sich (vgl. Selke 2016, S. 54).

Die numerische Repräsentation überwindet einerseits die Sprachlosigkeit des Körpers und ermöglicht eine Verständigung über Messzahlen (Zillien et al. 2015, S. 81). Andererseits wird der „Körper so zu einem Ding, das es entlang seiner quantifizierten Abbildung zu gestalten gilt" (ebd.). Die permanente Protokollierung des Lebens deckt Defizite, Lücken und Rückstände auf und beschämt den Menschen, weil dieser erkennt, wie wenig perfekt er eigentlich ist. Es reicht nicht mehr gesund zu sein, denn es geht immer noch ein Stück gesünder (vgl. Beck-Gernsheim 1994, S. 316f.).

Der Versuch einer „Überwindung dieser grundlegenden Selbstbeschämung" führt nicht nur zu einer Protokollierung des Lebens, sondern auch zu einer Anpassung an die Formen der Protokollierung[19] (vgl. Selke 2014b, S. 186). Die Technik wird so zum Orientierungsrahmen, der unhinterfragt akzeptiert wird. Die Vorstellung darüber, was normal ist, wird an Maschinen übertragen, ohne die sozialen Folgen dieser Entwicklungen zu bedenken. Auf diese Weise werden aus deskriptiven Daten normative Daten, die soziale Erwartungen in Kennzahlen übersetzen. Der Körper wird dadurch zur Baustelle, Gesundheit und Leistungsfähigkeit werden zur Ersatzreligion (vgl. Selke 2016, S. 59).

Schroeter (2009) beschreibt die Entstehung einer neuen Kapitalsorte, des korporalen Kapitals. Gesundheit und Leistungsfähigkeit gelten heute als Voraussetzung,

---

19 Vgl. hierzu auch die Hawthorne-Experimente. Diese besagen, dass die Teilnehmer einer Studie ihr natürliches Verhalten ändern, weil sie wissen, dass sie an einer Studie teilnehmen und unter Beobachtung stehen (vgl. Walter-Busch 1989).

um als nützlich angesehen zu werden. Der Körper und das Leben werden trainiert, repariert und optimiert; sie werden damit zum Investitionsobjekt.

„Innerhalb einer sich immer weiter verbreitenden Präventionslogik wird die Investition in Körperkapital zu einer alltäglichen, individuellen und eigenverantwortlichen Aufgabe, deren Nichterfüllung mit Sanktionen einhergeht oder bald einhergehen wird." (Selke 2016, S. 60).

Es besteht somit die Gefahr, dass das einzelne Individuum sich anpasst, um den gesellschaftlichen Anforderungen zu genügen und Sanktionen zu vermeiden. Es wählt nur noch die Handlungsalternativen, die möglichst günstige Messzahlen versprechen (vgl. Müller 2015, S. 73 ff.). Dies führt tendenziell zur Exklusion derjenigen Gesellschaftsmitglieder, die nicht über die erforderlichen Ressourcen und den Zugang zu entsprechenden Technologien verfügen (vgl. Urban 2016, S. 9). Die Folge wäre eine digitale Klassengesellschaft mit Leistungstragenden und -verweigernden, Kostenverursachenden und -sparenden, Health-on- und -off-Menschen, Nützlichen und Entbehrlichen.

„Es kommt es zu einer Renaissance vormoderner Anrufungen von ‚Schuld' im modernen Gewand der Rede von der ‚Eigenverantwortung'." (Selke 2016, S. 8)

Nicht alle Analysen sind so pessimistisch (vgl. auch die Big-Data-Utopien in Kap. 2.1.4). So verweisen etwa Nafus und Sherman (2014) auf die positiven Auswirkungen der Selbstvermessung, u. a. den autonomen Zugang zu eigenen Daten und die Möglichkeit, eigenständig Wissen über sich selbst zu generieren. Zudem stellen Kappler und Noji (2016) fest, dass es keinen deterministischen Optimierungszwang gibt, sondern durchaus Spielräume und Möglichkeiten bestehen, sich diesem Zwang zu entziehen.

2.2.5 Daten-Weitergabe an Dritte

Die (Selbst-)Vermessung des sozialen Lebens ist allerdings nur der erste Schritt im Prozess der Datafizierung; soziologisch relevant ist zudem, dass die so erhobenen Daten auch Dritten zur Verfügung gestellt werden. Das umfangreiche und teils bedenkenlose Teilen persönlicher, gar privater Daten ist nicht nur ein Novum, für das es in der Vergangenheit nichts Vergleichbares gibt; es überrascht auch angesichts der breit geführten Debatte über Fragen des Datenschutzes und den Verlust der Privatsphäre. Grundsätzlich lassen sich zwei Formen des Daten-Teilens unterscheiden: die Weitergabe an die *Peers* sowie an datenverarbeitende Organisationen (z. B. große IT-Konzerne, staatliche Stellen).

Weitergabe an die Community der Peers

In sozialen Medien ist es eine weit verbreitete Praxis, Informationen und Daten mit Gleichgesinnten zu teilen, beispielsweise mit den „Freunden" auf Facebook. Dabei handelt es sich zumeist um eine geschlossene Gruppe Gleichgesinnter, deren Teilnehmende der Nutzende selbst definiert. Die Datenweitergabe erfolgt also bewusst und intendiert.[20] Auch Gesundheits- und Fitness-Daten werden geteilt, um sich gegenseitig zu informieren, zu motivieren und miteinander zu vergleichen. In den meisten Fällen fungiert allerdings eine intermediäre Instanz als Filter, die die Daten aufbereitet, vergleichbar macht und darüber hinaus zu anderen Zwecken verarbeitet.

Weitergabe an Datenverarbeitende

Die Weitergabe der persönlichen Daten an Dritte – oftmals die serviceanbietenden Unternehmen – geschieht auf Grundlage der Allgemeinen Geschäftsbedingungen, die den diesen häufig sehr weitreichende Befugnisse einräumen, was von Datenschützerinnen und -schützern immer wieder moniert wird. Die Nutzenden stimmen den AGB oftmals zu, ohne deren Inhalt zur Kenntnis genommen zu haben. Den meisten ist daher nicht bewusst, in welchem Umfang Dritte Zugang zu ihren Daten erhalten (vgl. Garg und Somani 2014; Morey et al. 2015; Kandias et al. 2013):

> „… even after numerous press reports and widespread disclosure of leakages on the Web and on popular Online Social Networks, many users appear not be fully aware of the fact that their information may be collected, aggregated and linked with ambient information for variety of purposes." (Malandrino et al. 2013, S. 1)

Neben den herstellenden bzw. anbietenden Unternehmen sind oftmals weitere Unternehmen wie etwa solche der Versicherungs- oder der Werbewirtschaft involviert. Opt-out-Lösungen, mit denen die Nutzenden diese Praktiken begrenzen könnten, werden nur selten genutzt, und der Druck der *Peers*, Social media bzw. Messenger-Dienste zu nutzen, übersteigt meist die Datenschutzbedenken. Zudem geschehen all diese Prozesse unbemerkt hinter dem Rücken der Nutzerinnen und Nutzer, ausgeführt von smarten Geräten, die „always on" sind und permanent eine Vielzahl von Daten übermitteln, und zwar nicht nur Inhalts-, sondern auch Metadaten (vgl. Kap. 2.2.3).

---

20 Davon zu unterscheiden ist der Fall, dass der Adressenkreis nicht eingeschränkt wird, sondern eine breite Öffentlichkeit angesprochen wird.

Besonders diese Metadaten eröffnen umfangreiche Möglichkeiten der Zweitverwertung durch Dritte, die zu einem ertragreichen Geschäftsmodell der Internet-Wirtschaft geworden sind (vgl. Kap. 2.4). Was genau mit ihren Daten geschieht, wo sie gespeichert werden und in welchem Umfang sie für andere Zwecke genutzt werden, ist den meisten Nutzerinnen und Nutzern jedoch nicht klar (Malandrino et al. 2013).

Datenschutzrechtliche Problematiken
Bei der Verarbeitung der durch Selbstvermessung erhobenen Daten stehen zentrale Grundsätze des Datenschutzrechts (Zweckbindung, Transparenz, Datensparsamkeit) auf dem Spiel. Denn bei der professionellen Verarbeitung sowohl gesundheits- als auch arbeitsweltbezogener Daten sind besondere Anforderungen zu beachten, etwa dass dies dem Schutz lebenswichtiger Interessen der betroffenen Person dienen muss (vgl. Delisle und Jülicher 2016; Kopp und Sokoll 2015, S. 1352; vgl. Art. 8 EU-DSGVO 2016).

Datenskandale der jüngeren Vergangenheit belegen zudem, dass die Datensicherheit mobiler Services bislang noch nicht abschließend geklärt ist. Bei den Kindle-eReadern von Amazon wurden beispielsweise gravierende Sicherheitslücken aufgedeckt, durch die auf die Account-Daten von Nutzenden zugriffen werden konnte (heise-online.de 2012).

Legitimations-Strategien
Obwohl vielen Nutzerinnen und Nutzern die geschilderten Problematiken bewusst sind, legitimieren sie die Weitergabe persönlicher Daten an Dritte mittels unterschiedlicher Strategien[21].

Zunächst unterteilen sie die erhobenen Daten in schützenswerte und nicht-schützenswerte Daten bzw. persönliche und nicht-persönliche Daten. Private E-Mails, Facebook-Einträge, private Fotos und Körperdaten wie Blutdruck und Puls werden als persönliche Daten eingestuft; Laufstrecke oder täglicher Kalorienverbrauch hingegen gelten als unpersönliche bzw. nicht-schützenswerte Daten, deren Weitergabe von den meisten Nutzenden als unproblematisch angesehen wird. Leger et al. (2016) weisen darauf hin, dass diese individuell getroffenen Unterscheidungen teilweise erheblich von juristischen Legaldefinitionen abweichen.

Wenn Daten geteilt werden, die als schützenswert gelten, legitimieren die Nutzerinnen und Nutzer dies zudem, indem sie übermächtiges und allgegenwärtiges Gegenüber konstruieren, das ohnehin bereits alles wisse. Die Selbstvermessung

---

21 Zu der Thematik des Datenteilens trotz hohen Datenschutzbewusstseins vgl. Barnes (2006).

2.2 Datengenerierung

ändere daran nichts, und die einzige Option des Schutzes privater Daten sei der Totalverzicht auf vernetzte Geräte (vgl. Heller 2011, S. 14).

Oder sie konstruieren eine Art Tauschgeschäft „Services gegen Daten": Wearables und Fitness-Apps, welche die Selbstvermessung vereinfachen, werden oft zu geringen Preisen oder mitunter kostenlos angeboten; die Nutzerinnen und Nutzer sehen daher die Daten-Preisegabe als eine Art Bezahlung für Nutzung dieser Services an (vgl. Van Dijck 2014; Jentzsch et al. 2012; Leger et al. 2016, S. 8; Lupton 2015a, S. 6; Kochsiek 2016).

Schließlich werde der Vergleich mit anderen benötigt, um die eigene Leistung einschätzen zu können. Auch hier findet ein Tauschgeschäft statt: Eigene Daten müssen preisgegeben werden, um einen Vergleich mit sich selbst, mit anderen oder mit normierten Indizes zu ermöglichen (vgl. Leger et al. 2016; Kochsiek 2016; Gilmore 2015; Püschel 2014).

2.2.6 Fazit

Die umfassende Erfassung privater Daten in nahezu allen Lebensbereichen führt zu einer neuen Qualität der Algorithmisierung des Sozialen. Was in der Vergangenheit als fremdbestimmter, unzulässiger Eingriff in die Privatsphäre empfunden wurde, wird nunmehr Bestandteil alltäglicher sozialer Praktiken, mit denen jedes einzelne Individuum – bewusst oder unbewusst – eine Vielzahl sensibler Daten erzeugt und an Dritte weitergibt. Diese Daten erlauben weitreichende Rückschlüsse auf Präferenzen, Interessen politische Orientierungen etc. und machen damit den Einzelnen zum „gläsernen Bürger".

Zudem dringt damit die Logik der Kontrolle, die ursprünglich im militärischen, später dann im industriellen Komplex entwickelt wurde, immer stärker in die Privatsphäre ein. In zunehmendem Maße verwandelt sich die Fremdkontrolle durch Dritte in eine Selbstkontrolle, die von smarten Geräten assistiert bzw. exekutiert wird und das einzelne Individuum immer stärker bestimmten Leistungs- und Optimierungszwängen unterwirft.

2.3 Datenverarbeitung

Johannes Weyer und Marcel Kiehl

2.3.1 Einleitung

Das folgende Kapitel versucht Einblick in die Blackbox der Auswertung großer Datenmengen durch datenverarbeitende Organisationen zu geben. Soziologisch relevant ist dieser Prozess vor allem deshalb, weil Big-Data-Analysen es ermöglichen, verborgene Strukturen und Muster in Datenbeständen zu entdecken und damit Aussagen über das Verhalten sozialer Kollektive, aber auch einzelner Individuen zu treffen. Derartige latente Muster sind analytische Konstrukte, die mithilfe formaler Methoden entwickelt werden und eine zweite Schicht gesellschaftlicher Wirklichkeit bilden, die „quer" zu der Wirklichkeit liegt, welche von den beteiligten Personen aktiv gestaltet wird. Da diese digital konstruierte Welt die Lebens- und die Arbeitswelt in zunehmendem Maße prägt, ist es auch von soziologischem Interesse, sich mit Prozessen der Datenverarbeitung in der Echtzeitgesellschaft zu befassen.

Neben unterschiedlichen Strategien der Datenverarbeitung (Kap. 2.3.4) werden im Folgenden auch die dabei eingesetzten Methoden (Kap. 2.3.5/2.3.6) betrachtet. Zunächst stellt sich aber die Frage nach der besonderen Qualität der Daten (Kap. 2.3.3) sowie typischen Anwendungsfeldern (Kap. 2.3.2).

2.3.2 Anwendungsfelder

Den großen datenverarbeitenden Organisationen steht eine Fülle von Daten zur Verfügung, welche die Nutzerinnen und Nutzer durch ihre Interaktion mit smarten Diensten bzw. Produkten erzeugen, sei es einer Suchmaschine, einem Online-Shop, einem Kreditinstitut oder einer Versicherungsgesellschaft, sei es in sozialen Netzwerken, im smarten Auto oder beim Chatten mit dem Smartphone (vgl. Kap. 2.2.2). Die AGB erlauben zumeist eine recht weitgehend Nutzung durch das Unternehmen selbst, aber auch die Weitergabe an Dritte. Der unstillbare „Datenhunger" der im Internet tätigen Unternehmen speist sich daraus, dass Daten der Rohstoff der Echtzeitgesellschaft sind und jeder Marktteilnehmende versucht, einen möglichst großen Datenfundus anzulegen bzw. seine Claims abzustecken – auch wenn teilweise noch unklar ist, was man eines Tages mit diesen Daten anfangen kann.

Die folgende Auflistung gibt einen Überblick über einige exemplarische Anwendungsfelder von Big-Data-Analysen:

2.3 Datenverarbeitung

- *Kranken-* und *Autoversicherungen* erproben zurzeit neuartige, individualisierte Tarifkonzepte. Auf Grundlage der Daten, welche die Versicherten – beispielsweise über eine Blackbox im Fahrzeug – übermitteln, kalkulieren sie das individuelle Risiko (Filipova und Welzel 2007). Sie versprechen damit gerechtere Beiträge. Allerdings könnte dies zu „einer schleichenden Entsolidarisierung in der Versicherung" führen (Maas und Milanova 2014, S. 25) – und letztlich zu einer Erosion des Versicherungsprinzips, falls jeder Einzelne für den von ihm verursachten Schaden individuell haften muss.
- *Navigationsdienste*, aber auch *Online-Shops* und *Soziale Netzwerke* nutzen die Aggregation und Auswertung großer Datenmengen, um ihren Nutzerinnen und Nutzern individuell maßgeschneiderte Empfehlungen zu geben – etwa zur Routenwahl, zum Kauf bestimmter Produkte oder zum Knüpfen sozialer Kontakte.
- *Suchmaschinen* besitzen ein umfassendes Wissen über die Nutzenden, das ihnen große Macht verleiht, insbesondere wenn sie in der Lage sind, Datenbestände aus unterschiedlichen Bereichen miteinander zu verknüpfen (vgl. Kap. 2.4). Wenige Monopole beherrschen mittlerweile den Markt; sie sind mittlerweile sogar in der Lage, sich in die Gefühls- und Gedankenwelt der Nutzerinnen und Nutzer hineinzuversetzen, wie folgendes Zitat von *Alphabet/Google* CEO Eric Schmidt belegt: „The more information we have about you – […] with your permission […] – we can improve the quality of our searches. […] We don't need you to type at all, 'cause we know where you are – with your permission. We know where you've been – with your permission. We can more or less guess what you're thinking about." (Google 2010, 15. Minute)
- *Big-Data-Marketing* basiert auf einer möglichst vollständigen Erfassung von Konsumierendenerfahrungen und -präferenzen. Online-Käuferinnen und -Käufer generieren durch ihr Surf- und Kaufverhalten individuelle Muster, die für das Cross Selling, für die individualisierte Ansprache sowie ein personalisiertes Einkaufserlebnis genutzt werden (Hofstetter 2014, S. 17, Schwarz 2015). Werden diese Daten zudem mit Standort- und demografischen Daten verknüpft, ermöglicht dies eine personen- und standortbezogene Werbung (*behavioral targeting, location based services*, vgl. BITKOM 2012, S. 35 ff.). „Because location is coupled with a specific action – the purchasing of goods – researchers can gain access to a finegrained picture of a person's economic behavior, providing insights that even a CDR[22] cannot." (Eagle und Greene 2014) Dies ermöglicht

---

22 Call data records (CDR) sind Einzelverbindungsnachweise, die Informationen über Sender und Empfänger von Telefongesprächen und Kurznachrichten enthalten, zudem Informationen über Zeitpunkt, Ort und Dauer eines Gesprächs (Eagle und Greene 2014).

den Vertrieb von Produkten – auch von Finanzprodukten –, die passgenau auf
die individuellen Präferenzen der Konsumierenden zugeschnitten sind.
- Im *Gesundheitssektor* werden Massendaten systematisch ausgewertet, um die
Ausbreitung von Epidemien vorherzusagen (vgl. Kap. 2.4), die ärztliche Katastrophenhilfe zu verbessern oder neue Krankheitsbilder frühzeitig zu erkennen
(Langkafel 2015). Rettungsdienste profitieren zudem davon, dass Kommunikations- und Standortdaten aus Mobilfunknetzen und sozialen Medien genutzt
werden können, um Lagebilder in Katastrophenszenarien zu entwickeln (vgl.
Chae et al. 2014, Kosinski et al. 2013). Die Auswertung von Twitter-Daten nach
dem Hurricane Sandy, der New York am 12. Oktober 2012 traf, zeigte beispielsweise, dass sich die Menschen zunächst in Supermärkten versorgten, bevor sie
sich zu den Notfallstationen begaben.
- In *politischen Wahlkämpfen* werden Datenanalysen genutzt, um milieu- bzw.
personenscharfe Prognosen der Präferenzen potenzieller Wählerinnen und
Wähler zu erstellen. So hat etwa das Wahlkampf-Team von Barack Obama
2012 mehrere Millionen Datensätze von Wahlberechtigten halbautomatisiert
durchforstet: „Analysts identified their attributes and made them the core of
a persuasion model that predicted, on a scale of 0 to 10, the likelihood that a
voter could be pulled in Obama's direction after a single volunteer interaction"
(Issenberg 2013). Seitdem werden die Potenziale und Risiken von Big Data für
demokratische Prozesse kontrovers diskutiert (Richter 2015).
- Im *Militär- und Verteidigungsbereich* ist die automatisierte Auswertung von
Massendaten ein gängiges „Handwerkszeug für moderne militärische Aufklärung und Lageanalyse" (Hofstetter 2014, S. 13). Seit der NSA-Affäre ist auch die
Öffentlichkeit dafür sensibilisiert, dass geheimdienstliche Überwachung gerade
in den neuen Medien weltweit stattfindet – ein Faktum, das Eingeweihten bereits
vorher bekannt war (vgl. Europäisches Parlament 2001).
- Auch die *Wissenschaft* verfügt über immer größere Datenmengen, nicht nur
in den Natur- und Ingenieurwissenschaften, sondern auch in den Sozial- und
Geisteswissenschaften. Unter dem Label *digital humanities* lassen sich z.B.
Anstrengungen in den Geisteswissenschaften subsummieren, neuartige Erhebungs- und Forschungsmethoden zu erproben, die zur Auswertung großer
Datenmengen (z.B. Musik-Partituren, archäologische Fundstücke) genutzt
werden können (vgl. auch Kap. 2.3.6 zu computational social sciences).
- Schließlich interessiert sich auch die *offizielle Statistik* mittlerweile für die
neuen Datenquellen, da sich beispielsweise Mobilitätsmuster mithilfe von Mobilfunk-Daten weit besser und zeitnäher darstellen lassen als mit den tradierten
statistischen Verfahren (Meersmann et al. 2016).

2.3.3 Datenqualität und -reliabilität

Wie die Beispiele zeigen, stößt Big Data in quantitativer Hinsicht in eine neue Dimension vor, da nunmehr Massendaten nahezu in Echtzeit zur Auswertung zur Verfügung stehen. Diese umfassen zudem tendenziell vollständige Samples (aller Versicherten der betreffenden Versicherungsgesellschaft, aller Autofahrenden in dem betreffenden Gebiet usw.). Bislang mussten sich Sozial-, Markt- oder Wahlforscherinnen und -forscher mit Stichproben begnügen, die etwa durch Befragungen zu Einstellungen, Verhaltensgewohnheiten oder Kaufabsichten gezogen wurden. Derartige Verfahren waren aufwändig und langwierig, die Rücklaufquoten von Fragebögen lagen oftmals im einstelligen Prozentbereich, und die Ergebnisse standen erst mit einem gewissen Zeitverzug zur Verfügung. Schließlich musste man die Möglichkeit der subjektiven Verzerrung der Antworten in Kauf nehmen (Bortz 2005), was die Validität der Schlussfolgerungen beeinträchtigen konnte.

Datenqualität

Die automatische Übermittlung einer Vielzahl von Daten durch smarte Geräte verändert nicht nur das Datenvolumen, sondern führt auch zu einer neuen Qualität der Datenverarbeitung. Denn die permanente Aufzeichnung der Daten geschieht weitgehend hinter dem Rücken der Nutzenden (vgl. Kap. 2.2) und ist daher nicht von der Bereitschaft des Einzelnen abhängig, seine Daten zur Verfügung zu stellen und selbst aktiv zu werden. Zudem sind Daten, die automatisch aufgezeichnet und übermittelt werden, nicht so stark von einem subjektiven Bias gefärbt, der bei klassischen Verfahren kaum zu vermeiden ist (Salganik et al. 2006). Smarte Geräte zeichnen nicht-responsive Verhaltensdaten auf, die das reale Verhalten von Personen widerspiegeln und nicht deren subjektive Einstellungen. Ob sich eine Person beispielsweise ausreichend bewegt, kann mithilfe einer Fitness-App viel präziser und detaillierter überprüft werden als durch einen Fragebogen mit einer Likert-Skala von „viel" bis „wenig", bei der der Befragte frei ist, ein beliebiges Kästchen anzukreuzen.

Verkehrsdatenanalyse

Zudem übermitteln smarte Geräte nicht nur die Inhalts- und Nutzungsdaten, sondern auch Metadaten wie beispielsweise den Ort oder den Zeitpunkt einer Nachricht (vgl. Kap. 2.2.3). Diese Metadaten stellen eine neuartige, wertvolle Ressource der Datenverarbeitung dar, denn sie ermöglichen es, weitreichende Analysen durchzuführen und Schlussfolgerungen zu ziehen, *ohne* dass der Inhalt einer Nachricht bekannt sein muss. Dieses Verfahren wurde bereits im Ersten

Weltkrieg entwickelt, als sich Deutsche und Franzosen in den Schützengräben der Ardennen gegenüberlagen (vgl. Kurz und Rieger 2009). Dem deutschen Militär war es zwar nicht gelungen, die französischen Funksprüche zu entschlüsseln; aber dies war auch nicht nötig, denn allein das Muster des Funkverkehrs reichte aus, um die französischen Operationen treffsicher vorherzusagen.

In ähnlicher Weise ist es heutzutage möglich, allein aus den Metadaten der Mail-, SMS- und Telefon-Kommunikation Schlussfolgerungen über das individuelle Verhalten und die persönlichen Beziehungsnetze zu ziehen, die so aufschlussreich sind, dass sich eine Kenntnis der Inhalte erübrigt. Kurz und Rieger (2009) haben in ihrem Gutachten für das Bundesverfassungsgericht am Beispiel einer Affäre sehr anschaulich dargelegt, wie sich auf diese Weise sämtliche Details der privaten Lebensführung konkreter Personen dechiffrieren lassen (vgl. Teng und Chou 2007).

Datenreliabilität

Die hohen Erwartungen an Big Data lassen sich allerdings nur erfüllen, wenn die Daten – auch die Metadaten – zuverlässig also nicht verfälscht sind. Ansonsten sind fehlerhafte Auswertungen und – darauf basierend – irreführende Schlussfolgerungen unvermeidlich, was für das betreffende Unternehmen zu hohen Verlusten führen kann (Strong et al. 1997). Man muss nicht das Fitness-Armband bemühen, das im Schleudergang der Waschmaschine „bewegt" wurde, um zu erahnen, welch gewaltige Problematiken hier auf Versicherungen, Krankenkassen und andere Datenverarbeitende zukommen, die sich auf die Daten verlassen, welche von den Nutzerinnen und Nutzern übermittelt werden. Eine Vielzahl von Faktoren kann die Datenqualität beeinflussen wie etwa:

- ein Mismatch zwischen identischen Datensätzen, die sich aus unterschiedlichen Quellen (bzw. unterschiedlichen Datentypen) speisen,
- eine fehlerhafte oder lückenhafte Erhebung von Daten (Redman 2001),
- eine bewusste Manipulation der Dateneingabe,
- Beschränkungen der Datenübertragung durch unzureichende Netze oder durch hohe Sicherheitsbarrieren,
- die Vorformatierung der Daten durch Plattform- und Suchmaschinenstrukturen und algorithmische Verfahren.

Ein leichtfertiger bzw. naiver Umgang mit Massendaten aus unterschiedlichen Quellen wäre also fahrlässig und könnte leicht zu Misserfolgen führen. Ist die Glaubwürdigkeit einer Datengrundlage nämlich erst einmal in Frage gestellt, besteht das Risiko, dass die Daten gar nicht erst Eingang in weitere Analyseprozesse finden und somit auch keine Chance besteht, einen Mehrwert aus ihnen zu ziehen (Strong et al. 1997).

2.3.4 Strategien der Datenverarbeitung

Die Auswertungsstrategien der Datenverarbeitenden unterscheiden sich hinsichtlich ihrer Ziele und ihrer Reichweite. In einigen Fällen geht es primär darum, ein umfassendes Lagebild über die Gesamtsituation zu erhalten, das Rückschlüsse auf einzelne Individuen nicht notwendigerweise erforderlich macht (z. B. Katastrophenhilfe). In anderen Fällen steht hingegen das einzelne Individuum mit seinem konkreten Verhalten im Mittelpunkt (z. B. der Kauf eines Produkts). Der folgende Abschnitt versucht, diese unterschiedlichen Auswertungs-Strategien zu systematisieren.

Lagebilder und Trends

Die Erstellung von Lagebildern dient dazu, einen Überblick über den aktuellen Zustand eines technischen Systems zu gewinnen, beispielsweise des Straßenverkehrs auf den Autobahnen einer bestimmten Region. Die Positionsdaten der Fahrzeuge werden durch Bordcomputer, meist aber durch Mobiltelefone an eine Verkehrszentrale übermittelt, die diese Daten aggregiert. Wenn sich die Position einer gewissen Zahl von Verkehrsteilnehmenden auf einem bestimmten Autobahn Abschnitt nicht verändert, kann daraus auf das Vorliegen eines Staus geschlossen werden (vgl. Weyer 2014). Auf diese Weise kann die Verkehrszentrale in Echtzeit ein Lagebild des Gesamtsystems entwickeln. Zudem lassen sich Trends ableiten und Einschätzungen generieren, ob gegebenenfalls steuernd in das Geschehen eingegriffen werden muss (vgl. Kap. 2.4).

Die öffentliche Plattform Google Trends zeigt, welche Erkenntnisse beispielsweise über die Situation politischer Parteien in Deutschland sich durch die Analyse digitaler Datenbestände gewinnen lassen. Abbildung 2 zeigt wie häufig nach den Begriffen SPD und CDU relativ zu allen anderen Suchanfragen in Deutschland gesucht wurde, mit einem Maximalwert von 100. Google Trends zeigt dies als Interesse an der SPD (rote Linie) sowie der CDU (blaue Linie) in Deutschland im Oktober 2017.

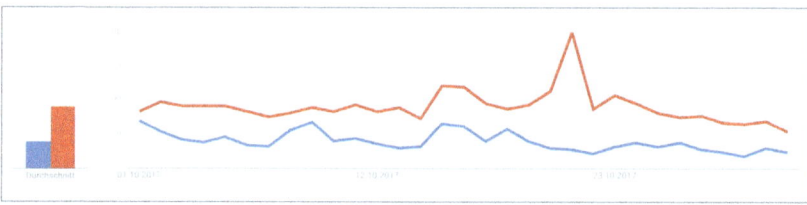

Abb. 2 Google Trends: SPD (rote Linie) und CDU (blaue Linie) im Vergleich (Oktober 2017)

Der Dienst *Google Analytics* bietet auf kommerzieller Basis Analyse-Tools für Unternehmen, die weit über *Google Trends* hinausgehen und mit der Headline beworben werden: „Überwachen Sie Aktivitäten auf Ihrer Website in Echtzeit. Damit Sie sofort sehen, was Erfolg verspricht."[23]

Bei der Erstellung von Lagebildern geht es also um die Einschätzung der Gesamtsituation und weniger um das einzelne Individuum, das vor allem als Datenlieferant, aber auch als Adressat für steuernde Eingriffe fungiert. Die Daten müssen nicht notwendigerweise personalisiert sein und die Eingriffe müssen auch nicht zwangsläufig individualisiert erfolgen, wie das Beispiel der Verkehrssteuerung zeigt, bei dem die Informationen gleichermaßen allen Verkehrsteilnehmern übermittelt werden, die dann mithilfe ihrer Navigations-Apps jeweils individuell eine Ausweichroute errechnen (vgl. Kap. 2.4).

Prognosen

Die Analyse aktueller Trends eröffnet zudem die Option, darauf aufbauend Prognosen des künftigen Systemverhaltens zu entwickeln, etwa im Fall der Vorhersage von Staus im Straßenverkehr. Im Jahr 2009 trat der Dienst Google Flu Trends mit der Behauptung auf den Plan, auf Basis von Daten der Suchmaschine Google den Verlauf von Grippe-Epidemien genauer beschreiben zu können als die staatliche Gesundheitsbehörde, die mit konventionellen Verfahren der Sammlung und Aggregation von Daten aus Arztpraxen etc. arbeitet und ihre Auswertungen daher erst mit einem gewissen Zeitverzug vorlegen kann (Ginsberg et al. 2009). *Google Flu Trends* nutzte hingegen reale Verhaltensdaten von Nutzerinnen und Nutzern, die in Echtzeit gesammelt, aggregiert und aufbereitet werden, und leitete daraus kurzfristige Prognosen über den Verlauf von Grippe-Epidemien ab (schwarze Linie

---

23 www.google.de/intl/de/analytics (31.10.2016).

2.3 Datenverarbeitung

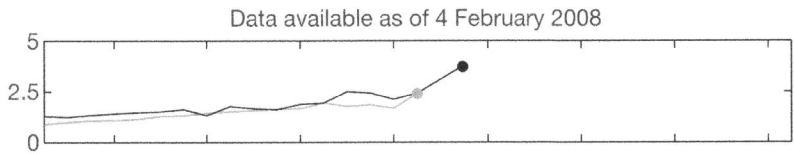

Abb. 3 Google Flu Trends

in Abbildung 3, in: Ginsberg et al. 2009, S. 4). Dieser Dienst wurde in etlichen Ländern angeboten, im Jahr 2014 dann aber eingestellt.[24] Denn das Verfahren war in die Kritik geraten. Lazer et al. (2014) hatten nachgewiesen, dass *Google Flu Trends* regelmäßig Fehlprognosen abgegeben und einige Grippewellen sogar ignoriert hatte. Letztlich waren die Prognosen sogar schlechter als die der staatlichen Gesundheitsbehörde (S. 1203).[25]

Die vollmundigen Versprechungen, Big Data könne mit Hilfe neuartiger Methoden und Verfahren qualitativ bessere Analysen und Prognosen leisten als traditionelle Konzepte, ist also mit einer gewissen Skepsis zu betrachten. Faktisch gehören Prognosen jedoch in vielen Bereichen, etwa bei Navigationsdiensten, heute zum selbstverständlichen Repertoire der digitalen Verarbeitung von Massendaten.

Auch bei diesen Verfahren spielt die oder der Einzelne vor allem die Rolle des Datenlieferanten, dessen individuelle Eigenschaften weniger relevant sind.

Mustererkennung

Dieser Ansatz untersucht große Datenmengen auf Regelmäßigkeiten und Muster. Eagle und Pentland hatten bereits 2006 im Rahmen eines Experiments einhundert Freiwillige mit mobilen Geräten ausgestattet und sämtliche Interaktions- und Verhaltensdaten aufgezeichnet. Deren Auswertung ergab typische Verhaltensmuster, beispielsweise von Personen mit hohen Anteilen von Routine-Tätigkeiten und solchen mit eher chaotischen oder anderweitig auffälligen Tagesstrukturen (Eagle und Pentland 2006, S. 259).

Wenn diese Daten mit netzwerkanalytischen Methoden ausgewertet werden (vgl. Kap. 2.3.5), lassen sich zudem Aussagen über soziale Beziehungsgeflechte machen.

---

24 www.google.org/flutrends/about (31.10.2016). Dort finden sich heute noch die Datensätze.

25 Die Autoren führen dies auf Vernachlässigung der Grundregeln traditioneller Statistik zurück, aber auch auf die mangelnde Replizierbarkeit der Analysen, da Google weder die Daten noch die Algorithmen veröffentlicht (die sich zudem permanent verändern); vgl. ausführlich Weyer 2017.

Zudem kann man latente Strukturen in Gruppen identifizieren, die beispielsweise das Finden eines Konsens erleichtern (Mitchell 2009).

US-amerikanische Dienstleister wie *Chenope*[26] werten zudem Datenspuren aus, die Mitarbeiterinnen und Mitarbeiter in ihrer elektronischen Kommunikation hinterlassen, um typische Muster zu identifizieren, die beispielsweise auf Unzufriedenheit am Arbeitsplatz oder auf Korruption im Unternehmen schließen lassen (vgl. Markoff 2011). Unter dem Begriff *People Analytics* werden Verfahren subsummiert, mit denen sich die Zufriedenheit der Mitarbeiterinnen und Mitarbeiter (Waber 2013) bzw. deren Eignung für bestimmte Aufgaben bestimmen lassen soll (Sullivan 2013). Für Zwecke der Personalentwicklung werden vielfältige Datenbestände von Algorithmen durchforstet, um Bewerbende mit den gewünschten Eigenschaften aufzuspüren (Reindl 2016; Strohmeier und Piazza 2015). Auch die Vernetzung der Unternehmensbereiche und der Wissenstransfer im Unternehmen lassen sich auf diese Weise analysieren (Petersen 2015).

Profilbildung

Alle bislang diskutierten Verfahren benötigen nicht zwangsläufig detaillierte Informationen über das einzelne Individuum, da sie auf einer höheren Aggregat-Ebene operieren. Lagebilder und Trendprognosen kommen prinzipiell auch mit anonymisierten Daten aus. Die folgenden beiden Verfahren zielen hingegen direkt auf das Individuum.

Die Datenspuren, die jede Person bei ihrer alltäglichen digitalen Kommunikation hinterlässt, ermöglichen nämlich die Erstellung individueller Verhaltens- oder Bewegungsprofile, die weitreichende Rückschlüsse auf Persönlichkeitseigenschaften, Lebensgewohnheiten, Präferenzen und Verhaltensweisen zulassen (Kurz und Rieger 2009; Weyer 2011).

Bachrach et al. (2012) haben etwa gezeigt, dass auch relativ harmlose Onlineaktivitäten ermöglichen, Korrelationen zwischen den Nutzungsprofildaten einer Kommunikationsplattform und den Persönlichkeitseigenschaften der Nutzenden herzustellen, wie sie in der Psychologie gemessen werden, und aus dieser verlässliche Aussagen über einzelne Individuen abzuleiten:

> „ [...] an individual's personality is manifested on their Facebook profile, and some aspects of Facebook profiles are used by people to judge others' personalities."

Kosinski et al. zeigen, dass leicht verfügbare Daten wie die Anzahl der Facebook-Freunde, die Gruppenzugehörigkeit, die *Likes*, die getaggten Fotos sowie

---

26 http://chenope.com (31.10.2016) – ehemals unter dem Namen Cataphora bekannt.

2.3 Datenverarbeitung

die Statusangabe es erlauben, weitere Eigenschaften und Präferenzen wie etwa die sexuelle Orientierung der betreffenden Person zu erschließen:

> „We show that easily accessible digital records of behavior, Facebook Likes, can be used to automatically and accurately predict a range of highly sensitive personal attributes including: sexual orientation, ethnicity, religious and political views, personality traits, intelligence, happiness, use of addictive substances, parental separation, age, and gender" (Kosinski et al. 2013).

Der Abgleich des individuellen Profils mit einem typischen Muster ermöglicht dann die Zuordnung von Personen zu bestimmten Gruppen, beispielsweise zu Kaufinteressenten bestimmter Produkte. Schließlich sei erwähnt, dass Verfahren existieren, mit deren Hilfe einzelne Personen treffsicher aus großen Datensätzen herausgefiltert werden können (Hardesty 2015; Hardesty 2013; de Montjoye et al. 2015).

Anomalie-Erkennung

Der letzte Schritt besteht darin, die Verhaltensprofile einzelner Individuen vor dem Hintergrund typischer Verhaltensmuster zu bewerten. Dabei wird ein „Normalitäts-Modell" genutzt, um „Abweichungen von bisher als Normalität erkannten Mustern automatisch zu erkennen" (Rieger 2010). Strafverfolgungs- und Terroristenfahndungsbehörden setzen diese Technik der Anomalie-Erkennung ebenso ein wie Kreditkarteninstitute und Unternehmen, um potenzielle Täterinnen und Täter zu identifizieren. Derartige Prognose-Techniken werden auch genutzt, um Risiken in Unternehmen frühzeitig zu erkennen (*Fraud Detection*). Folgt man den oben erwähnten Dienstleistungsunternehmen, dann lassen sich Betrug, Korruption, mangelnde Compliance, Diskriminierung, sexuelle Belästigung, Datenmissbrauch etc. mit Hilfe dieser Verfahren aufdecken (Weyer 2014). Ansatzpunkt sind die „unzähligen elektronischen Spuren", die jeder Beschäftigte bei seinen täglichen Aktivitäten hinterlässt; aus ihnen ließen sich Verhaltensmuster sowie Hinweise auf Unregelmäßigkeiten bzw. „Abweichungen von vorgegebenen Standardprozessen" errechnen. Damit geht auch der Anspruch einher, „Probleme schon im Vorfeld verhindern zu können, anstatt sie erst im Nachhinein zu entdecken"[27] – eine Strategie der präventiven Risikovermeidung durch Analyse der Verhaltensdaten großer Kollektive.

Die Verarbeitung der Daten, die bei der elektronischen Kommunikation entstehen, ermöglicht also nicht nur tiefe Einblicke in die Persönlichkeit und die Einstellungen einzelner Individuen, sondern auch ein hohes Maß an sozialer Kontrolle selbst

---

27 Alle Zitate von der – mittlerweile nicht mehr existierenden – Seite http://cataphora.com (27. Sept. 2010).

in Bereichen, in denen die Legitimität derartiger Kontrollansprüche strittig sein dürfte (vgl. Reischl 2008).

Zwischenfazit

Die Auswertungs-Strategien der Datenverarbeitung unterscheiden sich also dahingehend, ob sie auf Makro-Phänomene wie das Verhalten eines Gesamtsystems oder auf die Mikro-Ebene des einzelnen Individuums zielen. Diese hier analytisch vorgenommene Trennung dürfte in der Praxis oftmals verschwimmen, denn die Rohdaten sind immer Individualdaten, die entweder zur Makro-Ebene aggregiert oder auf die Mikro-Ebene projiziert werden können.

2.3.5 Traditionelle Verfahren der Datenverarbeitung

Big Data geht nicht nur mit Verheißungen gesellschaftlichen Fortschritts einher (vgl. Abschnitt 2.1.4), sondern auch mit vollmundigen Versprechungen einer neuen Wissenschaft, die nicht theorie-, sondern datengetrieben operiert und hochreliable Prognosen entwickelt. Vom „Ende der Theorie" (Anderson 2008) ist die Rede, aber auch von der Abkehr von traditionellen Kausalitätsvorstellungen, die durch die automatisierte Berechnung von Korrelationen ersetzt würden, welche theoriefrei vorgenommen werden könnten.

Konventionelle Statistik

Schaut man in aktuelle Handbücher zum Reality Mining (z. B. Larose und Larose 2015), oder auch zum großen Feld der Data Science (z. B. O'Neil und Schutt 2013) so stößt man auf auch in den Sozialwissenschaften bekannte statistische Verfahren – von der Korrelations- und Regressionsrechnung über die Faktoranalyse bis hin zu unterschiedlichen Clusteranalysen. Diese Verfahren werden dann als Modelle für Datenanalysen verwendet, die jedoch – anders als in den Sozialwissenschaften üblich – stärker explorativ vorgehen, ohne Kausalitätsannahmen arbeiten, nach optimierter Vorhersagekraft streben und auch noch nicht *a priori* wissen, wonach oder nach wie vielen Gruppen oder Kategorien zu suchen ist. D. M. Lazer et al. (2014) weisen darauf hin, dass diese Art der Modellierung mitunter zur Missachtung von Informationen und zu systematischen Messfehlern führen kann, die sich in klassischen Modellierungen vermeiden lassen.

Netzwerkanalyse

Auffällig ist auch der häufige Rückgriff auf Methoden der Analyse sozialer Netzwerke, was seinen Grund darin haben dürfte, dass es sich auch bei Big Data um relationale Daten handelt. Dieses etablierte Verfahren errechnet die Position der Akteurinnen und Akteure innerhalb eines Netzwerks über die Anzahl und die Art seiner Beziehungen zu anderen (Jansen 2006; Stegbauer und Häußling 2011). Wie Eagle und Pentland gezeigt haben, eignen sich Maßzahlen der Netzwerkanalyse wie das Proximitätsmaß, um digitale Datenspuren auszuwerten und die Strukturen komplexer Sozialsysteme zu analysieren (2006, S. 264). Auch Googles *Page rank* basiert im Kern auf einem netzwerkanalytischen Verfahren, den Rang eines Knotens im Netz relational durch das Gewicht der auf ihn verweisenden Kanten zu messen, den sogenannten Indegree. Die besondere Leistung der Google-Gründer bestand darin, das Verfahren zu dynamisieren und auf große, zirkuläre Verweisungszusammenhänge anzuwenden (Page et al. 1999).

Die Netzwerkanalyse eröffnet zudem den Blick für tieferliegende, latente Strukturen, die den Beteiligten nicht bewusst sein müssen und von ihnen auch nicht notwendigerweise kommunikativ realisiert werden müssen. Die Analyse von Affiliations-Netzwerken (vgl. Breiger 1974) gestattet es, bimodale Netzwerke in unimodale Netzwerke umzuwandeln. Ein bimodales Netzwerk besteht aus zweierlei Knoten (Käufer und Bücher) sowie den entsprechenden Kanten bzw. Relationen (Käufer A kauft Buch X, Käufer B kauft auch Buch X). Durch Matrixmultiplikation transformiert man das bimodale Netzwerk in ein unimodales, demzufolge Käufer A in Beziehung zu Käufer B steht, weil beide die gleichen Präferenzen haben, nämlich Buch X (vgl. ausführlich Weyer 2014). So kann zwischen zwei Personen A und B eine Beziehung konstruiert werden, selbst wenn diese in der Welt, die sie bewusst erleben, nicht existiert. Für Online-Händler wie für Terrorismus-Fahnder sind diese latenten Strukturen jedoch eine wertvolle Quelle der Erkenntnis (vgl. Gutfraind und Genkin 2016). Netzwerkanalytische Verfahren sind also von Nutzen für die Analyse großer Datenmengen im Rahmen von Big Data, sofern sich diese durch Beziehungen zwischen Knoten darstellen und interpretieren lassen (vgl. Borgatti et al. 2013).

2.3.6 Neuartige Verfahren der Datenverarbeitung

Datenverarbeitung in Echtzeit

Neu ist zunächst einmal die hohe Geschwindigkeit, mit der Daten erhoben, ausgewertet und die daraus resultierenden Informationen – oftmals in Echtzeit – in Form steuernder Impulse wieder in den Kreislauf zurückgespielt werden (vgl. Kersting und Natarajan 2015). Dieser Prozess setzt eine leistungsfähige technische Infrastruktur voraus; er tendiert zudem dazu, den Menschen aus dem Loop zu nehmen, wie das Beispiel des High-Frequency Trading an den Finanzmärkten zeigt (Kuls und Mohr 2010; Fink 2014, S. 101-103). Wenn Computerprogramme Transaktionen in Milliardenhöhe in Millisekunden tätigen, ist der Mensch nicht mehr in der Lage, diese Prozesse im Detail zu verstehen und zu steuern, sondern er wird tendenziell zum passiven Anhängsel des Systems, das sich auf die Entscheidungen der Algorithmen mehr oder minder blind verlassen muss. Ob dies langfristig zu einer Algokratie, einer Herrschaft der Algorithmen, führen wird, sei hier dahingestellt (vgl. Lobe 2015). Die zunehmende Automatisierung politischer Prozesse könnte jedoch einer „algorithmischen Regulierung" Vorschub leisten, die traditionelle demokratische Strukturen der Entscheidungsfindung immer stärker in Frage stellt.

Data Mining und Machine Learning

Data Mining ist ein in der Informatik etabliertes, weitgehend automatisiertes Verfahren, das in großen, oftmals wenig strukturierten Datenbeständen Muster und Strukturen explorativ aufspürt. Die dabei verwendeten Algorithmen sind Regression, Klassifizierung, Clusterbildung etc. – allesamt Verfahren, die auf Komplexitätsreduktion zielen (Jacobs 2009). In ähnlicher Weise analysieren Text-Mining-Verfahren semantische Strukturen, inhaltliche Profile von Texten inklusive deren Stimmung (sentiment analysis) mit Hilfe der Computerlinguistik (vgl. Liu 2012; Jurafsky und Martin 2009).

Das maschinelle Lernen geht einen Schritt weiter als das *Data Mining*, weil es darauf aufbaut, dass maschinelle Algorithmen – ähnlich wie menschliche Akteurinnen und Akteure –, die aufgenommenen Daten nicht nur verarbeiten, sondern auch selbstprogrammiert aus ihnen lernen können und somit also lernende Algorithmen sind. Damit wird ein menschliches Verstehen der berechneten Daten uneinholbar. Lernfähige Maschinen sollen künftig in der Lage sein, auch in Situationen von Unsicherheit plausible Entscheidungen zu fällen, in denen weder die klassische Logik noch die Probabilistik weiterhelfen.[28] Algorithmen des maschinellen Lernens bearbeiten ganz unterschiedliche Typen von Daten, u. a. Bilder, Filme, Texte, Zahlen.[29]

---

28 In der Organisationssoziologie ist dieses Phänomen des Entscheidens unter Unsicherheit unter dem Begriff „begrenzte Rationalität" bekannt (March 1978).

29 Kersting und Natarajan (2015) schlagen unter dem Label statistical relational artificial intelligence einen relationalen Ansatz vor, der sich als maschinelles Lernen durch Imitation beschreiben lässt. Dabei ist die lernende Maschine nicht vom Anspruch auf vollständige (logische) Durchdringung ihres Gegenstandes getrieben, sondern zielt

Verfahren des *Data Minings* und des *Text Minings* sind neben den klassischen statistischen und netzwerkanalytischen Verfahren grundlegend für die Analyse von Big Data, wie es Soziale Netzwerkplattformen, Suchmaschinen, Finanzdienstleister, Internetunternehmen etc. für die jeweiligen Profitinteressen praktizieren. Aber auch Sozialwissenschaftlerinnen und -wissenschaftler nutzen Daten dieser Unternehmen sowie öffentlicher Einrichtungen für ihre Analysen.

Einige große datenverarbeitenden Unternehmen gewähren einen selektiven Zugriff auf ihre Daten. So kann man beispielsweise Twitter-Daten mittels anwendungsspezifischer Programmierschnittstellen (APIs) auslesen (vgl. Russell 2013). Diese greifen entweder auf alle geposteten Tweets oder auf die Informationen einer limitierten Anzahl von Twitter-Nutzenden oder spezifischen Suchbegriffen zu. Twitter stellt nur eine statistisch-repräsentative Stichprobe aller geposteten Tweets zur Verfügung, klassischerweise ein Prozent des aktuellen Traffics (Gerlitz und Rieder 2013; Gaffney und Puschmann 2014). Alternativ zu aktuellen Posts gibt es auch Archive zu historischen Twitterdaten.

Bei Sozialforscherinnen und -forschern ist die Analyse von Twitterdaten beliebt, denn sie ermöglicht es, Themen und deren Verläufe zu ermitteln, die die Netzöffentlichkeit bewegt (z. B. Pfitzner et al. 2012, Jungherr 2015, Schlögl und Maireder 2015). Mit Hilfe dieser Daten und mit weiteren Analyseverfahren lässt sich ein Bild der netzöffentlichen Diskussionen generieren, das für Zwecke der Meinungs-, Wahl- oder auch Konsumforschung genutzt werden kann. Derartige Verfahren werden momentan als alternative bzw. komplementäre Methode zu traditionellen Verfahren diskutiert (z. B. Trevisan und Jakobs 2015).

Facebook gestaltet den Zugang zu seinen Daten wesentlich restriktiver; der legale Zugriff erfolgt konkret über die sogenannte Graph-API, die es ermöglicht, in begrenztem Umfang Zugriff auf verschiedene Objekte, wie z. B. Benutzer, Seiten oder Fotos zu erhalten. Mit Hilfe der App NetVizz (2013) ist es ohne großen technischen Aufwand und ohne große Programmierkenntnisse möglich, öffentliche Facebook-Daten auf der Grundlage des eigenen persönlichen Facebook Netzwerkes (Personen und Gruppen) auszulesen. Weitere Analysen sind dann möglich.

Welche weitreichenden Schlussfolgerungen möglich sind, wenn man Daten aus unterschiedlichen Quellen kombiniert, zeigen Bauer et al. (2013) am Beispiel

---

eher auf die erfolgreiche Bewältigung des jeweiligen Problems. Wie Domingos (2015) gezeigt hat, gibt es in der Community des maschinellen Lernens fünf verschiedene Denk-Schulen, die zwar jeweils einen wichtigen Aspekt abdecken, es jedoch bislang nicht vermocht haben, einen Master-Algorithmus zu finden, der den Schlüssel zu Big Data darstellen würde. Offenbar steht die Community noch am Anfang eines langen Weges, an dessen Ende die Realisierung der Vision des maschinellen Lernens stehen könnte.

der Preise von Immobilien in der Nähe deutscher Atomkraftwerke, die nach dem atomaren GAU in Fukushima stark sanken.[30]

2.3.7 Soziologie und Big Data

Während sich die deutschsprachige soziologische Diskussion zu Big Data vermehrt mit den gesellschaftlichen Risiken und Chancen der Entstehung von Big Data beschäftigt hat, stehen Analysen zu den langfristigen Folgen, die algorithmische Berechnungen haben können, z. b. bezüglich Klassifikationen, Diskriminierung und die Schaffung neuer Ungleichheiten, noch aus. Gleichzeitig finden sich in der deutschsprachigen soziologischen Diskussion nur wenige Arbeiten, die mit neueren datenanalytischen Methoden und großen Datensätzen arbeiten. Ursächlich für beide Aspekte sind unzureichende Kenntnisse neuer datenanalytischer Methoden, die dazu beitragen könnten, die Black Box algorithmischer Berechnungen zu öffnen und einen Umgang mit großen, unstrukturierten, diversen Textdatensätzen zu erlernen.

Zu den strukturierenden Kernstücken der Big-Data-Wirtschaft, den Algorithmen, die die großen Daten kategorisieren, klassifizieren und auseinander dividieren, finden sich vor allem Beiträge in der internationalen Forschung. Algorithmen werden hier als wissensproduzierende und -validierende Berechnungen verstanden (z. B. Fourcade und Healy 2013; Gillespie 2014; Milan 2015; Ziewitz 2016), die gerade auf sozialen Netzwerkplattformen und bei der Nutzung von Suchmaschinen Pluralismus einschränken, u. a. weil sie personalisierte Ergebnisse liefern (z. B. Just und Latzer 2016; D. Lazer 2015; Pariser 2011). Berechnungen der neuen Datenverarbeitungsverfahren mit dem Ziel der besten Vorhersage erschaffen, ohne dies *a priori* zu intendieren, Ungleichheiten und neue maschinelle Formen der Diskriminierung (z. B. O'Neil 2016; Angwin et al. 2016).

Ein anderer Diskussionsstrang beschäftigt sich mit den Methoden und Verfahren, die Big-Data-Analysen überhaupt erst ermöglichen. Um Big Data zu analysieren, muss der soziologische Werkzeugkasten erweitert werden (z. B. Passoth 2015). Dazu gehören neue Praktiken der Datenerhebung (s. Abschnitt 2.3.6), neue Ansätze und Verfahrenstechniken, die die Einsichten der Computerlinguistik, der Netzwerkanalyse großer Datenmengen, des maschinellen Lernens nutzen (z. B. McFarland et al. 2016), um insbesondere textanalytisch Big-Data-Datensätze zu analysieren (z. B. Ignatow und Mihalcea 2016). Soziologinnen und Soziologen könnten damit poten-

---

30 Die Autoren nutzen Daten der Plattform „immoscout24" und kombinieren diese für ihre Analyse unter anderem mit Daten von FlightRadar, um die Auswirkungen des Fluglärms auf die Immobilienpreise zu ermitteln.

ziell alte, substantielle Fragen zur Entstehung und Veränderung von Kategorien in politischen (Rule et al. 2015) oder wissenschaftlichen und ökonomischen Diskursen (Mützel 2016) oder zur Topologie von Kreativität in einem organisationalen Feld (de Vaan et al. 2015) untersuchen und Prozesse und Mechanismen aufzeigen. Dies war bislang nur auf der Grundlage von wenigen, ausgewählten Datenpunkten möglich.

Die Diskussion zu einem erweiterten methodischen Werkzeugkasten scheint langsam voranzuschreiten. Analyseergebnisse zeigen, dass Hochschulabsolvierende der Soziologie zusätzlich zu fundamentalen statistischen Kenntnissen auch mit unterschiedlichen Datenformaten, Analyseprogrammen und Datentypen umgehen müssten, um spätere *employability* sicherzustellen (Kohler 2016). Auch Expertinnen und Experten aus Kommunikation, Marktforschung und Management sehen die Notwendigkeit neuer Kompetenzen in der Bewertung von neuartigen Datensätzen und Datentypen für die zukünftige Arbeit in diesen Feldern (Tuschl 2015; Hagenhoff 2015; Stifterverband für die Deutsche Wissenschaft e. V. 2016).

2.3.8 Fazit

In einer Vielzahl von Anwendungsfeldern fallen Daten an, die von unterschiedlichen Akteurinnen und Akteuren gesammelt, verarbeitet und ausgewertet werden – und zwar tendenziell in Echtzeit. In der Branche herrscht eine gewisse Aufbruchs- und Goldgräberstimmung, da Daten sich immer stärker zur neuen „Währung" des Internet-Zeitalters entwickeln. Die Internet-Wirtschaft prescht massiv voran, auch wenn nicht immer klar ist, welchen Wert die Datenbestände langfristig haben werden.

Bei den Methoden und Verfahren ist Vieles offenbar noch in der Erprobung. Aber die Macht der Daten zeigt sich bereits jetzt an den vielfältigen Möglichkeiten der Datenverarbeitung, die sowohl bessere Lagebilder (Makro-Ebene) als auch eine gezielte Adressierung einzelner Individuen (Mikro-Ebene) verheißen.

2.4 Steuerung komplexer Systeme

Johannes Weyer und Christina Merz

Die Verarbeitung von Massendaten wird in der Regel zu dem Zwecke betrieben, Informationen zu generieren, die sich zur Steuerung des individuellen Verhaltens (Kap. 2.4.1), aber auch komplexer Systeme (Kap. 2.4.2) nutzen lassen. Ein Anwendungsfeld, das große öffentliche Aufmerksamkeit auf sich zieht, ist die Unterstützung der Polizeiarbeit durch Datenanalysen (Predictive Policing, Kap. 2.4.3). Wer über die Fähigkeit zur Steuerung komplexer Systeme verfügt, hat damit eine wichtige Machtquelle in der Hand (Kap. 2.4.4), was Anlass ist, nach den Möglichkeiten der politischen Steuerung der Echtzeitgesellschaft zu fragen (Kap. 2.4.5).[31]

2.4.1 Steuerung individuellen Verhaltens

Wie in den Kapiteln 2 und 3 beschrieben, werden auch im privaten Bereich große Datenmengen gesammelt und von Algorithmen verarbeitet. Moderne Verfahren des maschinellen Lernens bzw. des Reality Mining ermöglichen es, die so erhobenen Daten in hoher Geschwindigkeit bzw. in Echtzeit zu verarbeiten, selbst wenn sie aus sehr unterschiedlichen Quellen stammen (Kersting und Natarajan 2015). Auf diese Weise können Verhaltensregelmäßigkeiten und Muster dechiffriert werde, die es erlauben, individuelle Persönlichkeitsprofile, aber auch latente Strukturen von Gruppen und Kollektiven zu identifizieren (Eagle und Pentland 2006). Bei der Algorithmisierung des Sozialen spielen Metadaten wie etwa Standort, Uhrzeit, Aktivitätstyp, Interaktionspartner etc. eine wichtige Rolle, denn sie reichen oftmals aus, um aussagekräftige Muster des Verhaltens einzelner Individuen bzw. ganzer Kollektive zu generieren und daraus entsprechende Schlussfolgerungen zu ziehen (vgl. Kap. 2.2.3 und 2.3.3).

Diese Techniken und Verfahren werden im Rahmen der Fraud Detection oder der Anomalie-Erkennung verwendet (vgl. Kap. 2.3.4); sie zielen darauf, abweichendes Verhalten einzelner Individuen rechtzeitig zu erkennen und möglichst präventiv zu vermeiden. Auch das Predictive Policing stuft das Verhalten verdächtiger Personen als innerhalb (bzw. außerhalb) der Norm stehend ein. Die zugrunde liegenden Normalitätserwartungen ermöglichen es, Vorhersagen über Kriminaldelikte zu treffen und die Einsatzkräfte der Polizei gezielt zu steuern und effizient einzusetzen (vgl. Kap. 2.4.3).

Welche Konsequenzen es für das Individuum hat, dass es permanent überwacht und sein Verhalten mit Normalitäts-Modellen abgeglichen wird, muss an dieser Stelle mangels empirischer Befunde offen bleiben (vgl. Rieger 2010). Zu vermuten

---

31   Im Folgenden wird ein Begriff von Steuerung verwendet, der Steuerung als die intentionale Beeinflussung eines sozialen Systems durch ein anderes versteht, z. B. durch Anreize (weiche Steuerung) oder Verbote (harte Steuerung, vgl. Weyer et al. 2015). Ob die Akteure des gesteuerten Systems den steuernden Impulsen folgen oder nicht, steht in ihrem Ermessen und hängt von ihren Handlungskalkülen und -strategien ab. Steuerung ist also niemals zwanghaft, sondern lässt den gesteuerten Akteuren selbst in der harten Variante Entscheidungs-Spielräume.

ist allerdings, dass Beschäftigte eines Unternehmens, das eine Software zur Fraud Detection einsetzt, ihr Verhalten entsprechend anpassen werden, um als normal und unauffällig zu gelten.

Das Beispiel des individualisierten Marketings (vgl. Kap. 2.3.2) zeigt jedoch das große Potenzial zur Verhaltenssteuerung, das Big Data enthält und von Unternehmen im Interesse der Profitmaximierung genutzt wird. Auf Basis der unzähligen Daten, die Käuferinnen und Käufer hinterlassen, werden Verhaltensmuster generiert, Kundinnen und Kunden typisiert und schließlich durch gezielte Anreize „sanft" gesteuert (Larose und Larose 2015).

Big Data enthält also ein enormes Potenzial zur Intervention in soziale Praktiken sowie zur Steuerung des Verhaltens einzelner Individuen, das durch die Praktiken der freiwilligen Selbstvermessung und Selbststeuerung noch verstärkt wird (vgl. Kap. 2.2.4).

2.4.2 Echtzeit-Steuerung komplexer Systeme

Darüber hinaus geht mit Big Data auch die Verheißung einher, komplexe sozio-technische Systeme zu steuern – und zwar in Echtzeit, was bislang als nahezu undenkbar galt. Dabei kommt ein neuer Governance-Modus zum Einsatz, der sich als zentrale Steuerung dezentral-selbstorganisierter Systeme beschreiben lässt (Rochlin 1997; Weyer 2014).[32] Getragen werden derartige Konzepte von der Vision, die Welt nicht nur zu beschreiben, sondern in ihre Abläufe einzugreifen und so eine bessere Welt zu schaffen (vgl. McCue 2014: Intro). Man könne durch Reality Mining und Echtzeitsteuerung Krankheiten heilen, Staus vermeiden oder Betrug, Kriminalität und Terrorismus effizient bekämpfen (McCue 2014; Mitchell 2009; Russell 2013) – so die technokratische Vision, die von einem enormen Fortschritts-, aber auch Steuerungsoptimismus getragen wird. Durch Identifikation von Mustern und Trends in großen Daten-Sets sei es möglich, Prognosen künftiger Ereignisse abzugeben und auf dieser Basis das Verhalten einzelner Individuen, aber auch ganzer Kollektive gezielt in eine gewünschte Richtung zu steuern (Russell 2013).

Wie das Beispiel Google Flu Trends zeigt (vgl. Kap. 2.3.4), basieren derartige Prognosen auf realen Verhaltensdaten von Nutzerinnen und Nutzern, die in Echtzeit gesammelt, aggregiert und so aufbereitet werden, dass sie für Prognosen genutzt werden können. Zweck dieser Prognosen ist es, das Verhalten vieler Individuen

---

32   Governance wird hier als Oberbegriff für die Vielfalt der Formen gesellschaftlicher Koordination und Steuerung verstanden. Der neue Modus wird weiter unten am Beispiel der Verkehrssteuerung erläutert.

und damit großer Kollektive zu beeinflussen und zu steuern – etwa dahingehend, dass man Vorsichtsmaßnahmen ergreift und so dazu beiträgt, dass sich die Grippe-Epidemie nicht weiter ausbreitet.

Besonders deutlich wird dieser Trend in „intelligenten" Netzen, z. B. den Infrastruktursystemen des Verkehrs, der Energieversorgung oder der Information und Kommunikation. Die flächendeckende Digitalisierung der Systeme bis hin zur Endkundschaft sowie die umfassende Vernetzung selbst der mobilen Komponenten hat innerhalb nur weniger Jahre die Option der Echtzeitsteuerung komplexer soziotechnischer Systeme Wirklichkeit werden lassen. Dies lässt sich an folgenden Beispielen illustrieren.

Verkehrssteuerung

Im Straßenverkehr übermitteln Navigationsgeräte, aber auch Mobiltelefone permanent ihre Positionsdaten sowie weitere relevante Daten an eine Verkehrszentrale (bei TomTom, Google u. a. m.). Auf diese Weise werden die Fahrzeuge zu „Knoten im Netz" (TA-SWISS 2003, S. 2), die es der Verkehrszentrale ermöglichen, in Echtzeit ein umfassendes Lagebild zu generieren. Dieses spielen sie – wiederum in Echtzeit – an die Nutzerinnen und Nutzer zurück, verbunden mit Prognosen sowie Empfehlungen für Alternativ-Routen, die passgenau auf den jeweiligen Nutzenden zugeschnitten sind. Es findet also eine bidirektionale Daten-Kommunikation zwischen den dezentral agierenden Nutzenden und einer Zentrale statt, die damit in die Lage versetzt wird, ein komplexes System in Echtzeit zu steuern (Vasek 2004; Grell 2003; Lorenz und Weyer 2008). Dabei bleibt die Autonomie der einzelnen Akteurinnen und Akteure erhalten, denn sie erhalten lediglich Empfehlungen, welche ihnen die Freiheit belässt, diesen zu folgen oder sie zu ignorieren. Insofern sprechen wir hier von einem neuen Modus der zentralen Steuerung dezentraler soziotechnischer Systeme.

Der globale Systemzustand ergibt sich fortlaufenden, aus einem dynamischen Wechselspiel von globalen Steuerungsimpulsen (deren Ziel es ist, das globale Ganze zu optimieren) und lokalen Einzelentscheidungen (deren Ziel eher die individuelle Optimierung ist) sowie den sich aus diesen vielen lokalen Einzelentscheidungen ergebenden, emergenten Effekten (z. B. Stau), auf die dann wiederum die globale Steuerung reagiert (Weyer 2014).

Welcher Logik die – weitgehend von Algorithmen vollzogene und hochautomatisierte – Steuerung folgt, ist für alle schwer nachvollziehbar, weil der Systemzustand sich permanent in Abhängigkeit von der aktuellen Situation ändert, und zwar auf eine kaum vorhersagbare Weise.[33] Auch muss vorerst offen bleiben, inwiefern die

---

33 Zu den Risiken der algorithmischen Steuerung siehe Saurwein et al. 2015.

2.4 Steuerung komplexer Systeme

Akteurinnen und Akteure unter den Bedingungen der Echtzeit-Steuerung noch in der Lage sein werden, eigene Pläne zu verfolgen oder alternative Optionen zu eruieren. Allein die kurzen Vorwarnzeiten sowie die knappen Zeitintervalle lassen es plausibel erscheinen, dass die Nutzerinnen und Nutzer den Empfehlungen ihrer Apps mehr oder minder „blind" folgen werden.

Smart Grids

Das politische Ziel der Energiewende soll – neben dem Umstieg auf regenerative Energieträger – auch durch eine intelligente Netzsteuerung (Smart Grid) erreicht werden. Die diesbezüglichen Visionen ähneln den Konzepten der Verkehrssteuerung, sehen aber eine deutlich stärker Einschränkung der individuellen Entscheidungsautonomie vor – etwa im Fall eines drohenden Netzzusammenbruchs (blackout). Die Optimierung des Gesamtsystems, das im Echtzeitmodus operiert, hat hier also Vorrang vor der individuellen Optimierung.

Das Stromnetz hatte bislang eine zentralistische Struktur: Wenige zentrale Großkraftwerke produzierten den Strom, der dann großflächig an die Endkundschaft verteilt wurde (Carr 2009). Mit den erneuerbaren Energien entsteht nunmehr eine radikal neue Systemarchitektur mit einer Vielzahl dezentraler Produzentinnen und Produzenten (Photovoltaik, Windkraft- und Biogasanlagen) und Verbraucherinnen und Verbraucher (vgl. Mautz 2007). Der Paradigmenwechsel von der verbrauchsorientierten Erzeugung zum erzeugungsorientierten Verbrauch erfordert allerdings eine wesentlich intelligentere Netzsteuerung, die davon ausgeht, dass sich künftig der „Verbrauch an die jeweilige Stromproduktion anzupassen" hat, was nur funktionieren wird, wenn „die Nachfrage gelenkt wird" (Dehen 2010). Es soll also möglich sein, einzelne Verbraucherinnen und Verbraucher, aber auch Erzeugerinnen und Erzeuger bei Bedarf vom Netz zu nehmen, um beispielsweise eine Überlast zu vermeiden. Dazu bedarf es intelligenter Steuerungskomponenten, die zum einen den Datenaustausch zwischen den dezentralen Einheiten und der Zentrale bewerkstelligen, aber auch Eingriffe der Zentrale in die dezentralen Prozesse ermöglichen. Die Autonomie des Konsumierenden wird in diesem Szenario durch die überraschend harte, zentralistische Steuerung also deutlich eingeschränkt.

Andere Szenarien propagieren ein „Ampel-Konzept" (BDEW 2015), das zwischen einer grünen Phase, in der das Stromnetz von Marktkräften gesteuert wird, einer roten Phase, in der die Zentrale den hierarchischen Modus aktiviert, und einer gelben Phase unterscheidet, in der Verhandlungen zwischen den Akteurinnen und Akteuren stattfinden, die sich koordinieren und die erforderlichen Problemlösungen miteinander abstimmen.

Smart Governance

Die zitierten Beispiele stehen allesamt für einen neuen Modus der Echtzeit-Steuerung komplexer soziotechnischer Systeme, welcher auf dem Dreischritt von Datengenerierung, Datenauswertung und Systemsteuerung basiert und iterativ in kurzen Zyklen vollzogen wird. Die Nutzenden spielen hierbei einerseits die Rolle der Datenlieferantinnen und -lieferanten, andererseits die Rolle des „Anwendenden" von Empfehlungen, welche die Provider ihnen aufgrund von Prognosen zur Verfügung stellen, welche mit Hilfe von Big-Data-Verfahren generiert wurden.

Man kann hier also von einem neuartigen Modus der zentralen Steuerung dezentraler Systeme sprechen (Weyer 2014). Ein besonderes Charakteristikum ist dabei der direkte Zugriff der Zentrale auf die Komponenten des Systems – und zwar in beiden Richtungen: in Form der Datenübermittlung vom Nutzenden zur Zentrale und umgekehrt. Zudem wird die Autonomie des einzelnen Individuums nicht so stark eingeschränkt wie in klassischen Hierarchien – auch wenn dessen Handlungsspielräume sich zweifellos verengen dürften. Die Zentrale wird damit in die Lage versetzt, ein komplexes soziotechnisches System zu steuern, ohne der Hybris früherer planwirtschaftlicher Konzepte anheimzufallen, sämtliche Systemkomponenten planvoll und im Detail steuern zu wollen. Die Entscheidungskompetenz der dezentral verteilten Komponenten bleibt nämlich erhalten – allerdings im Rahmen eines digital konstruierten Systemzustands, der von Algorithmen in Echtzeit erzeugt (und permanent verändert) wird und damit die Wahrnehmung möglicher Handlungsoptionen entscheidend prägt.

Die Echtzeitgesellschaft bringt also eine neue Qualität der Steuerung komplexer sozio-technischer Systeme mit sich. Damit eröffnen sich Potenziale, die weit über die traditioneller Steuerung hinausgehen, die auf konventionellen Verfahren der Datenerfassung und -auswertung basierte. Die Prozesse werden zunehmend automatisiert ablaufen und damit für den einzelnen Nutzenden immer weniger durchschaubar sein. Zudem findet eine enorme zeitliche Verdichtung statt, wenn nicht mehr langfristig geplant, sondern nur noch situativ auf den sich kurzfristig ändernden Systemzustand reagiert werden kann. Big Data bedeutet also eine Revolution der Steuerung komplexer Systeme – ohne dass die Konsequenzen dieser Revolution bislang hinreichend verstanden worden sind.

2.4.3 Predictive Policing

Einführung

Seit geraumer Zeit beflügelt ein Anwendungsfeld von Big Data die öffentlich-mediale Debatte. Beiträge wie „Das BKA will in die Zukunft sehen" (Beuth 2015), „Kommissar Computer" (Stang 2016) oder „Rheinischer Minority Report" (Borchers 2016) setzen sich mit der Idee auseinander, Big Data für die polizeiliche Gefahrenabwehr und möglicherweise sogar für die Strafverfolgung zu nutzen (vgl. Kap. 2.1.4). In diesem Zusammenhang wird häufig der Begriff Predictive Policing verwendet, der sich nur schlecht in Deutsche übersetzen lässt, wie die etwas unglücklichen Formulierungen „vorausschauende" beziehungsweise „vorhersagende Polizeiarbeit" belegen.

Die Idee des Predictive Policing ist Anfang der 2000er Jahre in den USA entstanden; ihre Umsetzung geht maßgeblich auf den ehemaligen Leiter des Los Angeles Police Department zurück, der die Polizeiarbeit durch neue organisationale Konzepte sowie die Nutzung neuer Technologien zu revolutionieren versuchte (vgl. Ferguson 2012, Perry 2013). Seine Polizeistation setzte als eine der ersten eine Software für das Predictive Policing ein, die von kalifornischen Wissenschaftlerinnen und Wissenschaftlern entwickelt worden war. Diese nutzten einen Algorithmus als Grundlage, der ursprünglich für die Berechnung von Nachbeben nach einem Erdbeben entwickelt wurde und auf der Annahme basiert, dass Einbruchs- oder Diebstahlsdelikte ähnlich wie Nachbeben bestimmten Mustern folgen, die mit Hilfe eines entsprechenden Algorithmus vorhergesagt werden können (vgl. z. B. Beiser 2013).

Grundlagen des Predictive Policing

Predictive Policing basiert auf speziellen Analyseprogrammen, die eine systematische Analyse großer Datenmengen vornehmen und dabei Facetten, Muster oder Beziehungen aufdecken, also in den Daten verborgene Informationen, die mit traditionellen Methoden der Polizeiarbeit, nicht erkannt werden könnten (vgl. z. B. McCue 2014). Ähnlich wie im Fall anderer Vorhersage-Techniken, etwa im Online-Marketing (vgl. Kap. 2.3.4), kombiniert die Software, die beim Predictive Policing zum Einsatz kommt, vorliegende Daten wie Täterinnen- bzw. Täterprofile, die Häufigkeit vergangener Delikte, sozialgeografische Informationen etc. und errechnet auf dieser Basis die Wahrscheinlichkeit bevorstehender Straftaten (vgl. Perry 2013).

Sie stützt sich dabei auf unterschiedliche – teilweise umstrittene – Theorien kriminellen Verhaltens sowie diverse statistische Methoden. Dabei unterstellt man beispielsweise, dass Täterinnen und Täter bestimmte Gewohnheiten haben und rational handeln, aber auch sogenannte „near repeats": Die Wiederholung von Straftaten in der Nähe des vorherigen Tatorts. Auf dieser Basis werden Muster und Trends errechnet, aus denen sich Prognosen ableiten lassen, die dazu beitragen sollen, Straftaten zu verhindern.

Trotz beeindruckender Erfolgsmeldungen aus den USA, die von einer Reduktion der Straftaten um bis zu 50 Prozent sprechen (McCue (2014): Foreword), erscheint eine gewisse Skepsis geboten, ob Predictive Policing die hohen Erwartungen erfüllen kann. Feldversuche in mehreren deutschen Bundesländern (z. B. Nordrhein-Westfalen, Baden-Württemberg, Bayern), u. a. mit der Software „Precobs", zeigen – sofern bereits beendet und ausgewertet – eine eher gemischte Bilanz und lassen etliche Fragen offen (vgl. Biermann 2015).[34]

Ein unscharfes Konzept

Der Begriff Predictive Policing wird häufig verwendet, ohne dass genau geklärt, was unter diesem Begriff zu verstehen ist. Ist Predictive Policing ein Werkzeug zur Aufklärung von Straftaten oder tatsächlich eines zu deren Vorhersage (vgl. Merz 2016)? Auch ist unklar, inwiefern es sich um einen Fall von Big Data handelt. Denn die eingesetzte Software basiert zumeist auf Computerprogrammen zur Datenauswertung, die auf jedem Standard-PC eingesetzt werden können. Als gemeinsamer Nenner hat sich lediglich die Unterstützung der Polizeiarbeit durch eine Software herauskristallisiert, die in der Lage ist, Orte künftiger Straftaten vorherzusagen bzw. potenzielle Kriminelle zu identifizieren.

Zur Unschärfe des Konzepts trägt auch bei, dass Predictive Policing in den Ländern, in denen es bereits eingesetzt wird, in unterschiedliche politische, rechtliche, kulturelle und soziale Rahmenbedingungen eingebettet ist und zudem unterschiedlich weit fortgeschritten ist. In den USA hat man schon seit Längerem Erfahrungen mit Methoden der technologisch unterstützten Kriminalitätskartierung und -visualisierung gesammelt, die unter dem Begriff „Crime Mapping" bekannt sind (vgl. Hadamitzky 2015). Diese Methoden werden in Deutschland erst seit wenigen Jahren genutzt und haben sich noch nicht flächendeckend durchgesetzt (vgl. Frers et al. 2013) – anders als im Fall von Predictive Policing, das (zumindest in Form derzeit laufender Tests) recht schnell, wenn auch nicht so umfassend wie in den USA, adaptiert wurde.

Deutschland und die USA unterscheiden sich auch in Bezug auf die Straftaten, die mit Predictive Policing erfasst werden, sowie die verwendeten Daten und Datenquellen. In Deutschland wird Predictive Policing bislang lediglich für die Vorhersage

---

34 http://www.zeit.de/digital/datenschutz/2015-03/predictive-policing-software-polizei-precobs.

2.4 Steuerung komplexer Systeme

von Wohnungseinbruchsdiebstahlsdelikten verwendet, in den USA hingegen auch bei Gewalt- und Tötungsdelikten. Während in den USA bereits heute schon auf unterschiedliche Datenquellen, wie beispielsweise öffentlich zugängliche Daten aus sozialen Netzwerken oder Bilder von Überwachungskameras, zurückgegriffen wird (vgl. Gorner 2013; Montag 2016), zeigt man sich in Deutschland diesbezüglich bisher eher zurückhaltend.

Den Wandel der Polizeiarbeit im Zeitalter von Big Data beschreibt auch die Tatsache, dass mit den Entwicklerinnen und Entwicklern der Software für das Predictive Policing neue Akteurinnen und Akteure mit wirtschaftlichen Interessen das Feld betreten. Bislang gibt es weder in Deutschland noch in den USA Standards für die Software, die für Predictive Policing verwendet wird, obwohl diese mit sensiblen polizeilichen bzw. öffentlichen Daten operiert.

Von der Vision des „Vor-der-Lage-Seins" zum „In-der-Lage-Sein"

Das Konzept einer „vorausschauenden" beziehungsweise „vorhersagenden" Polizeiarbeit unter Nutzung von Big-Data-Technologien kann auch in Deutschland auf Vorläufer verweisen. Seit Langem verwendet die Polizei IT-Systeme und Datenbanken für das alltägliche Management ihrer Arbeit, die Abwehr von Gefahren und die Verfolgung von Straftaten (Bundeskriminalamt (BKA) 2016). Die neue Ära der Polizeiarbeit begann nicht erst im 21. Jahrhundert mit Big Data, sondern schon Anfang der 1970er Jahre, als Horst Herold zum Präsidenten des Bundeskriminalamts (BKA) ernannt wurde und die Einführung der polizeilichen Datenverarbeitung und den Aufbau der Abteilung „Informationstechnik (IT)" beim BKA vorantrieb (vgl. z. B. Weichert 2011). Noch heute findet sich auf der Webseite ebenjener Abteilung eine Aussage, die eindrücklich zusammenfasst, welche Vision damals wie heute hinter der polizeilichen Datenverarbeitung stecken mag:

> „Gerade für die Polizei ist ein zeit- und aufgabengerechtes Informationsmanagement unabdingbare Voraussetzung: Nur wer in kritischen Situationen „vor der Lage ist" und zur richtigen Zeit über die richtigen Informationen verfügt, kann erfolgreich und effizient handeln. In Zukunft wird der Stellenwert der Informationsverarbeitung bei der Erledigung der täglichen polizeilichen und administrativen Arbeit noch weiter steigen und zum entscheidenden Erfolgsfaktor werden." (Bundeskriminalamt (BKA) 2016)

Neu ist also weniger die Sammlung und Auswertung von Informationen, sondern vielmehr die Art und Weise, wie man es nunmehr mit Hilfe von Big Data schaffen will, erfolgreiche und effiziente Polizeiarbeit zu leisten.

Das neue Schlagwort lautet dabei „Antizipation": Es zielt darauf ab, nicht nur Muster zu erkennen, sondern im Rahmen des taktischen Kalküls potenzieller Straftäterinnen und Straftäter zu reagieren und während der Ausführung einer

Straftat eingreifen zu können (vgl. McCue 2014). Damit wird die Idee des „Vorder-Lage-Seins" vielmehr zu einem „Innerhalb-der-Lage-Seins", das heißt viel eher direkt im (kriminellen) Geschehen eingreifend mitwirken zu können. Wie dieses Eingreifen genau aussehen soll und wie es rechtlich zu bewerten ist, ist bisher weitestgehend ungeklärt (vgl. Saunders et al. 2016).

Kritik des Predictive Policing-Konzepts
Im Rahmen einer soziologischen Betrachtung der Vision präventiver Eingriffe in die soziale Welt stellt sich die Frage, inwieweit technisch hergestellte Prognosen die Wirklichkeit beschreiben oder eine spezifische Wirklichkeit erschaffen (vgl. Belina 2009; Frers et al. 2013).

Predictive Policing beispielsweise agiert derzeit vornehmlich raumbezogen, das heißt die gemachten Vorhersagen beziehen sich in der Regel auf einen bestimmten Ort. Es geht also zumeist um die Vorhersage von Tatgelegenheiten im Raum, wie beispielsweise im Falle der „near repeats" bei Wohnungseinbrüchen. Damit wird der Raum jedoch zur „primären Determinante für kriminelle bzw. abweichende Handlungen" (Hadamitzky 2015). Kritische Stimmen befürchten, dass dadurch die „sozialen Rahmenbedingungen" (Legnaro und Kretschmann 2015, S. 99), beispielsweise die sozialen Ursachen kriminellen Verhaltens, völlig außer Acht gelassen werden und es somit zu einer einseitigen und vereinfachten Betrachtung von Kriminalität kommt. Dies könnte eine verstärkte Konzentration der Polizeikräfte auf einen bestimmten Raum zur Folge haben, sofern dieser als besonders kriminalitätsgefährdet eingestuft wird (vgl. Belina 2009). Auch wird befürchtet, dass eine raumbezogene Fokussierung zu falschen Verdächtigungen von Personen führen könnte, die sich in dem betreffenden Raum aufhalten (vgl. Ferguson 2012).

Eine zentrale Rolle in diesen kritischen Betrachtungen spielen die theoretisch-konzeptionellen Grundlagen des Predictive Policing, wie beispielsweise der Near-Repeat-Ansatz, die Routine-Activity-Theorie oder die Broken-Windows-Theorie – um nur die am häufigsten verwendeten zu nennen. Kritische Stimmen bezeichnen diese Konzepte als „empirisch gestützte Merksätze" (Legnaro & Kretschmann 2015, S. 98) und sprechen ihnen den Status als Theorien ab, sei es aufgrund der fehlenden empirischen Belege (vgl. Keuschnigg und Wolbring 2015), sei es aufgrund der eindimensionalen Fokussierung auf den Raum bzw. aufgrund der Nichtberücksichtigung gesellschaftlicher Verhältnisse und kriminalitätsfördernder Rahmenbedingungen.

Zusammenfassend lässt sich somit festhalten: Obwohl eine Auseinandersetzung mit den wissenschaftlichen Grundlagen bislang nur in Ansätzen stattgefunden hat und die Rahmenbedingungen der Einführung von Predictive Policing (z. B. in Bezug auf einheitliche Standards) noch nicht hinreichend geklärt sind, hat dieses Konzept

2.4 Steuerung komplexer Systeme

zur vorbeugenden Kriminalitätsbekämpfung bereits das Stadium der praktischen Anwendung und Prüfung seiner Wirksamkeit erreicht (vgl. Merz 2016).

Abschließende Bemerkungen
Predictive Policing verdeutlicht eine zentrale Vision von Big Data: Vorhersagen zu treffen, um proaktiv handlungsfähig zu sein und den Lauf der Welt beeinflussen zu können. Vorhersagen sind immer auch „Instrumente […] gesellschaftlicher Selbstbeobachtung und Handlungskoordination" (Schubert 2014, S. 209), die den Zweck verfolgen, die Zukunft planbar und veränderbar zu machen. Auch Predictive Policing folgt dem Trend von Big Data zur Quantifizierung und Rationalisierung des Sozialen.

Es geht weniger darum, die Ursachen kriminellen Verhaltens zu verstehen, also die Frage zu stellen, warum jemand straffällig wird, als vielmehr kriminelles Verhalten numerisch zu kalkulieren. Das könnte dazu führen, dass präventive Maßnahmen, beispielsweise sozialpolitischer Art, nicht mehr als relevant erachtet werden. In Zukunft könnte zwar Kriminalität durch das Eingreifen der Polizei verhindert werden; ihre Ursachen würden jedoch außer Acht gelassen. Das könnte in einem veränderten gesellschaftlichen Verständnis vom Umgang mit Kriminalität münden.

Zu klären ist also, in welchem Verhältnis Predictive Policing zu anderen Methoden der polizeilichen Gefahrenabwehr sowie der Kriminalitätsprävention steht und wie der gesellschaftliche Umgang mit Abweichung und Kriminalität in Zukunft gestaltet werden soll. Diese Frage wird unmittelbar relevant, wenn entschieden werden muss, wie die Polizei mit den Ergebnissen des Predictive Policing umgehen kann, soll und darf (vgl. Saunders et al. 2016).

2.4.4 Macht und Ungleichheit

Die Transformation der Wissenschaftsgesellschaft zur mobilen Echtzeitgesellschaft, die sich im letzten Jahrzehnt vollzogen hat, hat mit den Dotcoms neue mächtige Wirtschaftsteilnehmerinnen und -teilnehmer hervorgebracht, deren Börsenkapitalisierung die der Unternehmen der old economy mittlerweile übertrifft. Die Anbieterkonzentration hat zu einer mediengeschichtlich singulären privatwirtschaftlichen Verfügungsmacht über Inhalte und Interaktionsdaten geführt, die sich bislang weitgehend unreguliert entfalten kann. Damit geht zudem eine „Privatisierung" des Schutzes persönlicher Daten einher (Dolata und Schrape 2014; Podesta 2014; Schrape 2015).

Die großen Player der Internet-Wirtschaft prägen mittlerweile unseren Alltag – sowohl im beruflichen als auch im privaten Bereich – in maßgeblicher Weise.

Der folgende Abschnitt befasst sich mit der Frage, wie diese neuen Machtverhältnisse entstanden sind und welche Formen der digitalen Ungleichheit sie zur Folge haben. Soziologische Machttheorien erklären die Entstehung und Verfestigung gesellschaftlicher Machtverhältnisse auf unterschiedlichen Wegen.

Ressourcenbasierte Machttheorien
Diesem Ansatz zufolge hat ein gesellschaftlicher Akteur Macht, wenn er über spezifische, knappe Ressourcen verfügt. Dazu zählen nicht nur finanzielle Mittel, sondern auch Ressourcen wie Wissen oder Kundschaft (Morgan 2000). IT-Fachleute können beispielsweise eine Machtposition aufbauen, wenn sie die Kontrolle über das Wissen zur Steuerung digitaler Geschäftsprozessen besitzen. Und Online-Plattformen kontrollieren den Zugang zur Ressource „Kundschaft". Als Intermediäre sind sie eine Art Gatekeeper und gewinnen damit eine starke Position etwa gegenüber kleinen Online-Händlern.

Ressourcenbasierte Machttheorien eignen sich, um die Machtverhältnisse in der Internet-Wirtschaft, insbesondere die starke Position von Unternehmen wie Google, Facebook und anderen zu beschreiben. Ihr Manko ist jedoch, dass sie die Entstehung dieser Machtstrukturen nicht erklären können.

Relationale Machttheorien
Dieser Ansatz steht in der Tradition Max Webers, der Macht als Bestandteil jeder sozialen Beziehung begreift, und zwar als die Chance, den eigenen Willen anderen gegenüber durchzusetzen (Weber 1985). Der relationale Ansatz sieht Macht also nicht als (statischen) Besitz, der sich konservieren lässt, sondern als etwas Fluides, das stets von Neuem erworben werden muss und vor allem davon abhängt, ob das Gegenüber mitspielt. Die formale Netzwerkanalyse, die mit dem Konzept des Sozialkapitals arbeitet, knüpft an diese Konzeption an; sie hat Maßzahlen für die Einbettung eines Akteurs bzw. einer Akteurin in ein Beziehungsnetzwerk entwickelt, mit deren Hilfe sich dessen Position, dessen Stärke sowie dessen Einflussmöglichkeiten quantitativ vermessen lassen (Jansen 2006).

Relationale Machttheorien eignen sich ebenfalls, um die Machtverhältnisse in der digitalen Welt zu erklären. Wenn die Mehrzahl der User immer wieder die gleiche Suchmaschine füttert und nicht auf Alternativen ausweicht, dann verschafft dies der betreffenden Suchmaschine eine starke Machtposition. Diese hängt allerdings von der Bereitschaft der User ab, dauerhaft nur diese eine Suchmaschine zu nutzen. Die Machtverhältnisse können sich also rasch verschieben, wenn die User ihr Verhalten ändern. Ein Manko des relationalen Ansatzes ist die geringe Berücksichtigung des Inhalts der jeweils betrachteten Beziehungen.

Asymmetrischer Tausch

Das Modell des asymmetrischen Tauschs kombiniert den ressourcenbasierten und den relationalen Ansatz und überwindet damit in gewisser Weise deren Schwächen. Das zugrunde liegende Modell des sozialen Tauschs geht von einem minimalen Handlungsmodell mit zwei Akteurinnen und Akteuren aus, die Ressourcen besitzen, die teilweise unter ihrer Kontrolle sind, teilweise aber auch unter Kontrolle des jeweils anderen Akteurs bzw. der jeweils anderen Akteurin. Sobald ein Interesse an der Ressource besteht, die der andere kontrolliert, entsteht eine Motivation zu tauschen – und damit zugleich eine Abhängigkeit vom jeweils anderen (Blau 1955; Esser 2000). Im Fall der Suchmaschine wäre dies beispielsweise ein Tausch von Suchergebnissen, die der User erhält, gegen Daten von Nutzerinnen und Nutzern, welche die Suchmaschine aufzeichnet.

In der Ausgangskonstellation (vor dem Tausch) sind beide Akteure bzw. Akteurinnen voneinander abhängig, weil der jeweils andere die Ressourcen kontrolliert, an denen ein Interesse besteht. Nach dem Tausch sind beide Akteure bzw. Akteurinnen hingegen vollständig autonom, vorausgesetzt beide haben vollständig getauscht. Im Fall des Tausches Suchergebnisse gegen Daten der Nutzenden findet jedoch nur ein partieller Tausch statt: Der Nutzende erhält zwar das Suchergebnis, nicht aber das Wissen darüber, wie dies entstanden ist. Die Suchmaschine ihrerseits erhält nicht nur die aktuellen Daten der Nutzenden (z. B. die Sucheingaben), sondern auch die Metadaten, was vielfältige Möglichkeiten der Zweitverwertung dieser Daten eröffnet (vgl. Kap. 4). Die mathematische Modellierung dieses partiellen Tauschs zeigt deutlich, dass nach dem Tausch ein „Restwert" bei der Suchmaschine verbleibt, der ihr Macht verleiht und den Nutzer in eine abhängige Position bringt.

Macht basiert in diesem Konzept also auf der Kontrolle über Ressourcen, an denen andere Akteurinnen und Akteure Interesse haben; Machtpositionen entstehen durch ungleichen, partiellen Tausch, beispielsweise zu einem asymmetrischen Verhältnis zwischen durchschnittlichen Mediennutzerinnen und -nutzern sowie datenverarbeitenden Organisationen (vgl. Nam und Stromer-Galley 2012, S. 133-149).

Prozesse der Machtbildung

Alle bisherigen Modelle basieren auf der Annahme, dass schon von vornherein eine ungewisse Ungleichverteilung in sozialen Beziehungen existiert, die sich zu Machtverhältnissen verfestigen kann. Weit schwieriger ist es, Prozesse der Machtverteilung zu erklären, wenn es zu Beginn keine oder nur geringe Asymmetrien gab, also alle Beteiligten sich in einer vergleichbaren Ausgangslage befanden. Dies trifft beispielsweise auf den Internet-Buchhandel oder die Suchmaschinen um das Jahr 2000 zu. Zwei Fragen wären hier zu beantworten:

- Wieso haben sich in den einzelnen Segmenten der Internet-Wirtschaft nur wenige Unternehmen durchgesetzt, die heutzutage nahezu eine Monopol-Stellung innehaben?
- Wieso sind die Nutzerinnen und Nutzer in so hohem Maße von den Dotcoms abhängig? Wieso haben sich basisdemokratische Vorstellungen nicht durchgesetzt?

An einem fiktiven Beispiel der Verteilung von Liegestühlen auf einem Kreuzfahrtschiff zeigt Popitz (1995), wie eine ursprüngliche egalitäre soziale Ordnung zu einer Zweiklassengesellschaft von Besitzenden und Nicht-Besitzenden umschlagen kann, in der sich eine kleine Minderheit gegenüber der Mehrheit durchsetzt.

Popitz beschreibt dies als einen selbstorganisierten Prozess, der in Gang kommt, weil diejenigen, die Besitz für sich reklamieren, einen kleinen strukturellen Vorteil haben, da individuelles und kollektives Interesse zusammenfallen. Übertragen auf die Internet-Wirtschaft hieße das: Ein Dotcom-Unternehmen, das Daten Nutzender als ein kommerzielles Gut betrachtet, kann diese Daten verwerten und seiner Kundschaft attraktive Services anbieten. Hier besteht also eine hohe Motivation, sich an der Durchsetzung dieser Position zu beteiligt, weil dies auch mit einem individuellen Nutzen verbunden ist.

Ein Nutzender hingegen, der – gemeinsam mit anderen – die Privatsphäre verteidigt und die kommerzielle Verwertung seiner Daten ablehnt, trägt zwar dazu bei, ein abstraktes kollektives Interesse zu befördern, hat aber am Ende nur einen geringen individuellen Nutzen. Dies motiviert nur wenige Engagierte, sich für diese Ziele einzusetzen.

Für Popitz ist es also der höhere Grad an Organisationsfähigkeit, der in Verbindung mit dem Besitz knapper Güter dazu führt, dass eine Gruppe Akteure Macht erlangt. Um diese dauerhaft zu stabilisieren, muss sie zudem für Legitimität sorgen, also für die Anerkennung der Machtverhältnisse durch die Gruppe der Machtlosen.

Bliebe noch die zweite Frage, warum Dotcoms wie Google oder Amazon es geschafft haben, ein Quasi-Monopol in ihrem Segment aufzubauen. Auch hier sind Theorien der Selbstorganisation, der Pfad-Kreation sowie der Power-law-Verteilung instruktiv (David 1985; Arthur 1990; Barabási und Albert 1999): 1998 gab es nur minimale Differenzen zwischen Google und etablierten Suchmaschinen (z. B. Altavista). Das freundliche Image der Suchmaschine von Google, die unaufdringliche Werbung sowie der überlegene Page-rank-Algorithmus, der die besseren Suchergebnisse produzierte, waren Unterscheidungsmerkmale, die sich durch eigendynamische Selbstverstärkung zu strukturellen Vorteilen entwickelten. Ein zentraler Faktor, der diese Eigendynamik befördert hat, war letztlich das Verhalten der User, die Google immer häufiger gewählt haben als andere Suchmaschinen und durch ihre Eingaben dazu beigetragen haben, die Qualität der angebotenen Services zu steigern.

Fazit

In soziologischer Perspektive ist Macht also ein Phänomen, das auf dem Besitz von Ressourcen, dem partiellen Tausch dieser Ressourcen in sozialen Beziehungen, der Organisationsfähigkeit von Interessen sowie der Legitimität der sozialen Ordnung basiert. Mit Hilfe dieser Konzepte ist es möglich, auch Macht und Ungleichheit in der Internet-Gesellschaft zu beschreiben und zu analysieren.

2.4.5 Politische Regulierung von Big Data

Abschließend soll die Frage diskutiert werden, ob und inwiefern es möglich ist, komplexe soziotechnische Systeme nicht nur operativ zu steuern (vgl. Kap. 2.4.1 und 2.4.2), sondern auch politisch in eine gewünschte Richtung zu lenken – wobei die normative Frage hier offen bleiben soll, welche Ziele im konkreten Fall politisch konsentiert sind und damit als erstrebenswert angenommen werden. Beim Thema „Datenschutz" steht die Gesellschaft immer wieder vor dem Problem, welche Instrumente dazu beitragen könnten, gesellschaftlich wünschenswertes Verhalten zu fördern und unerwünschtes Verhalten zu verhindern.[35]

Ausgangspunkt ist die Annahme, dass in modernen Gesellschaften kein Akteur, auch nicht der Staat, in der Lage ist, das Verhalten anderer gesellschaftlicher Akteure kleinschrittig zu steuern. Denn die – oftmals gut organisierten – Akteurinnen und Akteure besitzen eine hohe Autonomie und haben ein großes Potenzial der Selbstregulierung, was sie tendenziell resistent gegen Versuche der interventionistischen Steuerung macht (Luhmann 1997; Mayntz und Scharpf 1995). Etwas konkreter formuliert: Kein noch so mächtiger Staat der Welt vermag es, Internet-Riesen wie etwa Google feinzusteuern; allein das mangelnde Detailwissen der internen Strukturen sowie die fehlenden Kompetenzen zur Kontrolle der relevanten Prozesse machen dies unmöglich.

Steuerung[36] muss daher „intelligent" ansetzen, d. h. Rahmenbedingungen schaffen, die die Steuerungs-Adressatinnen und -adressaten dazu bringen, im eigenen Interesse das „Richtige" bzw. „Erwünschte" zu tun (Willke 2007). Ein instruktives Beispiel ist die amerikanische Börsenaufsicht SEC, die sich gar nicht erst anmaßt, Korruption verhindern zu können. Sie operiert vielmehr mit einem System von Anreizen und

---

35 Die folgenden Ausführungen basieren auf Weyer 2017.
36 Zur Definition des Begriffs „Steuerung" siehe Fn. 23.

Sanktionsdrohungen derart, dass Unternehmen, die der Korruption überführt werden, drakonische Strafen drohen, diese aber erheblich gemildert werden, wenn nachgewiesen werden kann, dass das Unternehmen alles nur Erdenkliche unternommen hat, um Korruption zu verhindern (Lübbe-Wolf 2003). Das Unternehmen wird dadurch in die Verantwortung genommen, beispielsweise interne Compliance-Regelungen umzusetzen und so im eigenen Interesse die Beschäftigten zu einem Verhalten zu veranlassen, das gesellschaftlich wünschenswert ist.[37]

Übertragen auf die großen Provider der Echtzeitgesellschaft und das Problem des Missbrauchs privater Daten könnte dieses mehrstufige Modell wie in Abbildung 4 aussehen. Die Staaten (bzw. die Staatengemeinschaft) schaffen einen institutionellen Rahmen, der Datenmissbrauch mit drakonischen Strafen belegt, zugleich aber eine milde Behandlung anbietet, wenn das Unternehmen interne Regelungen erlässt und durchsetzt, welche die Beschäftigten dazu anhalten, höchste Datenschutz-Standards einzuhalten. So wäre es dann im eigenen Interesse eines jeden Unternehmens, seinen Kundinnen und Kunden und seinen Nutzenden ein hohes Datenschutzniveau zu garantieren.

Denn auch der drohende Imageverlust eines Unternehmens, das durch unseriöse Praktiken auffällt, kann als Sanktionsdrohung wirken. Die Bereitschaft der Nutzerinnen und Nutzer, großen Datendienstleistern ihre Daten zur Verfügung zu stellen sowie deren Empfehlungen zu folgen, basiert auf dem Vertrauen, dass diese Daten nicht missbräuchlich verwendet werden (vgl. Kap. 5). Somit wird Daten-Missbrauch auch für die Provider zu einem Risiko: Denn die Daten sind der Rohstoff der Echtzeitgesellschaft; aber das Vertrauen ist das Kapital, das allzu leicht verspielt werden kann, wenn man der Versuchung erliegt, durch unseriöse Praktiken kurzfristige Gewinne zu erzielen.

Die politische Regulierung der Echtzeitgesellschaft sollte auf derartigen institutionellen Mechanismen basieren und Abschied von überkommenen Formen politischer Steuerung nehmen. Die politische Steuerung „intelligenter" Systeme muss ebenfalls „intelligent" konzipiert sein und auf klassische Verfahren der direkten Intervention zugunsten von indirekten Instrumenten in Mehrebenen-Systemen verzichten (vgl. Weyer et al. 2015).[38] Dass dabei Vertrauen eine wichtige Rolle spielt, beleuchtet das nächste Kapitel.

---

37 Vgl. auch das Konzept der Ko-Regulierung von Staat und Gesellschaft Spindler und Thorun 2015), das aber insofern etwas „zahnlos" wirkt, als es auf Sanktionsdrohungen verzichtet und somit den Staat zu einem schwachen Mitspieler im Konzert der gesellschaftlichen Akteure macht.

38 Nicht weiter verfolgt werden kann hier die Frage, ob Politik selbst sich Big Data zunutze machen könnte, um eine „evidence-based policy" zu entwickeln – also eine Politik, die ihre Entscheidungen auf Basis der Analyse großer Datenmengen trifft.

2.5 Vertrauen als Bedingung von Big Data

Marc Delisle und Marcel Kiehl

Der Big-Data-Prozess, den wir in Kap. 2.1.3 beschrieben haben, besteht an etlichen Stellen aus digitalen Transaktionen[39], also der Weitergabe von Daten an Dritte, die von Unsicherheiten und Risiken geprägt ist.

> „Der Transaktionspartner kann sich zum eigenen Vorteil und zum Schaden des anderen verhalten und das zugrundeliegende informationstechnologische System kann sich als nicht funktionsfähig erweisen." (Petrovic et al. 2003, S. 53)

Technische oder rechtliche Maßnahmen können die Unsicherheit zwar reduzieren, nicht aber vollständig aufheben (vgl. Schuster et al. 2002; Tan und Thoen 2000; Yan et al. 2014). Vertrauen ist ein Mechanismus, der hilft, derartige Unsicherheiten zu bewältigen (Luhmann 2014, S. 38). Ebenso wie Transaktionen auf klassischen Märkten setzt auch Big Data Vertrauen in die beteiligten Akteurinnen und Akteure sowie den institutionellen Rahmen voraus.

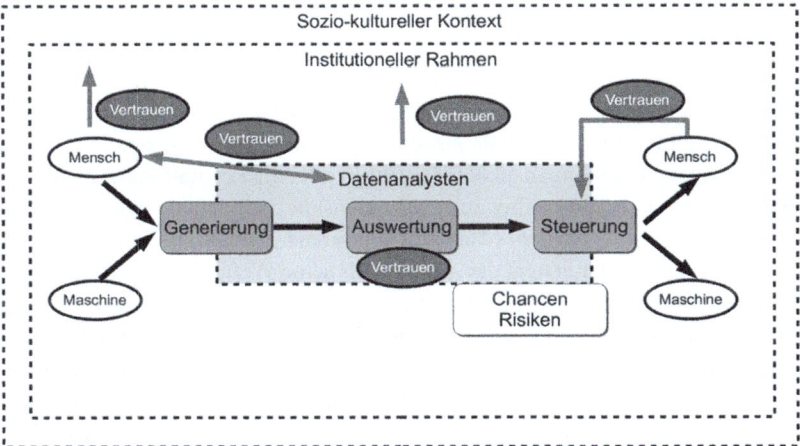

Abb. 4 Vertrauen im Big-Data-Prozess
Quelle: Eigene Darstellung ©

---

39 „Unter einer digitalen Transaktion werden alle über elektronische Netze durchgeführten Aktivitäten im Zuge eines Leistungsaustausches von der Informations- über die Vereinbarungs- bis zur Abwicklungsphase verstanden." (Petrovic et al. 2003, S. 53).

Vertrauen ist ein komplexes Konzept, dessen Kern die Bereitschaft einer Akteurin bzw. eines Akteurs ist, sich in Situationen der Unsicherheit, in denen man die Folgen seines Handelns nur unvollständig überblickt, auf jemanden oder etwas zu verlassen und damit ein Risiko einzugehen (vgl. Bachmann und Inkpen 2011; Nooteboom 2002; Mayer et al. 1995). Vertrauen ist also die Bereitschaft, in Situationen der Unsicherheit auf Kontrolle zu verzichten bzw. diese Kontrolle abzugeben – an einen anderen Menschen, an eine Institution oder an ein technisches Gerät. Mangelndes Vertrauen hat auch und gerade im Kontext von Big Data zur Folge, dass digitale Transaktionen nicht zustande kommen, also Daten nicht weitergegeben werden (vgl. Endreß 2012).

Abbildung 4 zeigt, an welchen Stellen im Big-Data-Prozess Vertrauen eine Rolle spielt. Wir werden diese unterschiedlichen Facetten im Folgenden diskutieren.

2.5.1 Vertrauen in Datenverarbeiter

Die Nutzerinnen und Nutzer von Apps oder sozialen Medien, wissen oftmals nicht, welche Datenspuren sie hinterlassen und was mit ihren Daten geschieht (vgl. Trenz et al. 2013; Klein et al. 2013). Das mangelnde Verständnis der technischen Prozesse verstärkt diese Unsicherheiten zusätzlich (vgl. Tchernykh et al. 2015; Trenz et al. 2013). Damit sie ihre Daten bereitwillig zur Verfügung stellen, benötigen sie Signale, dass sie den Datenverarbeitern dahingehend vertrauen können, dass diese verantwortungsvoll mit den Daten umgehen. Ansonsten drohen der Rückzug von dem betreffenden Service und die Zuwendung zu anderen Anbietern.[40]

Derartige Signale können die Verlässlichkeit oder die Reputation des Anbieters sein (vgl. Yan et al. (2014), aber auch vertrauensbildende Signale wie eine offene Kommunikation oder ein hohes Maß an Transparenz. Der Online-Versandhändler Amazon war einer der ersten, der – anders als seine Wettbewerber – bereits um das Jahr 2000 Bestätigungsmails für eingegangene Bestellungen verschickte und damit seiner Kundschaft ein vertrauenswürdiges Signal sandte.[41] Und Google versucht durch das Google-Safety-Center, den Transparenzbericht und die vielfältige Möglichkeiten zur Konfiguration der Privatsphäre eine vertrauensvolle Beziehung zu den Nutzenden aufzubauen (vgl. Schwanitz 2016).

Bislang ist kein umfangreicher Datenmissbrauch durch einen der großen Datenverarbeiter bekannt – möglicherweise weil dies gravierende Konsequenzen hätte,

---

40 Die großen Anbieter versuchen, derartige Wechsel durch eine Strategie der geschlossenen Ökosysteme zu verhindern.
41 Persönliche Information Johannes Weyer.

2.5 Vertrauen als Bedingung von Big Data

die letztlich den Fortbestand des Unternehmens gefährden könnten.[42] Im Zeitalter von Whistleblowern, Enthüllungsplattformen und (staatlicher) Cyberspionage wäre es auch kaum möglich, moralisch fragwürdige Praktiken der Öffentlichkeit dauerhaft zu verbergen. Wie groß das Risiko eines Vertrauensverlusts ist, zeigt der 2012 publik gewordenen Organspendeskandal in Deutschland, in dessen Folge die Bereitschaft zur Organspende auf historische Tiefstwerte sank, die seitdem auf niedrigem Niveau verharren (Destatis 2016).[43] Analog könnte die Erosion des Vertrauens in Datendienstleister dazu führen, dass die Nutzer abwandern.

2.5.2 Vertrauen in Nutzerinnen und Nutzer

Die Datenverarbeiter sehen sich ebenfalls mit Unsicherheiten konfrontiert, denn sie müssen darauf vertrauen, dass die Nutzerinnen und Nutzer korrekte bzw. reliable Daten übermitteln. Die ist insbesondere bei Daten der Fall, die nicht für den konkreten Analysezweck generiert wurden, sondern quasi „nebenbei" anfallen. Zudem ist nicht auszuschließen, dass die Nutzenden die Daten bewusst verfälschen, etwa indem sie ihr Fitness-Armband in der Waschmaschine schleudern (vgl. Kappler und Vormbusch 2014; Sanger et al. 2014; Dorschel 2015).[44] Die Zuverlässigkeit der Daten kann also nur in begrenztem Maße überprüft werden – mit der Folge, dass auch die Datenanalystinnen und -analysten den Nutzenden und den von ihnen übermittelten Daten vertrauen müssen.

2.5.3 Vertrauen in Algorithmen

Der Big-Data-Prozess enthält zudem technische Unsicherheiten, weil teilweise noch unklar ist, ob die neuartigen Verfahren (etwa des Machine Learning) verlässliche Ergebnisse liefern, aber auch wie die gewonnenen Erkenntnisse zu interpretieren sind. Die Gefahr der Fehlinterpretation der Befunde liegt auf der Hand (vgl. Jensen und Cohen 2000):

---

42 Große Datenskandale wie der Heartbleed-Vorfall 2014 oder die Ashley-Madison-Datenschutzaffäre 2015 hatten ihre Ursache nicht in einer missbräuchlichen Datenverwendung der Datenverarbeiter, sondern in Programmierfehlern oder externen Angriffen.

43 In den Jahren 2010 und 2011 gab es Verstöße mehrerer deutscher Transplantationszentren, die auf eine Manipulation der Vergabe von Spenderlebern abzielte.

44 Am Handgelenk getragene Schrittzähler liefern beispielsweise fehlerhafte Werte (und zwar um den Faktor 3 erhöhte Werte), weil sie auch Armbewegungen mitzählen.

„Obwohl immer wieder betont wird, dass Korrelation keine Kausalität impliziert, werden dennoch Analyseergebnisse [ ] oft genug, möglicherweise auch unbewusst, fälschlicherweise im Sinne kausaler Zusammenhänge interpretiert und präsentiert." (Dorschel 2015)

Um einen Nutzen aus ihren Analysen ziehen zu können, müssen die Datenanalystinnen und -analystendaher darauf vertrauen, dass die gewählten Verfahren richtige oder zumindest verwertbare Ergebnisse liefern.

Aus der Automationsforschung ist jedoch bekannt, dass der Einsatz autonomer Technik, die eigenständig Entscheidungen trifft, sowohl zu überzogenem als auch mangelndem Vertrauen in Technik führen kann (vgl. Fink 2014; Lee und Moray 1994; Bisantz und Seong 2001; Manzey 2012). Im Falle überzogenen Vertrauens kann dies zu einer unzureichenden Überwachung des Systems und zum Verlust des Situationsbewusstseins bzw. im Falle mangelnden Vertrauens zu einer Nicht-Nutzung der Systeme führen. Was das konkret im Fall von Big Data bedeutet, kann zurzeit noch nicht abschließend beurteilt werden.

2.5.4 Vertrauen in Empfehlungen

Die Nutzerinnen und Nutzer von Big-Data-Anwendungen sind mit der Unsicherheit konfrontiert, ob die Empfehlungen, die beispielsweise von einer Navigations-App generiert werden, zuverlässig sind und ob sie ihren Interessen nützen (vgl. Tchernykh et al. 2015). Das fehlende Verständnis der zugrundeliegenden technischen Prozesse sowie die mangelnde Kenntnis der Strategien der Datenverarbeiter spielt hier zweifellos eine Rolle. So wäre es beispielsweise nicht auszuschließen, dass ein ein Navigation anbietendes Unternehmen nicht die schnellste Route vorschlägt (was dem individuellen Interesse Genüge tun würde), sondern diejenige, die am ehesten zur Stauvermeidung beiträgt (was dem öffentlichen Interesse Genüge tun würde).

Da es faktisch kaum möglich ist, die Echtzeit-Information zu hinterfragen, bleibt dem Nutzenden nur das Vertrauen in die Handlungsempfehlungen – mit dem Risiko, zumindest tendenziell, zu einem passiven Anhängsel des Systems zu werden, das sein Verhalten ad hoc an die vom Algorithmus konstruierte Situationsdeutung anpassen muss (vgl. Weyer 2005; Weyer 2009; Weyer 2014).

2.5.5 Vertrauen in den institutionellen Rahmen

Wie auch auf traditionellen Märkten setzen alle Akteurinnen und Akteure im Big-Data-Prozess Vertrauen in den institutionellen Rahmen, der die Legitimität des Handelns der Beteiligten garantiert und im Zweifelsfall als Sanktionsinstanz in Anspruch genommen werden kann, etwa in Fragen des Datenschutzes oder der Verletzung der Privatsphäre. Dieses institutionelle Vertrauen verhindert, dass die vorhandenen Rest-Unsicherheiten im Big-Data-Prozess sich in Angst und Nicht-Handeln niederschlagen.

Im Falle von Big Data befindet sich dieser institutionelle Rahmen allerdings noch in einem sehr frühen Stadium, das nicht vergleichbar ist mit dem Stadium, in dem sich etwa die traditionellen Institutionen des Datenschutzes befinden (vgl. Döpke 2015). Etliche rechtliche, ethische, ökonomische und regulatorische Fragestellungen sind noch ungeklärt.[45]

2.6 Fazit

Die Befassung mit Big Data in soziologischer Perspektive betrachtet die neuartigen Verfahren der Erfassung und Verarbeitung von Massendaten als einen mehrstufigen sozialen Prozess, der sich mit Hilfe des Big-Data-Prozessmodells analytisch erfassen lässt (vgl. Kap. 1). Dieses Modell verknüpft die soziologisch relevanten Aspekte in systematischer Weise und legt zudem den Akzent auf die Einbettung von Big Data in den sozio-kulturellen Kontext.

Am Anfang des Prozesses steht die Datengenerierung durch Menschen und Maschinen, die mittlerweile nahezu alle Bereiche des Arbeitens und des privaten Lebens erfasst hat. Von besonderem Interesse sind die Handlungen, Praktiken und subjektiven Motive der Akteurinnen und Akteure, die eine Vielzahl smarter Geräte und elektronischer Plattformen nutzen und auf diese Weise große Mengen privater Daten erfassen und teilweise bereitwillig mit anderen teilen (Kap. 2). Die Logik der Kontrolle dringt so immer weiter in die Privatsphäre ein, und zwar in Form einer Selbstkontrolle und der damit verbundenen Leistungs- und Optimierungszwänge.

In soziologischer Hinsicht ist ferner die Verarbeitung großer Datenmengen durch Datenanalystinnen und -analysten relevant, die zum Teil auf traditionellen statistischen Verfahren, zum Teil auf neuen Methoden des Data Mining bzw.

---

45 Siehe dazu auch die weiteren Beiträge dieses Sammelbandes.

Machine Learning basiert. Etliche Fragen der Datenqualität und -reliabilität sind noch ungeklärt, ebenso die Frage der Verlässlichkeit der neuen Methoden. Dennoch konstruiert bereits jetzt die algorithmische Datenverarbeitung in Echtzeit digitale Welten, die in zunehmendem Maße unsere Vorstellungen von Wirklichkeit prägen und damit unseren Alltag strukturieren (Kap. 3).

Big Data eröffnet zudem neuartige Optionen der Echtzeit-Steuerung komplexer Systeme, die von Algorithmen ausgeführt wird und ohne langwierigen planerischen Vorlauf auskommt. Der Bereich der vorausschauenden Polizeiarbeit zeigt die Chancen, aber auch die Risiken derartiger Konzepte (Kap. 4). Komplexe Systeme, die lange Zeit als nicht – oder nur schwer – steuerbar galten (wie beispielsweise das Verkehrssystem), sind mittlerweile zum Experimentierfeld eines neuen Governance-Modus geworden: der zentralen Steuerung dezentraler Systeme, die den Individuen zwar die Entscheidungsfreiheit belässt, ihnen aber oftmals keine andere Möglichkeit eröffnet, als den algorithmisch und in Echtzeit erzeugten Empfehlungen zu folgen. Auch die Internet-Gesellschaft benötigt daher politische Regulierung (nicht nur in Sachen Datenschutz), die jedoch nicht mit dem klassischen Instrumentarium politischer Intervention arbeiten kann, sondern neue Formen intelligenter Steuerung ausprobieren muss.

Schließlich wird in soziologischer Perspektive deutlich, dass Big Data nicht nur auf funktionierende Algorithmen, sondern auch auf ein „Funktionieren" des sozialen Systems angewiesen ist – insbesondere auf das Vertrauen zwischen den beteiligten Akteuren (Kap. 5). Nutzerinnen und Nutzer benötigen ein Mindestmaß an Vertrauen, damit sie ihre Daten bereitwillig zur Verfügung stellen; aber auch der Datenverarbeiter ist auf die Vertrauenswürdigkeit der übermittelten Daten angewiesen. Vertrauen ist der Kitt moderner Gesellschaften, ohne den auch die Informations- und Datengesellschaft nicht auskommen wird.

Literatur

Anderson, C. (2008). The end of theory. *Wired magazine, 16 (7)*, 16-07.
Angwin, J., Larson, J., Mattu, S., & Kirchner, L. (2016). Machine Bias. ProPublica. https://www.propublica.org/article/machine-bias-risk-assessments-in-criminal-sentencing. Zugegriffen: 22.09.2017
Arora, S., Venkataraman, V., Donohue, S., Biglan, K. M., Dorsey, E. R., & Little, M. A. (2014). High accuracy discrimination of Parkinson's disease participants from healthy controls using smartphones. Paper presented at the Acoustics, Speech and Signal Processing (ICASSP), 2014 IEEE International Conference on.

Literatur

Bachrach, Y., Kosinski, M., Graepel, T., Kohli, P., & Stillwell, D. (2012). Personality and patterns of Facebook usage. Paper presented at the Proceedings of the 4th Annual ACM Web Science Conference.
Bagdikian, B. H. (1971). *The Information Machines*. New York: Harper & Row.
Barnes, S. B. (2006). A privacy paradox: Social networking in the United States. *First Monday, 11 (9)*.
Bartholomew, L., Gold, R., Parcel, G., Czyzewski, D., Sockrider, M., Fernandez, M., & Swank, P. (2000). Watch, Discover, Think, and Act: evaluation of computer-assisted instruction to improve asthma self-management in inner-city children. *Patient education and counseling, 39 (2)*, 269-280.
Bauer, T. K., Braun, S., & Kvasnicka, M. (2013). Distant event, local effects? Fukushima and the German Housing Market (July 1, 2013). *Ruhr Economic Paper (433)*.
Bauman, Z. (2013). Das Ende der Anonymität. Was Drohnen und Facebook verbindet. *Blätter für deutsche und internationale Politik, 10/2013*, 51-62.
Beck-Gernsheim, E. (1994). Gesundheit und Verantwortung im Zeitalter der Gentechnologie. In U. Beck & E. Beck-Gernsheim (Hrsg.), *Riskante Freiheiten* (S. 316-335). Frankfurt am Main: Surhkamp.
Becker, H. B. (1986). Can Users Really Absorb Data at Today's Rates?, *Tomorrow's. Data Communications*, 177-193.
Bennett, W. L., & Segerberg, A. (2012). The logic of connective action: Digital media and the personalization of contentious politics. *Information, Communication & Society, 15 (5)*, 739-768.
Berners-Lee, T. (1989). Information Management: A Proposal. Arbeitspapier. Bern.
Bieber, C. (2011). Offene Daten – neue Impulse für die Gesellschaftsberatung? *Zeitschrift für Politikberatung, 3 (3-4)*, 473-479.
BITKOM. (2012).Big Data im Praxiseinsatz – Szenarien, Beispiele, Effekte. 18.09.2012. http://www.bitkom.org/files/documents/BITKOM_LF_big_data_2012_online%281%29.pdf. Zugegriffen: 22.09.2017.
BMJV. (2016). Wearables und Gesundheits-Apps. https://www.bmjv.de/DE/Ministerium/Veranstaltungen/SaferInternetDay/YouGov.pdf. Zugegriffen: 22.09.2017.
Boellstorff, T., & Maurer, B. (2015). Introduction. In T. Boellstorff & B. Maurer (Hrsg.), *Data, Now Bigger and Better!* (S. 1-6). Chicago: Prickly Paradigm Press.
Bollmann, S., & Heibach, C. H. (1996). *Kursbuch Internet*. Mannheim: Rowohlt.
Borgatti, S. P., Everett, M. G., & Johnson, J. C. (2013). *Analyzing social networks*. Los Angeles: SAGE.
Bortz, J. (2005). *Statistik für Human- und Sozialwissenschaftler (6. Aufl)*. Heidelberg: Springer.
Bourdieu, P. (2012). Ökonomisches Kapital, kulturelles Kapital, soziales Kapital. In Bauer, U., Bittlingmayer, U., & Scherr, A. (Hrsg.) *Handbuch Bildungs-und Erziehungssoziologie* (S. 229-242). Wiesbaden: Springer VS.
Boyd, D., & Crawford, K. (2011). Six provocations for big data. Paper presented at the A decade in internet time: Symposium on the dynamics of the internet and society, Oxford. https://poseidon01.ssrn.com/delivery.php? ID=5470220830870900761240710071060960240490006504100309206902709309102707708708011809109812612511811611731130 120750070001231210261230910030600280250069_
Breiger, R. L. (1974). The duality of persons and groups. *Social Forces (53)*, 181-190.
Brenner, M. (2012).What ist Big Data? Business Innovation verfügbar unter SAS. http://blogs.saS.comlinnovationJbig-data/big-data-what-is-it-05326. Zugegriffen: 22.09.2017.

Bruns, A. (2007). Habermas and/against the Internet. Weblog post. *Snurblog*, 18.
Bush, V. (1945). As We May Think. *Atlantic Monthly (176)*, 101-108.
Carlbring, P., Westling, B. E., Ljungstrand, P., Ekselius, L., & Andersson, G. (2001). Treatment of panic disorder via the Internet: A randomized trial of a self-help program. *Behavior Therapy 32 (4)*, 751-764.
Case, M. A., Burwick, H. A., Volpp, K. G., & Patel, M. S. (2015). Accuracy of smartphone applications and wearable devices for tracking physical activity data. *Jama 313 (6)*, 625-626.
Castells, M. (2009). *Communication Power*. New York: Oxford University Press.
Chae, J., Thom, D., Jang, Y., Kim, S., Ertl, T., & Ebert, D. S. (2014). Public behavior response analysis in disaster events utilizing visual analytics of microblog data. *Computers & Graphic, 38*, 51-60.
Christensen, H., Griffiths, K. M., & Jorm, A. F. (2004). Delivering interventions for depression by using the internet: randomised controlled trial. *bmj 328 (7434)*, 265.
Corporation/IDC, E. (2014). *The Digital Universe of Opportunities*. Framingham: ID.
Cox, M., & Ellsworth, D. (1997). Application-controlled demand paging for out-of-core visualization. Paper presented at the Proceedings of the 8th conference on Visualization'97.
Davenport, T. H., Barth, P., & Bean, R. (2013). How 'big data'is different. *MIT Sloan Management Review 54 (1)*.
de Montjoye, Y.-A., Radaelli, L., Singh, V. K., & Pentland, A. S. (2015). Unique in the shopping mall: On the reidentifiability of credit card metadata. *Science 347 (6221)*, 536-539. doi:10.1126/science.1256297
De Raedt, L., & Kersting, K. (2011). Statistical relational learning Encyclopedia of Machine Learning. In Sammut, C., & Webb, G. I. (Hrsg.), *Encyclopedia of Machine learning* (S. 916-924). New York: Springer.
de Vaan, M., Vedres, B., & Stark, D. (2015). Game Changer: The Topology of Creativity. *American Journal of Sociology 120 (4)*, 1144-1194. doi:10.1086/681213
Delisle, M., & Jülicher, T. (2016). Step Into „The Circle" – Wearables und Selbstvermessung im Fokus. http://www.abida.de/de/blog-item/step-%C2%BB-circle%C2%AB-%E2%80%93-wearables-und-selbstvermessung-im-fokus. Zugegriffen: 22.09.2017.
Denning, P. J. (1990). The Science of Computing: Saving All the Bits. *American Scientist 78 (5)*, 402-405.
Dickel, S., & Schrape, J.-F. (2015). Dezentralisierung, Demokratisierung, Emanzipation Zur Architektur des digitalen Technikutopismus. *Leviathan 43 (3)*, 442-463.
Eagle, N., & Greene, K. (2014). *Reality mining: Using big data to engineer a better world*. United States: MIT Press.
Eagle, N., & Pentland, A. S. (2006). Reality mining: sensing complex social systems. *Personal and ubiquitous computing 10 (4)*, 255-268.
Elias, N. (2006). *Was ist Soziologie?* Frankfurt a. M.: Suhrkamp.
Enzensberger, H. M. (2000). Das digitale Evangelium. *Der Spiegel 2/2000*, 92-101.
Esser, H. (1993). *Die Konstitution der Gesellschaft. Grundzüge einer Theorie der Strukturierung*. Frankfurt a. M.: Campus.
EU-DSGVO (2016). Verordnung des Europäischen Parlaments und des Rates zum Schutz natürlicher Personen bei der Verarbeitung personenbezogener Daten, zum freien Datenverkehr und zur Aufhebung der Richtlinie 95/46/EG.
Europäisches Parlament. (2001). Bericht über die Existenz eines globalen Abhörsystems für private und wirtschaftliche Kommunikation (Abhörsystem ECHELON)(2001/2098

(INI)). http://www.europarl.europa.eu/sides/getDoc.do? language= DE&pubRef=-//
EP. NONSGML+ REPORT+ A5-2001-0264+ 0+ DOC+ PDF. Zugegriffen: 22.09.2017
Ferguson, A. G. (2012).Predictive policing and reasonable suspicion. Emory Law Journal 62(2), 259. http://ssrn.com/abstract=2050001. Zugegriffen: 22.09.2017.
Filipova, L., & Welzel, P. (2007). Unternehmen und Märkte in einer Welt allgegenwärtiger Computer: Das Beispiel der KfZ-Versicherer. In Mattern, F. (Hrsg.), *Die Informatisierung des Alltags. Leben in smarten Umgebungen* (S. 161-184). Berlin: Springer.
Fink, R. D. (2014). *Vertrauen in autonome Technik. Modellierung und Simulation von Mensch-Maschine-Interaktion in experimentell-soziologischer Perspektive.* PhD Thesis. TU Dortmund.
Fourcade, M., & Healy, K. (2013). Classification situations: Life-chances in the neoliberal era. *Accounting, Organizations and Society 38 (8),* 559-572.
FTC. (2014). Data Brokers: *A Call for Transparency and Accountability.* Washington, D.C: Federal Trade Commission.
Gaffney, D., & Puschmann, C. (2014). Data Collection on Twitter. In Weller, K., Bruns A., Burgess, J., Mahrt, M., & Puschmann, C. (Hrsg.), *Twitter and Society* (S. 55-67). New York: Peter Lang.
Garg, K., & Somani, S. (2014). Big Data Challenges: A Survey. *International Journal of Computer Systems 1(02),* 45-49.
Geiselberger, H., & Moorstedt, T. H. (2013). Big Data: Das neue Versprechen der Allwissenheit. Berlin: Suhrkamp.
Genovese, Y., & Prentice, S. (2011). Pattern-based strategy: getting value from big data. *Gartner Special Report G 214032.*
Gerlitz, C., & Rieder, B. (2013). Mining one percent of Twitter: Collections, baselines, sampling. *M/C Journal, 16 (2).* http://journal.media-culture.org.au/index.php/mcjournal/article/view/620. Zugegriffen: 22.09.2017.
Giddens, A. (1988). *Die Konstitution der Gesellschaft: Grundzüge einer Theorie der Strukturierung.* Frankfurt a. M: Campus.
Gillespie, T. (2014). The relevance of algorithms. In Gillespie, T., Boczkowski, P.J., & Foot, K. (Hrsg.), *Media Technologies* (S. 167-193). Cambridge, MA: MIT Press.
Gilmore, J. N. (2015). Everywear: The quantified self and wearable fitness technologies. *New Media & Society,* 1461444815588768.
Ginsberg, J., Mohebbi, M. H., Patel, R. S., Brammer, L., Smolinski, M. S., & Brilliant, L. (2009). Detecting influenza epidemics using search engine query data. *Nature 457 (7232),* 1012-1014. doi:10.1038/nature07634
Google (2010). Eric Schmitd at Washingtion Ideas Forum 2010. https://www.youtube.com/watch?v=CeQsPSaitL0. Zugegriffen. 22.09. 2017.
Grob, R. (2009). Das Internet fördert die Demokratie. *Neue Züricher Zeitung, 6.3. 2009.*
Gutfraind, A., & Genkin, M. (2016). A graph database framework for covert network analysis: An application to the Islamic State network in Europe. Social networks, In Press. http://ac.els-cdn.com/S0378873316302428/1-s2.0-S0378873316302428-main.pdf?_tid=859e2d08-b3f6-11e6-8e91-00000aacb35e&acdnat=1480178386_aad1c671a-1661101bdf31d260f861c5e doi:http://dx.doi.org/10.1016/j.socnet.2016.10.004. Zugegriffen: 22.09. 2017.
Habermas, J. (2008). *Ach Europa.* Frankfurt am Main: Suhrkamp.
Haefner, K. (1984). *Mensch und Computer im Jahre 2000.* Basel: Birkhauser.

Hagenhoff, W. (2015). Der und „Das" Befragte: Inwieweit findet Marktforschung künftig ohne Befragte statt? In Keller, B., Klein, H.-W., & Tuschl, S. (Hrsg.), *Zukunft der Marktforschung: Entwicklungschancen in Zeiten von Social Media und Big Data* (S. 85-104). Wiesbaden: Springer Fachmedien.

Hänsel, K., Wilde, N., Haddadi, H., & Alomainy, A. (2016). Wearable Computing for Health and Fitness: Exploring the Relationship between Data and Human Behaviour. arXiv preprint arXiv:1509.05238. https://arxiv.org/pdf/1509.05238.pdf. Zugegriffen: 22.09.2017.

Hardesty, L. (2013). How hard is it to 'de-anonymize' cellphone data? http://news.mit.edu/2013/how-hard-it-de-anonymize-cellphone-data. Zugegriffen: 22.09. 2017.

Hardesty, L. (2015). Privacy challenges. Analysis: It's surprisingly easy to identify individuals from credit-card metadata. http://news.mit.edu/2015/identify-from-credit-card-metadata-0129. Zugegriffen: 22.09.2017.

Harrington, J., Schramm, P. J., Davies, C. R., & Lee-Chiong Jr, T. L. (2013). An electrocardiogram-based analysis evaluating sleep quality in patients with obstructive sleep apnea. *Sleep and Breathing, 17 (3)*, 1071-1078.

heise-online.de (2012). Sicherheitslücke und Jailbreak bei Amazon Kindle Touch. http://www.heise.de/security/meldung/Sicherheitsluecke-und-Jailbreak-bei-Amazon-Kindle-Touch-1636888.html. Zugegriffen: 22.09.2017.

Heller, C. (2011). Post-privacy: prima leben ohne Privatsphäre. *Beck'sche ReiheVol. 6000*.

Hitzler, R., & Honer, A. (1994). Bastelexistenz: über subjektive Konsequenzen der Individualisierung. In: Beck, U., Beck-Gernsheim, E. (Hrsg.), *Riskante Freiheiten: Individualisierung in modernen Gesellschaften* (S. 307-315). Frankfurt a. M.: Suhrkamp.

Höflich, J. R. (2013). *Technisch vermittelte interpersonale Kommunikation*. Opladen: Westdeutscher.

Hofstetter, Y. (2014). *Sie wissen alles: Wie intelligente Maschinen in unser Leben eindringen und warum wir für unsere Freiheit kämpfen müssen*. München: C. Bertelsmann Verlag.

Homburg, C., & Schäfer, H. (2001). Profitabilität durch Cross-Selling: Kundenpotentiale professionell erschließen. Reihe Management Know-how des Instituts für Marktorientierte Unternehmensführung (IMU) der Universität Mannheim.

Horvath, S. (2013). Aktueller Begriff-Big Data. *Wissenschaftliche Dienste des Deutschen Bundestages Nr. 37, 13*.

Ignatow, G., & Mihalcea, R. (2016). *Text Mining: A Guidebook for the Social Sciences*. London: Sage.

Issenberg, S. (2013). How President Obama's campaign used big data to rally individual voters. *Technology Review 116 (1)*, 38-49.

Jacobs, A. (2009). The pathologies of big data. *Communications of the ACM 52 (8)*, 36-44.

Jansen, D. (2006). *Einführung in die Netzwerkanalyse (3. Aufl)*. Opladen: UTB (Leske + Budrich).

Jarren, O. (1997). Politische Öffentlichkeit und politische Kommunikation durch Internet. *SGKM 2/1997*, 28-37.

Jarren, O., Grothe, T., & Müller, R. (1994). *Bürgermedium Offener Kanal*. Hamburg: Vistas.

Jentzsch, N., Preibusch, S., & Harasser, A. (2012). Study on monetising privacy: An economic model for pricing personal information. https://www.enisa.europa.eu/publications/monetising-privacy. Zugegriffen: 22.09.2017.

Jungherr, A. (2015). *Analyzing political communication with digital trace data*. Heidelberg: Springer.

Jurafsky, D., & Martin, J. (2009). *Speech and Natural Language Processing: An Introduction to Natural Language Processing, Computational Linguistics, and Speech Recognition (2. Aufl).* Upper Saddle River, NJ: Pearson Prentice Hall.

Just, N., & Latzer, M. (2016). Governance by algorithms: reality construction by algorithmic selection on the Internet. Media, Culture & Society 39(2), 238-258. http://journals.sagepub.com/doi/pdf/10.1177/0163443716643157. Zugegriffen: 22.09. 2017.

Kamenz, A. (2015). Quantified Self Anspruch und Realität. https://users.informatik.haw-hamburg.de/~ubicomp/projekte/master14-15-gsm/kamenz/bericht.pdf. Zugegriffen: 22.09.2017.

Kandias, M., Mitrou, L., Stavrou, V., & Gritzalis, D. (2013). Which side are you on? A new Panopticon vs. privacy. Paper presented at the Security and Cryptography (SECRYPT), 2013 International Conference on. http://ieeexplore.ieee.org/stamp/stamp.jsp?arnumber=7223159. Zugegriffen: 22.09.2017.

Kappler, K., & Noji, E. (2016). Healthier, fitter, happier, thinner or what? The emergence and meaning of values, quantities, qualities and norms in self-tracking practices. Paper presented at the 4S/EASST Conference, Barcelona.

Kappler, K., & Vormbusch, U. (2014). Froh zu sein bedarf es wenig...? Quantifizierung und der Wert des Glücks. *Sozialwissenschaften & Berufspraxis 37 (2)*, 267-281.

Kellerman, A. (1999). Leading Nations in the Adoption of Communications Media, 1975 to 1995. *Urban Geography, 20 (4)*, 377-389.

Kersting, K., & Natarajan, S. (2015). Statistical Relational Artificial Intelligence: From Distributions through Actions to Optimization. *Künstliche Intelligenz 29 (4)*, 363-368.

King, S. (2014). *Big Data: Potential und Barrieren der Nutzung im Unternehmenskontext.* Wiesbaden: Springer.

Klein, D., Tran-Gia, P., & Hartmann, M. (2013). Big data. *Informatik-Spektrum 36 (3)*, 319-323.

Kochsiek, M.-L. (2016). Digitale Technologien zur Selbstvermessung: Zyklustracker zwischen neoliberaler Selbstoptimierung und emanzipatorischer Aneignung von neuen Technologien. Paper presented at the Daten/Gesellschaft 2016, Aaachen.

Kopp, R., & Sokoll, K. (2015). Wearables am Arbeitsplatz – Einfallstor für Alltagsüberwachung? *Neue Zeitschrift für Arbeitsrecht 22*, 1352-1359.

Kosinski, M., Stillwell, D., & Graepel, T. (2013). Private traits and attributes are predictable from digital records of human behavior. *Proceedings of the National Academy of Sciences 110 (15)*, 5802-5805.

Kuls, N., & Mohr, D. (2010). „Es war wie ein Torpedo": Chaos an der Wall Street. *Frankfurter Allgemeine Zeitung, 7.5.10.*

Kurz, C., & Rieger, F. (2009). Stellungnahme des Chaos Computer Clubs zur Vorratsdatenspeicherung. https://www.ccc.de/vds/VDSfinal18.pdf. Zugegriffen: 22.09.2017.

Laney, D. (2001). 3D data management: Controlling data volume, velocity and variety. *META Group Research Note 6, 70.*

Lange, A., Van De Ven, J.-P., & Schrieken, B. (2003). Interapy: treatment of post-traumatic stress via the internet. *Cognitive Behaviour Therapy 32 (3)*, 110-124.

Langkafel, P. (2015). Auf dem Weg zum Dr. Algorithmus?. Potenziale von Big Data in der Medizin. *Aus Politik und Zeitgeschichte 65 (11-12)*, 27-32.

Lanier, J. (2006). Digitaler Maoismus. Kollektivismus im Internet, Weisheit der Massen, Fortschritt der Communities? Alles Trugschlüsse. *Süddeutsche Zeitung, 10.05.2010.*

Larose, D. T., & Larose, C. D. (2015). *Data mining and predictive analytics.* Hoboken: John Wiley & Sons.

Lazer, D. (2015). The rise of the social algorithm. *Science 348 (6239)*, 1090-1091. doi:10.1126/science.aab1422
Lazer, D. M., Kennedy, R., King, G., & Vespignani, A. (2014). The parable of Google Flu: Traps in big data analysis. *Science 343 (14 March 2014)*, 1203-1205. doi:doi:10.1126/science.1248506
Leger, M., Panzitta, S., & Tiede, M. (2016). Ich teile, also bin ich – Datenteilen als soziale Praktik. Paper presented at the Daten/Gesellschaft 2016, Aaachen, Germany.
Lem, S. (1996). Zu Tode informiert. *Der Spiegel 11/1996*, 108-109.
Lindner, R. (2012). Wie verändert das Internet die Demokratie? *Gesellschaft, Wirtschaft, Politik (4/2012)*, 61.
Liu, B. (2012). *Sentiment analysis and opinion mining* (Vol. 5). San Rafael: Morgan & Claypool Publishers.
Lobe, A. (2015). Brauchen wir noch Gesetze, wenn Rechner herrschen? *Frankfurter Allgemeine Zeitung, 14.01.2015*.
Lupton, D. (2012). *Medicine as culture: Illness, disease and the body*. London u.a.: Sage.
Lupton, D. (2015a). Quantified sex: a critical analysis of sexual and reproductive self-tracking using apps. *Culture, health & sexuality, 17 (4)*, 440-453.
Lupton, D. (2015b).The thirteen Ps of big data. https://simplysociology.wordpress.com/2015/05/11/the-thirteen-ps-of-big-data/ Zugegriffen: 25.09.2017.
Lupton, D., & Michael, M. (2016). Toward a manifesto for the 'public understanding of big data'. *Public Understanding of Science 25 (1)*, 104-116.
Lyman, P., & Hal, R. (2000). How Much Information? Living Document. http://www2.sims.berkeley.edu/research/projects/how-much-info/ Zugegriffen: 25.09.2017.
Lyubomirsky, S., & Ross, L. (1997). Hedonic consequences of social comparison: a contrast of happy and unhappy people. *Journal of personality and social psychology, 73 (6)*, 1141.
Maas, P., & Milanova, V. (2014). Zwischen Verheißung und Bedrohung – Big Data in der Versicherungsgesellschaft. *Die Volkswirtschaft. Das Magazin für Wirschaftspolitik, 05/2014*, 23-25.
Malandrino, D., Petta, A., Scarano, V., Serra, L., Spinelli, R., & Krishnamurthy, B. (2013). Privacy awareness about information leakage: Who knows what about me? Paper presented at the Proceedings of the 12th ACM workshop on Workshop on privacy in the electronic society, Berlin, Germany.
March, J. G. (1978). Bounded Rationality, Ambiguity, and the Engineering of Choice. *The Bell Journal of Economics*, 587-608.
Markoff, J. (2011). Armies of Expensive Lawyers, Replaced by Cheaper Software. http://www.nytimes.com/2011/03/05/science/05legal.html Zugegriffen: 25.09.2017
Mashey, J. R. (1998). Big Data and the Next Wave of InfraStress. Problems, Solutions, Opportunities. Paper presented at the Präsentation, USENIX Conference,. http://static.usenix.org/event/usenix99/invited_talks/mashey.pdf Zugegriffen: 25.09.2017
McFarland, D. A., Lewis, K., & Goldberg, A. (2016). Sociology in the Era of Big Data: The Ascent of Forensic Social Science. *The American Sociologist, 47 (1)*, 12-35. https://www.gsb.stanford.edu/sites/gsb/files/publication-pdf/amsoc.pdf Zugegriffen: 25.09.2017
McLuhan, M. (1962). *The Gutenberg Galaxy*. Toronto: University of Toronto.
Meersmann, F. D., Seynaeve, G., Desbusschere, M., Lusyne, P., Dewitte, P., Baeyens, Y., Wirthmann, A., Demunter, C., Reis, F., Reuter, H. I. (2016). Assessing the Quality of Mobile Phone Data as a Source of Statistics. Paper presented at the European Conference on Quality in Official Statistics (Q2016), Madrid, Spain.

Milan, S. (2015). When Algorithms Shape Collective Action: Social Media and the Dynamics of Cloud Protesting. *Social Media + Society*, 1 (2), 1-10. doi: 10.1177/2056305115622481

Miller, A. R. (1971). *The Assault on Privacy*. Ann Arbor Michigan: University of Michigan Press.

Mitchell, T. M. (2009). Mining our reality. *Science, 326 (5960)*, 1644-1645. http://www.cs.cmu.edu/~tom/pubs/Science2009_perspective.pdf Zugegriffen: 25.09.2017.

Modick, K., & Fischer, M. J. (1984). *Kabelhafte Perspektiven*. Hamburg: Nautilus.

Morey, T., Forbath, T. T., & Schoop, A. (2015). Customer data: Designing for transparency and trust. *Harvard Business Review, 93 (5)*, 96-105. https://hbr.org/2015/05/customer-data-designing-for-transparency-and-trust Zugegriffen: 25.09.2017.

Morozov, E. (2011). Back to the Roots: Cyberspace als öffentlicher Raum. *Blätter für deutsche und internationale Politik, 9 (2011)*, 114-120. https://www.blaetter.de/archiv/jahrgaenge/2011/september/back-to-the-roots-cyberspace-als-oeffentlicher-raum Zuegriffen: 25.09.2017.

Morris, R. J., & Truskowski, B. J. (2003). The evolution of storage systems. *IBM Systems Journal, 42 (2)*, 205-217.

Müller, O. (2015). Das technisierbare Selbst. Orientierungsgewinne im Spannungsfeld von Selbstgewinn und Selbstverlust. *psychosozial*, 141 (2015), 67 -79

Mumford, L. (1977). *Mythos der Maschine. Kultur, Technik und Macht*. Frankfurt a. M: Fischer.

Mützel, S. (2014). Computational Social Science. In R. Diaz-Bone & C. Weischer (Hrsg.), *Methoden-Lexikon für die Sozialwissenschaften* (67 – 68). Wiesbaden: Springer.

Mützel, S. (2016). Markets from stories. Vs. Habilitation.

Nafus, D., & Sherman, J. (2014). Big data, big questions: This One Does Not Go Up to 11: The Quantified Self Movement as an Alternative Big Data Practice. *International Journal of Communication, 8*, 1784-1794.

Nash, T. (2013).Breaking the Barrier of Big Data Analytics in BI. http://www.cbigconsulting.com/wp-content/uploads/2014/03/breaking-the-barrier-of-big-data-analytics-and-bi.pdf Zugegriffen: 25.09.2017.

Negroponte, N. (1995). *Being digital*. New York: Kopf.

Neville, L. M., O'Hara, B., & Milat, A. (2009). Computer-tailored physical activity behavior change interventions targeting adults: a systematic review. *International Journal of Behavioral Nutrition and Physical Activity, 6 (1)*, 30. https://ijbnpa.biomedcentral.com/articles/10.1186/1479-5868-6-30 Zugegriffen: 25.09.2017.

O'Neil, C. (2016). *Weapons of Math Destruction: How Big Data Increases Inequality and Threatens Democracy*. New York: Crown.

O'Neil, C., & Schutt, R. (2013). *Doing Data Science: Straight Talk from the Frontline*. Sebastopol, CA: O'Reilly Media, Inc.

O'Reilly, T. (2005). *What is Web 2.0? Design Patterns and Business mModels for the Next Generation of Software*. O'Reilly Network, 01/2016. http://www.oreilly.com/pub/a/web2/archive/what-is-web-20.html Zugegriffen: 25.09.2017.

o. V., S. (1972). Die Elektronen haben keine Moral. *Der Spiegel*, 17/1972 (158 -164).

o. V., S. (2011). Macht der tausend Augen. *Der Spiegel*, 31/2011 (100).

Ostrom, E. (2005). *Understanding Institutional Diversity*. New Jersey: Princeton University Press. http://wtf.tw/ref/ostrom_2005.pdf Zugegriffen: 25.09.2017.

Page, L., Brin, S., Motwani, R., & Winograd, T. (1999). The PageRank Citation Ranking: Bringing Order to the Web. http://ilpubs.stanford.edu:8090/422/1/1999-66.pdf Zugegriffen: 25.09.2017.

Pariser, E. (2011). *The Filter Bubble: What the Internet is Hiding from You*. London: Penguin.
Petersen, M. (2015).People Analytics: 6 spannende Anwendungsfälle für datenbasierte Personalentscheidungen. http://t3n.de/news/people-analytics-projekte-609331/ Zugegriffen: 25.09.2017.
Petrovic, O., Fallenböck, M., Kittl, D.-I. M. C., & Wolkinger, M. T. (2003). Vertrauen in digitale Transaktionen. *Wirtschaftsinformatik, 45 (1)*, 53-66.
Pfitzner, R., Garas, A., & Schweitzer, F. (2012). Emotional Divergence Influences Information Spreading in Twitter. *ICWSM*, 12, 2-5.
Piwek, L., Ellis, D. A., Andrews, S., & Joinson, A. (2016). The Rise of Consumer Health Wearables: Promises and Barriers. PLoS Medicine. https://doi.org/10.1371/journal.pmed.1001953 Zugegriffen: 25.09.2017.
Plattner, H. (2013). Big Data. In K. Kurbel, J. Becker, N. Gronau, E. Sinz, & L. Suhl (Hrsg.), http://www.enzyklopaedie-der-wirtschaftsinformatik.de/lexikon/daten-wissen/Datenmanagement/Datenmanagement--Konzepte-des/Big-Data/index.html/?searchterm=big data Zugegriffen: 25.09.2017
Pool, I. d. S. (1983). Tracking the flow of information. *Science, 221 (4611)*, 609-613.
Poster, M. (1997). Elektronische Identitäten und Demokratie. In S. Münker & A. H. Roesler (Hrsg.), *Mythos Internet* (147-170). Frankfurt a. M.: Suhrkamp.
Postman, N. (1999). *Die zweite Aufklärung: vom 18. ins 21. Jahrhundert*. Berlin: BvT.
Püschel, F. (2014). Big Data und die Rückkehr des Positivismus. Zum gesellschaftlichen Umgang mit Daten. http://www.medialekontrolle.de/wp-content/uploads/2014/09/Pueschel-Florian-2014-03-01.pdf Zugegriffen: 25.09.2017.
Ratzke, D. (1975). *Netzwerk der Macht*. Frankfurt a. M.: Societät.
Redman, T. C. (2001). *Data Quality: The Field Guide*. Boston: Digital Press.
Reindl, C. U. (2016). People Analytics: Datengestützte Mitarbeiterführung als Chance für die Organisationspsychologie. Gruppe. Interaktion. Organisation. Gr Interakt Org (2016) 47:193–197
Reischl, G. (2008). *Die Google-Falle: Die unkontrollierte Weltmacht im Internet*. Wien: Carl Ueberreuter.
Richter, P. (2015). *Privatheit, Öffentlichkeit und demokratische Willensbildung in Zeiten von Big Data*. Baden-Baden: Nomos.
Rieger, F. (2010). Du kannst dich nicht mehr verstecken. *Frankfurter Allgemeine Zeitung*, 20.02.2010. http://www.faz.net/aktuell/feuilleton/medien/vorratsdatenspeicherung-du-kannst-dich-nicht-mehr-verstecken-1937442.html Zugegriffen: 25.09.2017.
Ritzer, G., & Jurgenson, N. (2010). Production, Consumption, Prosumption: The nature of capitalism in the age of the digital 'prosumer'. *Journal of Consumer Culture, 10 (1)*, 13-36. doi: 10.1177/1469540509354673.
Robson, K., Plangger, K., Kietzmann, J. H., McCarthy, I., & Pitt, L. (2015). Is it all a game? Understanding the principles of gamification. *Business Horizons, 58 (4)*, 411-420.
Rühle, S. (2012).Kleines Handbuch Metadaten. http://www.kim-forum.org/Subsites/kim/SharedDocs/Downloads/DE/Handbuch/metadaten.pdf?__blob=publicationFil Zugegriffen: 25.09.2017.
Rule, A., Cointet, J.-P., & Bearman, P. S. (2015). Lexical shifts, substantive changes, and continuity in State of the Union discourse, 1790–2014. *Proceedings of the National Academy of Sciences, 112 (35)*, 10837-10844. doi: 10.1073/pnas.1512221112

Russell, M. A. (2013). Mining the Social Web: Data Mining Facebook, Twitter, LinkedIn, Google+, GitHub, and More (2nd Edition): O'Reilly Media, Inc. http://www.webpages.uidaho.edu/~stevel/504/Mining-the-Social-Web-2nd-Edition.pdf.
Salganik, M. J., Dodds, P. S., & Watts, D. J. (2006). Experimental study of inequality and unpredictability in an artificial cultural market. *Science, 311 (5762)*, 854-856. doi: 10.1126/science.1121066.
Saurwein, F., Just, N., & Latzer, M. (2015). Governance of algorithms: options and limitations. info, 17 (6), 35-49. doi: 10.1108/info-05-2015-0025.
Schlögl, S., & Maireder, A. (2015). Struktur politischer Öffentlichkeiten auf Twitter am Beispiel österreichischer Innenpolitik. *Österreichische Zeitschrift für Politikwissenschaft*, 44 (1), 16-31.
Schrape, J.-F. (2012). Wiederkehrende Erwartungen: Visionen, Prognosen und Mythen um neue Medien seit 1970. Boizenburg: Hülsbusch.
Schrape, J.-F. (2016). Soziologie als 'Marke'. Kernkompetenz, gesellschaftlicher Nutzen, Vermittlungswege (redigierter Wiederabdruck). *Soziologie, 45(3)*, 279 -293.
Schrape, N. (2014). Gamification and governmentality. In M. Fuchs, S. Fizek, P. Ruffino & N. Schrape, *Rethinking Gamification*, 21-46. Lüneburg: Meson Press.
Schroeter, K. R. (2009). Korporales Kapital und korporale Performanzen in der Lebensphase Alter. In H. Willems (Hrsg.), *Theatralisierung der Gesellschaft – Band 1: Soziologische Theorie und Zeitdiagnose* (163-181). Wiesbaden: Springer VS.
Schwarz, T. (2015). *Big Data im Marketing: Chancen und Möglichkeiten für eine effektive Kundenansprache*. Freiburg: Haufe Lexware.
Selke, S. (2014a)." Lifelogging als soziales Medium?'– Selbstsorge, Selbstvermessung und Selbstthematisierung im Zeitalter der Digitalität. In J. Jähnert, C. Förster (Hrsg.), *Technologien für digitale Innovationen – Interdisziplinäre Beiträge zur Informationsverarbeitung* (173-200). Wiesbaden: Springer VS.
Selke, S. (2014b). *Lifelogging: Wie die digitale Selbstvermessung unsere Gesellschaft verändert*: Ullstein eBooks.
Selke, S. (2016). Rationale Diskriminierung durch Lifelogging – Die Optimierung des Individuums auf Kosten des Solidargefüges? In V. P. Andelfinger & T. Hänisch (Hrsg.), *eHealth – Wie Smartphones, Apps und Wearables die Gesundeitsversorgung verändern werden* (53-71). Wiesbaden: Springer Gabler.
Spindler, G., & Thorun, C. (2015). Eckpunkte einer digitalen Ordnungspolitik. Politikempfehlungen zur Verbesserung der Rahmenbedingungen für eine effektive Ko-Regulierung in der Informationsgesellschaft. http://www.conpolicy.de/data/user_upload/Pdf_von_Publikationen/Eckpunkte_einer_digitalen_Ordnungspolitik.pdf Zugegriffen: 25.09.2017
Stegbauer, C., & Häußling, R. (Hrsg.) (2011). *Handbuch Netzwerkforschung*. Wiesbaden: Springer VS.
Steinbuch, K. (1971). Massenkommunikation der Zukunft. In H. F. '72 (Hrsg.), Umschau in Wissenschaft und Technik. Frankfurt a. M.: Fischer.
Stifterverband für die Deutsche Wissenschaft e. V. (2016). Hochschul-Bildungs-Report 2020 – Jahresbericht 2016. Essen: Stifterverband für die Deutsche Wissenschaft e. V.in Kooperation mit McKinsey & Company, Inc. (Hrsg.)
Stolz, M. (2011). Facebookratie. *Zeit Magazin, 11, 2011*.
Strohmeier, S., & Piazza, F. (Hrsg.) (2015). Human Resource Intelligence und Analytics. Grundlagen, Anbieter, Erfahrungen und Trends. Wiesbaden: Springer Gabler.

Strong, D. M., Lee, Y. W., & Wang, R. Y. (1997). Data quality in context. *Communications of the ACM, 40 (5), 103-110*. doi: 10.1145/253769.253804.
Sullivan, J. (2013). How Google is using people analytics to completely reinvent HR. https://www.tlnt.com/how-google-is-using-people-analytics-to-completely-reinvent-hr/ Zugegriffen: 25.09.2010.
Sury, U. (2008). Internet (o) kratie. *Informatik Spektrum, 31 (3)*, 270-271.
Tapscott, D. (1995). *The digital economy*. New York: McGraw-Hill.
Teng, W.-G., & Chou, M.-C. (2007). Mining communities of acquainted mobile users on call detail records. Paper presented at the Proceedings of the 2007 ACM symposium on Applied computing, Seoul, Republic of Corea.
Toffler, A. (1970). *Future Shock*. New York: Bantam Books.
Toffler, A. (1980). *The Third Wave*. New York: Bantam Books.
Trevisan, B., & Jakobs, E.-M. (2015). Linguistisches Text Mining – Neue Wege für die Marktforschung. In B. Keller, H.-W. Klein, & S. Tuschl (Hrsg.), *Zukunft der Marktforschung – Entwicklungschancen in Zeiten von Social Media und Big Data* (167-185). Wiesbaden: Springer Gabler.
Tuschl, S. (2015). Vom Datenknecht zum Datenhecht: Eine Reflektion zu Anforderungen an die Statistik-Ausbildung für zukünftige Marktforscher. In B. Keller, H.-W. Klein, & S. Tuschl (Eds.), *Zukunft der Marktforschung – Entwicklungschancen in Zeiten von Social Media und Big Data* (55-69). Wiesbaden: Springer Gabler.
Uprichard, E. (2013).Big data, little questions. Discover Society. http://discoversociety.org/2013/10/01/focus-big-data-little-questions/Zugegriffen: 25.09.2017.
Urban, M. (2016). Doing digital health. Die Verdatung des Alter(n)s. Paper presented at the Daten/Gesellschaft 2016, Aachen, Germany.
Van Dijck, J. (2014). Datafication, dataism and dataveillance: Big Data between scientific paradigm and ideology. *Surveillance & Society, 12 (2)*, 197-208.
Vormbusch, U. & Kappler, K. (2015). Leibschreiben. Zur medialen Repräsentation des Körperleibes im Feld der Selbstvermessung. In T. Mämecke, J.-H. Passoth & J. Wehner (Hrsg.), *Bedeutende Daten* (207-231), Wiesbaden: Springer VS.
Waber, B. (2013). *People Analytics: How Social Sensing Technology Will Transform Business and what it Tells Us about the Future of Work*. New Jersey: FT Press.
Walter-Busch, E. (1989). *Das Auge der Firma: Mayos Hawthorne-Experimente und die Harvard Business School, 1900-1960*. Stutgart: Enke.
Wehner, J. (1997). Interaktive Medien – Ende der Massenkommunikation? *Zeitschrift für Soziologie, 26 (2)*, 96-114. doi: 10.1515/zfsoz-1997-0202
Weyer, J. (2011). *Soziale Netzwerke. Konzepte und Methoden der sozialwissenschaftlichen Netzwerkforschung* (2.Auflage). München: De Gruyter Oldenbourg.
Weyer, J. (2014). *Soziale Netzwerke: Konzepte und Methoden der sozialwissenschaftlichen Netzwerkforschung* (3.Auflage). München: De Gruyter Oldenbourg.
Weyer, J. (2017). Autonome Technik außer Kontrolle? Möglichkeiten und Grenzen der Steuerung komplexer Systeme in der Echtzeitgesellschaft. In C. Woopen & M. H. Jannes (Hrsg.), Roboter in der Gesellschaft. Technische Möglichkeiten und menschliche Verantwortung Berlin: Springer (im Ersch.).
Weyer, J., Adelt, F., & Hoffmann, S. (2015). Governance of complex systems. A multi-level model. Soziologisches Arbeitspapier 42/2015. Dortmund: TU Dortmund.

White, J. B., Langer, E. J., Yariv, L., & Welch IV, J. C. (2006). Frequent Social Comparisons and Destructive Emotions and Behaviors: The Dark Side of Social Comparisons. *Journal of Adult Development, 13 (1),* 36-44.

Ziewitz, M. (2016). Governing Algorithms: Myth, Mess, and Methods. *Science, Technology & Human Values, 41 (1),* 3-16. doi:10.1177/0162243915608948.

Zillien, N., Fröhlich, G., & Dötsch, M. (2015). Zahlenkörper – Digitale Selbstvermessung als Verdinglichung des Körpers, In K. Hahn & M.Stempfhuber, *Präsenzen 2.0, Körperinszenierung in Medienkulturen* (77-94). Wiesbaden: Springer VS.

Dimensionen von Big Data: Eine politikwissenschaftliche Systematisierung

3

Lena Ulbricht, Sebastian Haunss, Jeanette Hofmann, Ulrike Klinger, Jan-Hendrik Passoth, Christian Pentzold, Ingrid Schneider, Holger Straßheim und Jan-Peter Voß

Zusammenfassung

Aus Big Data, der massenhaften Sammlung und Auswertung der vielfältigen Daten, die durch die Digitalisierung aller Lebensbereiche entstehen, erwachsen neue Phänomene, die zentrale politikwissenschaftliche Erkenntnisse und Konzepte infrage stellen und die durch moderne Gesellschaften bewertet und reguliert werden müssen. Ziel dieses Beitrags ist es, Big Data in seinen vielfältigen Bedeutungen für die politikwissenschaftliche Forschung zu erschließen und eine Systematik für künftige Forschung zu entwickeln. Fluchtpunkt ist dabei die These, dass sich durch Big Data die Bedingungen kollektiv bindenden Entscheidens verändern, indem soziale Wissensbestände, Normen und Regulierung einer radikalen Mikrofokussierung unterworfen werden. Seine Wirkung entfaltet Big Data, so die Annahme, indem es kollektiv geteilte Erwartungen weckt oder begrenzt – in kulturell-kognitiver, normativer und regulativer Hinsicht. Zugleich wird Big Data wiederum selbst durch kollektive Erwartungen geprägt. Die Tiefe und Reichweite der durch Big Data verursachten Änderungen ist allerdings je nach Dimension und Bereich ganz unterschiedlich.

3.1 Einleitung

Big Data bezeichnet die massenhafte Sammlung und Auswertung der vielfältigen Daten, die durch die Digitalisierung aller Lebensbereiche entstehen. Doch Big Data ist nicht nur ein technisches, sondern stets auch ein gesellschaftliches Phänomen, das sozialwissenschaftliche Erkenntnisse und Konzepte herausfordert, wie erste sozialwissenschaftliche Arbeiten aufgezeigt haben (Boyd und Crawford 2012; Barocas und Nissenbaum 2014; Lyon 2014; Pasquale 2015; Zuboff 2015; Yeung 2016).

© Springer Fachmedien Wiesbaden GmbH, ein Teil von Springer Nature 2018
B. Kolany-Raiser et al. (Hrsg.), *Big Data und Gesellschaft*, Technikzukünfte, Wissenschaft und Gesellschaft / Futures of Technology, Science and Society,
https://doi.org/10.1007/978-3-658-21665-8_3

Big Data aus politikwissenschaftlicher Perspektive zu analysieren bedeutet, ein bislang als primär technisch und einheitlich konstruiertes Phänomen vielmehr als ein ganzes Ensemble von Techniken, Strukturen, Akteuren und Praktiken zu begreifen und deren vielfältige gesellschaftliche und politische Wechselwirkungen aufzudecken. Während sich Blogs und Feuilletons der politischen Dimension von Big Data bereits ausführlich widmen, fängt eine politikwissenschaftliche Auseinandersetzung mit Big Data gerade erst an. Dabei entstehen hier neue Phänomene, die durch moderne Gesellschaften bewertet und reguliert werden müssen. Ein Beispiel etwa ist die Möglichkeit, auf der Grundlage von Big Data sehr genaue Persönlichkeitsprofile zu konstruieren. Ob diese zur Kriminalitätsbekämpfung, für die Gesundheitsprävention, in der Bildungsberatung oder zur Steigerung bürgerschaftlichen Engagements genutzt werden sollten, ist allerdings noch umstritten. Tatsächlich formulieren andere wissenschaftliche Disziplinen, die sich mit Big Data befassen, Forschungsdesiderate, die nach politikwissenschaftlichen Analysen verlangen, etwa in der Frage, wie Big Data demokratietheoretisch zu bewerten ist oder bei der Suche nach angemessenen Koordinations- und Regulierungsmechanismen. Zudem werden durch Big Data zentrale politikwissenschaftliche Erkenntnisse und Konzepte infrage gestellt. So diagnostiziert Shoshana Zuboff mit Big Data etwa die Ablösung des Markt-Kapitalismus durch einen Überwachungs-Kapitalismus mit negativen Folgen für den Wohlfahrtsstaat und individuelle Autonomie (Zuboff 2014), Karen Yeung sieht in Big Data das zentrale Element einer Regulierungsform, die Individuen stimuliert anstatt sie zu überzeugen (*nudging*) und somit potenziell manipulativ wirkt (Yeung 2016) und Barocas und Selbst zeigen anhand von Big Data auf, dass Strukturprinzipen des Rechts, wie etwa die Intentionalität bei Diskriminierung, gegenüber selbstlernenden Algorithmen zum Teil zu kurz greifen und die Reichweite staatlicher Regulierung begrenzt ist (Barocas und Selbst 2015). Eine weitere Herausforderung für politikwissenschaftliche Forschung ergibt sich daraus, dass Big Data multiple Dimensionen der Politikgestaltung betrifft. Entsprechend müssen sich die verschiedenen Strömungen und Sektionen der Disziplin mit dem Phänomen befassen, etwa die normative politische Theorie, die Policy-Analyse und die Systemlehre, und dabei Bezug aufeinander nehmen. Ziel dieses Beitrags ist es, Big Data in seinen vielfältigen Bedeutungen für die politikwissenschaftliche Forschung zu erschließen und eine Systematik für künftige Forschung zu entwickeln. *Fluchtpunkt des Beitrags ist dabei die These, dass sich durch Big Data die Bedingungen kollektiv bindenden Entscheidens verändern, indem Regulierung, Normen und soziale Wissensbestände einer radikalen Mikrofokussierung unterworfen werden. Seine Wirkung entfaltet Big Data, so die Annahme, indem es kollektiv geteilte Erwartungen weckt oder begrenzt. Zugleich wird Big Data wiederum selbst durch kollektive Erwartungen geprägt, wie im Folgenden deutlich gemacht wird.*

3.1 Einleitung

Big Data manifestiert sich in vielfältigen Ebenen der Politikentstehung; somit erscheint es für eine analytische Annäherung ratsam, einen theoretischen Rahmen zu wählen, der offen genug ist, um die verschiedenen Aspekte von Big Data in ihrer Bandbreite aufzuzeigen und zugleich zu systematisieren. Wir schlagen einen Ansatz vor, der das zirkuläre Verhältnis zwischen Technik und Gesellschaft in Dimensionen unterteilt, wie es etwa in Anlehnung an die Institutionentheorie möglich ist. Auch die institutionentheoretisch angelegte Bedeutung von Erwartungen als Strukturgeber menschlichen Denkens und Handelns erweist sich mit Blick auf Big Data als fruchtbar. So sehen Streeck und Thelen stabilisierte Erwartungen als das konstitutive Element von Institutionen – Erwartungen, die kollektiv unterstützt und durchgesetzt werden und das Handeln von Akteuren und die Ausführung von Aktivitäten prägen (2005, S. 9)[46]. Wenn die Erwartungen daran, was „angebrachte" und „unangebrachte", „richtige" und „falsche", „mögliche" und „unmögliche" Handlungen sind, sich nicht von Person zu Person unterscheiden, sondern geteilt werden, entsteht Raum für das Soziale. Kollektive Erwartungen schreiben Akteuren Rechte und Verpflichtungen zu und machen auf diese Weise Verhalten vorhersehbar und verlässlich. Analog dazu gehen wir somit davon aus, dass Big Data Erwartungen mit Blick auf Akteure und Aktivitäten produziert.

Für die erste Systematisierung unterscheiden wir zudem, angelehnt an eine sozialkonstruktivistische Institutionentheorie (Berger und Luckmann 1966, Giddens 1984), zwischen drei Dimensionen von Big Data: einer kulturell-kognitiven, einer normativen und einer regulativen (Scott 2008). Die *kulturell-kognitive Dimension* von Institutionen bezieht sich auf geteilte Weltsichten und Interpretationsrahmen, in denen Wissen erzeugt wird und Bedeutungen zugeschrieben werden. Institutionen bestimmen hier, welche Handlung als selbstverständlich und sinnvoll beziehungsweise sinnlos gilt und welcher Akteur als kompetent oder ahnungslos angesehen wird. Die *normative Dimension* von Institutionen umfasst geteilte Werte und Normen, aus denen Ziele und Standards abgeleitet werden, sowie Wege, diese Ziele zu erreichen. Auf diese Weise werden (un)erwünschte und (un)angemessene Handlungen definiert und Akteure als (un)moralisch oder (un)ehrenhaft charakterisiert. Die *regulative Dimension* von Institutionen findet man schließlich da, wo Regeln gesetzt werden und ihre Einhaltung überwacht und durchgesetzt wird. In regulativer Hinsicht entscheiden Institutionen darüber, welche Handlungen regelkonform sind oder Regelverstöße darstellen und welche Akteure als (un)schuldig beziehungsweise (un)bestechlich gelten.

---

46 „... institutions [...] represent socially sanctioned, that is, collectively enforced expectations with respect to the behavior of specific categories of actors or to the performance of certain activities" (Streeck und Thelen 2005, S. 9).

Ohne Big Data notwendigerweise zur Institution zu erklären, nähert dieser Beitrag sich Big Data als einem kulturell-kognitiven, normativen und regulativen Rahmen, der Akteuren Rollenerwartungen vorgibt und deren Handlungsspektrum bestimmt.[47] Darüber hinaus übt Big Data nicht nur Einfluss aus, sondern wird selbst durch Erwartungen beeinflusst und strukturiert – was sich ebenfalls in kognitiver, normativer und regulativer Hinsicht darstellen lässt. Aus diesem zirkulären Verhältnis zwischen Technik und Gesellschaft ergeben sich sechs analytische Zugänge zu Big Data (siehe Tabelle 2). Dabei ist zu beachten, dass die drei Dimensionen ineinander übergehen und sich sowohl gegenseitig verstärken als auch miteinander konfligieren können (Scott 2008, S. 62). Künftige Studien können Schwerpunkte auf einzelne dieser Dimensionen von Big Data legen, den jeweiligen theoretischen Zugang stärker pointieren und empirisch unterfüttern.

Tab. 2 Dimensionen für eine politkwissenschaftliche Analyse von Big Data

	Kulturell-kognitive Dimension	Normative Dimension	Regulative Dimension
Wirkungen von Big Data: wie Big Data Erwartungen produziert	1 *kulturell-kognitiv hergestellte Erwartungen durch Big Data (z. B. Zukunftserwartungen, neue Formen der Expertise)*	2 *normativ hergestellte Erwartungen durch Big Data (z. B. Klassifizierungen, Verhaltenssteuerung)*	3 *regulativ hergestellte Erwartungen durch Big Data (z. B. teil-automatisierte Regulierung)*
Einflüsse auf Big Data: Erwartungen, die Big Data prägen	4 *kulturell-kognitiv hergestellte Erwartungen an Big Data (z. B. menschliche versus maschinelle Agenten, Epistemologie)*	5 *normativ hergestellte Erwartungen an Big Data (z. B. Anforderungen an Fairness und Legitimität)*	6 *regulativ hergestellte Erwartungen an Big Data (z. B. Regulierung durch Datenschutz)*

Quelle: Eigene Darstellung ©

---

47 Die Bedeutung von Rollen und Handlungsrahmen geht auch aus der oben benannten Definition von Streeck und Thelen hervor: "expectations with respect to the behaviour of specific categories of actors or to the performance of certain activities" (2005, S. 9) (Hervorhebung durch die Autorinnen und Autoren).

Die folgenden Unterkapitel widmen sich ausführlicher den sechs vorgestellten Dimensionen von Big Data und werfen Licht auf die entsprechenden Akteure, Diskurse, Praktiken, Akteursinteressen, Machtkonstellationen usw. Leitend ist die Frage, wie sich die Wirkung von Big Data durch kollektive Erwartungen theoretisch und empirisch analysieren lässt und ob Big Data, wie angenommen, die Bedingungen kollektiv bindenden Entscheidens verändert.

Die Unterkapitel widmen sich der Frage, in welcher Form und welchem Ausmaß Big Data zu Veränderungen führt und politikwissenschaftliche Gewissheiten und Konzepte herausfordert, ergänzt oder bestätigt. Dies umfasst auch den jeweiligen Stand der Forschung, der mit Blick auf genuin politikwissenschaftliche Analysen zumeist noch sehr überschaubar ist und entsprechend mit relevanten Erkenntnissen aus anderen Disziplinen, wie etwa der Soziologie, den Kommunikations- und Rechtswissenschaften, ergänzt wird. Diese Analysen zeigen auf, wo politikwissenschaftliche Forschung ansetzen kann, um Antworten auf die Fragen zu finden, die sich für jede Dimension in der Auseinandersetzung mit Big Data ergeben. In der Zusammenschau entsteht so eine politikwissenschaftliche Forschungslinie, die unterschiedliche empirische und theoretische Vorhaben zu Big Data entlang dieser Linie verorten und miteinander in Verbindung bringen will.

3.2 Big Data als epistemische Innovation? Kulturell-kognitiv hergestellte Erwartungen durch Big Data

Jan-Peter Voß

Sich der kulturell-kognitiven Dimension von Big Data zu widmen, legt den Fokus auf geteilte Weltsichten und Interpretationsordnungen, die durch Big Data erzeugt werden. Sie geben den Rahmen vor, in dem (menschliche und technische) Akteure Wissen erzeugen und Bedeutungen zuschreiben. Sie dienen auch der Bewertung von Akteuren als kompetent oder inkompetent und von Handlungen als sinnvoll oder sinnlos. Dieser Beitrag entwickelt die These, dass Big Data neben seinen vieldiskutierten gesellschaftlichen und politischen Wirkungen auch eine epistemische Innovation darstellt. Soziologisch gesehen kann man hier eine neue Form beobachten, in der die Gesellschaft Wissen über sich selbst generiert, und damit eine neue Art, das gesellschaftliche Selbstbewusstsein (mit) zu gestalten. Zu den klassischen Formen wie öffentliche Debatten, politische Problematisierungen, künstlerische Aufarbeitung und, besonders in modernen Gesellschaften, auch Statistik und klassische Sozialwissenschaft auf der Basis von Demographie, Umfrageforschung,

Interviews, Textanalysen und teilnehmender Beobachtung, scheint mit Big Data nun eine neue Form hinzuzutreten.

Bisher ist offen, wie die Innovation sich entwickelt und welche Folgen damit verbunden sein werden. Eine zentrale Frage ist, was sich dadurch inhaltlich verändert im Wissen einer Gesellschaft von sich selbst (Russell Neuman et al. 2014). Eine andere Frage ist, wie das Verhältnis verschiedener Formen der gesellschaftlichen Selbstreflektion beeinflusst wird und wie Big Data den Einfluss verschiedener Akteure in der Artikulation des Verständnisses von Gesellschaft von sich selbst verändert (Savage und Burrows 2007). Damit verbunden ist die Frage, wie Big Data, vermittelt über diese Verschiebungen im Wissen der Gesellschaft von sich selbst, auch die zukünftige Entwicklung von Gesellschaft beeinflusst (Law und Urry 2004; Law et al. 2011). Gegenwärtige kontroverse Debatten um Big Data können vor dem Hintergrund dieser Fragen als ein Prozess der „informellen Technikfolgenabschätzung" für ein neues Instrument der gesellschaftlichen Selbstbeobachtung verstanden werden (Rip 1987).

Um auf bisher wenig beachtete Zusammenhänge hinzuweisen, bürsten wir die gegenwärtige Debatte um die epistemischen Wirkungen in zwei Punkten gegen den Strich. Wir problematisieren nicht die instrumentelle Macht, die Big-Data-Analysen einzelnen Akteuren an die Hand geben, sondern fragen nach kulturellen Wirkungen, die unabhängig davon existieren, ob die Analyse tatsächlich Wirklichkeit abbilden und Steuerung erlauben kann. Zuerst stellen wir die Frage, inwieweit Big Data Ordnungsmuster in der gesellschaftlichen Wirklichkeit nicht nur beschreibt, sondern aktiv dazu beiträgt, sie herzustellen. Statt der epistemisch-instrumentellen Macht stellen wir also die ontologisch-performative Macht von Big Data heraus, die daran hängt, dass mit Big-Data-Methoden bestimmte Vorstellungen des Wesens sozialer Ordnung (Ontologien) verbunden sind, die übernommen und praktisch umgesetzt werden, wenn diese Methoden und damit produzierte Ergebnisse verwendet werden, so dass diese Vorstellungen damit tatsächlich als soziale Ordnung real werden (Performativität). Hier geht es also darum, dass soziale Ordnungen, die sich nicht unmittelbar in der gesellschaftlichen Wirklichkeit finden lassen, erst durch Annahmen und Modelle erzeugt werden, die der Erhebung und Auswertung von Daten zu ihrer Beschreibung zugrunde liegen. Zweitens diskutieren wir auf dieser Basis, wie Big-Data-Analysen im Zusammenhang mit politischen Repräsentationsansprüchen dazu beitragen können, dass sich die „allgemeine Ökonomie der Repräsentation", in der die kulturellen Ressourcen politischer Autorität hergestellt werden, ändert (Rosanvallon 2002; Disch 2008 65-67). Wenn z. B. Analysen von Twittertrends herangezogen werden, um zu behaupten, kollektive Befindlichkeiten und Interessen zu repräsentieren und daher im Namen einer größeren Gruppe oder „der Mehrheit der Bevölkerung" zu sprechen, dann trägt Big Data zur Generierung von politischer

3.2 Big Data als epistemische Innovation?

Macht, Legitimation und Mobilisierungsfähigkeit bei. Beide Punkte diskutieren wir im Folgenden als die epistemische und die politische Performativität von Big Data. Dabei geht es um die Umsetzung von Annahmen über die objektive Realität des Sozialen (epistemische Performativität) und über kollektive Subjektivitäten (politische Performativität) (zu epistemischer und politischer Performativität siehe Voß 2016a, 2016b). Wir illustrieren sie jeweils anhand von Bespielen.

3.2.1 Epistemische Performativität: „Enacting Big Data Realities"

Die epistemische Wirkung von Big-Data-Analysen leitet sich nicht direkt aus ihrem Bezug zur gesellschaftlichen Wirklichkeit ab, sondern primär daraus, dass sie zu Wissen werden: entweder explizit, indem Ergebnisse zur Handlungsorientierung dienen, oder indirekt, indem die kategoriellen Annahmen und ontologischen Modelle übernommen werden, die ihnen zugrunde liegen. Sofern Big-Data-Analysen im praktischen Umgang mit Selbst und Welt als Beschreibungen übernommen werden, prägen sie Selbstwahrnehmung und Handlungsmuster. Dann werden sie zu gesellschaftlicher Realität, unabhängig davon, wie akkurat sie vorab existierende Wirklichkeiten abbilden. Ein Beispiel ist die Repräsentation von Gesellschaft als *crowd*, als ein Aggregat von individuellen Usern, deren *agency* im Wesentlichen darin besteht, durch Software präkonfigurierte *klicks*, *likes*, *tweets* usw. abzugeben. Derartige Repräsentationen gesellschaftlichen Lebens können also *ex post* wahr werden, auch wenn sie es nicht unbedingt ex ante waren, bevor sie praktisch handlungsleitend wurden (Merton 1948; Austin 1975 [1962]; Foucault 1980; Butler 1988; Keller et al. 2005). Diese „performative" Wirkung wurde bereits für andere Methoden der Sozialforschung untersucht (Osborne und Rose 1999; Callon 2007; Law 2009). Big Data bringt hier einerseits lediglich eine weitere Methode ins Spiel, was hinsichtlich der Diversifizierung wissenschaftlich angebotener Realitätsordnungen zu begrüßen ist. Andererseits treten die Befürwortenden und Anbietenden von Big-Data-Analysen mit sehr weitreichenden Behauptungen zur epistemischen Qualität und den damit verbundenen Steuerungsoptionen auf. Dabei stechen unabhängig von der Frage, wie Big Data die Diversität von Ansätzen der Sozialforschung beeinflussen wird, einige Eigenheiten der Wissensproduktion mit Big Data ins Auge, die zu einer kritischen Auseinandersetzung geführt haben.

Selektivität der Rohdaten

Die vermeintliche Grundgesamtheit gesellschaftlicher Interaktion, die in Big-Data-Analysen betrachtet wird, umfasst tatsächlich nur digital vermittelte Interaktionen und davon nur den Anteil und die Aspekte, die registriert und gespeichert werden. Was nicht durch digitale Medien und Geräte erfasst wird, bleibt außen vor. Dabei werden systematisch ganze Menschengruppen nicht berücksichtigt (Boyd und Crawford 2012, S. 669; Gillespie 2014, S. 172). Twitter-Feeds sind nicht einfach mit „the public mood" gleichzusetzen, wie manche Analysen verkürzend behaupten (Bollen et al. 2011). Bei Analysen der Daten, die über ein bestimmtes Medium wie Twitter oder Facebook produziert werden, werden Interaktionen durch das jeweilige Format der Kommunikation bestimmt, das technisch vorgegeben ist (z. B. 140 Zeichen-Nachrichten auf Twitter, algorithmisch selektierter Newsfeed auf Facebook). Darüber hinaus fallen in der automatisierten Link-, Klick- und Textanalyse viele qualitative Nuancen heraus, an denen sich der Sinn von Verhaltensäußerungen ablesen ließe (z. B. Ironie) (Boyd und Crawford 2012, S. 669). Auch die Aufbereitung von Datensätzen kann leicht zu Verzerrungen führen, seien sie intendiert oder nicht (Hardt 2014; Portmess und Tower 2015, S. 4).

Mangelnde Zurechenbarkeit von Handlung

Hinzu kommt, dass nicht jeder digitale Account beziehungsweise jede Nutzerin oder jeder Nutzer direkt einem Menschen zuzuordnen ist: Ein Mensch kann verschiedene Accounts und Computer benutzen, ein Computer und Account kann von mehreren benutzt werden. In Bezug auf politische Kommunikation sind hier besonders Trolle und ganze Trollfarmen relevant, von denen aus gezielt Kommunikation in digitale Medien eingespeist wird, um den Effekt zu erzielen, dass die dort wahrgenommene und gemessene öffentliche Meinung sich verschiebt (Dahlberg 2001; Bishop 2014). Schließlich kommen zu den menschlichen Trollen vermehrt *social* und *political bots* hinzu, also Accounts, hinter denen Computerprogramme stehen, die automatisiert Klicks erzeugen, Suchbegriffe eingeben, Nachrichten versenden und weiterverbreiten usw. (Forelle et al. 2015).[48]

Spekulative Statistik

Die Ordnungen, die auf der Basis dieser selektiven und zum Teil manipulierten Daten „festgestellt" werden, sind statistisch konstruiert auf Grundlage von Korrelationen in Stichproben (vgl. Kitchin 2013, S. 265; Boyd und Crawford 2012, S. 668). Zum Beispiel werden entsprechend von Korrelationskoeffizienten zwischen den Facebook-Likes bestimmter User und ihren eigenen Profil-Angaben bzw. per Umfrage erhobenen Daten zu Religion, Geschlecht, sexueller und politischer Orientierung usw. Vorhersagewahrscheinlichkeiten für diese Eigenschaften ermittelt (Kosinski

---

48 Siehe auch weitere Publikationen auf: http://politicalbots.org/?p=711

3.2 Big Data als epistemische Innovation?

et al. 2013). Wenn diese dann ab einer bestimmten Trefferwahrscheinlichkeit als erwiesen gelten und damit wiederum die Treffsicherheit anderer Vorhersagealgorithmen überprüft wird, etwa bezüglich des politischen Engagements oder der Konsumorientierung, dann können aus stichprobenbasierten Korrelationen statistische Realitätsblasen erwachsen – ähnlich wie monetäre Wertblasen an Finanzmärkten, auf denen Schuldtitel zur Absicherung weiterer Kredite verwendet werden.

Ungeachtet dieser grundlegenden Begrenzungen und vieler spezieller methodischer Probleme einzelner Big-Data-Analysen, hängt ihre epistemische Autorität und performative Wirkung aber primär daran, welcher Wahrheitswert ihnen in der öffentlichen Debatte oder auch von einzelnen Akteuren zuerkannt wird. Wenn durch Big-Data-Analysen generierte Beschreibungen als Abbild der gesellschaftlichen Wirklichkeit gelten und das Wissen prägen, mit dem Akteure sich und die Welt deuten und ihren Umgang miteinander bestimmen, können sie „wirklich werden" – direkt im individuellen Handeln, aber auch vermittelt über den journalistischen, wissenschaftlichen und politischen Diskurs.

So kann zum Beispiel, ähnlich wie für Methoden der politischen Umfrageforschung, auch für Big-Data-basierte Methoden der politischen Meinungsforschung die Frage gestellt werden, welche ontologischen Annahmen von Gesellschaft, Öffentlichkeit und Politik ihnen eingeschrieben werden, wie sie die Menschen als politische Bürgerinnen und Bürger konzipieren und auf welche Weise sie diese Annahmen und Konzepte im Forschungsprozess (bei der Datenerhebung und -analyse) wie auch bei der Verwendung der gewonnenen Ergebnisse real werden lassen (Osborne und Rose 1999; Law 2009). Ein Beispiel sind etwa Analysen von Social Media-Daten, die vom Verhalten einer selektiven Population auf die gesamte Gesellschaft schließen. Dass junge Nutzerinnen und Nutzer sozialer Netzwerke zuweilen sehr großzügig ihre persönlichen Daten teilen, hat die These der Post-Privacy-Gesellschaft genährt, also der Vorstellung, dass Gesellschaften heute weniger Wert auf den Schutz ihrer Privatsphäre legen als früher (Ganz 2014; Johnson 2010). Dass die Daten über das Verhalten von Nutzerinnen und Nutzern in Netzwerken häufig wenig Kontext liefern, wird nur selten thematisiert. So kann man bezweifeln, dass Nutzerinnen und Nutzer von Sozialen Medien repräsentativ für die Bevölkerung sind, dass sie ihre Daten im weiteren Lebensverlauf weiterhin ebenso freigiebig teilen werden, dass ihr Nutzungsverhalten Ausdruck einer unbekümmerten Haltung gegenüber ihrer Privatsphäre bedeutet etc. (Acquisti 2014). Wie bei anderen Methoden zeichnet sich das durch Big Data generierte Wissen also durch spezifische Beschränkungen aus, was sich auch auf die Realitäten auswirkt, die auf dieser Grundlage konstruiert werden.

3.2.2 Politische Performativität: Big-Data-gestützte Repräsentation kollektiver Interessen

In Bezug auf die epistemischen Wirkungen, die Big Data im Bereich der Politik zukommen, ist neben der Prägung gesellschaftlicher Realitäten auch der Einfluss entscheidend, den Big-Data-Analysen für die Generierung politischer Macht haben können. Big Data hat in diesem Sinn eine politische Performativität bei der Konstruktion kollektiver Subjekte mit spezifischen Formen der Identität, des Willens, der Bedürfnisse und Interessen.

Performative politische Repräsentation

Kollektive Subjekte, die politisch repräsentiert werden, existieren nicht bereits der Repräsentation vorgängig, so dass sie einfach wiedergegeben und originalgetreu abgebildet werden könnten (sei es „das Volk", bestimmte Gruppen oder Klassen oder auch „die Weltgemeinschaft"). Sie können aber zunächst als der Politik zugrundeliegende „necessary fiction" angerufen werden (Rosanvallon 2006 91, FN 40; Ezrahi 2012). In dem Maße, in dem derartige Artikulationen anerkannt werden, können sie *performativ* wirksam werden und tatsächlich das geteilte Bewusstsein einer gemeinsamen Identität, eines Willens und Interesses hervorbringen. Über die Mobilisierung kollektiver Handlungen und die Etablierung legitimer kollektiv bindender Normen können sich Kollektivrepräsentationen schließlich auch materiell-praktisch realisieren, z.B. durch körperliche Anwesenheit in Situationen, gemeinsame Bewegungen und Erfahrungen und die Ausbildung geteilter Vorlieben und Gewohnheiten (Bourdieu 2009 [1984], 2009 [1981]; Latour 2003; Butler 2015). Praktisch geht es in der Politik also um die Artikulation von „representative claims" (Saward 2006) bezüglich der Identität, des Willens und der Interessen von Kollektivsubjekten und um die Anerkennung dementsprechender Behauptungen von denjenigen, die diese Kollektive konstituieren sollen.

Vielfältige und verteilte Repräsentationsformen

In westlich-modernen Gesellschaften erfolgt die performative Repräsentation kollektiver Identitäten, Werte und Interessen in vielfältiger Form verteilt über Kunst und Kulturbetrieb, Wissenschaft, Journalismus usw., nicht nur in explizit politischen Zusammenhängen oder formal regulierten Verfahren wie der demokratischen Wahl. Pierre Rosanvallon spricht von einer „allgemeinen Ökonomie der Repräsentation" (Rosanvallon 2002, zitiert nach Disch 2008, S. 65-66; auch Rosanvallon 2006, S. 199-217). Mit der Ökonomie der Repräsentation wird das Arsenal der liberalen, direktdemokratischen und deliberativen Verfahren, aber auch der statistischen,

3.2 Big Data als epistemische Innovation?

sozialwissenschaftlichen und ästhetischen Praktiken bezeichnet, mit deren Hilfe politische Identitäten vor dem Hintergrund sich wandelnder medial vermittelter Welterfahrungen konstruiert werden. Politikerinnen und Politiker müssen auf die in diesen verteilten Repräsentationsaktivitäten erzeugten Kollektivvorstellungen Bezug nehmen, sie müssen sich darauf abstützen und „daran andocken", um selbst glaubhaft im Namen kollektiver Identitäten und Interessen sprechen zu können.

Big Data als neue politische Repräsentations-Technologie

Der Begriff der Ökonomie der Repräsentation scheint sinnvoll, um den Einfluss neuer Technologien wie Big Data auf die Konstruktion der oder des Repräsentierten zu untersuchen. Sozialforschung und politische Meinungsumfragen spielen besonders in „verwissenschaftlichten" Politikkulturen eine zentrale Rolle, also in solchen Kulturen, in denen wissenschaftlicher Evidenz überragende Bedeutung in der Legitimation kollektiver Ordnungsentscheidungen zukommt. In diesem Zusammenhang können die epistemischen Repräsentationen von gesellschaftlichen Gruppierungen und ihren Wünschen, Bedürfnissen und Interessen, die durch Big-Data-Analysen erzeugt werden, eine bedeutende politische Wirkung haben. Sie treten in Konkurrenz zu politischen Meinungsumfragen („polling") und anderen Ansätzen der Sozialforschung (O'Connor et al. 2010; Law 2009).

Dort wo Big-Data-Analysen zur Beglaubigung politischer Repräsentationsansprüche und zur Generierung politischer Autorität verwendet werden, potenziert sich die performative Wirkung, die sie epistemisch besitzen (Voß und Amelung 2016). Im politischen Diskurs- und Handlungszusammenhang können Big-Data-Analysen, wenn sie als glaubhaft eingeschätzt werden, die Artikulation kollektiver Interessen und daraus abgeleitete politische Programme mitbestimmen, z. B. wenn mit Verweis auf Analysen digitaler Interaktion glaubhaft behauptet wird, im Namen der Bedürfnisse und Sorgen „der Öffentlichkeit", „des Volkes" oder bestimmter Gruppen wie der „99 %", „der Globalisierungsverlierer" oder „der Jugend" zu sprechen. Hier kann Big Data Auswirkungen darauf haben, auf welche Weise, für welche Themen und durch welche Akteure politische Autorität erzeugt werden kann.

Big-Data-Analysen können beispielsweise zum Einsatz kommen, um staatliche Entscheidungen und Handlungsprogramme zu legitimieren, wenn mit ihnen die Repräsentation der Interessen und Bedürfnisse von Bürgerinnen und Bürgern behauptet wird, z. B. in der Ausrichtung von öffentlichen Dienstleistungen. So wird daran gearbeitet, mit Methoden der „sentiment analysis" und des „opinion mining" die Bedürfnisse „der Bevölkerung" oder bestimmter Anspruchgruppen zu repräsentieren, um davon ausgehend die Abschaffung, die Ausweitung oder den Zuschnitt von staatlichen Leistungen zu legitimieren (Clarke und Margetts 2014). In der einschlägigen Literatur wird das Potenzial der Analyse von Online-Kommunikation diskutiert, die klassische, umfragebasierte Meinungsforschung zu ersetzen (O'Connor et al. 2010 1; Tumasjan et al. 2010). Ein konkretes Beispiel findet sich bei der nationalen Statistikbehörde der Niederlande (CBS), die einen monatlichen Indikator für Verbraucherinnen- und Verbrauchervertrauen auf der Grundlage von *sentiment analysis* mit Daten aus Sozialen Medien erstellt. Dieses Vorgehen bietet dem CBS zufolge den Vorteil gegenüber umfragenbasierten Indizes, dass er schneller und häufiger aktualisiert werden könne. Das *Data Mining* selbst wird durch ein Unternehmen (Coosto) vorgenommen. Einem Bericht der niederländischen Zentralbank zufolge erwägen auch andere politische Entscheidungsträgerinnen und -träger, Wahrnehmungen von Bürgerinnen und Bürgern durch *social media sentiment analysis* zu ermitteln, etwa bezüglich der öffentlichen Sicherheit (Europäische Zentralbank 2014).

Ausgehend von der These, dass es sich bei Big Data um eine epistemische Innovation mit offenen Folgen handelt, sind politikwissenschaftlich besonders die Folgen von Interesse, die sich damit verbinden, dass Methoden der Big-Data-Analysen als ein Instrument der gesellschaftlichen Selbstbeobachtung Verwendung finden. Die Beachtung der Performativität dieser Methoden eröffnet dabei einen neuen Blick auf mögliche Folgen. Als Beitrag zum laufenden Prozess der informellen Technikfolgenabschätzung für Big-Data-Analysen kann es daher fruchtbar sein, den Horizont der gegenwärtigen Kontroversen, die sich auf die instrumentelle Macht konzentrieren, die aus ihrem Einsatz resultiert, um diejenigen Aspekte zu erweitern, die die Performativität der Methoden betreffen. Dann kommen neben technologisch versprochenen Folgen auch die „kollateralen Realitäten" mit in den Blick, die durch sie erzeugt werden (Law 2012): Big-Data-Methoden sind epistemisch performativ (und in einem weiten Sinne politisch relevant), wenn die ihnen eingeschriebenen Ontologien von Gesellschaft, Politik, Öffentlichkeit und Bürgerinnen und Bürgern auf subtile Weise das Wissen der Gesellschaft von sich selbst prägen. Sie gestalten dann inhaltlich, welche Realitäten von Gesellschaft, Politik, Öffentlichkeit und Bürgerinnen und Bürgern kollektiv gelebt werden. Den Entwicklerinnen und Entwicklern und Anwenderinnen und Anwendern dieser Methoden kommt eine zentrale Rolle zu, kollektive Ordnungen mit zu gestalten, besonders dann, wenn ihnen eine gegenüber anderen Methoden erhöhte epistemische Glaubwürdigkeit zukommt. Dies gilt es anhand konkreter Anwendungsfälle zu erforschen.

Politisch performativ (und im engeren Sinne politisch relevant) werden Big-Data-Methoden, wenn die mit ihnen produzierten Repräsentationen kollektiver Subjekte – und ihrer Identität, ihres Willens, ihrer Bedürfnisse und Interessen – zur Generierung politischer Autorität und der Mobilisierung kollektiven Handelns sowie der Legitimation von Normen und von „öffentlichem Handeln" beitragen. So steht es an, verschiedene Big-Data-Methoden auf die durch sie beförderten

Realitätsordnungen hin zu analysieren und in dieser Hinsicht sowohl miteinander wie auch mit anderen Methoden der Sozialforschung zu vergleichen (Marres und Gerlitz 2016). Dafür wäre es aber in einem ersten Schritt dringend erforderlich, dass die Methoden mit den ihnen zugrunde liegenden Annahmen, Modellierungen und Operationalisierungen öffentlich verfügbar gemacht werden. Man müsste etwa die Programmcodes der datenproduzierenden Geräte (Social Media-Plattformen etc.) sowie der Applikationen zur Analyse von Mustern in den so produzierten Datenmengen offenlegen.

Die politikwissenschaftliche Forschung zur Frage, in welcher Form Big Data das Bild prägt, das eine Gesellschaft von sich hat, und wie sich dies im politischen Prozess auswirkt, steht noch am Anfang. Im Nachgang der US-Präsidentschaftswahl von 2016 und mit Blick auf die ausstehende Bundestagswahl 2017 ist jedoch eine öffentliche Debatte darüber entflammt, ob und in welcher Form Big Data den öffentlichen Diskurs, Wahlkampfstrategien und Wahlergebnisse beeinflusst. Das folgende Kapitel leistet einen Beitrag zu dieser Debatte, indem es herausarbeitet, in welchem Maße Big Data Wahlkämpfe verändern kann und welche demokratietheoretischen Implikationen dies hat.

3.3 Big Data im Wahlkampf: Wählerinnen- und Wählermodellierung, Micro-Targeting und Repräsentationsansprüche

Jeanette Hofmann

Die gegenwärtige Debatte über Big Data im Wahlkampf befasst sich damit, ob neuartige Daten und Auswertungsverfahren effektiver darin sind, Wählerinnen und Wähler zu überzeugen, und welche Kosten und Risiken damit verbunden sind. Meine These lautet jedoch, dass Big Data nicht nur (wie auch immer definierte) Effektivitäts- oder Effizienzgewinne in Wahlkämpfen mit sich bringen kann. Big Data beeinflusst vielmehr das Bild, das Parteien sich von Wählerinnen und Wählern und Bürgerinnen und Bürgern machen und dieses Bild wirkt wiederum darauf ein, wie Bürgerinnen und Bürger sich selbst im politischen Prozess verstehen.

3.3.1 Repräsentation als ein interaktiver Schaffensprozess

Das Verhältnis zwischen Parteien und (Wahl-)Volk wird durch die Idee der politischen Repräsentation bestimmt: Parteien und ihre Mandatsträgerinnen und Mandatsträger sollen die Bürgerinnen und Bürger im politischen System vertreten. Dabei ist das Repräsentationskonzept, auch aufgrund der Möglichkeiten der Mikrofokussierung durch Big Data, im Wandel. Repräsentation, so die Politikwissenschaftlerin Pitkin (1967, S. 8), zielt darauf ab, „etwas Abwesendes (wieder) anwesend zu machen". Während Pitkin davon ausging, dass das zu Repräsentierende eine bekannte Größe darstellt, die sich in Form von Interessen oder Präferenzen ermitteln lässt, zeigt die neuere Repräsentationsforschung, dass schon das Repräsentationskonzept selbst widersprüchlich und problematisch ist. Die Idee eines Abbildungsverhältnisses wurde paradoxerweise in dem Moment zum Problem, in dem Individuen Trägerinnen und Träger von Freiheitsrechten werden: „The transition from a corporatist to an individualist society makes society less representable. For how to give a form – one open to description and recognition – to an agglomeration of individuals?" (Rosanvallon 2006, S. 78).

Wenn man mit Rosanvallon davon ausgeht, dass demokratische Wahlen und die gewählten Repräsentierenden die Komplexität des Wahlvolkes faktisch nicht widerspiegeln können, dann stellt sich die Frage, wie man das Verhältnis zwischen Repräsentierenden und Repräsentierten angemessener fassen kann. Saward (2006) hat vorgeschlagen, die traditionelle Annahme eines (mehr oder minder gelingenden) Abbildungsverhältnisses durch das Konzept eines herzustellenden „representative claims" zu ersetzen. Die Interaktion zwischen Repräsentierenden und Repräsentierten erschöpft sich demzufolge nicht in einem unidirektionalen Informationsfluss, sondern erweist sich als ein schöpferisches, performatives Verhältnis. Die Rollen der beteiligten Akteure sind schöpferisch, weil Behauptungen über die aggregierbaren Anliegen, Interessen und Prioritäten der Beteiligten aktiv produziert werden müssen (Saward 2006, S. 310). Die Herstellung von *claims of representation* erfolgt weder willkürlich noch alternativlos, sie bedürfen der Anerkennung und Identifikation der Repräsentierten und müssen folglich mit diesen ausgehandelt werden (Saward 2006, S. 303-304). Ihre Wirksamkeit besteht im Erfolgsfalle darin, „to bring a potential audience to a self-conscious notion of itself as an audience" (Saward 2006, S. 303). Repräsentationsbehauptungen sind somit wirklichkeitsschaffend in dem Maße, in dem sie den Repräsentierten, Individuen wie Kollektiven, im Rahmen eines Repräsentationsverhältnisses zur Identität verhelfen (Rosanvallon 2006).

Die Konzeptualisierung von politischer Repräsentation als interaktiver Schaffensprozess stellt das landläufige Verständnis auf den Kopf. Weder die Wählerschaft noch der Wille der Wählerinnen und Wähler können als eine unabhängige, dem

Repräsentationsvorgang vorausgehende Größe gelten; sie werden vielmehr im Akt der Repräsentation erst dialogisch konstituiert (Young zit. n. Disch 2008, S. 59). Der Wille der Wählerinnen und Wähler, so auch Rosanvallon (2006), sollte als eine bestätigende oder widersprechende Antwort auf etwas Drittes verstanden werden, das diesen Willen erst mobilisiert. Soziale oder politische Identität als Repräsentationsobjekt erscheint somit als ein Produkt des politischen Prozesses, der Kommunikation zwischen Wählerinnen und Wählern und den Gewählten. Wahlkämpfe können als ein spezieller Modus verstanden werden, um den Willen der Wählerinnen und Wähler hervorzubringen.

Die performative Perspektive auf politische Repräsentation rückt somit die Frage nach den Ressourcen und Techniken der Herstellung politischer Identitäten und ihrer Abbildung in den Mittelpunkt: Welcher Mittel bedienen sich politische Akteure, um den Willen der Wählerinnen und Wähler zu erkunden, zu deuten und zu erzählen? Welche Rolle kommt hier Big Data zu?

3.3.2 Wählermodelle: Objektivierung auf Widerruf

Folgt man den Berichten über Big-Data-gestützte Verfahren in den US-Präsidentschaftswahlkämpfen 2008 und 2016, steht im Fokus das *micro-targeting* von Individuen. Dieses zielt anders als früher nicht mehr in erster Linie auf Eigenschaften von Wählerinnen und Wählern, sondern auf ihr Verhalten. Mithilfe großer, vielfältiger Datensätze und lernender Algorithmen soll ihr künftiges Wahlverhalten besser vorhersagbar und damit kontrollierbar gemacht werden, so das Versprechen. Dies schließt auch Wählerinnen und Wähler des gegnerischen Lagers mit ein (Nickerson und Rogers 2014, S. 68). Die US-amerikanischen Wahlkampfteams rekrutieren seit einigen Jahren Verhaltenswissenschaftlerinnen und -wissenschaftler, um politische Aussagen zielgenau auf Individuen zuzuschneiden (Bimber 2014, S. 145). Die Verhaltenswissenschaftlerinnen und -wissenschaftler testen die Reaktionen auf verschiedene Versionen politischer Botschaften und setzen die erfolgreichen Varianten im Wahlkampf ein, um ihr Identifikationspotenzial dort erneut zu prüfen (Tufekci 2014; Kreiss 2012). Mithilfe solcher Analysen lässt sich die Interaktion mit den Bürgerinnen und Bürgern nun kontinuierlich aktualisieren und in Echtzeit an die hervorgerufene Gefühlslage anpassen: „Data on the fly" so Kuchler, helfen beim „canvassing on the doorstep or [...] enable a change of tack if sentiment is not going their way" (Kuchler 2016, S. 4; Chideya 2015). Zugleich wird das Modellieren der Wählerinnen und Wähler komplexer und berücksichtigt immer mehr „predictor variables" (Bimber 2014), aus denen eine Objektivierung des Verhaltens der Wählerinnen und Wähler gewonnen wird.

Die Berechnung von Verhaltenswahrscheinlichkeiten der Wählerinnen und Wähler wird als *modeling* bezeichnet. Wie Mahr (2003, S. 70-73) ausführt, sind Modelle „Urteilsinhalte", die sich bewähren müssen. Sie „treten zwischen das Subjekt und die Realität, für die sie […] gleichsam zum Stellvertreter werden". Nach außen hin tragen Modelle zur Objektivierung hypothetischer Sachverhalte bei, während sie „im Inneren der Inbegriff des Subjektiven und eine Quelle der Skepsis" sind (Mahr 2003, S. 74). Eine äußere Objektivität erlangen Modelle, sofern Dritte sie in der Rolle, die ihnen zugedacht ist, akzeptieren (Mahr 2003, S. 78). Das Modellieren der Wählerinnen und Wähler erzeugt einen objektivierten Zusammenhang zwischen den verfügbaren Datenpunkten und dem vermuteten künftigen Wahlverhalten. In der Praxis aber handelt es sich um eine Objektivierung auf Widerruf, da die teils impliziten, teils expliziten Annahmen, auf denen die Modellierung des Wahlverhaltens beruht, beständigen Prüfungen ausgesetzt sind. Die Modelle unterliegen einem kontinuierlichen Prozess der Neuberechnung von Verhaltensvorhersagen; sie können korrigiert und widerlegt werden.

3.3.3 Big Data für die Beeinflussung des Wählerinnen- und Wählerverhaltens

Funktional haben Modelle zwei Seiten; sie sind zugleich Modelle „von etwas" und Modelle „für etwas" (Mahr 2003, S. 74). Die Big-Data-gestützte Analyse der Wählerinnen und Wähler zeigt, dass der Zweck des Modellierens unmittelbar Einfluss auf das Modellierte nimmt. Die Modelle der US-amerikanischen Wählerinnen und Wähler orientieren sich an der Wettbewerbslogik des Wahlkampfes, die wiederum durch das US-Wahlsystem geprägt ist. Aus operativer Sicht lautet das Ziel, knappe Wahlkampfressourcen möglichst effektiv einzusetzen. Alle Parteien konzentrieren sich daher auf Individuen in den sogenannten *swing states*, die voraussichtlich an der Wahl teilnehmen. Insofern spielen Merkmale, die Rückschlüsse auf die Wahlbereitschaft zulassen, eine wichtige Rolle für die Eingrenzung der zu modellierenden Individuen.[49] Innerhalb dieser Gruppe richtet sich das Interesse vor allem auf die politische Orientierung und das wahrscheinliche Abstimmungsverhalten. Eine Rolle spielen ferner die Bereitschaft, für den Wahlkampf zu spenden sowie die Partei im Wahlkampf aktiv zu unterstützen. Das Verhalten der erfassten Personen wird anhand dieser Merkmale mit fortlaufend aktualisierten *predictive scores* modelliert, um tägliche verschiedene Szenarien des Wahlausgangs zu simulieren (Nickerson und Rogers 2014, S. 54; Scherer 2012). Im US-Wahlkampf von 2016 haben sich jedoch

---

49 Big Data war dafür bislang weniger relevant als der Zugang zu alten Wahlregistern.

auch die Grenzen der (auch Big-Data-basierten) Vorhersage gezeigt: Der Wahlsieg Donald Trumps war für viele Analystinnen und Analysten überraschend. Tausende von Datenpunkten pro Person ermöglichen keine umfassende Kontrolle über das Verhalten der Wählerinnen und Wähler. Vor diesem Hintergrund erscheint es angebracht, dem provisorischen Charakter von Wählermodellen in der öffentlichen Debatte mehr Aufmerksamkeit zu widmen: Sind Big-Data-basierte Modelle anderen Modellen überlegen? Wie gehen die Analystinnen und Analysten mit den Defiziten der Modelle um, etwa mit dem Problem, dass manche Bevölkerungsgruppen sehr viel weniger Datenspuren hinterlassen als andere? Welche Autorität erhalten (verschiedene) Modelle unter Wahlkampfstrateginnen und -strategen? Wie verhält sich die öffentliche Debatte zu Wählermodellen, was erfahren Wählerinnen und Wähler über die Modellierung ihres Verhaltens?

3.3.4 Big Data für die Herstellung von Repräsentation

Das „Modellieren von" Wählerinnen und Wählern verknüpft die Verhaltensanalyse zudem mit politischen Themen und Positionen. Darauf aufbauend haben sich die Wahlkampftechniken, vor allem die gezielte Kommunikation mit den Wählerinnen und Wählern, grundlegend geändert (Tufekci 2014; Kreiss und Howard 2010). Das sogenannte „microtargeting" (Bimber 2014; Kreiss 2012) tritt an die Stelle von zielgruppenorientierten Wahlkampfstrategien („Latinos", „high-income voters", „soccer moms", etc.) und strebt danach, die Wählerinnen und Wähler als „normale Leute" zu erfassen, „die auf jeweils unterschiedliche Weise mit dem politischen Prozess interagieren" (Alter zit. n. Bimber 2014, S. 141). Auf der vorliegenden Datenbasis werden politische Themen und Argumente arrangiert, die Individuen persönlich adressieren, ihren Sinn fürs Politische mobilisieren, ihnen helfen, sich im politischen Raum zu verorten und sich mit einer der Kandidatinnen und Kandidaten zu identifizieren. Ob dies jedoch zu einer Abkehr der Parteien von traditionellen Positionen bedeutet, steht zu untersuchen. Generell ist bislang wenig bekannt darüber, in welcher Form und in welchem Ausmaß die Parteien maßgeschneiderte politische Botschaften und Mobilisierungsstrategien für einzelne, möglicherweise neuartig definierte Subgruppen entwerfen.

Microtargeting, so könnte man provokativ sagen, lässt Repräsentierte und Repräsentierende näher zusammenrücken und die Kommunikation zwischen ihnen dichter werden. Ohne dass die Akteurinnen und Akteure jemals ein Wort miteinander gesprochen haben müssen (Tufekci 2014), entwickelt sich doch ein nahezu intimes Verhältnis zwischen ihnen: Die politischen Parteien folgen ihren potenziellen Wählerinnen und Wählern auf Schritt und Tritt, sie reagieren auf Anzeichen des Missfallens oder der drohenden Distanzierung mit einer Modifikation ihrer Botschaften. Mit Big Data und *microtargeting* scheint der von Rosanvallon hervorgehobene Widerspruch zwischen Individualisierung und Repräsentation in der Demokratie eine neue technokratische Antwort gefunden zu haben.

Doch das Verhältnis zwischen Repräsentierten und Repräsentanten ist hochgradig asymmetrisch: Die Wählerinnen und Wähler kontrollieren weder, welche Informationen die Wahlkampfapparate über sie sammeln, noch verfügen sie über vergleichbare Informationen bezüglich ihrer Kandidatinnen und Kandidaten. Diese Asymmetrie wird sukzessive institutionalisiert durch die Errichtung einer neuen technischen Infrastruktur: Während Wahlkampfressourcen früher nach einer Wahl aufgelöst wurden, sind nun Datenzentren entstanden, die dauerhaft Informationen über alle US-Wählerinnen und Wähler sammeln und unter einer persönlichen Kennung archivieren (Graff 2016). Die Datensätze werden zunehmend integriert und inzwischen auch kommerziell verwertet, etwa in Form von Themen- und Stimmungsanalysen, die durch *Data Mining* von sozialen Netzwerken gewonnen werden (Tufekci 2014: 6). Kandidatinnen und Kandidaten zahlen mutmaßlich hohe Beträge für den Zugriff auf die Datenbanken ihrer Parteien (Kreiss 2012). Diesem großen Informationsgefälle zum Trotz können *representative claims* auch in Zeiten von Big-Data-basiertem microtargeting nur in (impliziter oder expliziter) Zustimmung mit den Wählerinnen und Wählern politisch wirksam werden. Wie weit entsprechende Prozesse vorangeschritten sind, ist eine offene Frage. Eignen Repräsentierte sich die Big-Data-basierten Zuschreibungen an, wo widersetzen sie sich? Welche Erwartungen entstehen durch die Big-Data-basierten Repräsentationsansprüche wiederum an Parteien und ihre Kandidatinnen und Kandidaten? Verlieren sie möglicherweise ebenso an Autonomie wie ihre Wählerinnen und Wähler?

Anders als es die mediale Berichterstattung suggeriert, dient Big Data im Wahlkampf nicht allein der Analyse und Steuerung von individuellen Wählerinnen und Wählern. Big Data hat auch die Funktion, Repräsentationsansprüche zu formulieren und politische Identitäten und Kollektive zu schaffen. Doch hat dieser Prozess gerade erst begonnen. Ob die mithilfe von Big Data generierten *representative claims* durch die Repräsentierten angenommen werden, in welcher Art sie Identitäten und Kollektive mitprägen und welche Rolle die Repräsentierenden in diesen Deutungen erhalten, gilt es weiter zu erforschen.

3.4 Normativ hergestellte Erwartungen durch Big Data. Normierung, Normalisierung und Nudging

Jan-Hendrik Passoth und Holger Straßheim

Durch Big Data können auch Werte geschaffen, Ziele gesetzt und Wege bestimmt werden, diese Ziele zu erreichen. Aus normativer Sicht stellt sich dabei die Frage: Erklärt Big Data Handlungen zu erwünschten oder unerwünschten, angemessenen oder unangemessenen Handlungen? Wie werden Akteure durch Big Data in moralischer Hinsicht bewertet?

In Bezug auf das Bündel von Technologien, Verfahren und Praktiken, die derzeit unter dem Schlagwort Big Data verhandelt werden, von einer dezidierten normativen Dimension zu sprechen, erscheint zunächst kontraintuitiv. In der klassischen, institutionentheoretischen Lesart, der sich die hier zugrundeliegende Unterscheidung verdankt, deutet die normative Dimension – im Gegensatz zu den beiden anderen – auf wenig oder kaum kodifizierte Phänomene: Normen, Werte oder Wertmaßstäbe. Dass aber auch so etwas Formales wie die Sammlung, Speicherung, Verarbeitung, Weitergabe und Auswertung von großen Datenmengen eine normative Dimension hat, macht ein Blick in die Sozial- und Kulturgeschichte der (amtlichen) Statistik deutlich, die in vielerlei Hinsicht als Ahne und als überkommenes Paradigma vieler Big-Data-Technologien und Verfahren gelten kann.

3.4.1 Normierung durch Big Data

Denn nicht nur etymologisch sind Staat und Statistik eng miteinander verbunden: Als „politische Arithmetik" in England um 1676 und als „Abriss der neuesten Staatswissenschaft der vornehmsten Europäischen Reiche und Republiken" in Preußen um 1749 war Statistik zunächst eine neben anderen Wissenschaften vom und im Staat. Die Hoffnung, über das „Gesetz der großen Zahl" zu den Grundlagen einer „Göttliche(n) Ordnung in den Veränderungen des menschlichen Geschlechts" (Süßmilch 1761) vorzustoßen, setzt sich dabei im 17. und 18. Jahrhundert nur langsam gegen einen eher symbolischen politischen Zahlengebrauch in kameralistischer Perspektive durch: die Sache des Staates, die Staatsräson, entsteht, so kann man sagen, mit der Umstellung von einem politischen Zahlengebrauch, der Größen, Reichtümer und Soldaten als Ausdruck fürstlicher Macht versteht, hin zur Entwicklung statistischer Mittel zum Zweck der Regierung von Bevölkerung, Territorium oder institutioneller Wirksamkeit.

Als Demographie, Gesundheitsstatistik und als Kriminalitätsstatistik wurden Fragen der politischen Regulierung eng mit epistemischer Praxis verbunden. Ihre Verbindung besteht seither in einem messenden und auswertenden Zugriff auf Populationen, deren Konturen und Eigenarten sich durch Normierung und Normalisierung politischer Subjekte (und Objekte) verschieben und verändern lassen. Dass es überhaupt so etwas wie Populationen im Werkzeugkasten der regulären Regierungspraxis gibt, ist nicht allein die Folge der Entwicklung von Messverfahren und statistischen Kenngrößen, mit denen dann etwas genauer bestimmt werden kann, was auch vorher schon Gegenstand politischer Eingriffe gewesen wäre. Vielmehr werden der Gesundheitszustand der Bevölkerung oder die Frage, wie sich Teile einer Region an deren Wohlstand beteiligen, erst in der Form von Quoten und statistischen Anteilen als mögliche Regulierungsgegenstände verfügbar. Der Erfolg von Regierungshandeln bemisst sich statistisch nicht an der Regulierung von Handeln, Devianz oder Gesundheit einzelner Regierter, auch nicht an der Regulierung des Handelns von festen Gruppen, sondern an der Veränderung statistischer Kennzahlen: Wie viele Tage sind Bürgerinnen und Bürger im Mittel krank? Sind Einkommen normalverteilt und wenn ja: lässt sich die Varianz durch Maßnahmen verändern? Welchen Effekt haben fiskalpolitische Maßnahmen auf disjunkte Klassen von Bürgerinnen und Bürgern? Die normativen Erwartungen, die durch diese „Governance by numbers" (Heintz 2008) wirksam werden, sind dabei nicht notwendig an einer expliziten Vorstellung vom guten und gesunden Leben, vom angemessenen Lebensstandard oder eines erwünschten Verhältnisses von Stadt und Land, Bildungsgraden oder sozioökonomischer Lebenschancen orientiert, sondern immer auch an der statistischen Verteilung der in den Blick genommenen Merkmale. Der so entstehende „flexible Normalismus" (Link 2006) orientiert sich an einem „homme moyen", einen „Repräsentanten unserer ganzen Gattung, der außerdem im mittleren Maße alle Eigenschaften der anderen besitzt" (Quetelet 1914, S. 165) – politische Regulierung kann sich normativ an ihm orientieren, indem sie entweder darauf setzt, dass ihm Bürgerinnen und Bürger ähnlicher sind oder darauf, seine Eigenschaften zu optimieren.

Die Allgegenwart der Sammlung großer Datenmengen, die durch die Verfügbarkeit großer Datenmengen erschließbaren statistischen Regelmäßigkeiten und die entweder neu entwickelten oder aufgrund gestiegener Speicher- und Rechenkapazitäten endlich anwendbaren Verfahren der Verarbeitung großer Datenmengen, die gemeinhin unter dem Schlagwort Big Data zusammengefasst werden, lassen zumindest drei Dimensionen erkennen, in denen sich die normative Orientierung am „homme moyen" in den letzten Jahren verschoben hat: Vervielfältigung, Personalisierung bzw. Granularisierung und zyklische Neuberechnung.

Vervielfältigung

Während sich die an amtlicher Statistik orientierten Strategien der Normalisierung auf einen relativ festgelegten Satz von Eigenschaften (demographische, sozioökonomische oder ortsbezogene Faktoren etwa im Fall des Zensus) beziehen, die zudem noch unter den rechtlichen Vorgaben des Zensusgesetzes von einer systematisch eingeschränkten Zahl von Akteuren erhoben, ausgewertet und verwendet werden können, nimmt sowohl die Vielzahl als auch die Heterogenität der datengenerierenden und -verarbeitenden Akteure ebenso zu wie die Vielzahl und die Heterogenität der verfügbaren und verfügbar gemachten Daten. Ein Beispiel für die Veränderungen, die diese Vervielfältigungen und Diversifizierungen für das Gefüge normativer Erwartungen und die damit einhergehenden Normalisierungsstrategien haben können, ist die Nutzung datenbasierter Dienste im Gesundheitsbereich (vgl. Duttweiler et al. 2016): Neben den standardisierten Messungen im Rahmen der ärztlichen Versorgung ist in den letzten Jahren ein großes Angebot an Smartwatches, Fitness-Trackern, Smartphone-Apps und Plattformen im Netz getreten, die auf jeweils ganz unterschiedliche Weise Daten über den Gesundheitszustand ihrer Nutzerinnen und Nutzer erheben, mit den Daten anderer Nutzerinnen und Nutzer zusammenführen und auf ihrer Grundlage Empfehlungen und *Nudges* für die Anpassung des Verhaltens produzieren. Dabei stehen zwar zum Teil recht altbekannte Kenngrößen wie gelaufene Schritte oder Kalorienzufuhr und -verbrauch im Mittelpunkt. Aber schon bei ihnen ist die Art und Weise, mit Hilfe welcher Daten und aufgrund welcher Algorithmen aus den verbauten Accelerometern und Gyroskopen „Schritte" werden, ebenso wenig standardisiert wie bei obskureren Berechnungen von Stimmungswerten aus Hautwiderstands- oder Pulsmessungen. Welche normierenden Effekte die Orientierung an einem derart vervielfältigten Gefüge von Daten hat, ist derzeit noch wenig erforscht. Erste Untersuchungen zu Mitgliedern der sogenannten „Self Tracking"-Szene (z. B. Duttweiler 2016; Vormbusch und Kappler 2016) zeigen jedoch, dass weder die im öffentlichen Diskurs so dominante Orientierung an permanenter Optimierung (vgl. Selke 2016) noch der erhoffte Aufbau von individueller Gegenexpertise zur eigenen Gesundheit gegenüber der schulmedizinischen Praxis (Lupton 2014) für die Einzelnen eine besonders starke Rolle spielen. Vielmehr ist eine zuweilen spielerische Orientierung an der experimentellen Modifikation der eigenen Position im jeweils verfügbaren Datenraum zu beobachten sowie eine selektive Orientierung an einzelnen Merkmalskombinationen (Crawford et al. 2015; Lupton 2016).

Personalisierung und Granularisierung

Die Vermutung, dass sich die mit Big Data verbundenen normativen Erwartungen vor allem an den Einzelnen richten, ist in der öffentlichen Imagination der Effekte von Big Data allgegenwärtig. Nachdem schon 2006 Arvind Narayanan und Vitaly Shmatikov zeigen konnten, wie sich relativ einfach anonymisierte Filmbewertungen in einem Netflix-Datensatz de-anonymisieren lassen (Narayanan und Shmatikov 2006) und nachdem insbesondere Anfang der 2010er Jahre Meldungen über die recht einfache Identifikation individueller Nutzerinnen und Nutzer aus anonymisierten Mobilfunkdaten die Runde machten (Hardesty 2013), hat sich die Umkehrung des alten Sprichworts von der Nadel im Heuhaufen zu einer Art Maßgabe des Nachdenkens über die Konsequenzen von Big Data entwickelt: Will man eine Nadel finden, braucht man zunächst einen hinreichend großen Heuhaufen. Viele der aktuell unter Schlagwortenwie *micro targeting* etwa im Bereich des Wahlkampfs geführten Debatten drehen sich um diese Figur: Big Data erlaubt die zielgenaue Einflussnahme auf das Verhalten einzelner Individuen. Am Fall des *targeting* allerdings lässt sich zeigen, dass es auf diese zielgenaue Personalisierung eigentlich in den wenigsten Fällen wirklich ankommt. Vielmehr arbeiten eine Reihe von Verfahren der Analyse großer Datenmengen weniger auf Vereinzelung als auf Granularisierung (Kucklick 2014) hin – auf die Identifikation mehr oder weniger sinnvoller „taxonomischer Kollektive" (Wehner 2008). Denn die Merkwürdigkeit, dass z. B. gerade nach einem Einkauf bei einem großen Online-Shop das gerade gekaufte Produkt in den Werbebannern in den sozialen Netzwerken oder auf Nachrichtenseiten über Tage hinweg wieder auftaucht, ist kein Zeichen dafür, dass die Algorithmen nicht richtig arbeiten. Vielmehr hat der Kauf dazu geführt, das eigene Nutzungsprofil für einen bestimmten Zeitraum mit anderen zu einem Cluster zusammengefasst wurde, so dass das gekaufte Produkt anderen Nutzerinnen und Nutzern, die hinreichend ähnlich sind, auch angezeigt wird. Denn *targeting* setzt nicht darauf, einen einzelnen Nutzer oder eine einzelne Nutzerin zum Kauf zu bewegen, sondern darauf, in einer Menge von Nutzern die Konversionsrate[50] prozentual zu steigern.

Zyklische Neuberechnung

In beiden Fällen – Vervielfältigung und Granularisierung – wird die Verarbeitung großer Datenmengen auch bei den heute verfügbaren Speicher- und Rechenkapazitäten nur in seltenen Fällen in Echtzeit durchgeführt, sondern zyklisch immer

---

50 Der Begriff Konversion bezeichnet den Statuswechsel von Kunden, etwa vom Nutzer einer Suchmaschine zum Besucher eines Online-Shops oder vom Interessenten zum Käufer.

wieder aufs Neue. Das hat zum Teil methodische Gründe – bei einigen Verfahren, etwa beim *clustering*, bekommt man mit einer Neuberechnung nach dem Hinzufügen neuer Daten eine andere Zusammensetzung der *cluster* als beim Einordnen der neuen Daten in die bestehenden *cluster* –, zum Teil aber auch schlicht Performancegründe: Auch heute dauert das Zusammenkopieren und selbst die parallelisierte Verarbeitung großer Datenmengen Zeit. In Bezug auf die normativen Erwartungen durch Big Data bedeutet das, dass auch datenbasierte Verfahren der Verhaltensmanipulation wie *nudging* oder *targeting* nicht darauf zielen müssen, das Verhalten der Einzelnen in eine bestimmte Richtung zu steuern: Vielmehr kann es passieren, dass Nutzerinnern und Nutzer nach einer Neuberechnung z. B. nicht mehr als gesundheitsbewusste Käuferinnen und Käufer von *functional food*, sondern als experimentierfreudige Kundinnen und Kunden von Pharmaprodukten angesprochen werden. Kurzum: Änderungen in der Verhaltenssteuerung sind nicht notwendigerweise intendiert.

3.4.2 Normierung und Verhaltenssteuerung

Vervielfältigung, Personalisierung und zyklische Neuberechnung verändern nicht nur die normative Orientierung am „homme moyen". Sie fließen auch ein in staatliche Strategien der Verhaltenssteuerung. Die Analysemethoden von Big Data, in Verbindung mit verhaltenswissenschaftlich fundierten Policy-Instrumenten, gilt stellenweise gar als nächster Trend modernen Regierens, das weniger kodifizierte Regeln benötigt und letztlich die Erzeugung und Wirkung normativer Erwartungen auf die Mikroebene individuellen Verhaltens verlagert (Sunstein 2015).

Big Data und Nudging

Im vergangenen Jahrzehnt haben *nudges* die Praxis des Regierens bereits nachhaltig beeinflusst und beeinflussen sie noch immer. Big Data wird dabei zunehmend als natürliche Ergänzung gesehen, mit deren Hilfe sich individuelles Verhalten in dynamischen Kontexten maßgeschneidert beeinflussen lässt. Im vergangenen Jahr führte China, zunächst in einer Pilotphase, den so genannten „Citizen Score" ein. Dabei werten Algorithmen Daten aus sozialen Netzwerken, Online-Shops und zahlreichen anderen Quellen aus und weisen jeder Bürgerin und jedem Bürger eine individuelle Punktzahl zu. Diese Punktzahl, gewissermaßen ein staatlicher „Reputationsindex", wird nicht nur durch die eigenen Aktivitäten in sozialen Netzwerken bestimmt, sondern auch durch die Aktivitäten von Freundinnen und Freunden und Bekannten. Ihr Effekt auf den individuellen Alltag beschränkt sich nicht darauf, mit den eigenen Bekannten in einem Wettbewerb um den höchsten

„Citizen Score" zu stehen. Vielmehr hat die Punktzahl erheblichen Einfluss auf das eigene Leben, z. B. auf die Chance, ein Visum für eine Auslandsreise zu erhalten (Hanfeld 2015). Wer bestimmte Lebenschancen anstrebt, muss sein Verhalten sowie sein soziales Umfeld also den Maßstäben angleichen, anhand derer Algorithmen ihre Bewertungen vornehmen. Auch wenn es sich beim „Citizen Score" um einen Extremfall handelt, steht er doch emblematisch für die zunehmende Konvergenz von Techniken der Datenerhebung und -verarbeitung und Techniken der Verhaltensbeeinflussung.

Nudging bezeichnet den Versuch, im Rückgriff auf Erkenntnisse der Verhaltensökonomik das Verhalten von Menschen zu beeinflussen; eine wesentliche Rolle spielt dabei die Einsicht, dass menschliches Verhalten zwar systematisch vom Modell des homo oeconomicus abweicht, aber durch das planvolle Ausnutzen dieser Abweichungen beeinflusst werden kann (Thaler und Sunstein 2009). Eine solche Verhaltensbeeinflussung erzielen *nudges*, zu Deutsch etwa „Stupser/in", indem sie scheinbar irrelevante Details von Entscheidungssituationen verändern. Zur Illustration dient häufig das „Kantinenbeispiel", demzufolge sich der Konsum von Obst erheblich steigern lässt, wenn es auf die richtige Art und Weise präsentiert wird. Im vergangenen Jahrzehnt haben *nudges* sowie verwandte Techniken der Verhaltensregulierung und -beeinflussung die Praxis des Regierens nachhaltig verändert und verändern sie noch immer. Insbesondere im Vereinigten Königreich werden zunehmend verhaltensökonomisch informierte Politikinstrumente eingesetzt, z. B. in der Verbraucherschutz- und der Energiepolitik oder zur Steigerung der Steuermoral (Behavioural Insights Team 2014). Regierungen in den USA, Australien, Neuseeland, Frankreich, den Niederlanden oder Singapur befassen Teams aus Expertinnen und Experten mit der Entwicklung von Verhaltensinterventionen und deren experimenteller Überprüfung – zuletzt auch die Bundesregierung mit der Projektgruppe „Wirksam Regieren" im Kanzleramt (Straßheim et al. 2015). Auf transnationaler Ebene kommt es zur Vernetzung öffentlicher, privater und zivilgesellschaftlicher Organisationen mit dem Ziel, verhaltensökonomisches Wissen zu produzieren und anzuwenden. So hat etwa die Weltbank in ihrem jüngsten Bericht „Mind, Society, and Behavior" (2015) eine systematische Übertragung von Erkenntnissen der Verhaltensforschung auf den Bereich der Entwicklungspolitik vorgeschlagen. In der Europäischen Kommission arbeitet die „Foresights and Behavioural Insights Unit" an der Entwicklung verhaltensregulierender Instrumente für mehrere Politikfelder, etwa für die Gesundheitspolitik, Finanzdienstleistungen oder den Datenschutz (Alemanno und Sibony 2016; Straßheim i. E.).

Laut Cass Sunstein, Ko-Autor des einflussreichen Buches „Nudge" (Thaler und Sunstein 2009), liegt erst in der Verbindung von Techniken der Datenanalyse mit verhaltensregulierenden Maßnahmen die eigentliche Vollendung des *nudging*

3.4 Normativ hergestellte Erwartungen durch Big Data

(Sunstein 2015). Denn durch die datenbasierte Personalisierung von Verhaltensinterventionen gelingt, so Sunstein, die Anpassung von Verhaltensarchitekturen (*choice architectures*) an alle Lebenssituationen. Die Kombination von Big Data und *nudging* in Form von „personalized nudges" ermöglicht es in diesem Sinne, individuelles Verhalten in dynamischen Kontexten maßgeschneidert zu beeinflussen. Statt eine „one size fits all"-Strategie zu verfolgen, wie es besonders bei frühen *nudges* erkennbar war, lassen sich im Falle personalisierter Strategien die Personengruppen, deren Verhalten beeinflusst werden soll, und das Maß der Verhaltensbeeinflussung ausdifferenzieren. Im Online-Handel beispielsweise geben Algorithmen auf der Grundlage von Daten der Kundinnen und Kunden individualisierte Produktempfehlungen, um bestimmte Kundinnen und Kunden zum Kauf spezifischer Produkte zu bewegen; in manchen Fällen ermitteln Algorithmen sogar individualisierte Preise (Reisch et al. 2016, S. 19-23).

Staatliches „Big Nudging"

Die Nutzbarmachung verhaltenswissenschaftlicher Erkenntnisse für die Beeinflussung von Konsumierenden reicht bis in die 1920er Jahre zurück (Lemov 2005, S. 24f.). Auch der Einsatz von Big Data ist in der Privatwirtschaft bereits seit mehreren Jahren gängige Praxis. Neu und, wie das eingangs erwähnte Beispiel Chinas zeigt, von erheblicher Tragweite ist der Einsatz datengestützter Instrumente zur Verhaltensbeeinflussung durch den *Staat*. Da die Beziehung zwischen Staat und Bürgerinnen und Bürgern traditionell eine andere ist als die zwischen Käuferinnen und Käufern und Verkäuferinnen und Verkäufern, lassen sich die Erkenntnisse über privatwirtschaftliche Verhaltensbeeinflussungen nicht ohne weiteres auf den staatlichen Einsatz personalisierter Verhaltensinstrumente übertragen. In der Diskussion um den „libertären Paternalismus" entwickeln sich nun neue Legitimations- und Politikvorstellungen. Gestützt auf diese Vorstellungen werden vergangene Krisenerscheinungen im Rückblick als Ergebnis begrenzter Rationalität erklärbar (so z. B. Thaler und Sunstein 2009, S. 255ff.); zugleich liefern sie für die Zukunft eine Neubeschreibung des Verhältnisses zwischen Bürgerinnen und Bürger und Staat. Mit Unterstützung von Verhaltensexpertinnen und -experten, so die Grundidee, kann es dem Staat gelingen, die begrenzte Rationalität im Verhalten von Bürgerinnen und Bürgern zu korrigieren und diesen so die Freiheit zur Verfolgung ihrer eigenen Ziele zurückzugeben (Sunstein 2014). Weil es sich bei *Big nudging* um ein neuartiges Phänomen handelt, liegen bisher, abgesehen von wenigen Ausnahmen (Helbing 2016; Hacker 2016), nur wenige Arbeiten zum Thema vor. Angesichts der zunehmenden Bedeutung von personalisierten (Big-Data-gestützten) Verhaltensregulierungen sowohl auf staatlicher als auch auf nichtstaatlicher Ebene ist es jedoch nötig, die politischen und gesellschaftlichen Implikationen dieses Instruments in einem interdisziplinären Zugriff zu analysieren. In Teilen der jüngeren Forschungsdiskussion wird die Kombination von Verhaltensinstrumenten und Big Data vor allem als prognostische Technologie diskutiert, als eine Form der algorithmischen Bewältigung komplexer Vorhersageprobleme („prediction problems", vgl. Kleinberg et al. 2015). In der Gesundheits-, Finanz- oder Arbeitsmarktpolitik sollen mit Hilfe des *Machine Learnings* abweichende Verhaltensweisen im Voraus erkannt und dann durch den Einsatz entsprechender Verhaltenspolitiken regulierbar werden. Es geht also, so ein zentrales Argument, vor allem um Erkenntnisse über die Lebenserwartungen und Heilungschancen bestimmter Risikogruppen in der Gesundheitspolitik, die Vermittlungschancen jugendlicher Arbeitsloser oder die Erfolgsaussichten spezifischer Lehrmethoden in der Schulpolitik. Vor dem Hintergrund dieser Voraussagen können dann, gewissermaßen in Echtzeit, individuell abgestimmte Verhaltensregulierungen implementiert werden.

Grenzen der Steuerbarkeit

Gleichwohl ist derzeit noch unklar, in welchem Ausmaß die Bewältigung von *prediction problems* durch die maschinenbasierte Erzeugung kognitiver (lernbereiter) Erwartungen nicht zugleich auch verknüpft ist mit der Bildung normativer (kontrafaktischer) Erwartungen. In seinem Buch über „Imagined Futures" hat Jens Beckert jüngst eine Theorie fiktionaler Erwartungen vorgelegt, die als soziale und kulturelle Projektionen angesichts ungewisser Zukünfte immer auch das Ergebnis zugrundeliegender Wertvorstellungen und Deutungen sind. Dieser Einfluss von „extra-technical, non-calculative assessments expressed as imagined futures" (Beckert 2016, S. 283) gilt in besonderem Maße für personalisierte, algorithmische Verhaltensinstrumente. Das hat vor allem drei Gründe:

1. Die maschinengestützte Analyse von Verhaltensweisen beruht nicht auf vorgegebenen Theorien oder Annahmen, sondern ist das Ergebnis eines in Echtzeit ablaufenden Prozesses der algorithmischen Reduktion von Komplexität durch Schwellenwerte und Clusterbildungen. Die sich daraus ergebenden Ordnungs- und Bewertungsmodelle beruhen also auf hochkomplexen, für die Nutzerinnen und Nutzer nicht rekonstruierbaren Rechenschritten. Jedes Ergebnis dieser algorithmischen *black box* muss daher gleichsam im Rückblick und unter Rückgriff auf bestehende Annahmen und Überzeugungen gedeutet werden. Verhaltensprognosen durch Big Data beruhen also nicht auf vorherigen Erwartungen, sondern sie müssen retroaktiv mit Sinn verknüpft und damit für politische oder andere Entscheidungen erst erzeugt werden. Sie sind eingebettet

3.4 Normativ hergestellte Erwartungen durch Big Data

in eine jeweils kontextspezifische und mit Anwendungszielen – z. B. dem Ziel des Abbaus devianter Verhaltensweisen – verbundene Erwartungskonstellation. Die Praktiken dieses *ex-post* Zuschreibungsprozesses sind bisher nicht systematisch untersucht worden.

2. Personalisierte Verhaltenspolitik ist insofern das Ergebnis multipler Erwartungsketten, die in der Abfolge von algorithmischer Kalkulation, sozialer Ordnungszuschreibung und Kategorisierungen, Irritation bisheriger Annahmen und politischer Projektion bzw. Trivialisierung das Ergebnis zahlreicher Teilentscheidungen und Relevanzannahmen sind. Damit wird eine doppelte Intransparenz erzeugt, weil a) die algorithmischen Analysen nicht rekonstruierbar und daher deutungsoffen sind und b) die daraus abgeleiteten Verhaltensregulierungen als Zugriffe auf unhinterfragte kognitive Heuristiken für Individuen auch nicht ohne weiteres erkennbar sind. Die doppelte Intransparenz personalisierter Verhaltenspolitiken macht diese zugleich in ihren normativen Vorannahmen unhinterfragbar.

3. Diese doppelte Intransparenz gewinnt ihre besondere Brisanz in Situationen wechselseitiger Beobachtung. Wenn – etwa in Form von Smartwatches oder Smartmeters – Ergebnisse algorithmischer Analysen zum Ausgangspunkt sozialer Selbst- und Fremdbewertung werden, dann kann es unter Umständen zu einer Mobilisierung von Wert- und Wertungsschemata kommen, deren Folgen für soziale Interaktionen einerseits, für individuelle Verhaltens- oder Wahrnehmungsweisen andererseits unklar sind. Dazu gehört auch die Frage, ob etwa durch *Health Apps* und *Wearables* eine Kultur der Mikrokonkurrenz entsteht, die letztlich Prinzipien der Solidarität in der Gesundheitspolitik erodieren läßt. Unklar ist damit dann auch, ob sich im Zuge der algorithmischen Beobachtung von Gesellschaft nicht womöglich zeitgleich die gesellschaftlichen Bedingungen für Verhaltensregulierungen selbst dynamisch verändern. Ein bekannter Nebeneffekt von Smart Meters sind beispielsweise Probleme des *moral licensing*, also einer Art Logik der moralischen Verrechnung z. B. der für das Energieverbrauchsverhalten gutgeschriebenen Einsparungen mit einem übermäßigen Wasser- oder Kraftstoffverbrauch. Diese Selbstlizensierungen könnte sich mit der auf Big Data beruhenden Verhaltenssteuerungen noch verstärken. Es handelt sich in gewisser Weise um „biases zweiter Ordnung", die überhaupt erst aus Korrekturen verhaltensökonomisch bereits beschriebener „biases erster Ordnung" entstehen und dann vermutlich eine Kaskade weiterer Verhaltenssteuerungen auslösen. Die daraus resultierenden Nebenfolgen und unintendierten Effekte können erst dann abgeschätzt werden, wenn die Problematik normativer Erwartungsbildung im Zusammenhang mit personalisierten, algorithmischen

Verhaltenspolitiken systematisch zum Gegenstand interdisziplinärer und transdisziplinärer Diskussionen wird.

3.5 Wenn Big Data Regeln setzt. Regulativ hergestellte Erwartungen durch Big Data

Lena Ulbricht und Sebastian Haunss

Verändert Big Data, wie angenommen, die Bedingungen kollektiv bindenden Entscheidens, indem Regeln anders entstehen, indem neue Regeln gesetzt werden oder bestehende Regeln neuartig implementiert werden? In welcher Hinsicht wird Big Data für Regulierung eingesetzt? Wie dient Big Data der Feststellung regelkonformer Handlungen und (un)schuldiger oder (un)bestechlicher Akteure?

3.5.1 Big Data und Regulierung: eine Systematisierung

Die regulative Dimension der Wirkungen von Big Data betrifft die Setzung und Implementierung kodifizierter Regeln. Es geht hier also nicht um Vorstellungen und Normen – diese Aspekte sind bereits in den vorangegangenen Abschnitten behandelt worden –, sondern um Gesetze, Verordnungen und andere Formen von üblicherweise schriftlich fixierten Regeln und Handlungsanweisungen. Aus politikwissenschaftlicher Sicht sind dabei insbesondere die Regeln interessant, die die Herstellung bzw. Bereitstellung öffentlicher Güter betreffen und die Folgen für die Bevölkerung als Ganzes oder für einzelne Bevölkerungsgruppen haben. Regeln dagegen, die vor allem für die Produktion privater Güter relevant sind und die beispielsweise innerhalb einer Organisation bestimmte (Produktions-)Abläufe festlegen, können zwar ebenfalls durch Big Data beeinflusst werden, stehen aber hier nicht im Fokus. Auch wie Big Data selbst Gegenstand von Regulierung werden kann, ist nicht Gegenstand dieses Beitrags, sondern wird in Kapitel 6 behandelt.

Forschungsstand über Big Data und Algorithmic Regulation

Es gibt inzwischen einen schnell anwachsenden Korpus an Forschung, der sich damit befasst, wie Big Data in ganz unterschiedlichen Bereichen die Setzung und Implementierung von Regeln beeinflusst. Eine Wendung, die dabei immer wieder auftaucht, ist die der *algorithmic regulation* (Morozov 2014) oder der *governance by algorithms* (Just und Latzer 2016). Zahlreiche Studien zeigen auf, dass Verfah-

3.5 Wenn Big Data Regeln setzt

ren der automatisierten Datenverarbeitung, die auf sehr große Datenbestände zurückgreifen, inzwischen dazu genutzt werden, um zwischen regelkonformen Handlungen und Regelverstößen zu unterscheiden und Akteure als schuldig oder unschuldig, bestechlich oder unbestechlich zu beurteilen. Beispiele finden sich in allen Politikfeldern: In der Gesundheitspolitik werden über *Data Mining* Zielgruppen identifiziert und auf dieser Grundlage ihr Zugang zu Fördermaßnahmen bestimmt, wie es etwa durch das US-Department of Veterans Affairs (VA) praktiziert wird (Fihn et al. 2014; Conn 2014). In der Sozialpolitik dient Big Data der Kontrolle von Sozialhilfeempfängerinnen und -empfängern, um Betrug zu vermeiden: Mithilfe von kombinierten Datensätzen und *Data Mining* Verfahren werden Risikogruppen bestimmt und durch Vorladungen und Hausbesuche kontrolliert (Maki 2011, S. 52-54). In der Verkehrspolitik dient Big Data der Lenkung von Verkehrsströmen, etwa zur Vermeidung von Staus im Autoverkehr (Biem et al. 2010) oder von Engpässen im öffentlichen Nahverkehr (Noursalehi und Koutsopoulos 2016), indem Verkehrsteilnehmerinnen und -teilnehmer auf entsprechende Informationen zugreifen können. In der Energiepolitik werden die von Smart Meter generierten Daten dafür eingesetzt, um Endnutzerinnen und -nutzer zum Stromsparen zu animieren (McKenna et al. 2012). Auch in der Kriminalitätsbekämpfung wird *Data Mining* in großen Datensätzen eingesetzt, um zu bestimmen, wo besonders eingehende Kontrollen einer Straftat vorbeugen oder diese aufdecken können, etwa durch die flächendeckende Prüfung von Steuererklärungen (Hoyer und Schönwitz 2015) oder bei der Analyse von Einbruchdiebstahl (Merz 2016). Big Data in Form von integrierten Datenquellen und *Data Mining* Verfahren dient zudem der Kontrolle von grenzüberschreitender Mobilität, wie etwa beim Warenimport/-export (Barbero et al. 2016, S. 40) und bei Personenkontrollen an Flughäfen (Ajana 2015). Nachrichtendienste wie die NSA nutzen und analysieren große Mengen von Kommunikationsdaten, um zwischen US-Bürgerinnen und Bürgern und anderen Personen unterscheiden zu können. Auf diese Weise entsteht eine „algorithmically defined citizenship", welche bestimmt, ob die Daten einer Person durchsucht werden dürfen oder nicht (Cheney-Lippold 2016). Dabei kann Big Data auch von zivilgesellschaftlichen Organisationen zur Bewertung staatlicher Leistungen genutzt werden, der Rekrutierung von Unterstützerinnen und Unterstützern dienen oder zur Entwicklung neuartiger Handlungsstrategien (Goerge 2014). Weitere Beispiele für Big-Data-basierte Anwendungen im öffentlichen Sektor propagiert die EU (Europäische Kommission 2017). Allerdings fehlt es an einer systematischen Aufbereitung der Arten, in denen Big-Data-bezogene Praktiken zur Regulierung eingesetzt werden. Regulierung wird an dieser Stelle verstanden als die absichtsvolle Setzung von Regeln, ihre Kontrolle und Implementierung (Black 2008). Im Folgenden wollen wir zunächst einmal eine Reihe von Dimensionen nennen, anhand derer die regulative Wirkung von

Big Data systematisiert werden könnte. Diese Dimensionen werden dann anhand von zwei Fallbeispielen diskutiert.

Versuch einer Systematisierung

Big Data kann sowohl die Setzung als auch die Implementierung von Regeln beeinflussen. Hinsichtlich beider Ebenen sind wiederum drei Aspekte zu berücksichtigen:

1. Welche Aspekte von Big Data beeinflussen Regulierung?
2. Welche Regeln beeinflusst Big Data?
3. Wie weitreichend ist der Einfluss von Big Data?

Welche Aspekte von Big Data beeinflussen Regulierung? Hier ist zu unterscheiden, ob der Einfluss von Big Data auf Regulierungsprozesse in erster Linie auf einen oder mehrere der drei häufig zitierten Eigenschaften von Big-Data-Datensätzen – großes Volumen, große Vielfalt und hohe Geschwindigkeit der Datengenerierung[51] – zurückzuführen ist, oder ob es primär neue Analysemethoden wie *Data Mining*, künstliche Intelligenz, maschinelles Lernen, prädiktive Analysen etc. sind, die eine regulative Wirkung entfalten. Natürlich hängen beide Aspekte miteinander zusammen: Die neuartigen Eigenschaften der Daten rufen nach neuen Methoden zu ihrer Analyse. Aber auch Big-Data-Datensätze können mit ganz klassischen Methoden der Häufigkeitsauszählung und der Schlagwortsuche bearbeitet werden und Mustererkennung oder maschinelles Lernen funktioniert auch mit relativ kleinen, traditionellen Datensätzen.

Wichtig ist zudem zu unterscheiden, ob zur Regulierung durch Big Data vor allem sektorspezifische oder unspezifische Daten genutzt werden. Sektorspezifische Daten werden mit Absicht erhoben und es besteht die Erwartung, dass sie mit einem bestimmten Ziel im Zusammenhang stehen. Spezifische Gesundheitsdaten sind etwa Daten wie sie in Arztpraxen, Krankenhäusern und Apotheken generiert werden. Unspezifische Daten wurden hingegen für andere Zwecke oder ohne besondere Intention erhoben. Als unspezifische Gesundheitsdaten könnte man zum Beispiel Smartphonedaten verstehen, die u. a. auch zur Analyse von Gesundheitszuständen und Lebensstil verwendet werden können. Mit Blick auf die Informationsbasis für staatliche Entscheidungen ist bedeutsam, dass Regierungen heute zunehmend damit experimentieren, neben den sektorspezifischen auch unspezifische Daten zu verwenden. Unspezifische Daten bedeuten aber größere Risiken mit Blick auf die Qualität, Legalität und gesellschaftliche Akzeptanz im Vergleich zu traditionellen sektorspezifischen Daten, sie wecken aber auch größere Erwartungen mit

---

51 http://www.gartner.com/it-glossary/big-data/.

3.5 Wenn Big Data Regeln setzt

Blick auf ihr Innovationspotenzial (Schintler und Kulkarni 2014, Washington 2014). Die Frage nach Datenquellen und Analyseverfahren ist somit stets auch eine nach dem angemessenen Gleichgewicht zwischen Risiken und Potenzialen datenbasierter Innovation.

Welche Regeln beeinflusst Big Data? In der zweiten Dimension wäre zu fragen, auf welcher Ebene eine Big-Data-basierte Regulierung wirkt: Beeinflusst Big Data die (Meta-)Regeln der Regelsetzung und Implementierung oder ist der Einfluss auf einzelne konkrete Regeln und Implementierungen beschränkt? Ändern sich durch Big Data also die Rahmenbedingungen, unter denen Regeln entstehen und modifiziert werden, also beispielsweise parlamentarische Entscheidungsprozesse oder Verwaltungshandeln? Denkbar wäre etwa, dass Datensätze, die stetig wachsen und sich verändern, dazu führen, dass Regeln häufiger überprüft und überarbeitet werden. Möglich wäre auch, dass Regeln weniger präzise kodifiziert werden (in Gesetzen, in Handlungsanweisungen) und verstärkt durch Interpretationsarbeit geschaffen werden, etwa durch Auslegung von Berechnungen. Möglicherweise beeinflusst Big Data aber gar nicht die Regeln der Regelsetzung sondern nur einzelne Regeln, die zum Beispiel im Rahmen von *Predictive Policing* den Einsatz von Funkstreifen im Stadtgebiet regeln? Aus dieser Perspektive ist wiederum zu fragen, ob durch Big Data bestehende Regeln nur verändert bzw. anders implementiert werden oder ob durch Big Data andersartige Regeln gesetzt werden, zum Beispiel solche, die stärker nach feiner granulierten Subgruppen unterscheiden. Hier wäre insbesondere interessant, ob es bestimmte Politikfelder gibt, die besonders anfällig oder empfänglich für Big-Data-basierte Regulierung sind und welche Gründe dies gegebenenfalls hat. Beeinflusst Big Data vor allem sicherheitspolitische Regulierung, während bildungspolitische Entscheidungen weitaus weniger davon betroffen sind? Oder werden sicherheitspolitische Regeln weiterhin durch Expertise, Werte und Ziele menschlicher Akteure bestimmt? Möglicherweise gibt es Lebensbereiche und Politikfelder, die der Effizienzorientierung von Big Data zuwiderlaufen, etwa Kunst und Kultur?

Wie weitgehend ist der Einfluss von Big Data? Die dritte Dimension betrifft schließlich den Grad der Beeinflussung und der verbleibenden Entscheidungsspielräume: Ersetzt Big Data menschliche Regelsetzung und Implementierung durch automatische Verfahren, wie dies bereits im *high velocity trading* praktiziert wird, oder liefern Big-Data-Analysen nur einen Baustein, der letztlich von menschlichen Entscheidungsträgerinnen und Entscheidungsträgern berücksichtigt werden kann oder auch nicht? Steht der Mitarbeiterin oder dem Mitarbeiter einer Versicherung frei, trotz negativem *scoring* einen günstigen Versicherungstarif anzubieten, oder wird die Entscheidung darüber letztlich in die Analysealgorithmen verlagert? Man muss also zwischen Big-Data-basierter Regulierung mit großen und mit kleinen

Umsetzungsspielräumen unterscheiden. Große Entscheidungsspielräume bietet ein Verfahren, bei dem durch Big Data ermittelte Muster eine von vielen Informationen sind, die bei der Regelumsetzung als Entscheidungsgrundlage dienen. Geringe Spielräume finden sich dann, wenn das durch Big Data ermittelte Ergebnis quasi-automatisch umgesetzt wird. Mit dieser Frage verbunden ist auch jene der Folgen für die menschliche Autonomie und für das Verhältnis zwischen Bürgerinnen und Bürgern und Staat. Stimmt die These, dass durch Big-Data-Anwendungen die staatliche Kontrolle zunimmt und bürgerliche Freiheiten systematisch eingeschränkt werden?[52]

Für alle drei Dimensionen gilt: Die Unterscheidung ist tatsächlich nicht dichotom. Die beiden Optionen beschreiben vielmehr die Pole eines Kontinuums, auf dem die möglichen regulatorischen Wirkungen von Big Data angesiedelt sind.

Anhand ausgewählter Beispiele wird im Folgenden aufgezeigt, in welcher Form Big Data zur Regelsetzung und Implementierung eingesetzt werden kann – mit besonderem Fokus auf die Daten, die hierzu herangezogen werden und der Verbindlichkeit der so generierten Regeln. Das erste Beispiel widmet sich den PNR-Datenbanken, die unspezifische Daten für Terrorismus und Kriminalitätsbekämpfung nutzen und die sehr geringe Spielräume für Entscheidungen lassen. Der zweite Fall widmet sich Big Data in der Gesundheitspolitik, wo überwiegend spezifische Daten verwendet werden und in vielen Fällen größere Handlungsspielräume verbleiben. Die Auswahl der Beispiele als möglichst unterschiedliche Fälle soll zeigen, dass es kein einheitliches Modell und keinen eindeutigen Trend für Big-Data-basierte Regulierung gibt, sondern eine große Spannweite an Möglichkeiten.

3.5.2 Fallbeispiele zu Regulierung durch Big Data

Fluggastdaten (PNR)

Fluggastdaten (passenger name records, PNR) gehören zu den sogenannten *computerized reservation systems* (CRS) oder auch *global distribution systems* (GDS): Diese Reservierungssysteme werden von kommerziellen Anbietern betrieben (Has-

---

52 Die Forschung über „governing by numbers" und Quantifizierung deutet auf eine große Autorität quantifizierter Regulierungsverfahren hin (Miller 2001, Espeland und Stevens 2008). Allerdings gibt es nur wenige empirische Studien, die dies auch mit Blick auf neuere algorithmische Verfahren belegen können (zur Unterstreichung der Forschungslücke etwa Christin et al. 2016, S. 7).

3.5 Wenn Big Data Regeln setzt

brouck 2016; Moenchel 2010)[53] und in großem Ausmaß zu kommerziellen Zwecken genutzt: Reiseveranstalter benötigen sie, um die verschiedenen Elemente einer Reise integriert zu organisieren, etwa Flüge unterschiedlicher Fluggesellschaften, verschiedene Verkehrsmittel, Hotels, Mietwagen etc. Diese Reservierungssysteme umfassen Datenbanken, die global Daten über Reisende erfassen, die PNR. Diese werden seit den Terroranschlägen des 11. September zunehmend von Regierungen für Sicherheitszwecke genutzt, etwa den Regierungen der USA, Kanadas, Australiens. Auch in der EU werden die PNR für Flüge zwischen der EU und dem EU-Ausland sowie ausgewählten innereuropäischen Flügen von staatlichen Sicherheitsbehörden ausgewertet, ab 2017 in allen EU-Staaten (European Parliament 2016).

Welche Aspekte von Big Data beeinflussen Regulierung?

Die PNR können als Big Data verstanden werden in der Hinsicht, dass hier große Datensätze angelegt werden, die sich aus vielfältigen Quellen speisen: Reiseveranstalter, Buchungsportale, Fluggesellschaften, Hotels, Autoverleihe etc. Reisende sind mit bis zu 60 Datenpunkten abgebildet (House of Lords 2007, S. 9): Daten zur Reise, Kontaktdaten, Zahlungsdaten, Daten zu den Umständen der Buchung, Mitreisende etc. Diese Daten sind für Sicherheitsanalysen als unspezifisch zu betrachten, da sie keine direkten Aussagen über legales oder illegales Verhalten beinhalten. Vielmehr bilden sie Mobilitätsverhalten ab, aber auch Konsum, Freizeit, Kommunikation, Privatleben und berufliche Aktivitäten. Ob diese Daten mit weiteren Daten angereichert werden, etwa aus sozialen Netzwerken, ist derzeit nicht erwiesen.[54] Die PNR sind mit Blick auf Datenschutz nur teilweise reguliert: Es gibt Begrenzungen des staatlichen Zugriffs[55], aber kaum Kontrolle der kommerziellen Datenbanken. Entsprechend muss man davon ausgehen, dass die Daten hier nicht systematisch nach einer bestimmten Frist gelöscht werden und somit wachsen und sich stetig verändern (Hasbrouck 2016). Die PNR werden durch Sicherheitsbehörden mittels *Data Mining* Verfahren analysiert: Algorithmen suchen nach Mustern und Faktoren

---

53   Die drei größten Unternehmen sind Amadeus, Sabre und Travelport. Letzteres pflegt zwei CRS: Worldspan und Galileo. Es gibt aber weitere Unternehmen, die CRS betreiben, unter anderem Alphabet (Google) (Hasbrouck 2016).

54   Die Praxis bei Grenzkontrollen, Passagiere aufzufordern, Sicherheitsbeamten Zugriff auf ihre Facebook-Accounts zu gewähren, deutet jedoch darauf hin, dass Sicherheitsbehörden ein Potenzial darin sehen, Social Media-Daten für Sicherheitszwecke auszuwerten (Nixon 2016). http://edition.cnn.com/2017/01/29/politics/donald-trump-immigrant-policy-social-media-contacts/index.html

55   Gesetzliche Regelungen setzen staatlichen Sicherheitsbehörden Grenzen für die Zugriffsdauer: US-Behörden haben etwa 15 Jahre lang Zugriff auf die Daten einer Person, in der EU sind es 5 Jahre.

(*classifiers*), mit denen man mutmaßlich unerwünschte Personen klassifizieren kann: Drogenkuriere, Terroristinnen und Terroristen, illegale Einwanderinnen und Einwander oder Personen, die zu solchen werden könnten (Amoore und de Goede 2012). Anders als zuvor ist es also nicht mehr nötig, Informationen über konkret geplante terroristische Taten einer Person zu haben, um diese am Flughafen zu verhaften, so die Argumentation. Vielmehr erlaube es das *Data Mining*, Menschen anhand ihres Reiseverhaltens[56] als (zukünftige) Terroristinnen und Terroristen oder Kriminelle zu identifizieren (Deutscher Bundestag 2017, Europäische Kommission 2016c).

Welche Regeln beeinflusst Big Data?

Die sicherheitspolitischen Analysen auf Grundlage der PNR bilden die Grundlage dafür, dass Individuen in Risikogruppen eingeteilt werden: Passagiere, für die ein hohes Risiko festgelegt wird, werden intensiveren Kontrollen an den Flughäfen unterzogen, in Extremfällen werden sie auf sogenannte *no fly lists* gesetzt und am Reisen gehindert. Passagiere hingegen, die als wenig riskant eingestuft werden, müssen weniger strikte Kontrollen auf sich nehmen. Big Data verändert also die Art und Weise, wie Regeln implementiert werden: etwa durch die Zuteilung von Personen in (immer feiner granulierte) Gruppen. Die Regeln selbst („Terroristen dürfen kein Flugzeug besteigen." „Hochrisikopersonen werden am Flughafen besonders penibel kontrolliert.") ändern sich nicht durch Big Data. Die (Meta-)Regeln der Regelsetzung für die Regulierung von Flugreisenden scheinen sich nicht grundlegend durch die PNR zu ändern. Nach wie vor werden die entsprechenden Regeln durch Parlamente und Verwaltungen nach deliberativen und bürokratischen Verfahren beschlossen. Was sich allerdings ändert, ist eine Zunahme an Interpretationsleistungen und Klassifikationsregeln, die für die Auslegung der Regeln notwendig ist. Zudem kann man davon ausgehen, dass die PNR-basierte Evidenz die Formulierung von Regeln beeinflusst: Wo man Regeln auf Subgruppen zuschneiden kann, werden manche Regeln vielleicht restriktiver und andere liberaler gestaltet und es häufen sich die Regeln (Amoore 2011, S. 31f.). So lautet ein Argument für die Nutzung der PNR für Sicherheitszwecke etwa, dass die Mehrheit der Reisenden schneller und leichter reisen kann: Intensive Kontrollen an den Flughäfen entfallen, da ihre Daten im Vorfeld der Reise bereits überprüft wurden (Sales 2015). Zugleich ist eine kleinere, aber dennoch substanzielle Gruppe an Passagieren – die Risikogruppe – anderen Regeln unterworfen, die ihnen das Reisen erschweren oder unmöglich machen. Bei

---

56 Zum Reiseverhalten, so wie es durch die PNR abgebildet wird, zählen nicht nur die tatsächlich getätigten Reisen, sondern auch die reservierten und nicht angetretenen Reisen, die Reisevorbereitungen, die Kommunikation, das Zahlungsverhalten und nicht zuletzt (geplante sowie zufällige) Beziehungen zu anderen Personen im Datensatz.

3.5 Wenn Big Data Regeln setzt

immer stärker ausdifferenzierten Subgruppen läuft die Praxis entsprechend auf eine Big-Data-gestützte Individualisierung von Mobilitätsregeln hinaus.

Wie weitgehend ist der Einfluss von Big Data?

Diese Regeln für die Erteilung von Reiseerlaubnissen und Kontrollintensität an Flughäfen werden nicht maschinell umgesetzt. Die letzte Entscheidung darüber, wer ein Flugzeug besteigen darf oder wer eine besondere Kontrolle durchlaufen muss, liegt bei den Sicherheitsbeamtinnen und -beamten. Allerdings ist davon auszugehen, dass die algorithmisch ermittelten Risiken über eine große Autorität verfügen (Amoore 2011, S. 31). Sollte es zutreffen, dass Sicherheitsbeamtinnen und -beamte und Mitarbeiterinnen und Mitarbeiter von Fluggesellschaften die Anweisung erhalten, ihre Entscheidungen eng an die PNR-basierten Risiken zu orientieren, könnte man von einer quasi-automatischen Regulierung der Mobilität von Flugreisenden sprechen. Ob und in welcher Art Sicherheitsbeamtinnen und -beamten tatsächliche Entscheidungsspielräume beim Umgang mit den PNR-basierten Analysen verbleiben, bleibt zu erforschen. Allerdings sind kaum Informationen über die konkreten Schritte der Nutzung der PNR verfügbar.[57] Dies wird mit Sicherheitsinteressen und den Geschäftsgeheimnissen der Unternehmen begründet, ist aber aus demokratietheoretischer Perspektive hoch problematisch.

Ein weiteres Problem der regulativen Wirkung der PNR ist, dass die meisten „Risikopassagiere" kein Sicherheitsrisiko darstellen[58]. Nicht aufgrund ihrer Identität, sondern aufgrund eines datenbasierten Risikowerts sehen sie ihr Grundrecht auf Mobilität substanziell eingeschränkt, was in manchen Berufen und Lebenssituationen eine große Belastung bedeuten kann (Lyon 2007). Ein weiteres Problem ist, dass Reisende kaum Einfluss auf die Daten haben, anhand derer ihre Risiken ermittelt werden (Korff und Goerge 2015). Dies verletzt ihre informationelle Selbstbestimmung. Auch das rechtsstaatliche Prinzip der Gleichheit vor dem Recht ist betroffen, denn nicht einmal Reisende mit gleichem Verhalten sind den gleichen Regeln unterworfen: Die Reiseveranstalter und sonstigen Intermediäre, die Daten über Reisende übermitteln, kooperieren mit unterschiedlichen Reservierungssystemen. Für eine Reise entstehen somit Daten bei unterschiedlichen Reservierungssystemen und das Ergebnis sind lückenhafte und unterschiedliche Dossiers für jeden Fluggast je nach Reservierungssystem (Hasbrouck 2016).

---

57 So geben Europäische Fluggesellschaften Passagieren etwa über ihre Daten im PNR Auskunft, aber nicht darüber, wer auf diese Daten Zugriff erhalten hat (Hasbrouck 2016).

58 Regelmäßig wird darüber berichtet, dass Personen irrtümlich auf No Fly Listen gesetzt werden (Krieg 2015).

Routinedaten für Gesundheitsforschung

Der Gesundheitsbereich spielt in Studien zu Möglichkeiten und Risiken von Big Data häufig eine prominente Rolle (z. B. OECD 2015; Barbero et al. 2016). Betrachten wir die durch Big Data beeinflussten Regulierungen im Gesundheitsbereich, dann lässt sich zuerst einmal feststellen, dass viele der in der Literatur diskutierten Anwendungsszenarien von Big Data bisher häufig noch nicht den Status von Forschungs- und Pilotprojekten verlassen haben und daher die tatsächlichen regulatorischen Konsequenzen von Big Data im Gesundheitsbereich oft noch kaum zu beurteilen sind.

Welche Aspekte von Big Data beeinflussen Regulierung?

Im Gesundheitsbereich existieren sehr große, oft weit zurückreichende personalisierte Datensätze, die besonders sensible Daten enthalten. Daher wird auch in praktisch allen Beiträgen zu Big Data im Gesundheitsbereich auf die Problematik des Datenschutzes hingewiesen. Neben den Daten aus klinischen Studien geht es hier vor allem um die im Gesundheitswesen anfallenden „Routinedaten", also Diagnosen, Arzneimittelgaben, Therapien und Abrechnungsdaten. Je nach Struktur des nationalen Gesundheitssystems sind diese Daten in staatlich oder korporatistisch organisierten Gesundheitssystemen an einer oder an wenigen zentralen Stellen verfügbar oder – in Staaten mit überwiegend privater Gesundheitsvorsorge – bei einzelnen privaten Akteuren in großem Umfang vorhanden (Swart et al. 2014). In Deutschland verfügt beispielsweise der Verband der Gesetzlichen Krankenkassen (GKV) über die Routinedaten von gut 70 Millionen Versicherten. In Großbritannien laufen alle Patientendaten beim National Health System zusammen, in den USA verfügt der größte private Gesundheitsanbieter, Kaiser Permanente, über mehr als 9 Millionen Patientendatensätze (Gothe 2014).

Bei diesen Daten handelt es sich zwar um sehr große, aber um bereichsspezifische Datensätze, die im Gesundheitssystem erhoben werden. Sie werden in der Regel mit klassischen statistischen Methoden aggregiert und ausgewertet. Neuere Entwicklungen wie z. B. die Übermittlung von Daten aus Gesundheitsapps an Krankenkassen führen allerdings dazu, dass die Grenze zwischen im Gesundheitssystem und außerhalb des Systems erhobener Daten schwieriger zu ziehen ist.

Zudem gibt es eine Reihe von Pilotprojekten, in denen andere Daten und andere Analysemethoden zum Einsatz kommen. So haben beispielsweise die kanadische Public Health Agency in Zusammenarbeit mit der Weltgesundheitsorganisation (WHO) seit Ende der 1990er Jahre ein globales Gesundheitsinformations-Netzwerk (Global Public Health Intelligence Network, GPHIN) aufgebaut, das globale Nachrichtenquellen zur Vorhersage der Ausbreitung von Infektionskrankheiten nutzt und das damit darauf abzielt, gesundheitspolitische Entscheidungen auf der Basis von nicht im Gesundheitswesen erhobenen Daten zu ermöglichen.

Eine immer wieder genannte Limitation der Verknüpfung verschiedener Datenquellen in Big-Data-Anwendungen im Gesundheitswesen ist der besondere Schutz, den personenbezogene Gesundheitsdaten genießen. Dies gilt sowohl für Routinedaten als auch für die in Forschungsprojekten entstehenden Daten (White House 2014, S. 29; March et al. 2014).

Welche Regeln beeinflusst Big Data?

Auswertungen von Routinedaten werden genutzt, um sowohl Entscheidungsprozesse über generelle Regeln, Gesetze und Verordnungen zu beeinflussen als auch um spezifische Regeln zu setzen, die z. B. die Abläufe in einzelnen Kliniken steuern. Konkret werden Routinedaten in Deutschland insbesondere dafür genutzt, um Entscheidungen über die Wirksamkeit und Kosteneffizienz von Therapien und Arzneimitteln zu treffen (OECD 2015, S. 342). Big Data wird also bisher vor allem als zusätzlicher Input in bestehenden Entscheidungsprozessen genutzt.

Allerdings werden große zukünftige Möglichkeiten oft im Bereich der prädiktiven Medizin gesehen. Durch die Kombination von klassischen Gesundheitsdaten, aus denen individuelle Krankheits- und Therapieverläufe hervorgehen, mit Verhaltensdaten und genetischen Informationen sollen Dispositionen für Krankheiten individuell vorhergesagt werden, bereits bevor sie ausbrechen. Diese Zusammenführung verschiedener Datenströme findet gegenwärtig noch nicht flächendeckend, sondern erst im Rahmen einzelner Forschungsprojekte statt. In der Regel versuchen Studien für einzelne, sehr spezielle Erkrankungen Faktoren zu bestimmen, die für das Auftreten der Krankheit verantwortlich sind. Oder es wird nach Faktoren gesucht, die einen erfolgreichen Therapieverlauf sicherstellen (Raghupathi und Raghupathi 2014). Hier deutet sich ein umfassenderer Einfluss von Big Data auf Entscheidungsprozesse im Gesundheitswesen an, indem Therapieentscheidungen auch auf andere Faktoren als die ärztliche Diagnose bereits bestehender Erkrankungen gestützt werden.

Wie weitgehend ist der Einfluss von Big Data?

Aktuell bleiben im Gesundheitsbereich große Entscheidungsspielräume für menschliche Entscheiderinnen und Entscheider. Bisher werden Entscheidungen für oder gegen bestimmte Therapien oder Entscheidungen über strukturelle Veränderungen im Gesundheitssystem nicht durch Big Data determiniert. Die größten Spielräume für Big-Data-getriebene Regulierung bieten private Gesundheitssysteme, da nur dort – anders als in Solidarsystemen – in nennenswertem Umfang eine Individualisierung von Gesundheitsleistungen möglich ist.

3.5.3 Fazit und Ausblick

Zur Frage, welche Aspekte von Big Data regulierend wirken, lässt sich bilanzieren, dass Big Data zwar primär zu kommerziellen Zwecken eingesetzt wird, jedoch zunehmend auch Anwendung durch staatliche Akteurinnen und Akteure oder in deren Auftrag findet. Ein Blick auf die entsprechenden Studien macht dabei deutlich, dass das Gros der Anwendungen bereichsspezifische Daten einsetzt. Das liegt unter anderem am z. T. strengen regulatorischen Rahmen. Allerdings gibt es in Forschungs- und Pilotprojekten auch Experimente mit unspezifischen Daten. Es fehlt jedoch an vergleichenden Analysen, die darüber Auskunft geben, welcher Mehrwert durch die Hinzunahme unspezifischer Datenquellen im Vergleich zu den bisher verwendeten Quellen entsteht. Ob Regulierung durch Big Data also effizienter und effektiver wird, wie das Versprechen lautet, kann man derzeit nicht beantworten (Christin et al. 2016, S. 2). Hierzu bedarf es empirischer Forschung, die die Versprechen der Big-Data-Industrie und ihre positiven (Selbst-) Evaluationen überprüft.

Mit Blick darauf, in welcher Art Big Data gesellschaftlichen Erwartungen durch Regeln Ausdruck verleiht, scheint es, dass Big Data weitgehend dafür eingesetzt wird, konkrete Regeln zu setzen und zu implementieren. Der gemeinsame Nenner Big-Data-basierter Regelsetzung ist es, Regeln stärker zu differenzieren: nach geografischen Gebieten oder nach Subpopulationen. Big Data wird so für die Kontrolle normgerechten Verhaltens von Bürgerinnen und Bürgern eingesetzt. Die entsprechende Praxis von Überwachung, Disziplinierung und *social sorting* wird bereits kritisch durch sozialwissenschaftliche Forschung begleitet. Wenig ist hingegen darüber bekannt, in welchem Ausmaß Big Data die Regeln der Regelsetzung beeinflusst: Welche Rolle spielen die Möglichkeiten und Grenzen von Big Data dafür, wie Entscheidungen in Politik und Verwaltung zustande kommen? Deutlich ist, dass neue Akteurinnen und Akteure und Professionen an Regulierung beteiligt sind: jene, die die Daten sammeln, mit ihnen handeln, sie aufbereiten, auswerten und interpretieren. Welche Macht sie innehaben und in welchem Verhältnis sie zu anderen Regulierungsakteurinnen und -akteuren stehen, bleibt zu spezifizieren: Stimmt die These, dass den Programmiererinnen und Programmierern und den Anwenderinnen und Anwendern, die die errechneten Befunde interpretieren, große Kompetenzen übertragen werden? Oder setzen sie eng gesetzte Vorgaben von Verwaltungsjuristen um?

Mit Blick auf die Verbindlichkeit von Regeln, die durch Big-Data-basierte Verfahren gesetzt und implementiert werden, zeigt sich, dass die Erwartung, dass Big Data im staatlichen Bereich zu einer Renaissance kybernetischer Steuerung führt, übergzogen ist. Beispiele für eine vollautomatisierte algorithmische Steuerung konnten wir nicht finden, stets gab es einen „menschlichen Filter". Vielmehr dienen Big-Data-basierte Analysen staatlichen Akteurinnen und Akteuren oder

Bürgerinnen und Bürgern als Information oder Empfehlung und es verbleiben Handlungsspielräume bei der Umsetzung. Wie groß diese formalen Entscheidungsspielräume aber tatsächlich sind, ist offen. Hier tut sich eine große Forschungslücke auf: Welche Autorität üben die Ergebnisse von Big-Data-basierten Verfahren in der Praxis aus? Wie verhalten sich (staatliche) Regulierung und (soziale) Selbstregulierung zueinander? In welchen Bereichen sollten Spielräume verbleiben und wo nicht, etwa bei richterlichen Urteilen?[59]

Die Beispiele aus der Sicherheits- und Gesundheitspolitik machen deutlich, dass beim Einsatz von Big Data für öffentliche Güter stets Abwägungen zwischen Gemeinwohl und individuellen Rechten getroffen werden müssen: öffentliche Sicherheit versus Freiheitsrechte, Gesundheit versus Schutz vor Diskriminierung etc. Dabei formulieren Sozialwissenschaftlerinnen und -wissenschaftler besondere Anforderungen, wenn Big Data im öffentlichen Sektor eingesetzt wird: Transparenz, Qualität des Verfahrens, Datensicherheit, Datenschutz, soziale Verträglichkeit und viele weitere. Dies gilt insbesondere dort, wo staatlichen Akteurinnen und Akteuren sowie Bürgerinnen und Bürgern geringe Handlungsspielräume bei der Regelumsetzung verbleiben und wo private Akteurinnen und Akteure die Regelsetzung auf der Grundlage von Big Data (mit) verantworten. Unternehmen scheinen in vielen Fällen, in denen Big Data für Regulierung eingesetzt wird, in zentraler Funktion beteiligt zu sein. Entsprechende Anforderungen an verschiedene Akteurinnen und Akteuren in den verschiedenen Anwendungsbereichen zu formulieren ist unter anderem auch Aufgabe sozialwissenschaftlicher Forschung.

3.6 Kulturell-kognitiv hergestellte Erwartungen an Big Data

Ulrike Klinger und Christian Pentzold

3.6.1 Was erwarten wir, wenn wir von Big Data reden?

Der Gebrauch des Begriffs Big Data geht einher mit einer Reihe an Erwartungen und Befürchtungen, so etwa hinsichtlich der technologischen Machbarkeit, der politischen Signifikanz, dem kommerziellen Wert oder der kulturellen Implikationen des Sammelns und Auswertens digitaler Datenmengen. Hierbei dient Big

---

59 Zu den Vor- und Nachteilen des Einsatzes von algorithmisch basierten Regeln und Entscheidungen im Gerichtswesen siehe etwa Christin et al. (2015) und Angwin et al. (2016).

Data nicht so sehr als exakter wissenschaftlicher Terminus, sondern eher als mehrdeutige Metapher und argumentative Ressource, die in verschiedenen und nicht notwendigerweise komplementären Begründungszusammenhängen mobilisiert werden kann. Daraus ergeben sich eine Reihe grundsätzlicher Fragen, so etwa was Big Data ist und was es sein kann, wer Big Data verstehen oder erzeugen kann, wer Big Data kontrollieren kann oder wer bestimmt, was Big Data ist bzw. sein soll.

Die Implikationen von Big Data für politische Akteurinnen und Akteure, politische Prozesse und politische Strukturen müssen nicht zwangsläufig in die Dichotomie utopischer versus dystopischer Szenarien zerfallen, entlang derer der Diskurs über Big Data strukturiert ist. Der Einsatz algorithmisch kontrollierter Analysen großer Datenmengen wird nicht nur positive oder negative Konsequenzen nach sich ziehen, wohl aber werden entsprechend einseitige Vorstellungen mobilisiert und instrumentalisiert. Die Etablierung des Begriffs Big Data und der damit benannten Problemlage in öffentlichen Diskursen zeigt an, dass verschiedene, auch gegensätzliche Bestrebungen bestehen, Big Data gesellschaftlich relevant zu machen. Entsprechend ist zu fragen und empirisch zu untersuchen, wie Big Data in öffentlichen Debatten gerahmt wird und welche Akteurinnen und Akteure mit welchen Interessenlagen hierbei eine Rolle spielen (vgl. Kitchin 2014a; Beer 2016).

Der Blick auf die kognitiv-kulturellen Erwartungen an Big Data verweist auf die instrumentellen Funktionen dieser Polarisierungen. Erwartungen oder Befürchtungen werden genau so formuliert, um den Status Quo bestehender Akteurskonstellationen, Prozesse oder Strukturen zu rechtfertigen oder um deren notwendige Transformation einzufordern. Verweise auf die nutzbringende oder unheilvolle Wirksamkeit von Big Data werden somit im Rahmen normativer Ordnungsvorstellungen angeführt, die wiederum rekursiv auf die Gestaltung und Relevanzsetzung von Big-Data-Technologien und daraus abgeleiteter Einsichten und Erfordernisse zurückwirken. In diesem Zusammenhang erscheint dann Marcuses Hinweis auf die der Technik innewohnende Ideologie immer noch zeitgemäß: „Bestimmte Zwecke und Interessen der Herrschaft sind nicht erst „nachträglich" und von außen der Technik oktroyiert – sie gehen schon in die Konstruktion des technischen Apparats selbst ein; die Technik ist jeweils ein geschichtlich-gesellschaftliches Projekt; in ihr ist projektiert, was eine Gesellschaft und die sie beherrschenden Interessen mit den Menschen und mit den Dingen zu machen gedenken" (Marcuse 1965, S. 179). Die Ambivalenz des Begriffs Big Data wird dadurch bedingt, dass er mit variablen Definitionen erfasst, in Bezug zu verschiedenen historischen, literarischen oder räumlichen Analogien konkretisiert und mit unterschiedlichen Bedingungen, Konsequenzen und Bewertungen in Verbindung gebracht wird (Beer 2016).

In der Konsequenz finden sich nicht zu wenige, sondern eher zu viele unterschiedliche Ansätze, um eine mehr oder minder umfassende oder bündige Definition von

3.6 Kulturell-kognitiv hergestellte Erwartungen an Big Data

Big Data vorzulegen. Sie tendieren letztlich bei einem allzu losen Wortgebrauch dazu, aus Big Data die rhetorische Phrase eines *elevator word* zu machen, das ohne weitere inhaltliche Begründung eingeworfen wird, um den *level of discourse* vermeintlich anzuheben, wie Hacking (1999, S. 21) schreibt. Dabei wird Big Data als Mittel und Ziel zum Selbstzweck – zum Phänomen, das nicht auf vorgelagerten Fragen, Hypothesen oder methodischer Innovation basiert, sondern auf technologischem Fortschritt. „Big data is thus akin to the Everest of contemporary social research. ‚Because it's there', so massively there, is sufficient rationale to tackle it", konzediert Smith (2014, S. 184) für die sozialwissenschaftliche Nutzung – und verweist damit zugleich auf ein *mindset*, das auch in anderen Anwendungsszenarien virulent ist.

Grundsätzlich greift der Blick auf die kulturell-kognitiv hergestellten Erwartungen an die Unmengen von Big Data zurück auf Ansätze, welche die objektive Faktizität von Daten hinterfragen (Bowker 2013). Sie verweisen auf das stets vorhandene interpretative Moment ihres Herstellens und Darstellens. „Data need to be imagined as data to exist and to function as such", erklären demgemäß Gitelman und Jackson (2013, S. 3), „and the imagination of data entails an interpretative base". In dieser Hinsicht hat gerade die unbestimmte Rede von Big Data auch eine ideologische Konnotation. Nach Boyd und Crawford (2012, S. 663) impliziere sie eine gleichsam mythologische Idee: „that large data sets offer a higher form of intelligence and knowledge ... with the aura of truth, objectivity, and accuracy".

Diese Erwartung muss indessen nicht die einzige oder auch nur eine allgemein geteilte sein, sondern vielmehr ist Big Data semantisch offen und geht einher mit verschiedenen, auch in Konflikt stehenden Vorstellungswelten, die sich etwa in Worten wie *dataverse, data deluge* oder *data explosion* bzw. in Slogans wie Big Data als *the new oil* oder in den Wendungen des *mining, dredging* oder *harvesting* von Daten manifestieren. „The implicit meanings of these words", so Portmess und Tower (2015, S. 3), „carry suggestive implications for exploring different ways of envisioning our relationship to emerging information technologies and embody forms of thought and practice". Folglich verweisen Puschmann und Burgess (2014) auf die fortwährenden Deutungskämpfe um die korrekte Bedeutung des Konzeptes, wobei sie bei ihrer Analyse US-amerikanischer Wirtschaftsmagazine und Computer/IT-Zeitschriften zwei vorherrschende, zueinander gegensätzliche Stimmungen abbilden können. Entweder wird hier Big Data mit einer (kaum) zu bändigenden Naturgewalt verglichen oder Big Data wird mit einem zu gebrauchenden Rohstoff bzw. Treibstoff gleichgesetzt. Allgemein gesehen bilden diese beiden Pole die grundsätzliche Dynamik von utopischen versus dystopischen Visionen ab, welche generell die Diffusion neuer Technologien zu begleiten scheinen (Feenberg 2002).

Abseits der Frage, ob der unpräzise Ausdruck Big Data durch vermeintlich exaktere Begriffe wie „Trace Data" (Jungherr 2015) oder „Meta-Data" (van Dijck 2014) zu ersetzen ist, bleibt grundlegend zu klären, welche polarisierenden Perspektiven auf Big Data im öffentlichen Diskurs artikuliert werden. Erwartungen an Big Data als Technologie beziehen sich etwa auf Datensätze, zu deren Bearbeitung leistungsstarke Rechenzentren nötig sind, sowie Techniken, um Gegebenheiten in einzelne Daten zu überführen und diese maschinell zu aggregieren, zu analysieren und zu kombinieren. Mit Erwartungen an Big Data als analytische Ambition verbindet sich die Hoffnung auf präzisere Einsichten und verlässlichere Prognosen (Ruppert et al. 2013). Hingegen heben beispielsweise Erwartungen an Big Data als regulatorische Herausforderung auf die Überwachung und Kontrolle durch staatliche Institutionen und privatwirtschaftliche Unternehmen ab (Lane et al. 2014; Tufekci 2014).

3.6.2 (Wie) verändert Big Data Politik?

Unbeschadet der Unschärfe des Begriffes, verbinden sich mit Big Data sehr konkrete Erwartungen eines Wandels politischer Akteurskonstellationen, Strukturen und Prozesse. Die Perspektiven auf Big Data als Treiber eines Wandels, als *game changer*, verlaufen entlang der bereits beschriebenen utopischen versus dystopischen Visionen. „Big" Data bezieht sich aber nicht nur auf die schiere Größe der Datenmengen, sondern auch auf die Vielfalt der Daten, die Geschwindigkeit, mit der sie ausgewertet werden können, und ihren ökonomischen Wert – den Schatz, der mit ihnen gehoben wird (Chang et al. 2013, S. 2). Integral damit verbunden sind Algorithmen, „sets of defined steps structured to computationally process instructions/data to produce an output" (Kitchin 2016, S. 1), ohne die Big Data wertlose Datenhaufen wären, weil keine Muster erkennbar würden.

Big Data als Akteurin bzw. Akteur?

Die Idee, dass Technologien handeln können, also ebenso wie Individuen oder Organisationen als Akteurinnen und Akteure angesehen werden können, ist in der Sozialwissenschaft nicht neu. Ein Beispiel dafür ist die Actor-Network-Theory, die generell von *actants* ausgeht – unabhängig davon, ob es sich dabei um Menschen oder Maschinen handelt (vgl. Latour 2005). Dass indessen Daten autonom agieren, ist bislang nicht explizit argumentiert worden – implizit schwingt diese Vorstellung von und Erwartung an Big Data aber in vielen Bereichen mit. Die Kernfrage hierbei lautet, ob Daten und, damit verbunden, Algorithmen eine Form von *agency* zukommt, die mit menschlicher Handlungsbefähigung und Handlungsmacht vergleichbar bzw. auf Augenhöhe ist – und ob diese Erwartung eher Anlass zu Besorgnis oder Zuversicht ist.

3.6 Kulturell-kognitiv hergestellte Erwartungen an Big Data

Wenn wir mit Emirbayer und Mische (1998) argumentieren, dass *agency* immer aus drei Elementen besteht, die Handlungen durch (1) Iterationen mit der Vergangenheit, durch (2) Projektionen mit der Zukunft und durch (3) praktische Evaluationen mit den Ambivalenzen und Problemen der Gegenwart verbinden, wird deutlich, wieso Daten und Algorithmen kein Handlungsvermögen haben, wie es Menschen zugesprochen wird. Auf der Basis von großen Datensätzen filtern, selektieren, aggregieren, bewerten, empfehlen, überwachen, verteilen und prognostizieren Algorithmen politisches Handeln und Entscheiden (vgl. Just und Latzer 2016). Ihr Agieren besteht dabei zu einem großen Teil aus Iterationen, teilweise auch Projektionen – während praktische Evaluationen und der Umgang mit ambivalenten Situationen (noch) eine signifikante Hürde darstellen. Insofern können Daten und Algorithmen zwar als Akteurin bzw. Akteur verstanden werden und ihnen kann Handlungsmacht zugeschrieben werden, jedoch nur im Sinne einer direkt übertragenen (*imposed*) und delegierten *agency*, (noch) nicht aber als eigenständige und reflexive (Um-)Gestaltung von Wirklichkeit (vgl. Mitcham 2014; Just und Latzer 2016). *Imposed agency* bedeutet, dass Technologien nur in einem eng gesteckten Rahmen ausführen, wozu ihre Entwicklerinnen und Entwickler sie anweisen. Delegierte *agency* ist weiter gefasst und betrifft zum Beispiel selbstlernende Algorithmen, die sich in einem gewissen, aber auch vordefinierten Rahmen autonom weiter entwickeln können. Ein Beispiel dafür wäre Googles Go-Algorithmus, der sich selbstlernend dazu befähigte, den amtierenden Weltmeister des Strategiespiels Go zu schlagen – auf der Basis umfangreicher, weitgehend autonom ausgeführter strategischer Berechnungen. Dennoch kann auch dieser Algorithmus nicht über seine vorprogrammierte Grundstruktur hinaus, indem er etwa lieber Schach lernt als Go. Emmanuel Mogenet, Forschungsleiter bei Google, beschreibt es so: „Ich glaube nicht, dass ich in meiner Lebenszeit Computer sehen werde, die mehr können als Menschen. Der Computer, der Go spielen kann, kann nur Go spielen. Er kann keine Katzen erkennen, er kann kein industrielles Rechenzentrum optimieren. Das sind sehr kleine, abgesteckte Bereiche, in denen die Computer etwas leisten können, was der Mensch nicht kann" (Theile 2016).

In den Debatten über die Handlungsanweisung bzw. -delegation an Big Data können positiv wie negativ konnotierte Beschwörungen ihrer vermeintlichen Autonomie letztlich den Blick verstellen auf die eigentlichen Akteurinnen und Akteure hinter den Benutzeroberflächen und damit auch auf die der Technologie innewohnenden Machtstrukturen. Kulturelle und kognitive Erwartungen an Big Data richten sich letztlich nicht nur an die technischen Tools selbst, sondern in erster Linie eben auch an diejenigen, die sie bereitstellen, entwickeln und denen Daten und Technologien gehören. In diesem Sinne agierten etwa im US-Wahlkampf 2016 die Entscheidungsträgerinnen und -träger und Programmiererinnen und

Programmierer von Plattformen wie Facebook und Twitter selbst als „political employees" (Agho 2015), die beratend für politische Kandidatinnen und Kandidaten und Wahlkampfteams auftraten, wobei ihre Dienstleistungen zum einen begrüßt wurden, um Wählerinnen und Wähler gezielt anzusprechen und Botschaften zielgruppenorientiert zu fabrizieren und zu adressieren. Zum anderen zielt die Kritik an diesen neuen Agenten der Intermediation zwischen Politikerinnen und Politikern, politischen Botschaften und Bürgerinnen und Bürgern insbesondere auf vermutete Manipulationen und die Besorgnis, dass die Plattformen ein verzerrtes Meinungsklima beförderten.

Folglich besteht in diesem Bereich dringender Forschungsbedarf. So ist zu fragen, welche Geschäftsmodelle und Weltbilder das Handeln jener leiten, denen Datensätze gehören und die sie auswerten und interpretieren (vgl. Mager 2012)? Algorithmen, die Big Data überhaupt erst zu einer Informationsressource machen, sind in dieser Hinsicht Manifestationen sozialer Werte und Normen, keine neutralen „schwarzen Kisten": „Algorithmic systems are not standalone little boxes," so erklärt entsprechend Seaver (2013, S. 10), „but massive, networked ones with hundreds of hands reaching into them, tweaking and tuning, swapping out parts and experiencing with new arrangements ( ) we need to examine the logic that guides the hands".

Big Data und politische Prozesse

Die Verfügbarkeit und Auswertung großer Datensätze, das Entdecken neuer Muster und Verfolgen sozialer Prozesse in Echtzeit kann auch politische Prozesse beeinflussen. Wie hoch die Erwartungen an Big Data in diesem Bereich sind, wird besonders dann deutlich, wenn Akteurinnen und Akteure auf ihren Einsatz verzichten. Gilt *Data Mining* schon als elementarer Bestandteil moderner Wahlkampfkommunikation, so wurde die Beobachtung mit Erstaunen quittiert, Donald Trump habe die US-Präsidentschaft scheinbar ohne den Einsatz von Big Data gewonnen. David Karpf (2016) etwa bemerkt, dass Trump im Wahlkampf mehr Geld für bedruckte Basecaps („Make America Great Again") als für Umfragen ausgegeben habe, und die extensive Liste von Email-Adressen potenzieller Wählerinnen und Wähler tatsächlich für nichts Innovativeres als das Versenden von Emails verwendet habe. Der Sieg Trumps ohne jegliche datengestützte Kampagnenarbeit wie sie in den letzten zehn Jahren üblich wurde, stelle somit ein ganzes System infrage: „A Trump win means, in effect, that decades of research designed to organize and influence voters can be overpowered by a chaotic, from-the-gut performance" (Karpf 2016). Indes scheint der Schluss zu voreilig, die Kampagne von Trump habe nicht auch auf die algorithmisch programmierte Auswertung von sehr großen Mengen Daten aus sozialen Netzwerken gesetzt – und damit letztlich doch einen wahlentscheidenden Vorsprung errungen (Krogerus und Grassegger 2016).

3.6 Kulturell-kognitiv hergestellte Erwartungen an Big Data 195

Big Data stellt in dieser Lesart ein wirkungsvolles Instrument dar, Wahlkämpfe als kampagnenförmige politische Prozesse effizienter, berechenbarer und rationaler zu führen. Nicht an alle Haustüren müssten Politikerinnen und Politiker klopfen, sondern nur bei jenen Wählerinnen und Wählern, die datenbasiert für eine persönliche Ansprache auserkoren wurden – weil sie zu einer kritischen Kohorte gehören, als Multiplikatoren identifiziert wurden oder anderen wahlkampfrelevanten Mustern entsprechen (vgl. Nickerson und Rogers 2013; Hersh 2015). Durch Daten würden Wahlkämpfe planbarer und kontrollierbarer – so zumindest die durch die Siege der datenintensiv geführten Kampagnen von Barack Obama bestätigte Erwartung.

Auch im Bereich der Politikgestaltung, des *policy making*, sind mit Big Data sowohl positive als auch negative Erwartungen verbunden. Schon immer verfügten Regierungen über große Datensätze (z. B. Zensusdaten), die aber weder in Echtzeit erhoben und ausgewertet wurden, noch zu einer ergebnisoffenen Suche nach Problemmustern genutzt wurden (vgl. Scott 1999). Dies ist aber gerade das Novum der mit Big Data einhergehenden analytischen Ambitionen: über die algorithmische Auswertung von Datenmengen lassen sich Muster identifizieren, nach denen man zunächst nicht explizit gesucht hatte. Daraus ergeben sich Konsequenzen für die Erwartungen an Big Data. Denken wir an die Bekämpfung von Kriminalität, die Fahndung nach Terroristinnen und Terroristen oder auch Klimapolitik, zeigt sich das Potenzial datengestützter Problemdefinition und Problemlösung. Nicht durch aggregierte Forderungen diverser Anspruchsgruppen, sondern durch Muster oder Irregularitäten in Datensätzen werden Themen in den *policy cycle* eingespeist. Problematisch daran ist die Frage, wer eine entsprechende *voice* hat und für wen Politik gemacht wird: Kommt der Input in den Gesetzgebungsprozess von betroffenen gesellschaftlichen Gruppierungen oder von Datenexpertinnen und -experten? Da Big Data in erster Linie Korrelationen offenlegt, nicht aber Kausalitäten, stellt sich zudem die Frage, wer legitimerweise statistische Zusammenhänge in Ursache-Wirkung-Relationen übersetzen und ihnen gesellschaftliche Relevanz zuweisen kann und soll. Wird, so ist in künftiger empirischer Forschung zu fragen, Gesetzgebung tatsächlich responsiver, wenngleich Probleme bearbeitet werden, die von keiner gesellschaftlichen Gruppe artikuliert, sondern in Datensätzen identifiziert wurden?

Big Data legt zudem nicht nur bislang versteckte Muster im Handeln von Individuen offen, sondern ermöglicht auch Voraussagen auf zukünftiges Verhalten. Während Unternehmen darin große Potenziale für fokussierte Werbung sehen (wenn z. B. Schwangerschaften der Kundinnen vom Einzelhandel frühzeitig erkannt werden), ist für staatliche Akteurinnen und Akteure die Vorhersagbarkeit von Rechtsverletzungen interessant – sowohl in der Polizeiarbeit (*Predictive Policing*) als auch in Fragen der Sicherheit. Dadurch verschiebt sich möglicherweise der Gestaltungsbereich politischer Prozesse, indem nicht nur individuelles und kollektives

Handeln reguliert, sondern auch zukünftige, noch ungeschehene Entscheidungen sanktionierbar werden. Besorgniserregend scheinen diese Entwicklungen nicht zuletzt aus den Perspektiven von staatlicher Überwachung (*surveillance*), Datenschutz und damit verbundenen rechtsstaatlichen Aspekten.

Wir sehen also sowohl optimistische Erwartungen an Big Data, die auf eine gesteigerte Effizienz und vermeintlich neutrale Informiertheit – und somit höhere Rationalität – politischer Prozesse abzielen, als auch pessimistische Erwartungen, für die Big Data vor allem eine unentrinnbare Überwachung und Kontrolle bedeutet.

Big Data und politische Strukturen

Auch wenn Big Data und Algorithmen ein relativ neues Forschungsfeld konstituieren, lassen sie sich doch mit etablierten sozialwissenschaftlichen Theorien und Konzepten analysieren. So ist überzeugend argumentiert worden, dass diese Technologien als Institutionen verstanden werden können (vgl. Katzenbach 2012; Napoli 2014), da sie individuelles und kollektives Handeln sowohl begrenzen als auch ermöglichen. Dabei ist es ganz unerheblich, ob Individuen die Funktionsweise von institutionell aufgestellten und institutionell wirksamen Algorithmen und Daten nachvollziehen können. „Wenn der Mensch den Sinn oder die objektive Wirkung nicht begreift, wird ihre objektive Wirklichkeit nicht geringer", führten bereits Berger und Luckmann (1980 [1966], S. 64) für Institutionen allgemein aus.

Die Frage mit Blick auf politische Strukturen aber ist, wie diese Technologien als Institutionen selbst Struktur sein und bestehende Strukturen ersetzen oder verändern können. Damit verbunden wird die sowohl zustimmend als auch ablehnend aufgenommene Erwartung einer reflexiven datenbasierten „Verwissenschaftlichung" politischer Systeme in einer sozialen Wirklichkeit, die sich über Daten praktisch selbst abbildet und in der soziale Fakten bzw. Entwicklungen objektiv modelliert und auf die Gestaltung von politischen Strukturen zurückgespiegelt werden können. Ein intermediäres System von Akteuren, die zwischen Herrschaftsträgerinnen und -trägern und Bürgerinnen und Bürgern vermitteln, wäre damit nicht mehr nötig. Journalistische Medien, Verbände, Vereine, Parteien müssten nicht mehr vermitteln, informieren, erklären oder fordern, weil Daten selbst Themen und Probleme identifizieren sowie die Effizienz und Effektivität politischen Outputs messbar machen. Diese Vorstellung basiert auf einer sehr vereinfachten Vorstellung gesellschaftlicher Zusammenhänge, die soziales Leben als Produkt, nicht als Prozess versteht und die Aggregate über soziale Praktiken stellt.

Ein Beispiel für die Materialisierung solcher Effizienzerwartungen sind die sogenannten *smart cities*. Unter diesem Begriff wird die Implementierung von datenbasierten Technologien in die regulativen politischen Strukturen von Städten diskutiert, in denen umfassende Datensätze in Echtzeit generiert werden, etwa

3.6 Kulturell-kognitiv hergestellte Erwartungen an Big Data

durch automatisiertes Monitoring, beispielsweise über lesbare *Smart Cards* im öffentlichen Nahverkehr statt Papiertickets, Überwachungskameras, das Auslesen von Kfz-Kennzeichen durch Mautkameras oder RFID-Chips in Mülltonnen, die die Entleerungen überwachen (vgl. ausführlich Kitchin 2014b). Hinzukommen „smarte" Gegenstände wie Straßenlaternen, die über Wifi verbunden sind, über Bewegungsmelder gesteuert werden und Videoaufnahmen machen oder Lüftungs- und Heizsysteme, welche die Anwesenheit im Gebäude registrieren und darauf reagieren. Solche Daten werden zum einen genutzt, um Prozesse innerhalb der Stadt zu steuern, etwa zur Steuerung von Verkehrsströmen in Echtzeit. Das bedeutet zum anderen aber auch, dass eine klassische Steuerung über politische Strukturen an Bedeutung verliert und technokratische Weisungs- und Entscheidungsketten zunehmen, die mit einem Machtgewinn durch *private-public partnerships* für diejenigen Akteurinnen und Akteure einhergehen, welche Daten erheben, speichern und auswerten können. Dies führt aber, wie Kitchin (2014b) bemerkt, nicht zwangsläufig zu besseren politischen Ergebnissen: „Technological solutions on their own are not going to solve the deep rooted structural problems in cities as they do not address their root causes. Rather they only enable the more efficient management of the manifestations of those problems."

Neben den positiven Erwartungen bezüglich einer datenbasierten Politik in *smart cities* finden sich auch hier dystopische Vorstellungen einer „gehackten" Stadt, die von Cyberattacken aus dem In- und Ausland heimgesucht wird – die politische Kontrolle über die automatisierten Bereiche der Stadt also nicht mehr ausschließlich in den Händen der politisch legitimierten Akteurinnen und Akteure liegt (Kitchin et al. 2015).

3.6.3 Ausblick

Aus diesen Überlegungen folgt, dass ein zentrales Desiderat politikwissenschaftlicher Beschäftigung mit Big Data kritische Reflektion sein muss. Big Data *ist* nicht, sondern wird hergestellt: zum einen durch die Arbeitsprozesse und Technologien von Datenexpertinnen und -experten, zum anderen durch Bedeutungszuschreibungen in fachlichen und öffentlichen Diskursen. Die Technologien, die Big Data ermöglichen, sind potenziell disruptiv, das heißt, sie verändern sehr wahrscheinlich relevante gesellschaftliche Strukturen und Prozesse – nicht nur im Bereich der Politik. Es ist die Aufgabe der Wissenschaft, nicht nur die konkreten Bereiche zu identifizieren, die dadurch transformiert werden, sondern über die dichotomen Erwartungen im öffentlichen Diskurs hinaus kritisch zu fragen, welche konkreten Nutzen und Kosten von Big Data für demokratisch verfasste Gemeinwesen zu erwarten sind.

Dies betrifft nicht nur, aber auch ganz zentral Fragen der Machtstrukturen, der Funktionslogik intermediärer Akteurinnen und Akteure, sowie der Herstellung und Legitimation von Politik.

3.7 Ist Big Data fair?
Normativ hergestellte Erwartungen an Big Data

Ingrid Schneider und Lena Ulbricht

In welcher Art sich der Umgang mit Big Data entwickelt, wird auch durch Normen, Werte und Ziele beeinflusst. Aus normativer Hinsicht stellen sich der Sozialwissenschaft somit folgende Fragen: Für welche Ziele und in welcher Ausprägung gilt die Anwendung von Big Data als legitim? Welche Akteurinnen und Akteure dürfen oder sollen Big Data nutzen? An welchen Werten und Zielen muss Big Data sich messen lassen? Welche gesellschaftlichen Erwartungen bilden sich heraus und wie können sozialwissenschaftliche Antworten auf diese Fragen lauten?

Es gibt Werte und Ziele, die die Ausweitung von Big Data auf immer mehr Lebensbereiche vorantreiben, etwa ein Streben nach Effizienz und Effektivität bei Entscheidungen. Ebenso gibt es Werte, die die Anwendung von Big Data auf immer weitere Lebensbereiche begrenzen (wollen), wie etwa ethische Ansprüche an die Wahrung menschlicher Autonomie (Zuboff 2015) und gesellschaftlicher Solidarität (Rouvroy 2016). Ein Wert, der die öffentliche Debatte über Big Data in den letzten Jahren zunehmend mitprägt, ist jener der Fairness: Die Befürchtung, dass Big Data zu neuen und/oder massiven Diskriminierungen führen könnte, scheint ein zentraler Faktor für die Entwicklung von Big Data zu werden.

Profilbildung und Erkenntnisse über sensible personenbezogene Informationen werden in Deutschland bisher vor allem unter der Thematik von Privatsphäre und Datenschutz oder Überwachung diskutiert. In den USA richtet sich die Debatte stärker auf die Frage, welche gesellschaftlichen Ein- und Ausschlusspotenziale mit Big-Data-Analytik verbunden sind. Diese Debatte fand etwa Ausdruck in zwei Berichten des Weißen Hauses 2014 (White House 2014) und 2016 (White House 2016) und der Federal Trade Commission (FTC), die für Verbraucherschutz zuständig ist (2016). Diese Studien beruhen auf Sekundärliteratur, Befragungen, *stakeholder meetings* und wissenschaftlichen Tagungen und haben somit erste Belege über mögliche diskriminierende Effekte von Big Data und Empfehlungen für die Prävention geliefert. Während einige analytische Konzepte durchaus übertragbar erscheinen, sind die Rechtslage sowie andere Faktoren und Kontexte nicht unmittelbar auf Europa und Deutschland anwendbar.[60] Dennoch erlauben sie eine erste Annäherung, die in politikwissenschaftlichen Analysen weiter zu verfolgen sein wird.

3.7.1 Forschungsstand und Bedarfe

Obwohl der öffentliche Diskurs Big Data häufig als Risiko für Diskriminierungen darstellt, sind wissenschaftliche Studien, die dem auf den Grund gehen, noch spärlich gesät – selbst in den USA (dies betonen etwa Desmarais und Singh 2013 sowie Christin et al. 2016). Die Berichte des Weißen Hauses und der FTC nennen nur eine Handvoll empirischer Analysen, die sich alle auf die USA beziehen und noch kein eindeutiges Bild zeichnen. Zwar finden sich Hinweise darauf, dass bestimmte Gruppen durch Big-Data-bezogene Praktiken benachteiligt werden, wie etwa *blacks*[61] (Angwin et al. 2016; Lowry und MacPherson 1988; Sweeney 2013; Brevoort et al. 2015), *hispanics* (Brevoort et al. 2015), Frauen (Datta et al. 2015, Lowry und MacPherson 1988), Personen, die mutmaßlich unter Alkoholproblemen leiden (Datta et al. 2015), Personen mit geringem Einkommen (Brevoort et al. 2015) sowie Mac-Nutzerinnen und -Nutzer (White 2016). Doch werden nur wenige Anwendungsbereiche von Big Data untersucht: Online-Werbung (Datta et al. 2015; Sweeney 2013), Kreditscores (Brevoort et al. 2015), das Strafmaß bei Verurteilungen (Angwin et al. 2016; Christin et al. 2015), Preisdiskriminierung (White 2016) und Hochschulzulassungsverfahren (Lowry und MacPherson 1988). Zudem sind nicht alle Ungleichbehandlungen als Diskriminierung zu verstehen, selbst wenn *race* das Unterscheidungsmerkmal ist. Bei Skeem und Lowenkamp zeigt sich etwa, dass ein Großteil der unterschiedlichen Risikoscores zwischen weißen und schwarzen Angeklagten auf deren unterschiedliche strafrechtliche Vorgeschichte zurückgeht (2016).

---

60 Diese Studien stützen sich auf die US-Antidiskriminierungsgesetzgebung, die im Zuge von Bürgerrechtsbewegungen und der *affirmative action* erstritten wurde. Die Situation in den USA ist allenfalls bedingt auf Europa übertragbar. Denn etwa die Kategorisierung von *race* bzw. ethnischer Herkunft (*Caucasian, African-American, Asian-American* etc.) findet hierzulande – nicht zuletzt aus historischen Gründen – weder Eingang in Kategorien der Staatsbürgerschaft noch bilden sie die Basis von sozialen Anspruchsrechten (*protected groups*, Quotensysteme etc.). Gleichwohl lassen sich durchaus einige der Befunde ggf. übertragen und sie bieten Ansatzpunkte, die für analytische und empirische Studien fruchtbar gemacht werden können, wie weiter unten deutlich wird.

61 In diesem Artikel werden die Bezeichnungen für ethnische oder rassenbezogene Zuordnung verwendet, die die jeweiligen Autoren der Studien, die hier zitiert werden, wählen.

Die hier untersuchten Studien erheben keinen Anspruch auf Vollständigkeit, bekräftigen aber, dass die Antwort auf die Frage, ob Big Data zu Diskriminierung führt, nicht leicht zu geben ist. Es gibt zahlreiche methodische Hürden: Ein zentrales Problem ist die Identifizierung von Gruppen, die als schützenswert gelten (sollten). Um festzustellen, ob beispielsweise Personen mit geringem Einkommen, Alleinerziehende oder bestimmte ethnische Gruppen benachteiligt werden, muss man diese überhaupt als solche erkennen. Doch fehlt es an geeigneten Indikatoren. In der Studie über Kreditscores wurden einkommensschwache Personen etwa anhand des Wohnortes geschätzt (Brevoort et al. 2015). Um rassistische Diskriminierung bei Werbeanzeigen nachzuweisen, muss Sweeney Vornamen als „weiß" oder „schwarz" charakterisieren. Sie stützt sich hierbei auf Informationen aus Geburtsregistern (Sweeney 2013). Lediglich die Arbeit von Angwin und Larson et al. kann mit Daten arbeiten, die über die ethnische Zugehörigkeit der Personen direkt Auskunft geben (Larson et al. 2016). Die meisten Studien stehen allerdings vor der Herausforderung, mit mehr oder weniger präzisen Indikatoren zu arbeiten. In Deutschland werden sensible Daten wie etwa über ethnische Herkunft in der amtlichen Statistik entweder gar nicht erhoben oder sind öffentlich nicht verfügbar, sondern liegen ausschließlich den zuständigen Behörden vor, etwa Sozial- oder Gesundheitsämtern. In den USA ist dies zum Teil anders: Die Studie von Angwin, Larson und ihren Co-Autoren beruht auf ausführlichen Dossiers der Strafverfolgungsbehörden, die über die strafrechtliche Vorgeschichte von Individuen Auskunft geben, eine Kategorie *race* umfassen und öffentlich über das Internet zugänglich sind. Ein weiteres Problem ist mangelnde Transparenz: Viele Big-Data-Anwendungen werden von privaten oder staatlichen Akteurinnen und Akteuren kontrolliert, die mit Verweis auf Geschäftsgeheimnisse oder die innere Sicherheit nicht genügend Daten und Informationen bereitstellen, die belastbare wissenschaftliche Erkenntnisse erlauben würden. Wenn Sweeney also feststellt, dass die Eingabe in Suchmaschinen einer afroamerikanischen Person eher mit stigmatisierenden Werbeanzeigen einhergeht als die Eingabe des Namens einer weißen Person, weiß sie doch nicht, ob die Gründe bei den Anbieterinnen und Anbietern von Werbeanzeigen, bei den Webseiten, die Werbeanzeigen schalten, oder in Googles System der Vergabe von Anzeigeplätzen liegen (2013). Dies herauszufinden ist nur diesen drei Akteurinnen bzw. Akteuren möglich. Die Öffentlichkeit ist in dieser Hinsicht auf die Bereitschaft der Unternehmen (oder staatlichen Behörden) angewiesen, die Big Data anwenden, um mögliche diskriminierende Effekte zu untersuchen und ihre Forschungsergebnisse der Öffentlichkeit zur Verfügung zu stellen. Forschung, die durch öffentliche Gelder oder durch gemeinnützige Organisationen finanziert wird, kann bestenfalls diskriminierende Effekte nachweisen – die darunter liegenden Mechanismen können sie selten untersuchen. Auch wenn

Erkenntnisse über konkrete Diskriminierungsfälle durch Big Data rar sind, gibt es doch Thesen darüber, wie Diskriminierung durch Big Data entsteht.

3.7.2 Differenzierung oder Diskriminierung?

Dabei muss man zuerst festhalten, dass es sich bei den Ergebnissen von Big-Data-Analysen ganz allgemein um Unterscheidungen handelt: Segmentierungen, Stratifizierungen, Rankings etc., denen eine Bedeutung zugeschrieben wird. Sofern es auf Grundlage dieser Unterscheidungen zu Bewertungen in Form von Rangfolgen, Präferenzen, Ein- und Ausschlüssen kommt, stellt sich die Frage, ob es sich dabei um *legitime Differenzierungen* handelt oder ob Differenzierung in Abwertung, Stigmatisierung oder *(illegitime) Diskriminierung*[62] umschlägt. Dies gilt etwa dann, wenn Individuen aufgrund der Zugehörigkeit zu einer sozialen Gruppe bestimmte Zugangsmöglichkeiten verwehrt werden, sie in Rangordnungen nach unten fallen oder sie Preisdifferenzierungen erfahren. Die Grenze zwischen legitimer Differenzierung und illegitimer Diskriminierung ist kontextspezifisch und Resultat von gesellschaftlichen Aushandlungsprozessen (siehe etwa White House 2016[63] und Kimmich und Schahadat 2016).

Eine Erwartung an Big Data liegt darin, dass algorithmische Bewertungen anhand großer Datenmengen objektivere Urteile zulassen als beispielsweise subjektive Bewertungen (White House 2016, S. 10; Boyd und Crawford 2012, S. 663, Christin et al. 2016). Allerdings mehren sich die Hinweise darauf, dass sich sowohl aus der Datenbasis (A) als auch aus den Analysemethoden (B) diskriminierende Effekte ergeben können (White House 2016, S. 6-7), wie im Folgenden dargelegt wird.

---

62 Diskriminierung wird hier im sozialwissenschaftlichen Sinne verstanden als illegitime Ungleichbehandlung von Menschen auf der Grundlage eines oder mehrerer Kriterien. Dieses Verständnis setzt sich ab von einer (breiteren) statistischen Definition, die unter Diskriminierung jeden Unterschied zwischen Merkmalsträgerinnen und -trägern versteht, und von einer (engeren) juristischen Definition, die eng an Gesetze gebunden ist. So wird in Deutschland etwa nur im juristischen Sinne als Diskriminierung bezeichnet, was den Bedingungen entspricht, die im Allgemeinen Gleichbehandlungsgesetz (AGG) festgelegt sind. So können nur Benachteiligungen auf der Grundlage begrenzter Kriterien geahndet werden: Rasse, ethnische Herkunft, Geschlecht, Religion, Behinderung, Alter oder sexuelle Identität. Sozioökonomischer Status, politische Aktivität oder Familienstand fallen etwa nicht hinein.

63 „This report uses the term "discrimination" in a very broad sense to refer to outsized harmful impacts—whether intended or otherwise—that the design, implementation, and utilization of algorithmic systems can have on discrete communities and other groups that share certain characteristics." (White House 2016, S. 25).

3.7.3 Diskriminierung aufgrund der Dateneingabe und -aufbereitung

Eine erste Quelle für diskriminierende Effekte sind die Entscheidungen darüber, welche Arten von Daten überhaupt in die Auswertung eingehen.

Ein zentrales Problem sind Verzerrungen im Datensatz, die durch Selektion entstehen (*selection bias*) und/oder wenn die Dateneingaben zu einem Modell nicht repräsentativ für eine bestimmte Population bzw. Kohorte sind (*sample bias*). Dies führt zu Schlüssen, die bestimmte Gruppen gegenüber anderen begünstigen können (vgl. Barocas und Selbst 2016, S. 684f.; Hardt 2014). Modelle werden so entwickelt, dass sie für die Mehrheit der gewählten Population im Datensatz zutreffend sind. Dies bedeutet zugleich, dass für kleine Sub-Populationen weitaus seltener zutreffende Modelle erstellt werden. Wenn Modelle für bestimmte Gruppen (die Mehrheit) zutreffen und für andere nicht (Minderheiten), bedeutet dies eine unterschiedliche Behandlung (Barocas und Selbst 2016, S. 689, Hardt 2014). Es kann auch leicht zu sehr ungenauen Prognosen führen. So erwies sich ein Vorhersagesystem für die erneute Straffälligkeit von Verurteilten als akkurater für Männer als für Frauen – letztere wiesen zu Unrecht zu hohe *scores* auf (Larson et al. 2016). Ungenügende Daten werden besonders dann zum Problem, wenn sie exkludierend wirken. Über Personen mit niedrigerem Einkommen stehen etwa häufiger zu wenige Informationen zur Verfügung, um einen Kreditscore zu errechnen. Sie werden somit häufiger bei Finanzdienstleistungen benachteiligt, obwohl sie keinen schlechten Kreditscore aufweisen (sondern keine) (Brevoort et al. 2015). Ein anderes Beispiel sind Aufteilungen in abgegrenzte Populationen (*redlining*) – etwa nach der Postleitzahl – die Variationen in den Subpopulationen nicht beachten. Zum Beispiel wird eine Bewohnerin bzw. ein Bewohner im stigmatisierten Stadtteil Hamburg-Wilhelmsburg trotz ansonsten völlig gleicher Charakteristika mit einer Bewohnerin bzw. einem Bewohner im gutsituierten Blankenese unter Umständen längere Zeiten in der Warteschleife von Callcentern oder einen schlechteren Zinssatz bei einem Kredit in Kauf nehmen müssen (Kurz und Rieger 2012).

Eine Verzerrung entsteht auch durch unzureichende Daten, die nur bestimmte Datentypen berücksichtigen, die veraltet sind oder die Fehler aufweisen (vgl. Barocas und Selbst 2016, S. 684). Gerade für Daten, die durch Zwischenhändlerinnen und -händler, die sogenannten *data brokers* vertrieben werden, können Analystinnen und Analysten nur noch schwer nachvollziehen, unter welchen Umständen Daten erhoben wurden und welche Aussagekraft sie besitzen. Ein weiterer Grund für Verzerrungen sind ungenaue oder fehlerhafte (d. h. falsch positive oder falsch negative) Klassifikationen (Hofstetter 2016, S. 381; Schneier 2015; Christl 2014, S. 71; Barocas und Selbst 2016, S. 680). Bei nahezu jeder Einordnung ist die Präzision der

3.7 Ist Big Data fair?

Abgrenzung fraglich – und sie könnte theoretisch auch anders ausfallen (Barocas und Selbst 2016, S. 681). Der gleiche Datensatz kann von unterschiedlichen Personen kodiert zu unterschiedlichen Ergebnissen führen. An dieser Stelle werden die individuellen Vorstellungen und eben auch Vorurteile von Programmiererinnen und Programmierern, Datenanalystinnen und -analysten sowie Auftraggeberinnen und -gebern mitunter Teil des Big-Data-basierten Entscheidungssystems.

Diese möglichen Verzerrungen im Datensatz sind von großer Bedeutung, da Ereignisse und gesellschaftliche Gruppen unterschiedlich gut durch Daten abgebildet zu sein scheinen – und zwar in systematischer Art und Weise. Doch gerade für den deutschen Kontext fehlt es hier noch an Erkenntnissen. Die Gründe für unterschiedliche Datenverfügbarkeit sind vielfältig: Zugang zu Technologie und digitale Beteiligung werden etwa durch wirtschaftliche, sprachliche, kulturelle und sozioökonomische Faktoren bestimmt. In Datensätzen können sich auch unbeabsichtigt historische Vorurteile oder Ungleichgewichte fortschreiben: Eingaben oder Ergebnisse aus der Vergangenheit reproduzieren sich in den Outputs eines algorithmischen Systems. So können beispielsweise bei Beschäftigungsverhältnissen frühere Einstellungsmuster, bei welchen Mütter in der Auswahl nicht berücksichtigt wurden oder nur Teilzeitjobs erhielten, fortgeschrieben werden, wenn der Algorithmus Kinderzahl und Geschlecht mit Daten der bisherigen Einstellungspolitik korreliert (Barocas und Selbst 2016, S. 689).

Selbst wenn Indikatoren, die Diskriminierung ermöglichen, wie etwa Geschlecht, ethnische Zugehörigkeit, Alter etc., aus Datensätzen gelöscht werden, können sogenannte redundante Kodierungen oder *proxies* dazu führen, dass die Zugehörigkeit zu einer bestimmten sozialen Gruppe in anderen Daten enthalten ist. Dies trifft gerade auch dann zu, wenn viele Daten mit hoher Granularität in die Berechnungen eingehen. So legte eine Studie offen, dass Facebook-"Likes" mit demografischen Profilen und einigen psychometrischen Tests[64] es erlauben, Schlüsse über sensible Daten zu ziehen: In 88 % der Fälle ließ sich die sexuelle Orientierung der männlichen Nutzer richtig zuordnen sowie die Religionszugehörigkeit (christlich oder muslimisch, zu 82 %), die Hautfarbe (weiß oder schwarz bzw. *Caucasian* oder *African-American*, zu 95 %), die politische Ausrichtung (demokratisch oder republikanisch, zu 85 %), und der Alkohol und Zigarettengebrauch (zu 65 % bzw. 75 %) (Kosinski et al. 2013). Scheinbar nicht sensible Informationen können so leicht „enttarnend" wirken.

---

64   Die Art der psychometrischen Tests wird im Artikel nicht erläutert.

3.7.4 Diskriminierung durch algorithmisch basierte Entscheidungssysteme

Fehlerquellen in Datensätzen führen erst dann zu gesellschaftlich wahrgenommener Diskriminierung, wenn sie in Entscheidungssysteme einfließen. Dazu gehören etwa *matching systems*, etwa in Suchmaschinen oder Social-Media-Plattformen, die Nutzerinnen und Nutzern dazu dienen, Informationen zu finden: über Produkte, Dienstleistungen, Personen, Ereignisse etc. Ein Beispiel ist etwa, dass Frauen bei Google seltener Werbeanzeigen für den beruflichen Aufstieg erhalten als Männer (Datta et al. 2015) oder dass Suchtreffer zu „schwarz" klingenden Vornamen häufiger mit Werbeanzeigen einhergehen, die stigmatisierend auf die gesuchte Person wirken, da beispielsweise eine kriminelle Vergangenheit angedeutet wird (Sweeney 2013). Algorithmen können darüber hinaus (unbeabsichtigt) den Informationsfluss auf bestimmte Gruppen beschränken und anderen damit Zugangschancen verbauen. So stellen manche Arbeitgeberinnen und Arbeitgeber ihre Stellenanzeigen nur noch in sozialen Netzwerken ein. Es ist durchaus denkbar, dass die Empfehlungsalgorithmen bewirken, dass manche Stellenangebote nur bestimmten Gruppen angezeigt werden, etwa weißen ledigen Männern zwischen 25 und 40. Andere Gruppen wären dann faktisch von der Bewerbung ausgeschlossen.

Problematisch sind zudem Entscheidungsfindungssysteme, die sich so verhalten als seien Korrelation und Kausalität gleichzusetzen (siehe auch Unterkapitel zu Dimension 4). Korrelationen sind die Grundlage für Entscheidungsmodelle und somit nicht prinzipiell problematisch, sondern notwendig. Das Problem entsteht, wenn in Modellen bestimmte Faktoren überhöht werden, weil eine Kausalitätsannahme dahinter steckt, und andere Faktoren dagegen verblassen. Konkret haben Datenanalysen ergeben, dass die Länge der Pendelstrecke zur Arbeit ein starker Prädiktor für die Verbleibsdauer einer Arbeitnehmerin oder eines Arbeitnehmers bei einer Arbeitgeberin oder einem Arbeitgeber ist. Sofern Algorithmen diesen Faktor stark gewichten, können im Ergebnis Jobbewerberinnen und -bewerber, die gleiche oder sogar bessere Qualifikationen haben, benachteiligt werden, nur weil sie weiter entfernt wohnen (Barocas und Selbst 2016, S. 680; White House 2016, S. 15). Ein weiteres vieldiskutiertes Beispiel für die illegitime Gleichsetzung von Korrelation und Kausalität ist die weiter oben erwähnte wohnortbasierte Benachteiligung bei Finanzdienstleistungen (Brevoort et al. 2015).

3.7.5 Ethische Prinzipien und Regulierung

Ob Big Data bestimmte Gruppen benachteiligt und welche Gründe dies hat, entscheidet darüber, ob Big Data als sozial verträglich gilt und wie Gesellschaften mit Big Data umgehen. Denn diese Informationen sind die Grundlage für die Beschäftigung damit, welche Ungleichbehandlung als legitim erachtet wird und welche nicht. Sie helfen auch bei der Entscheidung, welche Kontrollen, Strafen und Entschädigungen angemessen sind. Denn gerade in den USA, aber zunehmend auch in Deutschland, gibt es eine öffentliche Debatte darüber, dass Diskriminierungen durch Big Data nicht nur zulasten der benachteiligten Individuen gehen, sondern auch gesamtgesellschaftliche Implikationen haben. So ist ein Diskurs über die Zukunft des Solidaritätsprinzips in Zeiten der Mikrofokussierung von Entscheidungen entstanden. Wissenschaftlerinnen und Wissenschaftler warnen vor einer weiteren „Benachteiligung der bereits Benachteiligten" (Barocas und Selbst 2016, S. 675).

Ein erster Schritt sind somit gesellschaftliche Auseinandersetzungen darüber, welche Informationen für Big-Data-basierte Entscheidungen zugrunde gelegt werden sollten: Können alle Indikatoren, die durch Mustererkennung identifiziert und als gewichtig angesehen werden, die Grundlage für Entscheidungen sein oder müssen „sachbezogene" Informationen den Ausschlag geben? Sollten etwa Kompetenzen der zentrale Faktor für die Bewertung von Bewerberinnen und Bewerbern für einen Arbeitsplatz sein oder dürfen auch Wohnortnähe und die Nutzung sozialer Medien zurate gezogen werden? Welche *proxies* sind in Datensätzen enthalten, die zur Benachteiligung bestimmter Gruppen führen können?

Eine weitere normative Debatte muss klären, in welchen Bereichen Big Data für Entscheidungen über Ein- und Ausschluss überhaupt eingesetzt werden darf: Für die Vergabe von Kreditdienstleistungen ist dies bereits üblich – auch in Deutschland. Findet das eine gesellschaftliche Akzeptanz? Wie sieht es mit der Allokation von Schul- und Studienplätzen aus? Mit der Vergabe von Wohnungen und Programmen zur gesundheitlichen Prävention? Gibt es auch Anwendungen, in denen Big Data für eine Verbesserung der Fairness eingesetzt werden kann? Es ist durchaus denkbar, dass die deutsche Antwort auf diese normativen Entscheidungen anders lautet als jene der US-amerikanischen Gesellschaft.

Eine weitere normative Auseinandersetzung verbindet sich schließlich mit der Frage, welche technischen Verfahren Einsatz finden. Doch gerade diese Debatte kann aufgrund einer mangelnden Informationsgrundlage kaum stattfinden: Die Datensätze, Algorithmen und Entscheidungssysteme, die in Big-Data-basierte Entscheidungsprozesse eingehen, sind den Betroffenen, etwa Bewerberinnen und Bewerbern um einen Kredit oder einen Arbeitsplatz, in der Regel nicht bekannt. Häufig werden sie als Betriebs-, Geschäftsgeheimnisse oder durch geistiges Eigentum geschützt. Wenn sich Fehler oder rechtswidrige Praktiken einschleichen, können diese nur schwer erkannt und korrigiert werden. Entsprechend nennt der White House Report Transparenz, Rechenschaftspflicht und Verfahrensgerechtigkeit als zentrale Aspekte, um sicherzustellen, dass die Eingaben in ein algorithmisches System akkurat, geeignet und angemessen sind (White House 2016, S. 6-7). Wie mehr Transparenz und Rechenschaftspflicht über Algorithmen erlangt werden kann, bleibt eine offene Frage, die derzeit unter dem Stichwort „Algorithmenethik" und *algorithmic accountability* diskutiert wird.

Zuletzt öffnet sich das Feld der möglichen Strategien, um Big-Data-basierten Diskriminierungen entgegenzuwirken: Welche werden bevorzugt eingesetzt und welche Erfolge zeitigen sie? All dies sind derzeit noch offene Forschungsfragen: Brauchen wir Verbote, bestimmte Daten zu erheben und zu verarbeiten, etwa für *proxies* für ethnische Zugehörigkeit (Roßnagel et al. 2016, S. 150f.)? Was bringen verpflichtende gruppenspezifische *impact assessments* (Sweeney 2013)? Welche Mechanismen erlauben es, ungleiche Behandlung wieder ausgleichen? Sweeney schlägt etwa vor, dass Google sicherstellt, dass Suchergebnisse zu geschützten Bevölkerungsgruppen nicht überproportional mit stigmatisierenden Werbeanzeigen gekoppelt werden (2013). Angwin et al. schlagen vor, dass Risikoscores für einzelne Subgruppen entwickelt werden, etwa um Frauen und bestimmten ethnischen Gruppen gerecht zu werden (Larson 2016). In welcher Form können *equal opportunity by design* und *bias mitigation* eingesetzt werden? Analog zum Konzept des *Privacy by Design* impliziert *equal opportunity* oder *Fairness by Design*, dass alle beteiligten Akteurinnen und Akteure, die eine Big-Data-basierte Anwendung entwickeln, in allen Arbeitsschritten mögliche Verzerrungen und weitere Probleme bedenken, die zu einer Diskriminierung führen können, um diesen entgegenzuwirken. Dazu gehört nicht zuletzt eine eingehende Reflektion der individuellen Vorurteile (*bias mitigation*) (White House 2016, S. 10).

All diese Themen sind keineswegs neu, sondern waren immer schon mit Statistik, Klassifizierung, Ungleichbehandlung und daraus resultierender potenzieller Diskriminierung verbunden. So ist beispielsweise bekannt, dass bei der Personalauswahl für einen Arbeitsplatz die Zugehörigkeit zu ähnlichen sozialen Milieus eine Rolle spielt (der *people like me bias*). Big Data stellt allerdings in vielen Bereichen die Gewissheiten darüber infrage, auf welcher Grundlage Entscheidungen getroffen werden dürften: Sollte es Arbeitgeberinnen und Arbeitgebern gestattet sein, Bewerber aufgrund von Kriterien zu bewerten, die wenig über ihre Kompetenzen aussagen, aber über ihre statistische Verbleibsdauer Auskunft geben? Sollte es Unternehmen weiterhin erlaubt sein, in intransparenter Weise die Kreditwürdigkeit von Personen zu berechnen und zu verkaufen? Ist es legitim, wenn Versicherte von staatlichen Krankenkassen aufgrund eines „gesunden" Lebensstils Boni erhalten? Dies ist nur ein Ausschnitt der Fragen, die nicht in erster Linie durch Gerichte, sondern politisch zu beantworten sind. Moderne Gesellschaften müssen sich im Angesicht von Big Data damit auseinandersetzen, welche Formen von Ungleichbehandlung legitim sein sollen und welche nicht. Durch Big Data generierte Kategorien können Gruppen benachteiligen, diesen aber auch Vorteile bringen. Immer wieder entspringen anhand von gesellschaftlichen Kategorisierungen Forderungen nach Bürgerrechten (Ruppert 2012, S. 214). Der Blick in die USA kann hierbei hilfreich sein, ersetzt jedoch nicht die Wertdebatte, die in Deutschland zu führen ist.

3.8 Regulativ hergestellte Erwartungen an Big Data: Regulierung von Big Data als Deutungskonflikt?

Lena Ulbricht

Big Data wird nicht zuletzt auch geprägt durch Erwartungen, die regulativ hergestellt werden. Die Anwendung und Ausbreitung von Big Data wird durch kodifizierte Regeln bestimmt, etwa in Gesetzen, Verordnungen und Standards. Zu den regulativ hergestellten Erwartungen an Big Data gehören darüber hinaus auch Instrumente, mittels derer die Einhaltung der Regeln überwacht und sichergestellt wird. Welche Regeln die Entwicklung von Big Data bestimmen sollten, wird in der Öffentlichkeit kontrovers diskutiert. Ein besonderer Konflikt ist etwa um eine Flexibilisierung des Prinzips der Datensparsamkeit entstanden, wie es die Bundeskanzlerin es auf dem IT-Gipfel 2016 gefordert hat (Merkel 2016). Auch die Frage danach, welche Akteurinnen und Akteure sich regelkonform verhalten und welche nicht, wird öffentlich und vor Gerichten diskutiert, etwa bei der Frage, ob eine Datenweitergabe von Kommunikationsunternehmen an Nachrichtendienste legitim und rechtskonform ist. Dies gilt auch bei der Auseinandersetzung darüber, ob Unternehmen wie Google und Facebook die persönlichen Daten ihrer Nutzerinnen und Nutzer rechtmäßig erheben und verwenden. Die Literatur über Regulierungsdefizite und neue Instrumente für die Regulierung von Big Data wächst stetig. Diese Auseinandersetzung ist aber bislang stark rechtswissenschaftlich geprägt. Eine politikwissenschaftliche Perspektive erweitert die Debatte, indem sie die besondere Bedeutung von Diskursen, Institutionen und Akteurinnen und Akteuren unterstreicht, wie dies im akteurzentrierten Institutionalismus (Scharpf 2006), dem diskursiven Institutionalismus (Schmidt 2008) oder auch dem *advocacy coalition framework* (Jenkins-Smith et al. 2014) und weiteren politikwissenschaftlichen Ansätzen praktiziert wird.

Die Debatte über die Regulierung von Big Data wirft dabei eine zentrale Frage auf, welche die Regulierungsforschung derzeit grundlegend beschäftigt. So stellt sich die Frage, ob der *regulatory state* (Majone 1997; Hood et al. 1999) weiterhin Bestand hat und sich der Bereich staatlicher Kontrolle tatsächlich ausweitet. Oder ob sich das Rad zurückdreht und vermehrt regulierungsfreie Räume entstehen (Lodge und Wegrich 2016). Auch mit Blick auf Big Data lässt sich fragen: *Markiert die Ausweitung von Big Data kontrollfreie Räume und hinkt die staatliche Regulierung der technologischen Entwicklung hinterher? Oder bieten die bestehenden Regulierungsansätze im Prinzip ein engmaschiges Netz, das es lediglich an wenigen Stellen zu flicken gilt? Erstickt der Regulierungsstaat gar viele Big-Data-zentrierte Projekte und verhindert durch Überregulierung gesellschaftlich nützliche Innovationen?*

Umfassend können diese Fragen in diesem Beitrag nicht beantwortet werden, sie werden jedoch anhand von Beispielen diskutiert. Dabei wird dafür plädiert, die Debatte um die Regulierung von Big Data nicht allein als Suche nach den besten Lösungen für Big-Data-induzierte Risiken zu verstehen. Die Debatte über die Regulierung von Big Data ist vielmehr als gesellschaftlicher Deutungskonflikt zu verstehen. Die Risiken und Potenziale, die Big Data zugeschrieben werden, sind in dieser Lesart nicht objektiv vorhanden und messbar, sondern haben zwei Funktionen: Sie sind erstens Ausdruck verschiedener Deutungen der Digitalisierung. Sie sind zweitens auch Element von Durchsetzungsstrategien verschiedener Akteurinnen und Akteure, die in der Debatte um die Regulierung von Big Data ihr Selbstverständnis formen und ihre Handlungsspielräume zu erweitern suchen. Denn diskursive Auseinandersetzungen über Regulierung haben viele Funktionen: Sie erschaffen Bedeutung, sie ermöglichen Auseinandersetzungen, Koordination und Handlung und sie tragen zur Ausbildung des Selbstverständnissen von Akteurinnen und Akteuren bei (Black 2002). Dies soll in diesem Beitrag anhand der Diskussion über die Verbindung von Datenschutz- und Wettbewerbsregulierung verdeutlicht werden.

3.8.1 Big Data stellt Regulierung infrage: ein Deutungskampf

Die öffentliche Debatte zur Regulierung von Big Data konzentriert sich weitgehend darauf, wie gesellschaftlich unerwünschte Folgen von Big Data verhindert werden können. Wenn man Regulierung aber als die absichtsvolle Setzung von Regeln versteht (Black 2008), gehören zur Regulierung von Big Data auch jene Regeln, die die Ausbreitung von Big Data fördern und die Art des Einsatzes spezifizieren sollen. Dazu gehören beispielsweise die Regelungen für die öffentliche Bereitstellung staatlich generierter Daten (*Open Government Data*). Wenn diese Daten in

3.8 Regulativ hergestellte Erwartungen an Big Data

großem Umfang in maschinenlesbarem Format und standardisiert bereitgestellt werden, können sie von Dritten leichter integriert und ausgewertet werden und so neue Geschäftsmodelle entstehen lassen, der Forschung nutzen und politische Teilhabe und demokratische Kontrolle ermöglichen. In Deutschland besteht eine Nationale E-Government Strategie, die mit dem Zielbereich „Transparenz und gesellschaftliche Teilhabe" das Ziel hat, Open Data und Informationsfreiheit zu fördern (IT-Planungsrat 2015, S. 15; kritisch dazu: Wewer 2014). 2016 ist die Bundesregierung zudem dem Open Government Partnership beigetreten, einem internationalen Bündnis, das die Länder dazu verpflichtet, nationale Handlungspläne zu entwickeln (Open Government Partnership 2011; Stiftung Neue Verantwortung 2016). Die zivilgesellschaftliche Open Knowledge Foundation kritisiert allerdings, die Bundesregierung behandele die öffentliche Bereitstellung staatlicher Daten nicht als Priorität (Semsrott et al. 2016). Weitere Strategien, mit denen die Bundesregierung, Wirtschaft und Zivilgesellschaft günstige Rahmenbedingungen für die Entwicklung von Big Data schaffen wollen, sind die Verbesserung der IT-Sicherheit, der Schutz von Privatheit und Änderungen im Datenschutzrecht. All diese Ansätze haben zwei Seiten: Big Data zugleich zu ermöglichen und einzuhegen.

Big Data bestimmte Grenzen zu setzen, innerhalb derer sich die entsprechenden Anwendungen gemeinwohlfördernd entwickeln können, ist den zahlreichen Befürchtungen über unerwünschte Folgen für Individuen, Gruppen und die Gesellschaft geschuldet. Risiken von Big Data sind in den vorangehenden Unterkapiteln bereits ausführlich dargelegt worden: Verletzung der Privatsphäre, unfairer Wettbewerb, Manipulation, Diskriminierung, Einschüchterung durch Überwachung, Autonomieverluste sowie weitere Risiken. Kritikerinnen und Kritiker monieren, staatliche Regulierung begegne diesen Risiken bisher nicht angemessen und zahlreiche Studien diagnostizieren ein allgemeines Regulierungsdefizit (etwa Roßnagel 2013; 2016; Mantelero 2017; Weichert 2013; Europäischer Datenschutzbeauftragter 2015; White House 2014; Rouvroy 2016). Ein häufig zu vernehmendes Narrativ besagt sogar, Big Data stelle die Regulierung, die wir kennen, tiefgreifend infrage. Die Datenschutzregulierung, in der deutschen wie internationalen Regulierungsdebatte der zentrale Ansatz für die Regulierung von Big Data, wird etwa in doppelter Hinsicht als defizitär angesehen: Zum einen würden die rechtlichen Normen den Big-Data-basierten Praktiken zum Teil zuwiderlaufen und seien somit sowohl zu streng als auch unzureichend. Zu streng, da die Datensparsamkeit und Zweckbindung viele Big-Data-basierte Geschäftsmodelle verhindere; unzureichend, da sie auf einer Unterscheidung zwischen (besonders schützenswerten) personenbezogenen Daten und nicht-personenbezogenen Daten beruhe, die angesichts von Big Data nicht mehr aufrechtzuerhalten sei. Denn maschinenbezogene Daten, die etwa durch ein Smartphone erhoben werden, erlaubten derart persönliche Rückschlüsse über ihre Nutzerinnen und Nutzer, dass sie als personenbezogene Daten angesehen werden müssten (Schwartz und Solove 2011).[65] Zudem werde das Instrument der informierten Einwilligung ausgehöhlt, da Nutzerinnen und Nutzer keine echten Alternativen hätten und somit keine wirkliche Opt-Out-Option bestünde (Rouvroy 2016). Ein weiterer Kritikpunkt ist zudem, dass die staatlichen Datenschutzbehörden unzureichend ausgestattet seien und das bestehende Recht deshalb nicht implementiert würde, wenn etwa keine Kontrollen durchgeführt werden (Schulzki-Haddouti 2016). Ein weiteres Argument für die Defizitthese ist zudem, dass die schiere Masse an Daten, die Auskunft über menschliches Verhalten gibt, Rückschlüsse über alle erlaube, selbst über jene Personen, die ihre persönlichen Daten penibel schützten (Barocas und Nissenbaum 2014).

Obwohl die deutsche wie die internationale Regulierungsdebatte einen deutlichen Fokus auf Datenschutz legt, werden weitere Regulierungsdefizite benannt, die nicht primär durch Datenschutz reguliert werden können. Dazu gehört das Risiko, Big Data dazu zu nutzen, Gruppen zu diskriminieren (Sweeney 2013; Datta et al. 2015; Angwin et al. 2016) oder Individuen zu manipulieren (Zuboff 2015; Yeung 2016). Weitere gesellschaftliche Folgen von Big Data, die kritisiert werden, sind etwa abnehmende Diversitätstoleranz, etwa durch die sogenannten *filter bubbles* (Zuiderveen Borgesius et al. 2016) und Einschüchterung durch Überwachung durch sogenannte *chilling effects* (Lyon 2014; Yeung 2016). Auch hier sei der bestehende Regulierungsrahmen unzureichend, so die Defizitthese.

Es finden sich auch viele Hypothesen über die Ursachen dafür, warum die gegenwärtige Regulierung gegenüber Big Data zu kurz greife: Ein Grund sei die Übermacht der datenverarbeitenden Unternehmen gegenüber seinen Nutzerinnen und Nutzern und den (meist staatlichen) Kontrolleurinnen und Kontrolleuren (Zuboff 2015; Weichert 2013). Eine weitere Interpretation besagt, Regulierungs- und Kontrollinstanzen hätten nicht genügend Regulierungswillen – wegen des erhofften Nutzens von Big Data für Sicherheitspolitik und Wirtschaftswachstum und wegen der massiven Lobbyarbeit der Internetwirtschaft (Albrecht 2014; Pasquale 2015). Eine weitere Erklärung konstatiert, es mangele an gesellschaftlichem Druck für eine bessere Regulierung. Datenschutz sei kein Thema, das große Proteste mobilisiere und Wahlen entscheide. Manche Beobachterinnen und Beobachter diagnostizieren gar, wir lebten in einer „Post-Privacy-Gesellschaft", in der die Privatsphäre immer weniger Bedeutung habe (Guardian 2010).

---

65 Wenn mehr Daten verschiedener Quellen in eine Analyse einfließen, verbessern sich die Möglichkeiten, zuvor anonymisierte Daten wieder Personen zuzuordnen (Acquisti und Gross 2009).

3.8.2 Große Vielfalt der Regulierungsansätze

All diese Defizitdiagnosen implizieren, dass es bislang an Vorschlägen für effektive Regulierungsansätze mangele. Allerdings legt eine erste Analyse von Regulierungsvorschlägen eher das Gegenteil nahe; es besteht eine große Vielfalt an Regulierungsvorschlägen.

Im Bereich der *primär staatlichen Regulierung* zielen viele Regulierungsvorschläge darauf, die Datenschutzregulierung anzupassen und auszuweiten (z. B. durch die Etablierung des Marktortprinzips und das Recht auf Datenportabilität), andere Vorschläge zielen auf eine bessere Implementierung des vorhandenen Datenschutzrechts (etwa durch *privacy impact assessments* und eine bessere Ausstattung der Kontrollbehörden). Eine weitere Strategie sieht eine Verbindung von Datenschutz mit Wettbewerbsregulierung vor; wieder andere Vorschläge plädieren dafür, Big-Data-induzierte Risiken stärker durch Regulierungsansätze zum Schutz vor Diskriminierung, zum Schutz vor Manipulation und zum Schutz von Freiheitsrechten zu begegnen. Hinzu kommen Ansätze, Unternehmen oder Nutzerinnen und Nutzern haftungsrechtlich zu begegnen.[66]

Mit Blick auf die *Selbst-Regulierung durch Unternehmen* werden Standards, Normen und Selbstverpflichtungen wie etwa CSR-Standards (*corporate social responsibility*), die Entwicklung von *privacy*- und *fairness*-freundlichen Produkten und Dienstleistungen (*Privacy by Default, Privacy by Design, Fairness by Design, equal opportunity by design, bias mitigation*) sowie Verfahren zur Zertifizierung von Produkten, Praktiken und Organisationen durch Siegel und Audits etc. diskutiert.

Im Bereich der *professionellen Selbst-Regulierung* werden Ideen diskutiert, wie relevante Fachdisziplinen und Berufe, wie etwa Informatikerinnen und Informatiker, Data Scientists und Datenschützerinnen und Datenschützer sich Leitlinien für ethisches Verhalten und Qualifizierung geben können.

Vorschläge zur *Regulierung durch die Zivilgesellschaft* betreffen die Beratung und Unterstützung von Nutzerinnen und Nutzern, Bürgerinnen und Bürgern, damit sie ihre Rechte kennen, wahrnehmen und einfordern können. Dazu gehören auch Möglichkeiten von Daten- und Verbraucherschutzorganisationen, Verbandsklagen anzustrengen.

Die *Regulierung durch Selbst-Schutz* schließlich umfasst alle Initiativen, die Nutzerinnen und Nutzer sowie Bürgerinnen und Bürger dazu befähigen, zu ihrem

---

66 Auch wenn dieser Artikel die Rolle von Nachrichtendiensten weitgehend ausgeklammert hat, ist hier zu erwähnen, dass derzeit zahlreiche Ansätze einer besseren parlamentarischen Kontrolle von Nachrichtendiensten diskutiert werden. Die Regulierungsvorschläge betreffen auch die Praktiken der Datensammlung und -verwertung der Dienste.

eigenen Schutz beizutragen, etwa durch Selbstdatenschutz oder das Erkennen von Diskriminierung. Die Beschäftigung mit diesen Ansätzen verfolgt derzeit noch in erster Linie die Frage, wie gut sie Big-Data-induzierte Risiken verringern können. Was fehlt, sind Analysen, die herausarbeiten, wie Krisendiagnosen, Defizitbeschreibungen und Regulierungsvorschläge zusammenhängen, und welche Diskurskoalitionen sich in der Debatte zeigen. Aus politikwissenschaftlicher Perspektive ist dabei besonders interessant, welche Implikationen verschiedene Vorschläge im Hinblick auf Machtverschiebungen haben: Welche Deutungen setzen sich durch, welche Akteurinnen und Akteure können ihre Handlungsspielräume erweitern oder müssen diese verringern und wie wirkt sich dies auf ihre (individuellen und kollektiven) Selbstverständnisse aus? Anhand der Debatte über die Nutzung von Wettbewerbsregulierung für die Regulierung von Big Data lässt sich dies veranschaulichen.

3.8.3 Möglichkeiten der Wettbewerbsregulierung

In den letzten Jahren ist ein Diskurs über Möglichkeiten und Grenzen entstanden, mittels Wettbewerbsregulierung einige der Big-Data-bezogenen Probleme zu bekämpfen. Der Gedanke ist erst einmal überraschend: Wettbewerbsregulierung nimmt Märkte in den Blick und nicht den gesellschaftlichen Zusammenhalt. Dass der Ansatz dennoch in den vergangenen Jahren intensiv debattiert wurde, liegt an seiner Sensibilität für Machtverhältnisse. Wettbewerbsregulierung stellt sich als die Antwort auf ein (angenommenes) Machtgefälle zwischen datenverarbeitenden Unternehmen und Verbraucherinnen und Verbrauchern sowie zwischen Unternehmen und den (meist) staatlichen Regulierungs- und Kontrollinstanzen dar. Dieses Machtgefälle ist vielfältig: Den größten Vorteil genießen die führenden Konzerne der Internetwirtschaft dadurch, dass weder Nutzerinnen und Nutzer noch staatliche Kontrollbehörden erfahren können, ob die nutzerbezogenen Daten tatsächlich so erhoben, verwaltet und genutzt werden, dass dies der Rechtsprechung und den selbstgesetzten Regeln der Unternehmen entspricht. Einen weiteren Vorteil genießen die Unternehmen darin, dass sie große Ressourcen einsetzen können, um ihre Position im Rechtsstreit verteidigen zu können. Auch die Marktmacht mancher Plattform-Industrien ist so groß, dass Nutzerinnen und Nutzer sowie Kundinnen und Kunden wenig Alternativen haben, auf die sie ausweichen können. Dies gilt etwa für die Suchmaschine von Google, das Soziale Netzwerk von Facebook und das Anzeigengeschäft beider Konzerne. Ein Fall, in dem dieses Machtgefälle öffent-

3.8 Regulativ hergestellte Erwartungen an Big Data

lich thematisiert wurde, waren die Verfahren von Max Schrems gegen Facebook (Schrems 2017)[67].

Während Datenschutzregulierung angesichts dieser Machtasymmetrien zum Teil ins Leere geht, sehen manche Akteurinnen und Akteure in der Wettbewerbsregulierung einen vielversprechenden Ansatz. Denn wenn Unternehmen ihre marktbeherrschende Stellung missbrauchen, um Kundinnen und Kunden zu schaden, etwa in Form geringer Datenschutzstandards, kann die Wettbewerbsregulierung einschreiten (Kuner et al. 2014). Eine erweiterte Wettbewerbsregulierung würde sich entsprechend nicht allein daran orientieren, ob monopolartige Strukturen Nutzerinnen und Nutzern mit Blick auf Preis und Qualität von Produkten und Dienstleistungen Nachteile bringen, sondern auch im Blick auf den Umgang mit ihren persönlichen Daten (Pozzato 2014). Auf dieser Grundlage hat etwa das Bundeskartellamt 2016 ein Verfahren gegen Facebook eingeleitet unter dem Verdacht, dass das Unternehmen seine dominante Marktposition dazu nutzt, um Datenschutzrecht zu unterlaufen. Der mutmaßliche Verstoß besteht darin, dass Facebook seine Nutzerinnen und Nutzer nicht angemessen über die Erhebung und Verwendung ihrer persönlichen Daten informiert (Bundeskartellamt 2016a). Zudem können die Wettbewerbshüter tätig werden, wenn der Wettbewerb zwischen Unternehmen gefährdet ist, sofern manche sich an die datenschutzrechtlichen Regeln halten und andere nicht. So kritisiert der Wirtschaftswissenschaftler Eric Clemons etwa, dass die Vormachtstellung von Google in Europa nicht auf technologischer Überlegenheit, sondern auf dem systematischen Verstoß gegen europäisches Datenschutzrecht beruhe (Clemons 2015). Würden Google und andere Monopolisten verpflichtet, sich an die Regeln zu halten, hätten auch andere Unternehmen eine Chance, ihre Marktanteile zu erhöhen, etwa jene, die besonders auf Datenschutz und Datensicherheit achten (Europäischer Datenschutzbeauftragter 2014). Wenn man anerkennt, dass Marktmacht in bestimmten Bereichen zentral davon abhängt, in welcher Form und in welchem Ausmaß personenbezogene Daten Unternehmen zur Verfügung stehen, liegt die Verantwortung dafür, dass Unternehmen nicht gegen Datenschutz verstoßen, also nicht allein bei den Kontrollbehörden für Datenschutz, sondern auch bei den Wettbewerbshüterinnen und -hütern (Bundeskartellamt 2016a; Bundeskartellamt 2016c).

Aus Perspektive derer, die eine Verbindung von Wettbewerbs- und Datenschutzregulierung befürworten, stellt die Datenökonomie einen Markt mit Besonderheiten dar, der entsprechend nach neuen regulatorischen Antworten verlangt. Dabei stehe

---

67 In verschiedenen Gerichtsverfahren hat Max Schrems darauf aufmerksam gemacht, dass Nutzerinnen und Nutzer nur geringe Möglichkeiten haben, ihr Recht auf informationelle Selbstbestimmung gegenüber Facebook wahrzunehmen.

nicht allein das Marktgleichgewicht zwischen Unternehmen im Fokus, sondern auch das Verhältnis zwischen Unternehmen und Kundinnen und Kunden bzw. Nutzerinnen und Nutzern. Letztere sollen nicht nur vor unfairen Vertragsbedingungen, sondern – durch den Fokus auf personenbezogene Daten – auch in ihren Grundfreiheiten geschützt werden.

Diese Perspektive nehmen das Bundeskartellamt, der Europäische Gerichtshof und der Europäische Datenschutzbeauftragte ein. Sie sind in unterschiedlicher Weise von den Konsequenzen einer solchen Strategie betroffen. Das Bundeskartellamt lotet Möglichkeiten aus, seinen Kontrollbereich auszuweiten – durch Verfahren wie jenes gegen Facebook, aber auch durch neue Kompetenzen. So soll das Amt etwa nach einem Gesetzentwurf aus dem Bundesministerium für Wirtschaft und Energie vom 01.07.2016[68] in Zukunft Musterverfahren anstrengen können (ecommerce Magazin 2017) und 2015 hat das Bundeskartellamt einen „Think Tank Internet" eingerichtet. Der Europäische Datenschutzbeauftragte fordert wiederum mehr Unterstützung durch Wettbewerbshüterinnen und -hüter: indem beide Regulierungsbehörden in bestimmten Fällen Einsicht in Datensätze und Datenverarbeitung von Unternehmen erhalten sollten, um wettbewerbsschädigendes Verhalten feststellen zu können, und ganz allgemein in Form einer engeren Zusammenarbeit (Europäischer Datenschutzbeauftragter 2014). Wo sich der Europäische Gerichtshof in dieser Kontroverse zukünftig verortet, bleibt zu erforschen. Bislang zeigte er eher eine zögerliche Haltung, Wettbewerbs- und Datenschutzregulierung zu verknüpfen (Graef 2016, S. 19), hat aber prinzipiell eine Definition von Wettbewerbsregulierung, die sich durchaus offen zeigen könnte für Fragen des Datenschutzes (Kuner et al. 2014, S. 248).

Kritikerinnen und Kritiker wenden hingegen ein, die Wettbewerbsregulierung werde überstrapaziert, wenn prinzipiell jede Rechtsverletzung eines marktdominierenden Unternehmens auch als Verstoß gegen Wettbewerbsrecht gesehen würde (Graef und Alsenoy 2016). Sie fordern, die Einhaltung des Datenschutzrechts solle durch die Akteurinnen und Akteure und Instrumente der Datenschutzregulierung überwacht werden und Konflikte nicht auf dem Nebenschauplatz der Wettbewerbspolitik austragen (Kuner et al. 2014). Sie befürchten, dass die Definitionen und Instrumente der Wettbewerbsregulierung so stark ausgeweitet würden, um Datenschutz und Verbraucherschutz auf internetbasierten Märkten zu integrieren, dass sie dadurch grenzen- und substanzlos gerieten (Kuner et al. 2014; Pozzato 2014). Beispielsweise orientiert sich Wettbewerbsregulierung bislang daran, ob Monopole Konsumentinnen und Konsumenten mit Blick auf den Preis und die

---

68 Diese und weitere Kompetenzerweiterungen für das Bundeskartellamt werden derzeit im Rahmen der Reform des Gesetzes für Wettbewerbsbeschränkungen (GWB) diskutiert.

3.8 Regulativ hergestellte Erwartungen an Big Data

Qualität von Gütern und Dienstleistungen schaden. In welcher Form der Umgang von Monopolen mit den persönlichen Daten der Kundinnen und Kunden bewertet werden soll, ist bislang eine offene Frage (Pozzato 2014). Eine weitere Frage, die Kartellrechtlerinnen und -rechtler beschäftigt, ist, wie die Marktmacht von datenbasierten Plattformen und Netzwerken beurteilt werden kann (Bundeskartellamt 2016b). Zusammenfassend kann man die Deutung der Digitalisierung aus dieser Perspektive als einen Markt wie andere Märkte ansehen, der entsprechend keine besondere Regulierung notwendig macht. Vertreten wird sie unter anderem von der Generaldirektion Wettbewerb der Europäischen Kommission, dem zentralen Akteur der Wettbewerbsregulierung in der Europäischen Union.[69] Durch eine engere Zusammenarbeit mit dem Europäischen Datenschutzbeauftragten würde sie möglicherweise Spielräume dazugewinnen, aber auch neuen Verantwortungsbereichen, Erwartungen und nicht zuletzt Koordinationszwängen unterliegen. Ob und in welchem Maß sie dies in ihr Selbstverständnis aufzunehmen bereit ist, bleibt zu untersuchen.

3.8.4 Fazit und Fragen für politikwissenschaftliche Forschung

Angesichts der Debatte über die Regulierung von Big Data steht die Politikwissenschaft vor zahlreichen Fragen: Zum einen gilt es zu hinterfragen, ob und in welchem Ausmaß die These zutrifft, Big Data verlange nach neuen Regulierungsansätzen. Die Defizitbeschreibungen der bestehenden Regulierung und die Regulierungsvorschläge sind Teil eines größeren Konflikts über gesellschaftliche Deutungen der Digitalisierung und ihre Gestaltung. Welche Weltbilder stehen also hinter den widerstreitenden Regulierungsvorschlägen, welche Ziele und Akteurinnen und Akteure? Ein Blick auf die Kontroverse über die Verbindung von Wettbewerbs- und Datenschutzregulierung hat offengelegt, dass die Datenökonomie Mal als Markt wie jeder andere und Mal als Markt mit Besonderheiten verstanden wird. Interessanterweise nutzt das Bundeskartellamt die Debatte, um seine Handlungsspielräume zu erweitern, während sein Pendant auf EU-Ebene, die Generaldirektion Wettbewerb der Kommission, dies (bislang jedenfalls) abzulehnen scheint. Wie dies zu erklären ist, bleibt zu erforschen. Auch im Blick auf andere Vorschläge für eine Regulierung

---

69 Allerdings hat die Generaldirektion Wettbewerb zahlreiche Beschwerdeverfahren gegen Google wegen wettbewerbsschädigender Geschäftspraktiken eingeleitet. Datenschutzverstöße stehen hier jedoch nicht im Vordergrund (Europäische Kommission 2013, Europäische Kommission 2014, Europäische Kommission 2015, Europäische Kommission 2016a Europäische Kommission 2016b).

von Big Data sollten Analysen offenlegen, welche Weltsichten, Selbstverständnisse und Interessen mit ihnen verbunden sind. So kann man etwa fragen, weshalb das Instrument der informierten Einwilligung trotz aller Defizite so populär ist.[70] Und weshalb ist der Schutz vor Diskriminierung in Deutschland kaum ein Thema – anders als in Frankreich oder den USA (Ulbricht 2017)? Welche Regulierungsvorschläge haben sich in der Europäischen Datenschutzgrundverordnung durchgesetzt und welche nicht? Warum konnte sich etwa dort das Instrument der *privacy impact assessments* etablieren, obwohl es bislang wenig Erfahrung gibt und Evaluationen es als wenig verbindlich darstellen (Wright und Hert 2012)? Warum wurde im Gegenzug die Registrierungspflicht von Datenverarbeitungen nicht aufgenommen obwohl es diesbezüglich langjährige Erfahrungen in Großbritannien gibt und sie eine Grundlage für die Anlegung eines öffentlichen Registers hätte werden können (Schallaböck 2014)?

Zum anderen können politikwissenschaftliche Analysen auch einen Beitrag zur Frage nach den Möglichkeiten, Grenzen und Implikationen verschiedener Regulierungsvorschläge leisten – sowohl mit Blick darauf, ob sie gesellschaftlich unerwünschte Effekte von Big Data verhindern können, als auch mit Blick darauf, welche Folgen sie für die Gesellschaft insgesamt sowie für verschiedene Akteurinnen und Akteure wie Individuen, gesellschaftliche Subgruppen, verschiedene Unternehmen, Kontrollinstanzen etc. haben. Ganz allgemein stellt sich die Frage, wie das politische System die Regulierung von Big Data beeinflusst und wie diese Regulierung wiederum auf das politische System und seine Akteure zurückwirkt. Dies ist besonders mit Blick auf das institutionelle Gefüge zwischen Legislative und Judikative interessant – in einer Zeit, in der viele wichtige Fragen zur Gestaltung der Digitalisierung nicht durch Parlamente, sondern durch Gerichte entschieden werden (Ritzi i. E., Rehder und Schneider 2016).

Einiges deutet darauf hin, dass die vielfältigen Auswirkungen von Big Data auf Individuen, Gesellschaft, Wirtschaft und Politik und die verschiedenen Bereiche, in denen Big-Data-basierte Verfahren Anwendung finden, nach neuen Antworten verlangen. Nicht im Sinne radikal neuer Regulierungsformen, sondern vielmehr durch die Kombination von Regulierungsansätzen, Instrumenten und Akteurinnen und Akteuren, die bislang wenig miteinander zu tun hatten.

---

70   Siehe kritisch dazu etwa Hull (2015), sowie Hofmann und Bergemann (2016).

3.9 Fazit und Ausblick

Dass technologische Entwicklungen, anders als es die häufig verwendeten Metaphern von Big Data als „Flut" oder „Öl" suggerieren (Puschmann und Burgess 2014), keine Naturgewalten sind, sondern sich entlang gesellschaftlich gestalteter Grenzen entwickeln, muss heute nicht mehr betont werden. Dieser Beitrag hat herausgearbeitet, dass Big-Data-basierte Anwendungen in vielerlei Hinsicht durch kollektive Erwartungen geprägt werden und selbst wiederum der Herstellung von Erwartungen dienen, in kulturell-kognitiver, normativer und regulativer Hinsicht. In allen sechs Analysekategorien wurde jedoch auch deutlich, dass über die tatsächlichen Wechselwirkungen zwischen Big-Data-basierten Phänomenen und kollektiven Erwartungen wenig bekannt ist. Viele der vernehmbaren Aussagen über die gesellschaftlichen Implikationen von Big Data müssen angesichts des noch spärlichen sozialwissenschaftlichen Forschungsstands somit erst einmal als Thesen gelten, die es zu überprüfen gilt.

In kultureller und kognitiver Hinsicht hat Big Data das Potenzial zur epistemischen Innovation, wenn die entsprechenden Methoden und Praktiken das Bild prägen, das eine Gesellschaft von sich hat. Diese Vorstellungen können auch politische Prozesse verändern, etwa wenn im Rahmen von Big-Data-basierten Wahlkämpfen neue Repräsentationsbeziehungen und kollektive Identitäten geschaffen werden. In welchem Ausmaß sich Big Data aber als Repräsentations-Technologie etabliert, muss allerdings eingehend untersucht werden.

Auch in normativer Hinsicht kann Big Data dafür genutzt werden, kollektive Erwartungen zu produzieren. So finden auf der Grundlage von Big Data Normalisierungsprozesse statt, die neuartig sind mit Blick auf Vielfalt, Personalisierung bzw. Granularität und zyklische Neuberechnungen. Big-Data-basierte Normierungen werden auch für Verhaltenssteuerung eingesetzt. Dabei zeigen sich als besondere Eigenschaften dieser Techniken ex-post Zuschreibungsprozesse, eine doppelte Intransparenz der algorithmischen Analysen und der daraus abgeleiteten Verhaltensregulierung sowie eine Situation von Selbst- und gegenseitiger Beobachtung. Ob dies zu neuen Wert- und Wertungsschemata führt und, intendiert oder nicht, die gesellschaftlichen Bedingungen für Verhaltensregulierungen ändert, ist allerdings noch unklar.

Big Data wird auch regulativ eingesetzt und kann Regelsetzung und -implementierung in verschiedener Hinsicht beeinflussen: mit Blick auf Datengrundlage und Rechenmethoden, wo in den meisten staatlichen Anwendungsbereichen eher traditionelle Daten und Verfahren eingesetzt werden. Big Data schafft auch neue Arten der Regelsetzung, die zwar eine Differenzierung von Regeln nach Zielgruppen oder Gebieten mit sich bringen, allerdings bislang wenig Einfluss auf die Regeln der Regelsetzung selbst haben. Über die Autorität der Big-Data-basierten Regeln ist schließlich wenig bekannt. Die These, dass Big Data im staatlichen Bereich zu einer Renaissance kybernetischer Steuerung führt, scheint allerdings überzogen. Mit Blick auf die Frage, welche kulturellen und kognitiven Erwartungen Big Data prägen, zeigt sich, dass Algorithmen zwar als Akteure angesehen werden, aber (noch) nicht als solche, die eigenständig und reflexiv die Wirklichkeit gestalten. Dennoch entstehen mit Blick auf Big Data auch neue Ambitionen analytischer Natur, nämlich, dass Big Data die soziale Wirklichkeit direkt abbildet. Diese Erwartungen an Big Data werden auch für die Gestaltung von Politik bedeutsam, haben aber bislang noch nicht dazu geführt, dass Datenanalyse als Ersatz für Intermediäre und soziale Praktiken herhält.

Die normativen Erwartungen an Big Data gehen zum Teil davon aus, dass Big Data menschliche Vorurteile und Defizite umgehen kann und eine neutrale und faire Grundlage für Entscheidungssysteme ist. Allerdings deuten erste Forschungsbefunde darauf hin, dass Big-Data-basierte Verfahren ebenfalls Verzerrungen beinhalten und diskriminierend wirken können. Die Auseinandersetzung über normative Erwartungen an Big Data befeuert somit eine Debatte über Grenzen der legitimen Differenzierung in modernen Gesellschaften.

Mit Blick auf die regulativ hergestellten Erwartungen an Big Data wurde deutlich, dass die These, dass Big Data die bestehende Regulierung grundlegend herausfordert, zum Teil zutrifft, wenn diese etwa noch immer auf einer Unterscheidung zwischen personenbezogenen und sonstigen Daten beruht. Es trifft aber nicht zu, dass technologischen Herausforderungen in erster Linie technisch begegnet werden muss. Zwar sollte Regulierung auch in die Gestaltung von Technik einfließen, etwa bei der Entwicklung von datensparsamen Technologien. Doch vielen Risiken von Big Data kann man mit bekannten Regulierungsansätzen und -instrumenten begegnen, wie etwa Datenschutzkontrollen oder Diskriminierungsverboten. Diese müssen jedoch zum Teil mit Blick auf Big Data weiterentwickelt werden.

Mit Blick auf die eingangs gestellte These, dass sich durch Big Data die Bedingungen kollektiv bindenden Entscheidens verändern, zeigten sich in diesem Beitrag also gemischte Befunde: Zwar zeigt sich in vielen Bereichen tatsächlich eine Mikrofokussierung von Regulierung, Normen und sozialen Wissensbeständen. Dies bringt durchaus weitreichende Änderungen mit sich. Dies ist im Übrigen auch dann der Fall, wenn die konkreten Mechanismen und Implikationen von Big Data den Menschen und Organisationen, die von ihnen betroffen sind, nicht ersichtlich sind. Denn auch eine vage oder fälschliche Annahme über Big Data kann zu kollektiven Erwartungen führen. Die Tiefe und Reichweite der durch Big Data verursachten Änderungen ist allerdings je nach Dimension und Bereich ganz unterschiedlich.

Diese differenzierte Bilanz gilt es weiter auszuarbeiten und entsprechende Thesen empirisch zu überprüfen.

Literatur

Acquisti, A., & Gross, R. (2009). Predicting Social Security numbers from public data. *Proceedings of the National Academy of Sciences of the United States of America 106(27)*, 10975-10980.

Acquisti, A. (2014). The Economics and Behavioral Economics of Privacy. In J. Lane, V. Stodden, S. Bender & H. Nissenbaum (Hrsg.), *Privacy, Big Data, and the Public Good* (S. 76-95). New York: Cambridge University Press.

Agho, O. (2015). *New Political Actors in the Age of Big Data* (Master's Thesis, Georgetown University, Washington, D.C., United States). https://repository.library.georgetown.edu/handle/10822/760824. Zugegriffen: 05. Dezember 2016.

Ajana, B. (2015). Augmented borders: Big Data and the ethics of immigration control. *Journal of Information, Communication and Ethics in Society 13(1)*, 58-78. doi:10.1108/JICES-01-2014-0005

Albrecht, J. P. (2014). *Finger weg von unseren Daten! Wie wir entmündigt und ausgenommen werden*. München: Knaur.

Alemanno, A., & Sibony, A. L. (Hrsg.). (2015). *Nudge and the Law: a European Perspective*. Oxford: Hart Publishing.

Amoore, L. (2011). Data Derivatives. *Theory, Culture & Society 28(6)*, 24-43. doi:10.1177/0263276411417430

Amoore, L., & Goede, M. (2012). Introduction. *Journal of Cultural Economy 5(1)*, 3-8. doi: 10.1080/17530350.2012.640548

Angwin, J., Larson, J., Mattu, S., & Kirchner, L. (2016). Machine Bias. *ProPublica*. https://www.propublica.org/article/machine-bias-risk-assessments-in-criminal-sentencing. Zugegriffen: 13. Januar 2017.

Austin, J. L. (1975 [1962]). *How to do things with words*. Cambridge, MA: Harvard University Press.

Barbero, M., Coutuer, J., Jackers, R., Mouddene, K., Renders, E., Stevens, W., Toninato, Y., Peijl, S., & Versteele, D. (2016). Big data analytics for policy making: A study prepared for the European Commission DG INFORMATICS (DG DIGIT). https://joinup.ec.europa.eu/sites/default/files/dg_digit_study_big_data_analytics_for_policy_making.pdf. Zugegriffen: 13. Januar 2017.

Barocas, S., & Nissenbaum, H. (2014). Big Data's End Run around Anonymity and Consent. In J. Lane, V. Stodden, S. Bender & H. Nissenbaum (Hrsg.), *Privacy, Big Data, and the Public Good* (S. 44-75). New York: Cambridge University Press. doi:10.1017/CBO9781107590205.004

Barocas, S., & Selbst, A. D. (2016). Big Data's Disparate Impact. *California Law Review 104(3)*, 671-732.

Beckert, J. (2016). *Imagined Futures. Fictional Expectations and Capitalist Dynamics*. Cambridge: Harvard University Press.
Beer, D. (2016). How Should We Do the History of Big Data? *Big Data & Society 1(3)*, 1-10.
Behavioural Insights Team (2014). *EAST. Four simple ways to apply behavioural insights*. http://38r8om2xjhhl25mw24492dir.wpengine.netdna-cdn.com/wp-content/uploads/2015/07/BIT-Publication-EAST_FA_WEB.pdf. Zugegriffen: 09. Februar 2017.
Berger, P. L., & Luckmann, T. (1980 [1966]). *Die gesellschaftliche Konstruktion der Wirklichkeit*. Frankfurt a. M.: Fischer.
Berger, P.L., & Luckmann, T. (1966). *The social construction of reality: A treatise on the sociology of knowledge*. New York: Anchor Books.
Biem, A., Bouillet, E., Feng, H., Ranganathan, A., Riabov, A., Verscheure, O., Koutsopoulos, H., & Moran, C. (2010). IBM infosphere streams for scalable, real-time, intelligent transportation services. In *Proceedings of the 2010 ACM SIGMOD International Conference on Management of data* (S. 1093-1104).
Bimber, B. (2014). Digital Media in the Obama Campaigns of 2008 and 2012: Adaptation to the Personalized Political Communication Environment. *Journal of Information Technology & Politics 11(2)*, 130-150. doi:10.1080/19331681.2014.895691
Bishop, J. (2014). Representations of 'trolls' in mass media communication: a review of media-texts and moral panics relating to 'internet trolling'. *International Journal of Web Based Communities 10*, 7-24.
Black, J. (2002). Regulatory Conversations. *Journal of Law and Society 29(1)*, 163-196.
Black, J. (2008). Constructing and contesting legitimacy and accountability in polycentric regulatory regimes. *Regulation & Governance 2(2)*, 137-164.
Bollen, J., Mao, H., & Zeng, X. (2011). Twitter mood predicts the stock market. *Journal of Computational Science 2(1)*, 1-8.
Bourdieu, P. (2009 [1981]). Beschreiben und Vorschreiben. Die Bedingungen der Möglichkeit politischer Wirkung und ihre Grenzen. In H. Beister, E. Kessler, J. Ohnacker, R. Schmid & B. Schwibs (Hrsg.), *Politik: Schriften zur Politischen Ökonomie 2* (S. 11-22). Konstanz: UVK.
Bourdieu, P. (2009 [1984]). Delegation und politischer Fetischismus. In H. Beister, E. Kessler, J. Ohnacker, R. Schmid, & B. Schwibs (Hrsg.), *Politik: Schriften zur Politischen Ökonomie 2* (S. 23-41). Konstanz: UVK.
Bowker, G. C. (2013). Data Flakes: An Afterword to „Raw Data" Is an Oxymoron. In L. Gitelman (Hrsg.), *„Raw Data" Is an Oxymoron* (S. 167-171). Cambridge, MA: MIT Press.
Boyd, D., & Crawford, K. (2012). Critical questions for big data. *Information, Communication & Society 15(5)*, 662-667.
Brevoort, K. P., Grimm, P., & Kambara, M. (2015). *Data Point: Credit Invisibles*. http://files.consumerfinance.gov/f/201505_cfpb_data-point-credit-invisibles.pdf. Zugegriffen: 13. Januar 2017.
Bundeskartellamt (2016a). Bundeskartellamt eröffnet Verfahren gegen Facebook wegen Verdachts auf Marktmachtmissbrauch durch Datenschutzverstöße. http://www.bundeskartellamt.de/SharedDocs/Meldung/DE/Pressemitteilungen/2016/02_03_2016_Facebook.html. Zugegriffen: 27. Januar 2017.
Bundeskartellamt (2016b). Französische und deutsche Wettbewerbsbehörde veröffentlichen gemeinsames Papier zu Daten und ihren Auswirkungen auf das Wettbewerbsrecht. http://www.bundeskartellamt.de/SharedDocs/Meldung/DE/Pressemitteilungen/2016/10_05_2016_Big%20Data.html. Zugegriffen: 06. Februar 2017.

Bundeskartellamt (2016c). Bundeskartellamt veröffentlicht Arbeitspapier zum Thema „Marktmacht von Plattformen und Netzwerken". http://www.bundeskartellamt.de/SharedDocs/Meldung/DE/Pressemitteilungen/2016/09_06_2016_Think%20Tank.html. Zugegriffen: 14. Februar 2017.

Butler, J. (2015). *Notes Toward a Performative Theory of Assembly*. Cambridge, MA: Harvard University Press.

Butler, J. (1988). Performative acts and gender constitution: An essay in phenomenology and feminist theory. *Theatre journal*, 519-531.

Callon, M. (2007). What Does It Mean to Say That Economics Is Performative? In D. MacKenzie, F. Muniesa & L. Siu (Hrsg.), *Do Economists Make Markets? On the Performativity of Economics* (S. 311-357). Princeton: Princeton University Press.

Chang, R. M., Kauffman, R. J., & Kwon, Y. (2014). Understanding the paradigm shift to computational social science in the presence of big data. *Decision Support Systems 63*, 67-80.

Cheney-Lippold, J. (2016).Jus Algoritmi: How the National Security agency Remade Citizenship. *International Journal of Communication 10*, 1721-1742.

Chideya, F. (2015). Political Data is Everywhere — But What Does It All Mean? The Intercept. https://theintercept.com/2015/07/17/political-data-mining-2016-election. Zugegriffen: 03. Februar 2017.

Christin, A., Rosenblat, A., & Boyd, D. (2015). Courts and Predictive Algorithms. http://www.datacivilrights.org/pubs/2015-1027/Courts_and_Predictive_Algorithms.pdf. Zugegriffen: 13. Januar 2017.

Christl, W. (2014). Kommerzielle Digitale Überwachung im Alltag. Studie im Auftrag der österreichischen Bundesarbeitskammer. http://crackedlabs.org/dl/ Studie_Digitale_Ueberwachung.pdf. Zugegriffen: 13. Januar 2017.

Clarke, A., & Margetts, H. (2014). Governments and citizens getting to know each other? Open, closed, and big data in public management reform. *Policy & Internet 6*, 393-417.

Clemons, E. K. (2015). The EU Files Complaints Against Google, and It's About Time! Huffington Post. http://www.huffingtonpost.com/eric-k-clemons/the-eu-files-complaints-against-google_b_7069780.html. Zugegriffen: 14. August 2016.

Conn, J. (2014). VA puts the 'big' in big data predictive analytics. VitalSigns. http://www.modernhealthcare.com/article/20140805/BLOG/308059999. Zugegriffen: 13. Januar 2017.

Crawford, K., Lingel, J., & Karppi, T. (2015). Our metrics, ourselves: A hundred years of self-tracking from the weight scale to the wrist wearable device. *European Journal of Cultural Studies 18 (4-5)*, 479-496. doi: 10.1177/1367549415584857

Dahlberg, L. (2001). Computer-mediated communication and the public sphere: A critical analysis. *Journal of Computer-Mediated Communication 7*, 0-0.

Datta, A., Tschantz, M. C., & Datta, A. (2015). Automated Experiments on Ad Privacy Settings. *Proceedings on Privacy Enhancing Technologies 2015(1)*. doi:10.1515/popets-2015-0007

Desmarais, S. L. & Singh, J. P. (2013). Risk Assessment Instruments Validated and Implemented in Correctional Settings in the United States. https://csgjusticecenter. org/wp-content/uploads/2014/07/Risk-Assessment-Instruments-Validated-and-Implemented-in-Correctional-Settings-in-the-United-States.pdf. Zugegriffen: 17. Januar 2017.

Deutscher Bundestag (2012). *Datenschutz, Persönlichkeitsrechte: Fünfter Zwischenbericht der Enquete-Kommission „Internet und digitale Gesellschaft"*, Bundestags-Drucksache 17/8999. http://dipbt.bundestag.de/dip21/btd/17/089/1708999.pdf. Zugegriffen: 13. Januar 2017.

Deutscher Bundestag (2017). *Entwurf eines Gesetzes über die Verarbeitung von Fluggastdaten zur Umsetzung der Richtlinie (EU) 2016/681: (Fluggastdatengesetz – FlugDaG)*

Bundestags-Drucksache 18/11501. http://dipbt.bundestag.de/doc/btd/18/115/1811501. pdf. Zugegriffen: 22. Mai 2017.

Dion, M., Abdel Malik, P., & Mawudeku, A. (2015). Big Data and the Global Public Health Intelligence Network (GPHIN). *Canada Communicable Disease Report 41*, 209-214.

Disch, L. (2008). The People as „Presupposition" of Representative Democracy – An Essay on the Political Theory of Pierre Rosanvallon. *Redescriptions: Political Thought, Conceptual History and Feminist Theory 12*, 47-71.

Duttweiler, S. (2016). Daten statt Worte? Bedeutungspraktiken in digitalen Selbstvermessungspraktiken. In T. Mämecke, J.H. Passoth & J. Wehner (Hrsg.), *Bedeutende Daten. Verfahren und Praxis der Vermessung und Verdatung im Netz*. Wiesbaden: Springer VS.

Duttweiler, S., Gugutzer, R., Passoth, J.H., & Strübing, J. (2016). *Leben nach Zahlen. Self-Tracking als Optimierungsprojekt?* Bielefeld: transcript Verlag.

Emirbayer, M., & Mische, A. (1998). What is agency? *American Journal of Sociology 103(4)*, 962-1023.

Espeland, W., & Stevens, M. (2008). A Sociology of Quantification. *Archives Europeennes de Sociologie 2008 (3)*, 401-436.

Europäischer Datenschutzbeauftragter (2014). Privacy and competitiveness in the age of big data: The interplay between data protection, competition law and consumer protection in the Digital Economy. https://secure.edps.europa.eu/EDPSWEB/webdav/site/mySite/shared/Documents/Consultation/Opinions/2014/14-03-26_competitition_law_big_data_EN.pdf. Zugegriffen: 16. Dezember 2016.

Europäischer Datenschutzbeauftragter (2015). Meeting the challenges of big data: A call for transparency, user control, data protection by design and accountability. https://secure.edps.europa.eu/EDPSWEB/webdav/site/mySite/shared/Documents/Consultation/Opinions/2015/15-11-19_Big_Data_EN.pdf. Zugegriffen: 24. November 2015.

Europäische Kommission (2013). The Google antitrust case: what is at stake? http://europa.eu/rapid/press-release_SPEECH-13-768_de.htm. Zugegriffen: 27. April 2017.

Europäische Kommission (2014). Kartellrecht: Kommission erzielt von Google vergleichbare Anzeige konkurrierender spezialisierter Suchdienste. http://europa.eu/rapid/press-release_IP-14-116_de.htm. Zugegriffen: 27. April 2017.

Europäische Kommission (2015). Kartellrecht: Kommission übermittelt Google Mitteilung der Beschwerdepunkte zu seinem Preisvergleichsdienst. http://europa.eu/rapid/press-release_MEMO-15-4781_de.htm. Zugegriffen: 27. April 2017.

Europäische Kommission (2017). What can big data do for you? https://ec.europa.eu/digital-single-market/what-big-data-can-do-you. Zugegriffen: 27. April 2017.

Europäische Kommission (2016a). Kartellrecht: Kommission sendet Google Mitteilung der Beschwerdepunkte zu Android-Betriebssystem und -Anwendungen. http://europa.eu/rapid/press-release_IP-16-1492_de.htm. Zugegriffen: 27. April 2017.

Europäische Kommission (2016b). Kartellrecht: Weitere Schritte der Kommission in Untersuchungen zum Preisvergleichsdienst und zu den Werbepraktiken von Google wegen mutmaßlichen Verstoßes gegen EU-Vorschriften. http://europa.eu/rapid/press-release_IP-16-2532_de.htm. Zugegriffen: 27. April 2017.

Europäische Kommission (2016c). Richtlinie (EU) 2016/681 des Europäischen Parlaments und Rates vom 27. April 2016 über die Verwendung von Fluggastdatensätzen (PNR-Daten) zur Verhütung, Aufdeckung, Ermittlung und Verfolgung von terroristischen Straftaten und schwerer Kriminalität: RL 2016/681/EU. http://eur-lex.europa.eu/legal-content/EN/TXT/?qid=1495448623854&uri=CELEX:32016L0681. Zugegriffen: 22. Mai 2017.

Europäisches Parlament (2016). EU Passenger Name Record (PNR) directive: an overview. http://www.europarl.europa.eu/news/en/news-room/20150123BKG12902/eu-passenger-name-record-(pnr)-directive-an-overview. Zugegriffen: 13. Januar 2017.
Europäische Zentralbank (2014). Social Media Sentiment and Consumer Confidence. Statistics Paper Series 5. http://www.ecb.europa.eu/pub/pdf/scpsps/ecbsp5.pdf. Zugegriffen: 03. Februar 2017.
Ezrahi, Y. (2012). *Imagined Democracies. Necessary Political Fictions.* Cambridge: Cambridge University Press.
Federal Trade Commission (2016). Big Data. A Tool for Inclusion or Exclusion? Understanding the Issues – FTC Report. https://www.ftc.gov/system/ files/documents/reports/big-data-tool-inclusion-or-exclusion-understanding-issues/160106big-data-rpt.pdf. Zugegriffen: 13. Januar 2017.
Feenberg, A. (2002). *Transforming Technology.* Oxford: Oxford University Press.
Fihn, S. D., Francis, J., Clancy, C., Nielson, C., Nelson, K., Rumsfeld, J., Cullen, T., Bates, J., & Graham, G. L. (2014). Insights from advanced analytics at the Veterans Health Administration. *Health affairs (Project Hope) 33(7)*, 1203-1211. doi:10.1377/hlthaff.2014.0054
Forelle, M. C., Howard, P. N., Monroy-Hernández, A., & Savage, S. (2015). Political bots and the manipulation of public opinion in Venezuela. *SSRN.* doi: 10.2139/ssrn.2635800
Foucault, M. (1980). *Power/knowledge: Selected interviews and other writings, 1972-1977.* New York: Pantheon.
Ganz, K. (2014). Nerd-Pride, Privilegien und Post-Privacy: Eine intersektional-hegemonietheoretische Betrachtung der Netzbewegung. *FEMINA POLITICA – Zeitschrift für feministische Politikwissenschaft 23(2).* doi:10.3224/feminapolitica.v23i2.17613
Giddens, A. (1984). *The constitution of society: Outline of the theory of structuration.* Berkeley, CA: University of California Press.
Gillespie, T. (2014). The Relevance of Algorithms. In K. A. Foot, P. J. Boczkowski & T. Gillespie (Hrsg.), *Inside technology. Media technologies. Essays on communication, materiality, and society* (S. 167-193). Cambridge, MA: MIT Press.
Gitelman, L., & Jackson, V. (2013). Introduction. In L. Gitelman (Hrsg.), *„Raw Data" Is an Oxymoron* (S. 1-14). Cambridge, MA: MIT Press.
Goerge, R. M. (2014). Data for the Public Good: Challenges and Barriers in the Context of Cities. In J. Lane, V. Stodden, S. Bender & H. Nissenbaum (Hrsg.), *Privacy, Big Data, and the Public Good* (S. 153-172). New York: Cambridge University Press.
Gothe, H. (2014). Routinedaten im Ausland. In: E. Swart, P. Ihle, H. Gothe & D. Matusiewicz (Hrsg.), *Routinedaten im Gesundheitswesen. Handbuch Sekundärdatenanalyse: Grundlagen, Methoden und Perspektiven* (S. 260-267). Bern: Verlag Hans Huber.
Graef, I. (2016). Blurring Boundaries of Consumer Welfare: How to Create Synergies between Competition, Consumer and Data Protection Law in Digital Markets. https://papers.ssrn.com/sol3/papers.cfm?abstract_id=2881969. Zugegriffen: 16. Dezember 2016.
Graef, I. & van Alsenoy, B. (2016). Data protection through the lens of competition law. http://blogs.lse.ac.uk/ mediapolicyproject/2016/03/23/data-protection-through-the-lens-of-competition-law-will-germany-lead-the-way. Zugegriffen: 20. September 2016.
Graff, G. M. (2016). Wie Big-Data-Startups die Prognosen zur US-Wahl revolutionieren. WIRED Germany. https://www.wired.de/collection/science/wie-big-data-startups-die-prognosen-zur-us-wahl-revolutionieren. Zugegriffen: 03. Februar 2017.
Hacker, P. (2015). Nudge 2.0: The Future of Behavioural Analysis of Law in Europe and Beyond: A Review of ‚Nudge and the Law. A European Perspective', edited by Alberto

Alemanno and Anne-Lise Sibony". *European Review of Private Law 24(2)*, 297-322. doi:10.2139/ssrn.2670772

Hacking, I. (1999). *The Social Construction of What?* Cambridge, MA: Harvard University Press.

Hanfeld, M. (2015). Punkte für gefälliges Verhalten. Frankfurter Allgemeine Zeitung. http://www.faz.net/video/medien/punktrichter-citizen-score-ueberwachung-in-china-13848403.html. Zugegriffen: 10. Februar 2017.

Hardesty, L. (2013). How hard is it to „de-anonymize" cellphone data?. MIT News. https://news.mit.edu/2013/how-hard-it-de-anonymize-cellphone-data. Zugegriffen: 10. Februar 2017.

Hardt, M. (2014). How big data is unfair. Medium. https://medium.com/@mrtz/how-big-data-is-unfair-9aa544d739de#.l3ia947tq. Zugegriffen: 13. Januar 2017.

Hasbrouck, E. (2016). What's in a Passenger Name Record (PNR)? https://hasbrouck.org/articles/PNR.html. Zugegriffen: 13. Januar 2017.

Heintz, B. (2008). Governance by Numbers. Zum Zusammenhang von Quantifizierung und Globalisierung am Beispiel der Hochschulpolitik. In G. F. Schuppert & A. Voßkuhle (Hrsg.), *Governance von und durch Wissen* (S. 110-128). Baden-Baden: Nomos.

Helbing, D. (2016). Why we need democracy 2.0 and capitalism 2.0 to survive. http://ssrn.com/ abstract=2769633. Zugegriffen: 10. Februar 2017.

Hersh, E. (2015). *Hacking the Electorate*. New York: Cambridge University Press.

Hofmann, J. (2014). Digitisation and Democracy: The challenges of shaping the Digital Society. In European Digital Forum (Hrsg.), *Digital Minds for a New Europe* (S. 52-54). Brüssel: Lisbon Council for Economic Competitiveness and Social Renewal.

Hofmann, J. & Bergemann, B. (2016). Informierte Einwilligung – Ein Datenschutzphantom. *Spektrum der Wissenschaft Kompakt*, 50-59.

Hofstetter, Y. (2016). *Das Ende der Demokratie. Wie künstliche Intelligenz die Politik übernimmt und uns entmündigt.* Gütersloh: C. Bertelsmann.

Hood, C., Scott, C., James, O., Jones, G., & Travers, T. (1999). *Regulation inside Government: Waste-Watchers, Quality Police, and Sleaze-Busters.* Oxford, New York: Oxford University Press.

House of Lords (2007). The EU/US Passenger Name Record (PNR) Agreement. http://www.statewatch.org /news/2007/jun/eu-pnr-hol-report.pdf. Zugegriffen: 13. Januar 2017.

Hoyer, N., & Schönwitz, D. (2015). In der Mitte des Rasters. *Wirtschaftswoche 39*, 16-22.

Hull, G. (2015). Successful failure: What Foucault can teach us about privacy self-management in a world of Facebook and big data. *Ethics and Information Technology 17(2)*, 89-101. doi:10.1007/s10676-015-9363-z

IT-Planungsrat (2015). Nationale E-Government-Strategie Fortschreibung 2015. http://www.it-planungsrat.de/SharedDocs/Downloads/DE/NEGS/ NEGS_Fortschreibung.pdf?__blob=publicationFile&v=4. Zugegriffen: 06. Februar 2017.

Jenkins-Smith, H., Nohrstedt, D., Weible, C. M., & Sabatier, P. A. (2014). The Advocacy Coalition Framework: Foundations, Evolution, and Ongoing Research. In P. A. Sabatier & C. M. Weible (Hrsg.), *Theories of the policy process* (S. 183-224). Boulder, Colorado: Westview Press.

Johnson, B. (2010). Privacy no longer a social norm, says Facebook founder. The Guardian. https://www.theguardian.com/technology/2010/jan/11/facebook-privacy. Zugegriffen: 03. Februar 2017.

Jungherr, A. (2015). *Analyzing political communication with digital trace data*. Cham, Switzerland: Springer.

Just, N., & Latzer, M. (2016). Governance by algorithms: reality construction by algorithmic selection on the Internet. *Media, Culture & Society*. doi:10.1177/ 0163443716643157
Karpf, D. (2016). This Election Violates Everything We Thought We Knew About Data. https://backchannel.com/this-election-violates-everything-we-thought-we-knew-about-data-935605ecf1b#.8s5hr4rhy. Zugegriffen: 05. Dezember 2016.
Katzenbach, C. (2012). Technologies as institutions: Rethinking the role of technology in media governance constellations. In N. Just & M. Puppis (Hrsg.), *Trends in Communication Policy Research: New Theories, Methods and Subjects* (S. 117-138). Bristol, UK: Intellect Books.
Keller, R., Hirseland, A., Schneider, W., & Viehöver, W. (2005). *Die diskursive Konstruktion von Wirklichkeit*. Konstanz: UVK Verlagsgesellschaft.
Kimmich, D., & Schahadat, S. (2016). Diskriminierung. Versuch einer Begriffsbestimmung. *Zeitschrift für Kulturwissenschaften 2016(2)*, 9-21.
Kitchin, R. (2013). Big data and human geography: Opportunities, challenges and risks. *Dialogues in Human Geography 3(3)*, 262-267. doi:10.1177/2043820613513388
Kitchin R. (2014a). *The Data Revolution: Big Data, Open Data, Data Infrastructures & their Consequences*. London: Sage.
Kitchin, R. (2014b). The real-time city? Big data and smart urbanism. *GeoJournal 79(1)*, 1-14.
Kitchin, R., Coletta, C., Evans, L., Heaphy, L., Perng, S. Y., Bradshaw, B., & Lauriault, T. P. (2015). How vulnerable are smart cities to cyberattack? http://progcity.maynoothuniversity.ie/2015/12/how-vulnerable-are-smart-cities-to-cyberattack/. Zugegriffen: 05. Dezember 2016.
Kleinberg, J., Ludwig, J., Mullainathan, S., & Obermeyer, Z. (2015). Prediction Policy Problems. *Papers and proceedings of the annual meeting of the American Economic Association 105(5)*, 491-495. doi:10.1257/aer.p20151023
Koelwel, D. (2017). Herausforderung für den Online-Handel: Mehr Verbraucherschutz im Internet. http://www.e-commerce-magazin.de/herausforderung-fuer-den-online-handel-mehr-verbraucherschutz-im-internet. Zugegriffen: 06. Februar 2017.
Korff, D., & George, M. (2015). Passenger Name Records, data mining & data protection: the need for strong safeguards. http://docplayer.net/16673463-Passenger-name-records-data-mining-data-protection.html. Zugegriffen: 17. Januar 2017.
Kosinski, M., Stillwell, D. & Graepel, T. (2013). Private traits and attributes are predictable from digital records of human behavior. *Proceedings of the National Academy of Sciences 110*, 5802-5805.
Krieg, G. (2015). No-fly nightmares: The program's most embarrassing mistakes. CNN. http://edition.cnn.com/2015/12/07/politics/no-fly-mistakes-cat-stevens-ted-kennedy-john-lewis/. Zugegriffen: 13. Januar 2017.
Kreiss, D. (2012). Yes we can (profile you). A brief primer on campaigns and political data. *Stanford Law Review Online 64(70)*, 70-74.
Kreiss, D., & Howard, P. N. (2010). New challenges to political privacy: Lessons from the first US Presidential race in the Web 2.0 era. *International Journal of Communication 2010(4)*, 1032-1050.
Krogerus, M., & Grassegger, H. (2016). Ich habe nur gezeigt, dass es die Bombe gibt. Das Magazin, Heft 48. https://www.dasmagazin.ch/aktuelles_heft/n-48-3/?reduced=true.
Kuchler, H. (2016). How 'big data' analysts are counting on your vote. Financial Times. https://www.ft.com/content/fc1879be-1ed4-11e6-b286-cddde55ca122. Zugegriffen: 03. November 2016.

Kucklick, C. (2014). *Die granulare Gesellschaft: Wie das Digitale unsere Wirklichkeit auflöst.* Berlin: Ullstein Hardcover.
Kuner, C., Cate, F. H., Millard, C., Svantesson, D. J. B., & Lynskey, O. (2014). When two worlds collide: the interface between competition law and data protection. *International Data Privacy Law 4(4),* 247-248.
Kurz, C., & Rieger, F. (2012). *Die Datenfresser.* Bonn: bpb.
Lane, J., Stodden, V., Bender, S., & Nissenbaum, H. (Hrsg.). (2014). *Privacy, Big Data, and the Public Good.* Cambridge, UK: Cambridge University Press.
Larson, J., Mattu, S., Kirchner, L., & Angwin, J. (2016). How We Analyzed the COMPAS Recidivism Algorithm. ProPublica. https://www.propublica.org/article/how-we-analyzed-the-compas-recidivism-algorithm. Zugegriffen: 13. Januar 2017.
Latour, B. (2003). What if we talked politics a little? *Contemporary Political Theory 2,* 143-164.
Latour, B. (2005). *Reassembling the Social: An introduction to actor-network-theory.* Oxford, UK: Oxford University Press.
Law, J. (2009). Seeing like a survey. *Cultural Sociology* 3, 239-256.
Law, J. (2012). Collateral realities. In: F. D. Rubio & P. Baert (Hrsg.), *The Politics of Knowledge* (S. 156-178). London: Routledge.
Law, J., Ruppert, E., & Savage, M. (2011). The Double Social Life of Method. CRESC Working Paper Series. Milton Keynes: Centre for Research on Socio-Cultural Change. http://research.gold.ac.uk/7987/1/The%20Double%20Social%20 Life%20of%20Methods%20 CRESC%20Working%20Paper%2095.pdf. Zugegriffen: 03. Februar 2017.
Law, J., & Urry, J. (2004). Enacting the social. *Economy and society 33,* 390-410.
Lemov, R. M. (2005). *World as laboratory: experiments with mice, mazes, and men.* New York: Hill and Wang.
Link, J. (2006). *Versuch über den Normalismus. Wie Normalität produziert wird.* Göttingen: Vandenhoeck & Ruprecht.
Lodge, M., & Wegrich, K. (Hrsg.). (2014). *The problem-solving capacity of the modern state: Governance challenges and administrative capacities.* Oxford: Oxford University Press.
Lowry, S., & MacPherson, G. (1988). A Blot on the Profession. *British Medical Journal 296(6623),* 657-658.
Lupton, D. (2014). The commodification of patient opinion: the digital patient experience economy in the age of big data. *Sociology of Health & Illness 36(6),* 856-869. doi: 10.1111/1467-9566.12109
Lupton, D. (2016). *The Quantified Self.* Cambridge, MA: Polity Press.
Lyon, D. (2006). Airport Screening, Surveillance, and Social Sorting: Canadian Responses to 9/11 in Context. *Canadian Journal of Criminology and Criminal Justice 48(3),* 397-411. doi:10.1353/ccj.2006.0030
Lyon, D. (2014). Surveillance, Snowden, and Big Data: Capacities, consequences, critique. *Big Data & Society 2014,* 1-13.
Mager, A. (2012). Algorithmic Ideology: How capitalist society shapes search engines. *Information, Communication & Society 15(5),* 769-787.
Mahr, B. (2003). Modellieren. Beobachtungen und Gedanken zur Geschichte des Modellbegriffs. In S. Krämer & H. Bredekamp (Hrsg.), *Bild, Schrift, Zahl* (S. 59-86). München: Wilhelm Fink Verlag.
Majone, G. (1997). From the Positive to the Regulatory State: Causes and Consequences of Changes in the Mode of Governance. *Journal of Public Policy 17(2),* 139-167.

Maki, K. (2011). Neoliberal deviants and surveillance: Welfare recipients under the watchful eye of Ontario Works. *Surveillance & Society 9(1)*, 47-63.
Mantelero, A. (2017). Guidelines on the protection of individuals with regard to the processing of personal data in a world of Big Data. https://rm.coe.int/CoERMPublicCommonSearchServices/DisplayDCTMContent?documentId=09000016806ebe7a. Zugegriffen: 06. Februar 2017.
Manyika, J., Chui, M., Brown, B., Bughin, J., Dobbs, R., Roxburgh, C., & Hung Byers, A. (2011). Big data: The next frontier for innovation, competition, and productivity. http://www.mckinsey.com/business-functions/digital-mckinsey/our-insights/big-data-the-next-frontier-for-innovation. Zugegriffen: 13. Januar 2017.
March, S., Rauch, A., Bender, S., & Ihle, P. (2014). Datenschutzrechtliche Aspekte bei der Nutzung von Routinedaten. In E. Swart, P. Ihle, H. Gothe & D. Matusiewicz (Hrsg.), *Routinedaten im Gesundheitswesen. Handbuch Sekundärdatenanalyse: Grundlagen, Methoden und Perspektiven* (S. 291-303). Bern: Verlag Hans Huber.
Marcuse, H. (1965). Industrialisierung und Kapitalismus. In O. Stammer & Deutsche Gesellschaft für Soziologie (Hrsg.), *Max Weber und die Soziologie heute: Verhandlungen des 15. Deutschen Soziologentages in Heidelberg 1964* (S. 161-180). Tübingen: Mohr Siebeck.
Margetts, H., Hale, S. A., & Yasseri, T. (2014). Big Data and Collective Action. In M. Graham & W. H. Dutton (Hrsg.), *Society and the Internet: How Networks of Information and Communication are Changing Our Lives* (S. 223-237). Oxford: Oxford University Press.
Marres, N., & Gerlitz, C. (2016). Interface methods: Renegotiating relations between digital social research, STS and sociology. *The Sociological Review 64*, 21-46.
McKenna, E., Richardson, I., & Thomson, M. (2012). Smart meter data: Balancing consumer privacy concerns with legitimate applications. *Energy Policy 41*, 807-814. doi:10.1016/j.enpol.2011.11.049
Merkel, A. (2016). Rede von Bundeskanzlerin Merkel beim 10. Nationalen IT-Gipfel am 17. November 2016, Saarbrücken. https://www.bundeskanzlerin.de/Content/DE/Rede/2016/11/2016-11-17-rede-merkel-it-gipfel.html. Zugegriffen: 06. Februar 2017.
Merton, R. K. (1948). The self-fulfilling prophecy. *The Antioch Review 8*, 193-210.
Merz, C. (2016). Predictive Policing – Polizeiliche Strafverfolgung in Zeiten von Big Data (ABIDA-Dossier). http://www.abida.de/sites/default/files/Dossier_Predictive_Policing.pdf. Zugegriffen: 10. Februar 2017.
Miller, P. (2001). Governing by Numbers: Why Calculative Practices Matter. *Social Research 68(2)*, 379-396.
Mitcham, C. (2014). Agency in humans and in artifacts: A contested discourse. In P. Kroes & P.-P. Verbeek (Hrsg.), *The moral status of technical artefacts* (S. 11-29). Dordrecht: Springer Netherlands.
Moenchel, E. (2010). Flugdaten: US-Heimatschutz belügt EU. Futurezone. http://www.fuzo-archiv.at/artikel/1659227v2. Zugegriffen: 13. Januar 2017.
Morozov, E. (2014): The Rise of Data and the Death of Politics. The Guardian. https://www.theguardian.com/technology/2014/jul/20/rise-of-data-death-of-politics-evgeny-morozov-algorithmic-regulation. Zugegriffen: 19. Januar 2017.
Napoli, P. M. (2014). Automated media: An institutional theory perspective on algorithmic media production and consumption. *Communication Theory 24(3)*, 340-360.
Narayanan, A., & Shmatikov, V. (2006). How To Break Anonymity of the Netflix Prize Dataset. https://arxiv.org/abs/cs/0610105. Zugegriffen: 14. Februar 2017.

Nickerson, D. W., & Rogers, T. (2014). Political Campaigns and Big Data. *Journal of Economic Perspectives 28(2)*, 51-74. doi:10.1257/jep.28.2.51
Nixon, R. (2016). Visitors to the U.S. May Be Asked for Social Media Information. New York Times. http://www.nytimes.com/2016/06/29/us/homeland-security-social-media-border-protection.html?_r=2. Zugegriffen: 13. Januar 2017.
Noursalehi, P., & Koutsopoulos, H. N. (2016). Real-time Predictive Analytics for Improving Public Transportation Systems' Resilience. Presented at the Data For Good Exchange 2016. https://arxiv.org/ftp/arxiv/papers/1609/1609.09785.pdf. Zugegriffen: 13. Januar 2017.
O'Connor, B., Balasubramanyan, R., Routledge, B. R., & Smith, N. A. (2010). From tweets to polls: Linking text sentiment to public opinion time series. *The International Conference on Web and Social Media 11*, 1-2.
OECD 2015. *Data-Driven Innovation: Big Data for Growth and Well-Being*. Paris: OECD. http://dx.doi.org/10.1787/9789264229358-en
Open Government Partnership (2011). Open Government Declaration. http://www.opengovpartnership.org/about/open-government-declaration. Zugegriffen: 14. Februar 2017.
Osborne, T., & Rose, N. (1999). Do the social sciences create phenomena? The example of public opinion research. *The British Journal of Sociology 50*, 367-396.
Pariser, E. (2012). *The Filter Bubble: How the New Personalized Web Is Changing What We Read and How We Think*. Reprint edition. London: Penguin Books.
Pasquale, F. (2015). *The Black Box Society: The Secret Algorithms That Control Money and Information*. Cambridge, MA: Harvard University Press.
Pitkin, H. F. (1967). *The concept of representation*. Berkeley and Los Angeles: University of California Press.
Portmess, L., & Tower, S. (2015). Data barns, ambient intelligence and cloud computing: The tacit epistemology and linguistic representation of Big Data. *Ethics and Information Technology 17(1)*, 1-9. doi:10.1007/s10676-014-9357-2
Pozzato, V. (2014). 2014 Opinion of the European Data Protection Supervisor: Interplay Between Data Protection and Competition Law. *Journal of European Competition Law & Practice 5(7)*, 468-470. doi:10.1093/jeclap/lpu067
Puschmann, C., & Burgess, J. (2014). Metaphors of Big Data. *International Journal of Communication 2014 (8)*, 1690-1709.
Quetelet, A. (1914). *Soziale Physik oder Abhandlung über die Entwicklung der Fähigkeit des Menschen*. Berlin: Fischer.
Raghupathi, W., & Raghupathi, V. (2014). Big data analytics in healthcare: promise and potential. *Health Information Science and Systems 2*, 3-12.
Rehder, B., & Schneider, I. (2016). *Gerichtsverbünde, Grundrechte und Politikfelder in Europa*. Baden Baden: Nomos.
Reisch, L., Büchel, D., Joost, G., & Zander-Hayat, H. (2016). Digitale Welt und Handel. Verbraucher im personalisierten Online-Handel. https://www.bmjv.de/SharedDocs/Downloads/DE/Artikel/ 01192016_Digitale_Welt_und_Handel.pdf. Zugegriffen: 10. Februar 2017.
Rip, A. (1987). Controversies as Informal Technology Assessment. In *Knowledge: Creation, Diffusion, Utilization* 8, 349-371.
Ritzi, C. (im Erscheinen). Dezision statt Konvention. Die Politisierung von Privatheit im digitalen Zeitalter. In T. Thiel & D. Jacob (Hrsg.), *Politische Theorie und Digitalisierung*. Baden-Baden: Nomos.

Rosanvallon, P. (2002). *Le Peuple introuvable. Histoire de la représentation démocratique en France*. Paris: Gallimard.
Rosanvallon, P. (2006). *Democracy past and future*. New York: Columbia University Press.
Roßnagel, A. (2013). Big Data – Small Privacy? Konzeptionelle Herausforderungen für das Datenschutzrecht. *Zeitschrift für Datenschutz 3(11)*, 562-567.
Roßnagel, A., Geminn, C., Jandt, S., & Richter, P. (2016). Datenschutzrecht 2016 „Smart" genug für die Zukunft? Ubiquitous Computing und Big Data als Herausforderungen des Datenschutzrechts. http://www.uni-kassel.de/upress/online/OpenAccess/978-3-7376-0154-2.OpenAccess.pdf. Zugegriffen: 13. Januar 2017.
Rouvroy, A. (2016). Council of Europe,"Of Data and Men" Fundamental Rights and Freedoms in a World of Big Data, Bureau of the Consultive Committee of the Convention for The Protection of Individuals with Regard to Automatic Processing of Personal Data. https://works.bepress.com/antoinette_rouvroy/64/. Zugegriffen: 13. Januar 2017.
Ruppert, E. (2012). Seeing Population: Census and Surveillance by Numbers. In K. Ball, K. Haggerty & D. Lyon (Hrsg.), *Routledge International Handbook of Surveillance Studies* (S. 209-216). London: Routledge.
Ruppert, E., Law, J., & Savage, M. (2013). Reassembling the Social Science Methods. *Theory, Culture & Society 30(4)*, 22-46.
Russell Neuman, W., Guggenheim, L., Mo Jang, S., & Bae, S. Y. (2014). The dynamics of public attention: Agenda-setting theory meets big data. *Journal of Communication 64*, 193-214.
Sales, N. A. (2015). Big Data at the border: balancing visa-free travel and security in a digital age. *ECPR Conference Université de Montréal 26.-29. August*. https://ecpr.eu/Events/PaperDetails.aspx?PaperID=26167&EventID=94. Zugegriffen: 13. Januar 2017.
Savage, M., & Burrows, R. (2007). The coming crisis of empirical sociology. *Sociology 41*, 885-899.
Saward, M. (2006). The representative claim. *Contemporary Political Theory 5*, 297-318.
Schallaböck, J. (2014). Verbraucher-Tracking. https://www.gruene-bundestag.de/fileadmin/media/gruenebundestag_de/themen_az/digitale_buergerrechte/Tracking-Bilder/Verbraucher_Tracking.pdf. Zugegriffen: 06. Februar 2017.
Scharpf, F. W. (2006). *Interaktionsformen: Akteurzentrierter Institutionalismus in der Politikforschung*. Unveränderter Nachdruck der 1. Auflage. Wiesbaden: VS, Verlag für Sozialwissenschaften.
Scherer, M. (2012). Inside the Secret World of the Data Crunchers Who Helped Obama Win. Time. http://swampland.time.com/2012/11/07/inside-the-secret-world-of-quants-and-data-crunchers-who-helped-obama-win. Zugegriffen: 03. Februar 2017.
Schmidt, V. A. (2008). Discursive Institutionalism: The Explanatory Power of Ideas and Discourse. *Annual Review of Political Science 11(1)*, 303-326. doi:10.1146/annurev.polisci.11.060606.135342
Schintler, L. A., & Kulkarni, R. (2014). Big Data for Policy Analysis: The Good, The Bad, and The Ugly. *Review of Policy Research 31(4)*, 343-348. doi:10.1111/ropr.12079
Schneier, B. (2015). *Data und Goliath: Die Schlacht um das Kontrolle unserer Welt : wie wir uns gegen Überwachung, Zensur und Datenklau wehren können*. München: Redline Verlag.
Schrems, M. (2017). Europe versus Facebook. http://europe-v-facebook.org/EN/en.html. Zugegriffen: 14. Februar 2017.
Schulzki-Haddouti, C. (2016). Des Kaisers neue Kleider: Wie sieht eine angemessene Datenschutzkontrolle aus? In *DatenDebatten Bd. 1. Zukunft der informationellen Selbstbestimmung* (S. 111-126). Berlin: Erich Schmidt Verlag.

Schwartz, P. M., & Solove, D. J. (2011). The PII Problem: Privacy and a new concept of personally identifiable information. *New York University Law Review 86*, 1814-1894.
Scott, J. C. (1999). *Seeing Like a State*. New Haven, CT: Yale University Press.
Scott, W. R. (2008). *Institutions and organizations: Ideas and interests*. 3 Auflage. Los Angeles: Sage.
Seaver, N. (2013). Knowing algorithms. Presentation held at Media in Transition 8. http://nickseaver.net/papers/seaverMiT8.pdf. Zugegriffen: 05. Dezember 2016.
Selke, S. (2016). *Lifelogging. Digitale Selbstvermessung und Lebensprotokollierung zwischen disruptiver Technologie und kulturellem Wandel*. Wiesbaden: Springer VS.
Semsrott, A., zum Felde, J., & Palmetshofer, W. (2016). „Rohstoff der Zukunft": Was bringt das Open-Data-Gesetz? https://www.okfn.de/blog/2016/10/opendata-gesetz/. Zugegriffen: 14. Februar 2017.
Skeem, J. L., & Lowenkamp, C. T. (2016). Risk, Race and Recidivism: Predictive Bias and Disparate Impact. *Criminology 54(4)*, 680-712. doi:10.1111/1745-9125.12123
Smith, R. J. (2014). Missed Miracles and Mystical Connections: Qualitative Research, Digital Social Science and Big Data, In M. Hand & S. Hillyard (Hrsg.), *Big Data? Qualitative Approaches to Digital Research* (S. 181-204). Bingley, UK: Emerald Group Publishing Limited.
Stiftung Neue Verantwortung (2016). Impuls für Open Government in Deutschland. http://www.stiftung-nv.de/publikation/impuls-f%C3%BCr-open-government-deutschland. Zugegriffen: 06. Februar 2017.
Straßheim, H., Jung, A., & Korinek, R. L. (2015). Reframing Expertise: The Rise of Behavioural Insights and Interventions in Public Policy. In A. B. Antal, M. Hutter & D. Stark (Hrsg.), *Moments of Valuation. Exploring Sites of Dissonance* (S. 249-268). Oxford: Oxford University Press.
Straßheim, H. (im Erscheinen). Behavioural Expertise and Regulatory Power in Europe. In M. Lee, A. de Ruiter & M. Weimer (Hrsg.), *Regulating Risks in the European Union*. Oxford: Hart Publishing.
Streeck, W., & Thelen, K. A. (2005). Introduction: Institutional Change in Advanced Political Economies. In W. Streeck & K. A. Thelen (Hrsg.), *Beyond continuity: institutional change in advanced political economies*. Oxford: Oxford University Press.
Sunstein, C. R. (2015). *Choosing Not to Choose: Understanding the Value of Choice*. Oxford: Oxford University Press.
Sunstein, C. R. (2014). *Why nudge? The Politics of Libertarian Paternalism*. New Haven/London: Yale University Press.
Süßmilch, J. P. (1761). *Die göttliche Ordnung in den Veränderungen des menschlichen Geschlechts aus der Geburt, dem Tode und der Fortpflanzung desselben. Erster Theil*.
Swart, E., Ihle, P., Gothe, H., & Matusiewicz, D. (Hrsg.). (2014). *Routinedaten im Gesundheitswesen. Handbuch Sekundärdatenanalyse: Grundlagen, Methoden und Perspektiven*. 2. vollständig überarbeitete Auflage. Bern: Verlag Hans Huber.
Swan, M. (2013). The Quantified Self: Fundamental Disruption in Big Data Science and Biological Discovery. *Big Data 1*, 85-99.
Sweeney, L. (2013). Discrimination in Online Ad Delivery. *Communications of the Association of Computing Machinery 56(5)*, 44-54. doi:10.1145/2447976.2447990
Tallacchini, M., Boucher, P., & Nascimento, S. (2014). *Emerging ICT for Citizens' Veillance: Theoretical and Practical Insights*. Brüssel: Publications Office of the European Union.
Thaler, R. H., & Sunstein, C. R. (2009). *Nudge: Improving Decisions About health, wealth and happiness*. London: Penguin Books.

Theile, C. (2016). Nirgendwo auf der Welt arbeiten so paranoide Menschen wie hier. Interview mit Emmanuel Mogenet. Tagesanzeiger. http://www. tagesanzeiger.ch/digital/internet/ nirgendwo-auf-der-welt-arbeiten-so-paranoide-menschen-wie-hier/story/19360540. Zugegriffen: 05. Dezember 2016.
Tufekci, Z. (2014). Engineering the public: Big data, surveillance and computational politics. *First Monday 19(7)*. doi:10.5210/fm.v19i7.4901
Tumasjan, A., Sprenger, T. O., Sandner, P. G., & Welpe, I. M. (2010). Predicting Elections with Twitter: What 140 Characters Reveal about Political Sentiment. *The International Conference on Web and Social Media 10*, 178-185.
Ulbricht, L. (2017). Big Data und Diskriminierung – Impulse aus den USA für eine deutsche Debatte. In *ads aktuell 1 – Newsletter der Antidiskriminierungsstelle des Bundes*.
Van Dijck, J. (2014). Datafication, dataism and dataveillance: Big Data between scientific paradigm and ideology. *Surveillance & Society 12(2)*, 197-208.
Vormbusch, U., & Kappler, K. (2016). Leibschreiben. Zur medialen Repräsentation des Körperleibes im Feld der Selbstvermessung. T. Mämecke, J.H. Passoth & J. Wehner (Hrsg.), *Bedeutende Daten. Verfahren und Praxis der Vermessung und Verdatung im Netz*. Wiesbaden: Springer VS.
Voß, J.-P., & Amelung, N. (2016). Innovating public participation methods: Techno-scientization and reflexive engagement. *Social Studies of Science 26*, 749-772.
Washington, A. L. (2014). Government Information Policy in the Era of Big Data. *Review of Policy Research 31(4)*, 319-325. doi:10.1111/ropr.12081
Wehner, J. (2008). Taxonomische Kollektive. Zur Vermessung des Internet. In H. Willems (Hrsg.), *Weltweite Welten: Internet-Figurationen aus wissenssoziologischer Perspektive* (S. 363-383). Wiesbaden: VS Verlag für Sozialwissenschaften.
Weichert, T. (2013). Big Data und Datenschutz. https://www.datenschutzzentrum.de/bigdata/ 20130318-bigdata-und-datenschutz.pdf. Zugegriffen: 06. Februar 2017.
Weltbank (2015). World Development Report 2015: Mind, Society, and Behavior. http://www. worldbank.org/en/publication/wdr2015. Zugegriffen: 10. Februar 2017.
Wewer, G. (2016). *Open Government, Staat und Demokratie*. Berlin: Edition Sigma.
White House (2014). *Big data: seizing opportunities, preserving values*. http://purl.fdlp.gov/ GPO/gpo64868. Zugegriffen: 06. Dezember 2016.
White House (2016). Big Data: A Report on Algorithmic Systems, Opportunity, and Civil Rights. https://www.whitehouse.gov/sites/default/files/microsites/ostp/ 2016_0504_data_ discrimination.pdf. Zugegriffen: 13. Januar 2017.
White, M. C. (2016). Orbitz Shows Higher Prices to Mac Users. Time. http://business.time. com/2012/06/26/orbitz-shows-higher-prices-to-mac-users/. Zugegriffen: 13. Januar 2017.
Wright, D., & de Hert, P. (2012). *Privacy Impact Assessment (1. Auflage)*. Law, Governance and Technology Series 6. Dordrecht: Springer Netherlands.
Yeung, K. (2016). 'Hypernudge': Big Data as a mode of regulation by design. *Information, Communication & Society*, 1-19.
Zuboff, S. (2015). Big other. Surveillance capitalism and the prospects of an information civilization. *Journal of Information Technology 30 (1)*, 75-89.
Zuiderveen Borgesius, F., Trilling, D., Möller, J., Bodó, B., de Vreese, C., & Helberger, N. (2016). Should we worry about filter bubbles? *Internet Policy Review 5(1)*. doi:10.14763/2016.1.401.

Big Data – Eine informationsrechtliche Annäherung

4

Benjamin Schütze, Stefanie Hänold und Nikolaus Forgó

Zusammenfassung

Big-Data-Technologien und -Prozesse versprechen große Potenziale für die gesellschaftliche Entwicklung, bergen jedoch auch Risiken, was einen verantwortungsvollen Umgang mit den Möglichkeiten, die Big Data eröffnet, erforderlich macht. Big Data wirft diverse Rechtsfragen auf, die in diesem Gutachten dargestellt und diskutiert werden. Einen Schwerpunkt bildet die rechtliche Zuordnung von Daten, welche als „Rohstoff des 21. Jahrhunderts" gehandelt werden. Des Weiteren wird aufgezeigt, welche Herausforderungen das deutsche bzw. europäische Datenschutzrecht für Big-Data-Verfahren mit sich bringt, wobei auch Neuerungen durch die Datenschutzgrundverordnung Berücksichtigung finden. U. a. wird erörtert, wie durch die Big-Data-Entwicklung eine Anonymisierung personenbezogener Daten erschwert wird und wie datenschutzrechtliche Prinzipien, z. B. das Zweckbindungsprinzip, die Verwendung von Big-Data-Applikationen verkomplizieren. Weiterer Untersuchungsschwerpunkt ist das Vertrags- und Haftungsrecht und wie es den Umgang mit Daten im privatrechtlichen Rahmen bestimmt. Fragen der allgemeinen Rechtsgeschäftslehre werden im Rahmen der M2M-Kommunikation durch Big Data wieder aktuell und unter neuen Gesichtspunkten diskutiert. Zuletzt erfolgt ein Überblick über die Regulierung digitaler Plattformen und zu kartell- und wettbewerbsrechtlichen Aspekten von Big Data.

4.1 Vorwort

Dieses Gutachten ist im Rahmen des Forschungsprojekts ABIDA entstanden und soll einen Überblick über die rechtlichen Fragen geben, die sich im Zusammenhang mit der Echtzeit-Verarbeitung großer und heterogener Datenmengen stellen. Als Grundlage des Gutachtens dienten regelmäßige Treffen des ABIDA-Arbeitskreises Rechtswissenschaften an der Leibniz Universität Hannover. Bei diesen Treffen wurden die Themen, die in das vorliegende Gutachten Eingang gefunden haben, von einschlägig bekannten Rechtswissenschaftlerinnen und Rechtswissenschaftlern und juristischen Praktikerinnen und Praktikern entwickelt, diskutiert und vertieft. Die Mitglieder des Arbeitskreises[71] haben mit ihren Anregungen und Beiträgen entscheidend zum Gelingen dieses Gutachtens beigetragen.

4.2 Einleitung und Gang der Untersuchung

Der Terminus Big Data gehört inzwischen wohl zum allgemeinen Sprachgebrauch.[72] Er bezeichnet Datenmengen, die zu groß, zu komplex strukturiert sind oder sich zu schnell ändern, um mit klassischen Datenverarbeitungsmethoden ausgewertet werden zu können. Big Data ist dabei eher Schlagwort als feststehender Begriff für den Umgang mit großen und heterogenen Datenmengen.

Big Data verspricht große Potenziale und kann, richtig eingesetzt, ein Innovationsmotor in Wirtschaft und Wissenschaft und anderen Lebensbereichen sein, beispielsweise indem die Art der Entscheidungsfindung in Unternehmen durch die Bereitstellung von Datenanalyseergebnissen in Echtzeit verändert wird. Gleichzeitig birgt die Verarbeitung großer Datenmengen Risiken und erfordert einen verantwortungsbewussten Umgang mit Big-Data-Technologien.

Neben ethisch-philosophischen, ökonomischen, politischen und sozialwissenschaftlichen Fragen wirft der Umgang mit großen Datenmengen diverse Rechtsfragen auf, welche in dem vorliegenden Gutachten skizziert und diskutiert werden. Entstanden ist es im Rahmen des interdisziplinären Forschungsprojekts ABIDA. Den Schwerpunkt der Darstellung bilden dabei die vier – aus unserer Sicht – rele-

---

71 Ihnen gilt unser besonderer Dank: Dr. Christoph Alt, Dr. Benno Barnitzke, Prof. Dr. Dr. Walter Blocher, Karoline Busse, Max von Grafenstein, Christian Jaksch, Prof. em. Dr. Dr. hc Wolfgang Kilian, Prof. Dr. Tina Krügel, Doreen Michaelis, Per Meyerdierks, Jan Schallaböck, Prof. Dr. Fabian Schmieder und Sina Rintelmann. Der Inhalt des Gutachtens spiegelt nicht notwendigerweise die Meinung der Arbeitskreismitglieder wider.
72 Eine Googlesuche des Begriffs ergibt ca. 60 Mio. Ergebnisse (Stand September 2016).

4.2 Einleitung und Gang der Untersuchung

vantesten rechtlichen Problemkreise. Ohne damit die einschlägigen Problembereiche abschließend benennen zu wollen, beginnt die Untersuchung mit einer Begriffsbestimmung und Abgrenzung des Terminus Big Data. Abschnitt 4.4 hat die rechtliche Zuordnung von Daten zum Inhalt, denn die Frage nach der Inhaberschaft an Daten oder nach der Existenz ausschließlicher Rechte an Daten ist heute wichtiger denn je. Zur eigentumsrechtlichen Zuordnung von Daten werden in der Literatur mehrere Anknüpfungspunkte erwogen, welche von der Auslegung der sachenrechtlichen Vorschriften des BGB, der Vorschriften zum Allgemeinen Teil des BGB zu den Sach- und Rechtsfrüchten bis zur Interpretation strafrechtlicher Normen der §§ 202a, 303a StGB reichen. Ebenso dargestellt werden Ansätze, welche über die datenschutzrechtlichen Vorschriften ein Quasi-Eigentum begründen und es wird erörtert, inwiefern Daten von immaterialgüterrechtlichen Vorschriften geschützt werden. In diesem Kontext stellt sich die Frage, ob die Rechtspositionen, welche sich *de lege lata* an Daten begründen lassen, für eine erfolgreiche wirtschaftliche Entwicklung ausreichen oder ob neue absolute Rechtspositionen geschaffen werden müssen und wie sich diese rechtspolitisch rechtfertigen lassen.

Big Data wirft zudem zahlreiche datenschutzrechtliche Fragen auf, welche in Abschnitt 4.5 erörtert werden. Tatsächlich ist Big Data bisher überwiegend unter datenschutzrechtlichen Gesichtspunkten untersucht worden. Big-Data-Anwendungen verwenden auch große Mengen an personenbezogenen Daten aus vielfältigen Quellen, was die Vereinbarkeit mit datenschutzrechtlichen Prinzipien, z. B. dem Grundsatz der Datensparsamkeit, Zweckbindung oder Transparenz, in Frage stellt. Auch wird zunehmend vertreten, dass die Anonymisierung personenbezogener Daten im Zeitalter von Big-Data-Applikationen faktisch gar nicht mehr möglich ist oder der Personenbezug eines Datums als Abgrenzungsmerkmal untauglich geworden ist, da sich im Zeitalter der elektronischen Datenverarbeitung jedes Datum einer natürlichen Person zuordnen lassen könne. Von erheblicher Bedeutung sind auch die Neuerungen, welche die Neuordnung des europäischen Datenschutzrechts durch die Datenschutzgrundverordnung (DSGVO)[73], die EU-Richtlinie für den Datenschutz bei Polizei und Justiz[74] und die sich im Gesetzgebungsprozess be-

---

73 Verordnung (EU) 2016/679 des Europäischen Parlaments und des Rates vom 27. April 2016 zum Schutz natürlicher Personen bei der Verarbeitung personenbezogener Daten, zum freien Datenverkehr und zur Aufhebung der Richtlinie 95/46/EG (Datenschutzgrundverordnung).

74 Richtlinie (EU) 2016/680 des Europäischen Parlaments und des Rates vom 27. April 2016 zum Schutz natürlicher Personen bei der Verarbeitung personenbezogener Daten durch die zuständigen Behörden zum Zwecke der Verhütung, Ermittlung, Aufdeckung oder Verfolgung von Straftaten oder der Strafvollstreckung sowie zum freien Datenverkehr und zur Aufhebung des Rahmenbeschlusses 2008/977/JI des Rates.

findende E-Privacy-Verordnung[75] für Big-Data-Applikationen mit sich bringen. Hier ist insbesondere zu untersuchen, ob die Schaffung und Verwendung von Big-Data-Technologien durch die DSGVO erleichtert werden, und ob diese mit Einschränkungen für das informationelle Selbstbestimmungsrecht der Betroffenen einhergehen.

In Abschnitt 4.6 werden Daten als Gegenstand des Vertrags- und Haftungsrechts untersucht. Denn unabhängig von ihrer Zuordnung im Sinne einer absoluten Rechtsposition ist von Bedeutung, wie der Umgang mit Daten, zum Beispiel bei einem Verkauf von Datensätzen oder deren Zurverfügungstellung zur Nutzung, rechtlich abgewickelt wird. Vertragsrechtliche Fragen ergeben sich etwa im Bereich des Gewährleistungsrechts bezüglich des anzuwendenden Fehlerbegriffs. Erörterungsbedürftig erscheinen im Zusammenhang mit der Verbreitung von Big-Data-Anwendungen und M2M (Maschine-zu-Maschine)-Kommunikation im Internet der Dinge auch Fragen der allgemeinen Rechtsgeschäftslehre, beispielsweise zur Zurechnung von Willenserklärungen.

Als vierter Schwerpunkt gibt Abschnitt 4.7 einen Überblick über die Regulierung digitaler Plattformen und über kartell- und wettbewerbsrechtliche Aspekte von Big Data. So wird hier diskutiert, unter welchen Gegebenheiten Plattformmärkte zur Konzentration tendieren und woraus sich die marktbeherrschende Stellung eines Plattformanbieters ableitet. Kann etwa die Masse an Daten, die einem Plattformanbieter exklusiv zur Verfügung steht, eine marktbeherrschende Stellung des Anbieters begründen? Zu erörtern ist hier ferner, wie sich das Verknüpfen von Daten zur Gewinnung von Prognosen kartellrechtlich auswirkt, d. h. was in Fällen zu gelten hat, in denen Rohdaten zwar verfügbar sind, einen tatsächlichen Wert aber erst die daraus gewonnenen Informationen darstellen. Aktuell sind hier insbesondere Fragen der Fusionskontrolle, z. B. bei der Übernahme von Unternehmen, welche zwar große Datenbestände kontrollieren, aber über nur wenig Eigenkapital verfügen, zu beantworten. Auch das Missbrauchskartellrecht wird bei Big Data relevant, wobei besonders die Frage des Missbrauchs durch Rechtsbruch, z. B. durch Verletzung datenschutzrechtlicher Regelungen, diskutiert wird.

Der Abschnitt 4.8 schließt die Untersuchung von Big Data aus rechtlicher Sicht mit einem Fazit.

---

75 Europäische Kommission, Proposal for a Regulation of the European Parliament and the Council concerning the respect for private live and personal data in electronic communications and repealing Directive 2002/58/EC (Privacy and Electronic Communication Regulation), http://www.politico.eu/wp-content/uploads/2016/12/POLITICO-e-privacy-directive-review-draft-december.pdf.

4.3 Big-Data-Begriff

4.3.1 Definition

Big Data ist kein feststehender Begriff, obwohl Versuche der Einordnung gleichwohl existieren. So wird Big Data z. B. als „Einsatz großer Datenmengen – d. h. elektronisch gespeicherter Information[76] – aus vielfältigen Quellen mit einer hohen Verarbeitungsgeschwindigkeit zur Erzeugung wirtschaftlichen Nutzens" bezeichnet (BITKOM 2014, S. 12). Überwiegende Einigkeit scheint darüber zu bestehen, dass Big Data eine Kombination der drei Elemente „*Volume, Variety, Velocity*" (Datenmenge, Datenvielfalt, Auswertungsgeschwindigkeit[77]) darstellt, welche Laney (2001) erstmalig beschrieben hatte (vgl. auch Hackenberg 2014, Teil 16.7 Rn. 1 ff.).
Bisher keine Aussage trifft diese Begriffstrias zur Qualität der Daten. Aus diesem Grund hat IBM der Definition anlässlich einer Big-Data-Studie das vierte Element „*Veracity*" (Richtigkeit, Zuverlässigkeit) hinzugefügt (Schroeck et al. 2012, S. 5; vgl. auch Hackenberg 2014, Teil 16.7 Rn. 5). Sollen Daten nämlich als Entscheidungsgrundlage genutzt werden, sind „richtige" Daten, d. h. eine hohe Datenqualität eine wichtige Anforderung. Diese kann durch viele Faktoren beeinflusst werden. So ist u. a. von Bedeutung, aus welcher Quelle die Daten stammen, wie und in welchem Umfang überhaupt mit auf Statistik basierenden Wahrscheinlichkeiten gearbeitet wird (z. B. bei Daten zu Wetter, Meeresströmungen) und welche Qualität die hier eingesetzten Algorithmen haben. Es spielt deshalb auch eine Rolle, wie eine Datenanalyse zustande gekommen ist, um Unsicherheitsfaktoren identifizieren und in den Entscheidungsprozess einfließen lassen zu können. Die Herausforderung bei Big Data besteht darin, die Datenqualität insbesondere bei schwer berechenbaren Datentypen zu erhöhen. Eine juristische Dimension erhält dies unter dem Stichwort Haftung für fehlerhafte Datensätze (Mangelbegriff, Mängelgewährleistung) und der

---

76 Im Technikbereich wird der Datenbegriff nach dem internationalen Industriestandard ISO/IEC 2382-1 ausgelegt als „eine neu interpretierbare, in einer formalisierten Art und Weise verfügbaren Repräsentation von Informationen, nutzbar zur Kommunikation, Auswertung oder zur Verarbeitung". Die DIN 44300 Nr. 19, welche die nationale Vorgängernorm gewesen ist, definiert den Datenbegriff als „Gebilde aus Zeichen oder kontinuierlichen Funktionen, die aufgrund bekannter oder unterstellter Abmachungen Informationen darstellen, vorrangig zum Zwecke der Verarbeitung und als deren Ergebnis". (Cornelius 2012a, Teil 10.I.3.cc), Rn. 12).

77 BITKOM ergänzt den Begriffstrias um das Element „Analytics" (Datenanalyse) und meint damit „die Methoden zur möglichst automatisierten Erkennung und Nutzung von Mustern, Zusammenhängen und Bedeutungen" z. B. mittels statistischer „Verfahren, Vorhersagemodelle, Optimierungsalgorithmen, Data Mining, Text- und Bildanalytik". Ibid. „Analytics" lässt sich auch als Unterfall von „Velocity" betrachten.

Frage, inwieweit Aspekte der Datenqualität in der Vertragsgestaltung berücksichtigt werden können. Naturgemäß wird dies ein gewisses Maß an Transparenz in Bezug auf die Analysemethoden und Algorithmen erfordern, woran der Datenanbieter – da Auswertungsmethoden regelmäßig Firmengeheimnisse darstellen – kein Interesse haben wird.

4.3.2 Folge der Begriffsdefinition für die juristische Begutachtung

Was folgt aus der begrifflichen Einordung für die juristische Begutachtung, d. h. den disziplinären Umgang mit Big Data? Big Data beschreibt, ähnlich wie die Begriffe Smart Home, Internet of Things, Industrie 4.0 oder übergreifend auch Digitalisierung, ein (technisches) Phänomen. Und obschon dies vielfältige juristische Implikationen hat, ist eine konturscharfe Definition gar nicht erforderlich. Um Big Data rechtlich zu beschreiben, sind vielmehr die verschiedenen Phasen des Umgangs mit Daten, gleichgültig ob diese personenbezogen sind oder nicht, genauer zu untersuchen. Man könnte insoweit auch von Big Data im weiteren und engeren Sinne sprechen. Big Data im engeren Sinne würde dabei nur die Phase beschreiben, in der Daten tatsächlich zusammengeführt würden, während Big Data im weiteren Sinne auch vor- und nachgelagerte Fragestellungen erfasst.

Big Data lässt sich grob in drei zeitlich aufeinanderfolgende Phasen unterteilen. Die erste Phase ist durch die Generierung oder Beschaffung von Daten gekennzeichnet. Hierbei tritt insbesondere die rechtliche Frage der Verfügungsbefugnis an Daten in den Vordergrund. Bei personenbezogenen Daten ist zu fragen, ob diese rechtmäßig erhoben worden sind. Erst die zweite Phase – die Auswertung oder Zusammenfügung der Daten – beschreibt Big Data im engeren Sinne. Denn erst hier werden Daten in großen Mengen (*„Volume"*) aus unterschiedlichen Quellen (*„Variety"*) zusammengeführt und ausgewertet. Rechtsfragen, die sich im Zusammenhang mit der Datenauswertung stellen, können datenschutzrechtlicher Art sein, z. B. hinsichtlich der Frage, ob bestimmte Daten überhaupt datenschutzkonform zusammengeführt werden können. Dies kann deswegen problematisch sein, weil durch die Verknüpfung erst ein Personenbezug hergestellt werden kann oder weil die nunmehr verknüpften Daten ursprünglich nicht für den Zweck „Zusammenführung und Verknüpfung mit anderen Daten" erhoben worden sind. Im Zusammenhang mit der Datenauswertung sind auch vertragsrechtliche Fragen denkbar. Dabei sind z. B. wiederum Aspekte der Datenqualität (bestimmte Daten lassen sich nicht miteinander kombinieren, fehlerhafte Messergebnisse etc.) zu nennen. Denkbar, aber wohl eher von untergeordneter Bedeutung, sind Lizenzfragen bzgl.

des Computerprogramms, mit welchem die Auswertung erfolgt. Hier sind z. B. Lizenzmodelle denkbar, die den Einsatz für Big Data untersagen oder an eine höhere Lizenzgebühr knüpfen und es stellt sich die Frage nach der urheberrechtlichen, insbesondere der urhebervertragsrechtlichen Zulässigkeit.

Die dritte Phase betrifft schließlich den Umgang mit dem zuvor in der zweiten Phase gewonnenen Auswertungsergebnis. Hier stellt sich dann ebenfalls die Frage, ob und gegebenenfalls wem die Ergebnisse als ausschließliche Rechtspositionen zugewiesen sind. Werden die Auswertungen auf der Grundlage vertraglicher Regelungen weitergegeben, stellen sich ebenfalls Vertrags- und Haftungsfragen. Bei letzteren geht es insbesondere um die Haftung für fehlerhafte Prognoseentscheidungen. In diesem Verarbeitungsstadium ist ebenfalls relevant, ob die Auswertung die Grundlage für eine maschinelle „Entscheidung" ist. Neben Haftungsfragen für fehlerhafte Daten/Auswertungen sind hier Fragen der rechtlichen Wirksamkeit maschineller Erklärungen bzw. die Zurechnung maschineller Erklärungen von Bedeutung. Eher datenschutzrechtliche Relevanz haben Auswertungen, auf deren Grundlage Entscheidungen zur Bewertung bestimmter Gruppen oder Einzelpersonen getroffen werden (z. B. Scoring zur Kreditvergabe, individualisierte Versicherungstarife).

Insbesondere mit der Vorhaltung großer Datenbestände kommen Fragen des Kartell- und Wettbewerbsrechts auf, ohne dass sich diese eindeutig einer der drei Phasen zuordnen lassen.

4.4 Ausschließlichkeitsrechte an Daten

4.4.1 Einführung

Eine nicht nur für Big Data, sondern für alle Themenfelder relevante Frage ist, wie sich Daten rechtlich zuweisen lassen. Daten werden auch als „das neue Öl" oder als „der Rohstoff des 21. Jahrhunderts" bezeichnet, was automatisch die Frage nach ihrer eigentumsrechtlichen Zuordnung aufwirft (Grützmacher 2016, S. 485). Hierzu wurden mehrere Ansätze vorgeschlagen, welche in der Literatur mitunter schon länger diskutiert werden (vgl. z. B. Grützmacher 2016, S. 486; Zech 2012; Ehlen und Brandt 2016, S. 570; Zech 2015, S. 137-146).

Eine rechtliche Zuordnung von Daten könnte sich aus Sacheigentum i. S. v. § 903 Satz 1 BGB oder aus Immaterialgüterrechten ergeben. Für Letzteres spielt insbesondere das mit dem Urheberrecht verwandte Schutzrecht des Datenbankherstellers gemäß §§ 87a ff. UrhG eine Rolle. Daneben enthalten auch StGB, UWG und BDSG Normen, welche bestimmten Personen ausschließliche Verfügungsbefugnisse an bestimmten dort genannten Daten zuweisen. All diese Vorschriften erfassen Daten allerdings nicht im Allgemeinen, sondern stellen auf ein anderes Merkmal ab, welches in Daten verkörpert sein kann (BDSG = Daten müssen personenbezogen sein; UWG = Daten müssen Betriebs- und Geschäftsgeheimnisse sein etc.). Eine herrschende Meinung hinsichtlich einer strukturellen Bejahung ausschließlicher Nutzungsbefugnisse in Bezug auf Daten hat sich bisher nicht herausgebildet.

4.4.2 Sacheigentum

Anwendung des § 903 BGB

Nach § 903 Satz 1 BGB kann der Eigentümer einer Sache, „soweit nicht das Gesetz oder Rechte Dritter entgegenstehen, mit der Sache nach Belieben verfahren und andere von jeder Einwirkung ausschließen." Eine direkte Anwendung des § 903 BGB zur Begründung eines zivilrechtlichen Eigentums ist abzulehnen, da Daten die für den Sachbegriff abgrenzbare Körperlichkeit i. S. v. § 90 BGB fehlt (Arkenau und Wübbelmann 2015, S. 97; Schefzig 2015, S. 3; Ehlen und Brandt 2016, S. 571). Auch wenn Daten notwendigerweise auf einer Sache verkörpert sind, sind sie keine Sachen, weil sie insbesondere durch die Möglichkeit einer unbegrenzten identischen Vervielfältigung und ihrer Trennbarkeit vom Speichermedium keine physikalische Einmaligkeit besitzen (Fritzsche 2016, § 90 Rn. 25; Arkenau und Wübbelmann 2015, S. 97). Eine Zuordnung über das Eigentum am Speichermedium ist vor allem aus praktischen Gesichtspunkten im Zeitalter des „Cloud Computing" kaum durchsetzbar, da eine Zuordnung zu einem bestimmten Speichermedium schwer möglich ist[78] und die Speichermedien austauschbar sind. Der Ansatz überzeugt auch deswegen nicht, weil i. d. R. Cloud-Speicher-Dienste von Dritten bereitgestellt werden und diese dann Eigentum an den Daten erwerben würden, was nicht interessengerecht ist (Arkenau und Wübbelmann 2015, S. 97 f.; Grützmacher 2016, S. 487). Daten

---

78 Gleichwohl kann Datenverlust eine Verletzung des Eigentümers des Datenträgers darstellen, was freilich Eigentum am Datenträger voraussetzt. Vgl. hierzu, OLG Oldenburg, Beschluss vom 24. November 2011 – Az. 2 U 98/11: „Bei der Speicherung auf magnetische Datenträger liegt nämlich eine Verkörperung des Datenbestandes im Material vor. Es erfüllt deshalb den Tatbestand der Eigentumsverletzung, wenn die Magnetisierung von Speichermedien modifiziert wird, indem die auf diesen Datenträgern gespeicherten Informationen verändert oder gelöscht werden."; LG Osnabrück, Urteil vom 9. August 2011 – Az. 14 O 542/10; vgl. auch Meier und Wehlau 1998, S. 1585; ähnlich argumentiert auch das LAG Chemnitz, Urteil vom 17. Januar 2007 – Az. 2 Sa 808/05: „Das Aufspielen eines Computerprogramms stellt einen Verarbeitungsvorgang i. S. d. § 950 BGB dar[...]."

sind auch nicht als wesentliche Bestandteile des Datenträgers anzusehen, so dass das Eigentum am Datenträger nicht gem. § 93 BGB auch die darauf gespeicherten Daten erfasst. Dies ergibt sich u. a. daraus, dass als Bestandteile i. S. d. Norm nur körperliche Gegenstände zu qualifizieren sind (Mössner 2016, § 93 Rn. 7 ff.).

Daten als Rechtsfrüchte gem. § 99 Abs. 2 BGB

In der Literatur wird anhand des Beispiels von Geo- und Telemetriedaten, welche beim Einsatz von Fahr- oder Flugzeugen protokolliert und erhoben werden und nicht nur die Leistungsdaten der jeweiligen Maschinen selbst betreffen, sondern auch diejenigen der Umgebung (z. B. Ertragsdaten der Nutzfläche, die von Landwirtschaftsmaschinen erhoben werden), diskutiert, ob Daten als Rechtsfrüchte angesehen werden können (Dorner 2014, S. 619). So wird argumentiert, dass im vorliegenden Fall automatisiert erhobene Daten als Frucht des Eigentums am Grund und Boden anzusehen seien. Diese seien nach §§ 953, 988, 818 BGB an den Eigentümer des Bodens herauszugeben (Grosskopf 2012, S. 171 ff.). Diese Sicht wird jedoch größtenteils abgelehnt, u. a. mit dem Argument, dass § 953 BGB allenfalls – wegen der mangelnden Sachqualität – analog anwendbar wäre, was jedoch aufgrund der fehlenden Vergleichbarkeit der Lebenssachverhalte abgelehnt wird (Zech 2015, S. 142). Die Nutzung durch Aufnahme und Weiterverwendung der Daten unterscheide sich grundlegend von den Nutzungen, die § 953 BGB abdecken soll, nämlich solche, welche Besitz voraussetzen oder nach dem Vorbild des Besitzes „rival" sind (Zech 2015, S. 142; Arkenau und Wübbelmann 2015, S. 99).

Dateneigentum und § 303a StGB, § 903 BGB analog

Ebenfalls gibt es die Überlegung, Grundgedanken aus dem Strafrecht heranzuziehen, um die Frage „wem gehören die Daten?" zu beantworten. Aus § 303a StGB, welcher die rechtswidrige Löschung, Unterdrückung, Unbrauchbarmachung oder Veränderung von Daten unter Strafe stellt, folgt die Notwendigkeit der Zuordnung der Daten zum Berechtigten. Dies könnte man so interpretieren, dass ein Vollrecht analog § 903 BGB entstehe (Hoeren und Völkel 2014, S. 23 m. w. N.).

Für die Frage, zu welchem Berechtigten sich eine solche Zuordnung ergeben soll, gibt es verschiedene Ansätze. So wird z. B. vertreten, dass dies nach der Betroffenheit durch die betreffenden Daten erfolgen müsse (Welp 1988, S. 448 m. w. N.). Dem wird allerdings entgegengehalten, dass dies mit dem Datenschutzrecht nicht in Einklang zu bringen ist, denn die datenschutzrechtlichen Vorschriften würden abschließend bestimmen, unter welchen Umständen die verantwortliche Stelle personenbezogene Daten verarbeiten darf (Hoeren und Völkel 2014, S. 24 m. w. N.). Eine andere Meinung will die Zuordnung nach dem Sacheigentum am Datenträger

vornehmen, aber auch hier stellt sich das Problem, dass der Speicherplatz i.d.R. von Dritten zur Verfügung gestellt wird, die zu den Daten in keinerlei Beziehung stehen (Hoeren und Völkel 2014, S. 23 ff. m.w.N.; Hoeren 2013, S. 486).
Als weiteres Zuordnungskriterium kommt die geistige oder die technische Urheberschaft in Betracht. Gegen die geistige Urheberschaft wird angeführt, dass eine solche Interpretation des § 303a StGB zu einer Erweiterung des Urheberrechtsschutzes führen würde, welche vom Regime des Urheberrechts nicht vorgesehen sei (Hoeren und Völkel 2014, S. 25 m.w.N.). Die h.M. spricht sich dafür aus, dass derjenige, welcher durch Eingabe oder Ausführung eines Programms Daten selbst erstellt („Skripturakt"), Berechtigter ist.[79] Daten können vom Ersteller auch weitergereicht werden, womit auch andere die Stellung des Berechtigten einnehmen können. Wertungsgerechte Ausnahmen gelten, z.B. wenn der Skripturakt vom Eigentümer des Speichermediums nicht veranlasst worden ist (Hoeren und Völkel 2014, S. 25 f. m.w.N.; Hoeren 2013, S. 487 f.). Dieser, insbesondere von Hoeren vorgeschlagene Ansatz, ist bis jetzt weder in der Literatur noch in der Rechtsprechung übernommen worden (Schefzig 2015, S. 4). Gegen eine analoge Anwendung des § 903 BGB spreche die Rechtsunsicherheit, die eine Erweiterung der ausschließlichen Nutzungsbefugnisse mit sich brächte. Wenn entsprechende Rechte gegenüber jedermann gelten sollen, dann müssten diese klar geregelt und allgemein bekannt sein.[80]

Sonstiges Recht i.S.d. § 823 Abs. 1 BGB

Im Schrifttum wird ferner diskutiert, ob ein Recht am eigenen Datenbestand als „sonstiges Recht" i.S.d. § 823 Abs. 1 BGB zu qualifizieren ist. Jene, die eine solche Einordnung unterstützen, führen als Argument das generelle Schutzdefizit im Vergleich zu körperlichen Gegenständen und die Einordnung eines Datenbestandes vom BGH als „selbständiges vermögenswertes Gut" (BGH Urteil vom 2. Juli 1996 – Az. X ZR 64/94) an. In der Rechtsprechung wird ein eigentumsrechtlicher Deliktsschutz von Daten, sofern diese in einem Datenträger verkörpert sind und verändert oder gelöscht werden (ohne dass der Datenträger selbst in seiner Substanz beschädigt werden muss), bejaht.[81] Der Antwort bezüglich der Frage

---

79 Vgl. OLG Nürnberg, Beschluss vom 23. Januar 2013 – Az. 1 Ws 445/12: „Diese Datenverfügungsbefugnis steht grundsätzlich demjenigen zu, der die Speicherung der Daten unmittelbar selbst bewirkt hat."; AG Göttingen, Urteil vom 4. Mai 2011 – Az. 62 Ds 51 Js 9946/10.
80 Vgl. Unterpunkt zum strengen Numerus clausus-Prinzip bei Dorner 2014, S. 620.
81 Vgl. auch BGH Urteil vom 9. Dezember 2008 – Az. VI ZR 173/07; OLG Frankfurt am Main, Urteil vom 30. Mai 2007 – Az. 18 U 134/05; OLG Dresden, Beschluss vom 5.

4.4 Ausschließlichkeitsrechte an Daten

nach zivilrechtlich begründetem Dateneigentum kommt man hier jedoch schon deshalb nicht näher, weil § 823 Abs 1 BGB den „Dateninhaber" ja nicht mit einer dem Eigentum vergleichbaren ausschließlichen Rechtsposition versieht, sondern Daten vielmehr nur gegen Zerstörung und Veränderung absichert, wirtschaftliche Auswertungsbefugnisse von Daten aber nicht positiv, etwa durch ein Verbot der unerlaubten Vervielfältigung, absichert (Wiebe 2016, S. 880).

4.4.3 Immaterialgüterrechte

Rechte an Daten können sich im Einzelfall auch aus dem Urheberrecht bzw. aus verwandten Schutzrechten ergeben. Jedoch ist hier zu bedenken, dass Daten im Immaterialgüterrecht nie in ihrer Gesamtheit erfasst, sondern lediglich Teilaspekte geregelt werden.

Urheberrechtsschutz / Datenbankwerk

So können Daten als Werke dann geschützt sein, wenn sie Teil eines Computerprogrammes sind. Auch wenn der europäische und deutsche Gesetzgeber zur Vermeidung einer fehlerhaften oder sich überholenden Interpretation bewusst auf eine Definition verzichten[82], wird überwiegend auf jene Definition verwiesen, welche die WIPO 1977 in ihren Mustervorschriften veröffentlicht hatte.[83] Folgt man dieser Definition, wird deutlich, dass als Computerprogramm nur diejenigen Daten gelten, denen ein ausführbarer Befehl zugrunde liegt. Nicht erfasst sind hingegen Daten, die zwar in einer Datenbank gespeichert sind und Einfluss auf den „Berechnungsvorgang" haben, diesen aber nicht steuern (vgl. Grützmacher 2014, § 69a Rn. 16 f.). Daten, die maschinell erzeugt wurden, können ebenfalls keinen Werkschutz beanspruchen (z. B. bei industriellen Messdaten). Hier scheitert der Schutz als urheberrechtliches Werk bereits an § 2 Abs. 2 UrhG, wonach Werke nur „persönliche geistige Schöpfungen" sind, d. h. auf einer menschlichen Leistung beruhen müssen

---

September 2012 – Az. 4 W 961/12. Das OLG Dresden geht hier von § 823 Abs. 2 BGB i. V. m. einer Schutzgesetzverletzung aus.

82 Vgl. BT-Drs. 12/4022, 9 und § 69a Abs. 1 UrhG: „Computerprogramme im Sinne dieses Gesetzes sind Programme in jeder Gestalt, einschließlich des Entwurfsmaterials."

83 Eine deutsche Übersetzung ist abgedruckt in GRUR Int. 1978, 286 ff.: „Computerprogramm [ist] eine Folge von Befehlen, die nach Aufnahme in einen maschinenlesbaren Träger fähig sind zu bewirken, daß eine Maschine mit informationsverarbeitenden Fähigkeiten eine bestimmte Funktion oder Aufgabe oder ein bestimmtes Ergebnis anzeigt, ausführt oder erzielt."

(vgl. Bullinger 2014, § 2 Rn. 15 f.; Ahlberg 2016, § 2 Rn. 55). Abgesehen davon fehlt es bei Messdaten regelmäßig auch an der notwendigen Schöpfungshöhe.

Verwandte Schutzrechte
Bei den verwandten Schutzrechten ist im Zusammenhang mit Big Data insbesondere das Datenbankrecht relevant. Die Sammlung von Daten in einer Datenbank kann dem Leistungsschutzrecht sui generis gem. §§ 87a ff. UrhG unterfallen und wäre dann der Herstellerin oder dem Hersteller der Datenbank als Rechteinhaber zuzuordnen. Eine Datenbank i. S. v. § 87a Abs. 1 UrhG ist eine Sammlung von Werken, Daten oder anderen unabhängigen Elementen, die systematisch oder methodisch angeordnet und einzeln mit Hilfe elektronischer Mittel oder auf andere Weise zugänglich sind und deren Beschaffung, Überprüfung oder Darstellung eine nach Art oder Umfang wesentliche Investition erfordert. Hinsichtlich einzelner Datensätze hilft das Datenbankrecht nicht, da § 87b Abs. 1 UrhG dem Datenbankhersteller ausschließliche Verwertungsrechte (Vervielfältigung, Verbreitung, öffentliche Wiedergabe) nur in Bezug auf „wesentliche Teile" einer Datenbank gewährt. Ebenfalls ohne Schutz – soweit nicht durch andere Schutzrechte erfasst – sind Daten, die noch nicht in einer Datenbank erfasst sind. Davon betroffen sind etwa Sensor- oder von Maschinen generierte Daten in einem IoT-Szenario, solange diese noch nicht in eine Datenbank aufgenommen wurden. Eine weitere Einschränkung erfährt der Anwendungsbereich der §§ 87a ff. UrhG durch die Trennung der Generierung und Sammlung von Daten, welche durch die Rechtsprechung des EuGH strikt interpretiert wird (vgl. z. B. EuGH C-338/02; EuGH C-444/02; EuGH C-46/02). Die § 87a ff. UrhG schützen wesentliche Investitionen in eine Datenbank nur dann, wenn es um die Sammlung oder Bereitstellung von Daten geht. Die Generierung von Daten ist damit nicht erfasst (Wiebe 2016, S. 877, 879).

4.4.4 Geschäfts- und Betriebsgeheimnisse, Ansprüche aus Wettbewerbsverstößen

Ebenfalls zu nennen ist § 17 UWG. Die Vorschrift stellt den Verrat von Geschäfts- und Betriebsgeheimnissen (welche auch in Daten verkörpert werden können) unter Strafe und nimmt dadurch ebenfalls eine Zuordnung vor, nämlich die Befugnis des Unternehmens, selbst zu entscheiden, wem gegenüber Geschäfts- und Betriebsgeheimnisse veröffentlicht werden oder nicht. Die Zuordnung, die § 17 UWG vornimmt, beschränkt sich freilich auf Geschäfts- und Betriebsgeheimnisse. Dies umfasst bei weitem nicht alle Daten, die im Rahmen eines Unternehmens, z. B. bei Big-Data-Anwendungen, anfallen, sondern nur solche unternehmensbe-

4.4 Ausschließlichkeitsrechte an Daten

zogenen Tatsachen, Umstände und Vorgänge, die nicht offenkundig, sondern nur einem begrenzten Personenkreis zugänglich sind und an deren Nichtverbreitung das Unternehmen ein berechtigtes Interesse hat (vgl. Janssen und Maluga 2015, § 17 Rn. 13 ff.).

Ähnlich wie bei § 823 Abs. 1 BGB kann die gezielte Löschung oder Unbrauchbarmachung von Daten im Wettbewerbsverhältnis eine Behinderung von Wettbewerbern gem. § 4 Nr. 4 UWG (§ 4 Nr. 10 UWG a. F.) sein (Zieger und Smirra 2013, S. 418, 421). Allerdings wäre auch in diesem Fall die Dateninhaberin oder der Dateninhaber nicht gegen die Verletzung positiver wirtschaftlicher Auswertungsbefugnisse abgesichert, sondern könnte lediglich gegen die gezielte Wettbewerbsbehinderung, welche aus der Löschung oder Unbrauchbarmachung von Daten resultiert, vorgehen.

Ebenfalls andenken ließe sich ein ergänzender wettbewerbsrechtlicher Leistungsschutz gem. § 4 Nr. 3 UWG (§ 4 Nr. 9 UWG a. F.) in Fällen, in denen Daten aus Datenbanken oder anderen Quellen übernommen werden, was eine unlautere Leistungsübernahme darstellen kann (Zieger und Smirra 2013, S. 418, 421; vgl. auch BGH, Urteil vom 6. Mai 1999 – Az. I ZR 199/96). Eine mit einer ausschließlichen Rechtsposition vergleichbare Situation ergibt sich aber auch daraus nicht. Erstens müsste für einen Anspruch gem. § 4 Nr. 3 UWG stets ein Wettbewerbsverhältnis gegeben sein. Zweitens müsste die Übernahme von Datenbeständen unter das Merkmal „wettbewerbsrechtliche Eigenart" fallen. Zumindest im Rahmen von Big-Data-Anwendungen ist dieses Merkmal regelmäßig dann zweifelhaft, wenn Daten (auch wenn diese ursprünglich von Wettbewerbern und/oder aus anderen Datenbanken stammen, ohne dass damit gleichzeitig eine Vervielfältigung wesentlicher Teile der Datenbank erfüllt ist) mit anderen Daten zusammengeführt und kombiniert werden. Dadurch wird ein neuer/eigener Informationsgehalt geschaffen, welcher mit den verwendeten Rohdaten zu wenig gemein hat, um das Analyseergebnis als Nachahmung zu qualifizieren (Zieger und Smirra 2013, S. 418, 421). Drittens – und damit ergibt sich eine weitere Einschränkung – dürfen durch den ergänzenden wettbewerblichen Leistungsschutz nicht die gesetzgeberischen Wertungen des Urheber- und insbesondere des Leistungsschutzrechts ausgehebelt werden. Soweit Datenbankinhaberinnen und -inhaber gegen die Entnahme/Verwendung von Daten, welche aus einer geschützten Datenbank stammen, vorgehen möchten, hat dies grundsätzlich nach den Vorgaben der §§ 87a ff. UrhG zu erfolgen. Denn erklärtes Ziel der Einführung der §§ 87a ff. UrhG war ja gerade, Investitionen für den Aufbau und Unterhalt von Datenbanken abzusichern, um u. a. zu verhindern, dass Wettbewerber die wesentlichen Teile der Datenbank übernehmen und auswerten.

4.4.5 Eigentum an personenbezogenen Daten

Personenbezogene Daten sind Einzelangaben über persönliche oder sachliche Verhältnisse, die einen Bezug zu einer bestimmten natürlichen Person aufweisen oder sich mit zusätzlichen Informationen auf diese beziehen lassen (Hoeren und Völkel 2014, S. 19). Das Datenschutzrecht in seiner ursprünglichen Tradition hat zum Ziel, Personen vor den Gefahren für das Persönlichkeitsrecht durch die Verarbeitung personenbezogener Daten zu schützen (vgl. Kilian 2012, S. 169; Schmidt 2013, § 1 Rn. 5). Einige Autoren argumentieren, dass man mit Hinblick auf die zunehmende Bedeutung von personenbezogenen Daten den Datenschutz von seinem persönlichkeitsrechtlichen Ursprung lösen und in ein „Quasi-Eigentum" wandeln sollte (Hoeren und Völkel 2014, S. 20).

Dafür wird angeführt, dass das Datenschutzrecht dem Betroffenen ein „Bündel an Verfügungsrechten" gibt, welches in zivilrechtlicher Hinsicht eine Zuerkennung einer eigentumsähnlichen Rechtsposition rechtfertige. Die datenschutzrechtlich begründeten Teilrechte auf Einwilligung, Auskunft, Berichtigung, Sicherung oder Löschung an personenbezogenen Daten engen aus Sicht von Unternehmen ihre Vertragsgestaltung über personenbezogene Daten dermaßen ein, dass sich daraus eine eigentumsähnliche Position ergebe (Kilian 2014, S. 210).

Dem wird entgegnet, dass sich zwar eine Einschränkung der Güterzuweisung durch das Datenschutzrecht ergebe und ein absolut wirkendes Abwehrrecht gegen die Datenerhebung, -verarbeitung und -nutzung entstehe, die Rechtsposition jedoch nicht übertragbar sei und die oder der Betroffene auch keine uneingeschränkte Herrschaft über seine Daten hätte (Zech 2015, S. 141; Hoeren und Völkel 2014, S. 20). Ob sich diese Argumentation auch in Zukunft aufrechterhalten lässt oder das personenbezogene Datum zukünftig eine weitere Bedeutungsänderung hin zu einem marktfähigen Wirtschaftsgut erfährt, wird sich zeigen müssen. Interessant ist insofern der Vorschlag für eine Richtlinie über bestimmte vertragsrechtliche Aspekte der Bereitstellung digitaler Inhalte.[84] Artikel 3 (Anwendungsbereich) der Richtlinie sieht vor: „Diese Richtlinie gilt für alle Verträge, auf deren Grundlage ein Anbieter einem Verbraucher digitale Inhalte bereitstellt oder sich hierzu verpflichtet und der Verbraucher als Gegenleistung einen Preis zahlt oder aktiv eine andere Gegenleistung als Geld in Form personenbezogener oder anderer Daten erbringt." Noch ist unklar, wie diese Vorschrift dogmatisch zu interpretieren ist. Werden personenbezogene Daten statt der Zahlung eines Geldbetrages als im

---

84 Vorschlag für eine Richtlinie des Europäischen Parlaments und des Rates über bestimmte vertragsrechtliche Aspekte der Bereitstellung digitaler Inhalte, COM (2015) 634 final, 2015/0287 (COD).

4.4 Ausschließlichkeitsrechte an Daten

Synallagma stehende Gegenleistungen geleistet, wird die Gläubigerin oder der Gläubiger der Gegenleistung regelmäßig an einer gesicherten Rechtsposition an dieser interessiert sein. Fraglich wäre dann, ob die Schuldnerin oder der Schuldner – was datenschutzrechtlich zulässig ist – seine Einwilligung zur Verarbeitung personenbezogener Daten widerrufen könnte, was – abgesehen von einem möglichen Schadensersatzanspruch – zur Entwertung der als Gegenleistung überlassenen personenbezogenen Daten führen würde.

4.4.6 Abhilfe durch vertragliche Regelungen

Vertragliche Regelungen in Bezug auf Daten sind trotz ihrer unklaren eigentumsrechtlichen Einordnung möglich und in der Tat sind Datenlizenzverträge, bei denen Daten – fast selbstverständlich – wie geistiges Eigentum behandelt werden, in der Praxis schon längst keine Seltenheit mehr. Allerdings sind vertragliche Regelungen dem Prinzip der Relativität von Schuldverhältnissen unterworfen, was bedeutet, dass die vertraglichen Vereinbarungen nur zwischen den Vertragsparteien gelten. Auch wenn die Parteien die Folgen dieses „Relativitätsproblems" in der Vertragsgestaltung abmildern können (indem sie etwa durch Versprechen einer Vertragsstrafe darauf hinwirken können, dass Daten nicht an Dritte weitergegeben werden), bleibt die Frage: Was gilt, wenn ein Vertrag gerade nicht geschlossen wurde oder trotz einer vereinbarten Vertragsstrafe Daten an Dritte weitergegeben worden sind?

4.4.7 Schutzdefizit für Maschinendaten

Als Zwischenfazit lässt sich festhalten, dass für Daten kein umfassender mit einer Eigentümerposition oder mit der Position der oder des Betroffenen im Datenschutzrecht – es sei denn es handelt sich um personenbezogene Daten – vergleichbarer Schutz existiert. Ob dies nachteil- oder vorteilhaft ist, lässt sich nicht eindeutig bestimmen – erst recht nicht allein aus juristischer Perspektive. Auch ist unklar, inwiefern dem Problem durch Kategorien des Schutzes von Betriebs- und Geschäftsgeheimnissen abgeholfen werden kann. Einerseits wird angeführt, dass durch den nur bruchstückhaft vorhandenen immaterialgüterrechtlichen Schutz mehr Daten für Analysen verfügbar seien, was wiederum für die Verbesserung der Analyseverfahren und Algorithmen von Vorteil sei. Andererseits können sich rechtliche Unsicherheiten auch als Investitionshemmnis erweisen, dann nämlich, wenn Unternehmen die digitale Vernetzung ihrer Systeme nicht vorantreiben, weil sie befürchten müssen, dass ihre Daten, trotz erheblicher Investitionen, von anderen

Marktteilnehmern frei genutzt werden können. Auch kann es sich als investitionshemmend erweisen, wenn Daten, die durch die öffentliche Hand vorgehalten werden, aus Gründen einer unklaren immaterialgüterrechtlichen Situation, die regelmäßig mit Zweifeln zu rechtlich möglichen und wirtschaftlich zielführenden Erlösmodellen einhergeht, nicht zur Verfügung gestellt werden – ein Thema, das europarechtlich und national seit Längerem unter den Stichworten Public Sector Information, Informationsweiterverwendung, Informationszugang, Open Data, Open Access und Open Government diskutiert wird.

4.4.8 Schutzdefizit für Daten juristischer Personen

Überdies fallen (zumindest in Deutschland) auch Angaben zu juristischen Personen aus dem Anwendungsbereich des BDSG. Die Beschränkung auf natürliche Personen ist allerdings nicht zwingend, denn die (derzeit noch in Kraft befindliche) Datenschutzrichtlinie 95/46/EG schreibt die Beschränkung des Schutzumfangs auf natürliche Personen nicht zwingend vor. Dementsprechend haben Datenschutzgesetze anderer Länder (z. B. Österreich) juristische Personen in ihren Schutzbereich mit einbezogen.[85]

4.4.9 Einführung eines Leistungsschutzrechts an Daten?

Wie oben dargestellt, können sich Rechte an Daten im Einzelfall aus dem Urheberrecht bzw. aus verwandten Schutzrechten ergeben. Ein „Recht" an Daten im Sinne einer absoluten Rechtsposition existiert jedoch nicht. Damit stellt sich die Frage, ob die Einführung eines Leistungsschutzrechts an Daten sinnvoll ist. Dies wird entscheidend von ökonomischen Faktoren abhängen, u. a. nämlich von den Fragen, ob durch ein solches Recht an Daten datengetriebene Geschäftsmodelle eher gefördert oder aber verhindert würden oder durch ein solches Recht Rechtssicherheit und Ordnung in den Markt gebracht würde. Diese Frage sollte nicht voreilig bejaht werden. Zum einen müsste darauf geachtet werden, dass ein solches Recht nicht zu weitgehend ausgestaltet würde. Das Schutzsystem des geistigen Eigentums basiert traditionell auf einem Numerus clausus eng auszulegender geistiger Eigentumspositionen. Dies würde durchbrochen, wenn nunmehr ein eher

---

85 Bundesgesetz über den Schutz personenbezogener Daten (Datenschutzgesetz 2000 – DSG 2000).

weit auszulegender Schutzgegenstand etabliert würde. Zudem müssten die Begriffe Daten und Informationen klarer voneinander abgegrenzt werden.

Im Hinblick auf die Ausgestaltung eines solchen Leistungsschutzrechts sind ferner die Fragen zu beantworten, wem das „Recht an Daten" überhaupt zuzuordnen wäre und wie es sich von anderen Rechten des geistigen Eigentums, Sachrechten oder Datenschutzrechten abgrenzen sollte.

4.5 Datenschutz

Ein großer Teil der rechtswissenschaftlichen Diskussion um das Phänomen Big Data bezieht sich auf den Bereich des Schutzes personenbezogener Daten (vgl. Ohrtmann und Schwiering 2014, S. 2984 f. m. w. N.). Personenbezogene Daten entstehen insbesondere auch im sogenannten Web 2.0, wozu Soziale Netzwerke, Netzwerkforen und Video- sowie Fotoplattformen gehören (Neff 2015, S. 81). Auch durch das Internet der Dinge steigt die Zahl der Quellen von personenbezogenen Daten exponentiell an (Weichert 2013, S. 251). Bedingt eine Big-Data-Applikation die Verarbeitung personenbezogener Daten durch eine andere Person als die oder den Betroffenen selbst, müssen die anwendbaren Datenschutzregelungen eingehalten werden.

Schutzgut des deutschen Datenschutzrechts ist es u. a., die Grundrechte und die Demokratie vor Gefährdungen durch die automatisierte Datenverarbeitung zu schützen. Dem Grundrecht auf informationelle Selbstbestimmung kommt im Zusammenhang mit der Verarbeitung personenbezogener Daten erhebliche Bedeutung zu. Das benannte Grundrecht gibt der oder dem Betroffenen die Befugnis, grundsätzlich selbst über die Preisgabe und Verwendung seiner persönlichen Daten zu bestimmen. Dies sichert die Entscheidungsfreiheit des einzelnen Grundrechtsträgers über vorzunehmende oder zu unterlassende Handlungen einschließlich der Möglichkeit, sich auch entsprechend dieser Entscheidung zu verhalten, was für eine selbstbestimmte Entwicklung und Entfaltung unerlässlich ist (BVerfGE 65, 1, 43; Roßnagel 2013, S. 562 f.). Die informationelle Selbstbestimmung ist eine wichtige Voraussetzung für die Wahrnehmung aller Grundrechte und die Grundlage einer demokratischen Kommunikationsverfassung (Roßnagel 2013, S. 563).

Big-Data-Anwendungen können vielfältig eingesetzt werden, beispielsweise auch so, dass Einzelpersonen direkt betroffen sind, z. B. durch Techniken zur Erstellung von Profilen und zur Vorhersage des Verhaltens von Personen und Personengruppen durch die Verknüpfung von Daten aus unterschiedlichen Quellen (International Working Group on Data Protection in Telecommunications 2014,

S. 3). Insbesondere die Gefahr der Persönlichkeitsausforschung und das damit verbundene Diskriminierungspotenzial bzw. die unbeeinflusste Teilnahme am demokratischen Meinungsbildungsprozess werden den Innovationspotenzialen von Big Data entgegen gebracht (Raabe und Wagner 2016b, S. 435).

Eine der größeren Herausforderungen im Datenschutzbereich besteht darin, die rechtlich legitimen Interessen der verantwortlichen Stelle an der Durchführung von Big-Data-Anwendungen mit dem informationellen Selbstbestimmungsrecht der Betroffenen in Einklang zu bringen – und dies unter Heranziehung technisch veralteter Rechtsnormen (Ohrtmann und Schwiering 2014, S. 2984; Neff 2015, S. 82). Dies erfordert nicht nur die Erfassung der technischen Realitäten, sondern verlangt auch, frühzeitig bei der Konzeption und Entwicklung von Big-Data-Anwendungen datenschutzrechtliche Gesichtspunkte zu berücksichtigen (Ohrtmann und Schwiering 2014, S. 2984).

Es gibt auch Stimmen, die auf ein Versagen der klassischen Steuerungskriterien, wie ausreichende Transparenz, Zweckbindung und Erforderlichkeit zum Schutz der Betroffenen hinweisen, weil diese konträr zu den Prinzipien von Big Data stünden (Roßnagel 2013, S. 566; Roßnagel et al. 2016, S. 122 ff.). Zudem bestehe die Gefahr einer anonymen Vergemeinschaftung, denn statistische Ergebnisse werden für die Bewertung aller herangezogen, die zu einer Vergleichsgruppe gehören, unabhängig davon, ob sie ihre Daten zur Auswertung bereitgestellt haben oder nicht. Auch ohne die Verarbeitung personenbezogener Daten sei daher die Zielsetzung der informationellen Selbstbestimmung in Gefahr. Der gezielte Einsatz statistischer Ergebnisse auf Einzelpersonen könne als Konsequenz individuelle Beeinträchtigungen herbeiführen (Roßnagel 2013, S. 566). Das Regelungskonzept des Datenschutzrechts, das nur den Umgang mit personenbezogenen Daten regelt, wird für den Schutz von Persönlichkeitsrechten, der Willens- und Handlungsfreiheit nicht mehr als ausreichend angesehen (Roßnagel et al. 2016, S. 122 ff.).

4.5.1 Gesetzlicher Rahmen (Datenschutzrichtlinie, BDSG und landesrechtliche Datenschutzvorschriften, bereichsspezifische Gesetze, Datenschutzgrundverordnung)

Das deutsche Datenschutzrecht wurde durch europäische Regelungen, wie die Datenschutzrichtlinie oder die E-Privacy-Richtlinie, welche vom deutschen Gesetzgeber entsprechend der im GG festgelegten Gesetzgebungskompetenzen in bundesrechtlichen oder landesrechtlichen Vorschriften umgesetzt wurden, entschei-

4.5 Datenschutz

dend beeinflusst.[86] Das Bundesdatenschutzgesetz (BDSG) ist im nicht-öffentlichen Bereich von besonderer Bedeutung, da es datenschutzrechtliche Regelungen für das Verhältnis zwischen Privaten vorsieht. Das informationelle Selbstbestimmungsrecht ist, so wird argumentiert, in der heutigen Zeit nicht mehr primär durch den Staat, sondern insbesondere durch private Stellen gefährdet (Roßnagel et al. 2016, S. 42). Für die Big-Data-Analyse gibt es, wie unter Punkt 4.3.2 erläutert, eine Vielzahl von Einsatzmöglichkeiten und -szenarien, welche im Datenschutz neben übergreifenden Rechtsfragen stets auch „bereichsspezifische" Probleme aufwerfen. So sind bei der Nutzung und Verknüpfung von Standortdaten von Mobiltelefonen durch einen TK-Anbieter die speziellen telekommunikationsrechtlichen Datenschutzbestimmungen des TKG einschlägig, während bei der Auswertung von Social Media, etwa zu Werbezwecken oder zur Bonitätsprüfung, das TMG und das BDSG (§§ 28 ff. BDSG) im Vordergrund stehen. Wieder andere gesetzliche Voraussetzungen gelten für den Bereich intelligenter Stromzähler (§ 21 g EnWG) oder für den Bereich der Strafverfolgung und Gefahrenabwehr.

Ab dem 25 Mai 2018 tritt die im Frühjahr 2016 verabschiedete Datenschutzgrundverordnung (DSGVO)[87] in Kraft, welche die Datenschutzrichtlinie (DSRL)[88] und die entsprechenden nationalen Implementierungen ablöst. Eine Anpassung der Rechtslage war u. a. wegen der signifikant gestiegenen Erzeugung und Sammlung personenbezogener Daten und der neuen technischen Möglichkeiten der Datenverarbeitung nötig geworden (Erwägungsgründe 4-11 DSGVO). Die Datenschutzgrundverordnung stellt sich als ein Hybrid von alt und neu dar (Mayer-Schönberger und Padova 2016, S. 324). Sie ist unmittelbar in der gesamten EU anwendbar. In einigen Teilbereichen sieht sie aber nationale Implementierungen datenschutzrechtlicher Regelungen vor (Mayer-Schönberger und Padova 2016, S. 325). Sie enthält neue Rechte, wie das Recht auf Datenportabilität und das „Recht auf Vergessenwerden", sie führt aber auch alte Konzepte, wie die datenschutzrechtlichen Prinzipien des

---

86 Für einen Überblick zur Entwicklung des deutschen, europäischen und internationalen Datenschutzrechts siehe Gola et al. 2015, Einleitung Rn. 1-29; Taeger 2014, S. 1-31, für einen Überblick zur neuen DSGVO siehe Albrecht 2016, S. 88 ff. und Die Bundesbeauftragte für den Datenschutz und die Informationsfreiheit 2016a.

87 Verordnung (EU) 2016/679 des Europäischen Parlaments und des Rates vom 27. April 2016 zum Schutz natürlicher Personen bei der Verarbeitung personenbezogener Daten, zum freien Datenverkehr und zur Aufhebung der Richtlinie 95/46/EG (Datenschutzgrundverordnung).

88 Richtlinie 95/46/EG des Europäischen Parlaments und des Rates vom 24. Oktober 1995 zum Schutz natürlicher Personen bei der Verarbeitung personenbezogener Daten und zum freien Datenverkehr.

Zweckbindungsgrundsatzes oder des Verbots mit Erlaubnisvorbehalt weiter, wenn auch mit Modifikationen.[89]

4.5.2 Sachlich-persönlicher Anwendungsbereich

Das Datenschutzrecht kommt immer dann zur Anwendung, wenn personenbezogene Daten verarbeitet werden (Eßer 2014, § 3 Rn. 5). Gemäß § 3 Abs. 1 BDSG sind personenbezogene Daten Einzelangaben über persönliche oder sachliche Verhältnisse einer bestimmten oder bestimmbaren natürlichen Person. Daten, die keinen Personenbezug aufweisen, fallen aus dem Anwendungsbereich der datenschutzrechtlichen Regelungen heraus.[90] Den Personenbezug zu bestimmen, ist problematisch, da einerseits die rechtliche Interpretation der Tatbestandsmerkmale, insbesondere jenes der Bestimmbarkeit, umstritten ist und andererseits die technische Entwicklung so rasant vorangeht, dass es faktisch schwierig ist, zu bestimmen, ob ein Personenbezug eines Datums gegeben ist oder nicht.

Absoluter oder relativer Personenbezug

In der deutschen Rechtsliteratur gibt es einen langen Streit zwischen Vertreterinnen und Vertretern der sogenannten objektiven Theorie und solchen, die einen relativen Standpunkt in der Frage des Personenbezugs vertreten. Während die Vertreterinnen und Vertreter der objektiven Theorie (u. a. Weichert 2014a, § 3 Rn. 13; Buchner 2013, § 3 Rn. 13) ein Datum dann als personenbezogen ansehen, wenn irgendjemandem mit verhältnismäßigen Mitteln die Zuordnung des Datums zu einer bestimmten Person möglich ist, setzen Vertreterinnen und Vertreter der Gegenansicht (u. a. Eßer 2014, § 3 Rn. 19 m. w. N.; Schmitz P 2014, Teil 16.2 Rn. 111 f.; Schefzig 2014, S. 775 f.; Gola et al. 2015, § 3 Rn. 10) nur bei der verantwortlichen Stelle und deren Möglichkeiten, den Personenbezug mit verhältnismäßigen Mitteln wiederherzustellen, an. Der EuGH hat sich in der Sache Patrick Breyer gegen die Bundesrepublik Deutschland dafür ausgesprochen, dass das Wissen Dritter, welches eine Verknüpfung zu der oder dem Betroffenen ermöglicht, zu berücksichtigen ist, jedoch nur soweit die Stelle mit verhältnismäßigen und legalen Mitteln auf dieses Wissen zugreifen kann. Das ist nicht gegeben, wenn der Zugang zu diesem Wissen einen unverhältnismäßig hohen personellen und wirtschaftlichen Aufwand erfor-

---

89 Die Bundesbeauftragte für den Datenschutz und die Informationsfreiheit 2016a gibt einen Überblick über die DSGVO.
90 Entsprechende Regelungen finden sich in den Landesdatenschutzgesetzen, z. B. § 3 Abs. 1 NDSG.

dern würde oder wenn er praktisch nicht durchführbar oder gesetzlich verboten wäre (EuGH-Urteil vom 19.10.2016, Az. – C 582/14).

Was sieht die Datenschutzgrundverordnung vor?
Der Gesetzestext der Datenschutzgrundverordnung lässt Interpretationsspielraum für beide Standpunkte zu (so auch Schreiber 2016, Art. 4 Rn. 7-11; Köhler und Fetzer 2016, S. 339; TMF 2016, S. 3 f.). Die Definition des personenbezogenen Datums wurde im Grundsatz so, wie sie in der Richtlinie verwendet worden ist, beibehalten. Wann eine Person als identifizierbar gilt, ist wiederum lediglich in den Erwägungsgründen ausführlicher erläutert worden. Dort heißt es u. a., dass für die Bewertung der Bestimmbarkeit *„alle Mittel berücksichtigt werden [sollen], die von dem Verantwortlichen oder einer anderen Person nach allgemeinem Ermessen wahrscheinlich genutzt werden, um die natürliche Person direkt oder indirekt zu identifizieren[ ]"* (Erwägungsgrund 26 DSGVO). Es bleibt abzuwarten, ob die Entscheidung des EuGH auch auf die durch die Datenschutzgrundverordnung begründete Rechtslage übertragen werden wird.

Einfluss von Big Data auf die Frage des Personenbezugs von Daten?
Kennzeichnend für Big Data ist die Verknüpfung verschiedener Datenquellen, wobei theoretisch fortlaufend weitere Datenquellen einbezogen werden können (Schefzig 2014, S. 775). Insbesondere ist die große Menge an öffentlich verfügbaren Datensätzen zu berücksichtigen. Die möglichen Kombinationen von Merkmalen aus verschiedenen Quellen müssen in die Risikobewertung für eine mögliche Reidentifizierung miteinfließen und dies gilt für jede vorhandene Information und für sämtliche Kombinationen (Schefzig 2014, S. 775). Ein neu hinzugezogenes Datum kann unzählige neue Vernetzungen ermöglichen (Boehme-Neßler 2016, S. 422). So können auch durch die Verkettung von Informationen zunächst isolierte Sachdaten Rückschlüsse auf eine bestimmte Person zulassen (Werkmeister und Brandt 2016, S. 234). Generell gilt: der Fortschritt bei Big-Data-Technologien ist rasant (vgl. Boehme-Neßler 2016, S. 422). Schnell zunehmende Rechenkapazitäten und immer bessere Analytic-Tools machen eine Deanonymisierung immer einfacher (Boehme-Neßler 2016, S. 422). Mit zunehmender Menge, Heterogenität, Komplexität und Dynamik von Datenbeständen verlieren Anonymisierungskonzepte an Wirksamkeit (Marnau 2016, S. 429). Die Möglichkeit von dauerhaften Anonymisierungen wird ernsthaft in Frage gestellt (Sarunski 2016, S. 427; Boehme-Neßler 2016, S. 422; Bretthauer 2016, S. 271). Die verantwortlichen Stellen müssen regelmäßig überprüfen, ob die durchgeführte Anonymisierung dem Stand der Technik entspricht und ob neue Reidentifizierungsrisiken vorliegen (Marnau 2016, S. 428; Schefzig 2014, S. 775 f.;

Katko und Babaei-Beigi 2014, S. 361). Welchen Standpunkt man in der Frage des Personenbezugs vertritt, scheint dabei nicht mehr allzu ausschlaggebend zu sein. Es zeichnet sich ab, dass es für die verantwortliche Stelle immer schwieriger werden wird zu bestimmen, ob sie im Rahmen von Big-Data-Analysen personenbezogene Daten verarbeitet oder nicht.

4.5.3 Vereinbarkeit von Big Data mit datenschutzrechtlichen Prinzipien

Verbot mit Erlaubnisvorbehalt

Gemeinsam ist allen Big-Data-Szenarien, bei denen personenbezogene Daten verarbeitet werden, dass sie nur dann rechtmäßig sind, wenn diese Verarbeitung durch einen gesetzlichen Erlaubnistatbestand oder die Einwilligung der oder des Betroffenen legitimiert werden (Verbot mit Erlaubnisvorbehalt) (Weichert 2013, S. 255). Dies gilt für die Erhebung, Speicherung und Nutzung von personenbezogenen Daten. Das Verbot mit Erlaubnisvorbehalt wird zunehmend und insbesondere in Big-Data-Szenarien als untauglich und als Hemmnis für die moderne Datenverarbeitung kritisiert.[91]

Für die Verarbeitung von personenbezogenen Daten im Rahmen von Big-Data-Analysen kommen je nach Sachverhalt unterschiedliche Erlaubnistatbestände in Betracht. Die gesetzlichen Erlaubnisgründe der §§ 28 ff. BDSG lassen sich insbesondere bei der Analyse von Kundinnen- und Kundendaten, etwa zur Marktbeobachtung oder um Bestandskundinnen und -kunden über neue Angebote zu informieren, und bei Social Media-Analysen diskutieren (Neff 2015, S. 82).

Big-Data-Analysen betreffen oftmals Daten von Social Media-Seiten oder andere im Internet zugängliche personenbezogene Daten. Der Tatbestand des § 28 Abs. 1 Nr. 3 bzw. Abs. 2 Nr. 1 BDSG erlaubt die Verarbeitung, wenn die Daten allgemein zugänglich sind, es sei denn, dass das schutzwürdige Interesse der oder des Betroffenen an dem Ausschluss der Verarbeitung oder Nutzung gegenüber dem berechtigten Interesse der verantwortlichen Stelle offensichtlich überwiegt. Im Internet über Suchmaschinen frei abzurufende Informationen, auch wenn zunächst ein Entgelt zu entrichten bzw. eine für jedermann durchführbare Anmeldung vorzunehmen ist,

---

91 Bitter et al. 2014, S. 66 m. w. N.: „Sicherlich ursprünglich ungeplant sitzt das Datenschutzrecht in einer Verrechtlichungsfalle, die es sich selbst gestellt hat. Denn durch das Verbotsprinzip (§ 4 Abs. 1 BDSG) und die grundrechtshohe Aufhängung der informationellen Selbstbestimmung bedarf jede noch so triviale personenbezogene Datenverarbeitung eines Erlaubnistatbestands."; Von Lewinski 2014, S. 14 m. w. N.

sind als allgemein zugängliche Quellen zu betrachten (Neff 2015, S. 85). Allerdings wird im Hinblick auf personenbezogene Daten in sogenannten öffentlichen Profilen sozialer Netzwerke oder in online öffentlich geführten Registern vertreten, dass die privilegierende Wirkung des § 28 Abs. 1 Satz 1 Nr. 3 BDSG dann nicht zur Geltung kommen kann, wenn – so z. B. bei bestimmten sozialen Netzwerken – für einen Zugriff auf die personenbezogenen Daten der anderen Nutzerinnen oder Nutzer eine Anmeldung erforderlich ist und bei der Anmeldung den AGB des Betreibers zugestimmt werden muss, die eine kommerzielle Verwertung der Daten bzw. eine Erhebung mittels Crawler oder anderer automatisierter Mechanismen ausschließen (Neff 2015, S. 85 f.). Der Privilegierungstatbestand des § 28 Abs. 1 Satz 1 Nr. 3 BDSG erlaubt zudem keine undifferenzierte Übernahme des Gesamtdatenbestandes, sondern es muss eine erkennbare und eingrenzbare Verwendungsabsicht vorliegen (Simitis 2014, § 28 Rn. 161). Die Privilegierung des § 28 Abs. 1 Satz 1 Nr. 3 BDSG gilt zudem nur für die Daten in ihrem „Urzustand", d. h. werden die Daten mit anderen Daten zu einer neuen Information verknüpft, ist die Regelung des § 28 Abs. 1 Satz 1 Nr. 3 BDSG nicht anwendbar (Gola et al. 2015, § 28 Rn. 31). Für besondere Arten von personenbezogenen Daten sieht § 28 Abs. 6 BDSG engere Grenzen vor, denn die Daten müssen hiernach von der oder dem Betroffenen offenkundig öffentlich gemacht werden (Simitis 2014, § 28 Rn. 303).

Für personenbezogene Daten, für deren Verarbeitung eine gesetzliche Ermächtigungsgrundlage nicht besteht, bieten sich nach geltendem Recht zwei Möglichkeiten. Zum einen könnten die personenbezogenen Daten – etwa durch Löschung aller identifizierenden Merkmale – anonymisiert werden, was sie dem Anwendungsbereich des Datenschutzrechts entzieht oder man holt die informierte Einwilligung der oder des Betroffenen ein.

Die Datenschutzgrundverordnung behält das Prinzip des Erlaubnisvorbehalts grundsätzlich bei (Art. 6 und Art. 9). Bei einer legitimen Zweckänderung nach Art. 6 Abs. 4 bzw. Art. 5 Abs. 1 lit. b DSGVO ist eine Rechtsgrundlage für die Weiterverarbeitung neben der Rechtsgrundlage, welche die Erhebung der Daten erlaubte, nicht erforderlich (Erwägungsgrund 50 DSGVO; Härting 2016, S. 124).[92]

Prinzip der Zweckbegrenzung und Zweckbindung

Dem deutschen Datenschutzrecht liegen verschiedene weitere datenschutzrechtliche Prinzipien zu Grunde. Ein sehr prominentes Beispiel ist das Prinzip der Zweckbegrenzung und Zweckbindung. Das Prinzip wird ausdrücklich in Art. 6 Abs. 1 lit. b DSRL aufgeführt und spiegelt sich in verschiedenen Datenschutzregelungen, z. B. § 14 oder § 28 BDSG wieder (Schmitz 2014, Teil 16.1 Rn. 79). Danach sind perso-

---

92 Siehe auch Punkt 4.5.8. mit näheren Erläutcrungen.

nenbezogene Daten grundsätzlich nur für den Zweck zu verwenden, für den sie erhoben wurden. Eine Verarbeitung zu anderen Zwecken als den bei der Erhebung angegebenen ist nur dann zulässig, wenn der neue Zweck nicht als unvereinbar mit dem originären Zweck anzusehen ist (vgl. Art.-29-Datenschutzgruppe, S. 12). Das Prinzip soll der oder dem Betroffenen ermöglichen, die Preisgabe seiner personenbezogenen Daten zu steuern (Roßnagel 2013, S. 564).

Das Zweckbindungsprinzip erschwert Big-Data-Anwendungen, da zunächst bei der Sammlung von Daten der Zweck für die Verarbeitung angegeben werden muss (Schmitz 2014, Teil 16.1 Rn. 81). Eine Ansammlung und Speicherung von Daten, die zu einem erst in der Zukunft zu bestimmenden Zweck verarbeitet werden sollen, ist grundsätzlich untersagt (Werkmeister und Brandt 2016, S. 237). Dies steht Big-Data-Szenarien diametral entgegen, bei denen personenbezogene Daten für unbestimmte Zwecke auf Vorrat gehalten werden sollen, um sie immer wieder frei kombinieren zu können (Roßnagel et al. 2016, S. 122 f.). Allgemein gehaltene und vage Definitionen des Verarbeitungszwecks genügen ebenfalls nicht den gesetzlichen Anforderungen (Schmitz 2014, Teil 16.1 Rn. 81; Dammann 2014, § 14 Rn. 48; Bretthauer 2016, S. 271; OLG Frankfurt/M, MMR 2016, S. 245-249; LG Berlin, MMR 2014, S. 563-567; OLG Celle, NJW 1980, S. 347-349). Die Art.-29-Datenschutzgruppe hat Zweckfestsetzungen wie „Verbesserung der Nutzererfahrung", „Marketingzwecke", „IT-Sicherheitsangelegenheiten" und „zukünftige Forschung" als nicht hinreichend spezifisch und damit für ungültig erklärt (Art.-29-Datenschutzgruppe 2013, S. 16). Deutsche Gerichte sind ebenfalls kritisch im Hinblick auf weitgefasste Zweckfestsetzungen (OLG Frankfurt/M, MMR 2016, S. 245-249; LG Berlin, MMR 2014, S. 563-567; OLG Celle, NJW 1980, S. 347-349). Sogenannte explorative Analysen, bei denen sich die zu stellenden Fragen erst aus dem Analyseergebnis ergeben, sind mit dem Prinzip der Zweckbegrenzung nicht vereinbar und daher nur mit anonymisierten bzw. von vornherein nicht-personenbezogenen Daten vorzunehmen (Raabe und Wagner 2016b, 437 f.).

Das Zweckbindungsprinzip schränkt damit den Handlungsspielraum der verantwortlichen Stellen nicht unerheblich ein, jedoch ist eine nachträgliche Zweckänderung nicht per se ausgeschlossen, sondern an bestimmte gesetzliche Voraussetzungen (z. B. § 14 Abs. 2, 4 und 5 bzw. § 28 Abs. 2, 3 und 8 BDSG) gebunden. Dies soll der verantwortlichen Stelle eine Weiterverwendung der Daten unter angemessener Berücksichtigung der Interessen der oder des Betroffenen ermöglichen (Vgl. Artikel-29-Datenschutzgruppe 2013, S. 3). Die Art.-29-Datenschutzgruppe hatte in ihrer Stellungnahme 03/2013 zum Grundsatz der Zweckbindung Kriterien dargelegt, welche eine weite Anwendung in der Rechtspraxis der Mitgliedstaaten der EU erfahren haben, die bei einem Test zur Beurteilung der Kompatibilität des originären und des neuen Zwecks (Kompatibilitätstest) zu berücksichtigen

4.5 Datenschutz

sind (Art.-29-Datenschutzgruppe 2013, S. 23 ff.). Dieser Kriterienkatalog ist in Art. 6 Abs. 4 DSGVO im Wesentlichen übernommen worden. Schlüsselfaktoren für Big-Data-Anwendungen können hier die Sicherungsmittel sein, welche die verantwortliche Stelle vorsieht, um eine faire Verarbeitung zu garantieren und unangemessene Folgen für die oder den Betroffenen auszuschließen (Raabe und Wagner 2016b, S. 438; Marnau 2016, S. 432). Im Kompatibilitätstest wird man besonders zu berücksichtigen haben, dass bei Big-Data-Anwendungen durch die Kombination von Daten aus verschiedenen Kontexten neue Zusammenhänge sichtbar werden können (Raabe und Wagner 2016b, S. 435 f.). Die Art.-29-Datenschutzgruppe hat allgemein erkennen lassen, dass im Big-Data-Kontext eine Zweckänderung, solange die Daten ausreichend gesichert werden und lediglich zu statistischen Auswertungen genutzt werden, weniger problematisch ist, als wenn durch die Big-Data-Anwendungen neue Informationen über die Betroffenen gefunden werden sollen bzw. die Anwendungen dazu führen, dass die oder der Betroffene konkret berührt wird, z. B. weil das Analyseergebnis ihrer oder seiner Daten für eine Entscheidung gegen sie oder ihn benutzt wird (Art.-29-Datenschutzgruppe 2013, S. 46).

Grundsatz der Erheblichkeit und Grundsatz der Datensparsamkeit

Neben dem Prinzip der Zweckbindung ist insbesondere der Grundsatz der Erforderlichkeit und Datensparsamkeit zu beachten. Das Prinzip der Erforderlichkeit beschränkt die Datenverarbeitung inhaltlich, modal und zeitlich auf das für den zulässigen Zweck Erforderliche (Roßnagel 2013, S. 564). Das Prinzip der Erforderlichkeit ist mit dem Zweckbindungsgrundsatz eng verbunden. Wird kein Zweck festgelegt oder fällt die Festlegung zu allgemein aus, ist eine Erforderlichkeitsprüfung unmöglich gemacht bzw. erheblich erschwert (Weichert 2013, S. 256; Bretthauer 2016, S. 272).

Nach dem Grundsatz der Datenvermeidung und Datensparsamkeit gem. § 3a BDSG sind die Erhebung, Verarbeitung und Nutzung personenbezogener Daten und die Auswahl und Gestaltung von Datenverarbeitungssystemen an dem Ziel auszurichten, so wenig personenbezogene Daten wie möglich zu erheben, zu verarbeiten oder zu nutzen. Insbesondere sind personenbezogene Daten zu anonymisieren oder zu pseudonymisieren, soweit dies nach dem Verwendungszweck möglich ist und keinen im Verhältnis zu dem angestrebten Schutzzweck unverhältnismäßigen Aufwand erfordert. Der Grundsatz der Datensparsamkeit erfordert den größtmöglichen Verzicht auf die Verwendung personenbezogener Daten. Datenschutzrechtliche Risiken lassen sich durch eine frühzeitige Anonymisierung bzw. durch andere Deidentifizierungsmaßnahmen, welche den Personenbezug soweit wie möglich reduzieren, einschränken. Oft wird angeführt, dass die Big-Data-Entwicklung – ist doch die möglichst schnelle und effiziente

Verknüpfung möglichst vieler Daten, um daraus möglichst präzise Aussagen zu gewinnen, ein spezielles Charakteristikum von Big Data – diesem Grundsatz zuwider läuft (Ohrtmann und Schwiering 2014, S. 2987; Weichert 2013, S. 256). Hier wird man ergänzen müssen, dass Datensparsamkeit bedeutet, weitest möglich auf den Personenbezug von Daten zu verzichten, nicht aber die Begrenzung jeglicher Datenverarbeitung bzw. das Datenaufkommen insgesamt zu minimieren (Dix 2016, S. 60; Schaar 2016, S. 14). Bisher galt der Grundsatz der Datensparsamkeit lediglich als Programmsatz, dessen Nichtbefolgung keine Rechtswidrigkeit der dennoch stattgefundenen Datenverarbeitungsvorgänge zur Folge hat, sofern die Verarbeitung dem Erforderlichkeitsgrundsatz genügt (Schoof et al. 2014, S. 148).[93] Nach der Datenschutzgrundverordnung ist er jedoch zwingendes Recht und durch Technik und datenschutzfreundliche Voreinstellungen sicherzustellen (Art. 5 Abs. 1 lit. c i. V. m. Art. 25 DSGVO).[94]

Sachliche Richtigkeit, Datenaktualität
Zulässig ist nur die Erhebung, Verwendung oder Nutzung richtiger und vollständiger personenbezogener Daten. Die Richtigkeit und Vollständigkeit bemisst sich an dem Zweck der Verarbeitung.[95] Ergibt sich, dass ein gespeichertes personenbezogenes Datum unrichtig bzw. unvollständig ist, ist die verantwortliche Stelle zur Korrektur bzw. Ergänzung verpflichtet. Eigene Kenntnis von der Unrichtigkeit verbietet die Verarbeitung der Daten; Zweifel verpflichten zur Richtigkeitskontrolle (Simitis 2014, § 28 Rn. 33). Die verantwortliche Stelle muss ihren Bestand laufend überprüfen, um unzulässige Verwendungen durch gezielte Korrekturen zu vermeiden (Simitis 2014, § 28 Rn. 34). Dies soll ausschließen, dass der oder dem Betroffenen durch die Verarbeitung unrichtiger Daten Nachteile entstehen (Mallmann 2014, § 20 Rn. 14). Der Grundsatz der Datenrichtigkeit wurde bisher im deutschen Datenschutzrecht zum größten Teil über Berichtigungs- und Löschungsansprüche von Betroffenen umgesetzt (§ 35 BDSG) (Schmidt 2016). Die Datenschutzgrundverordnung sieht in Art. 5 Abs. 1 lit. d eine gesonderte Regelung vor.

---

93   Gola et al. 2015, § 3a Rn. 2 (mit Nachweisen zu Vertretern, die in § 3a BDSG eine in einem „Korridor" zu realisierende Rechtspflicht sehen).
94   Siehe Punkt 4.5.7 zu näheren Ausführungen bezüglich Art. 25 DSGVO.
95   Art. 5 Abs. 1 lit. d DSRL. Der § 20 Abs. 1 BDSG und § 35 BDSG, welche Berichtigungspflichten enthalten, werden in der deutschen Kommentarliteratur dahingehend ausgelegt, dass Daten unrichtig sind, wenn sie mit der Realität nicht übereinstimmen. Es kommt nicht darauf an, dass die Unrichtigkeit geringfügig ist (Mallmann 2014, § 20 Rn. 10 ff; Dix 2014, § 35 Rn. 7 und 9 ff; Gola et al. 2015, § 20 Rn. 2 ff; § 35 Rn. 3 ff.).

Aufbewahrungsdauer, Löschungspflichten

Gesetzlich normierte Aufbewahrungspflichten, welche ein Unternehmen verpflichten können, Daten vorzuhalten, sind vielfältig und auch im Kontext von Big-Data-Anwendungen zu berücksichtigen. Werden personenbezogene Daten verarbeitet, ergeben sich aus datenschutzrechtlicher Sicht Aufbewahrungspflichten mit Bezug auf das Auskunftsrecht der oder des Betroffenen (§ 34 BDSG). Nach dem EuGH sind die Mitgliedstaaten verpflichtet, eine Frist für die Aufbewahrung der Daten, die einen gerechten Ausgleich zwischen dem Interesse der betroffenen Person am Schutz ihres Privatlebens, insbesondere mit Hilfe der in der Datenschutzrichtlinie vorgesehenen Rechte und Rechtsbehelfe und der Belastung, die die Pflicht zur Aufbewahrung für den für die Verarbeitung Verantwortlichen herstellt, zu setzen (EuGH EuZW 2009, S. 546). Neben Aufbewahrungspflichten hat die verantwortliche Stelle im Rahmen von Big-Data-Anwendungen auch Löschungspflichten einzuhalten. Es gilt grundsätzlich, dass die personenbezogenen Daten zu löschen sind, wenn ihre Speicherung unzulässig oder die Kenntnis der Daten für die Erfüllung des Zwecks der Speicherung nicht mehr erforderlich ist (§ 20 Abs. 3, § 35 Abs. 2 BDSG). Neben den Bestimmungen des BDSG gibt es zahlreiche Spezialregelungen, die je nach Sachverhalt zu berücksichtigen sind.[96]

4.5.4 Einwilligung

Neben den gesetzlich vorgesehenen Erlaubnisnormen kommt als weiterer Rechtsgrund für die Verarbeitung personenbezogener Daten in Big-Data-Anwendungen die Einwilligung der oder des Betroffenen in die Datenverarbeitung, z. B. gem. § 4a Abs. 1 BDSG, in Betracht. Oft stammen die Daten aber aus Datenbanken, die ursprünglich für einen anderen Zweck angelegt wurden. In solchen Fällen erfassen die eventuell vorhandenen Einwilligungserklärungen der Betroffenen die neu geplanten Big-Data-Analysen nicht. Ein nachträgliches Einholen der Einwilligung ist aus Praktikabilitätsgründen oft keine Alternative für die verantwortliche Stelle (Katko und Babaei-Beigi 2014, S. 363).

Für den Fall, dass Unternehmen bei der Erhebung der Daten spätere Big-Data-Analysen, die im Detail noch nicht absehbar sind, von der Einwilligung abdecken lassen wollen, stellt sich dies als besondere Herausforderung dar, denn nach dem Grundsatz der informierten Einwilligung müssen bei der Gestaltung der Einwilligung zur Verarbeitung der personenbezogenen Daten in -Big-Data-Analysen die

---

96 Bitter et al. 2014, S. 111 f. mit weiteren Beispielen für Spezialregelungen zur Löschung von Daten.

mit der Datenverarbeitung verfolgten Zwecke verständlich und so umfassend wie möglich dargestellt werden (Ohrtmann und Schwiering 2014, S. 2989; Raabe und Wagner 2016b, S. 435). Datenschutzrechtliche Einwilligungen, die im Rahmen von AGB erteilt wurden, unterliegen der AGB-Kontrolle der §§ 307 ff. BGB (Katko und Babaei-Beigi 2014, S. 363). Hier kommt wiederum dem Bestimmtheitserfordernis entscheidende Bedeutung zu (Ohrtmann und Schwiering 2014, S. 2988). Das LG Berlin hatte entsprechende Klauseln zur Einwilligung wegen Verstoßes gegen § 307 Abs. 1 i. V. m. Abs. 2 Nr. 1 BGB u. a. für unwirksam erklärt, weil der Umfang der Einwilligung der Verbraucherin oder dem Verbraucher nicht hinreichend vor Augen geführt wurde (LG Berlin, NJW 2013, S. 2606 f.). Zudem kann das Einholen massenhafter Einwilligungen auch hier ein logistisches Problem darstellen (Weichert 2013, S. 255).

Die Einwilligung muss zudem freiwillig erteilt werden. Dies ist in der Regel problematisch beim Vorliegen von wirtschaftlich ungleichen Machtpositionen, übermäßigen Anreizen oder beim Fehlen echter Wahlfreiheit (Kramer 2014, § 4a Rn. 3). In begrenztem Rahmen hat der Gesetzgeber die Unfreiheit der Entscheidung mit Erlass von § 28 Abs. 3 lit. b BDSG, § 95 Abs. 5 TKG und § 13 Abs. 3 TMG anerkannt. Aus diesen Spezialregelungen ergibt sich nach einer Ansicht, dass ein allgemeines Kopplungsverbot nicht bestehe (Gola et al. 2015, § 4a Rn. 21; Ohrtmann und Schwiering 2014, S. 2988).[97] Nach anderer Ansicht wird die Kopplung von Kauf- und Dienstverträgen mit der datenschutzrechtlichen Einwilligung (dennoch) kritisch eingeschätzt bzw. die Freiwilligkeit der Einwilligung verneint.[98] In jedem Fall müssen Einwilligungsklauseln, bei denen die Betroffenen quasi gezwungen sind, die Einwilligungserklärung vorformuliert zu akzeptieren dem Verhältnismäßigkeitsprinzip genügen (Ohrtmann und Schwiering 2014, S. 2988; BVerfG, MMR 2007, 93; Kramer 2014, § 4a Rn. 8 ff.). Die Datenschutzgrundverordnung sieht kein ausdrückliches Kopplungsverbot vor. Jedoch ist nach Art. 7 Abs. 4 DSGVO bei der Beurteilung, ob die Einwilligung freiwillig erteilt wurde, dem Umstand Rechnung zu tragen, ob u. a. die Erfüllung eines Vertrags, einschließlich der Erbringung einer Dienstleistung, von der Einwilligung zu einer Verarbeitung von personenbezogenen Daten abhängig ist, die für die Erfüllung des Vertrags nicht erforderlich ist (Dammann 2016, S. 311 f.).

---

[97] a. A. Simitis 2014, § 4a Rn. 63.

[98] Simitis 2014, § 4a Rn. 63; Weichert (2013), S. 256, ist der Ansicht, dass in solchen Fällen regelmäßig die Einwilligung nicht freiwillig erteilt wird. Auch der Europäische Datenschutzbeauftragte (2015) sieht die für Juristen geschriebenen Datenschutzbestimmungen und die nicht vorhandene Wahlfreiheit auf Seiten der Betroffenen kritisch (S. 11). Ebenso bemängeln Gola et al. 2015, § 4a Rn. 21, dass die Freiwilligkeit vielfach in den Hintergrund tritt.

4.5 Datenschutz

Je nach Sachverhalt können zusätzliche Regelungen des TMG, TKG oder UWG Anwendung finden (Katko und Babaei-Beigi 2014, S. 363). Zusätzlich ergibt sich das Problem der Einwilligungsfähigkeit Minderjähriger[99] und sonstiger in ihrer Geschäftsfähigkeit beschränkter Personen, weil diese die Reichweite ihrer Einwilligung (noch) nicht abschätzen können. Zur Lösung wird in der Literatur z. B. vorgeschlagen, die Einwilligung von Minderjährigen gesetzgeberseitig mit einem Verfallsdatum zu versehen (Bitter et al. 2014, S. 75 m. w. N.). Die Datenschutzgrundverordnung sieht in Art. 8 Regelungen zur Wirksamkeit von Einwilligungserklärungen von Minderjährigen vor.

4.5.5 Scoring und das Verbot der automatisierten Einzelentscheidung

Die Big-Data-Entwicklung hat erheblich den Umfang und Anwendungsbereich von Scoring-Verfahren beeinflusst. Der Begriff Scoring beschreibt ein mathematisch-statistisches Verfahren, mit dem die Wahrscheinlichkeit, mit der eine bestimmte Person ein bestimmtes Verhalten zeigen wird, berechnet werden kann (Deutscher Bundestag 2008, S. 9). Scoring wird insbesondere zum Zweck der Bonitätsprüfung im Rahmen von Kreditvergaben eingesetzt. Scoring ist ebenfalls in der Versicherungsbranche[100] sowie zur Bewertung von Arbeitnehmerinnen und Arbeitnehmern oder zur Schaltung von Werbeanzeigen relevant (Weichert 2014b, S. 168). Generell werden die einfließenden Scoring-Faktoren systematisch erhoben und anschließend wird mit statistischen Methoden ein Score-Wert errechnet (Eschholz und Djabbarpour 2015, S. 1). Informationen, die aus entsprechenden Scoring-Verfahren gewonnen werden, können für Entscheidungsprozesse bei verantwortlichen Stellen gegenüber ihren Kundinnen und Kunden ausschlaggebend sein, z. B. im Bereich der Kreditvergabe (Schefzig 2014, S. 775). Waren zunächst hauptsächlich Daten von Auskunfteien Basis für die Berechnung statistischer Grundlagen und der individuellen Scores, werden heute zusätzlich z. B. Kundinnen- und Kundendatenbanken, soziodemografische Daten sowie Bestands-, Nutzungs- und Inhaltsdaten aus dem Internet bzw. beim Einsatz von Telemedien als Datenquellen für das Scoring herangezogen (Weichert 2014b, S. 168).

---

99 Ausführlich zu diesem Problem Kramer 2014, § 4a Rn. 15 ff.
100 Die verhaltensunabhängige Einstufung in Tarife von Versicherungen ist nicht vom Anwendungsbereich des § 28b BDSG erfasst (Ehmann 2014, § 28b Rn. 41; Deutscher Bundestag, S. 16).

Rein statistische Erkenntnisse sind nicht als personenbezogene Daten einzuordnen, wenn die Wahrscheinlichkeiten auf Grundlage anonymer Daten berechnet wurden oder, für den Fall, dass diese auf der Grundlage von personenbezogenen Daten errechnet wurden, wenn sie mit den jeweiligen Personen nicht mehr verbunden sind und diese Verbindung auch nicht wiederherzustellen ist (Schefzig 2014, S. 775). Sobald jedoch statistische Erkenntnisse auf bestimmte Personen bezogen werden, handelt es sich um ein personenbezogenes Datum und die einschlägigen Normen des BDSG sind zu berücksichtigen (Eßer 2014, § 3 Rn. 32 m. w. N.).[101] Das BDSG enthält Sonderregelungen für das Scoring in § 28b BDSG und § 34 Abs. 2 und 4 BDSG.

Das Scoring zum Zweck der Entscheidung über die Begründung, Durchführung oder Beendigung eines Vertragsverhältnisses mit der oder dem Betroffenen wird in § 28 b BDSG geregelt. Der § 28b BDSG selbst stellt jedoch keinen Rechtsgrund für die Datenverarbeitung dar, sondern setzt nur die Modalitäten fest, z. B. bedarf es eines wissenschaftlich anerkannten mathematisch-statistischen Verfahrens und die Daten müssen nachweisbar für die Berechnung des Scoring-Werts erheblich sein (Ehmann 2014, § 28 b Rn. 1). Der oder dem Betroffenen stehen Auskunftsansprüche[102] hinsichtlich der gespeicherten Wahrscheinlichkeitswerte und der zur Berechnung der Wahrscheinlichkeitswerte genutzten Datenarten zu. Die oder der Betroffene ist auf Nachfrage auch bezüglich des Zustandekommens und der Bedeutung der Wahrscheinlichkeitswerte einzelfallbezogen und nachvollziehbar in allgemein verständlicher Form zu informieren. Ein Recht auf Erfahrung der abstrakten Elemente der Score-Card, wie Vergleichsgruppen und Gewichtungen, besteht nicht. Diese sind – wie die Score-Formel selbst – als Geschäftsgeheimnis geschützt (BGH, Urteil v. 28.01.2014 – Az. VI ZR 156/13). Diese Beschränkung wird erheblich kritisiert, da somit eine Überprüfung der Sachgerechtigkeit und Diskriminierungsfreiheit von Algorithmen nicht möglich sei (Martini 2014, S. 10; Weichert 2013, S. 257). Gegen das Urteil des BGH ist eine Verfassungsbeschwerde unter dem Az. 1 BvR 756/14 anhängig.

Der § 6 a BDSG enthält ein Verbot zur automatisierten Einzelentscheidung. Die Norm ergänzt § 28 b BDSG unmittelbar, sofern beabsichtigt wird, den ermittelten Score in einem automatischen Verfahren ohne weiteres menschliches Eingreifen als Grundlage einer Entscheidung, die für die oder den Betroffenen eine rechtliche Folge nach sich zieht oder sie oder ihn erheblich beeinträchtigt, zu nutzen. Das Verbot wird in Abs. 2 relativiert und gilt z. B. nicht, wenn die Entscheidung im Rahmen des Abschlusses oder der Erfüllung eines Vertragsverhältnisses ergeht und dem

---

101 ausführlich dazu auch Schefzig 2014, S. 777.
102 Auskunftsansprüche richten sich nach § 34 Abs. 2, 4, 8 BDSG.

4.5 Datenschutz

Begehren der oder des Betroffenen stattgegeben wurde. Nach § 6a Abs. 3 BDSG erstreckt sich das Auskunftsrecht der oder des Betroffenen nach den §§ 19 und 34 BDSG auch auf den logischen Aufbau der automatisierten Einzelentscheidung. Auch im Rahmen dieses Auskunftsanspruchs sind die Interessen der oder des Betroffenen auf Information sowie die Geheimhaltungsinteressen der Unternehmen in einen gerechten Ausgleich zu bringen (Erwägungsgrund 41 DSRL). Rechtsprechung gibt es bisweilen nicht. In der Literatur und vom ULD wird argumentiert, dass die oder der Betroffene beim Einsatz von Scoring-Verfahren jedenfalls hinsichtlich der Wertigkeit der Merkmale für die individuelle Bewertung die Merkmale erfahren sollte, die den wesentlichen Ausschlag für die Entscheidung gegeben haben (Scholz 2014, § 28 b Rn. 1; Herbst 2014, Rn. 23; ULD 2005, S. 98).

Die Datenschutzgrundverordnung enthält Regelungen zur automatisierten Einzelentscheidung in Art. 22, wonach die oder der Betroffene das Recht hat, nicht einer ausschließlich auf einer automatisierten Verarbeitung – einschließlich Profiling – beruhenden Entscheidung unterworfen zu werden, wenn diese ihr oder ihm gegenüber rechtliche Wirkung entfaltet oder sie oder ihn in ähnlicher Weise erheblich beeinträchtigt. Von diesem Grundsatz sieht das Gesetz in Art. 22 Abs. 2 DSGVO weitreichende Ausnahmen vor. Diesbezügliche Auskunftsansprüche der oder des Betroffenen sind in Art. 15 Abs. 1 lit. h der DSGVO geregelt. Dort heißt es, dass die oder der Betroffene das Recht hat, auf Nachfrage aussagekräftige Informationen über die involvierte Logik und die angestrebten Auswirkungen der betreffenden Verarbeitung für ihn selbst zu erhalten. Hinsichtlich des Scorings selbst enthält die Verordnung keine Regelungen. Allerdings finden sich im Gesetzentwurf der Bundesregierung für ein Datenschutz-Anpassungs- und -Umsetzungsgesetz EU (DSAnpUG-EU)[103] Vorschriften zum Scoring in § 31.

4.5.6 Rechte der Betroffenen

Werden personenbezogene Daten im Rahmen von Big-Data-Anwendungen verarbeitet, sind auch Informations- und Benachrichtigungspflichten nach den einschlägigen Datenschutzgesetzen gegenüber der oder dem Betroffenen zu berücksichtigen. Der § 33 Abs. 1 BDSG bestimmt beispielsweise, dass für den Fall, dass Daten für eigene Zwecke ohne Kenntnis der oder des Betroffenen gespeichert werden, die oder der Betroffene grundsätzlich über die Identität der verantwortlichen Stelle, die Art der

---

103 Gesetzentwurf der Bundesregierung, Entwurf eines Gesetzes zur Anpassung des Datenschutzrechts an die Verordnung (EU) 2016/679 und zur Umsetzung der Richtlinie (EU) 2016/680.

Daten und den mit der Erhebung, Verarbeitung oder Nutzung verfolgten Zweck zu informieren ist. Hierbei ist wiederum problematisch, in welcher Detailtiefe über Big-Data-Anwendungen informiert werden muss (Ohrtmann und Schwiering 2014, S. 2989). Grundsätzlich soll die Benachrichtigung die oder den Betroffenen in die Lage versetzen, ihre oder seine Rechte – wie z. B. das Widerspruchsrecht und das Recht auf Berichtigung, Sperrung oder Löschung von Daten – gegenüber der verantwortlichen Stelle geltend zu machen (Die Bundesbeauftragte für den Datenschutz und die Informationsfreiheit 2016). Probleme werfen sich insbesondere dann auf, wenn die Big-Data-Anwendung zu groß und unstrukturiert ist, sodass selbst die Anwender des Analysetools nicht überblicken können, welche Daten verarbeitet werden (Roßnagel et al. 2016, S. 123). Die verantwortlichen Stellen sind dann gefordert, entsprechende Ordnungs- und Ausleseprozesse zu schaffen (Werkmeister und Brandt 2016, S. 237). Eine relevante Ausnahme von der Benachrichtigungspflicht für Big-Data-Applikationen könnte § 33 Abs. 2 Nr. 7 BDSG darstellen. Danach besteht eine Benachrichtigungspflicht nicht, wenn die Daten, die für eigene Zwecke gespeichert worden sind, aus allgemein zugänglichen Quellen entnommen wurden und sich eine Benachrichtigung wegen der Vielzahl der betroffenen Fälle als unverhältnismäßig darstellt oder die Benachrichtigung die Geschäftszwecke der verantwortlichen Stelle erheblich gefährden würde und das Interesse des Betroffenen an der Benachrichtigung diese Gefährdung nicht überwiegt (Bitter et al. 2014, S. 89). Die oder der Betroffene hat zudem gem. § 34 Abs. 1 BDSG das Recht, Auskunft über die zu ihrer oder seiner Person gespeicherten Daten, Empfänger oder Kategorien von Empfängern, an die die Daten weitergegeben werden, und den Zweck der Speicherung zu erhalten. Zur effektiven Realisierung der Rechte bietet sich die Nutzung von technischen Lösungen, wie z. B. Data Provenance, an (Bier 2015, S. 741 ff.).

Der Art. 12 Abs. 7 DSGVO sieht vor, dass Informationen im Rahmen von Datenschutzerklärungen zusätzlich mit Hilfe standardisierter Symbole, die auch maschinenlesbar sein sollen, vereinfacht dargestellt werden können (Albrecht 2016, S. 93). Dies wird mit Hinblick darauf, dass nur ein sehr geringer Teil der Bevölkerung in Europa die ABG liest, als begrüßenswerter Ansatz angesehen (Raabe und Wagner 2016b, S. 439).

4.5.7 Datensicherheit und Privacy by Design and by Default

Je mehr Daten gesammelt und gespeichert werden, desto höher wird das Risiko für Datenlecks eingeschätzt (Dix 2016, S. 63). Angriffe auf und Sicherheitslücken in Datenbanken, in welchen personenbezogene Daten gespeichert werden, können

4.5 Datenschutz

ernsthafte Konsequenzen für die Betroffenen haben (Dix, 2016, S. 63). Die deutschen Datenschutzgesetze sehen Verpflichtungen der verantwortlichen Stellen zu technischen und organisatorischen Maßnahmen zum Schutz der Daten vor. Es müssen grundsätzlich solche Maßnahmen ergriffen werden, die erforderlich sind, um die gesetzlichen Anforderungen der jeweils einschlägigen Datenschutzgesetze zu gewährleisten. Dabei muss der Verhältnismäßigkeitsgrundsatz gewahrt werden, d. h. der zu betreibende Aufwand muss in einem angemessenen Verhältnis zum Schutzzweck stehen.[104] Es ist Aufgabe der verantwortlichen Stellen, wirksame technisch-organisatorische Absicherungen zu bestimmen und umzusetzen.

Nach dem Grundsatz des Privacy by Design and by Default, der Eingang in Art. 25 DSGVO gefunden hat, müssen die verantwortlichen Stellen technische und organisatorische Maßnahmen sowie Verfahren einführen, die gewährleisten, dass die Vorschriften der Verordnung eingehalten werden. Standardeinstellungen von Verarbeitungsverfahren sollen sicherstellen, dass nur so viele personenbezogene Daten wie nötig verarbeitet werden (Gierschmann 2016, S. 53). Big-Data-Verfahren können sich in dieser Hinsicht als höchst voraussetzungsvoll erweisen. Es gibt zahlreiche technische Ansätze, welche von den verantwortlichen Stellen aufgenommen werden können. Dazu gehören z. B. das Konzept der funktionellen Separation, Anonymisierungswerkzeuge oder technische Verfahren zur Sicherung der Nichtverkettbarkeit oder Sticky Policies (Metadaten, die den Kontext der Daten beschreiben und auch Vorgaben zur Datennutzung beinhalten können) (Siehe u. a. Europäischer Datenschutzbeauftragter 2015, S. 15; Weichert 2013, S. 259; Raabe und Wagner 2016b, S. 438; Huber 2016, S. 48 f.). Das Instrument der Datennutzungskontrolle, wobei technisch erzwungen wird, dass Daten nur gemäß vorab festgelegter Richtlinien verarbeitet werden, wird seit Jahren intensiv beforscht (Jung und Feth 2016, S. 50 ff.; Huber 2016, S. 48 f.). Andere technische Lösungen wie das „Privacy Preserving Data Mining" können sich insbesondere für Plattformkonzepte eignen, wo die Analyse der Daten in einer vor dem Zugriff Dritter geschützten Umgebung stattfindet und nur das nicht-personenbezogene Analyseergebnis an die Nutzerin und den Nutzer weitergegeben wird (Raabe und Wagner 2016, S. 437). Bei der Auswahl externer Dienstanbieter könnten sich Zertifizierungen durch Dritte, beispielsweise Regulierungsbehörden, bei der Bestimmung der Vertrauenswürdigkeit als hilfreich erweisen, wobei auch die Kontrolle der Zertifikate durch automatisierte Verfahren erfolgen könnte (Lang et al. 2016, S. 54 ff.). Hier besteht noch viel Forschungsbedarf, wobei auch die „Homorphic Encryption" und das Konzept „Differential Privacy" zu nennen sind (Weichert 2013, S. 259).

---

104 So ausdrücklich § 9 BDSG.

4.5.8 Datenschutzgrundverordnung – Neuerungen für Big Data

Die Datenschutzgrundverordnung sieht in Art. 3 signifikante Neuerungen hinsichtlich des territorialen Anwendungsbereichs vor. Eine Verarbeitung personenbezogener Daten von Personen, die sich in der Union befinden, durch einen nicht in der Union niedergelassenen Verantwortlichen oder Auftragsverarbeiter fällt nun in den Anwendungsbereich der Verordnung, wenn die Datenverarbeitung dazu dient, den betroffenen Personen Waren oder Dienstleistungen anzubieten oder das Verhalten der betroffenen Personen zu beobachten, soweit dieses in der EU erfolgt. Hinsichtlich des sachlich-personellen Anwendungsbereichs behält die Datenschutzgrundverordnung die Kategorisierung personenbezogene und anonyme oder anonymisierte Daten, welche von der Verordnung nicht erfasst werden, bei.[105] Das Zweckbindungsprinzip ist neben anderen bekannten Datenschutzprinzipien weiterhin elementarer Bestandteil des europäischen Datenschutzregimes (Dammann 2016, S. 311 f.). Zu den hier klassischen Problemen in der Praxis bringt die Verordnung allerdings wenig Neues, so ist immer noch unklar auf welcher Abstraktionsebene ein Geschäfts- oder Verwaltungszweck zu bestimmen ist (Dammann 2016, S. 311 f.). Die Verordnung enthält nun in Art. 6 Abs. 4 einen Kriterienkatalog, der bei der Prüfung der Zweckkompatibilität zu berücksichtigen ist. Dies weicht von der alten Handhabung des Zweckbindungsprinzips im deutschen Recht ab, denn bisher verhielt es sich so, dass Erlaubnisnormen eine Zweckänderung für vorgegebene neue Zwecke bzw. für neue Verwendungsformen legitimierten und nur manche Regelungen eine Interessenabwägung vorsahen (Raabe und Wagner 2016a, S. 21 m. w. N.). Die Pseudonymisierung erhält durch die Datenschutzgrundverordnung eine erhebliche Aufwertung. In vielen Artikeln wird sie als Instrument genannt, einen angemessenen Schutz der Betroffenen herbeizuführen (Marnau 2016, S. 430). So sieht z. B. der soeben genannte Art. 6 Abs. 4 DSGVO vor, das Vorhandensein geeigneter Sicherungsmittel, wozu die Verschlüsselung oder Pseudonymisierung gehören, bei der Feststellung, ob die Verarbeitung mit einem anderen Zweck als demjenigen, zu dem die personenbezogenen Daten ursprünglich erhoben wurden, vereinbar ist, zu berücksichtigen. Pseudonymisierung und Verschlüsselung könnten somit als „Enabler" zur Zweckänderung und somit zu einem Kernkonzept für Big-Data-Anwendungen werden (so z. B. Marnau 2016, S. 432; Raabe und Wagner 2016b, S. 438). Das Verbot mit Erlaubnisvorbehalt wird im Grundsatz beibehalten, aber durch Erwägungsgrund 50 DSGVO insofern modifiziert, als dass es bei einer Zweckänderung, die sich als mit dem ursprünglichen Zweck vereinbar darstellt,

---

[105] S. Punkt 4.5.2.

keine andere Rechtsgrundlage erforderlich ist als diejenige für die Erhebung der personenbezogenen Daten. Ob sich daraus für die Betroffenen eine Absenkung des Schutzlevels ihrer Rechte ergibt, ist fraglich, denn der Kompatibilitätstest in Art. 6 Abs. 4 DSGVO sieht eine umfangreiche Interessenabwägung vor. Der Art. 5 Abs. 1 lit. b DSGVO, welcher bestimmte Datenverarbeitungszwecke, wie wissenschaftliche oder statistische Zwecke, von Gesetzes wegen privilegiert, bestimmt in Verbindung mit Art. 89 Abs. 1 DSGVO, dass die Betroffenen durch geeignete Garantien zu schützen sind. Dennoch sprechen sich einige Stimmen in der Literatur für eine enge Auslegung von Erwägungsgrund 50 DSGVO aus (u. a. Herbst 2017, Art. 5 Rn 48 f.; Heberlein 2017, Art. 5 Rn. 20 f.).[106]

Besonders relevant für Big-Data-Anwendungen ist auch die Einführung des Grundsatzes: „Datenschutz durch Technik und datenschutzfreundliche Voreinstellungen" (Privacy by Design and by Default-Grundsatz nach Art. 25 DSGVO). Hier muss von der Planungsphase bis zur Durchführung der Big-Data-Anwendung durch technische und organisatorische Maßnahmen gewährleistet werden, dass datenschutzrechtliche Prinzipien, wie das Prinzip der Datenminimierung, welches im Gegensatz zum Prinzip der Datensparsamkeit im BDSG nicht lediglich ein Programmsatz[107], sondern durchsetzbares Recht darstellt, eingehalten werden (vgl. Gierschmann 2016, S. 53). Die Datenschutzgrundverordnung sieht zur Demonstration, dass die gesetzlichen Vorgaben zum Privacy by Design eingehalten wurden, die Möglichkeit vor, genehmigte Zertifizierungsverfahren[108] als Faktor heranzuziehen, was zu einer Verbesserung des Schutzniveaus beitragen könnte.[109]

4.6 Rechtsgeschäftslehre und Big Data in der M2M-Kommunikation

Im Zusammenhang mit der Verbreitung von Big-Data-Anwendungen und M2M (Maschine-zu-Maschine)-Kommunikation im Internet der Dinge, rücken zunehmend auch Fragen der allgemeinen Rechtsgeschäftslehre, insbesondere Fragen der Zurechnung von Willenserklärungen in den Fokus rechtlicher Betrachtungen.

Die Anzahl vernetzter Maschinen in der Industrie, vernetzter Haushaltsgegenstände und Konsumgüter wird in den nächsten Jahren – auch durch die

---

106 Kritisch dazu auch Schulz 2017, Art. 5 Rn. 185 f.
107 S. Punkt 4.5.3.
108 Art. 42 DSGVO sieht nähere Bestimmungen zum Zertifizierungsverfahren vor.
109 Hierzu positiv eingestellt Raabe und Wagner 2016b, S. 438.

Einführung des Protokollstandards IPv6[110] – stark wachsen. Die Vernetzung von Maschinen in der Industrie 4.0 oder im Smart Home soll dabei nicht nur deren Bedienung erleichtern, indem, etwa zu Wartungszwecken, aus der Ferne auf die von der Maschine generierten Sensordaten zugegriffen wird. Zukünftig wird vielmehr auch deren Transaktionsfähigkeit eine Rolle spielen. Gemeint ist damit die Frage, ob bzw. wie autonom agierende Maschinen – um nicht zu sagen autonom entscheidende Maschinen – rechtlich bindende Transaktionen auslösen können.

Daraus ergeben sich unmittelbar die folgenden Fragen: Es ist fraglich, wie eine solche Transaktion in die allgemeine Rechtsgeschäftslehre, genauer gesagt, in das System der „Willenserklärung" des BGB hineinpasst. Davon wiederum hängt ab, wem die Willenserklärung/Maschinenerklärung zugerechnet werden muss und nach welchen Zurechnungsregeln dies erfolgt.

4.6.1 Neue Transaktionsszenarien

Nach den Regeln der klassischen allgemeinen Rechtsgeschäftslehre laufen Transaktionen, d. h. leistungsbezogene Schuldverhältnisse im Zwei-Personen-Verhältnis seit Jahrhunderten nach dem folgenden Grundmuster ab: Partei A macht Partei B ein Angebot (§ 145 BGB) zum Abschluss eines Vertrages und B kann das Angebot daraufhin akzeptieren (§ 147 BGB), ablehnen oder A's Angebot modifizieren, d. h. A ein verändertes/neues Angebot machen[111], welches dann wiederum von A akzeptiert, modifiziert oder abgelehnt werden kann. Kommt ein vertragliches Schuldverhältnis zustande, können (und müssen in der Regel) die Parteien anschließend die vereinbarten Leistungen austauschen.

Fraglich ist nun, wie sich dieses klassische Transaktionsmuster auf Szenarien übertragen lässt, in denen nicht Partei A und B kommunizieren, sondern zwei autonom agierende Maschinen. Können diese rechtlich bindende Erklärungen für A und B abgeben und/oder müssen sich A und B die „Willenserklärungen" ihrer Maschinen zurechnen lassen oder werden die Maschinen gar so behandelt, als hätten sie die Erklärungen selbst abgeben. Je mehr Transaktionen sich automatisieren, d. h. Maschinen sich verselbstständigen, desto loser ist die Verbindung

---

110 Jedes Gerät, das im Internet kommuniziert (PCs, Smartphones, Server) benötigt eine eigene IP-Adresse. IPv6 ist ein IP-Adressprotokollstandart und ist der Nachfolger des Internet-Protokolls IPv4. Letzterer stellt mit maximal ca. 4 Mrd. IP-Adressen einen insbesondere für das Internet of Things zu klein gewordenen Adressraum bereit.

111 Gem. § 150 Abs. 2 BGB gilt eine Annahme unter Erweiterungen, Einschränkungen oder sonstigen Änderungen als Ablehnung verbunden mit einem neuen Antrag.

4.6 Rechtsgeschäftslehre und Big Data in der M2M-Kommunikation

zu der dahinterstehenden, die Maschine steuernden natürlichen Person und desto schwieriger wird damit auch die rechtliche Zuweisung. Zuspitzen lässt sich dieses Problem auf die Folgefrage, ob sich M2M-Transaktionen noch in das Begriffs- und Bedeutungsschema der klassischen Rechtsgeschäftslehre einordnen lassen oder ob diese durch eine solche Einordnung überdehnt würden.

Im Falle einer Sensorik, welche in einem Industrie 4.0-Szenario den Lagerbestand bestimmter produktionswichtiger Zutaten oder Grundstoffe überwacht und beim Unterschreiten eines definierten Füllstandes autonom nachbestellt, stellt sich die Frage: Wer gibt das Angebot ab? Und an wen, wenn die Maschine autonom über eine Handelsplattform agiert und auf Basis bestimmter Algorithmen mal bei Händler A, mal bei Händler B oder ausnahmsweise auch mal bei Händler C nachbestellt? Transaktionsgrundlage, d. h. die bestimmenden Faktoren, nach welchen die Maschine die Transaktion letztlich auslöst, können eine Vielzahl von Daten aus höchst unterschiedlichen Quellen sein. So könnten nicht nur der Preis und preisbildende Faktoren, mit welchen die Preisentwicklung vorhergesagt werden können, den Zeitpunkt der Transaktion beeinflussen; auch das bisherige Verhalten der „Kundin" oder des „Kunden" kann, unabhängig davon, ob aktuell überhaupt ein Bedarf besteht, verknüpft werden. Ebenfalls kann sich die mit Big-Data-Methoden berechnete zu erwartende Nachfrage, etwa bei saisonal stark nachgefragten Produkten, auf den konkreten Transaktionsvorgang auswirken. Auch Telemetriedaten und Wetterinformationen kann man in das Transaktionsgeschehen einfließen lassen. So könnte etwa eine Rolle spielen, ob gerade das Containerschiff eines mit dem Maschinenbetreiber kooperierenden Reeders in der Nähe eines weit entfernten Produktionsstandortes ist oder der Lagerort eines bestimmten zur Produktion wichtigen Stoffes sich noch in die Routenplanung der LKW-Flotte des Maschinenbetreibers integrieren lässt.[112]

Auf einer zweiten Ebene schließen sich Fragen der Haftung an. Diese lassen sich im Grunde genommen zwei Kategorien zuordnen. Zum einen stellt sich die Frage danach, was passiert, wenn die Transaktion selbst fehlgeht; etwa weil die Bestellung nicht ausgeführt werden oder die Zahlung nicht erfolgen kann. Komplexität gewinnt das Haftungsszenario aber dann, wenn die der Transaktion zugrundeliegenden Algorithmen oder Daten fehlerhaft waren und dies die Transaktion nachteilig beeinflusst hat. Sind z. B. Daten und Algorithmus beiden Vertragsparteien bekannt,

---

112 „In komplexen Transaktionen können viele weitere „Trigger" im Spiel sein, die die Parameter der Transaktion beeinflussen, [...]" (Klein 2015, S. 431).

ist im Ergebnis fraglich, ob die Fehler hier wie ein offener Kalkulationsirrtum gem. § 119 Abs. 1 BGB[113] oder als unbeachtlicher Motivirrtum behandelt werden müssen.

4.6.2 Rechtsgeschäftliche Prinzipien und Gesetzliche Vorgaben

Für geschäftliche Transaktionen zwischen Maschinen stellt sich zunächst die Frage, ob diese selbständig Angebote abgeben können. Stellt man klar, dass es nicht um die Maschine als Angebotsgeber, sondern um das dahinterliegende Computerprogramm geht, ist der Einsatz elektronischer Agenten kein neues Phänomen und geriet bereits Anfang der 2000er Jahre in den Fokus der rechtlichen Diskussion. Damals ging es um Computerprogramme: sogenannte Bietagenten, die im Rahmen einer Online-Auktion ein Gebot autonom abgeben konnten (vgl. hierzu Cornelius 2002b, S. 353 ff. m. w. N.).[114]

Eigene Willenserklärung

Ausgangspunkt war bereits seinerzeit die Frage, ob eine Willenserklärung vorlag oder nicht. Denn Grundlage jedes Vertrages ist die Willenserklärung als Äußerung eines auf Herbeiführung einer Rechtswirkung gerichteten Willens. Als objektiver Tatbestand genügt jede zumindest konkludente Handlung, die den Willen zur Herbeiführung einer Rechtsfolge aus der Sicht eines objektiven Dritten erkennen lässt. Während sich das Gebot eines Bietagenten für einen objektiven Dritten noch wie eine menschliche Erklärung ausnahm, wurde der subjektive Tatbestand, welcher nochmal in Handlungswille, Erklärungsbewusstsein und Geschäftswille unterteilt wird, problematisiert. Denn es war bereits fraglich, ob das subjektive Element der Willenserklärung von einem Computerprogramm überhaupt erfüllt werden kann. Maschinen – so die überwiegende Ansicht – mangele es an der erforderlichen Rechts- und Geschäftsfähigkeit. Sie seien mithin keine Rechtspersönlichkeit, die zu eigener Willensbildung oder eigenem Bewusstsein fähig seien. Ein eigenes Bewusstsein haben Computerprogramme (noch) nicht herausgebildet (vgl. hierzu Cornelius 2002b, S. 354 m. w. N.). Zwar wird konstatiert, dass künstliche Intelligenz, die einem Computerprogramm gemeinhin zugeschrieben wird, dieses Defizit bisher nicht wettmache. Gleichzeitig komme aber in Betracht, dass bei Einräumung einer

---

113 Denkbar ist auch die Lösung über die Grundsätze der Störung der Geschäftsgrundlage gem. § 313 BGB.
114 Vgl. auch ohne nähere Begründung AG Hannover, Urteil vom 7. September 2001 – 501 C 1510/01 = NJW-RR 2002, 131.

4.6 Rechtsgeschäftslehre und Big Data in der M2M-Kommunikation 271

immer größeren Selbstständigkeit es möglich erscheine, „dass intelligente Agenten eines Tages als Rechtspersönlichkeit angesehen werden" (Cornelius 2002b, S. 354). Ob die Schwelle zur eigenen Rechtspersönlichkeit durch Big Data überschritten würde oder nicht, ist eine wohl eher philosophische Frage, die Anfang der 2000er noch verneint wurde, die angesichts vielfach gestiegener Rechenleistung moderner Computersysteme und verbesserter Algorithmen aber vielleicht neu gestellt werden muss (Cornelius 2002b, S. 354 m. w. N.; Mainzer 1997). Schließlich erhöht Big Data die Komplexität von Entscheidungsprozessen, indem mehr und mehr (unstrukturierte) Daten in die Entscheidung mit einfließen, was – immerhin in gewissem Maße – dem menschlichen Entscheidungsprozess, welcher sich ebenfalls durch eine Mischung unstrukturierter Daten (und Emotionen) auszeichnet, nicht unähnlich ist. Eine grundlegende Neubewertung steht freilich noch aus.

Stellvertretung und Botenschaft

Auch die Stellvertretungsregelungen werden für Maschinen nicht (analog) angewendet. Hier wird zum einen auf § 165 BGB verwiesen, wonach ein Stellvertreter zumindest beschränkt geschäftsfähig sein müsse. Zum anderen fehle es der Maschine an einer eigenen Haftungsmasse, weshalb die Haftung des Stellvertreters ohne Vertretungsmacht gem. § 179 BGB leerliefe (Klein 2015, S. 436). Besonders überzeugend ist diese Argumentation allerdings nicht. Denn es ist nicht ersichtlich warum, wenn bereits § 164 BGB analog angewendet wird, nicht auch § 179 BGB analog auf den Eigentümer der Maschine angewendet werden könne (Cornelius 2002b, S. 354). Hiergegen lässt sich wiederum einwenden, dass der Gefahr eines Vertreters ohne Vertretungsmacht bei elektronischen Erklärungen durch technische Maßnahmen begegnet werden kann (z. B. durch den Einsatz von Zertifikaten), die in der analogen Welt so nicht zur Verfügung stehen (Sorge 2006, S. 118).

Eine Botenschaft würde ebenfalls ausscheiden, weil das Computersystem nicht eine fremde, fertige Willenserklärung einfach überbringt, sondern die konkrete Inhaltsbestimmung selbst vornimmt, was eher den Charakter einer Stellvertretung hat, die gleichwohl aufgrund mangelnder Selbstständigkeit ausscheiden müsse (Cornelius 2002b, S. 354). Ganz überzeugend ist die Ablehnung der Botenschaft freilich nicht. Zwar wird die Willenserklärung nicht in konkreter Gestalt wiedergegeben. Gleichwohl werden für die Computererklärung durch menschliches Tätigwerden zumindest Parameter festgelegt, was die Situation des „Computerboten" vergleichbar macht mit der unzweifelhaft als Botenschaft einzuordnenden Situation, einer mündlich von einem Boten überbrachten Willenserklärung. Auch hier wird die Willenserklärung nicht ausschließlich dann wirksam überbracht, wenn der Bote die Willenserklärung des Geschäftsherrn wortgetreu ausspricht, sondern es ist ausreichend, wenn er ihren wesentlichen Inhalt wiedergibt, m. a. W. die Willenserklärung in den vom Geschäftsherrn vorgegebenen Parametern überbracht hat.

Lösung nach allgemeinen Grundsätzen

Die wohl herrschende Ansicht verzichtet auf den Umweg der Zurechnung über die Stellvertretung oder Botenschaft, sondern rechnet den objektiven Tatbestand der Maschinenerklärung der Maschinennutzerin oder dem -nutzer zu. Bezüglich des subjektiven Tatbestandes soll hingegen auf die hinter der Maschine stehende natürliche Person abgestellt werden (Klein 2015, S. 436). Es stellt sich also die Frage, ob die Maschinennutzerin oder der -nutzer und die hinter der Maschine stehende natürliche Person auseinanderfallen können. Unabhängig davon lässt sich festhalten, dass der Anknüpfungspunkt für die Rechtserheblichkeit der menschlichen Erklärung, genauer gesagt der subjektive Tatbestand der Willenserklärung, zeitlich vorverlegt und bereits auf die Einrichtung des Computerprogramms abgestellt wird, welche die notwendige willentliche Entäußerung in den Rechtsverkehr erfülle (Glossner 2013, Teil 2 Rn. 382 m. w. N.; vgl. auch Cornelius 2002b, S. 353 ff.; Klein 2015, S. 436). Freilich ist auch das nicht ganz konsequent, denn zum Zeitpunkt der Programmeinrichtung besteht auf Seiten der Maschinen- oder Computernutzerin oder des -nutzers auch nur ein allgemeines Erklärungsbewusstsein, die konkrete Inhaltsbestimmung, mit deren Fehlen man bereits die Botenschaft abgelehnt hat, erfolgt erst zu einem späteren Zeitpunkt wiederum durch das Computerprogramm.

Der BGH entschied hier zuletzt in einem Verfahren, in welchem es um die Wirksamkeit einer Reisebuchung über ein elektronisches Buchungssystem des Reiseanbieters ging. Der BGH führte hier aus, dass es nicht auf das Computersystem selbst, sondern auf die Person ankommt, die es einsetzt. Diese Person gibt die Erklärung ab.[115] Es ist demgemäß nicht erforderlich, dass die objektive Erklärung selbst unmittelbar von einem Menschen abgegeben wurde, sondern es ist ausreichend, wenn diese erst durch die eingesetzte Software ausgelöst wurde, weil die Maschine oder deren Programmablauf vorher von ihrer Nutzerin oder ihrem Nutzer festgelegt worden und damit eine menschliche Handlung ursächlich für die Abgabe der Erklärung war. Dieser Grundsatz solle auch unabhängig davon gelten, ob eine „einfache" Computererklärung oder als deren Spezialfall die Erklärung

---

115 BGH, Urt. v. 16.10.2012 – Az. X ZR 37/12 (Leitsatz): „Der Inhalt eines unter Einsatz elektronischer Kommunikationsmittel über ein automatisiertes Buchungs- oder Bestellsystem an ein Unternehmen gerichteten Angebots und einer korrespondierenden Willenserklärung des Unternehmens ist nicht danach zu bestimmen, wie das automatisierte System das Angebot voraussichtlich deuten und verarbeiten wird. Maßgeblich ist vielmehr, wie der menschliche Adressat die jeweilige Erklärung nach Treu und Glauben und der Verkehrssitte verstehen darf."

4.6 Rechtsgeschäftslehre und Big Data in der M2M-Kommunikation

eines autonom agierenden elektronischen Agenten vorliegt. Demnach ist es auch unerheblich, auf welcher Grundlage die „Entscheidung" des elektronischen Agenten basiert, ob auf Basis eines starren, vorher festgelegten Programmablaufes oder auf Basis weiterer Umwelteinflüsse, welche der elektronische Agent in Echtzeit in seine Entscheidung mit einbeziehen kann.[116]

Dies mag zwar unter anderem deshalb konsequent sein, weil schon die Unterscheidung zwischen einem starren vorher festgelegten Programmablauf und einem Programmablauf, welcher auch später noch beliebig viele weitere Umweltfaktoren mit berücksichtigen kann, schwierig ist. Gleichzeitig ist aber zu konstatieren, dass die Maschine durch die weitere Erhöhung der in die Entscheidung einfließenden Variablen zunehmend der „Kontrolle" durch den Menschen entzogen wird. Die handelnde Person wird nämlich die Entscheidungsparameter inkl. der Folgen, die daraus resultieren, kaum vorab zur Kenntnis nehmen oder gedanklich durchspielen, sondern sich bestenfalls eine vage Vorstellung machen.[117] Die Annahme eines (konkreten) Geschäftswillens verkommt dann zu einer reinen Fiktion. Das muss – von der Unwägbarkeit eines möglicherweise eingreifenden Anfechtungsrechts abgesehen – nicht schlecht sein. Jedoch ist zu sagen, dass sich die Erklärung eines elektronischen Agenten dadurch mehr und mehr in Richtung eines Haftungs- oder Garantieszenarios verschiebt. Zurechenbar ist eine elektronische Erklärung dann nicht mehr der- oder demjenigen, die oder der sie unter Zuhilfenahme einer elektronischen Erklärung abgibt, sondern der Person, die die Maschinen betreibt und damit die „Ursache" für die Willenserklärung adäquat kausal und objektiv zurechenbar setzt. Diese Konstellation ist rechtlich beherrschbar und mag durch das Eingreifen von Versicherungen auf nachgelagerter Stufe auch finanziell zu beherrschen sein. De lege lata ist diese Lösung wohl nicht zu haben. Vielmehr wäre eine konzeptionelle Änderung durch die Schaffung neuer gesetzlicher Regeln erforderlich (Vgl. hierzu Bräutigam und Klindt 2015, S.1138). Beispielsweise könnten Fiktionsregeln die

---

116 Vgl. Spindler 2015, Vorbemerkung zu §§ 116 ff. Rn. 9: „Die für die Computererklärung im Allgemeinen entwickelten Grundsätze [...] sind auf intelligente, elektronische Agenten ebenso anzuwenden. Der Handlungswille kommt im willentlichen Aktivieren des elektronischen Agenten zum Ausdruck. Erklärungsbewusstsein und Geschäftswille liegen wie bei der Computererklärung im Zeitpunkt der Erzeugung des objektiven Tatbestands der Willenserklärung durch den Agenten nicht vor. Da aber Softwareagenten nur vom Menschen bestimmten Vorgaben ausführen und vom Anwender willentlich aktiviert werden müssen, muss auch hier eine Zurechnung der Willenserklärung erfolgen."

117 Klein 2015, S.438: „Je selbständiger nämlich das System handelt und je mehr Umweltfaktoren bei der Generierung des objektiven Erklärungstatbestandes einbezogen werden, desto allgemeiner und unpräziser wird die Vorstellung des Nutzers von der letztendlichen Erklärung sein."

Vorschriften der allgemeinen Rechtsgeschäftslehre für den elektronischen Kontext ergänzen oder neue Haftungstatbestände eingeführt werden.

4.6.3 Zivilrechtliche Haftung in einem Big Data-Szenario: Mängelgewährleistung und Mangelschaden

In einem Big-Data-Szenario sind mit den oben erläuterten Problemen der Rechtsgeschäftslehre und der Wirksamkeit von Willenserklärungen Fragen zivilrechtlicher Haftung eng verwoben. Haftungsszenarien bei Big Data sind sehr vielschichtig und wurden im Big-Data-Kontext lediglich im Zusammenhang mit selbstfahrenden/ selbststeuernden Autos zumindest ansatzweise untersucht. Autonom agierende Systeme sind allerdings für unzählige Einsatzgebiete denkbar, für welche die Haftungslage zum Teil noch unklar ist, insbesondere weil spezielle Haftungstatbestände bisher nicht existieren (Bräutigam und Klindt 2015, S. 1138).

Die autonom agierende Maschine selbst kann nicht haften und es stellt sich zu Recht die Frage, wem ein etwaiges Versagen des Systems haftungsrechtlich zuzuordnen wäre. Für autonom agierende Maschinen lassen sich ähnliche Szenarien und Aussagen treffen wie für nicht autonom agierende Maschinen.

Für den Big-Data-Kontext besonders relevante Szenarien sind folgende: Zum einen können die Software oder die der Software zugrundeliegenden Algorithmen, mit welchen Daten aus unterschiedlichen Quellen zusammengeführt werden, fehlerhaft sein; zum anderen könnten auch die Daten selbst fehlerhaft, z. B. zu ungenau sein. Aus Schadenssicht ergeben sich daraus wiederum zwei Konsequenzen: Auf der ersten Ebene stellen sich Fragen der Mängelgewährleistung (fehlerhafter Code, mangelhafte Fehlertoleranz gegenüber Daten mit geringer Qualität, geringe Qualität der Daten selbst) und in Abhängigkeit davon ist zu untersuchen, ob ein typisierter Vertrag mit eigenem Mängelgewährleistungsrecht (z. B. Kauf-, Werk- oder Mietvertrag) eingreift, oder ob ein Vertrag ohne eigene Mängelgewährleistungsvorschriften vorliegt und daher die Regelungen des allgemeinen Schuldrechts eingreifen.

Anwendbare Vertragstypen

Zur Beantwortung der Frage, wie sich fehlerhafte Algorithmen oder fehlerhafte Software und eine mangelbehaftete Datenqualität in den Griff kriegen lassen, muss Ausgangspunkt der Betrachtung die bereits seit den 1980er Jahren geführte Debatte um die rechtliche Einordnung von Computerprogrammen sein. Anknüpfungspunkt ist dabei die Frage, ob Software als Sache i. S. d. § 90 BGB eingestuft werden kann, bevor in einem zweiten Schritt der anwendbare Vertragstyp bestimmt werden kann.

4.6 Rechtsgeschäftslehre und Big Data in der M2M-Kommunikation

Nach § 90 BGB gelten nur körperliche Gegenstände[118] als Sachen. Wesentlich ist damit die Körperlichkeit, welche eine räumliche Abgrenzung und Beherrschbarkeit von Materie mit der Begründung impliziert, dass dadurch zugleich Zuordnung zu einer bestimmten Person ermöglicht oder erleichtert wird (Marly 2014, Rn. 718). Die Sache muss damit der sinnlichen Wahrnehmung zugänglich sein, was nicht heißt, dass sie eine feste Form haben muss, sondern sie auch flüssig oder gasförmig sein kann (Stresemann 2015, § 90 Rn. 8 f.). Nach überwiegender Ansicht in der Literatur sind elektronische Daten als solche keine Sachen, da ihnen die für Sachen kennzeichnende Körperlichkeit fehlt. Computerprogramme stellen vielmehr ein immaterielles Gut dar, welches insoweit gemäß § 2 Abs. 1 Nr. 1 und Abs. 2 sowie § 69a Abs. 3 S. 1 UrhG schutzfähig ist. Körperlichkeit und damit Sachqualität kommt allenfalls dem Datenträger, auf dem ein Computerprogramm gespeichert ist (CD-ROM, DVD, Speicherkarten, Festplatte), zu (Stresemann 2015, § 90 Rn. 12 f.). Computerprogramme unterschieden sich damit nicht von Büchern oder CDs. Auch diese seien materielle Verkörperungen nichtmaterieller Werke. Überwiegend wird angenommen, dass nur der Datenträger eine Sache i. S. v. § 90 BGB darstellt, während die darauf gespeicherte geistige Leistung ggf. urheberrechtlichen Schutz genießt.

Der Vergleich mit einem Buch führt allerdings in die Irre und wird in der Literatur zu Recht kritisiert. Gegen diesen Vergleich wird z. B. vorgebracht, dass selbst wenn die in einem Programm enthaltenen Steuerbefehle schriftlich festgehalten würden, sie kaum mit einem Buch verglichen werden können, da Software sinnvoll nur auf der erforderlichen Hardware eingesetzt werden könne. Auch stellen sich – anders als bei Software – bei Büchern und Tonträgern die Gewährleistungsfragen selten bis gar nicht, weil deren geistiger Inhalt einer Gewährleistungsprüfung regelmäßig versperrt bliebe, sondern es – wenn überhaupt – eher um Mängel am Trägermedium geht (CD weist Kratzer auf, dem Buch fehlen Seiten). Von der Sacheigenschaft des Datenträgers allein scheint auch der BGH auszugehen, wenn er betont, entscheidend für die Einordnung als körperliche Sache sei, dass es sich um ein auf einem Datenträger verkörpertes Programm handele und dass die Vorschriften über den Kauf bei einer unmittelbaren Überspielung des Programms auf die Festplatte des Käufers nur entsprechend anwendbar seien (BGH, Urteil vom 18. Oktober 1989 – Az. V III ZR 325/88 (Stuttgart) = BGH NJW 1990, 320).

Diese entsprechende Anwendung hat der BGH über ca. zwei Jahrzehnte in einer Reihe von Urteilen herausgearbeitet. Den Anfang markiert eine Entscheidung aus

---

118 Nach Stresemann 2015, § 90 Rn. 1 ist Gegenstand der über die körperlichen Gegenstände hinausgehende Oberbegriff. In Ermangelung einer gesetzlichen Definition wird darunter meist ein individualisierbares vermögenswertes Objekt der natürlichen Welt gesehen, über das Rechtsmacht ausgeübt werden kann.

dem Jahre 1981 (BGH, Urteil vom 03. Juni 1981 – Az. VIII ZR 153/80 (Düsseldorf) = BGH NJW 1981, 2684). Neben der Feststellung, dass es sich bei einem Computerprogramm um eine „geistige Leistung" handele, erwog der BGH, dass bei dessen Überlassung ein Know-how-Vertrag in Betracht komme, welcher bei Entgeltlichkeit dann nach den Vorschriften des Pachtrechts (§§ 581 ff. BGB) beurteilt werden müsse. Abschließend entscheiden wollte der BGH jedoch nicht, sondern stellte stattdessen auf die von den Parteien vereinbarten Vertragsbedingungen ab, die bereits stark dem Leitbild eines Pachtvertrages entsprachen, sodass die §§ 581 ff. BGB bereits aus diesem Grund anzuwenden seien. Ähnlich verlief ein weiterer Fall aus dem Jahr 1987 (BGH, Urteil vom 25. März 1987 – Az. VIII ZR 43/86 (Stuttgart) = BGH NJW 1987, 2004), bei dem es um die Rückabwicklung eines Softwareüberlassungsvertrages aufgrund einer positiven Vertragsverletzung (pVV – heute § 280 BGB) ging. Auch hier nahm der BGH keine endgültige vertragsrechtliche Einordnung vor, da sich sowohl bei einem Kaufvertrag als auch bei der Annahme eines Dauerschuldverhältnisses die Rechtsfolge aus pVV ergab.

In der darauffolgenden sogenannte Compiler-Entscheidung (BGH, Urteil vom 04. November 1987 – Az. VIII ZR 314/86 (Nürnberg) = BGH NJW 1988, 406) nahm der BGH zwar eine grundlegende Einordnung vor und unterschied zwischen Individualsoftware und Standardsoftware einerseits und zwischen einer Überlassung auf Dauer und einer Überlassung als punktuellem Austauschvorgang gegen einmaliges Entgelt andererseits (Moritz 2008, 1. Abschnitt, Teil 3 Rn. 25). Eine endgültige Klärung musste der BGH jedoch abermals nicht herbeiführen, da beide Vertragsparteien übereinstimmend von einem Kaufvertrag mit dem Ziel der Eigentumsverschaffung an den Programmkopien ausgegangen waren. Infolge des klar hervortretenden Parteiwillens sei offensichtlich, dass diese kein Dauerschuldverhältnis vereinbaren wollten, und so kam der BGH zu dem Ergebnis, dass die Vorschriften der §§ 459 ff. BGB a. F.[119] (§§ 434 ff. BGB) „entsprechend" anzuwenden seien. Das Konzept eines Pacht-/Lizenz-/Know-how-Vertrages sei dadurch nicht grundsätzlich verworfen, sondern könne nur wegen des eindeutig formulierten Parteiwillens nicht verfolgt werden. Fortgesetzt hat der BGH diesen Ansatz dann in einer Entscheidung von 1990 (BGH, Urteil vom 24. Januar 1990 – Az. VIII ZR 22/89 (Köln) = BGH NJW 1990, 1290); aber auch hier hat der BGH die §§ 433 ff., 459 ff. BGB a. F. (§§ 434 ff. BGB) für „jedenfalls entsprechend" und die §§ 377, 378 HGB für „zumindest entsprechend" anwendbar erklärt.

---

119 Soweit hier und nachfolgend Vorschriften des BGB mit a. F., d. h. alte Fassung gekennzeichnet sind, bezieht sich dies auf die Fassung vor Inkrafttreten der Schuldrechtsreform zum 1. Januar 2002.

In einem „urheberrechtlichen" Urteil (BGH, Urteil vom 20. Januar 1994 – Az. I ZR 267/91 (OLG Bamberg) „Holzhandelsprogramm" = GRUR 1994, 363) – insoweit schon zwischen den verschiedenen Senaten des BGH streitig – entschied der BGH 1994 anders und stellte fest, dass bei sicherungsübereigneter Software eine urheberrechtliche Nutzungseinräumung vorliege.[120] Zur „kaufrechtlichen Linie" wiederum kehrte der BGH (BGH, Urteil vom 22. Dezember 1999 – Az. VIII ZR 299/98 (KG) = BGH NJW 2000, 1415) im Jahr 1999 zurück, und entschied zur Abnahme und Mängelrüge bei Standardsoftware, dass auf solch einen Vertrag nach bisheriger Rechtsprechung sowohl die Vorschriften der §§ 433 ff., 459 ff. BGB a. F. als auch des § 377 HGB zumindest entsprechend anzuwenden seien. In dem der Entscheidung zugrundliegenden Sachverhalt war der Beklagten Standardsoftware inkl. Quellcode gegen Einmalentgelt dauerhaft überlassen worden. In einer kurz vor Inkrafttreten der Schuldrechtsreform (1.1.2002) ergangenen Entscheidung hat der BGH die Frage wiederum offen gelassen (BGH, Urteil vom 09. Oktober 2001 – Az. X ZR 58/00 = CR 2002, 93). In einer neueren Entscheidung aus dem Jahre 2007 (BGH, Urteil vom 15. November 2006 – Az. XII ZR 120/04 (LG Mühlhausen) = NJW 2007, 2394), in welcher es um die Rechtsnatur der Softwareüberlassung im Rahmen eines ASP-Vertrags (Application-Service-Provider) ging, stellte der BGH explizit fest, „dass eine auf einem Datenträger verkörperte Standardsoftware als bewegliche Sache anzusehen ist[121], auf die je nach der vereinbarten Überlassungs-

---

120 BGH, Urteil vom 20. Januar 1994 – Az. I ZR 267/91 (OLG Bamberg) „Holzhandelsprogramm" = GRUR 1994, 363: „Allerdings greift der Einwand der Revision nicht durch, im Wege der Sicherungsübereignung seien vorliegend keine Nutzungsrechte, sondern nur das Sacheigentum an den Datenträgern übertragen worden. Richtig ist, daß in den Verträgen vom ‚Eigentumsübergang' und der ‚Übereignung' der Software-Pakete die Rede ist. Das BerG ist jedoch zu Recht nicht bei der reinen Wortauslegung dieser Begriffe stehengeblieben, sondern hat danach gefragt, welchen Zweck die Vertragspartner mit der Sicherungsübereignung verfolgt haben. Es hat dazu rechtsfehlerfrei festgestellt, daß die Sparkasse eine Sicherheit für das von ihr gewährte Darlehen in Höhe von insgesamt 400 000,- DM haben und damit erkennbar in der Lage sein wollte, die ‚übereigneten' Programme ‚im Ernstfall' im Wege der erforderlichen Nutzungsrechtsübertragung zu verwerten. Als Banksicherheit kam danach bei einer am Zweck des Vertrages orientierten Auslegung nur die Nutzungsrechtsübertragung und nicht die bloße Eigentumsverschaffung in Betracht. Bei dieser vom bloßen Wortlaut abweichenden Auslegung ist auch zu berücksichtigen, daß zum Zeitpunkt des Abschlusses der Verträge im Jahre 1976 der exakte urheberrechtliche Sprachgebrauch noch nicht in der Regel war. Es wurde häufig davon gesprochen, das Programm ‚gehöre' einer Partei bzw. sie sei ‚Eigentümerin' (vgl. z. B. BGH GRUR 1985, 1041, 1044 – Inkasso-Programm, insoweit nicht in BGHZ 94, 276 ff.)."

121 Während der BGH in früheren Entscheidungen formulierte, dass Datenträger mit dem darin verkörperten Programm körperliche Sachen darstellten und damit auf die

form Miet- oder Kaufrecht anwendbar ist". Aus der Bezugnahme auf frühere Entscheidungen kann wohl allerdings geschlossen werden, dass der BGH nur auf die Sacheigenschaft der Datenträger selbst, nicht aber auf die Software abgestellt hat (Moritz 2008, 1 Abschnitt, Teil 3 Rn. 25), was in der neueren Literatur teilweise angezweifelt wird (Marly 2014, Rn. 724 ff. m. w. N.).

Juristisch entschärft wurde die Frage der Sachqualität von Software mittlerweile zusätzlich durch die Neufassung von § 453 Abs. 1 BGB im Rahmen der Schuldrechtsreform, wonach die Vorschriften über den Kauf (so denn eine Kaufvertragskonstellation vorliegt) von Sachen auf den Kauf von Rechten und sonstigen Gegenständen entsprechende Anwendung finden. Sonstige Gegenstände sollen ausweislich der Gesetzesbegründung auch Software sein.[122]

Dies gilt unabhängig davon, ob die Software auf einem Datenträger oder unkörperlich über Datennetze vertrieben wird. Auch wenn zuzugeben ist, dass die Software bei der unkörperlichen Übermittlung zu keinem Zeitpunkt des Übertragungsvorgangs verkörpert ist, handelt es sich lediglich um eine spezielle Vertriebsform, welche sich hinsichtlich ihrer Auswirkungen nicht vom Erwerb auf einem Datenträger unterscheidet (Marly 2014, Rn. 728). Das Programm wird spätestens dann verkörpert, wenn es in die Speicher des Anwendersystems aufgespielt worden ist.

Als Fortschreibung der zu Computerprogrammen entwickelten Rechtsprechung und rechtlichen Begründungen stellt sich die Frage, wie diese in Big-Data-Szenarien nutzbar gemacht werden können. Außerdem ist fraglich, ob bei Big-Data-Anwendungen sich die zu Software aufgestellten Grundsätze auf Algorithmen und oder Daten, sowohl auf die Rohdaten als auch auf die erst durch die Big-Data-Analyse erzeugten Daten übertragen lassen. Dies könnte man insbesondere deshalb bezweifeln, weil anders als bei Computerprogrammen für Daten[123] und Algorithmen (Kaboth und Spies 2016, § 69a UrhG Rn. 12) zunächst einmal keine Zuordnungsregel, etwa in Form von geistigem Eigentum, vorliegt. Das allein ändert jedoch nichts daran, dass Daten, ob als absolutes Recht geschützt oder nicht, ein handelbares Gut darstellen. So werden Daten überwiegend als sonstige Gegenstände i. S. d. § 453 Abs. 1 BGB angesehen (z. B. Berger 2015 § 453 Rn. 11; Büdenbender 2012, §

Sachqualität des Datenträgers abstellte, hat er den Satz in der jüngsten Entscheidung umgedreht und formuliert „bei einem auf einem Datenträger verkörperten Programm handele es sich um eine körperliche Sache".

122 BT-Drs. 14/6040, S. 242, „Damit folgt die Vorschrift der Rechtsprechung, die schon heute die Vorschriften des Kaufvertragsrechts, soweit sie passen, z. B. auf die entgeltliche Übertragung von Unternehmen oder Unternehmensteilen, von freiberuflichen Praxen, von Elektrizität und Fernwärme, von (nicht geschützten) Erfindungen, technischem Know-how, Software, Werbeideen usw. anwendet."

123 Siehe Ausführungen zu Punkt 4.4.

453 Rn. 2 f.), während teilweise auch von Rechtskauf (Hackenberg 2014, Teil 16.7 Rn. 37 f.) ausgegangen wird. Eine Klarstellung enthält letztlich auch die Gesetzesbegründung zum Schuldrechtsmodernisierungsgesetz. Neben Software werden in der Gesetzesbegründung auch nicht geschützte Erfindungen und technisches Know-how erwähnt, was Algorithmen, die ja letztlich Handlungsvorschriften zur Lösung eines (technischen) Problems darstellen, ebenfalls erfassen sollte (BT-Drs. 14/6040, S. 242).

Bezüglich des Algorithmus stellt sich hinsichtlich der Mängelgewährleistung allerdings die Frage, inwieweit dieser separiert werden muss, denn in einem Big-Data-Szenario ist der Algorithmus stets in eine Software implementiert, sodass nach den im BGB an verschiedenen Stellen formulierten Mängelbegriffen (z. B. §§ 434, 536, 633 BGB) ein fehlerhafter Algorithmus wohl regelmäßig auch einen Softwarefehler darstellt.

Damit lassen sich gemäß der für Computerprogramme entwickelten Logik auch für andere in Big-Data-Szenarien überlassene „sonstige" Gegenstände vertragsrechtliche Lösungen finden (vgl. Hoeren 2013, S. 489). Zur Bestimmung des einschlägigen Vertragstyps bieten sich auch für Daten und Algorithmen die zeitweilige und die dauerhafte Überlassung an. Hauptanwendungsfall dürfte vermutlich die Datenüberlassung nach kaufvertraglichen Regeln sein. Zwar ist theoretisch eine zeitweise Datenüberlassung denkbar, etwa, wenn bestimmte „Grunddatensätze" für einen bestimmten Zeitraum in eine Big-Data-Analyse einfließen und danach gelöscht werden müssen und/oder die Parteien die Abwicklung als Dauerschuldverhältnis explizit vereinbaren. Aufgrund der Tatsache, dass es je nach Analyseverfahren bei Big Data besonders auf die Datenaktualität ankommt, haben die Parteien aber wohl regelmäßig wenig Interesse an der Weiterverwendung veralteter Datensätze, was eher gegen ein Dauerschuldverhältnis spricht. Ein wichtiger für ein Dauerschuldverhältnis sprechender und in der Literatur in diesem Zusammenhang eher diskutierter Aspekt ist die Frage, ob, da es bei Big Data letztlich um die Gewinnung neuer Erkenntnisse aus der Zusammenführung von Daten(-beständen) geht, ein „Datenüberlassungsvertrag" dadurch in die Nähe eines Pachtverhältnisses (gem. § 581 BGB) rückt. Dies könnte man damit begründen, dass der Datenverwender das Recht erhält, die Erträge (d. h. die aus der Big-Data-Analyse gewonnenen Erkenntnisse), die mit der Benutzung der Sache einhergehen, zu behalten.

Datenmangel oder Mangel des Algorithmus

Geht man davon aus, dass sich Daten verkaufen, vermieten oder verpachten lassen, muss, zum Eingreifen der Gewährleistungsvorschriften der typisierten Verträge des BGB, ein Mangel der Daten (bzw. des Algorithmus) vorliegen. Das BGB unterscheidet in allen der nachfolgend dargestellten Gewährleistungsregime nach Sach- und

Rechtsmängeln (§§ 434, 435, 536, 633 BGB). Daten sind danach rechtsmängelbehaftet, wenn der Anbietende nicht berechtigt ist, die Daten zu vertreiben. Während man sich bei Software den Rechtsmangel zur Illustrierung noch mit dem Beispiel von Raubkopien (vgl. Hoeren 2014, S. 125 m. w. N.) vergegenwärtigen kann, sind Rechtsmängel in Bezug auf Daten bereits schwieriger darzustellen. Denn dabei muss es sich zwar nicht um absolute, gleichwohl um Rechte handeln, die für den Käufer oder die Käuferin eine Nutzungsbeeinträchtigung darstellen; eine Voraussetzung, die von Daten (weil häufig keine absolute Rechtsposition) häufig nicht erfüllt wird. Am ehesten in Betracht kommen noch Urheber- und Datenbankrechte. Eine Anerkennung personenbezogener Daten als entgegenstehende Rechte des Betroffenen im Sinne dieser Vorschrift ist bereits fraglich.

Praktisch bedeutsamer und in Bezug auf Daten oder Algorithmen auch für das Big-Data-Szenario relevant sind die Regelungen zur Sachmängelhaftung. Eine Sache ist frei von Sachmängeln, wenn sie nicht von der vertraglich vereinbarten Beschaffenheit (Soll-Beschaffenheit) abweicht. Eine solche Abweichung der Ist- von der Sollbeschaffenheit liegt vor, wenn der Wert oder die Tauglichkeit der Sache zum vertraglich vereinbarten (§ 437 Abs. 1 Satz 1 BGB), vertraglich vorausgesetzten (§ 437 Abs. 1 Satz 2 BGB) oder gewöhnlichen (§ 437 Abs. 1 Satz 2 BGB) Gebrauch aufgehoben oder gemindert ist (Hoeren 2014, S. 126). Die Mängelbegriffe in den §§ 434 und § 633 BGB sind sich hier ähnlich. Für § 434 BGB kommt allerdings Abs. 1 S. 3 BGB hinzu, wonach auch Werbeangaben der Veräußernden, der Herstellenden oder der Gehilfinnen und Gehilfen Einfluss auf die vertragliche Sollbeschaffenheit haben können (Redeker 2012, Rn. 546). Ein Mangel kann sich ferner aus der unsachgemäßen, vertraglich vereinbarten Montage, die von der Verkäuferin beziehungsweise vom Verkäufer oder deren Erfüllungsgehilfinnen und Erfüllungsgehilfen durchgeführt wurde, ergeben. Der mietrechtliche Mangelbegriff in § 536 BGB weicht hingegen, ohne dass dies sachlich begründet wäre, von der Formulierung der §§ 434, 633 BGB ab. Dies wird vielfach als missglückt angesehen, weil § 536 BGB die in §§ 434, 633 BGB verwendeten Mängelbegriffe durchaus hätte übernehmen können (Häublein 2012, § 536 Rn. 3 ff. m. w. N.). Im Ergebnis sind die Unterschiede zum kauf- und werkvertraglichen Mangelbegriff jedoch gering (Häublein 2012, § 536 Rn. 4). Ein Mangel liegt demnach bei einer negativen Abweichung, welche die Tauglichkeit „zum vertragsgemäßen Gebrauch" aufhebt (§ 536 Abs. 1 S. 1 BGB) oder mindert (§ 536 Abs. 1 S. 2 BGB), vor.

Liefern Verkäuferinnen und Verkäufer (oder Unternehmerinnen und Unternehmer) die Sache (oder das Werk) nicht vertragsgerecht, ist sie mangelhaft. Diese Folge ist nicht umstritten. Bei Software wurde allerdings teilweise diskutiert – und es stellt sich die Frage, inwieweit die dazu entwickelten Grundsätze etwa auf Daten übertragen werden können –, wann tatsächlich ein rechtlich erheblicher Software-

4.6 Rechtsgeschäftslehre und Big Data in der M2M-Kommunikation

fehler vorliegt. Ausgangspunkt dieser Diskussion ist zunächst die Differenzierung in einen rechtlichen und einen technischen Fehlerbegriff. Letzterer kommt aus der Informatik und besagt, dass jedes objektiv technische Versagen der Software einen Fehler darstellt.[124] Da sich bei komplexer Software Fehler nicht ausschließen lassen, ist es für Softwarehersteller verführerisch zu argumentieren, dass die Herstellung einer fehlerfreien Software technisch unmöglich sei. Die grundsätzliche Unvermeidbarkeit von Softwarefehlern wird in Rechtsprechung und Literatur auch anerkannt, mit dem Argument, dass die menschliche Auffassungsgabe und Einsichtsfähigkeit nicht ausreicht, um komplexe Softwaresysteme in all ihren Facetten zu überblicken (vgl. Marly 2014, Rn. 1437 m. w. N.). Aus juristischem Blickwinkel gibt es Funktionsmängel, die aus technischer Sicht einen Fehler darstellen, aus rechtlicher Sicht aber nicht relevant sind.[125] Im umgekehrten Fall entspricht eine voll funktionsfähige Software – technisch fehlerfrei – nicht der vertraglich vereinbarten Beschaffenheit (z. B. bei einem Funktionsdefizit) und ist damit aus rechtlicher Sicht sachmangelbehaftet (Hoeren 2012, S. 102).

Welche Konsequenzen aus dieser grundsätzlichen Fehlerhaftigkeit zu ziehen sind, lässt sich in Bezug auf Software zwar diskutieren, ist für das BGB aber sicher kein „Neulandproblem" und es stellt sich die Frage, inwieweit der Softwarehersteller für die Mangelfreiheit seines Produktes einzustehen hat. Gänzlich unübersehbar sind die möglichen Folgen für den Herstellenden auf den ersten Blick nicht. Zwar ist die Sachmängelgewährleistung des BGB zunächst einmal verschuldensunabhängig, allerdings gilt dies nicht für Schadensersatzansprüche, womit etwaige Mangelfolgeschäden stets einer Verschuldensprüfung zugeführt werden müssen. Die Fehleranfälligkeit von Software ist sicher schwer zu überblicken, ein Unterschied zu anderen technisch hochkomplexen Systemen drängt sich jedoch nicht auf (Marly 2014, Rn. 1438). Überdies kann eine Differenzierung rechtspolitisch nicht gewollt sein. Damit würden bei Softwareherstellerinnen und Herstellern nämlich Anreize dazu gesetzt, Know-how (Fehleranalyse, übersichtliche Programmierstruktur, Organisationsstrukturen) nicht auszubilden oder zu verbessern. Stattdessen könnte man sich auf eine – einem Race-to-the-Bottom gleichende – (vermeintliche) Branchenüblichkeit zurückziehen. Bei der Gesetzgebung im Rahmen der Schuldrechtsreform

---

124 Bons 1985, S. 35: „Ein Fehler beinhaltet jegliche Abweichung in Inhalt, Aufbau und Verhalten eines Objekts zwischen ermittelten, beobachteten oder gemessenen Daten einerseits und den entsprechenden in den Zielvorgaben spezifizierten oder theoretisch gültigen Daten andererseits."
125 Hoeren, S. 102, mit dem Beispiel eines Programms welches bei einer selten benutzten Tastenkombination abstürzt. Hier läge technisch zwar ein Fehler vor, rechtlich soll dieser Fehler jedoch einen unerheblichen Mangel darstellen, welcher die Gebrauchstauglichkeit des Systems nicht oder kaum beeinträchtigt.

wurde die Problemlage in Bezug auf Software durchaus erkannt, gleichwohl wurde davon abgesehen, eine Sonderregelung zu treffen (BT-Drs. 14/6040, S. 242). Auch die Rechtsprechung weicht hier nicht von der Anforderung an die Mangelfreiheit von Software ab.[126]

Für den Big-Data-Kontext ist nunmehr fraglich, inwieweit sich die zu Computerprogrammen herausgearbeiteten Grundsätze auf Daten oder Algorithmen übertragen lassen. Auch hier könnte man vertreten, dass Daten – aus technischer Sicht – niemals fehlerfrei sind, was dafür spricht, dies auch in Rechtsprechung und Literatur anzuerkennen. Es dürfte sich hier aber ebenfalls die rechtspolitische Überlegung durchsetzen, kein Race-to-the-Bottom zu fördern, sondern Qualitätsmechanismen auszubilden und kontinuierlich zu verbessern. Was das Anwendungsszenario von Big Data aber von der Mangeldiskussion bei Software unterscheidet, ist – natürlich stets abhängig vom jeweiligen Einsatzszenario – folgendes: Zum einen geht es um die Auswertung großer unstrukturierter Datenmengen. Obwohl unstrukturiert nicht gleich qualitativ minderwertig bedeutet, muss doch konstatiert werden, dass für eine Prognoseentscheidung nicht alle Einzeldaten zu 100% korrekt sein müssen, sondern regelmäßig ein Mittelwert gezogen werden soll, bei welchem Ausschläge in die eine oder andere Richtung nivelliert werden. Daten sind damit wohl regelmäßig erst dann fehlerhaft, wenn die Datenqualität diesen Mittelwert erheblich verfälscht und damit die Prognoseentscheidung auf eine unsichere Grundlage stellt. Je nach Grad der Verfälschung aufgrund schlechter Datenqualität wäre allerdings fraglich, ob dies eigentlich ein Fehler der Daten selbst ist oder vielmehr die Auswertungssoftware eine zu geringere Fehlertoleranz aufweist, was damit auch einen Softwaremangel darstellen könnte.

Fehlerhaft ist die Software bereits dann, wenn ihre Ist-Beschaffenheit nicht den zwischen den Parteien vertraglich vereinbarten Anforderungen entspricht. Die Beschaffenheit muss dabei nicht ausdrücklich vereinbart werden, sondern kann

---

126 BGH, Urteil vom 04. November 1987 – Az. VIII ZR 314/86 (Nürnberg) = NJW 1988, 406: „Ohne Erfolg macht die Revision in diesem Zusammenhang geltend, daß für Programmentwicklungs-Software wie den Compiler und Interpreter, die nicht für Endanwender, sondern für Softwareproduzenten wie die Bekl. bestimmt seien, andere Maßstäbe hinsichtlich Fehlerfreiheit und Zumutbarkeit von Fehlerumgehungsmaßnahmen gelten müßten. Der Sachverständige wußte, daß es sich um Programmentwicklungs-Software handelte. Auch als Softwareproduzent durfte die Bekl. erwarten, daß die von ihr für eben diese Anlage und mit ihr zusammen bestellte Standard-Entwicklungssoftware so ausgereift war, daß damit jedenfalls nicht nur „provisorisch" gearbeitet werden konnte."; OLG Düsseldorf, Entscheidung vom 09. Juni 1994 – 17 U 106/94 = CR 1995, 269: „Auch bei einem neuentwickelten EDV-Programm darf der Besteller eine fehlerfreie Leistung erwarten. Ein stillschweigender Haftungsausschluß ist in diesen Fällen grundsätzlich nicht anzunehmen."

4.6 Rechtsgeschäftslehre und Big Data in der M2M-Kommunikation 283

auch konkludent verabredet werden. Beschaffenheitsvereinbarungen sind insbesondere für Individualsoftware relevant, denn hier ergibt sich die Beschaffenheit häufig aus dem Pflichtenheft, in welchem dann z. B. Anforderungen zu Informationsfluss (z. B. Quellen, Ziele, Verzweigungen), Verarbeitungsregeln (z. B. für Steuerung, technisch-wissenschaftliche Berechnungen), Schnittstellen, Bearbeiter/ Programme, Antwortzeiten, Robustheit, Portabilität usw. getroffen werden (vgl. Marly 2014, Rn. 1383). Die Abgrenzung zur Eignung für die nach dem Vertrag vorausgesetzte Verwendung (§§ 434 Abs. 1 S. 2 Nr. 1, 633 Abs. 2 S. 2 Nr. 1 BGB) ist fließend und umstritten. Teilweise wird vertreten, eine Beschaffenheitsvereinbarung liege nur vor, wenn die Parteien dies ausdrücklich geregelt haben und der Bereich der vertraglich vorausgesetzten Verwendung bei konkludent vereinbarten Kriterien (etwa Leistungsbeschreibungen) eingreift (Hoeren 2012, S. 102). Andere Stimmen ordnen Produkt- und Leistungsbeschreibungen wiederum dem Bereich der Beschaffenheitsvereinbarung zu und unterscheiden, ob eine verbindliche Beschreibung des Zustands der Software erfolgte, welche Teil des Vertragsinhaltes wurde (Marly 2014, Rn. 1444).

Ist die Beschaffenheit nicht vertraglich vereinbart oder vorausgesetzt, kann als Auffangtatbestand die gewöhnliche Verwendung eingreifen. Diese ist schwer abzugrenzen, da allgemeine, objektiv bestimmbare Qualitätsstandards bei Software schwer feststellbar sind. Gleichwohl lassen sich insbesondere bei Standardsoftware Gruppen vergleichbarer Programme bilden. So wird man etwa von Textverarbeitungsprogrammen erwarten können, dass diese z. B. über eine Rechtschreibkorrektur verfügen oder eine Fußnotenfunktion aufweisen. Bei Finanzbuchhaltungsprogrammen wiederum wird man erwarten können, dass diese so programmiert sind, dass gesetzliche Vorgaben eingehalten werden.

Für das, was Softwaremängel sein können, gibt es eine große Zahl von Beispielen und gerichtlichen Entscheidungen. Müsste man Softwaremängel nach der Art des Fehlers – nicht nach ihrer Schwere, was etwa für die Reaktionszeit bei Nachbesserung wichtig ist – unterteilen, bieten sich z. B. folgende Kategorien an: Funktionsmängel und -defizite, Inkompatibilität insbesondere fehlende Migrationsmöglichkeit, Kapazitätsmängel, Belastung durch Schadprogramme, Vorkehrungen gegen unberechtigte Programmnutzung, fehlende Nutzerfreundlichkeit und Entwurfsfehler (nach Marly 2014, Rn. 1472). Abschließend ist diese Unterscheidung keinesfalls und es wird regelmäßig zu Überschneidungen kommen. Funktionsmängel sind negative Abweichungen zwischen dem erwarteten und dem tatsächlichen Ergebnis des Programmablaufs, d. h. es handelt sich um das technische Versagen einzelner

Programmfunktionen.[127] Ein Funktionsdefizit liegt hingegen vor, wenn eine bestimmte Funktionalität vereinbart war, das Programm diese aber überhaupt nicht aufweist (Hoeren 2012, S. 103). Der Unterschied zu den Funktionsmängeln besteht also darin, dass bei diesen eine bestimmte Funktion im Programm zwar angelegt ist, aber fehlerhaft umgesetzt wurde, während bei einem Funktionsdefizit eine bestimmte Funktionalität gar nicht vorhanden ist (BGH, Urteil vom 03. April 2007 – Az. X ZR 104/04 (OLG Bamberg) = NJW 2007, 2761).

Ebenfalls als ein Fehler kann sich die mangelnde Kompatibilität einer Software darstellen. Ein Kompatibilitätsproblem kann auch gegeben sein, wenn bei der Konvertierung von Datensätzen in ein anderes Format Datenverluste auftreten (Marly 2014, Rn. 1508). Ebenso als ein Kompatibilitätsproblem und damit als mangelhaft ist die mangelnde Zukunftsfähigkeit eines Computerprogramms dann einzuordnen, wenn die Software zum Zeitpunkt des Gefahrübergangs nach äußeren Umständen zwar noch mangelfrei ist, wegen eines bereits angelegten Fehlers, etwa weil sich das bevorstehende Kompatibilitätsproblem aus Sicht eines oder einer objektiven Dritten bereits bei Gefahrübergang abgezeichnet hat.[128] Eine weitere Fallgruppe bilden Kapazitätsmängel. Ein Kapazitätsmangel ist gegeben, wenn die Software für ihr ordnungsgemäßes Funktionieren mehr Speicher- oder Rechenkapazität benötigt als für die Software eigentlich vorgesehen ist. Auch fehlende Bedienungsfreundlichkeit wurde in der Rechtsprechung schon unter dem Begriff des Softwaremangels diskutiert. Hierbei geht es darum, der oder dem Anwendenden die Nutzung des Programms durch eine leicht zugängliche Menüsteuerung, Hilfsfunktionen und Fehlerhinweise soweit zu erleichtern, dass die oder der Anwendende nicht gezwungen ist, umfangreiche Kenntnisse über die Programmnutzung zu erlernen und per-

---

127 Marly 2014, Rn. 1444, mit dem Beispiel eines Programms zur Ermittlung der monatlichen Steuerschuld, welche jedoch aufgrund einer falsch aufbereiteten Steuerformel falsch berechnet wird; Hoeren 2012, S. 105, mit dem Beispiel einer Software, die nicht in der Lage ist, Umlaute auszugeben, sondern stattdessen beim Ausdruck nur Fragezeichen ausgibt.

128 Marly 2014, Rn. 1504, zu bejahen „wenn die Änderung der äußeren Umstände nicht nur zumindest in den einschlägigen Fachkreisen allgemein bekannt ist, sondern innerhalb eines Zeitraums zu erwarten steht, der deutlich kleiner ist als der zu erwartenden durchschnittlichen Nutzungszeitraum des Programms"; LG Leipzig, Urteil vom 23. Juli 1999 – Az. 3 O 2479-99 = NJW 1999, 2975: „Ob in Verträgen über Software die Jahr-2000-Fähigkeit vereinbart wurde, ist jeweils im konkreten Einzelfall zu bestimmen; relevant hierfür sind die übliche Nutzungsdauer der Software, der Vertragszweck und das Projektvolumen."; OLG München, Urteil vom 22. März 2000 – Az. 7 U 5021/99 = NJW-RR 2001, 1712 „Die fehlende Tauglichkeit der Software für den Übergang in das Jahr 2000 ist allerdings grundsätzlich als Mangel anzusehen [...]."

4.6 Rechtsgeschäftslehre und Big Data in der M2M-Kommunikation

manent verfügbar zu halten.[129] Darunter fassen lässt sich auch die eingeschränkte Toleranz der Software gegenüber Falscheingaben. Diese dürfen nicht gleich zu Systemabstürzen führen und fehlerhafte Eingaben, zumindest bei weit verbreiteten Fehlern, sollten als solche vom Programm erkannt werden (Marly 2014, Rn. 1570).

Auch bei Daten, welche in Big-Data-Szenarien zum Einsatz kommen, lässt sich auf die Fehlerbegriffe der §§ 434, 633 BGB zurückgreifen. Denkbar und unter Transparenzgesichtspunkten vorzugswürdig wäre es, auch für Daten eine Art Pflichtenheft oder Anforderungsspezifikation zu verwenden. Hier bietet sich eine ähnliche Kategorisierung an, wie sie in Pflichtenheften für Individualsoftware seit Jahren praktiziert wird, denn die Kategorien lassen sich eben teilweise auch auf Daten übertragen. Der Bereich der gewöhnlichen Verwendung ist hingegen ähnlich diskutabel wie bei der Software auch, da sich eine gewöhnliche Verwendung im Rahmen einer Big-Data-Analyse erst einmal einstellen muss. Die bei Software vorgenommene Einteilung – Funktionsmangel und Funktionsdefizit – ließen sich auch auf Datensätze übertragen. Analog zum Funktionsmangel könnte man für Daten etwa von einem Mangel ausgehen, wenn eine bestimmte vertraglich zugesagte Aussage aus den Daten nicht gewonnen werden kann, da z. B. bestimmte Messdaten nicht erhoben wurden. Ein mit dem Funktionsdefizit vergleichbarer Fall läge vor, wenn z. B. eine zu geringe Anzahl Datensätze erhoben wurde, sodass die daraus gewonnene Prognose nicht aussagekräftig genug ist. Die Kategorie mangelnder Zukunftsfähigkeit ließe sich auf Daten dann übertragen, wenn die Datenlieferantin oder der Datenlieferant beispielsweise die Aktualität bestimmter Daten für einen vertraglich festgelegten Zeitraum versprochen hat.

Kompatibilitätsmängel könnten sich einstellen, wenn etwa bestimmte Datensätze nicht miteinander kombiniert werden können, ohne dass dadurch der vertraglich versprochene Aussagewert verfälscht würde oder weil es technisch nicht möglich ist. Allerdings ist zuzugeben, dass sich hier, ähnlich wie bei der Frage der Fehlertoleranz die Frage stellt, ob nicht statt der Daten eher die Software fehlerhaft ist, weil z. B. eine bestimmte Auswertungsfunktionalität nicht vorhanden ist oder die Software nicht ausreichend fehlertolerant ist.

---

129 LG Heilbronn, Urteil vom 11. Oktober 1988 – Az. 2 O 17/85 = NJW-RR 1989, 1327: „Die Bekl. selbst hat ausgeführt, daß sie Programme für EDV-Laien verkaufe. Insoweit muß sie sich auch entgegenhalten lassen, daß die Einschränkung der Anwendungssicherheit dadurch, daß das durch Fehlerroutinen reduzierbare Fehlerrisiko fast vollständig beim Benutzer verbleibt, sich als Mangel darstellt. Zwar hat der Sachverständige bestätigt, daß die Gestaltung des Programms und damit auch die Fehlermeldungen im Ermessen des Programmierers liegen, jedoch hat er erklärt, er halte das von der Bekl. gelieferte Programm nicht für benutzerfreundlich."

Mängelgewährleistung und Mangelfolgeschaden

So vielfältig die Anwendungsmöglichkeiten von Big Data sein mögen, eines haben sie im Kern wohl stets gemeinsam: Big Data soll dazu dienen, durch die Verknüpfung unterschiedlicher Datensätze eine Faktengrundlage zu schaffen, um Prognoseentscheidungen besser treffen zu können. Dies können sowohl Entscheidungen mit gesamtgesellschaftlichen Implikationen, aber auch schlichte unternehmerische Entscheidungen sein, welche sich etwa auf die saisonale Nachfrage nach einem bestimmten Produkt beziehen. Es ist daher von vitalem Interesse, dass die Daten, welche in ein bestimmtes Vorhersagemodell einfließen, die Wirklichkeit möglichst akkurat wiedergeben, d. h. die Daten bestimmte Qualitätsanforderungen erfüllen. Denn Fehleinschätzungen, die auf der Grundlage „minderwertiger" Daten getroffen werden, können je nach Trag- oder Reichweite der Entscheidung fatale Auswirkungen auf Einzelpersonen, Unternehmen oder die Gesellschaft im Ganzen haben. Die Frage, ob dadurch zivilrechtliche Ansprüche begründet werden, sprich die Frage nach der zivilrechtlichen Haftung für fehlerhafte Daten oder Algorithmen, die sich in einer Fehlentscheidung materialisieren, liegt da nicht fern.

Neben dem Problem, wie hier die Datenqualität zivilrechtlich zu bestimmen ist, stellen sich insbesondere Verschuldens- und Kausalitätsfragen, insbesondere dann, wenn nicht eindeutig festzustellen ist, worin die Ursache für die fehlerhafte Berechnung liegt.

Das Verschuldensproblem stellt sich weniger im Rahmen der Haftung nach dem Produkthaftungsgesetz (ProdHaftG).[130] Allerdings ist fraglich, ob Daten und Algorithmen vom Regelungsbereich des Produkthaftungsgesetzes erfasst sind, denn Produkt im Sinne dieses Gesetzes ist „jede bewegliche Sache, auch wenn sie einen Teil einer anderen beweglichen Sache oder einer unbeweglichen Sache bildet, sowie Elektrizität".[131] Gem. § 1 ProdHaftG ist die Haftung allerdings bereits dem Grunde nach auf Schäden an den absoluten Rechten Leben, Körper, Gesundheit und Sachschäden beschränkt. Das ProdHaftG hat damit bereits einen im Vergleich zu § 823 BGB eingeschränkten Anwendungsbereich, welcher z. B. Vermögenschäden aufgrund einer auf der Grundlage fehlerhafter Daten getroffenen geschäftlichen Entscheidung nicht erfasst.

---

130 § 6 Abs. 1 ProdHG erklärt im Falle von Mitverschulden des Geschädigten § 254 BGB für anwendbar.
131 Zur Diskussion Conrad und Schultze-Melling 2011, S. 192; Marly 2014, S. 788; Spindler 1998, S. 120 f; Rowland 2012, S. 479; Alhelt 2001, S. 194 ff.

4.7 Wettbewerbs- und Kartellrecht

Datenverarbeitung und deren sich anschließende kommerzielle Nutzung ist, soweit personenbezogene Daten verarbeitet werden, bisher vor allem durch die Brille des Datenschutzes betrachtet worden. Unabhängig vom Personenbezug rückt das Verhältnis von Datenhaltung, „Dateneigentum" oder auch nur faktischer Kontrolle über große Datenbestände und die zunehmende Konzentration großer Datenbestände in den Händen weniger Unternehmen in den Fokus kartellrechtlicher Aufsicht und Regulierung (Bundeskartellamt und Autorité de la concurrence 2016, S. 4). Dabei sind nicht große Datenbestände oder Big-Data-Analysen alleiniger Ansatzpunkt für das Eingreifen kartellrechtlicher Regulierung. Vielmehr decken sie sich teilweise mit wettbewerbsrechtlichen Begriffen; hier insbesondere mit der Regulierung von Plattformen und einem sich daraus ergebenden Netzwerkeffekt entsprechend mächtiger Marktteilnehmerinnen und Marktteilnehmer. M. a. W. die kartell- und wettbewerbsrechtliche Diskussion, die sich im Zusammenhang mit dem Begriff Big Data stellt, knüpft in der bisherigen disziplinären Forschung überwiegend an den Begriff der Plattformen an. Dabei lässt sich konstatieren, dass auch große Datenbestände und mithin Datenbestände, die mittels Big-Data-Analysen gewonnen worden sind, eine Plattform darstellen können.

Kartellrechtliche oder wettbewerbsrechtliche Sachverhalte, in denen Daten oder große Datenmengen als Faktor relevant werden können, lassen sich in drei unterschiedlichen Konstellationen diskutieren. Im Rahmen der Fusionskontrolle, beim Marktmachtmissbrauch und beim Verbot wettbewerbsbeschränkender Verhaltensweisen. Gemeinsam ist diesen Konstellationen, dass es für das Vorliegen eines Verstoßes stets der Definition eines relevanten Marktes bedarf. Die Fusionskontrolle untersucht (und unterbindet ggf.) einen geplanten Zusammenschluss oder Unternehmenskauf darauf, ob dadurch der Wettbewerb in dem relevanten Markt erheblich behindert oder eine marktbeherrschende Stellung entstehen würde. Auch Missbrauchskontrolle oder – mit ähnlichen Voraussetzungen – das Verbot wettbewerbsbeschränkender Maßnahmen greifen erst dort ein, wo Marktmacht auf einem relevanten Markt missbraucht wurde.

Bisher konzentrierten sich die Wettbewerbsbehörden auf Internet-Suchmaschinen und Soziale Netzwerke. Allerdings werfen diese Verfahren die Frage auf, zu welchem Grad Big Data oder Unternehmen, welche Big-Data-Analysenverfahren einsetzen, dem Wettbewerbs- und Kartellrecht unterworfen sind. Dabei lässt sich Wettbewerbs- und Kartellrecht nicht isoliert betrachten, sondern muss auch im Kontext seiner Beziehungen zu anderen Rechtsgebieten, wie z. B. dem Datenschutzrecht oder Recht des geistigen Eigentums, betrachtet werden. Vor allem deshalb, weil insbesondere ausschließliche Rechtspositionen in anderen Rechtsgebieten in das Wettbewerbsrecht ausstrahlen und freien Wettbewerb verhindern können. Ferner ist zu berücksichtigen, dass die EU im Rahmen ihrer Strategie zum digitalen Binnenmarkt auch einen Fokus auf die Regulierung von Plattformen legt.

Der potenzielle Wert von Daten wurde bisher zum Beispiel bei Unternehmensfusionen geprüft. Im Verfahren *Google/DoubleClick* (Comp/M. 4731 (11.3.2008), §§ 359-366) untersuchte die EU Kommission, ob die Zusammenfügung der Datenbanken der beiden Unternehmen den Wettbewerb behindern würde, weil dadurch die Konkurrenz marginalisiert und an den Rand gedrängt würde. Im Fall des Zusammenschlusses von *Facebook/WhatsApp* (Comp/M. 7217 (3.10.2014), §§ 180-189) prüfte die EU-Kommission, ob die Daten der WhatsApp-Nutzerinnen und -Nutzer für Werbezwecke genutzt werden könnten, beendete das Verfahren aber mit der Feststellung, dass dies keine negativen Auswirkungen auf den Wettbewerb habe. Außerhalb von Fusionskontrollverfahren (z. B. bei *Reuters Instrument Codes* (Case AT.39654 (20.12.2012)) wurde erörtert, ob die Struktur einer Datenbank eine wesentliche Einrichtung (essential facility) darstellt, zu der auch Wettbewerbern Zugang zu gewähren ist. Erst vor kurzem rückte unter anderem der „Besitz" von Daten in den Fokus von Regulierungsbehörden. In einem vom Bundeskartellamt eingeleiteten Verfahren gegen Facebook geht es um die Frage, ob Facebook seine Marktstellung bei sozialen Netzwerken dadurch missbraucht, dass es Datenschutzbestimmungen verwendet, die gegen deutsches Datenschutzrecht verstoßen und die von Nutzern des Netzwerkes überhaupt nur deshalb akzeptiert wurden, weil Facebook über eine dominierende Marktstellung verfüge (Bundeskartellamt 2016). Dieser Fall ist der erste, bei dem es um die Beziehung zwischen der Erhebung/Sammlung von personenbezogenen Daten und dem potenziellen Missbrauch von Marktmacht geht. An diesem Verfahren ist für Big-Data-Anwendungen auch interessant, dass Facebook eine marktbeherrschende Stellung nachgewiesen werden müsste, was notwendigerweise die Definition eines Marktes voraussetzt. Da Facebook-Nutzer für den Dienst Facebook allerdings nicht zahlen müssen, wird das Bundeskartellamt hier neue Wege gehen müssen.

Zum jetzigen Zeitpunkt wird man konstatieren müssen, dass sowohl Gesetzgeber als auch die mit der Umsetzung beauftragte Exekutive erst am Anfang stehen, die Relevanz oder den Einfluss von Daten in Wettbewerbs- und Kartellverfahren zu verstehen. Diese lässt sich einigen Verlautbarungen und Initiativen entnehmen, welche von der Europäischen Union oder nationalen Wettbewerbsbehörden gestartet wurden. Z. B. teilte EU-Kommissar Vestager mit, dass die EU-Kommission ein vitales Interesse an der Regulierung von Big Data und dem dort entstehenden oder bestehenden Wettbewerb habe. Insbesondere seien hier die Auswirkungen auf den Datenschutz und die Frage relevant, welche Rolle Daten als Wirtschafts- oder Handelsgüter einnehmen (Vestager 2016). Auch der Europäische Datenschutzbeauftragte veröffentlichte ein Positionspapier zum Datenschutz und zur Wettbewerbsfähigkeit im Zeitalter von Big Data, in welchem die Beziehung zwischen Datenschutz, Wettbewerbsrecht und Verbraucherschutz beleuchtet werden (Europäischer Datenschutzbeauftragter 2014). Zusätzlich wird die Rolle von Daten oder Big Data auch von nationalen Wettbewerbsbehörden untersucht. Die deutsche und die französische Wettbewerbsbehörde veröffentlichen im Mai 2016 beispielsweise einen gemeinsamen Untersuchungsbericht zu Big Data und Wettbewerbsrecht (Bundeskartellamt und Autorité de la concurrence 2016, S. 4). Schwerpunkt der Untersuchung ist, zu welchem Grad sich der Missbrauch einer marktbeherrschenden Stellung aus einem „Datenvorteil", d. h. der Verfügung über (große) Datenbestände ableitet, über die ein potenzieller Wettbewerber nicht verfügt (Jestaedt 2016). Einen ganz ähnlichen Fokus hat ein Bericht der UK Competition and Market Authority (CMA), in welchem wettbewerbsbehindernde Effekte, die aus der Sammlung großer Datenmengen herrühren, untersucht wurden (Competition & Market Authority 2015). Darüber hinaus beschäftigte sich die Monopolkommission in einem Sondergutachten zu wettbewerbsrechtlichen Aspekten von Big Data mit digitalen Märkten, in dem Fragen zum Wettbewerb sowie zum Daten- und Verbraucherschutz in digitalen Märkten untersucht werden (Monopolkommission 2015). Zusätzlich wird derzeit das Gesetz gegen Wettbewerbsbeschränkungen (GWB) novelliert. Ziel der Novellierung ist es u. a. datenbasierte Geschäftsmodelle in der Fusionskontrolle besser überprüfen zu können (Bundesministerium für Wirtschaft und Energie 2016).

4.7.1 Fusionskontrolle

Unternehmenszusammenschlüsse oder -käufe können im Rahmen der Fusionskontrolle mit Auflagen versehen oder ganz untersagt werden, wenn durch sie der Wettbewerb erheblich behindert oder eine marktbeherrschende Stellung entstehen würde.

Regelungen zur Fusionskontrolle finden sich im nationalen Recht. In Einzelfällen ist auch EU-Recht anwendbar. Üblicherweise teilt sich die Fusionskontrolle in einen formellen und einen materiellen Teil. Im Rahmen der formellen Prüfung ist zu entscheiden, ob der Unternehmenszusammenschluss überhaupt einer Anmeldepflicht bei der jeweils zuständigen Wettbewerbsbehörde unterliegt, sodass dieser die Prüfung des Zusammenschlusses auf materieller Ebene ermöglicht wird. Dies hängt davon ab, ob der geplante Zusammenschluss einen spürbaren Einfluss auf die Marktstruktur in dem jeweiligen Marktgebiet haben kann, was üblicherweise an wirtschaftlichen Kriterien festgemacht wird. In Deutschland, d. h. im Zuständigkeitsbereich des Bundeskartellamtes, wird dabei auf bestimmte Umsatzschwellenwerte abgestellt.

So ist ein Unternehmenszusammenschluss in Deutschland dann anzumelden, wenn der gemeinsame weltweite Umsatz der beteiligten Unternehmen im letzten abgelaufenen Geschäftsjahr die Umsatzschwelle von EUR 500 Mio. überschritten hat und mindestens ein beteiligtes Unternehmen (Erwerber oder Zielgesellschaft) einen Umsatz in Deutschland von EUR 25 Mio. erzielt hat und ein weiteres einen Umsatz in Deutschland von mehr als EUR 5 Mio. erzielt hat. Ähnliche Umsatzschwellen existieren auch in anderen Mitgliedstaaten der EU.

Wird die Umsatzschwelle überschritten, ist die Unternehmenstransaktion mithin anmeldepflichtig, dann muss die zuständige Wettbewerbsbehörde diese in einem zweiten Schritt materiell-rechtlich überprüfen und klären, ob das Zusammenschlussvorhaben wirksamen Wettbewerb auf den von der Transaktion betroffenen Märkten durch eine übermächtige Marktstellung erheblich behindern würde. Um dies zu überprüfen, ist Grundvoraussetzung, zunächst den relevanten Markt sowohl in sachlich als auch räumlicher Hinsicht zu bestimmen, sodass daraus in einem zweiten Schritt die Marktanteile der beteiligten Unternehmen – regelmäßig umsatzbezogen – berechnet werden können.

Für klassische Märkte hat diese Art der Fusionskontrolle bisher gut funktioniert, für Digitalmärkte und neue datenbasierte Geschäftsmodelle weist dieser Prüfungsaufbau allerdings Schwächen auf.

Fusionskontrollrechtliche Aufgreifschwelle

Bei der Frage, welchen Wert Daten in der Fusionskontrolle haben, ergibt sich nach bisheriger Rechtslage bereits bei der Anmeldeschwelle ein erstes Problem. Da die Anmeldeschwelle umsatzbezogen berechnet wird, ist diese erst dann überschritten, wenn die an dem Zusammenschluss beteiligten Unternehmen einen bestimmten Umsatz generieren. „Etablierte" Unternehmen, die datenbasierte oder -getriebene Geschäftsmodelle verfolgen, fallen hier weniger durch das Raster. Problematisch ist die Anmeldeschwelle aber bei Start-ups und jungen Unternehmen, weil diese häufig noch nicht über den für das Überschreiten der Anmeldeschwelle relevanten Umsatz verfügen. Gezeigt hat sich dies etwa bei der Übernahme des Messengers WhatsApp durch das Soziale Netzwerk Facebook. Zum Zeitpunkt der Übernahme hatte WhatsApp nach eigenen Angaben bereits 600 Mio. Nutzer weltweit und obwohl Facebook einen Kaufpreis von ca. 19 Mrd. USD zahlte, lag der für die Anmeldeschwelle relevante Umsatz im vorangegangen Geschäftsjahr (2013) bei lediglich USD 10 Mio. Damit verfehlte die Transaktion die in Art. 1(2) oder 1(3) der Verordnung (EG) Nr. 139/2004 (Fusionskontrollverordnung) erforderliche gemeinschaftsweite Bedeutung. Die Transaktion wurde nur aufgrund des Auffangtatbestandes in Art. 4(5) Fusionskontrollverordnung von der EU-Kommission überprüft, weil die Aufgreifschwelle in drei EU-Mitgliedstaaten (Großbritannien,

4.7 Wettbewerbs- und Kartellrecht

Spanien und Zypern), deren nationale Fusionskontrolle eher marktanteilsbezogen aufgebaut ist, erfüllt war (Case M.7217 – Facebook/ WhatsApp, C(2014) 7239 final; Klein und Schrader 2016, S. 822).

Um den Nachteil einer umsatzbasierten Aufgreifschwelle – zumindest in Deutschland – zu adressieren, wird mit der 9. GWB-Novelle eine kaufpreisbasierte Aufgreifschelle eingeführt werden. Damit sollen künftig insbesondere die Übernahmen von Start-ups durch finanzstarke Investorinnen und Investoren der Kontrolle des Kartellamts unterworfen werden (Bundesministerium für Wirtschaft und Energie 2016). § 35 Abs. 1a Nr. 3 GWB-E sieht vor, dass die Vorschriften über die Zusammenschlusskontrolle auch Anwendung finden, wenn „der Wert der Gegenleistung für den Zusammenschluss mehr als 350 Millionen Euro beträgt". Damit soll sichergestellt werden, dass Innovationspotenziale von Start-ups nicht durch die Übernahme durch finanzstarke und zukünftige Wettbewerberinnen und Wettbewerber zunichte gemacht werden. So ist ein Unternehmenskauf zukünftig auch dann anzumelden, wenn das Zielunternehmen in Deutschland bisher gar keine Umsätze erzielt hat.

Zum Nachweis des Inlandsbezugs soll ausreichen, wenn das Zielunternehmen plant, zukünftig in Deutschland geschäftlich tätig zu werden, wobei hier auch Forschungs- und Entwicklungsleistungen gelten sollen oder wenn das Geschäftsmodell des Zielunternehmens vorsieht, kostenlose Produkte oder Dienstleistungen in Deutschland anzubieten (Bundesministerium für Wirtschaft und Energie 2016, S. 77).

Prüfungsmaßstab

Selbst wenn die Anmeldeschwelle aufgrund des von den beteiligten Unternehmen generierten Umsatzes übertroffen wurde, bedeutet dies nicht, dass die Auswirkungen, die die Übernahme auf den Wettbewerb haben kann, damit vollumfänglich überprüft würden. Vielmehr zeigen sich beim Umgang mit datenbasierten Geschäftsmodellen auch hier Unzulänglichkeiten.

Problematisch ist z. B., dass datengetriebene Geschäftsmodelle im Internet häufig kostenfrei angeboten werden. Dies gilt insbesondere für Suchmaschinen und soziale Medien. Aber auch News-Aggregatoren oder klassische Nachrichtenseiten bieten ihre Inhalte häufig kostenfrei an. Bisher setzte allerdings die Annahme eines kartellrechtlich relevanten Marktes voraus, dass Produkte oder Dienstleistungen zu einem bestimmten Preis angeboten werden.

Soll die Übernahme von Start-ups zukünftig unter bestimmten Voraussetzungen auch fusionskontrollrechtlich überprüft werden, stellt sich hinsichtlich des Prüfungsmaßstabs ein weiteres Problem. Orientiert man sich an der Frage, ob durch den Erwerb eines Start-ups zu erwarten ist, dass wirksamer Wettbewerb auf den betroffenen Märkten erheblich behindert wird, ist das aufgrund der noch gar nicht existenten Marktstellung des erworbenen Unternehmens kaum zu beurteilen. Letztlich beurteilt werden müsste, welches Marktpotenzial das erworbene Unternehmen mit und ohne Zusammenschluss hätte, was mit Unwägbarkeiten und Ungenauigkeiten behaftet ist (Klein und Schrader 2016, S. 822).

4.7.2 Marktmachtmissbrauch

Die Frage, welche Marktmacht oder welche Marktvorteile man durch Daten erhält, gehört derzeit zu den am intensivsten diskutierten Fragestellungen. Grund dafür ist, dass die Frage des relevanten Marktes und einer daraus resultierenden Marktmacht eines marktdominierenden Unternehmens, ein Tatbestandsmerkmal für das Eingreifen wettbewerblicher Verletzungstatbestände darstellt.

Relevanter Markt

Kartell- oder wettbewerbsrechtlich zu bewertende Sachverhalte erfordern die Definition bzw. die Abgrenzung des Marktes. Ein Markt existiert dort, wo Angebot und Nachfrage aufeinandertreffen. Einem kartellrechtlich relevanten Markt werden dabei Produkte und Leistungen zugerechnet, die untereinander austauschbar sind. Zur Marktabgrenzung bediente man sich in der Vergangenheit in erster Linie quantitativer Methoden zur Klärung der Nachfragesubstituierbarkeit, wie des sogenannten SSNIP[132]-Tests (vgl. Paal 2015, S. 1000; Weck 2015' S. 293). Hierbei wird überprüft, was bei einer kleinen, dauerhaften Preiserhöhung eines Produkts oder einer Produktegruppe (um ca. 5–10 %) passiert. Weichen die Konsumentinnen und Konsumenten auf andere Produkte aus und wird die Preiserhöhung dadurch unrentabel, können diese anderen Produkte ebenfalls dem relevanten Markt zugerechnet werden. Für daten- oder internetbasierte Geschäftsmodelle oder generell für Märkte der New Economy wird der Test allerdings als nur bedingt geeignet angesehen. Zum einen herrsche auf den Märkten der New Economy eine höhere Fluktuation. Zum anderen stellen Internetdienste ihre Leistungen für die Nutzerinnen und Nutzer häufig kostenlos zur Verfügung, was die Frage aufwirft, worin die zur Marktabgrenzung erforderliche Gegenleistung zu sehen ist. Die EU-Kommission erörterte die Frage, ob ein kartellrechtlich relevanter Markt auch bei unentgeltlichen Leistungen vorliegt, im Fusionskontrollverfahren Microsoft/Yahoo!, ließ das Ergebnis aber ausdrücklich offen (Case No. COMP/M.5727 Rdnr. 85 f. Microsoft/Yahoo!). Die nationale Entscheidungspraxis ist zwar uneinheitlich, aber durchaus offen dafür, auch kostenlose Leistungen als marktqualifizierend anzuerkennen. Fälle,

---

132 SSNIP bedeutet "Small but Significant and Non-Transitory Increase in Price".

4.7 Wettbewerbs- und Kartellrecht

in welchen kostenlose Märkte akzeptiert wurden, sind einerseits solche, in denen Leistungsbeziehungen sich potenziell als „gegen Entgelt" qualifizieren lassen, und anderseits solche Leistungsbeziehungen, in welchen die Marktgegenseite zu einer „autonomen Auswahlentscheidung" in der Lage ist (Podszun und Franz 2015, S. 124).

Zugunsten der Annahme eines kartellrechtlich relevanten Marktes trotz der Unentgeltlichkeit für die Nutzerinnen und Nutzer ließe sich ferner erwägen, dass die Gegenleistung der Nutzerinnen und Nutzer in der Bereitstellung von Aufmerksamkeit für kontextabhängige Werbung besteht. Sofern nämlich Anbieterinnen und Anbieter über ihre Plattform Werbung anbieten, läge der Erfolg in der Adressierung bestimmter Gruppen der Nutzenden mit Werbeinhalten. Deren Aufmerksamkeit könnte dann als marktrelevante Gegenleistung betrachtet werden und ist auch – beispielsweise über die Zählung der Klicks – objektiv messbar (vgl. Paal 2015, S. 1000; Podszun und Franz 2015, S. 124; Telle 2016, S. 835 ff. m. w. N.). Diese Ansicht wird in der Literatur jedoch als nicht überzeugend verworfen. Zum einen würden hier die Beziehungen zwischen Werbeunternehmen, Suchmaschinenbetreiber und Nutzer nicht hinreichend voneinander abgegrenzt. Zudem sei es nicht überzeugend, dass allein die Abhängigkeit zwischen Beworbenen und Werbeunternehmen einen relevanten Markt konstituieren soll (Paal 2015, S. 1000).

Ebenfalls diskutiert wurde in der Literatur, die von Nutzerinnen und Nutzern übermittelten Daten ebenfalls mit in die Marktbetrachtung aufzunehmen. Denn häufig fallen bei kostenlosen Dienstleistungen große Mengen von Daten zu persönlichen Interessen oder zum Surfverhalten an, welche die Diensteanbieterin oder der Diensteanbieter erhebt und verarbeitet. Auch lassen sich Daten aufgrund ihres erheblichen wirtschaftlichen Wertes als Gegenleistung betrachten (Telle 2016, S. 835 ff. m. w. N.).

Marktmacht

Unternehmen der New Economy und diese bestimmenden ökonomischen Parameter sind schon seit längerem Gegenstand wissenschaftlicher Untersuchungen. Dabei ließen sich einige Charakteristika identifizieren, welche ihren Erfolg oder Misserfolg bestimmen. Dazu gehören insbesondere Netzwerkeffekte, Multihoming und Marktdynamik. Allerdings bedeuten die Existenz oder Absenz vorgenannter Effekte nicht, dass damit eine dominante Marktposition besteht oder nicht besteht. Vielmehr kann dies nur Indizien liefern, da es stets auf eine individuelle Betrachtung des Einzelfalls ankommt.

Netzwerkeffekt

Das Geschäftsmodell vieler Online-Unternehmen ist das Anbieten einer Plattform. Im Internet oder, allgemeiner gefasst, in der datengetriebenen Wirtschaft haben sich – ohne dass diese Entwicklung als abgeschlossen betrachtet werden könnte – mittlerweile Dienste ausgebreitet, welche sich als Plattformen beschreiben lassen. Plattformen haben gemein, dass sie verschiedene Nutzergruppen mit verschiedenen Zwecken und Zielen miteinander verbinden (Telle 2016, S. 835 ff.). Aus der Verknüpfung verschiedener Nutzergruppen ergeben sich sogenannte Netzwerkeffekte. Netzwerkeffekte beschreiben, inwieweit sich der Nutzen aus einem Produkt oder einer Dienstleistung für eine Nutzerin oder einen Nutzer ändert, wenn sich die Anzahl anderer Nutzerinnen und Nutzer desselben Produktes oder derselben Dienstleistung ändert. Daraus resultiert die Annahme, dass der Nutzen, welchen eine Nutzerin oder ein Nutzer aus der Nutzung eines Produkts oder einer Dienstleistung zieht, entscheidend von der Gesamtnutzerzahl beeinflusst wird.

Der Netzwerkeffekt kann „direkt" und „indirekt" auftreten. Das Telekommunikationsnetz wird hier überwiegend als klassisches Beispiel genannt. Je mehr Nutzerinnen und Nutzer an das Telefonnetzwerk angeschlossen sind, desto höher ist der Nutzen für die einzelnen Teilnehmerinnen und Teilnehmer („direkter Netzwerkeffekt"). Im Internet profitieren insbesondere Soziale Netzwerke oder Online-Dating-Plattformen von einem direkten Netzwerkeffekt (Monopolkommission 2015, Tz. 36-37). Ein indirekter Netzwerkeffekt entsteht, „wenn eine steigende Anzahl der Nutzerinnen und Nutzer einer Marktseite die Nutzung der Plattform für eine andere Marktseite attraktiver macht" (Monopolkommission 2015, Tz. 38). Indirekte Netzwerke können sich z. B. ebenfalls in einem sozialen Netzwerk ergeben, wenn die steigende Nutzerzahl die Attraktivität der Plattform für Werbekunden erhöht. Gleiches gilt für eine Online-Auktionsplattform, die für Verkäuferinnen und Verkäufer attraktiver ist, je mehr Käuferinnen und Käufer die Plattform nutzen (Monopolkommission 2015, Tz. 38). Gerade die indirekten Netzwerkeffekte müssen bei der wettbewerblichen Analyse besonders berücksichtigt werden, weil sie dazu führen, dass sich mehrseitige Märkte von einseitigen Märkten unterscheiden. Dies muss bei der Marktdefinition berücksichtigt werden, denn Plattformbetreiber bestimmen ihre Preise häufig asymmetrisch. Dabei entstehen bestimmten Gruppen häufig gar keine direkten Kosten, während – häufig die Werbetreibenden – für den Umsatz der Plattform sorgen, d. h. nicht zahlende Gruppen subventioniert werden (Monopolkommission 2015, Tz. 38).

Weil mehrseitige Märkte auf mehrere Kundschaftsgruppen abzielen, kann die Bestimmung des relevanten Marktes Schwierigkeiten bereiten. Diese können sich insbesondere deshalb ergeben, weil die Plattformanbieterin oder der Plattformanbieter bestimmten Kundschaftsgruppen gegenüber Dienstleistungen kostenfrei anbieten kann, was – zumindest bisher in Deutschland – zur Verneinung der Frage des Vorliegens eines relevanten Marktes führte. Gleichwohl können Anbieterinnen und Anbieter auch um kostenfreie Dienstleistungen konkurrieren, weil diese – regelmäßig durch die Verarbeitung bestimmter Daten – einen Mehrwert für eine andere, dann gegenüber einer anderen Kundschaftsgruppe kostenpflichtige Dienstleistung, bieten.

Netzwerkeffekte können auf den Wettbewerb sowohl positive als auch negative Effekte haben. Negativ wirkt sich aus, dass Netzwerkeffekte Konzentrationstendenzen fördern. Dabei kann insbesondere das Erheben und Verarbeiten von Daten der Nutzenden eine Rolle spielen, da eine Plattform mit breiter Nutzerinnen- und Nutzerbasis entsprechend viel mehr Daten sammeln und verarbeiten kann als weniger stark frequentierte Konkurrenzplattformen (Bundeskartellamt und Autorité de la concurrence 2016, S. 28). Andererseits kann sich der Netzwerkeffekt auch positiv auf den Wettbewerb auswirken, da dieser neuen Marktteilnehmerinnen und Marktteilnehmern einen vergleichsweise schnellen Aufbau ihrer Nutzerbasis ermöglicht (Bundeskartellamt und Autorité de la concurrence 2016, S. 28). Dies trägt einerseits zu einem insgesamt dynamischen und innovationsfreudigen Marktumfeld bei. Andererseits vermindert es Lock-In-Effekte[133], da Unternehmen mit innovativen Produkt- oder Dienstleistungsideen, wechselbereite Kundinnen und Kunden ansprechen und somit die Entstehung marktmächtiger Unternehmen verhindern. Multihoming auf Seite der Nutzenden wird ebenfalls als Faktor angesehen, der Marktmacht entgegenwirken kann. Darunter versteht man den parallelen Einsatz mehrerer Plattformen oder Diensteanbieterinnen und Diensteanbieter für ähnliche oder gleiche Produkte oder Dienste (Bundeskartellamt und Autorité de la concurrence 2016, S. 28).

Missbrauch von Daten der Nutzenden

Das Verhältnis von Datenschutz und Wettbewerbsrecht geriet in letzter Zeit zunehmend in den Fokus wissenschaftlicher Betrachtungen (Bundeskartellamt und Autorité de la concurrence 2016, S. 22 ff.). Bisher überwog die Ansicht, dass Datenschutzverstöße nicht per se eine Angelegenheit des Wettbewerbsrechts sind.

---

133 Unter Lock-in-Effekt versteht man in den Wirtschaftswissenschaften die enge Bindung der Kundschaft an Produkte/Dienstleistungen oder einen bestimmten Anbietenden, die es dem Kunden wegen entstehender Wechselkosten sonstiger Barrieren erschwert, Produkt oder Anbietenden auszutauschen.

Insbesondere für das Europäische Wettbewerbsrecht wurde dies in mehreren Entscheidungen klargestellt.[134]

Umgekehrt heißt dies allerdings nicht, dass Datenschutzverstöße keinerlei wettbewerbsrechtliche Relevanz aufweisen. Vielmehr können – was auch der EuGH anerkennt – auch andere Rechtsvorschriften Einfluss auf die wettbewerbsrechtliche Beurteilung haben, wenn sich ein Verstoß gegen andere Rechtsvorschriften auf Mitbewerberinnen und Mitbewerber auswirkt.[135] Ferner ist z. B. für das deutsche nationale Kartellrecht entschieden worden, dass die Verwendung unzulässiger allgemeiner Geschäftsbedingungen ein Missbrauch einer marktbeherrschenden Stellung sein kann (Monopolkommission 2015, S. 171 m. w. N.). Dies soll insbesondere dann der Fall sein, wenn die unwirksame Klausel überhaupt nur aufgrund der überlegenen Marktstellung der Verwenderin oder des Verwenders mit den Kundinnen und Kunden hatte vereinbart werden können (BGH, Urteil vom 6. November 2013, Az. KZR 61/11, Rn. 68).

Auch wenn Datenschutz- und Wettbewerbsrecht dem Schutz unterschiedlicher Rechtsgüter dienen, ist nicht ersichtlich, warum sich Datenschutzverstöße, wie Verstöße gegen andere Rechtsvorschriften, nicht im Einzelfall auch auf den Wettbewerb auswirken können. Ein Unternehmen, welches personenbezogene Daten auf rechtswidrige Art und Weise erhebt und verarbeitet, etwa weil die Einwilligung der Betroffenen zur Verarbeitung ihrer personenbezogenen Daten nicht rechtswirksam ist, könnte dann in den Fokus des Wettbewerbsrechts geraten, wenn die Betroffenen ihre Einwilligung nur aufgrund der Marktmacht des datenverarbeitenden Unternehmens abgegeben haben. Im März 2016 hat das Bundeskartellamt gegen

---

134 EuGH, C-238/05, Urteil vom 23.11.2006 „Asnef-Equifax", Rn. 63: „…sind etwaige Fragen im Zusammenhang mit der Sensibilität personenbezogener Daten, die als solche nicht wettbewerbsrechtlicher Natur sind, nach den einschlägigen Bestimmungen zum Schutz solcher Daten zu beantworten."; EU-Kommission, „Facebook/Whatsapp", COMP/M.7217. Rn. 164: "Any privacy-related concerns flowing from the increased concentration of data within the control of Facebook as a result of the Transaction do not fall within the scope of the EU competition law rules but within the scope of the EU data protection rules."

135 Vgl. hierzu z. B. EuGH, C-32/11, Urteil vom 14.03.2013 „Allianz Hungária": „…wird noch zu prüfen sein, ob die im Ausgangsverfahren fraglichen vertikalen Vereinbarungen unter Berücksichtigung des wirtschaftlichen und rechtlichen Zusammenhangs, in dem sie stehen, eine hinreichende Beeinträchtigung des Wettbewerbs auf dem Markt für Kfz-Versicherungen erkennen lassen, um eine bezweckte Wettbewerbsbeschränkung darzustellen. Dies könnte insbesondere der Fall sein, wenn entsprechend dem Vorbringen der ungarischen Regierung die Rolle, die das nationale Recht den als Versicherungsagenten oder -makler tätig werdenden Vertragshändlern zuweist, deren Unabhängigkeit von den Versicherungsgesellschaften erfordert."

Facebook ein Verfahren wegen des Verdachts des Marktmachtmissbrauchs durch Datenschutzverstöße eröffnet. Die Behörde untersucht dabei, ob Facebook durch die Ausgestaltung seiner Datenschutzerklärung und Geschäftsbedingungen zur Verwendung von Nutzerdaten seine möglicherweise marktbeherrschende Stellung bei sozialen Netzwerken missbraucht (Bundeskartellamt 2016). Freilich liegt nicht in jedem Rechtsverstoß eines marktbeherrschenden Unternehmens auch ein wettbewerbsrechtlich relevanter Verstoß. In dem vom Bundeskartellamt angestrengten Verfahren könnte aufgrund der Verwendung rechtswidriger Nutzungsbedingungen ein Fall des Konditionenmissbrauchs vorliegen. Dann nämlich, wenn Facebook auf einem abgrenzbaren „Markt für Soziale Netzwerke" marktbeherrschend ist und zwischen Marktbeherrschung und Datenschutzversstoß ein Zusammenhang besteht, könnte dies die Voraussetzungen für einen kartellrechtlichen Missbrauchstatbestand erfüllen (Bundeskartellamt 2016). Facebook erhebt aus verschiedenen Quellen und in großem Umfang Daten der Nutzerinnen und Nutzer und verarbeitet diese u. a. zu Profilen der Nutzenden, welche dann zu Werbezwecken genutzt werden. Um Facebook nutzen zu können, müssen die Nutzerinnen und Nutzer Facebooks Nutzungsbedingungen zustimmen, d. h. in die Verarbeitung personenbezogener Daten einwilligen. Fraglich ist, ob dieses Vorgehen gegen geltendes Datenschutzrecht verstößt, weil der Umfang der erteilten Einwilligung von den Nutzerinnen und Nutzern nicht mehr überblickt werden kann (Bundeskartellamt 2016).

4.7.3 Behinderungsmissbrauch

Der Missbrauch von Marktmacht kann sich nicht nur aus der Ausbeutung von Markt- oder Vertragspartnerinnen und -partnern ergeben, sondern kann auch eine Behinderung von Wettbewerberinnen und Wettbewerbern darstellen. So ließe sich im Falle eines Unternehmens – wie etwa Google – diskutieren, ob in der riesigen Datenmenge, welche das Unternehmen bisher aufgebaut hat, bereits ein solcher Wettbewerbsvorteil zu sehen ist, der die Daten zu einer wesentlichen Einrichtung (essential facility) machen würde. Dies hätte zu Folge, dass Wettbewerberinnen und Wettbewerbern ein Zugang zu diesen Daten zu gewähren wäre und folglich die Zugangsverweigerung einen nach Art. 102 AEUV verbotenen Marktmachtmissbrauch darstellen würde. Es liegt auf der Hand, dass der aus der Essential-Facilities-Doktrin folgende Kontraktionszwang einen Eingriff in die Vertrags- und Eigentumsfreiheit darstellt und Marktteilnehmerinnen und Marktteilnehmer mit den Mitteln des Kartell- und Wettbewerbsrechts auch nicht dazu gezwungen werden sollen, den Wettbewerb zu eigenen Lasten fördern zu müssen. Insbesondere nach der Rechtsprechung des EuGH kommt daher die Essential-Facilities-Doktrin auch nur bei außergewöhnlichen Umständen zur Anwendung. Solche sind nur gegeben, wenn der Zugang der Wettbewerberinnen und Wettbewerber unerlässlich für den Zugang zu einem benachbarten Markt ist; wenn die Zugangsverweigerung jeden wirksamen Wettbewerb auf diesem Markt ausschließt; wenn die Zugangsverweigerung das Erscheinen eines neuen Produktes verhindert und wenn keine objektive Rechtfertigung für die Zugangsverweigerung besteht (vgl. Paal 2015, S. 1002).

4.7.4 Preisdiskriminierung

Ebenfalls ein Problem kann ein „Datenvorteil" erzeugen, wenn daraus eine Preisdiskriminierung erwächst. Je mehr Daten der Kundschaft ein Unternehmen sammelt, je mehr Informationen ein Unternehmen über die Vorlieben und Gewohnheiten seiner Kundinnen und Kunden hat, umso eher ist es in der Lage, einzuschätzen, wie individuelle Kundinnen und Kunden auf Preiserhöhungen oder Senkungen reagieren. Ist das Unternehmen marktmächtig genug, könnte es verschiedene Preise für unterschiedliche Gruppen oder Individuen festlegen. Die Preisgestaltung basiert dabei in erster Linie auf Daten, welche das Unternehmen über seine Kundschaft gewonnen hat.

Preisdiskriminierung wird in die Nähe unlauterer Geschäftspraktiken und Verbraucherschutz gerückt, weil sie dazu führt, dass einige Verbraucherinnen und Verbraucher für bestimmte Waren und Dienstleistungen mehr bezahlen müssen, es dafür aber kaum Rechtfertigungsgründe, wie etwa einen höheren Aufwand für die Beschaffung oder ein höheres Schadensrisiko (wie bei der Kfz-Haftpflichtversicherung) gibt. Preisdiskriminierung hat damit auch eine grundrechtliche Dimension, fällt sie doch in den Anwendungsbereich des Art. 3 GG, der als Programmsatz auch auf privatrechtliche Rechtsverhältnisse ausstrahlt. Zudem kann Preisdiskriminierung, sofern sich Verbraucherinnen und Verbraucher anderen Einkaufsmöglichkeiten zuwenden, zu erhöhten Aufwendungen für die Suche nach anderen Angeboten führen (Bundeskartellamt und Autorité de la concurrence 2016, S. 21).

Auf der anderen Seite hätte Preisdiskriminierung für bestimmte Gruppen der Kundschaft positive Effekte, da ihnen bestimmte Produkt- und Dienstleistungen zu einem geringeren Preis zur Verfügung stünden. Darunter könnten sich auch Gruppen befinden, welche sich – würden keine Preisunterschiede gemacht – bestimmte Produkte oder Dienstleistungen gar nicht leisten könnten. Auf diese Weise könnte Preisdiskriminierung sogar wohlstandsfördernde Effekte haben und ökonomische Teilhabe sozial benachteiligter Personengruppen ermöglichen (Executive Office of The President of The United States 2015; Bundeskartellamt und Autorité de la concurrence 2016, S. 22 m. w. N.). Darüber hinaus könnte Preisdiskriminierung einen positiven Einfluss auf den Wettbewerb haben, weil Unternehmen durch individuelle Preisgestaltungen gezielt wechselwillige Verbraucherinnen und Verbraucher ansprechen könnten (Bundeskartellamt und Autorité de la concurrence 2016, S. 22 m. w. N.).

Allerdings ist fraglich, inwieweit eine weitgehend auf Daten der Nutzenden basierende Preisdiskriminierung wettbewerbsrechtlich relevant ist, z. B. als Missbrauch einer marktbeherrschenden Stellung oder eine wettbewerbsbeschränkende Verhaltensweise. Bloße Benachteiligung der Verbraucherinnen und Verbraucher reicht hier nicht aus, sondern es müssten sich negative Auswirkungen auf den Wettbewerb nachweisen lassen (Bundeskartellamt und Autorité de la concurrence 2016, S. 22 m. w. N.). Insofern stellen sich bei der Preisdiskriminierung ähnliche Fragen, wie sich auch im Zusammenhang mit der Verletzung rechtswidriger Datenschutzbestimmungen stellen, nämlich inwieweit das Verhalten gegenüber Kundinnen und Kunden oder Vertragspartnerinnen und Vertragspartnern eine wettbewerbsrechtliche Dimension erlangt und ob dies mit den Instrumentarien des Wettbewerbsrechts zufriedenstellend gelöst werden kann.

4.8 Fazit

Das Phänomen Big Data einer rechtswissenschaftlichen Untersuchung zuzuführen, stellt sich als große Herausforderung dar, denn um einen Überblick über die juristischen Implikationen durch Big Data zu gewinnen, muss man nicht nur die eigentliche Zusammenführung und Analyse großer, heterogener Datenmengen mit einer hohen Verarbeitungsgeschwindigkeit, sondern auch die vor- und nachgelagerten Prozesse berücksichtigen.

Eine der Hauptfragen, die durch die Big-Data-Entwicklung gestellt wird, ist die nach der rechtlichen Zuordnung von Daten. Diese Frage stellt sich insbesondere bezüglich der Maschinendaten, die nicht-personenbezogen sind und daher nicht dem datenschutzrechtlichen Regime unterliegen. Es geht vor allem darum Wertschöpfungsinteressen rechtlich abzusichern. Daten sind die Grundlage verschiedenster Geschäftsmodelle und notwendiger Begleiter für die Industrie 4.0-Entwicklung. Eine Auswertung der rechtlichen Literatur und der vorhandenen Rechtsprechung ergibt, dass Eigentum an Daten gem. § 903 BGB mangels abgrenzbarer Körperlichkeit der Daten abgelehnt wird. Es gibt einige wenige Ansätze in der Literatur zur Befürwortung einer analogen Anwendung des § 903 BGB. Andere Stimmen versuchen die Vorschriften zu den Rechtsfrüchten für eine eigentumsrechtliche Zuordnung bestimmter Datenkategorien zu bemühen. Auch wird argumentiert, dass bei personenbezogenen Daten das Recht dem Betroffenen eine eigentumsähnliche Position an seinen Daten bereitstelle. All diese Ansätze können bei genauerer Betrachtung jedoch nicht überzeugen. Auch aus den Leistungsschutzrechten ergibt sich kein umfassender Schutz für Daten. Daten können zwar bei Erfüllung weiterer Voraussetzungen bestimmten Schutzregelungen unterliegen, welche einzelne ausschließliche Verfügungsbefugnisse an bestimmten Daten zuweisen, wie z. B. die §§ 87a ff. UrhG; aber es gibt eben kein ausschließliches Nutzungsrecht für alle Arten von Daten. Damit stellt sich die Frage, ob die Einführung einer solchen Rechtsposition an Daten sinnvoll wäre. Dies ist insbesondere unter ökonomischen und sozialwissenschaftlichen Aspekten näher zu untersuchen.

Big-Data-Applikationen, welche die Verarbeitung personenbezogener Daten bedingen, werfen auch zahlreiche datenschutzrechtliche Fragen auf. Einer der hier prominentesten Aspekte ist sicherlich jener, dass Big Data eine Anonymisierung von personenbezogenen Daten erheblich erschwert. Die verantwortlichen Stellen sind vor große Herausforderungen gestellt, wenn es darum geht, das Re-Identifizierungspotenzial der zu verarbeitenden Daten zu bestimmen. Die datenschutzrechtlichen Prinzipien stellen eine Hürde für Big-Data-Anwendungen dar, denn personenbezogene Daten dürfen nur dann verarbeitet werden, wenn es eine Rechtsnorm erlaubt oder der Betroffene bzw. die Betroffene eingewilligt hat. Bezüglich der informierten Einwilligung stellen sich durch Big Data nicht nur vermehrt logistische Probleme; andere potenzielle Kritikpunkte, wie die Unfreiwilligkeit der Einwilligung und nicht ausreichende Informiertheit bei den Betroffenen, drängen mehr und mehr in den Vordergrund und sind anzugehen, will man an der informierten Einwilligung als rechtliche Grundlage für Big-Data-Applikationen festhalten. Auch andere datenschutzrechtliche Grundsätze, wie der Zweckbindungsgrundsatz oder der Erforderlichkeitsgrundsatz, werfen rechtliche Fragen auf. Big-Data-Verfahren werden schon jetzt für Scoring-Zwecke genutzt. Die gesetzlichen Regelungen schützen die Betroffenen hier nur bedingt. Beispielsweise gibt es gesetzliche Auskunftsansprüche, diese werden aber von der Rechtsprechung eher restriktiv gehandhabt. Durch die zum Scoring und zur automatisierten Einzelentscheidung eingeführten Neuregelungen in der Datenschutzgrundverordnung und auch durch ein anhängiges Verfahren beim Bundesverfassungsgericht kann hier aber eine Änderung zu Gunsten der Betroffenen eintreten. Die Datenschutzgrundverordnung bringt einige Neuerungen, die zum Teil Big-Data-Verfahren auch erleichtern können, wie z. B. der Erwägungsgrund 50 der DSGVO, der den Erlaubnisvorbehaltsgrundsatz modifiziert, oder auch Art. 6 Abs. 4 DSGVO, welcher einen Kriterienkatalog einführt, anhand dessen bestimmt werden kann, ob eine Zweckänderung zulässig ist. Die Datenschutzgrundverordnung bringt aber auch, durch die vielen Neuregelungen bedingt, ein nicht zu unterschätzendes Level an Unsicherheit sowie große Herausforderungen

4.8 Fazit

für die Durchführung von Big-Data-Anwendungen mit sich, z. B. hinsichtlich der Umsetzung des Grundsatzes „Datenschutz durch Technikgestaltung und durch datenschutzfreundliche Voreinstellungen" (Art. 25 DSGVO).

Big Data bringt auch neue Impulse in die Diskussion zu Fragen der Rechtsgeschäftslehre in der M2M-Kommunikation. Wegen der vielfach gestiegenen Rechenleistung moderner Computersysteme, verbesserten Algorithmen und durch die immense Komplexität, die die Einbeziehung von Big-Data-Analysen in maschinelle Entscheidungsprozesse mit sich bringt, werden Maschinen zunehmend der Kontrolle durch den Menschen entzogen. Es ist daher fraglich, inwieweit autonome Systeme zukünftig auch in rechtlicher Hinsicht autonom gestellt werden können oder sogar müssen, da aufgrund selbstlernender Algorithmen eine Zurechnung zum Betreiber des autonomen Systems zweifelhaft geworden ist.

Im zivilrechtlichen Kontext treten mit Bezug auf die Big-Data-Entwicklung auch zunehmend Haftungsfragen in den Vordergrund. Sowohl die Qualität der Daten als auch die des Algorithmus, mit dem die Daten verarbeitet werden, können sich auf das Analyseergebnis auswirken, welches wiederum Grundlage für Entscheidungen sein kann, die wirtschaftlich, im persönlichen oder auch im gesamtgesellschaftlichen Bereich, enorme Auswirkungen haben können.

Es bietet sich an, für Daten und Algorithmen die für die Softwarehaftung entwickelten Rechtsprechungsgrundsätze anzuwenden bzw. zu übernehmen. Welche speziellen vertragsrechtlichen Haftungsregelungen Anwendung finden, hängt davon ab, ob die Daten verkauft, vermietet oder verpachtet werden. Die Fehlerbegriffe der §§ 434, 633 BGB sind anwendbar. Bei der Subsumtion der in Betracht kommenden Fehlerbegriffe könnte eine Rolle spielen, dass bei Big Data große Datenmengen analysiert werden, um Prognosewerte zu erhalten. Dafür müssen nicht alle Einzeldaten zu 100 % korrekt sein, wenn ein Mittelwert errechnet werden soll. Erst wenn dieser Mittelwert erheblich verfälscht wird, könnte dies haftungsrechtlich relevant werden. Es ist auch zu bedenken, dass eine zu geringe Fehlertoleranz gegenüber ungenauen Daten des Analysetools ebenfalls Gewährleistungsfragen aufwerfen kann. Voraussichtlich wird der Aspekt „gewöhnliche Verwendung" der Daten die meisten Fragen aufwerfen. Die für Software über Jahre entwickelte Rechtsprechung lässt sich hier zumindest teilweise übertragen.

Schwierig zu erfassen ist die wettbewerbs- und kartellrechtliche Bedeutung von Big Data. Zwar lässt sich konstatieren, dass die Aggregation und die zunehmende Konzentration großer Datenbestände unter der Kontrolle weniger Unternehmen wettbewerbs- und kartellrechtliche Fragen aufwerfen. Diese knüpfen allerdings nicht an den Begriff Big Data an, sondern zielen in erster Linie auf die Regulierung von Plattformen und sich daraus ergebende Netzwerkeffekte einer marktmächtigen Plattformbetreiberin bzw. eines marktmächtigen Plattformbetreibers ab. Auch große

Datenbestände, die sowohl „Rohstoff" als auch das Ergebnis von Big-Data-Analysen sein können, lassen sich als Plattform begreifen. Netzwerkeffekte können als Marktmachtmissbrauch dann zum Gegenstand wettbewerbsrechtlicher Regulierung werden, wenn aufgrund eines starken Netzwerkeffekts Nutzerdaten scheinbar datenschutzrechtswidrig verwendet werden können, ohne dass dies dazu führt, dass Kundinnen und Kunden zu anderen Marktteilnehmerinnen und Marktteilnehmern abwandern. Big Data ist für die Entstehung eines Netzwerkeffekts keinesfalls Bedingung, kann diesen aber verstärken. Auch mithilfe von Big-Data-Analysen gewonnene Daten über die Kundschaft, die dann zur Preisdifferenzierung genutzt werden, können wettbewerbsrechtliche Auswirkungen haben und einen Missbrauch von Marktmacht darstellen.

Literatur

Ahlberg, H. (2016). In H. Ahlberg & H. P. Götting (Hrsg.), *Beck'scher Online-Kommentar Urheberrecht*. München: C.H. Beck.
Albrecht, J. P. (2016). Das neue EU-Datenschutzrecht – von der Richtlinie zur Verordnung. Überblick und Hintergründe zum finalen Text für die Datenschutzgrundverordnung der EU nach der Einigung im Trilog. *CR 32(2)*, 88-98. doi: 10.9785/cr-2016-0205
Alhelt, K. (1998). The applicability of the EU Product Liability Directive to software. *The Comparative and International Law Journal 34(2)*, 188-209.
Arkenau, J., & Wübbelmann, J. (2015). Eigentum und Rechte an Daten – Wem gehören die Daten? In J. Taeger (Hrsg.), *Internet der Dinge – Digitalisierung von Wirtschaft und Gesellschaft. DSRI Herbstakademie 2015 Tagungsband* (S. 95-109). Edewecht: Oldenburger Verlag für Wirtschaft, Informatik und Recht.
Art. 29 Datenschutzgruppe (2013). Opinion 03/2013 on purpose limitation. http://ec.europa.eu/justice/data-protection/article-29/documentation/opinion-recommendation/files/2013/wp203_en.pdf. Zugegriffen: 22. April 2015.
Berger, C. (2015). In R. Stürner (Hrsg.), *Jauernig Bürgerliches Gesetzbuch*. München: C.H. Beck.
Bier, C. (2015). Data Provenance. Technische Lösungskonzepte für das Datenschutzrecht auf Auskunft. *DuD 39(11)*, 741-746. doi:10.1007/s11623-015-0511-8
Büdenbender, U. (2012). In B. Dauner-Lieb & W. Langen (Hrsg.), *BGB Schuldrecht Bd 2*. Baden-Baden: Nomos.
BITKOM (2014). Leitfaden „Big-Data-Technologien – Wissen für Entscheider". http://www.bitkom.org/files/documents/BITKOM_Leitfaden_Big-Data-Technologien-Wissen_fuer_Entscheider_Febr_2014.pdf. Zugegriffen: 20. September 2016.
Bitter, T., Buchmüller, C., & Uecker, P. (2014). Datenschutzrecht. In T. Hoeren (Hrsg.), *Big Data und Recht* (S. 58-94), München: C.H. Beck.
Boehme-Neßler, V. (2016). Das Ende der Anonymität – Wie Big Data das Datenschutzrecht verändert. *DuD 40(7)*, 419-423. doi:10.1007/s11623-016-0629-3

Bons, H. (1985). Fehler und Fehlerauswertungen. In P. Gorny & W. Kilian (Hrsg.), *Computer-Software und Sachmängelhaftung*. Stuttgart: Teubner. S. 35 ff.
Bräutigam, P., & Klindt, T. (2015). Industrie 4.0, das Internet der Dinge und das Recht. *NJW 68(16)*, 1137-1142.
Bretthauer, S. (2016). Compliance-by-Design-Anforderungen bei Smart Data. *ZD 6(2)*, 267-274.
Buchner, B. (2013). In J. Taeger & D. Gabel (Hrsg.), *BDSG und Datenschutzvorschriften des TKG und TMG*. Frankfurt/M.: Verlag Recht und Wirtschaft.
Bullinger, W. (2014). In A.-A. Wandtke & W. Bullinger (Hrsg.), *Praxiskommentar zum Urheberrecht*. München: C.H. Beck.
Bundesbeauftragte für den Datenschutz und die Informationsfreiheit (2016). Benachrichtigungsrecht. https://www.bfdi.bund.de/DE/Datenschutz/Ueberblick/MeineRechte/Artikel/Benachrichtigungsrecht.html. Zugegriffen: 23. November 2016.
Bundesbeauftragte für den Datenschutz und Informationsfreiheit (2016a). Datenschutz-Grundverordnung. https://www.bfdi.bund.de/SharedDocs/Publikationen/Infobroschueren/INFO6.pdf?__blob=publicationFile&v=24. Zugegriffen: 23. November 2016.
Bundeskartellamt & Autorité de la concurrence (2016). Competition Law and Data. http://www.autoritedelaconcurrence.fr/doc/reportcompetitionlawanddatafinal.pdf. Zugegriffen: 30. November 2016.
Bundeskartellamt (2016). Bundeskartellamt eröffnet Verfahren gegen Facebook wegen Verdachts auf Marktmachtmissbrauch durch Datenschutzverstöße. https://www.bundeskartellamt.de/SharedDocs/Meldung/DE/Pressemitteilungen/2016/02_03_2016_Facebook.html. Zugegriffen: 24. November 2016.
Bundesministerium für Wirtschaft und Energie (2016). Entwurf eines Neunten Gesetzes zur Änderung des Gesetzes gegen Wettbewerbsbeschränkungen (9. GWB-ÄndG). https://www.bmwi.de/Redaktion/DE/Downloads/M-O/neunte-gwb-novelle.pdf?__blob=publicationFile&v=2. Bearbeitungsstand: 1. Juli 2016.
Competition & Market Authority (2015). The commercial use of consumer data. https://www.gov.uk/government/uploads/system/uploads/attachment_data/file/435817/The_commercial_use_of_consumer_data.pdf. Zugegriffen: 30. November 2016.
Conrad, I., & Schultze-Melling, J. (2011). In A. Auer-Reinsdorff & I. Conrad (Hrsg.), *Beck'sches Mandatshandbuch IT-Recht*. München: C.H. Beck.
Cornelius, K. (2002a). In W. Kilian & B. Heussen (Hrsg.), *Computerrechtshandbuch – Informationstechnologie in der Rechts- und Wirtschaftspraxis*. München: C.H. Beck.
Cornelius, K. (2002b). Vertragsabschluss durch autonome elektronische Agenten. *MMR 5(6)*, 353-358.
Dammann, U. (2016). Erfolge und Defizite der Datenschutz-Grundverordnung. *ZD 6(7)*, 307-314.
Dammann, U. (2014). In S. Simitis (Hrsg.), *Bundesdatenschutzgesetz*. Baden-Baden: Nomos Verlag.
Deutscher Bundestag (2008). BT-Drs. 16/10529 vom 10. Oktober 2008.
Dix, A. (2016). Datenschutz im Zeitalter von Big Data. Wie steht es um den Schutz der Privatsphäre? *Stadtforschung und Statistik 29(1)*, 59-64.
Dix, A. (2014). In S. Simitis (Hrsg.), *Bundesdatenschutzgesetz*. Baden-Baden: Nomos Verlag.
Dorner, M. (2014). Big Data und „Dateneigentum". *CR 30(9)*, 617-628. doi: 10.9785/cr-2014-0909
Ehlen, T., & Brandt, E. (2016). Die Schutzfähigkeit von Daten und Chancen für Big Data Anwender. *CR 32(9)*, 570-575. doi: 10.9785/cr-2016-0907

Ehmann, E. (2014). In S. Simitis (Hrsg.), *Bundesdatenschutzgesetz*. Baden-Baden: Nomos Verlag.
Eschholz, S., & Djabbarpour, J. (2015). Big Data und Scoring in der Finanzbranche. ABIDA-Dossier. http://www.abida.de/sites/default/files/Big%20Data%20%26%20Scoring.pdf. Zugegriffen: 23. November 2016.
Europäischer Datenschutzbeauftragter (2014). Privacy and competitiveness in the age of big data: The interplay between data protection, competition law and consumer protection in the Digital Economy. https://secure.edps.europa.eu/EDPSWEB/webdav/shared/Documents/Consultation/Opinions/2014/14-03-26_competitition_law_big_data_EN.pdf. Zugegriffen: 30. November 2016.
Europäischer Datenschutzbeauftragter (2015). Opinion 7/2015. Meeting the Challenges of Big Data. https://secure.edps.europa.eu/EDPSWEB/webdav/site/mySite/shared/Documents/Consultation/Opinions/2015/15-11-19_Big_Data_EN.pdf. Zugegriffen: 23. November 2016.
Executive Office of The President of The United States (2015). Big Data And Differential Pricing. https://www.whitehouse.gov/sites/default/files/docs/Big_Data_Report_Nonembargo_v2.pdf. Zugegriffen: 29. November 2016.
Eßer, M. (2014). In M. Eßer, P. Kramer & K. Lewinski (Hrsg.), *Auernhammer – Bundesdatenschutzgesetz und Nebengesetze*. Köln: Carl Heymanns Verlag.
Fritzsche, J. (2016). In H. G. Bamberger & H. Roth (Hrsg.), *Beck'scher Online-Kommentar BGB*. München: C.H. Beck.
Gierschmann, S. (2016). Was „bringt" deutschen Unternehmen die DS-GVO? *ZD 6(2)*, 51-55.
Glossner, S. (2013). Wirksamkeit des Vertragsschlusses, Teil 2. Das Recht des elektronischen Geschäftsverkehrs (Rn. 383 – 386,)In A. L. Leupold & S. Glossner (Hrsg.), *Münchener Anwaltshandbuch IT-Recht*. München: C.H. Beck.
Gola, P., Klug, C., & Körffer, B. (2015). In P. Gola & R. Schomerus (Hrsg.), *BDSG Bundesdatenschutzgesetz Kommentar*. München: C.H. Beck.
Grosskopf, L. (2012). Rechte an privat erhobenen Geo- und Telemetriedaten. In J. Strobl, T. Blaschke & G. Griesebner (Hrsg.), *Angewandte Geoinformatik* (S. 171-174). Berlin/Offenbach: Herbert Wichmann Verlag.
Grützmacher, M. (2016). Dateneigentum – ein Flickenteppich. *CR 32(8)*, 485-495. doi: 10.9785/cr-2016-0803
Grützmacher, M. (2014). In A.-A. Wandtke & W. Bullinger (Hrsg.), *Praxiskommentar zum Urheberrecht*. München: C.H. Beck.
Hackenberg, W. (2014). Teil 16.7 Big Data. In T. Hoeren, U. Sieber & B. Holznagel (Hrsg.), *Handbuch Multimedia-Recht – Rechtsfragen des elektronischen Geschäftsverkehrs*. München: C.H. Beck.
Härting, N. (2016). *Datenschutzgrundverordnung*. Köln: Otto Schmidt.
Häublein, M. (2012). In F. J. Säcker, H. Oetker & B. Limperg (Hrsg.), *Münchener Kommentar zum Bürgerlichen Gesetzbuch Bd 4*. München: C.H. Beck.
Heberlein, H. (2017). In E. Ehmann & M. Selmayr (Hrsg.), DS-GVO – Datenschutz-Grundverordnung. München: C.H. Beck.
Herbst, T. (2017). In J. Kühling, & B. Buchner (Hrsg.), *Datenschutz-Grundverordnung: DS-GVO*. München: C.H. Beck.
Herbst, T. (2014). In M. Eßer, P. Kramer & K. Lewinski (Hrsg.), *Auernhammer – Bundesdatenschutzgesetz und Nebengesetze*. Köln: Carl Heymanns Verlag.
Hoeren, T. (2014). *IT-Recht*. https://www.uni-muenster.de/Jura.itm/hoeren/itm/wp-content/uploads/Skriptum-IT-Vertragsrecht2.pdf. Zugegriffen: 15. Dezember 2015.

Hoeren, T. (2013). Dateneigentum – Versuch einer Anwendung von § 303 a StGB. *MMR 16(8)*, 486-491.
Hoeren, T. (2012). *IT-Vertragsrecht*. Praxis-Lehrbuch. Köln: Otto Schmidt.
Hoeren, T., & Völkel, J. (2014). Eigentum an Daten. In T. Hoeren (Hrsg.), *Big Data und Recht* (S. 58-94). München: C.H. Beck.
Huber, M. (2016). Datennutzungskontrolle. In Smart Data Begleitforschung FZI Forschungszentrum Informatik (Hrsg.), *Die Zukunft des Datenschutzes im Kontext von Forschung und Smart Data* (S. 48-49). http://www.digitale-technologien.de/DT/Redaktion/DE/Downloads/Publikation/smart-data-broschüre_zukunft_datenschutz.pdf?__blob=publicationFile&v=7. Zugegriffen: 05. Februar 2017.
International Working Group on Data Protection in Telecommunications (2014). Arbeitspapier zu Big Data und Datenschutz – Bedrohung der Grundsätze des Datenschutzes in Zeiten von Big-Data-Analysen. https://datenschutz-berlin.de/attachments/1085/675.48.15.pdf?1421749198. Zugegriffen: 23. November 2016.
Janssen, G., & Maluga, G. (2015). In W. Joecks & R. Schmitz (Hrsg.), *Münchener Kommentar zum StGB Bd 7*. München: C.H. Beck.
Jestaedt, T. (2016). European Antitrust Enforcers Move on Holders of Big Data. http://www.martindale.com/antitrust-trade-regulation-law/article_Jones-Day_2229508.htm. Zugegriffen: 05. Februar 2017.
Jung, C., & Feth, D. (2016). Datennutzungskontrolle mit IND2DUCE. In Smart Data Begleitforschung FZI Forschungszentrum Informatik (Hrsg.), *Die Zukunft des Datenschutzes im Kontext von Forschung und Smart Data* (S. 50-53). http://www.digitale-technologien.de/DT/Redaktion/DE/Downloads/Publikation/smart-data-broschüre_zukunft_datenschutz.pdf?__blob=publicationFile&v=7. Zugegriffen: 05. Februar 2017.
Kaboth, D., & Spies, B. (2016). In H. Ahlberg & H.-P. Götting (Hrsg.), *Beck'scher Online-Kommentar Urheberrecht*. München: C.H. Beck.
Katko, P., & Babaei-Beigi, A. (2014). Accountability statt Einwilligung? Führt Big Data zum Paradigmenwechsel im Datenschutz. *MMR 17(6)*, 360-364.
Kilian, W. (2014). Strukturwandel der Privatheit. In H. Garstka & W. Coy (Hrsg.), *Wovon – für wen – wozu. Systemdenken wider die Diktatur der Daten – Wilhelm Steinmüller zum Gedächtnis* (S. 210-224). Berlin: Epubli.
Kilian, W. (2012). Personal Data: The Impact of Emerging Trends in the Information Society. How the marketability of personal data should affect the concept of data protection law. *CRi 13(6)*, 169-175. doi: 10.9785/ovs-cri-2012-169
Klein, D. (2015). Blockchains als Verifikationsinstrument für Transaktionen im IoT? In J. Taeger (Hrsg.), *Internet der Dinge – Digitalisierung von Wirtschaft und Gesellschaft. DSRI Herbstakademie 2015 Tagungsband* (S. 429-440). Edewecht: Oldenburger Verlag für Wirtschaft, Informatik und Recht.
Klein, D., & Schrader, K. (2016). Fusionskontrolle 2.0 – Die Annäherung der Fusionskontrolle an die Digitale Wirtschaft. In J. Taeger (Hrsg.), *Smart World – Smart Law? DSRI Herbstakademie 2016, Tagungsband* (S. 819-834). Edewecht: Oldenburger Verlag für Wirtschaft, Informatik und Recht.
Köhler, M., & Fetzer, T. (2016). *Recht des Internet*. Heidelberg: C.F. Müller.
Kramer, P. (2014). In M. Eßer, P. Kramer & K. Lewinski (Hrsg.), *Auernhammer – Bundesdatenschutzgesetz und Nebengesetze*. Köln: Carl Heymanns Verlag.
Laney, D. (2001). 3D data management: Controlling data volume, velocity, and variety. Technical report, META Group. https://blogs.gartner.com/doug-laney/files/2012/01/

ad949-3D-Data-Management-Controlling-Data-Volume-Velocity-and-Variety.pdf. Zugegriffen: 16. August 2016.
Lang, M., Pflügler, C., Schreieck, M., Wiesche, M., & Krcmar, H. (2016). Datenschutz durch maschinenlesbare Zertifizierung mittels XBRL. In Smart Data Begleitforschung FZI Forschungszentrum Informatik (Hrsg.), *Die Zukunft des Datenschutzes im Kontext von Forschung und Smart Data* (S. 54-57). http://www.digitale-technologien.de/DT/Redaktion/DE/Downloads/Publikation/smart-data-broschüre_zukunft_datenschutz.pdf?__blob=publicationFile&v=7. Zugegriffen: 05. Februar 2017.
Mainzer, K. (1997). Künstliches Leben und virtuelle Agenten. http://www.heise.de/tp/artikel/6/6212/1.html. Zugegriffen: 30. November 2016.
Mallmann, O. (2014). In S. Simitis (Hrsg.), *Bundesdatenschutzgesetz*. Baden-Baden: Nomos Verlag.
Marly, J. (2014). *Praxishandbuch Softwarerecht*. München: C.H. Beck.
Marnau, N. (2016). Anonymisierung, Pseudonymisierung und Transparenz für Big Data. *DuD 40(7)*, 428-433.
Martini, M. (2014). Big Data als Herausforderung für den Persönlichkeitsschutz und das Datenschutzrecht. http://www.uni-speyer.de/files/de/Lehrst%C3%BChle/Martini/PDF%20Dokumente/Typoskripte/BigData-TyposkriptiSd%C2%A738IVUrhG.pdf. Zugegriffen: 17. November 2016.
Mayer-Schönberger, V., & Padova, Y. (2016). Regime Change? Enabling Big Data through Europe's new Data Protection Regulation. *Colum. Sci. & Tech. L. Rev. 17*, 315-335.
Meier, K., & Wehlau, A. (1998). Die zivilrechtliche Haftung für Datenlöschung, Datenverlust und Datenzerstörung. *NJW 51(22)*, 1585-1664.
Mössner, G. (2016). In B. Gsell, W. Krüger, S. Lorenz & J. Mayer (Hrsg.), *beck-online.GROSS-KOMMENTAR*. München: C.H. Beck.
Monopolkommission (2015). Wettbewerbspolitik: Herausforderung digitale Märkte, Sondergutachten 68.
Moritz, H.-W. (2008). Teil 3: Leistungsstörungen und Mängelansprüche bei Hard- und Softwareverträgen. In K. Wolfgang & B. Heussen (Hrsg.), *Computerrechtshandbuch. Informationstechnologie in der Rechts- und Wirtschaftspraxis*. München: C.H. Beck.
Neff, L. (2015). Die Zulässigkeit der Verarbeitung von Daten aus allgemein zugänglichen Quellen. In J. Taeger (Hrsg.), *Internet der Dinge – Digitalisierung von Wirtschaft und Gesellschaft. DSRI Herbstakademie 2015, Tagungsband* (S. 81-93). Edewecht: Oldenburger Verlag für Wirtschaft, Informatik und Recht.
Ohrtmann, J.-P., & Schwiering, S. (2014). Big Data und Datenschutz – Rechtliche Herausforderungen und Lösungsansätze. *NJW 67(41)*, 2984-2989.
Paal, B. (2015). Internet-Suchmaschinen im Kartellrecht. *GRUR Int. 64(11)*, 997-1005.
Podszun, R., & Franz, B. (2015). Was ist ein Markt? Unentgeltliche Leistungsbeziehungen im Kartellrecht, *NZKart 3(3)*, 121-127.
Rabe, O., & Wagner, M. (2016a). Die Zweckbindung: Ein Überblick über die aktuelle Rechtslage und Harmonisierung durch die Datenschutzgrundverordnung. In Smart Data Begleitforschung FZI Forschungszentrum Informatik (Hrsg.), *Die Zukunft des Datenschutzes im Kontext von Forschung und Smart Data* (S. 16-22). http://www.digitale-technologien.de/DT/Redaktion/DE/Downloads/Publikation/smart-data-broschüre_zukunft_datenschutz.pdf?__blob=publicationFile&v=7. Zugegriffen: 05. Februar 2017.
Rabe, O., & Wagner, M. (2016b). Verantwortlicher Einsatz von Big Data. *DuD 40(7)*, 434-439. doi: 10.1007/s11623-016-0632-8

Redeker, H. (2012). *IT-Recht*. München: C.H. Beck.
Roßnagel, A. (2013). Big Data – Small Privacy. Konzeptionelle Herausforderungen für das Datenschutzrecht. *ZD 3(11)*, 562-567.
Roßnagel, A., Geminn, C., Jandt, S., & Richter, P. (2016). Datenschutz 2016 „Smart" genug für die Zukunft? Kassel: kassel university press GmbH.
Rowland, D. (2012). *Information Technology Law*. Oxon: Routledge.
Sarunski, M. (2016). Big Data – Ende der Anonymität? Fragen aus Sicht der Datenschutzaufsichtsbehörde Mecklenburg-Vorpommern. *DuD 40(7)*, 424-427. doi:10.1007/s11623-016-0630-x
Schaar, P. (2016). Datensparsamkeit und Datenreichtum – ein Widerspruch? In Smart Data Begleitforschung FZI Forschungszentrum Informatik (Hrsg.), *Die Zukunft des Datenschutzes im Kontext von Forschung und Smart Data* (S. 10-15). http://www.digitale-technologien. de/DT/Redaktion/DE/Downloads/Publikation/smart-data-broschüre_zukunft_datenschutz.pdf?__blob=publicationFile&v=7. Zugegriffen: 05. Februar 2017.
Schefzig, J. (2015). Wem gehört das neue Öl – Die Sicherung der Rechte an Daten. *K&R 18(9)*, 3-7.
Schefzig, J. (2014). Big Data = Personal Data? Der Personenbezug von Daten bei Big-Data-Analysen. *K&R 19(12)*, 772-778.
Schmidt, B. (2013). In J. Taeger & D. Gabel (Hrsg.), *BDSG und Datenschutzvorschriften des TKG und TMG*. Frankfurt/M.: Verlag Recht und Wirtschaft.
Schmidt, F. (2016). Datenschutz-Grundverordnung – Neue Grundsätze. https://www.datenschutz-notizen.de/datenschutz-grundverordnung-neue-grundsaetze-0813653/. Zugegriffen: 19. November 2016.
Schmitz, P. (2014). Teil 16.2 Datenschutz im Internet. In T. Hoeren, U. Sieber & B. Holznagel (Hrsg.), *Handbuch Multimedia-Recht – Rechtsfragen des elektronischen Geschäftsverkehrs*. München: C.H. Beck.
Scholz, P. (2014). In S. Simitis (Hrsg.), *Bundesdatenschutzgesetz*. Baden-Baden: Nomos Verlag.
Schoof, J., Forgó, N., Helfrich, M., & Schneider, J. (2014). Grundsätze, Instrumente. In N. Forgó, M. Helfrich & J. Schneider (Hrsg.), *Betrieblicher Datenschutz Rechtshandbuch*. München: C.H. Beck.
Schreiber, L. (2016). In: U. Plath (Hrsg.), *BDSG/DSGVO: Kommentar zum BDSG und DSGVO sowie den Datenschutzbestimmungen von TMG und TKG*. Köln: Otto Schmidt.
Schroeck, M., Schockley, R., Smart, J., Romero-Morales, D., & Tufano, P. (2012). Analytics: Big Data in der Praxis. http://www-935.ibm.com/services/de/gbs/thoughtleadership/GBE03519-DEDE-00.pdf. Zugegriffen: 28. November 2016.
Schulz, S. (2017). In P. Gola (Hrsg.), *Datenschutz-Grundverordnung – VO (EU) 2016/679*. München: C.H. Beck.
Simitis, S. (2014). In S. Simitis (Hrsg.), *Bundesdatenschutzgesetz*. Baden-Baden: Nomos Verlag.
Sorge, C. (2006). *Softwareagenten. Vertragsschluss, Vertragsstrafe, Reugeld*. Karlsruhe: Universitätsverlag Karlsruhe.
Spindler, G. (2015). Die Agentenerklärung. In G. Spindler & F. Schuster (Hrsg.), *Recht der elektronischen Medien*. München: C.H. Beck.
Spindler, G. (1998). Verschuldensunabhängige Haftung im Internet. *MMR 1(3)*, 119-124.
Stresemann, C. (2015). Oberbegriff „Gegenstände". In F. J. Säcker, H. Oetker & B. Limperg (Hrsg.), *Münchener Kommentar zum Bürgerlichen Gesetzbuch Bd 1*. München: C.H. Beck.
Taeger, J. (2014). *Datenschutzrecht*. Frankfurt/M.: Deutscher Fachverlag GmbH, Fachmedien Recht und Wirtschaft.

Telle, S. (2016). Big Data und Kartellrecht – Relevanz Datenbasierter Geschäftsmodelle im Europäischen und Deutschen Kartellrecht. In J. Taeger (Hrsg.), *Smart World – Smart Law? DSRI Herbstakademie 2016, Tagungsband* (S. 835-851). Edewecht: Oldenburger Verlag für Wirtschaft, Informatik und Recht.

TMF (2016). EU-DSGVO 2016 – Update unseres Infobriefs zur EU-Datenschutzgrundverordnung (EU-DSGVO). https://www.tmf-ev.de/DesktopModules/Bring2mind/DMX/Download.aspx?method=attachment&Command=Core_Download&EntryId=28396&PortalId=0. Zugegriffen: 23. November 2016.

ULD (2005). Forschungsprojekt Scoringsysteme zur Beurteilung der Kreditwürdigkeit – Chancen und Risiken für Verbraucher. https://www.datenschutzzentrum.de/scoring/2005-studie-scoringsysteme-uld-bmvel.pdf. Zugegriffen: 23. November 2016.

Vestager, M. (2016). Competition in a big data world. Vortrag vom 18. Januar 2016. https://ec.europa.eu/commission/2014-2019/vestager/announcements/competition-big-data-world_en. Zugegriffen: 29. November 2016.

Von Lewinski, K. (2014). Überwachung, Datenschutz und die Zukunft des Informationsrechts. In Telemedicus e. V. (Hrsg.), *Überwachung und Recht* (S. 3-30). Berlin: epubli GmbH.

Weck, T. (2015). Fusionskontrolle in der Digitalen Welt. *NZKart 3(7)*, 290-295.

Weichert, T. (2014a). In W. Däubler, T. Klebe, P. Wedde & T. Weichert (Hrsg.), *Bundesdatenschutzgesetz. Kompaktkommentar zum BDSG*. Frankfurt/M.: Bund-Verlag.

Weichert, T. (2014b). Scoring in Zeiten von Big Data. *ZRP 47(6)*, 168-171.

Weichert, T. (2013). Big Data und Datenschutz. Chancen und Risiken einer neuen Form der Datenanalyse. *ZD 3(6)*, 251-259.

Welp, J. (1988). Datenveränderung (§ 303a StGB). *IuR 3(11-12)*, 443-449.

Werkmeister, C., & Brandt, E. (2016). Datenschutzrechtliche Herausforderungen für Big Data. *CR 32(4)*, 233-238.

Wiebe, A. (2016). Protection of industrial data – a new property right for the digital economy. *GRUR Int. 65(10)*, 877-884.

Zech, H. (2015). Daten als Wirtschaftsgut – Überlegungen zu einem „Recht des Datenerzeugers". *CR 31(3)*, 137-146. doi: 10.9785/cr-2015-0303

Zech, H. (2012). Information als Schutzgegenstand. Tübingen: Mohr Siebeck Verlag.

Zieger, C., & Smirra, N. (2013). Fallstricke bei Big-Data-Anwendungen – Rechtliche Gesichtspunkte bei der Analyse fremder Datenbestände. *MMR 16(7)*, 418-421.

Big Data aus ökonomischer Sicht: Potenziale und Handlungsbedarf

5

Arnold Picot (†), Yvonne Berchtold und Rahild Neuburger

Zusammenfassung

Digitalisierung und Vernetzung von Menschen, Maschinen und Endgeräten ermöglichen im Verbund mit fortschrittlicher Software und Rechenleistung die Integration, Analyse und Verarbeitung einer Fülle von Daten aus diversen, heterogenen Quellen. Big Data beeinflusst Wirtschaft und Gesellschaft in tiefgreifender, noch weitgehend unergründeter Weise. Die Auseinandersetzung mit den wirtschaftlichen Implikationen von Big Data ist essenziell. Diese Studie befasst sich aus ökonomischer Sicht mit dem Einfluss von Big Data insbesondere auf Wertschöpfung, Geschäftsmodelle und Marktstrukturen und identifiziert offene, klärungsbedürftige Fragen. Im Einzelnen werden folgende sieben Schwerpunktthemen betrachtet: Big Data – Begriffsabgrenzung, Big-Data-Wertschöpfung, Big-Data-as-a-Business, Das Unternehmen im Zeitalter von Data Analytics, Wettbewerb und Regulierung, Big Data und die Gesellschaft, Übergreifende Betrachtungen – Dateneigentum und Wert von Daten. Deren Diskussionen führen zu folgenden Ergebnissen:

Neben den bekannten Charakteristika von Big Data (4 V's) erscheint aus ökonomischer Sicht vor allem der „Value" entscheidend – d. h. der zusätzliche Wert, der durch den Einsatz von Big Data generiert werden kann. Daran anknüpfend stellt sich die Frage, wie Wertschöpfung mit Hilfe von Big Data entstehen kann und welche Ansätze für neue Geschäftsmodelle erkennbar sind. Je mehr datenbasierte Geschäftsmodelle existieren, desto wichtiger wird die Frage, wie sich diese in ausgewählten Branchen auswirken und welche Implikationen für den Mittelstand sowie Plattformen und Datenmärkte zu erwarten sind. Vor dem Hintergrund hier zu erkennender, unzweifelhafter Produktivitätseffekte von Big Data stellen sich durch all diese Entwicklungen ganz neue Herausforderungen an Strategie, Führung, Personal und Organisationskultur sowie die Relevanz von Kooperationen. Aus einem wettbewerbsökonomischen Blickwinkel sind

Daten als mögliche Markteintrittsbarriere sowie damit zusammenhängende neue Möglichkeiten der Entstehung von Marktmacht näher zu diskutieren. Über all diese Entwicklungen hinaus kann Big Data zweifelsohne einen erheblichen gesellschaftlichen Nutzen stiften; gleichzeitig entstehen aber auch neue Risiken wie z. B. Diskriminierung oder Manipulation. Diese stellen in gesellschaftlicher und gerade auch ökonomischer Perspektive erhebliche Herausforderungen dar. Bislang weitestgehend ungeklärt ist in diesem Zusammenhang beispielsweise auch, wer unter welchen Voraussetzungen eigentlich „Eigentümer" von Daten ist und ob bzw. welche eigentumsähnlichen Ansprüche begründet werden können. Auch die Wertbestimmung von Daten als essenzieller Vermögensgegenstand von Unternehmen und Personen ist in mancherlei Hinsicht ungeklärt.

Insgesamt ist unter ökonomischem Blickwinkel bereits eine beachtliche Vielfalt an wissenschaftlichen Auseinandersetzungen mit Big Data festzustellen. Diese schärfen das Bewusstsein für die ökonomische Bedeutung einer zunehmend datengetriebenen Wirtschaft, weisen auf wichtige Veränderungsfelder hin und verdeutlichen zugleich eine Reihe offener, klärungsbedürftiger Fragen, die durch Big Data im ökonomischen Kontext aufgeworfen werden.

5.1 Einleitung

Die fortschreitende Digitalisierung der Wirtschaft als auch der Gesellschaft erzeugt eine noch nie dagewesene Fülle an Daten (Macolic 2015, S. 240). Mittlerweile sind alle Bereiche unseres täglichen Lebens von dem stets wachsenden Datenvolumen betroffen (Loebbecke und Picot 2015, S. 149). Gemeinhin bezeichnet als Big Data bedürfen diese Datenvolumina einer enormen Rechenleistung (Manovich 2011, S. 2), entstammen unterschiedlichsten Quellen (Davenport et al. 2012, S. 22) und werden zunehmend in bzw. nahe Echtzeit ausgewertet. Innerhalb kürzester Zeit ist Big Data zu einem allgegenwärtigen Schlagwort in Wissenschaft, Wirtschaft und Politik geworden (Ward und Barker 2013, S. 1), um tiefgreifende Veränderungen unseres Denkens, Arbeitens und Lebens zu bezeichnen (Mayer-Schönberger und Cukier 2013). Zum ersten Mal tauchte der Begriff 2010 im Silicon Valley auf (Davenport 2014, S. 3). Seitdem werden damit verschiedenste Konzepte beschrieben, die sich von neuartigen Formen des Datenmanagements über kulturelle Veränderungen bis hin zu wirtschaftlichen Anwendungsgebieten erstrecken (Berchtold 2016, S. 3). Google Suchergebnisse zu dem Thema Big Data steigen kontinuierlich an (Wamba et al. 2015, S. 237), unterschiedlichste Forschungsprojekte werden initiiert und weltweit greifen viele öffentliche Medien dieses Thema auf (Chen et al. 2014, S. 171). Ebenso

5.1 Einleitung

setzen sich zahlreiche wissenschaftliche Veröffentlichungen aller Disziplinen mit diesem Themenkomplex auseinander. In Folge ist eine Art Big-Data-Ära entstanden (Brown et al. 2011; McAfee und Brynjolfsson 2012).

Die Vernetzung von Menschen, Maschinen und Endgeräten ermöglicht im Verbund mit fortschrittlicher Software und Rechenleistung die Integration, Analyse und Verarbeitung von einer Diversität an Datenquellen, die die globale Wirtschaft in einem noch nie dagewesenen Ausmaß beeinflusst (Manyika et al. 2011, S. 11; BARC 2013, S. 4). Agarwal und Dhar sprechen sogar von einer der größten Disruptionen seit dem Aufkommen des Internets (Agarwal und Dhar 2014, S. 443). Für lange Zeit haben uns Unternehmen wie Google oder Amazon als Vorreiter erfolgreich bewiesen, dass sie ihre Fähigkeit, mit Daten effektiv und effizient zu arbeiten, zum Marktführer werden lässt (Barton und Court 2012, S. 79). Derartige Unternehmen zeigen, dass Big Data nicht nur zu höherer interner Effizienz führen kann, sondern Geschäftsmodelle und Beziehungen zu Kunden[136] neu definiert und sogar das Potenzial hat, komplette Branchen und die gesamte Wirtschaftswelt zu transformieren (BARC 2013, S. 4; Picot und Hopf 2014, S. 263). Die Möglichkeiten, Big Data in einem wirtschaftlichen Kontext anzuwenden sind mannigfaltig und in allen Branchen zu finden (Eberspächer und Wohlmuth 2012, S. 3; Berchtold 2016, S. 3).

Trotz zahlreicher Vorteile kämpfen Unternehmen mit verschiedenen Herausforderungen. Bedingt durch eine stetig ansteigende Datenflut sind neue Möglichkeiten der Datensammlung, -speicherung und -analyse unabdingbar. Darüber hinaus drohen Echtzeitdatenanalysen daran zu scheitern, dass viele bestehende Systeme die Anforderungen nicht erfüllen, um mit dem vorherrschenden kontinuierlichen Datenstrom zu arbeiten (Barton und Court 2012, S. 81). Zusätzlich wird angenommen, dass die weltweit verfügbare Datenmenge so schnell wächst, dass die erforderlichen Prozesse der Datenverarbeitung nicht nachkommen (Reddi et al. 2011, S. 1). Neben Herausforderungen im technischen Bereich, erschweren Hindernisse, wie der Mangel an geeigneten Mitarbeitern, die Adaption von Organisationsstrukturen (Everelles et al. 2016, S. 902), eine fehlende datenorientierte Kultur oder auch die fehlende Unterstützung seitens der Führungsebene, den erfolgreichen Aufbau eines datengetriebenen Unternehmens (Mithas et al. 2013, S. 18).

Der Einsatz von Big Data kann noch weitere Risiken mit sich bringen (Berchtold 2016, S. 4). So können Daten und die darauf aufbauenden Analyseergebnisse zu einer sogenannten Datendiktatur führen. Sich blind auf Ergebnisse eines Algorithmus zu verlassen oder automatisch kausale Zusammenhänge zu unterstellen (Mayer-Schönberger und Cukier 2013, S. 166), kann Urteilsfehler bedingen, die

---

[136] Aus Lesbarkeitsgründen wird in diesem Kapitel auf die gleichzeitige Verwendung männlicher und weiblicher Sprachformen verzichtet.

bei primär datenbasierten Entscheidungsprozesen nicht selten auftreten können (Kettleborough 2014, S. 20 f.).
Aber gerade auch aus gesellschaftlicher Sicht entstehen durch Big Data Potenziale wie auch Herausforderungen und Risiken. So werden bspw. gesellschaftliche Veränderungen, wie die Substitution menschlicher Arbeitsprozesse durch Big-Data-Systeme, kritisch diskutiert. Andererseits dürfen positive Effekte auf die Beschäftigung (z. B. durch neu entstehende Berufe), die Produktivität und die Wettbewerbsfähigkeit sowie die enorm gestiegenen Möglichkeiten für Unternehmen, aus vielfältigen Daten und deren Analyse Kundenprobleme noch besser und effizienter lösen zu können, nicht vernachlässigt werden (Loebbecke und Picot 2015, S. 152). Zusammenfassend entstehen durch Big Data vielfältige Herausforderungen, die einer vertieften wissenschaftlichen Auseinandersetzung bedürfen. Die vorliegende Studie greift einige ökonomisch relevante Themenfelder heraus, um jeweils den gegenwärtigen Forschungsstand aufzuzeigen und zentrale Fragestellungen zu identifizieren.

5.2 Konzeption und Schwerpunkte der Studie

Die ökonomische Betrachtung von Big Data erfordert zunächst eine problemorientierte Abgrenzung des Begriffes und des umgebenden Themenfeldes. Dabei steht im Mittelpunkt, wie Daten und im Speziellen große Datenmengen bisher wirtschaftlich betrachtet wurden und welche Besonderheiten Big Data aus ökonomischer Perspektive bietet. Vor diesem Hintergrund wird Big Data unter verschiedenen, kontextspezifischen Blickwinkeln beleuchtet. Im Einzelnen werden die folgenden Kernthemen aus ökonomischer Perspektive erörtert (Abbildung 5).

In allen Kapiteln findet sich eine knappe Darlegung des aktuellen Forschungsstandes mit ausgewählten Literaturhinweisen. Hierbei wird bewusst auf eine detaillierte Zusammenfassung bestehender Studien verzichtet. Ziel ist vielmehr, themenspezifische Impulse zu generieren. Für jedes der Themen wurde eine Arbeitskreissitzung[137] durchgeführt, die vor dem Hintergrund des derzeitigen Wissensstandes und des Ziels des Projekts vor allem offene Fragen und

---

137 Das Projektteam der Ludwig-Maximilians-Universität München (Prof. Dr. Dres. h.c. Arnold Picot, †, Dr. Rahild Neuburger, Yvonne Berchtold (geb. Attenberger), M.Sc.) dankt den externen Mitgliedern des Arbeitskreises Ökonomie für die eingebrachte Expertise im Rahmen der Arbeitskreistreffen und der Erstellung dieser Studie. Regelmäßig durchgeführte Arbeitskreistreffen ermöglichten eine projektbegleitende Diskussion, deren Erkenntnisse direkt in die vorliegende Studie eingeflossen sind. Zusätzlich wurden von den Mitgliedern des Arbeitskreises ein Impulsvortrag sowie ein Vertiefungsbeitrag zu

5.2 Konzeption und Schwerpunkte der Studie

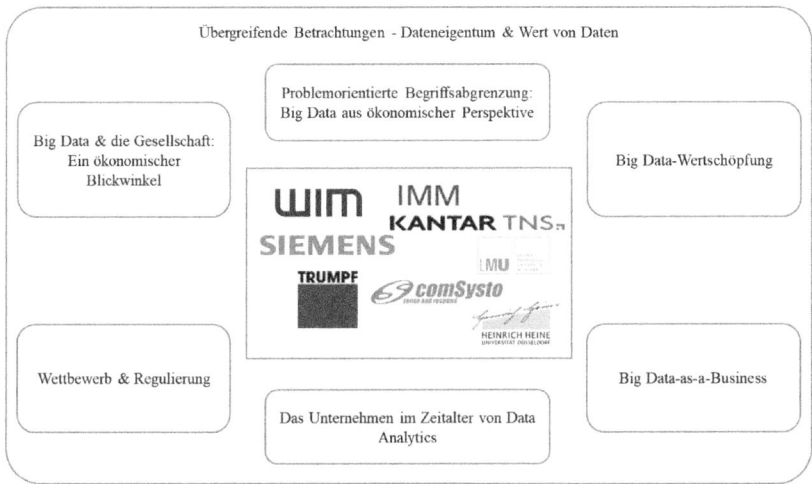

Abb. 5 Kernthemen aus ökonomischer Perspektive
Quelle: Eigene Darstellung ©

wünschenswerte Vertiefungen identifizierte. Die Diskussionen sind in den jeweiligen Abschnitten kompakt zusammengefasst. Alle einschlägigen Ergebnisse aus der

einem der jeweiligen Arbeitsschwerpunkte eingebracht. Die Vertiefungsbeiträge sind in der Studie entsprechend gekennzeichnet. Eine kontinuierliche Literaturrecherche und -analyse zu den identifizierten Kernthemen begleitete die Projektarbeit. Zu den Arbeitskreismitgliedern gehören:
- Yvonne Berchtold, M.Sc., Ludwig-Maximilians-Universität München (geb. Attenberger)
- Dr. Markus Eberl, Kantar, TNS
- Dr. Stephan Fischer †, TRUMPF GmbH + Co. KG
- Prof. Dr. Justus Haucap unterstützt durch PD Dr. Ulrich Heimeshoff, Heinrich-Heine-Universität Düsseldorf
- Prof. Dr. Thomas Hess, Ludwig-Maximilians-Universität München
- Stefan Hopf, M.Sc., MBR, Ludwig-Maximilians-Universität München
- Dr. Rahild Neuburger, Ludwig-Maximilians-Universität München
- Prof. Dr. Dres. h.c. Arnold Picot, †, Ludwig-Maximilians-Universität München
- Prof. Dr. Manfred Schwaiger unterstützt durch Antje Niemann, MBR, und Gerrit Hufnagel, M.Sc., Ludwig-Maximilians-Universität München
- Joachim Sedlmeir, M.Sc., MBR, Ludwig-Maximilians-Universität München
- Prof. Dr. Sonja Zillner, Siemens AG
- Tomislav Zorc unterstützt durch Florian Hoffmann, comSysto GmbH

durchgeführten Literaturarbeit sowie aus den Arbeitskreistreffen[138] sind mithilfe *kursiver unterstrichener Zwischenüberschriften* hervorgehoben. Am Ende jeden Kapitels werden zukünftig relevante Themen sowie offene Fragen zusammengefasst.

5.3 Problemorientierte Begriffsabgrenzung – Big Data aus ökonomischer Perspektive

Das globale Potenzial der Datenökonomie reicht von zugrundeliegenden IT-Infrastrukturen bis hin zu datengetriebenen Services und Geschäftsmodellen (z. B. Crisp Research 2014; Picot und Hopf 2014). Dabei wird diskutiert, ob Big Data lediglich als Hype bzw. eine Art Modeerscheinung angesehen werden kann oder tatsächlich ein Phänomen darstellt, das nachhaltig Einzug in die Ökonomie findet. Diese Frage stellte sich auch Thomas Davenport (2014) direkt am Anfang seines Buches über die Mythen und Möglichkeiten von Big Data (Davenport 2014, S. 9). Inzwischen hat sich Big Data zu einem allgegenwärtigen Bestandteil des täglichen Lebens entwickelt (Gandomi und Haider 2015, S. 138). Viele bezeichnen es sogar als leichtfertig und fahrlässig, den Einfluss von Big Data zu verharmlosen oder nur auf neue Technologien zu begrenzen (Mainzer 2014). Um Big Data in Gesamtheit aus ökonomischer Perspektive beurteilen und verstehen zu können, ist es unumgänglich, sich näher damit zu beschäftigen, was Big Data tatsächlich bedeutet. Vor diesem Hintergrund ist es das primäre Ziel dieses Kapitels, eine problemorientierte Begriffsabgrenzung vorzunehmen und darzulegen, wie sich Big Data von verwandten Phänomenen unterscheidet. Dabei wird einleitend dargestellt, welche Entwicklungen in Bezug auf die Datenökonomie über die Zeit zu beobachten waren und wie sich die heutige Datenökonomie entwickelt hat.

5.3.1 Entwicklungen zur Datenökonomie

Daten stehen in engem Zusammenhang mit Information und Wissen. Daten lassen sich als Zeichen oder Signale verstehen, die sich auf Objekte oder Prozesse in der Realität beziehen (z. B. Uhrzeiten, Temperaturen, Alter, Geo-Koordinaten). Kann Daten eine Bedeutung zugewiesen werden, entsteht Information, die ggf. Aktionen auslöst (z. B. Temperaturanstieg zwischen zwei Zeitpunkten löst Abschalten einer

---

138 Da sich die Abschnitte auf die getätigten Aussagen der Arbeitskreismitglieder beziehen, finden sich dort nicht notwendigerweise weitere Literaturhinweise.

5.3 Problemorientierte Begriffsabgrenzung

Heizquelle aus). Wird diese Information in einem nächsten Schritt mit dem persönlichen, individuellen Background oder anderen Informationen aus der Umwelt vernetzt, entsteht Wissen[139] (Linde 2008, S. 7; Picot et al. 2003, S. 118; Mertens et al. 2017, S. 79).

Wer sich folglich mit der Entwicklung der Datenökonomie beschäftigen will, stößt zwangsläufig auf den Ansatz der Informationsökonomie. Lange Zeit wurde ausgeblendet, dass Informationen im Wirtschaftsleben überhaupt eine Rolle spielen (Linde 2008, S. 1). Die neoklassische Bewegung ging anfangs davon aus, dass allen Marktteilnehmern die gleichen, vollkommenen Informationen vorliegen (Schachtner 2002, S. 19). Die Annahme kostenlos zugänglicher Information wird in der Informationsökonomik aufgehoben (Hayek 1945; Stigler 1961; Spence 1974; Stiglitz 1975). Sie verdeutlicht, welche Faktoren für die Suche und die Beurteilung von Informationen relevant sind, und beschreibt, wie Marktteilnehmer mit Informationsasymmetrien und Unsicherheiten umgehen. Maßgeblich wurde die Informationsökonomie zudem von Ökonomen geprägt, die sich in ihren Werken mit Information und Wissen als ökonomische Ressource, dessen Produktion und Distribution beschäftigen (Machlup 1962, 1981; Porat 1977).

Informationen wurden nicht immer zu den klassischen volkswirtschaftlichen Produktionsfaktoren, wie Arbeit, Kapital und Boden gezählt. Jedoch gewinnen Information und Wissen über die Zeit immer mehr an Bedeutung. Information ist häufig teuer zu erstellen, kann aber oftmals leicht und mit gegen Null gehenden Grenzkosten reproduziert werden. Folglich befassen sich immer mehr Arbeiten mit der Bedeutung von Information in Marktdynamik und Wettbewerb (siehe bspw. Picot et al. 2015). Als Güter verstanden, erfordern Informationen und Wissen zudem ein gezieltes Management (Picot und Franck 1993a, 1993b). Die Aufmerksamkeit gilt dabei nicht nur der Informationswirtschaft im engen Sinne, die sich mit der Verwendung von Informationen beschäftigt, sondern insbesondere auch den Informationssystemen, die Daten und Prozesse verwenden, sowie IuK-Technologien, die eine Speicherung und Verarbeitung von Daten ermöglichen (Krcmar 1990; Picot und Reichwald 1992; Heinrich et al. 2014). In diesem Zusammenhang werden Themen des Informationsmanagements in vielen Branchen und Bereichen immer wichtiger. Insbesondere Marketing, Produktion, Controlling und Unternehmensführung werden als datenintensive Bereiche gesehen (Scheer 2013).

Unabhängig von der Beschäftigung mit der Informationsökonomie oder dem Informationsmanagement wird deutlich, dass – ausgehend von der oben vorge-

---

[139] Beispiel: Wenn Person A sich in einem Zeitraum von mindestens der Länge X an Ort Y befindet und die Temperatur das Niveau Z übersteigt, dann ist es wahrscheinlich, dass diese Person ein kühles Getränk nachfragt.

nommenen Begriffsabgrenzung in Daten, Information und Wissen – sich diese Ansätze primär auf die Ebene der Information beziehen. In der Regel wird dabei der Grundsatz verfolgt, die gewünschten Informationen mit möglichst wenigen Daten zu erzeugen (Datensparsamkeit). Im Zeitalter der Datenökonomie wird jedoch gezielt die Ebene der Daten betrachtet. Dabei geht es in erster Linie um die reichhaltigen Möglichkeiten der Datensammlung, -auswertung, und -anwendung. Dies wundert kaum – lassen doch die neuen technologischen Möglichkeiten ganz andere, teils noch unbekannte Möglichkeiten zu, aus den zahlreichen und vielfältigen Daten unterschiedliche Arten von Informationen zu generieren (Datenreichhaltigkeit).

5.3.2 Definition von Big Data

Bis heute ist keine einheitliche Definition des Phänomens Big Data zu erkennen (Ward und Barker 2013, S. 2; De Mauro et al. 2015, S. 97; Jarchow und Estermann 2015, S. 13; Sivarajah et al. 2017, S. 264), weshalb eine kritische Auseinandersetzung mit der Begriffsabgrenzung aus ökonomischer Sicht notwendig ist. Aufgrund des Begriffs Big Data liegt der Trugschluss nahe, dass es sich hierbei lediglich um riesige Datenmengen handelt. Obwohl dies gerade nicht der Fall ist, wurde das Phänomen anfangs dennoch nur auf die Datenmenge reduziert (Manyika et al. 2011, S. 1). Die bis heute am meisten zitierte Definition von Big Data wurde im Jahr 2012 durch das US-amerikanische Marktforschungsunternehmen Gartner Inc. veröffentlicht. Sie basiert auf der Arbeit des Analysten Doug Laney, welcher Datenwachstum in den drei Dimensionen *Volume, Velocity* und *Variety* erklärt (Laney 2001; Beyer und Laney 2012; Laney 2012). Diese „3 V's" wurden damals noch nicht mit Big Data in Verbindung gebracht, aber anschließend schnell damit assoziiert und häufig als Basis einer Definition herangezogen (De Mauro et al. 2015, S. 101). Im Folgenden erfolgt eine kurze Erklärung und Erweiterung der 3 V's, um im Anschluss eine ökonomische Einordnung vornehmen zu können:

- *Volume* bezieht sich auf die enorme Datenmenge, die täglich produziert wird. Technologischer Fortschritt reduziert kontinuierlich die Kosten der Datensammlung und erweitert gleichzeitig die notwendige Speicherkapazität (Church und Dutta 2013, S. 25). Dies hat seit über 20 Jahren ein kontinuierliches Datenwachstum zur Folge (Chen et al. 2014, S. 171; IDC 2016). Trotz dieser Entwicklungen gibt es keine einheitliche Definition, die festlegt, wann es sich tatsächlich um „Volume" im Sinne von Big Data handelt (Ward und Barker 2013; Hartmann et al. 2015, S. 5). Die Einschätzungen, in welchem Fall von großen Datenmengen gesprochen werden kann, variieren zudem sowohl von Industrie zu Industrie

5.3 Problemorientierte Begriffsabgrenzung

als auch innerhalb verschiedener Regionen (Manyika et al. 2011, S. 1; Schroeck et al. 2012, S. 4). In Abhängigkeit von der technischen Entwicklung verändern sich solche Einstufungen zudem im Zeitablauf.

- *Velocity* umfasst einerseits die Geschwindigkeit, mit welcher Daten generiert werden und andererseits auch das Tempo, mit welcher diese Daten verarbeitet und analysiert werden können (Schroeck et al. 2012, S. 4). Aufgrund des enormen Fortschritts der Prozessorleistung und der Datenübertragung, die heute auch bei großem Volumen in Millisekunden erfolgen kann (Church und Dutta 2013, S. 25), müssen bzw. können diese Datenströme oftmals in bzw. nahe Echtzeit analysiert werden (Morabito 2014, S. 6).
- *Variety* steht schließlich für die Diversität der Daten, die aus unterschiedlichen Datenquellen stammen sowie in unterschiedlichen Formaten und Strukturiertheitsgraden auftreten können. Konversationen, Videos, Fotos, Texte oder Sensoren sind nur einige Beispiele für die Diversität von Datenquellen und -formaten (Klein et al. 2013, S. 320; Barton und Court 2012, S. 80). Somit wird das Datenmanagement zu einer echten Herausforderung für Organisationen. Fortschritte der Informatik und der Rechnertechnik erlauben zunehmend die Integration und Analyse heterogener Daten zu geringen Kosten.

Ylijoki und Porras (2016) untersuchen in ihrer Studie die Evolution des Begriffs Big Data. Die Auswertung von 62 Artikeln ergibt, dass neben den 3V's zudem die Dimensionen *Value* und *Veracity* die Big-Data-Definitionen maßgeblich prägen. Diese Sichtweise der 5 V's lässt sich auch bei anderen Autoren finden (Zikopoulos et al. 2012; White 2012).

- *Veracity* spricht die Frage an, inwieweit Vertrauen in die Qualität und Korrektheit der Quellen, der Erfassung und der Verarbeitung von Daten gegeben ist. Trotz fortschrittlichster Analysemethoden lässt sich leider oftmals ein gewisses Maß an Ungenauigkeiten nicht vermeiden (Schroeck et al. 2012, S. 5; Klein et al. 2013, S. 321). An dieser Stelle wird der dringende Bedarf eines Qualitätsmanagements von Daten deutlich, um konsistente, komplette und redundanzfreie Datensätze für nachfolgende Bearbeitungen zu garantieren (Saha und Srivastava 2014). Eine große Menge an Daten kann schnell zu einem Datenmüll führen, der selbst für Analysesoftware schwer zu verarbeiten ist (Buhl et al. 2013, S. 25). Der Aphorismus „GIGO – Garbage In, Garbage Out" illustriert die Interdependenz von Algorithmus und Daten (Driscoll 2012). Selbst die besten Algorithmen werden bei mangelhaften Daten auf Korrelationen stoßen, ohne die fehlende Datenqualität zu erkennen. Rust (2017) kritisiert, dass Daten oft sinnfrei, unsauber und inkonsistent erhoben werden (Rust 2017, S. 133). Wenn Daten jedoch sinnvoll

und konsistent erhoben werden, steigt auch die Sinnhaftigkeit und die Vertrauenswürdigkeit der Analyseergebnisse, und somit Veracity sowie der Wert der Daten und der darauf aufbauenden Analysen.
- *Value* ist inzwischen fester Bestandteil von Big-Data-Definitionen – sowohl auf Praxis- als auch Wissenschaftsseite. Die Anwendung von Big Data soll wertsteigernd wirken. Dabei können die Aufbereitungen von Daten selbst Wert schaffen, besonders aber auch die Zusatzerkenntnisse, die sich im Sinne von Einsichten, Prognosen oder Handlungsoptionen aus vertiefter Analyse und Einbringung in Algorithmen ergeben können (Boyd und Crawford 2012, S. 663; IDC 2013, S. 9; Wamba et al. 2015, S. 240). Dieser Nutzenaspekt hat unter dem Term Value Einzug in die Big-Data-Welt gefunden (Feijóo et al. 2016, S. 516).

Neben den beschriebenen Charakteristika haben auch Infrastrukturthemen wie Sicherheit Eingang in die Definitionen gefunden (Ylijoki und Porras 2016, S. 74ff.). Vor dem Hintergrund dieser Abgrenzungsversuche ist nun zu prüfen, wie das Phänomen Big Data aus ökonomischer Perspektive zu betrachten ist.[140]

5.3.3 Kritische Betrachtung aus ökonomischer Perspektive

Prinzipiell existiert mittlerweile eine Vielzahl von Eigenschaften, die Big Data beschreiben können. Nicht alle Eigenschaften müssen gleichzeitig erfüllt sein, um von Big Data sprechen zu können und es kann auch keine Empfehlung darüber geben wer, ob und welche Mindestanzahl an Kriterien erfüllt sein muss. Im Einzelnen lassen sich die folgenden Ergebnisse zusammenfassen:

Big Data ist mehr als nur „Big" – vom Volume zum Value

Aus einem ökonomischen Blickwinkel kommt dem Charakteristikum Volume nicht die entscheidende Bedeutung zu (Wessel 2016). Vielmehr spielt es eine sekundäre Rolle. Als Komplexitätstreiber sind Variety und Velocity anzusehen. Veracity wird hingegen als Hygienefaktor betrachtet. Dies bedeutet, dass die Datenqualität in einem geforderten Ausmaß gegeben sein muss. Eine Auseinandersetzung mit diesem Kriterium ist also vor Aufnahme von Big-Data-Aktivitäten nötig oder im Nachhinein, wenn es verletzt wird.

Aus ökonomischer Perspektive gilt Value als wichtigstes Element der Big-Data-Charakteristika. Entscheidend ist der zusätzliche Wert, der durch den Einsatz von

---

140 Die Ergebnisse des Arbeitskreises Ökonomie werden im folgenden Kapitel zusammengefasst.

Big Data generiert wird. Da hierfür nicht die Menge an Daten ausschlaggebend ist, wird oftmals auch von Smart Data als Synonym oder auch Weiterentwicklung für Big Data gesprochen. Einen generellen, objektiven Wert von Daten festzustellen erscheint unmöglich, weil die Wertbestimmung – ähnlich wie bei anderen wirtschaftlichen Werten – stets von dem jeweiligen Verwendungszweck abhängt, der je nach subjektiver Interessenslage und Wissensstand sehr verschieden sein und zu unterschiedlichen Bewertungen führen kann. Vor diesem Hintergrund stellt die Bewertung von Daten eine große Herausforderung dar und ist ohne Berücksichtigung des jeweiligen Kontextes kaum zu realisieren. Einige Probleme und erste Lösungsmöglichkeiten werden in Kapitel 5.9 aufgezeigt.

Aus ökonomischer Sicht sind zusätzlich zu den bereits diskutieren Eigenschaften weitere Charakteristika oder wünschenwerte Eigenschaften zu nennen, die den Begriff Big Data vertieft beschreiben und komplettieren. Neben Möglichkeiten zur Visualisierung von Ergebnissen birgt es erhebliche Chancen, wenn der Einsatz von Big Data nicht nur als Hilfsmittel für inkrementelle Weiterentwicklungen und Optimierungen genutzt wird, sondern insbesondere auch für disruptive Veränderungen. Der Aspekt der Prognostizierbarkeit künftiger Entwicklungen und Verhaltensweisen wird ebenso in engem Zusammenhang mit einer Big-Data-Definition gesehen. Diese Charakteristika sind jedoch nicht für alle Anwendungsfälle zutreffend, sondern gelten nur in spezifischem Kontext. Neben einer zuverlässigen Erhebung und Verarbeitung von Daten (siehe Kapitel 5.3.2 zu Veracity) muss auch eine zutreffende Beschreibung und Repräsentation des jeweiligen Sachverhalts durch bestimmte Daten gewährleistet werden. Durch eine zunächst zweckunbestimmte Datensammlung (siehe Kapitel 5.3) könnte das Kriterium der Validität leicht außer Acht gelassen werden. Ebenso spielt die Dokumentation der Quelldaten in der Praxis eine immer wichtigere Rolle. Gerade hinsichtlich Haftungsfragen (bspw. im Gesundheitssektor) muss eine Wiederauffindbarkeit von Daten garantiert werden können.

5.3.4 Big Data – Ein neues Erfolgsrezept?

Basierend auf den vorangehenden Skizzen zur Datenökonomie und dem Big-Data-Begriff stellt sich die Frage, ob es sich bei Big Data tatsächlich um ein neues Phänomen handelt. Physiker und Astronomen beschäftigen sich seit vielen Jahren mit großen Datenmengen (Dhar et al. 2014, S. 257). Im Jahre 1990, als die ersten Data Warehouses geschaffen wurden, wäre bereits ein Terabyte als Big Data bezeichnet worden. Mit Blick auf den Volumenaspekt wird somit deutlich, dass Daten, die heute als Big Data bezeichnet werden, in der Zukunft nicht mehr *big* sein könnten (Watson

2014, S. 1249). Daher ist eine Klärung nötig, was Big Data neuartig macht und wie es sich von anderen Phänomenen unterscheidet (Berchtold 2016, S. 8). Davenport (2014) führt Konzepte wie Decision Support, Online Analytical Processing (OLAP), Business Intelligence (BI) und Big Data auf, um darauf hinzuweisen, wie schwer es ist, diese in der Wirtschaftsinformatik bzw. der Informationssystem-Forschung seit langem bekannten Ansätze, die sich alle mit der IT-gestützten Analyse von Daten beschäftigen, sinnvoll voneinander abzugrenzen (Picot und Propstmeier 2013, S. 35; Davenport 2014, S. 10). Hinzu kommen neue Begrifflichkeiten wie Datability (CeBIT 2014), Smart Data (Heuring 2014), Data Science (Feijóo et al. 2016; OECD 2016) oder Datafication (Mayer-Schönberger und Cukier 2013, S. 78), die entsprechende Unterscheidungen noch schwieriger machen. Um die Frage nach dem evolutionären oder doch revolutionären Charakter von Big Data beantworten zu können, müssen diese Begriffe im Detail gegenübergestellt und verglichen werden[141].

Echtzeit, Prognosefähigkeit und die Aufgabe der Zielorientiertheit kennzeichnen den revolutionären Charakter von Big Data

Ursprünglich wurden Daten zu Reporting und Monitoring Zwecken gesammelt (Dhar et al. 2014, S. 257). So wurden extern gesammelte oder intern erzeugte Daten, die sich auf das Unternehmensgeschehen in unterschiedlichen Bereichen wie Produktion, Marketing oder Verkauf bezogen, zur Verbesserung von Prozessen und Kundenservices ausgewertet (Ayankoya et al. 2014, S. 193). Dabei ging es in erster Linie um die Frage, was in der Vergangenheit im Unternehmen oder auf den Märkten passiert ist. Der Fokus hat sich im weiteren Zeitablauf dahingehend verschoben, zu analysieren, warum etwas im Unternehmen oder seinem Umfeld geschieht. Im Zeitalter von Big Data werden die beiden ersten Ziele weiterhin verfolgt. Die Abbildung und Analyse des Geschehens wird immer vollständiger und aktueller, so dass auch Konsequenzen und Bewertungen von erkannten Veränderungen zeitnah erfolgen können. Zur Vergangenheitsorientierung treten nun Prognosen, um zu erkennen, was unter bestimmten Bedingungen passieren wird (Provost und Fawcett 2013, S. 56-57). Schließlich lassen sich unter bestimmten Voraussetzungen aus den Daten sogar Handlungsempfehlungen generieren (Ayankoya et al. 2014, S. 193). Um diesen neuen Anforderungen gerecht werden zu können, müssen diese Schritte immer mehr in bzw. nahe Echtzeit erfolgen, was durch verschiedene Technologien der Datenverarbeitung und -übertragung tendenziell ermöglicht wird. Data Science – verstanden als Fähigkeit zur datenbasierten Erzeugung von

---

141 Der folgende Abschnitt fasst die wesentlichen Ergebnisse aus der Literaturrecherche und -auswertung zusammen.

5.3 Problemorientierte Begriffsabgrenzung

Wissen – gilt als Weichensteller für Monitoring, Entscheidungsunterstützung sowie Handeln in Echtzeit (Davenport et al. 2012, S. 23; Capgemini und EMC^2 2015, S. 6). Einen ebenso wichtigen Punkt stellt die Untersuchungsmethode in der heutigen Datenökonomie dar. Daten werden immer seltener dezidiert für vorab spezifizierte Zwecke, z. B. zur Abbildung eines bestimmten Sachverhalts oder zur Prüfung von vorab aufgestellten Hypothesen, zielgerichtet gesammelt und analysiert. Aufgrund der Verfügbarkeit enormer Datenmengen und durch den Einsatz statistischer Methoden und Lernverfahren (Machine Learning) wird immer öfter das explorative Ziel verfolgt, Entdeckungen in den Datenströmen durch Auffinden von Korrelationen zu machen und daraus direkt auf Handlungs- und Verhaltensmuster zu schließen. Maschinen beginnen selbst Fragen zu stellen anstatt lediglich Analysen durchzuführen (Lycett 2013, S. 383; Agarwal und Dhar 2014, S. 444). Daten werden somit nicht mehr originär gesammelt und aufbereitet, um vorab definierte und spezifische Probleme zu lösen. Dies hat die Aufgabe der Zielgerichtetheit in Bezug auf die Datensammlung und -analyse zur Folge (vgl. Kapitel 5.3.3). Daher geht es im Daten- und Informationsmanagement heute seltener um Datensparsamkeit, sondern zunehmend um zunächst zweckunabhängige Datenreichhaltigkeit.

Zusammenfassend kann Big Data im Hinblick auf die grundlegenden Ziele der Verbesserung von Prozessen und Steigerung der Wertschöpfung nicht als neues Phänomen gesehen werden (Jarchow und Estermann 2015, S. 13; Berchtold 2016). Die Art mit Daten zu arbeiten, um diese Ziele verwirklichen zu können, hat sich dagegen radikal verändert. Der Aspekt der Echtzeit, die Hinzunahme der Prognosefähigkeit (Gerhardt et al. 2012, S. 3) und das Aufgeben der Zielgerichtetheit hinsichtlich der Datensammlung verleihen Big Data Eigenschaften eines revolutionären Konzepts.

Das Thema „Big Data aus ökonomischer Perspektive" abschließend, ergeben sich insbesondere folgende zentrale Themen und offene Fragestellungen:

- Echtzeit, Prognosefähigkeit und die Aufgabe der Zielorientiertheit bilden revolutionären Charakter
- Value als dominantes Big-Data-Charakteristikum aus ökonomischer Sicht
- Neben den 5 V's ergänzen weitere Charakteristika und wünschenswerte Eigenschaften den Big-Data-Begriff, z. B. Validität

5.4 Big-Data-Wertschöpfung[142]

Daten sind für Unternehmen heute wertvoller als je zuvor (McKinsey Global Institute 2016, S. 2ff.). Wertschöpfung mit Hilfe von Big Data kann durch den Verkauf von Technologien, die um datenbezogene Funktionen und Services ergänzt sein können, durch den Einsatz unterstützender Services in der klassischen Marktbeziehung mit dem Kunden oder auch durch die direkte Anwendung im Unternehmen (Optimierung des Ressourceneinsatzes und der Prozesse) entstehen (Picot und Hopf 2014). Im Rahmen dieses Kapitels sollen die diesbezüglichen Potenziale von Big Data generisch beleuchtet werden. Dazu wird einführend kurz der Big-Data-Markt beleuchtet. Im Anschluss erfolgt eine Darstellung der elementaren Bestandteile der Big-Data-Wertschöpfung, bevor die Anwendung in der Praxis diskutiert wird.

5.4.1 Das ökonomische Potenzial von Big Data

Die verfügbaren Datenmengen steigen weiterhin rasant an. Im Jahre 2020 werden jährlich mehr als 40 Zettabyte (bzw. 40 Trillionen Gigabyte) an technisch-verarbeitbaren Daten weltweit erwartet (EMC^2 und IDC 2014). Dies entspricht einem Anstieg von 236 % in den Jahren 2013-2020. Dabei ist anzunehmen, dass sich in diesen Daten enorme Werte verbergen.

Big Data bleibt weiterhin Topthema des IKT-Marktes (Informations- und Kommunikationstechnologien)
Während anfangs noch darüber spekuliert wurde, ob es sich bei Big Data nur um einen weiteren, kurzfristigen „Hype" handelt, sieht der Großteil der Unternehmen Big Data mittlerweile als dauerhaft relevantes Thema an (MSM Research 2016). Der Big-Data-Markt wird zumeist an den Umsätzen gemessen, die durch den Verkauf von Hardware, Software und Dienstleistungsangeboten für die Umsetzung von Big-Data-Projekten erwirtschaftet werden (Crisp Research 2014). Laut einer aktuellen Studie der Experton Group wird der Big-Data-Markt 2020 allein in Deutschland auf 3.8 Milliarden Euro geschätzt[143] (Experton Group 2016). Der Wert, der sich

---

142 Inhalte dieses Kapitels basieren u. a. auf folgendem Impulsvortrag: „Wertschöpfung in Datenmärkten – Eine erste Annäherung", Univ.-Prof. Dr. Thomas Hess (Ludwig-Maximilians-Universität, München), 20.04.2016.

143 Es wird erwartet, dass der weltweite Markt bis 2019 jährlich um 23 % wachsen wird. Somit wird weltweit ein Umsatz von USD 187 Milliarden im Jahr 2019 prognostiziert. Mehr als die Hälfte dieser Umsätze wird dabei aus den USA stammen. In Europa konnte bisher ein jährliches Wachstum von 7 % beobachtet werden, welches 2015 zu einem Um-

durch den Einsatz von Big Data in zahlreichen Industrien generieren lässt, liegt jedoch weit über diesen Zahlen. Zahlenmäßig lässt sich dieser Nutzen nur schwer bestimmen und wird oftmals lediglich sehr generisch oder anhand bestimmter Branchen dargestellt (McKinsey Global Institute 2016, S. 2; KPMG 2016, S. 15). Das gesamte Wertschöpfungspotenzial lässt sich auf spezifische Big-Data-Wertschöpfungsaktivitäten verteilen, die oftmals anhand einer Wertschöpfungskette abgebildet werden. Die elementaren Bestandteile der zugrundeliegenden Wertschöpfung sowie die zahlreichen Wege, die verfolgt werden, um wirtschaftliche Werte aus Big Data zu generieren, werden im folgenden Kapitel näher betrachtet.

5.4.2 Elemente der Big-Data-Wertschöpfung

Als Wertschöpfung gilt gemeinhin die Wertdifferenz zwischen am Markt verkauften Leistungen (also die Wertschöpfung im Sinne von Zahlungsbereitschaft am Markt) und dem für diese Leistungen erforderlichen Ressourceneinsatz. Diese Differenz verweist auf den Mehrwert, den ein Unternehmen durch die spezifische Kombination ihrer Ressourcen für den Markt erreichen kann. Typischerweise wird die Wertschöpfung als ein Prozess betrachtet, der aus mehreren vernetzten Stufen besteht. Im Fall der Big-Data-Wertschöpfung geht es darum, die Stufen oder Aktivitäten zu bestimmen, die erforderlich sind, um Daten zu marktrelevanten Werten zu transformieren. Zahlreiche Wissenschaftler und Praktiker haben sich in den letzten Jahren mit Darstellungen von Big-Data-Wertschöpfungsketten beschäftigt (Akerkar 2013; BITKOM 2013; Gustafson und Fink 2013; Miller und Mork 2013; Big Data Public Private Forum 2014; Khan et al. 2014; Nagel 2015; Wehle 2015), auf welche hier nicht im Einzelnen eingegangen werden kann. Anhand der Wertschöpfungskette von Porter lassen sich die einzelnen Elemente adäquat darstellen; zugleich wird damit der Kern der Big-Data-Wertschöpfungsdiskussion abgebildet (Porter 1985, S. 36; Berchtold 2016, S. 17) (siehe Abbildung 6).

---

satz von €55 Milliarden führte. 70 % dieses Marktes stammen dabei aus Deutschland, Frankreich, Italien, Spanien und Großbritannien (Europäisches Parlament 2016, S. 2).

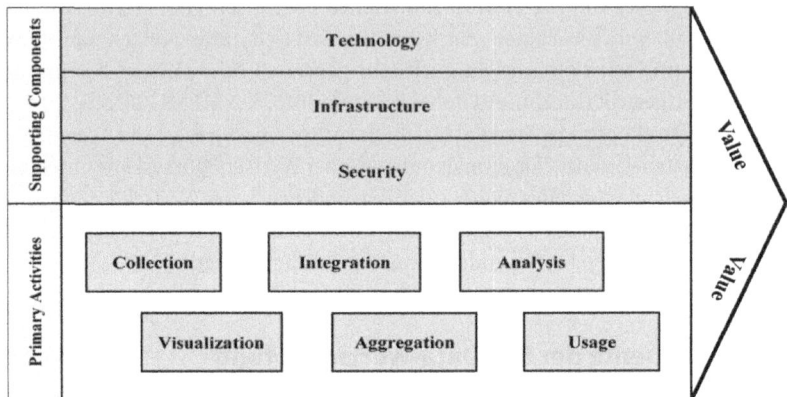

Abb. 6 Elementare Bestandteile der Big- Data-Wertschöpfung
Quelle: Berchtold (2016) in Anlehnung an Porter, 1985 ©

Dabei wird zwischen primären (direkten) Wertschöpfungsaktivitäten und unterstützenden (indirekten) Komponenten unterschieden. So werden Technologie[144], Infrastruktur[145] und Security[146] als Komponenten gesehen, die jede einzelne der primären Big-Data-Aktivitäten ermöglichen und unterstützen. Insgesamt werden sechs Elemente innerhalb der primären Aktivitäten im Kontext von Big Data unterschieden, die zur Wertschöpfung beitragen. Neben datenverarbeitenden und -aufbereitenden Elementen, wird in dieser Abbildung auch die Anwendungsseite

---

144 Big-Data-Technologien (Hardware und Software) ermöglichen die Arbeit mit großen Datenmengen. Beispiele: Das Framework Hadoop für skalierbare, verteilte Software basiert auf Google's Algorithmus Map Reduce, welcher intensive Prozesse auf großen Datenmengen ermöglicht (Fasel 2014). Ein weiteres Beispiel ist das Datenbank-Management-System Cassandra für große strukturierte Datenbanken (Cassandra 2016).

145 Big-Data-Infrastruktur wird in zwei Klassen unterteilt: operativ und analytisch; operative Technologielösungen (z. B. von Teradata) unterstützen interaktive Vorgänge in Echtzeit, in welchen primär Daten gesammelt und gespeichert werden. Anbieter analytischer Infrastrukturlösungen wie Hortonworks, Cloudera oder EMC2 dagegen liefern die Fähigkeiten komplexer Analysen (MongoDB 2016).

146 Aufgrund des kontinuierlichen Datenanstiegs wird Datensicherheit immer wichtiger; Beispiel: Stormpath treibt Identitätsinfrastrukturen für zahlreiche Webapplikationen und Services voran, indem sie eine Identitätsplattform anbieten, welche die Sicherheit des App-Users und die Systemstabilität erhöht.

5.4 Big-Data-Wertschöpfung

betont (vgl. Kapitel 5.4.3). In Tabelle 3 werden die primären Elemente der Big-Data-Wertschöpfung kurz beschrieben.

Tab. 3 Erklärung der elementaren Bestandteile der Big-Data-Wertschöpfung

Primäre Aktivitäten	Erklärung
Collection	Generierung und Sammlung neuer Daten sowie Digitalisierung analoger Datenbestände (BITKOM 2013; Klein et al. 2013)
Integration	Integration (Aufbereitung der Daten in einheitlicher Form), Data-Cleaning (Identifikation von fehlerhaften, unvollständigen und unangemessenen Daten) und Entfernung von Redundanzen (Entfernen von doppelten Daten) (Chen et al. 2014)
Aggregation	Sammlung und Darstellung von Daten in zusammenfassender Form für weitere Analysen oder Reports (Experton Group 2014)
Visualization	Aufbereitung der Daten mit Hilfe unterschiedlicher Visualisierungswerkzeuge (Beispiel: Darstellung von Verbraucherdaten auf Plattformen für einen besseren Überblick über Performance und Kosten)
Analysis	Technologien und Techniken, um große Datenmengen zu analysieren und hinsichtlich versteckter Muster, unbekannter Zusammenhänge und Informationen zu untersuchen (Russom 2011; Miller und Mork 2013; Kapdoskar et al. 2015).
Usage	Anwendung der Daten und der Analyseergebnisse in domänenspezifischen Fällen

Quelle: Eigene Darstellung. ©

Während Prozesse der Datenaufbereitung bisher für Organisationen in erster Linie unternehmensinterne Aktivitäten waren, bildet sich im Zeitalter von Big Data ein Wertschöpfungsnetzwerk mit spezialisierten Akteuren heraus (Gustafson und Fink 2013). Ein Wettbewerbsvorteil entsteht für Unternehmen durch die Spezialisierung auf Kernkompetenzen (Schermann et al. 2014) im Sinne der primären und sekundären Elemente. Im Rahmen von Big-Data-Wertschöpfungsnetzwerken konnten bereits zentrale Rollen bzw. Akteure identifiziert werden (Schermann et al. 2014; Mayer-Schönberger und Cukier 2013; Gerhardt et al. 2012). Eine Studie von Bründl et al. (2016) untersuchte, welche Akteure im deutschen Markt für persönliche Daten agieren und damit zur Wertschöpfung in Datenmärkten beitragen (Vertiefung 1). Dabei muss beachtet werden, dass die jeweiligen Rollen nicht immer exakt einer wertschöpfenden Aktivität zugeordnet werden können. Ebenso gilt für die agierenden Unternehmen des untersuchten Marktes, dass diese eine oder mehrere Wertschöpfungsrollen zeitgleich einnehmen können (Bründl et al. 2016).

Vertiefung 1: Rollen im Deutschen Datenmarkt[147]
Basierend auf Befragungen von Experten aus datengetriebenen Unternehmen haben Bründl et al. (2016) sieben Rollen im deutschen Datenmarkt für echtzeitbasierte Online-Werbung identifiziert: „Datensammler", „Advertiser", „Publisher", „Supply-Side-Plattformen", „Demand-Side-Plattformen", „Data-Management-Plattformen" und „Data Exchanges". Abbildung 7 zeigt die Rollen sowie die respektiven Datenströme.

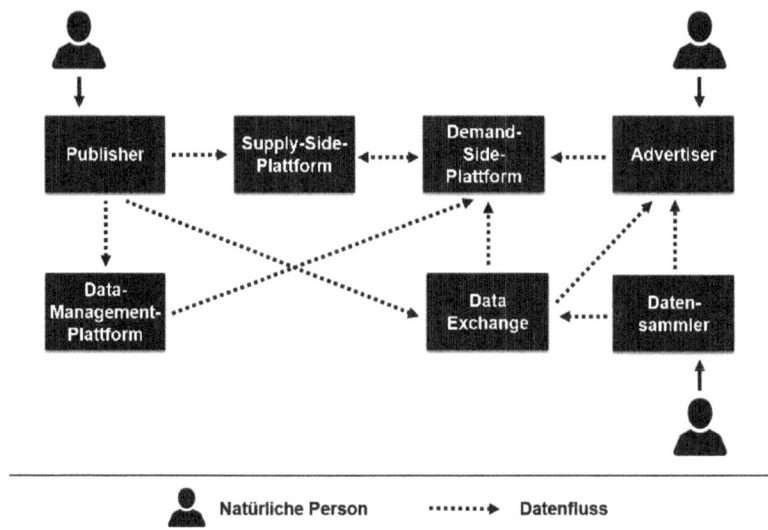

Abb. 7 Rollen und Datenflüsse im deutschen Datenmarkt für echtzeitbasierte Online-Werbung
Quelle: Bründl et al. 2016. ©

„Datensammler" generieren unterschiedliche Arten von Daten und nutzen diese sowohl für eigene Zwecke als auch für den Verkauf an andere Akteure im Datenmarkt. Zu den Datensammlern zählen zumeist Anbieter von Online-Plattformen, die Nutzern kostenfreie Dienste anbieten.

---

147 Vertiefung von Univ.-Prof. Dr. Thomas Hess (Ludwig-Maximilians-Universität, München), Quelle: Bründl et al. 2016.

5.4 Big-Data-Wertschöpfung

„Advertiser" (Werbetreibende) vermarkten ihre Produkte oder Dienste an potenzielle Kunden mit Hilfe von Intermediären (Demand-Side-Plattformen), die digitale Werbeplätze der Publisher in Echtzeit vermitteln und persönliche Daten zur Auslieferung der Werbung an spezielle Kundensegmente verwenden.

„Publisher" stellen Advertisern eigene Werbeplätze auf Websites oder mobilen Applikationen gegen Bezahlung zur Verfügung. Dabei greifen sie auf Intermediäre in Form von Supply-Side-Plattformen zurück.

Diese „Supply-Side-Plattformen" (SSP) ermöglichen die automatisierte Vermarktung von Werbeplätzen durch ein Gebotsverfahren, das in Echtzeit stattfindet (Real Time Bidding) und die Werbeeinnahmen des Publishers maximiert.

„Demand-Side-Plattformen" aggregieren Daten von SSPs, Data-Management-Plattformen und Data Exchanges, um als Intermediäre Werbetreibenden die Möglichkeit zu geben, auf Werbekontakte mit speziellen Eigenschaften zu bieten und diese automatisiert zu kaufen.

„Data-Management-Plattformen" (DMP) unterstützen Akteure bei der Identifikation bestimmter Zielgruppen mithilfe von Algorithmen des maschinellen Lernens. Kunden können so Daten aus erster Hand sammeln, administrieren, analysieren oder mit Daten von Dritten (Third-Party-Daten), wie z. B. soziodemographische Attribute, kombinieren.

„Data Exchanges" sind Handelsplätze für Third-Party-Daten, auf denen Kunden spezielle Nutzersegmente auswählen können, die sie für das Targeting nutzen können. Dabei sind sie häufig eng mit DMPs verknüpft, wobei die Rohdaten direkt von unterschiedlichen Publishern stammen.

Datenaufbereitungs- und Businessprozesse müssen getrennt betrachtet werden[148]

Bei der Betrachtung der Big-Data-Wertschöpfung müssen die Datenaufbereitung und die sich anschließenden Businessprozesse getrennt voneinander betrachtet werden. Das Angebot der datenanbietenden Industrie, sogenannte Data Provider, umfasst vorgelagerte Wertschöpfungsstufen wie Sammlung, Integration, Aggregation oder auch Analyse (Picot und Hopf 2014). Die Lösungen und Daten werden der datenanwendenden Industrie anschließend zur Verfügung gestellt[149] und für die weitergehende ökonomische Verwertung genutzt. Die Lösungen und

---

148 Der folgende Abschnitt gibt die Sichtweise des Arbeitskreises Ökonomie zur Big-Data-Wertschöpfung wieder.
149 Viele Lösungsanbieter im Bereich der Data Provider übernehmen für Unternehmen das gesamte Datenmanagement. Dabei werden sowohl primäre als auch sekundäre Wertschöpfungselemente in das Angebot integriert (siehe Abbildung 6). Neben großen Playern in diesem Bereich wie IBM, SAS oder Oracle können in diesem Markt auch kleinere Anbieter wie Vertica oder Aster gefunden werden (Sondhi und Arora 2014).

Daten der Data Provider können entweder in klassischen domänenspezifischen Prozessen zu Optimierungszwecken[150] oder zur Realisierung neuer Services sowie Produkte eingesetzt werden. Die Aufteilung in datenanbietende und datenanwendende Industrie lässt sich auch in anderen Arbeiten finden (Pospiech und Felden 2012; Big Data Value Association 2015). Vermehrt bilden sich Unternehmen am Schnittpunkt dieser beiden Kategorien. Sowohl Datenaufbereitung als auch -auswertungen führen Unternehmen durch, um darauf aufbauend neue Produkte oder Dienstleistungen anzubieten[151].

Im Bereich der Data Provider findet sich ein Portfolio an Technologien, aus welchem Organisationen ähnlich einem Baukastenprinzip hinsichtlich der unterschiedlichen Wertschöpfungsaktivitäten (siehe Abbildung 6) auswählen und für die eigenen Bedürfnisse weiterentwickeln können. Am Ende einzelner Big-Data-Wertschöpfungsprozesse stehen die „Erkenntnisse", die aus der Datenaufarbeitung gewonnen werden können. Hier stellt sich jedoch die Frage, für wen diese Erkenntnisse von Bedeutung sein könnten. Basierend auf diesen Schritten kann im Anschluss das Geschäftsmodell aufgesetzt werden. Die Wertschöpfung der Data Provider lässt sich gut generisch durch die Elemente *Collection, Integration, Aggregation, Visualization* und *Analysis* abbilden. Schwieriger gestaltet sich dies jedoch im Bereich der datenanwendenden Industrie. Aufgrund diverser domänenspezifischer Anwendungsfälle, die sehr komplex und unterschiedlich sind, ist eine Generalisierung nur schwer möglich.

5.4.3 Die Big-Data-Wertschöpfung in der Praxis

Neben Lösungen für reine Nutzerdaten, integrieren Unternehmen wie Splunk auch Social Media Daten in den Datenaufbereitungs- und auswertungsprozess.

150 Beispiel: Die BMW Group setzt Big Data- und Analytics-Technologie zur Prozessoptimierung in den Bereichen Produktentwicklung, Reparatur und Wartung ein. Produktionszyklen werden dadurch verkürzt und potenzielle Probleme in der Serienproduktion vermieden (BITKOM 2015). Weitere Beispiele sind z.B. aus dem Bereich der Optimierung bekannt. Studien wie BITKOM (2015) geben einen Einblick in Optimierungspotenziale von Unternehmen durch den Einsatz von Big Data.

151 Beispiele: Das Unternehmen Enercast (www.enercast.de) erstellt ortsbezogene Leistungsprognosen für die Betreiber von Solar- und Windparks. Diese Geschäftsmodelle existieren jedoch nicht nur im B2B-Bereich. Das amerikanische Unternehmen 23andMe (www.23andme.com) bietet Privatpersonen die Untersuchung genetischer Informationen an, um anhand von Speichelproben genetisch bedingte Krankheiten festzustellen. Diese Beispiele lassen sich ohne Mühe fortsetzen, worauf aus Platzgründen jedoch verzichtet werden muss. Studien wie BITKOM (2015) liefern einen ersten Einblick in die Realisierung neuer datengetriebener Geschäftsmodelle.

5.4 Big-Data-Wertschöpfung

Big Data schafft zahlreiche Wertschöpfungsmöglichkeiten für Unternehmen (KPMG 2014; PWC 2015b). Dabei werden bestehende Geschäftskonzepte nicht nur verändert, sondern auch neue geschaffen. Manyika et al. (2011) unterscheiden fünf generische Bereiche, die als wertsteigernd gelten können (Manyika et al. 2011, S. 5):

- Transparenz schaffen
- Experimente ermöglichen
- Segmentierung der Kunden
- Entscheidungsunterstützung und
- neue Geschäftsmodelle

Abhängig vom Analysegrad der Anwendungsfälle können diese Kategorien beliebig erweitert werden (Cisco IBSG 2012; Berchtold 2016). Die potenziellen Vorteile einer Big Data Nutzung sind grundsätzlich für alle Unternehmensbereiche relevant. Von Forschung und Entwicklung, über Produktion und Marketing, bis hin zum Controlling (Horváth und Partners 2014). Abhängig von den jeweiligen Bereichen stehen jedoch unterschiedliche Anwendungen im Vordergrund. In Beschaffung, Einkauf und Logistik kommen Datenanalysen insbesondere für das Stammdaten- und Datenqualitätsmanagement zum Einsatz. Der Einsatz und die Analyse von Daten erfolgt in Produktion und Betrieb primär zur Optimierung der Produktionsplanung und zur Pflege/Wartung des Anlagenparks. Während sich Marketing und Vertrieb auf die Kundenanalyse fokussieren, liegt das Hauptaugenmerk im Finanz- und Steuerbereich auf dem Risikomanagement.

Big-Data-Reifegradmatrix für traditionelle Wertschöpfungsstufen gefordert[152]

Die einzelnen Stufen der traditionellen Wertschöpfungskette scheinen unterschiedlich im Bereich Big Data professionalisiert zu sein. Während sich die klassische, deutsche Industrie, wie z.B. der Maschinenbau, noch großteils im hinteren Feld bewegt, scheint sich vor allem der Bereich des Online-Marketings durch seine Fähigkeiten in der Anwendung von Big Data auszuzeichnen. Im Bereich des Maschinenbaus und in vielen weiteren traditionellen Branchen stellt die fehlende Big-Data-Expertise eine große Herausforderung dar. Das fehlende Bewusstsein, erforderliche Kompetenzen aufzubauen oder auch vorhandene Erfahrungen mit anderen Fachleuten teilen zu können, gilt ebenso als großes Hindernis. Um einen

---

152 Nachfolgend werden die wichtigsten Erkenntnisse zur Veränderung der traditionellen Wertschöpfung, aber auch zu den aktuellen sowie zukünftigen Themen rund um die Big-Data-Wertschöpfung aus Sicht des Arbeitskreises Ökonomie dargestellt.

detaillierten Gesamtüberblick über die derzeitige Situation der deutschen Wirtschaft zu erhalten, ist eine Reifegradmatrix[153] notwendig. Diese ermöglicht es, den unterschiedlichen Professionalisierungsgrad darzustellen und auf dieser Basis die Faktoren zu evaluieren, die Hindernisse in der Einführung oder Anwendung von Big Data im Unternehmen darstellen. Erste Studien haben sich bereits mit einzelnen Dimensionen eines Big-Data-Reifegradmodelles beschäftigt (z. B. Strategie, Organisation (Kamschitzki 2015); Governance (NTT Data 2015)), ein ganzheitlicher Überblick fehlt jedoch weitgehend.

Vom „datengetriebenen" zum „nutzergetriebenen" Ansatz

Aktuell ist eine starke Ausrichtung der Big-Data-Wertschöpfung auf die anbietende, datenaufarbeitende Industrie zu erkennen. Weniger betont wird dabei die Nutzungsseite, also die Nachfrage nach wertsteigernden Big-Data-Dienstleistungen. Auf der Nutzungsseite werden wiederum vor allem anwendende Unternehmen betrachtet und nur selten Konsumenten. Ein konkreter Forschungsbedarf ergibt sich somit hinsichtlich der Datenhoheit und der Rolle des „Nutzers als Akteur". Hierbei muss eine Verschiebung von einem „datengetriebenen" zu einem „nutzergetriebenen" Ansatz erfolgen.

Neue datenintensive Wertschöpfungsebene gewinnt an Bedeutung –
User-Experience gilt als wichtiges Entscheidungsmerkmal

Am Markt ist zu beobachten, dass sich zwischen Produkthersteller und Markt eine neue Ebene der Datenanalyse schiebt (Arreola González et al. 2016, S. 111). Die Frage ist, wer diese Ebene im Sinne von attraktiven – kundenbezogenen Analysen und

---

153 Das Reifegradmodell erlaubt eine Bewertung des Grades der Big-Data-Adaptionen innerhalb der traditionellen Wertschöpfungsstufen (z. B. Logistik, Marketing und Vertrieb, Kundenservice oder Personalwirtschaft). Im Rahmen der Digitalisierung haben unterschiedliche Studien bereits anhand diverser Reifegradmodelle die digitale Reife von Unternehmen bestimmt (z. B. O'Hea 2011; Westerman et al. 2012; Accenture 2014; Azhari et al. 2014; Back und Berghaus 2014; KPMG 2014; Müller et al. 2016). Basierend auf einem Vergleich verschiedenartiger Reifegradmodelle identifizierte eine Untersuchung von Müller et al. (2016) die zentralen Kriterien (z. B. Strategie, Führung, Organisationskultur oder Wertschöpfungsprozess), welche die digitale Reife von Unternehmen ausmachen (Müller et al. 2016, S. 134). Ähnliche Reifegradmodelle lassen sich auch auf Big Data anwenden, da diese Anwendungen sehr unterschiedlich ausgeprägt sein können. Dabei ist es denkbar, einerseits die analytische Reife zu untersuchen (vgl. Vertiefung 4), andererseits eignen sich die jeweiligen Big-Data-Wertschöpfungselemente als Analysegegenstand (siehe Kapitel 5.4.2). Ebenso können die im Unternehmenskontext (vgl. Kapitel 5.6.4) genannten Punkte als Dimensionen (z. B. Strategie, Führung, Mitarbeiter und Organisation) dienen. Auch der Einsatz von Daten in Geschäftsmodellen (vgl. Vertiefung 2) lässt sich gut innerhalb einer Reifegradmatrix abbilden.

5.4 Big-Data-Wertschöpfung

Services kompetent beherrschen und bedienen kann. Die frühere direkte Schnittstelle zwischen Hersteller und Kunden könnte unterbrochen werden, indem sich neue Anbieter mit neuen Angeboten der Datenaufbereitung dazwischendrängen. Damit ist die Gefahr verbunden, dass andere Unternehmen die so wichtige Schnittstellen übernehmen, weil sie die dafür notwendigen Analyse- und Datenkompetenzen besitzen. Grund hierfür ist die steigende Notwendigkeit einer kundenfreundlichen Usability. Beispielsweise ist in der Automobilindustrie denkbar, dass eine Differenzierung über rein technische Merkmale in Zukunft nicht mehr möglich sein wird und der Erfolgsfaktor einer Marke vor allem in einer überzeugenden User-Experience liegt, für deren Kenntnis umfassende Datenanalysen eine wichtige Voraussetzung sein können. Die Entwicklung einer reinen Datenanalyse-Ebene wird bei komplexen Produkten für weniger wahrscheinlich gehalten als bei denen, die sich durch wenige, einfache Parameter leicht abbilden lassen. Traditionelle Anbieter werden von Akteuren, die auf der Basis von Daten neue, innovative Geschäftsmodelle etablieren, disintermediiert, wodurch der Markt erheblich verändert werden könnte.

Am Anfang steht die Optimierung etablierter Prozesse – aber Marktpositionierung wird entscheidend

In den etablierten Industrien kann beobachtet werden, dass bei Einführung von Big Data in die Unternehmen primär das Ziel verfolgt wird, etablierte Prozesse oder Produkte/Services effizienter zu gestalten bzw. zu optimieren. Erst nach einer erfolgreichen Umsetzung dieser Vorhaben entstehen in einem zweiten Schritt komplementäre oder neue Produkte wie digitale Applikationen oder um datenbasierte Services ergänzte, klassische physische Produkte. Hierbei stellt sich häufig die Frage, wer die Herstellung dieser Produkte übernimmt bzw. in den Produktionsprozess integriert und wofür der Kunde bereit ist zu zahlen. Möglicherweise besteht eine Zahlungsbereitschaft nicht mehr wie zuvor für das klassische Produkt oder den Service, sondern für eine neue Applikation bzw. für die Kombination aus Applikation und klassischem Produkt/Service. Beispielsweise können – gestützt auf Nutzungs-, Maschinen- und Umfelddaten – Leistungsabgaben oder Funktionen von Anlagen, nicht aber die Anlage selbst verkauft werden.[154] All dies führt zur Frage, welche neuen, insbesondere datenbasierten Geschäftsmodelle entstehen und wie sich Unternehmen zukünftig am Markt positionieren. Die Entwicklung

---

154 Beispiel: Rolls Royce setzt Big Data zur proaktiven Wartung ihrer Flugzeugtriebwerke ein. Ein Verkauf der Triebwerke mit optimierten Triebwerkslaufzeiten entspräche weiterhin dem Fall, dass das Unternehmen wie zuvor das klassische Produkt bzw. Service verkauft. Rolls Royce hat jedoch ein neues Geschäftsmodell geschaffen. Über das Konzept „Power-by-the-hour" verkauft der Konzern die reine Antriebsleistung der Triebwerke als Service. Flugstunden statt Ersatzteile heißt das neue Prinzip (Fraunhofer-Institut IAIS 2015).

zu einem zunehmend datengetriebenen Unternehmen erfordert eine permanente Repositionierung während des Transformationsprozesses (Kamschitzki 2015, S. 15).

Datenautomatisierung erfordert hohe Datenqualität
Datenautomatisierung erfährt bisher in der Big-Data-Welt eine eher geringe Beachtung, spielt aus ökonomischer Perspektive jedoch eine wichtige Rolle. Mit der automatischen Erfassung und Auswertung von Daten, bspw. bei der Nutzung von Maschinen, müssen gewisse Qualitätskriterien erfüllt sein. Um diese Daten verstehen und richtig analysieren zu können, sind Hintergrundwissen über den jeweiligen Prozess sowie die Einordnung in den passenden Kontext unabdingbar. Zukünftig sollte der Bereich der automatischen Datenerfassung mehr Beachtung finden. Dies betrifft insbesondere den Aspekt, wie unter Berücksichtigung aller prozessbeteiligten Abteilungen und Personen, effiziente und ganzheitliche Lösungen erreicht werden können.

Zusammenfassend ergeben sich für den Bereich „Big-Data-Wertschöpfung" folgende zentrale Themen und offene Fragen:

- Sinnvoll erscheint eine Big-Data-Reifegradmatrix für traditionelle Wertschöpfungsstufen.
- Der häufig datengetriebene Ansatz sollte durch einen „nutzungsgetriebenen" Ansatz ergänzt werden.
- Eine neue datenintensive Wertschöpfungsebene gewinnt an Bedeutung.

5.5 Big-Data-as-a-Business[155]

„Daten sind das neue (digitale) Öl" (Rotella 2012, S. 1; Arthur 2013; Yi et al. 2014, S. 8) und der „neue Rohstoff des 21. Jahrhunderts" (Berners-Lee und Shadbolt 2011). Vor dem Hintergrund dieser oder ähnlicher Aussagen lenken Unternehmen ihre Aufmerksamkeit immer mehr in Richtung Datenanalyse zur Unterstützung sowohl strategischer als auch operativer Entscheidungen (Waller und Fawcett 2013, S. 77). Das Versprechen, dass der Einsatz von Big Data das Potenzial besitzt,

---

155 Inhalte dieses Kapitels basieren u. a. auf folgenden Impulsvorträgen:
- „Geschäftsmodelle und Big Data – Eine wissenschaftliche Perspektive", Yvonne Berchtold (geb. Attenberger), M.Sc. (Ludwig-Maximilians-Universität), 20.04.2016.
- „INDUSTRIE 4.0 BEI TRUMPF – Vom Smart Product zur Smart Factory", Dr. Stephan Fischer † (TRUMPF GmbH & Co. KG), 20.04.2016.

Geschäftsprozesse zu transformieren (Brown et al. 2011, S. 2; Wamba et al. 2015, S. 235), zusätzliche Werte im Unternehmen zu schaffen (Davenport et al. 2012, S. 24), Wettbewerbsvorteile zu verbessern (Barton und Court 2012, S. 79) und sogar das Überleben im Markt zu gewährleisten (Capgemini und EMC[2] 2015, S. 6), stellt Unternehmen vor die große Herausforderung, die Daten richtig zu nutzen (Brownlow et al. 2015, S. 1). Im Hinblick auf die Tatsache, dass Daten immer mehr in den Vordergrund rücken, ist es unabdingbar zu verstehen, wie Unternehmen mit dieser neuen Ressource arbeiten und mit welchen Auswirkungen auf aktuelle sowie neue Geschäftsmodelle zu rechnen ist (Berchtold 2016, S. 1). Um Big-Data-as-a-Business umfassend behandeln zu können, werden in diesem Kapitel neben einem detaillierten Einblick in datenbasierte Geschäftsmodelle auch die Auswirkungen von Big Data auf ausgewählte Branchen aufgezeigt. Zudem werden die Implikationen für den Mittelstand sowie Plattformen und Datenmärkte angesprochen.

5.5.1 Der Einfluss von Big Data auf bestehende und neue Geschäftsmodelle – Ein Überblick zu datengetriebenen Geschäftsmodellen

Chancen für Unternehmertum bieten sich auf unterschiedlichste Weise

Nicht nur Start-ups versuchen, datengetriebene Geschäftsmodelle zu verwirklichen; auch etablierte Großunternehmen und der Mittelstand möchten von einer Datennutzung profitieren. In der Literatur lassen sich hierzu vor allem beispielhafte Ausführungen und Erläuterungen in Artikeln von Praktikern und Unternehmensberatungen finden (Brownlow et al 2015, S. 1). Hartmann et al. (2015) haben diese Arbeiten zusammengefasst und dabei zwei mögliche Wege aufgezeigt, mit und durch Daten neue Werte zu generieren: Einerseits lassen sich durch den Einsatz von Big Data bestehende Geschäftspraktiken und -prozesse verbessern und optimieren, andererseits ergeben sich zahlreiche Möglichkeiten, neue Produkte und Services zu schaffen (Hartmann et al. 2015, S. 5). In einer Studie von Berchtold (2016) konnten – basierend auf der Untersuchung von 139 Praxisbeispielen – 19 Muster von datengetriebenen Geschäftsmodellen identifiziert werden, die auf Start-ups, Großunternehmen und mittelständische Unternehmen übertragbar sind (Berchtold 2016, S. 32). Einen detaillierteren Einblick in die Ergebnisse dieser Studie bietet Vertiefung 2. Zahlreiche Chancen und Mehrwerte bieten sich sowohl für die datenanbietende als auch -anwendende Industrie durch Datenbereitstellung und -analyse sowie durch die Verknüpfung mit Services und technischen Produkten. Dabei können Unternehmen auf unterschiedlichste Weise agieren. Denkbar ist die Übernahme von Aufgaben als Intermediäre, die Anreicherung von Services, das

Angebot neuer Dienste, die mit dem Kerngeschäft gekoppelt oder auch davon losgelöst sind, und schließlich die Bereitstellung von Plattformen (siehe Kapitel 5.5.4).

Vertiefung 2: 19 Muster von Big-Data-Geschäftsmodellen[156]
Basierend auf einer systematischen Literaturauswertung und einer Analyse von 139 Big-Data-Anwendungsbeispielen aus der Praxis wurden in einer Studie von Berchtold (2016) 19 unterschiedliche Muster von Geschäftsmodellen erarbeitet. Abbildung 8 zeigt sowohl die für datenaufbereitende und -anbietende „Data Provider" als auch -anwendende „User Enterprises" gültigen Fälle. Dabei konnte eine Unterteilung in die folgenden sechs übergeordneten Kategorien vorgenommen werden: „Big-Data-as-a-Product", „Big-Data-as-a-Service", „Big-Data-in-a-Service", „The Supporting Function of Big Data", „The Shift away from Products" und „New Services". Als „Data Provider" ergeben sich mehrere, aufeinander aufbauende Stufen an Geschäftsmodellen. In einem ersten Schritt wird Big Data als eine Art Produkt angeboten, das der jeweilige Kunde nutzen kann, um als Self-Service weiter mit den Daten zu arbeiten. Darüber hinaus sind auch Modelle möglich, die Analyse-Resultate als Service oder sogar neue Services und Produkte basierend auf Big-Data-Analysetätigkeiten anbieten. Im Bereich der anwendenden Unternehmen lassen sich drei Typen von Geschäftsmodellen unterscheiden. Hauptsächlich konnte beobachtet werden, dass originäre Produkte oder Services durch Big Data unterstützt werden, sei es zur Optimierung des bestehenden „Offerings" oder zur Schaffung neuer Zusatzservices. Im Rahmen der „User Enterprises" konnte aber auch ein radikaler Wandel der bestehenden Geschäftsmodelle nachgewiesen werden. Eine erste Veränderung bildet sich dahingehend ab, dass ein traditionelles „Offering" immer öfter als „Commodity" gesehen wird und die dazugehörigen Services wertgenerierend sind. Ebenso gab es Entwicklungen hin zu neuen Services, die auf bereits etablierten Big-Data-Anwendungen der anbietenden Unternehmen basieren. Die vorhandene Expertise wurde folglich dazu benutzt, Big-Data-Geschäftsmodelle zu entwickeln. Im Rahmen dieser Studie konnten bereits erste Tendenzen entdeckt werden, welche Geschäftsmodell-Typen sich am Markt durchsetzen könnten. Daher wäre es von großem Interesse, diese Entwicklungen in weiteren Studien detaillierter zu erforschen.

---

156 Vertiefung von Yvonne Berchtold (geb. Attenberger), M.Sc. (Ludwig-Maximilians-Universität, München), Quelle: Berchtold 2016.

5.5 Big-Data-as-a-Business

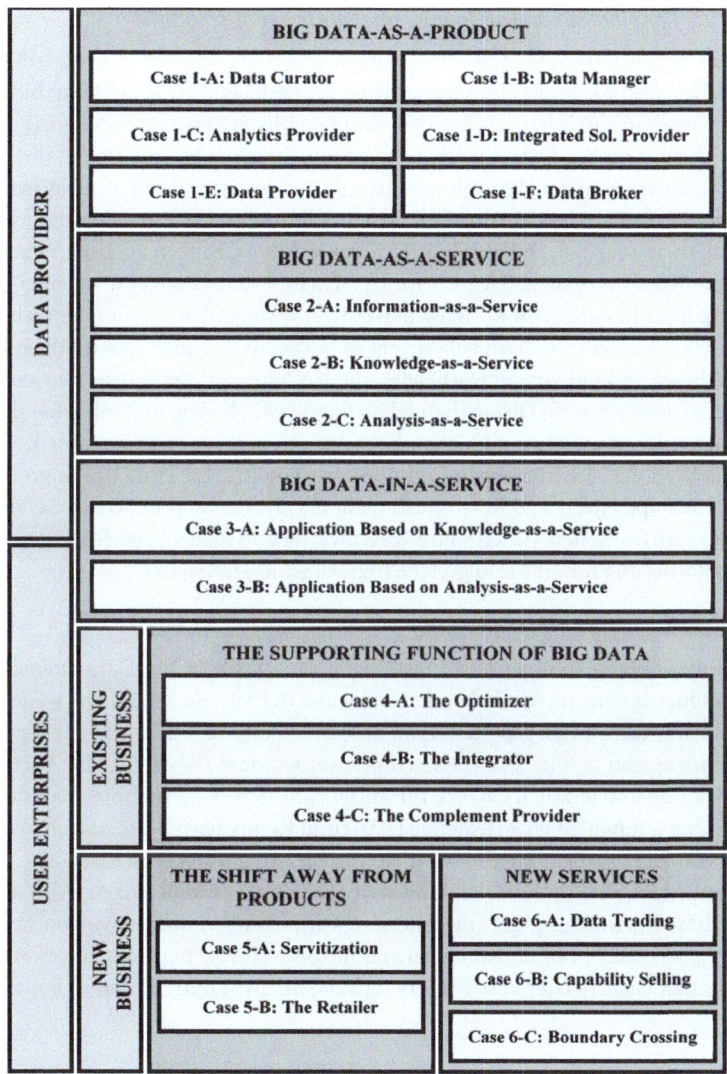

Abb. 8 Systematisierung von Big-Data-Geschäftsmodellen
Quelle: Berchtold 2016.©

Angst vor Kannibalisierung als Bremse für neue Geschäftsmodelle[157]
Innovative Ideen und Ansätze werden nicht selten bei etablierten Unternehmen durch die Angst vor Selbst-Kannibalisierung des bestehenden Geschäfts verhindert (z. B. Capgemini 2015) bzw. nicht mit dem notwendigen Engagement verfolgt. Dies lässt sich auch im Big-Data-Umfeld beobachten. Dadurch besteht die Gefahr, dass Unternehmen, die in Big Data keine Ergänzung, sondern eher eine Kannibalisierung ihres traditionellen Geschäftsmodelles sehen, keine offene Auseinandersetzung mit diesem Thema suchen. In Folge haben sie schlechtere Chancen als Unternehmen, die hier offensiv vorgehen. Beispiele für Unternehmen, die aus Angst vor einer Zerstörung ihres bestehenden Kerngeschäfts die Transformation nicht oder nicht im erwarteten Ausmaß geschafft haben, gibt es mittlerweile einige. Dazu zählen z. B. die analogen Versandhändler wie Quelle oder Neckermann, die es trotz sehr starker Ausgangspositionen im Distanzhandel nicht geschafft haben, im Onlinehandel in Europa Amazon die Stirn zu bieten. Bekannt ist auch der Fotohersteller Kodak, der die Welt der elektronischen und digitalen Fotographie trotz umfangreicher eigener Kompetenzen und Ressourcen nicht erschließen konnte. Diese Gefahren sind auch im deutschen Mittelstand allgegenwärtig und stellen sicherlich eine große Herausforderung für eine erfolgreiche Big-Data-Integration dar.

Starke Entwicklung hin zum Big-Data-Dienstleistungsmarkt
Eine Entwicklung zu einer leistungsfähigen und flexiblen Big-Data-Dienstleistungsindustrie wird am Markt bereits beobachtet (KPMG 2016, S. 21) und weiterhin für sehr wahrscheinlich gehalten. Zum aktuellen Zeitpunkt können viele Big-Data-Kompetenzen bereits am Markt eingekauft werden. Dies stellt eine wichtige Entwicklung und letztlich Chance für mittelständische Unternehmen dar, denen es dadurch ermöglicht wird, fehlende Daten und Kompetenzen auf einfache Weise am Markt zu erwerben. Ebenso hat diese Entwicklung einen entscheidenden Einfluss auf Make-or-Buy-Entscheidungen von Big-Data-Kompetenzen. Allerdings kann diese Entwicklung die anwendenden Unternehmen nicht davon entheben, ein angemessenes Maß an Kompetenzen im Bereich von Big Data zu erwerben, um mit den Dienstleistern qualifiziert verhandeln und kontrahieren zu können.

---

157 Die folgenden Ausführungen zu datengetriebenen Geschäftsmodellen und Märkten basieren auf den Erkenntnissen der Treffen des Arbeitskreises Ökonomie.

5.5.2 Big Data nimmt Einzug in die Industrien: Viele Daten – große Chancen, aber auch Herausforderungen

In fast allen Branchen hat sich Big Data mittlerweile zu einer Art „Königsdisziplin" entwickelt (z. B. Nationaler IT-Gipfel 2016). Einige Sektoren haben mit den aufkommenden Technologien und bevorstehenden Transformationen stärker zu kämpfen als andere (Manyika et al. 2011, S. 9). Im Big-Data-Umfeld gelten vor allem die Finanzbranche, der Handel und die Kommunikationsindustrie als erfolgreiche Vorreiter (Teradata 2016). Dieser Abschnitt verfolgt das Ziel, einen kurzen Einblick in die Chancen, aber auch Herausforderungen ausgewählter Branchen durch Big Data zu bieten. Da im Rahmen dieses Gutachtens eine detaillierte Betrachtung aller Industriezweige nicht möglich ist, wurden bewusst Branchen ausgewählt, die sich in ihren Big-Data-Adoptionen deutlich unterscheiden. Mit der Automobilindustrie und der Finanzdienstleistungsbranche wurden Wirtschaftszweige ausgewählt, in welchen Big Data stark eingesetzt wird (BITKOM 2015, S. 25). Transport & Logistik sowie das Gesundheitswesen repräsentieren Branchen, in welchen Analytics-Anwendungen erheblich zugenommen haben. Mit den Beispielen Gesundheitswesen und Energiewirtschaft sollen insbesondere Herausforderungen und Schwierigkeiten angesprochen werden, die sich vom Datenschutz bis hin zu Regulierung erstrecken können.

▸ Die Revolution der Automobilindustrie

In der Automobilindustrie als Teil des Mobilitätssektors existieren zahlreiche Datenquellen, von Transportsystemen, über das Fahrzeug an sich bis hin zu anderen Verkehrsträgern. Dieses potenziell riesige Datenangebot kann den Sektor stark verändern. Im Fokus der Automobilindustrie stehen derzeit die Analyse von Daten der Kundschaft, die Auswertung von Fahrzeugdaten und die Vorhersage von Themen- und Produkttrends (BearingPoint 2016, S. 6). Big Data bietet der Automobilindustrie somit zahlreiche Möglichkeiten, u. a. zur Markendifferenzierung, Kundenorientierung oder einer verbesserten Steuerung der Lieferkette. Gerade die Automobilhersteller könnten von einer umfassenden und intelligenten Vernetzung (z. B. Picot et al. 2014) im Bereich der Mobilität profitieren, um zukünftig mehr Daten der Kundschaft und Fahrzeugdaten auszuwerten und mit geeigneten anderen Daten aus dem Umfeld zu verknüpfen. Dieses neue Wissen in Verbindung mit Telematiksystemen erlaubt somit den OEMs einerseits völlig neue Wege der Kundenansprache und der -interaktion (Stricker et al. 2014) sowie die Chance, zukünftige Kundenanforderungen und -erwartungen frühzeitig zu erkennen bzw. vorauszusehen; andererseits ergeben sich auch Potenziale für innovative Services auf der Basis von Daten. Qualitätsführerschaft spielt im Automobilbereich eine große

Rolle. Der gezielte Einsatz von Prognosewerkzeugen weist bereits auf mögliche Probleme hin, bevor dann tatsächlich Ausschuss entsteht[158] (Stange 2013). Auch hinsichtlich Kostenaspekten weist Big Data ein großes Potenzial auf, wie z. b. im Bereich der Steuerung der Lieferketten oder des Qualitätsmanagements[159] (Deloitte 2014a). Trotz dieser Möglichkeiten steht auch die Automobilindustrie vor großen Herausforderungen. Dazu gehört die Organisation einer Datenvielfalt, die stark über Fachbereiche, Tochtergesellschaften, Vertriebsstufen und Ländergrenzen hinweg verteilt ist (Berylls Strategy Advisors 2015). Derzeit arbeitet die Automobilbranche gerade an neuen Geschäftsmodellen, die sich aus der Vernetzung von Autos, sogenannten Connected Cars, und aus der Verknüpfung mit anderen Verkehrsträgern ergeben können. Die hier entstehenden Daten und Analysewerkzeuge könnten zu innovativen Geschäftsmodellen (z. B. intermodale Mobilitätsdienstleistungen) führen, welche die Branche unter Umständen nachhaltig verändern können.

▶ **Energiewirtschaft – Zwischen Herausforderungen und Chancen**

Auch in der Energiebranche lässt sich ein stetiger Anstieg an Daten beobachten. Hierbei handelt es sich primär entweder um Daten der Kundschaft oder technische Daten der Energieversorger. Den Energiesektor beschäftigen in erster Linie der Datenschutz sowie die Trennung von Netz und Vertrieb, das sogenannte Unbundling (Nationaler IT-Gipfel 2016, S. 3). Durch den anstehenden Smart-Meter-Rollout können den Kunden, z. B. durch den Einsatz eines intelligenten Stromzählers, Informationen über ihren Energieverbrauch sowie Effizienzmaßnahmen vorgeschlagen werden (Datanomiq 2016). Maßgeschneiderte Energieprodukte für individuelle Bedürfnisse wären das Resultat. Für Netzbetreiber bedeutet der Einsatz von Big Data eine Optimierung der Abstimmung von Erzeugung und Verbrauch (Lünendonk 2013, S. 15; BITKOM 2016). Eine erfolgreiche Einführung von Big Data in der Energiebranche ist allerdings bisher noch nicht in vollem Umfang erfolgt. Sinnvolle Applikationen sowie Business Cases basierend auf dem Big-Data-Einsatz aufzubauen bereitet weiterhin Schwierigkeiten. Auch wenn es Ansätze für zahlreiche werthaltige Geschäftsmodelle gibt, so sind damit aber auch neuartige Regulierungsfragen (Picot et al. 2011) verbunden, mit denen sich die Energiewirtschaft in Zukunft beschäftigen muss (BdEW 2015, S. 28).

---

158 Durch die Analyse historischer Daten lassen sich in der Produktion Parameter bestimmen, die frühzeitig wieder in die richtige Richtung korrigiert werden können und somit nicht zu Ausschuss führen.

159 Analytik im Qualitätsbereich senkt operative Kosten und erhöht gleichzeitig die Kundenzufriedenheit.

5.5 Big-Data-as-a-Business

▶ *Finanzdienstleistung – Scoring als stark diskutiertes Thema*

Die Finanzbranche gilt oft als Vorreiter im Bereich der Big-Data-Adoptionen (EITO 2013, S. 14). Neben den positiven Effekten einer stärkeren Publikumsorientierung (IBM 2013, S. 3), der Identifizierung und Verhinderung von Betrugsvorfällen und einem verbesserten Risikomanagement sorgt jedoch vor allem das Thema des „Scorings" für viel Aufsehen in Politik und Medien (GFT 2014). Darunter werden datenbasierte Bewertungsverfahren verstanden, die vor allem zum Zwecke der Bonitätsprüfung eingesetzt werden (z. B. Picot et al. 2007). Durch Big-Data-Analysetechniken konnten der Umfang und die Anwendungsbereiche des Scorings weiter ausgedehnt werden (Jandt 2015). Da diese Methode jedoch auch mit erheblichen Gefahren verbunden ist, stößt der Einsatz dieser Technik immer wieder auf Widerstand in Medien und Politik (Steinebach et al. 2015). Als große Herausforderung und Bedrohung für die bestehenden Player innerhalb der Finanzbranche gilt zudem der Markteintritt branchenfremder Anbieter. Dabei könnten sich fast 20 % der europäischen Kunden neben Versicherungsleistungen vor allem Finanzdienstleistungen von etablierten Internet- und Datenunternehmen wie Google, Amazon, Apple oder Facebook sehr gut vorstellen (Fujitsu 2016, S. 20). Ebenso sind aber auch neue Player wie Fintechs denkbar. Eine detailliertere Behandlung der Versicherungsbranche findet sich in einem späteren Teil dieses Gutachtens.

▶ *Gesundheitswesen – Selbstvermessung und Mensch-Maschine-Interaktion als bedeutende Themen*

Aufgrund der vorherrschenden Heterogenität der Daten, der allseits gewünschten Evidenzbasierung von Behandlungsmethoden, aber auch fehlender Standardisierung versprechen Big-Data-Anwendungen im Gesundheitsbereich grundsätzlich ein hohes Nutzenpotenzial. Die Kombination von technischen Daten, Ärzteberichten, Patientendaten, historischen Krankheitsverläufen oder Daten von Wearables ermöglicht es, Zusammenhänge und Muster abzuleiten, durch die Kosten für Behandlungen gesenkt, Krankenhausaufenthalte verkürzt und individualisierte Behandlungen durchgeführt werden können (Shah und Pathak 2014; PWC 2015a). Ärzte erhalten durch neue Technologien Entscheidungsunterstützungen, die Fehldiagnosen reduzieren und Medikationen optimieren. Neben den genannten Aspekten, von denen Ärzte, die Krankenhäuser und die Patienten profitieren, gibt es auch noch weitere direkte Einsatzszenarien an letzteren. Eine Selbstvermessung von Puls, Blutdruck oder weiteren Vitalwerten kann zu einer besseren Therapiequalität und präziseren Diagnostik beitragen. Gerade im Gesundheitswesen wie auch in der Automobilbranche stellt sich zukünftig immer mehr die Frage, welche Entscheidungen von autonomen Systemen getroffen werden können und dürfen. Unabhängig von dieser Frage kann die Interaktion von Mensch und datenbasierten Systemen zu besseren Ergebnissen führen. Big Data-Technologien können dazu verwendet werden, Daten zu organisieren, zu analysieren und Anomalien zu entdecken; für eine Entscheidungsfindung spielen vor allem die vorhandenen Erfahrungen der Ärzte eine wichtige Rolle (PWC 2015a). Insofern steht auch das Gesundheitswesen vor ganz neuen Herausforderungen, die sich z. B. auf Fragen der Interpretation von Daten sowie auf die zukünftige Gestaltung des Zusammenwirkens von ärztlichem Personal, Computer und Patient beziehen.

▸ Transport & Logistik

Transparenz, Weitblick, Reaktionsfähigkeit – derartige Fähigkeiten werden häufig mit der Logistikbranche in Verbindung gebracht (T-Systems 2014, S. 9). Um diese Ziele zu verwirklichen, scheint Big Data prädestiniert zu sein (DPDHL und Detecon 2013, S. 15). Ein großer Mehrwert wird vor allem in der Transparenz von Material- und Informationsflüssen gesehen, die durch Big Data in Echtzeit abgebildet und gesteuert werden können. Eine nachhaltige Kostensenkung durch die Vernetzung von (Flotten-) Fahrzeugen und deren Umgebungen wird durch die Verwendung von Big Data angestrebt (Dabidian und Clausen 2013). Während 2013 Anwendungsfälle noch rar waren (Waller und Fawcett 2013), hat Big Data inzwischen Einzug in die Logistikbranche gefunden. Der Einsatz von Big Data kommt insbesondere den Bereichen Bestandsmanagement und Transportlogistik zugute. Ein großer Fokus wird auf Prognosen innerhalb der Logistikprozesse gelegt. Dank Learning-Algorithmen können intelligente Warenwirtschaftssysteme Neulieferungen nicht nur anstoßen, wenn die jeweiligen Produkte nicht mehr verfügbar sind, sondern bereits aufgrund der Vorhersagen rechtzeitig im Vorhinein bestellen (Marr 2016).

Weitere Beispiele, wie Big Data Industrien verändert, sind in vielen weiteren Branchen (z. B. Handel, Medien oder Maschinenbau) zu finden. Aus Platzgründen können diese jedoch hier nicht vertieft behandelt werden.

Die Veränderung von Industrien durch Big Data am Beispiel der Versicherungsbranche[160]

Die Versicherungsbranche erfährt momentan durch den Einfluss von Big Data eine enorme Veränderung. Insbesondere für die Gesellschaft bleiben dabei einige Fragen noch ungeklärt. Zudem lassen sich zukünftige Entwicklungen nur schwer abschätzen und hängen stark von den jeweils zugrundeliegenden Versicherungsarten ab. Im Mittelpunkt der Debatte steht, ob und in welchem Umfang die datenbasierte

---

160 Über die bereits präsentierten Ergebnisse hinaus, hat sich der Arbeitskreis insbesondere mit der Versicherungsbranche beschäftigt. Die Erkenntnisse sind im Folgenden kurz skizziert.

Individualisierung der Versicherungsleistung zu einer Entsolidarisierung des Versicherungswesens führt. Wer übernimmt die Restrisiken, wenn Versicherungsschutz nach individuellen Merkmalen gewährt wird und der Versicherungsgeber diese Merkmale durch spezifische Monitoringsysteme überwacht? Diese Fragen stellen sich, teils in unterschiedlicher Form und Intensität, in allen Versicherungszweigen (Lebens-, Kranken- sowie Sachversicherungen). Auch wenn der Zugriff und die Analyse von Daten spezifische, auf das jeweilige Risiko abgestimmte Preise oder individuelle Versicherungsangebote zulässt, kann der Vorteil des Einen schnell zum Nachteil des Anderen werden. Es ist zu vermuten, dass sich die bisherige Logik einer Versicherung verschiebt. Wurden individuelle Faktoren wie Alter, Geschlecht oder tatsächliches Verhalten bisher lediglich marginal berücksichtigt, kann jetzt eine detaillierte Differenzierung hinsichtlich individueller Merkmale und Verhaltensweisen sowie Zuständen von Sachanlagen stattfinden. Dabei bleibt unklar, zu welchen Konditionen „Restrisiken", die sich einer derartigen Datenbasierung – aus welchen Gründen auch immer – entziehen, noch versichert werden und inwieweit solidarische Aspekte der Versicherungsbranche zukünftig verloren gehen könnten.

5.5.3 Implikationen für den Mittelstand

In Zeiten von Finanzkrisen, Globalisierung und steigendem Konkurrenzdruck stehen kleine und mittlere Unternehmen (KMUs) vor großen Herausforderungen (Veltjens und Müller 2013). Mit den gewonnenen Erkenntnissen aus Big-Data-Analysen kann es jedoch gelingen, langfristig ihre Wettbewerbsfähigkeit zu sichern und die Profitabilität zu steigern (Jung 2015). Im folgenden Abschnitt werden der aktuelle Umgang des Mittelstandes mit Big-Data-Themen aufgezeigt und damit verbundene Chancen und Herausforderungen diskutiert.

Aktuelle Situation des Big-Data-Einsatzes von KMUs muss besser aufgeklärt werden

„Viele KMUs haben die Potenziale von Big Data mittlerweile erkannt" (Fraunhofer IAIS 2012). „Vielen Unternehmen im Mittelstand ist oft nicht klar, welchen Wert in Form von Daten sie vorliegen haben" (Cintellic Consulting Group 2014) und „wird nur zögerlich angenommen" (Vossen et al. 2015). Unterschiedlicher könnten die Aussagen zur Situation von Big Data im Mittelstand kaum sein. Doch für beide Sichtweisen gibt es Belege, die diese Statements untermauern. Laut einer Studie von Deloitte (2014) bestätigen 87 % der befragten deutschen Unternehmen stetig ansteigende Datenmengen und die damit verbundene Notwendigkeit, Entscheidungen immer schneller treffen zu müssen (Deloitte 2014b, S. 5). Besonders zufrieden zeigten sich die Befragten mit der Validität, Relevanz, Reliabilität sowie Aktualität der Daten. Probleme dagegen bereiten vor allem eine mangelhafte Übersichtlichkeit und ein fehlender Zugriff der Entscheidungsträger auf jeweils relevante Daten (Deloitte 2014b, S. 10). Big Data – gemessen an der Einsatzquote – beschäftigt den deutschen Mittelstand stark. Dabei werden vor allem die Optimierung der Geschäftsabläufe und eine verbesserte Entscheidungsfindung als Chancen wahrgenommen. Einer ganzheitlichen Umsetzung stehen jedoch ein hoher Bedarf an geeignetem Personal und Bedenken hinsichtlich mangelnder Datenkonsistenz sowie Datenschutzproblemen im Weg Diese Entwicklungen bestätigen die Ergebnisse der international ausgerichteten Studie von IBM. Während 2011 gerade einmal 36 % der berücksichtigten 555 mittelständischen Unternehmen aus 95 Ländern einen Vorteil in Big-Data-Anwendungen sahen, gaben zwei Jahre später 2/3 aller Befragten an, dass sie durch Big Data starke Wettbewerbsvorteile erwarten. Dabei setzen sie vor allem auf die Verwendung interner Transaktionsdaten (88 %) (Schroeck et al. 2012, S. 3ff.). Im Gegensatz dazu zeigen Vossen et al. (2015) in ihren Untersuchungen, dass sich KMUs, deren Kernkompetenz nicht im IT-Bereich liegen, hinsichtlich Big Data und dessen Nutzen reserviert verhalten (Vossen et al. 2015) und mit dessen Anwendung zögern. Eine Studie der BITKOM zeigt, dass der Mittelstand mehr in Speicherlösungen und weniger in Analysewerkzeuge investiert (BITKOM 2014). Zukünftige Untersuchungen von KMUs sollten sich folglich nicht nur damit beschäftigen, die Probleme eines Big-Data-Einsatzes aufzulisten. Vielmehr gilt es, konkrete Praxisanleitungen und Empfehlungen auszusprechen.

Mittelstand kämpft mit Mangel an Big-Data-Kompetenz[161]

Einer der größeren Unterschiede zwischen Big Data in Großunternehmen und im Mittelstand ist im Bereich der Ausbildung und der Beschäftigung von Spezialisten erkennbar. Während Großunternehmen systematisch an einer Weiterbildung von Datenexperten arbeiten, verpassen oftmals kleine und mittelständische Unternehmen den rechtzeitigen Anschluss und treffen zu viele Entscheidungen spontan aus dem Bauch heraus. Um im gleichen Umfang an der Big-Data-Welt teilhaben zu können, muss sich der Mittelstand mehr auf eine gezielte Weiterbildung der eigenen Mitarbeiter konzentrieren. Eine wichtige Rolle spielt hier einerseits, ein grundlegendes Verständnis von Big Data und damit verbundene Wertschöpfungspotenziale aufzubauen, zum anderen die Funktionsweise von Algorithmik zu verstehen; außerdem wird die Kombination von Big-Data- und Domänenkompetenz immer wichtiger.

---

161 Die folgenden Ausführungen geben die Erkenntnisse des Arbeitskreises wieder.

Big Data noch nicht im Kerngeschäft von KMUs angekommen
Big Data hat bei vielen KMUs noch nicht den Stellenwert erreicht, den es haben müsste, um von den zahlreichen Vorteilen profitieren zu können. Ein großes Problem hierbei stellt die Zuordnung des Bereiches Big Data zum Aufgabenfeld der IT dar. Im Denken vieler mittelständischer Unternehmen ist noch nicht realisiert worden, dass Big Data das Kerngeschäft jedes einzelnen Unternehmens betrifft und damit nicht nur eine technologische Herausforderung darstellt, sondern Auswirkungen auf das Geschäftsmodell, das Produktangebot, verschiedene Bereiche in der Organisation sowie vor allem für das Endgeschäft mit dem Kunden hat.

5.5.4 Plattformen und Datenmärkte der neuen Datenwelt

Digitale Plattformen ermöglichen einer großen Zahl an Firmen, ihre Produkte und Dienstleistungen anzubieten. Uber und AirBnB machen derzeit vor, wie ohne Assets mit einer reinen Vermittlungsfunktion Erfolg möglich ist (Ramge 2015). Andere Plattformen wie Amazon konzentrieren sich auf den Handel vorwiegend physischer Produkte (Arreola González et al. 2016) sowie auf die adminstrative und logistische Abwicklung von Handelsprozessen. Plattformen spielen auch im Zusammenhang mit Big Data eine zunehmend wichtige Rolle. Big-Data-Plattformen erlauben ihren Anwendern den Zugang, das Management und die Analyse großer Datenmengen (Horey et al. 2012). Diese Plattformen können aus unterschiedlichen Blickwinkeln betrachtet werden. Datengetriebene Plattformen werden meist aus technologischer Sicht betrachtet. Eng damit verbunden ist die Diskussion über die Vorteile, die sich für Unternehmen durch deren Einsatz ergeben. Daten werden heutzutage häufig durch Plattformen organisiert (Kambatla et al. 2014, S. 2561), um Bereitstellung, Suche, Speicherung und Analyse der Daten zu ermöglichen und damit Datenquellen und Datennachfrager effizienter zu koordinieren. Aus diesem Grund werden solche Plattformen häufig auch als Big-Data-Management-Systeme bezeichnet (Borkar et al. 2012, S. 46 ff.). Dominante Big-Data-Plattformen wie Hadoop finden weltweiten Einsatz. Google's BigQuery liefert beispielsweise Unterstützung für das Speichern, die Analyse, das Management sowie die Visualisierung großer Datasets. Viele Plattformen werden zudem als Cloud-basierte Lösungen angeboten. Cloud Computing ist eine Technologie, die es zumeist auf Servicebasis ermöglicht, auf flexibel skalierbare und leistungsfähige Rechenleistungen zuzugreifen. Dadurch müssen teure Hardware, Software und Speicherplatz nicht mehr im Unternehmen vorgehalten werden (Hashem et al. 2015, S. 103).

Plattformen als Basis von Big-Data-Ökosystemen haben Zukunft
Ein aktuelles Thema rund um Big Data stellt die gemeinsame Nutzung von Plattformen seitens mehrerer Unternehmen dar. Um die Innovations- und Wettbewerbsfähigkeit deutscher sowie europäischer Unternehmen zu sichern, sollte eine enge Vernetzung kleiner, mittlerer als auch großer Organisationen in Zukunft stattfinden (DIHK 2016; Strategic Policy Forum 2016). Virtuelle Plattformen müssen dabei nicht nur Unternehmen untereinander vernetzen, sondern auch Kunden und Lieferanten. Durch einen Zusammenschluss entlang der Lieferkette können Potenziale des Datenaustausches für die Optimierung von Geschäftsmodellen besser genutzt oder neue Datenmärkte erschlossen werden (DIHK 2016). Gerade sensitive Daten sind nicht nur für ein Unternehmen von großer Relevanz, sondern könnten auch für andere wertgenerierend sein, falls diese auf einer gemeinsamen Big-Data-Plattform zur Verfügung gestellt werden (Dong et al. 2015). Im Rahmen des Data Sharings werden in erster Linie technologische Aspekte wie Sicherheit, Verschlüsselung oder Zugangskontrolle kooperativ behandelt. Zukünftige Arbeiten sollten sich verstärkt auch mit ökonomischen Aspekten einer kollaborativen Big-Data-Nutzung beschäftigen. Die sich in Zukunft entwickelnden Ökosysteme aus Software, Hardware und Service Providern werden Industrien verändern, Unternehmensbereiche neu verbinden und dadurch ganz neue Werte schaffen. Dabei müssen Voraussetzungen und Herausforderungen des Datenaustausches, die Bildung von Standards und die Rolle von Marktplätzen diskutiert werden (z. B. Otto et al. 2016). Die Forderung nach einer intensiven Auseinandersetzung mit digitalen Big-Data-Plattformen von Unternehmens- als auch Regierungsseite aus wird derzeit aktiv diskutiert, da die Herausbildung dieser Plattformen als ein großes Zukunftsthema gesehen wird.

Insbesondere der Automobilbranche, dem Gesundheitssektor sowie der Maschinenbauindustrie wird hier ein großes Potenzial zugesprochen (Strategic Policy Forum 2016). Neben US-amerikanischen Unternehmen wie General Electric, die industrie-spezifische Plattformen bereits entwickelt haben und am Markt anbieten, können auch in Deutschland erste Schritte in diese Richtung beobachtet werden. Das Maschinenbauunternehmen TRUMPF stellt mit der Gründung von AXOOM eine IoT (Internet of Things) -Plattform für den hochsicheren Datentransport zur Verfügung, an die sich andere Unternehmen anschließen können (siehe Vertiefung 3). Diese und weitere Best-Practice-Ansätze (z. B. MindSphere von Siemens) verdeutlichen, wie Chancen durch Big Data für innovative, unternehmerische Ideen in der Praxis bereits genutzt werden und zu neuen datenbasierten Geschäftsmodellen führen können (siehe dazu Kapitel 5.5.1).

5.5 Big-Data-as-a-Business

Vertiefung 3: Industrie 4.0-Plattform AXOOM[162]

Durch Industrie 4.0 werden erhebliche Effizienzgewinne in der Fertigung möglich, letztendlich sogar bis zur wirtschaftlichen Herstellung kleinster hoch-variabler Losgrößen. Um dies erreichen zu können, muss zunächst ein genaues Abbild der realen Fertigung in IT-Modellen erfolgen (sogenannter Digitaler Zwilling). Hierzu müssen Daten von der Maschine über die Fabrik bis in die verarbeitende IT hochsicher transportiert werden (vertikale Integration der Shopfloor/OT-Daten). Auf dieser Basis kann dann eine horizontale Prozess-Integration durchgeführt werden, die vor allem die Vielzahl heutiger Medienbrüche in denVerarbeitungsschritten beheben kann.

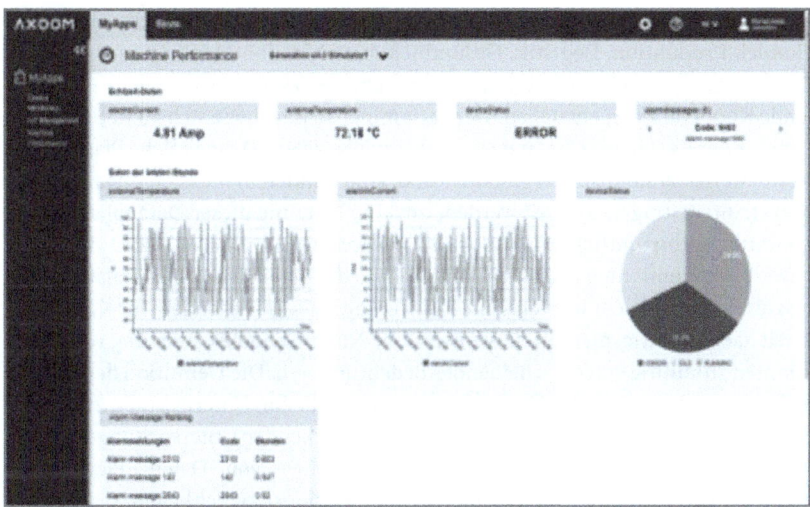

Abb. 9 Ausschnitt AXOOM-Plattform
Quelle: Eigene Darstellung ©

TRUMPF hat 2015 das Tochterunternehmen AXOOM gegründet, das als Dienstleister den hochsicheren Datentransport der Maschinendaten übernimmt und Software für Prozess-Integration anbietet. AXOOM bietet seine IoT-Plattform bzw. die Integrationsmodule nicht nur TRUMPF selbst an, sondern potenziell allen produzierenden Unternehmen oder auch Maschinenherstellern. Heute setzt TRUMPF als Kunde

---

162 Vertiefung von Dr. Stephan Fischer † (TRUMPF GmbH + Co. KG, Ditzingen).

von AXOOM die IoT-Plattform bereits dazu ein, um Betriebsdaten der Maschinen so auszuwerten, dass Technikereinsätze vor Ort optimiert werden können bzw. Ausfallzeiten für die TRUMPF-Kunden minimiert werden können. Hierzu sind umfangreiche Big-Data-Analysen notwendig. Ähnliche Anwendungen werden aber auch von weiteren namhaften Unternehmen erstellt, die AXOOM bereits als Kunden gewinnen konnte. Mit AXOOM ist TRUMPF daher heute nicht mehr ein reines Maschinenbau-Unternehmen, sondern darüber hinaus ein Anbieter einer Software-Plattform, mit deren Hilfe Big Data im Fabrik- und Maschinenumfeld erhoben und ausgewertet werden kann. Damit können produzierende Unternehmen ganz neue datenbasierte Geschäftsmodelle realisieren.

Nutzung von Plattformen für Branchenkooperationen[163]

Die Herausbildung von Datenplattformen ist in vielen verschiedenen Bereichen wie Handel, Produktion, Logistik, Gesundheit oder Mobilität denkbar (z. B. Arreola González et al. 2016). Dabei könnten branchenspezifische, aber auch -übergreifende Kooperationen entstehen. Der Zusammenschluss ließe sich zu Rationalisierungs- oder Kostenzwecken nutzen, wobei zu überlegen ist, wie solche Plattformen wettbewerbsökonomisch zu gestalten sind. Unter anderem müssten Zugangs- und Markteintrittsfragen geregelt werden, um eine Nutzung dieser Datenplattformen zu wettbewerbsrechtlich unzulässigen Zwecken zu verhindern. Neben den wettbewerbsökonomischen Aspekten sollte ebenso die Bereitschaft, Datenplattformen beizutreten untersucht werden. Eine Vernetzung sollte insbesondere für KMUs Priorität haben. Plattformen für die gemeinsame Nutzung und Auswertung von Daten könnten zukünftig von entscheidender Bedeutung sein. Die Definition der eigenen Rolle in entstehenden Big-Data-Ökosystemen stellt für Unternehmen zukünftig eine wichtige Aufgabe dar. Ferner bedarf es eingehender Untersuchungen, unter welchen Randbedingungen welche Organisationsform von (Daten-) Plattformen empfehlenswert ist; denn die Vielfalt der Organisationsmöglichkeiten ist sehr groß und deren situationsspezifische Vor- und Nachteile noch weitgehend unerforscht. Hier seien beispielhaft nur die folgenden Gestaltungsvariablen für das Design und die Governance von Plattformen genannt: Rechtsform (Kapitalgesellschaft, Verein, Genossenschaft, Stiftung, öffentliche Trägerschaft etc.), Zahl der Eigentümer/Gesellschafter, wirtschaftliche Ausrichtung (gewinnorientiert, non-profit/Kostendeckung) oder Zugang und Standards (Exklusivität oder Offenheit).

---

163 In den nächsten Abschnitten folgen Themen, die vom Arbeitskreis Ökonomie als sehr relevant im Zusammenhang mit datengetriebenen Plattformen und Datenmärkten eingestuft werden.

Die Entwicklung von Datenmärkten

Konsumentendaten oder Finanzmarktpanels wurden ebenso wie klassische Mediennutzungsdaten seit jeher gehandelt. Im Zeitalter von Big Data können jedoch im Gegensatz zu Daten in aggregierter Form auch Einzelprofile vermarktet werden. Derzeit sind Datenmärkte in Deutschland noch nicht besonders entwickelt. Es sind allerdings deutliche Bestrebungen erkennbar, mit Data-Management-Plattformen Profildaten zu standardisieren und handelbar zu machen. Auch im industriellen Bereich sind diese Entwicklungen zu beobachten. Das Industrial Data Space[164] gilt als Versuch, einen Markt zu organisieren, der unter anderem dazu dienen soll, Maschinendaten durch Standardisierung wiederverwendbar zu machen (Otto et al. 2016, S. 3) und ihre Nutzung und Verbreitung zugleich zu kontrollieren. Dabei beschränken sich Marktplätze allerdings nicht nur auf Daten per se, sondern umfassen auch Analytics- und Architekturkomponenten. Im Zusammenhang mit Datenmarktplätzen wird mitunter auch die Blockchain-Technologie[165] thematisiert (z. B. Zyskind et al. 2015a; Hopf und Picot 2016). Aufgrund der Möglichkeit, Daten und Informationen in einer nicht zu verändernden, nachvollziehbaren und transparenten Form zu übermitteln, scheint dieser Ansatz gerade für den Datenhandel im Bereich des Internet of Things sehr geeignet (IBM 2015). Dies könnte z. B. auch und gerade in Verbindung mit Zugangs- und Nutzungsdaten gelten.

Entwicklung datengetriebener Plattformen abhängig von Standardisierung und Netzeffekten

Eine weitere offene Entwicklung aus ökonomischer Sicht ergibt sich für die technische Entwicklung datengetriebener Plattformen. Dabei sind mehrere Ebenen von Plattformen denkbar – beispielsweise Datenplattformen, domänenspezifische Plattformen oder Cloudplattformen. Datenplattformen können hierbei über mehrere Domänen hinweg gebildet werden (z. B. für demographische Daten oder Verkehrsdaten). Die Komplexität, die durch die Unterschiedlichkeit der domänenspezifischen

---

164 Weiterführende Informationen zum Industrial Data Space unter: https://www.fraunhofer.de/de/forschung/fraunhofer-initiativen/industrial-data-space.html.

165 Neue, potenziell disruptive Technologie, die ursprünglich aus dem Finanzbereich stammt. Dahinter verbirgt sich eine neue Form des verteilten Speicherns und der automatisierten Abwicklung von digitalisierten Verträgen, sogenannte Smart Contracts. Transaktionsdaten werden in Blocks (Datei-Ketten) dezentral gespeichert. Ein großer Vorteil der Technologie liegt darin, dass der gesamte Transaktionsprozess bis zu seinem Ursprung zurückverfolgt werden kann. Eine dezentrale Verwaltung der Daten ermöglicht fälschungssichere und lückenlos verifizierbare Transaktionen. Aufgrund dieser Vorteile breitet sich die Blockchain-Technologie auch zunehmend in anderen Branchen aus (IW-Report 24/2016).

Verhältnisse und Anforderungen hervorgerufen wird, spricht gegen die Bildung eines übergreifenden Data-Warehouse, das für alle Domänen Gültigkeit hat, weshalb sich z. B. technologie- oder branchenbezogene Datenplattformen herausbilden dürften. Die Tendenz, auch innerhalb einer Domäne einen oder mehrere Anbieter sowie unterschiedliche Nachfrager vorzufinden, wird sehr stark vom Grad der Standardisierung der Schnittstellen oder Datenformate abhängig sein, der sowohl Komplexitätskosten als auch Markteintrittsbarrieren beeinflusst. Zusätzlich ist bei Plattformen denkbar, dass Standards sich bottom-up etablieren werden. Da es aufgrund von Netzeffekten sinnvoll ist, immer mehr Daten zur Generierung von Informationen und zur Entwicklung neuer Anwendungen zusammenzubringen, ist es vorstellbar, dass unterschiedliche Modelle und Teilstandards aus den jeweiligen Domänen heraus über die Zeit hinweg kontextspezifisch zusammenwachsen. Gerade im Hinblick auf generische Schichten darf die Entwicklung einer domänenübergreifenden Lösung nicht außer Acht gelassen werden. Ein gutes Beispiel für eine derartige Entwicklung findet sich bei Amazon. Während Amazon sich anfangs nur als Online-Händler für Bücher am Markt bewegte, können inzwischen auch Standardgüter des B2B-Bereiches oder Cloud-Dienstleistungen dort gekauft werden. Derartige Entwicklungen sind auch für Datenplattformen und Datenmärkte denkbar.

Alles in allem verdeutlicht dieses Kapitel die Potenziale und Chancen einer Adaption von Big-Data-as-a-Business in Unternehmen, weist aber auch auf aktuelle Herausforderungen hin, die von einzelnen Organisationen, aber auch Branchen zukünftig zu bewältigen sind.

Die Thematik „Big-Data-as-a-Business" betreffend, ergeben sich zusammenfassend die folgenden zentralen Themen und offenen Fragen:

- Angst vor Selbst-Kannibalisierung stellt häufig eine Bremse für neue Geschäftsmodelle dar.
- KMUs sehen Big Data als IT-Thema, jedoch nicht als wichtigen Treiber für eine Veränderung des Kerngeschäfts.
- Vernetzung und Kooperationen stellen eine entscheidende Basis für erfolgreiche Big-Data-Nutzung dar; dabei sind Plattformen von entscheidender Bedeutung.

5.6 Das Unternehmen im Zeitalter von Data Analytics[166]

McAfee und Brynjolfsson (2012) haben in ihren Untersuchungen gezeigt, dass der Einsatz von Analysetechniken die Produktivität wie auch die Profitabilität der Unternehmen im Vergleich zu deren Wettbewerbern um 5-6 % steigern konnten (McAfee und Brynjolfsson 2012, S. 64). Daher ist es nicht verwunderlich, dass dieses Thema bei Unternehmen weit oben auf der Agenda zu finden ist und weit verbreitet in den verschiedensten betriebswirtschaftlichen Disziplinen ist (Pospiech und Felden 2012, S. 8). Um den Einfluss von Big Data auf die Unternehmen ganzheitlich darstellen zu können, verfolgt dieses Kapitel zwei Ziele. Zum einen werden die wichtigsten Veränderungen im Datenzeitalter wie Analytics, Echtzeit-Ökonomie und Prognosefähigkeit (siehe Kapitel 5.3.4) aufgegriffen. In einem zweiten Schritt werden die Implikationen dargestellt, die der Einsatz von Big Data auf Strategie, Führung, Mitarbeit und Organisationskultur haben kann. Da Big Data nicht nur Einfluss auf die Unternehmensorganisation, sondern auch über die Grenzen der Organisation hinaus hat, werden auch Auswirkungen auf Kooperationen betrachtet.

5.6.1 Big-Data-Analytics

Die stetig anwachsenden Datenmengen stellen Unternehmen bei der Auswertung dieser Datenberge immer wieder vor neue Herausforderungen. Die Wahl der richtigen Methoden zur Datenerfassung, -aufbereitung und -analyse ist dabei von entscheidender Bedeutung, weshalb das Thema rund um Big Data Analytics als Schlüsselfaktor gilt (Chen et al. 2012, S. 1165). Folglich können zahlreiche Publikationen in diesem Feld gefunden werden. Diese enorme Fülle an Möglichkeiten stellt sowohl Unternehmen als auch die Forschung vor Probleme, die relevanten Beiträge zu identifizieren (Chong und Shi 2015, S. 175). Im Rahmen dieses Gutachtens werden unter Big-Data-Analytics sowohl Technologien als auch Techniken verstanden, die genutzt werden können, um große Datenmengen zu analysieren

---

166 Inhalte dieses Kapitels basieren u. a. auf folgenden Impulsvorträgen:
- „Big Data Use Cases in Deutschland", Tomislav Zorc (comSysto GmbH, München), 23.07.2015.
- „From Big Data to Smart Data", Prof. Dr. Sonja Zillner (Siemens AG, München), 13.10.2015.
- „Das Unternehmen im Zeitalter von Data Analytics", Florian Hoffmann (comSysto GmbH, München), 25.01.2016.
- „Das Unternehmen im Zeitalter von Data Analytics – Das Predictive, Customer Centric Enterprise", Dr. Markus Eberl (Kantar TNS, München), 25.01.2016.

und hinsichtlich versteckter Muster, unbekannter Zusammenhänge und Informationen zu untersuchen (Russom 2011; Miller und Mork 2013; Kapdoskar et al. 2015). Folglich fallen nach dieser Definition Speichermöglichkeiten, Datenverarbeitungsprozesse, Analysemethoden und Visualisierungstechnologien darunter (Chen et al. 2012; Kwon et al. 2014). Die Erwartungen der Unternehmen an Big Data Analytics sind groß: Wettbewerbsvorteile verbessern, Kosten reduzieren, strategische sowie operative Entscheidungsprozesse unterstützen, etc. Aus diesen Gründen steigt die Zahl von Big-Data-Initiativen auch weiterhin an (NewVentage Partners: 2016, S. 5; BITKOM: 2014, S. 15). Dennoch ist es überraschend, dass bei zahlreichen Unternehmen Unsicherheit darüber herrscht, ob Big-Data-Analytics integriert werden soll. Unterschiedliche Studien zur Technologieadoption belegen, dass ein Verständnis für Big-Data-Lösungen selbst, aber auch für deren Umsetzung nicht ausreichend vorhanden ist. Ebenso beunruhigend ist die Tatsache, dass Big-Data-Analytics bei vielen Unternehmen nicht angedacht ist oder nur zögerlich umgesetzt wird (International Institute for Analytics 2016, S. 4; KPMG 2016, S. 11). Dies ist teilweise darin begründet, dass eine Notwendigkeit hierfür nicht gesehen wird. Eine Studie von NewVantage Partners (2016) zeigt, dass Partnerschaften zwischen Technologie- und Businessabteilungen als Erfolgskriterium für erfolgreiche Big-Data-Adoptionen gelten (NewVentage Partners: 2016, S. 4). Weitere Faktoren sind darüber hinaus nicht bekannt. Folglich wird mehr Forschung im Bereich der Schlüsselfaktoren benötigt, die zu einer erfolgreichen oder generell zu einer Einführung von Big-Data-Analytics in den Unternehmen beitragen (Kwon et al. 2014, S. 387).

Die technologischen Voraussetzungen sind ein wichtiger Bestandteil, wenn Big Data in Unternehmen zum Einsatz kommt. Gerade die häufig genutzten cloudbasierten Anwendungen, u. a. zur Datensammlung, gelten als nicht triviale Bestandteile. Die Bearbeitung technologischer Schwerpunkte und den damit verbundenen Potenzialen stehen bei den BMBF-Kompetenzzentren, dem Berlin Big Data Center[167] (BBDC) und dem Competence Center for Scalable Data Services und Solutions[168] (ScaDS), im Fokus. Aus den angeführten Gründen zielt dieses Kapitel nicht darauf ab, diese Aspekte im Detail zu beleuchten, auch wenn technologische Komponenten gerade im Bereich Big-Data-Analytics eine große Rolle spielen. Gleichwohl entstehen Herausforderungen, welche nicht ohne ihre ökonomischen Implikationen analysiert werden können und deshalb auch im folgenden Kapitel erwähnt und kurz beschrieben werden.

---

167 Nähere Informationen unter: http://www.bbdc.berlin/1/start/.
168 Nähere Informationen unter: https://www.scads.de/de/.

5.6 Das Unternehmen im Zeitalter von Data Analytics

Neue Analytics-Lösungen sind nötig: Weg von zentraler hin zu verteilter Rechenleistung

Im Bereich von Big-Data-Analytics werden aktuell in erster Linie zentrale Rechensysteme eingesetzt. Eine zentrale Lösung führt zwangsläufig zu einer großen Zahl von Datentransfers und Integrationsvorgängen. Gerade im Hinblick auf eine Echtzeit-Ökonomie (siehe Kapitel 5.6.3) werden verteilte Lösungen in Zukunft bedeutender werden. Dies stellt einen wichtigen Forschungsbedarf dar (Chong und Shi 2015, S. 190). Kambatla et al. (2014) sehen als einen wichtigen Trend im Data-Analytics-Bereich, dass Rechenleistungen aufgrund der zahlreichen verteilten Datenquellen auch mehr verteilt durchgeführt werden müssen, um die hohen Kosten des Datentransfers zu umgehen (Kambatla et al. 2014, S. 2571) und Echtzeitanalysen zu ermöglichen (vgl. Fog Computing; Dickson 2016).

Privacy, Security und Datenqualität sind offene Themen im Bereich Big-Data-Analytics

Die Möglichkeiten der Unternehmen, Datensicherheit (Security) und den Schutz der Privatheit (Privacy) zu gewährleisten, werden in einer datengetriebenen Welt immer schwieriger (Tene und Polonetsky 2012) und gehören derzeit zu den wichtigsten Themen im Big-Data-Feld (Katal et al. 2013, S. 406). Verhaltensdaten sind ein integraler Bestandteil der heutigen Big Data Analysen. Ohne einen adäquaten Security-Ansatz für die weitere Verarbeitung der Daten stellen Big-Data-Analytics-Ansätze kein verlässliches System dar (Tsai et al. 2016, S. 41). Traditionelle Mechanismen sind auf Datenprobleme geringer Skalierung ausgelegt (Kambatla et al. 2014). Aufgrund diverser, verteilter Datenquellen wird der Aspekt der sicheren Datenübertragung immer wichtiger und stellt für viele Unternehmen eine große Herausforderung dar (Wong 2012). Diese offene Frage wird bisher nur in wenigen Studien aufgegriffen. Vor allem der Bereich verteilter Rechenleistung und Echtzeit-Analysen erfährt in der aktuellen Literatur zu wenig Aufmerksamkeit (Kambatla et al. 2014).

Neben Security-Aspekten stellen sich auch im Bereich Privacy viele ungelöste Fragen (Kim et al. 2014, S. 84; Sedayao et al. 2014, S. 601). Für sensitive, personengebundene Informationen wird eine Garantie gefordert, damit diese Daten nicht für andere zugänglich sind und anonym bleiben. Gerade aber Big-Data-Analytics macht es möglich, aus anfänglich anonymen Daten durch Anwendung von Analysealgorithmen Rückschlüsse auf Individuen, sogenannte Re-Identifikationen, ziehen zu können und kann damit eine Gefahr für die Privatheit darstellen (Berinato 2015; Shapiro 2015; Leetaru 2016). Wenn persönliche Informationen mit weiteren externen Datensätzen kombiniert werden, können neue Informationen über diese Person durch die Kombination dieser Daten abgeleitet werden (Narayanan und Shmatikov 2008; Ohm 2009; De Montjoye et al. 2013; Rubinstein und Hartzog 2016,

S. 704). Dabei ist es denkbar, dass Informationen entstehen, die diejenige Person nicht mit anderen teilen möchte oder nicht einmal weiß, dass diese Informationen über sie Dritten bekannt ist (Katal et al. 2013, S. 406). Das Teilen von Daten innerhalb und zwischen unterschiedlichen Lebenswelten oder Industriesektoren steht somit in engem Zusammenhang mit Privacy. Der Grundsatz, Daten nur zu einem vordefinierten Zweck zu erheben und zu verwenden und damit die Wiederverwendung von Daten in anderen Kontexten auszuschließen, widerspricht dabei dem Konzept des Data Sharings (Cárdenas et al. 2013, S. 17). Insbesondere beim Einsatz sensitiver Daten scheint ein kritischer Faktor zu sein, welche dieser Daten zu welchem Zweck verwendet werden (Tsai et al. 2016, S. 43). Dabei fehlen grundsätzliche Regeln, wie eine entsprechende Verknüpfung gestaltet sein darf. Aufgrund verbesserter Analysemethoden wird es immer leichter, die Privatheit der Individuen zu verletzen, obwohl im Technologiebereich an unterschiedlichsten Methoden (z. B. Zyskind et al. 2015a; Zyskind et al. 2015b) gearbeitet wird, um die Privatheit der Individuen im Big-Data-Zeitalter zu schützen (Jain et al. 2016; S. 2). Deshalb ist ein proaktiver Umgang mit dieser Thematik erforderlich (Burton und Hoffmann 2015), um Missbrauch zu verhindern.

Eine weitere Herausforderung von Big-Data-Analytics betrifft die Datenherkunft und damit die Qualität der Daten (Jarchow und Estermann 2015, S. 15). Aufgrund unterschiedlichster Datenquellen können die benötigte Qualität und Vertrauenswürdigkeit von Daten, die für gewisse Algorithmen von Bedeutung sind, nicht mit Sicherheit nachgewiesen werden (Cárdenas et al. 2013, S. 74).

Zusammenfassend wird deutlich, dass sich die zukünftige Forschung noch stärker mit Lösungen für Security, Privacy und Qualitätsfragen auseinandersetzen muss.

5.6.2 Predictive Analytics – Datengestützte Prognosen mit Big Data

Im Bereich der Datenanalyse mit Big Data erfährt Predictive Analytics eine immer wachsende Bedeutung. Predictive Analytics nutzt interne und externe Datenbanken sowie Echtzeit-Datenströme und kombiniert diese gegebenenfalls mit weiteren Datenquellen. Diese Daten werden mit modernsten mathematischen Methoden verarbeitet, um gestützt auf Vergangenheitsdaten und mittels Wahrscheinlichkeiten Prognosen insbesondere über künftiges Verhalten zu erstellen und auf dieser Basis Entscheidungen zu treffen. Experten verwenden häufig den Term Predictive Analytics für zwei zukunftsorientierte Szenarien: Vorhersagen und Empfehlungen (Blue Yonder 2012). Während im ersten Szenario vor allem Prognosen und Risi-

5.6 Das Unternehmen im Zeitalter von Data Analytics

komodelle enthalten sind, geht es im zweiten um die Abwägung unterschiedlicher Alternativen und die Auswahl der besten Option (Intel IT Center 2013, S. 2). Anfänglich dienten Daten vor allem dem Zweck des Reportings und Monitorings (Dhar et al. 2014, S. 257). Dafür werden intern erzeugte, unternehmensbezogene Daten aus Bereichen wie Marketing, Produktion oder Verkauf verwendet, um Prozesse und Kundenservice zu verbessern (Ayankoya et al. 2014, S. 193). Anders als bei diesen Ansätzen, die auf den Status Quo oder die Vergangenheit ausgerichtet sind, wird bei Predictive Analytics der Anwendungsbereich auf Zukunftsprognosen ausgeweitet (Provost und Fawcett 2013, S. 6ff.). Dadurch werden grundsätzlich auch Entscheidungen und Handlungen in Echtzeit denkbar (Davenport et al. 2012, S. 23; Capgemini und EMC^2 2015, S. 6). Im Zeitalter von Big Data sind somit grundsätzlich datengestützte Vorhersagen und neue Erkenntnisse durch die kontinuierliche Auswertung von Datenströmen (siehe Kapitel 5.3.4) möglich. Insbesondere die Kombination von Datenströmen in Echtzeit (siehe Kapitel 5.6.3) und Predictive Analytics eröffnet den Unternehmen bisher unbekannte Möglichkeiten, stellt sie aber auch vor neuartige Herausforderungen und Verantwortungen. Vertiefung 4 zeigt die verschiedenen Entwicklungsstufen der Nutzungsintensität von Datenquellen auf, bis eine prädiktive Analyse in Unternehmen erfolgt.

Der Einsatz von Predictive Analytics-Lösungen ist in unterschiedlichen Branchen und Geschäftsbereichen zu finden. In der deutschen Industrie verhelfen sie in einigen Bereichen bereits zu mehr Effizienz und Innovationskraft und schaffen somit Wettbewerbsvorteile. Gemäß einer PAC (Pierre Audoin Consultants)-Studie ist Predictive Analytics in 40 % der deutschen Unternehmen verbreitet und unterstützt die verschiedensten Prozesse, von der Qualitätssicherung bis hin zur Lieferkettensteuerung (Pierre Audoin Consultants 2014).

Vertiefung 4: Evolution der Insights-Funktion im Unternehmen und Bedeutung einer Predictive Analytics-Plattform[169]

Eine groß angelegte Praxisbefragung mit mehr als 10.000 Marketing sowie Insights- und Analytics-Spezialisten aus Unternehmen in über 60 Ländern untersuchte die sich verändernden Anforderungen an Analytics innerhalb von Unternehmen und insbesondere des Marketings (van den Driest et al. 2016, S. 66ff.). Dabei wurden Erfolgsfaktoren für Kundenzentriertheit identifiziert. Dabei zeigte sich, dass branchenübergreifend diejenigen Organisationen stärkeres Wachstum erzielen konnten, bei denen Wissensgenerierung aus internen und externen Datenquellen sowie die Verarbeitung und Nutzung dieser Daten in einer herausgehobenen Verantwort-

---

169 Vertiefung von Dr. Markus Eberl (Kantar TNS, München), Quelle: van den Driest et al. 2016, S. 66 ff.

lichkeit verankert waren. Bei der Nutzungsintensität der Datenquellen lassen sich verschiedene Entwicklungsstufen identifizieren:

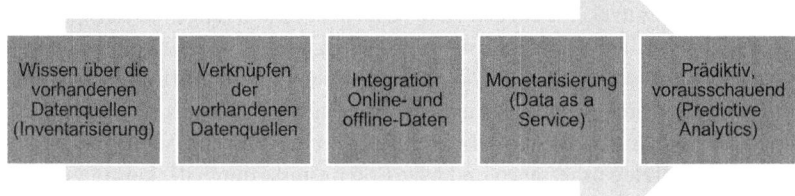

Abb. 10 Entwicklungsstufen bei der Nutzungsintensität von Datenquellen
Quelle: Eigene Darstellung ©

Dies verdeutlicht, dass Predictive Analytics zwar als eine Ausbaustufe, nicht jedoch als alleiniges Ziel in einer datengetriebenen Organisation aufgefasst werden muss. Vielmehr kann datenunterstütztes Entscheidungsmanagement sowohl auf strategischer Ebene als auch auf Einzelentscheidungsebene im operativen Geschäft einer Organisation verankert sein und dort bereits großen Mehrwert entfalten. Entscheidend für den Erfolg ist dabei allerdings jeweils, Analytics mit einer Business-Case-Fragestellung zu betreiben.

Datenbasierten Prognosen darf nicht blind vertraut werden –
Wo liegen die Grenzen?[170]

Um Prognosen treffen zu können und abzuleiten, was in der Zukunft möglicherweise passiert, bedarf es der Kenntnis über zugrundeliegende Ursachen und Faktoren. Doch genau diese Kausalitäten sind oft nicht bekannt (Picot 1977), weshalb Zeitreihen verwendet werden. Im Gegensatz zu den Naturwissenschaften werden im Bereich von Kultur, Wirtschaft, Sozialem und Verhalten Kausalzusammenhänge, soweit überhaupt bekannt, oft durch Störfaktoren oder neue Entwicklungen moderiert oder sogar aufgehoben. Folglich sind diese beiden Bereiche kategorial ganz

---

170 Die folgenden beiden Abschnitte geben die zentralen Erkenntnisse des Arbeitskreises Ökonomie zum Thema datenbasierter Prognosen wieder.

5.6 Das Unternehmen im Zeitalter von Data Analytics

unterschiedlich und müssen bei der Beurteilung datenbasierter Prognosen getrennt voneinander untersucht werden. Sowohl im kurzfristigen als auch im langfristigen Bereich gilt, dass die Vergangenheit (z. B. Statistiken aus Zeitreihen) nur dann ein Prädiktor für die Zukunft sein kann, solange Strukturen sich nicht verändern. Ansonsten ergeben sich starke Einschränkungen für die Vorhersagequalität. Trotz der genannten Grenzen wird in vielen Bereichen auf Prognosen zurückgegriffen, die allein auf Vergangenheitsdaten ohne Wissen über bestätigte Kausalitäten beruhen und oftmals nicht besser als Zufallsergebnisse sind.

Die Frage, wie die Mindestanforderungen an vertretbare, vorwiegend aus Vergangenheitsdaten gespeiste, Prognosen auszusehen haben und wie mit methodisch falschen bzw. ungenauen Prognosen oder Empfehlungen umgegangen wird, ist bis zum jetzigen Zeitpunkt im Umfeld von Big Data ungeklärt. Sowohl klassische Big-Data-Analytics-Methoden wie auch Predicitive-Analytics-Methoden stützen sich praktisch ausschließlich auf atheoretische Korrelationsanalysen von Vergangenheitsdaten. Dabei wird leicht Korrelation mit Kausalität verwechselt. Auf dieser Basis erstellte Prognosen können weitreichende Folgen nach sich ziehen. Dies ist insbesondere dann kritisch zu sehen, wenn diese Prognosen nicht stichhaltig oder sogar mangelhaft sind. Während im Falle einer falsch adressierten Werbeansprache kaum mit spürbaren Nachteilen für den Konsumenten gerechnet werden muss, sind Fehlentscheidungen aufgrund falscher Prognosen, die den weiteren Lebenslauf beeinflussen, von erheblicher Bedeutung. Beispiele sind datenbasierte Vorhersagen in Feldern wie Kreditvergabe, Personalauswahl oder Gesundheit, die zweifelsohne weitreichende Folgen haben oder zu einer selbsterfüllenden Prophezeiung[171] werden können. Vor diesem Hintergrund erscheint hier eine vertiefte Auseinandersetzung mit diesen Fragestellungen wünschenswert.

Im Zentrum der Auseinandersetzung mit datenbasierten Prognosen steht die Frage, ob valide Aussagen in diesem Bereich überhaupt getroffen werden können. Oft werden Vergangenheitsdaten auf die Zukunft übertragen und können sehr irreführend sein. Im Bereich Big Data fehlt derzeit eine fundierte Auseinandersetzung mit dem Thema Prognosefähigkeit. Dabei gilt zu beachten, dass Prognosen im technischen Bereich (z. B. Prognose der Verschleiß von Maschinenkomponenten auf Basis von Sensordaten) nicht nur oftmals auf besserer Wissensbasis zustande kommen, sondern auch anders als Prognosen im sozialen Umfeld wirken; die ersteren

---

171 Citron und Pasquale (2014) konnten zeigen, dass die Tatsache, jemanden als kreditunwürdig einzustufen, dazu führen kann, dass zukünftige Kredite oder Versicherungen teurer werden, aber auch die Chancen am Arbeitsmarkt sinken können. Treten diese Umstände ein, wird die jeweilige Person tatsächlich kreditunwürdig und man spricht von einer selbsterfüllenden Prophezeiung (Citron und Pasquale 2014, S. 18).

führen z. B. zum rechtzeitigen Einbau eines Ersatzteils, die letzteren sind nicht nur wegen des Mangels an bewährtem Kausalwissen sowie der ausschließlichen Stützung auf Vergangenheitsdaten unzuverlässig und können zu fehlerhaft sein; ihre Kommunikation verändert zudem auch das Verhalten anderer Akteure (z. b. Prognose von Zahlungsschwierigkeiten eines Unternehmens verändert die Verhaltensweisen von Kunden, Gläubigern und Schuldnern). Zukünftige Forschungsarbeiten sollten sich mit diesen Themen im Kontext von Big Data auseinandersetzen. Ziel soll es sein, Transparenz zu schaffen, welche methodischen Ansätze als Grundlage für gute und valide Prognosen dienen können und inwiefern die Grundlagen von datengestützten Prognosen und Empfehlungen den Adressaten vorab aufgezeigt oder zertifiziert werden müssen.

5.6.3 Echtzeit-Ökonomie

Nie zuvor hat die Wirtschaft eine solche Beschleunigung erlebt. Informationen sind prozess- und unternehmensübergreifend in Echtzeit verfügbar. Dies gilt für Transaktionsdaten innerhalb eines Unternehmens genauso wie für Kundendaten, die im Internet generiert werden (Wegner 2014) und erfasst die Unternehmensprozesse (z. B. Picot und Hess 2005). Die Transformation zur Echtzeit-Ökonomie beeinflusst Geschäftsprozesse, Organisationsstruktur sowie die Unternehmensstrategie (Experton Group 2013, S. 11). Aber auch die Erwartungen der Nutzer ändern sich drastisch und Geschäftsmodelle müssen hierauf reagieren. Kunden erwarten ein immer höheres Tempo von ihren Vertragspartnern, ob im B2B oder B2C-Bereich. Hinter diesen Trends verstecken sich jedoch nicht nur Herausforderungen, sondern auch Wachstumsperspektiven für Konzerne, KMUs und Start-ups. Um die zukünftigen Auswirkungen einer „Real-Time-Economy" richtig beurteilen zu können, beschäftigt sich dieser Abschnitt primär mit der Frage, in welchem Umfang die Echtzeit-Ökonomie in Deutschland angekommen ist und welche Vorteile oder Fragen diese mit sich bringt.

Echtzeit-Ökonomie: Zukunft oder bereits Realität?[172]

Gerade durch die enormen technologischen Fortschritte der letzten Jahre wird zunehmend diskutiert, ob das Zeitalter der Echtzeit-Ökonomie bereits erreicht ist. Dies ist jedoch nicht einfach zu beantworten. Bei der Betrachtung des Konsumgüterbereichs wird erkennbar, dass Entscheidungen aktuell in sehr großer Zahl und sehr kurzer Zeit getroffen werden. Im Bereich internetbasierter Big-Data-Anwendungen

---

172 Die folgenden Ergebnisse wurden in den Arbeitskreissitzungen erarbeitet.

oder Services wird es als großer Vorteil gesehen, dass Daten zentral generiert sowie gespeichert werden und dadurch keine weiteren Übertragungs- und Speicherkosten mehr entstehen. Ebenso wurden Geschäftsmodelle dieses Bereiches teilweise von Beginn an rund um den User und Big-Data-Auswertungen aufgebaut.[173] Dies kommt einer Echtzeit-Ökonomie schon sehr nahe.

Auch im Industriebereich lässt sich in der klassisch-strukturierten Welt der ERP-Prozesse eine Art Echtzeit-Ökonomie erkennen. Im Bereich der sensor-gestützten Realität bestehen noch weitere Herausforderungen. Selbst wenn diese Daten in aggregierter Form gespeichert werden können, sind die Rohdaten für weitere Analysen oftmals nicht mehr verfügbar, da die Geschwindigkeit und das Volumen der Daten Echtzeit-Anwendungen in vielen Fällen zu einem weit entfernten Zukunftsszenario machen.

Obwohl bei Energiemärkten oder Instandhaltungsfragen eine Echtzeit-Ökonomie von enormem Wert sein kann und bereits zu beobachten ist, ist dennoch im unternehmensinternen Kontext zu hinterfragen, inwiefern der Bedarf für solche Anwendungen gegeben ist. Derzeit weist der Raum zwischen Offline-Analysen und Echtzeit-Ökonomie in vielen Teilen und Anwendungen der deutschen Industrie noch derart viel Potenzial auf, dass Echtzeit-Analysen für den Moment nicht das primäre Ziel sein können und sollten. Maintenance-Reports, die oftmals erst drei Monate später ausgewertet werden, zeigen, dass auch ohne Echtzeit-Ökonomie viel Optimierungspotenzial vorhanden ist. Insgesamt lassen sich im industriellen Bereich derzeit viele zeitkritische Probleme finden, welche Schritt für Schritt an Big-Data-Analysen in nahe bzw. Echtzeit herangeführt werden sollten.

Auch im Alltag nutzt die Gesellschaft Anwendungen, welche auf Datenauswertungen in Echtzeit basieren. Informationen wie Staumeldungen, die darauf abzielen, den Verkehrsfluss zu optimieren, übermitteln dem Nutzer wichtige Informationen und dienen mittlerweile als Empfehlungssysteme. Hier zeigen sich aber auch die Probleme von Prognosen im Feld menschlichen Verhaltens. Bekommen alle Autofahrer gleichzeitig diese Informationen und ist es nicht zu prognostizieren, wie jeder einzelne handeln wird, könnte es passieren, dass auch Umfahrungen schnell verstopft sind. Das ist ein Beispiel für die mögliche Selbstzerstörung von Prognosen im sozialen Kontext; der Run auf eine Bank in Folge der Prognose einer Insolvenz ist ein Beispiel für die mögliche Selbsterfüllung von Prognosen im Umfeld inter-

---

173 z.B. Real Time Bidding/Real-Time-Advertising; Begriff aus dem Online-Marketing. Es ist ein Verfahren, mit dem Werbungtreibende bei der Auslieferung von Online-Werbemitteln automatisiert und in Echtzeit auf Werbeplätze bzw. Ad Impressions im Internet bieten können. Pro Ad Impression wird das Werbemittel des jeweils Höchstbietenden ausgeliefert.

dependenten menschlichen Handelns. Es bleibt zu klären, ob Echtzeitprognosen verglichen mit traditionellen Prognosen größere oder kleinere soziale Effekte mit sich bringen.

Die Vorteile der Echtzeit-Ökonomie sind mannigfaltig
Im Kundenkontext liegt ein bedeutender Faktor der Echtzeit-Ökonomie im situationsbezogenen Element. Erst durch Datenanalysen in Echtzeit lassen sich z. B. Konsumentenrenten zeitbezogen besser abschöpfen. Die sich verändernden Kundenbedürfnisse und Kaufbereitschaften können punktgenau bestimmt werden und schaffen für die Unternehmen einen bedeutenden Mehrwert (z. B. Dynamische Preissetzung bei Uber[174]). Im Konsumgüterbereich werden Entscheidungen in sehr großer Zahl und sehr kurzer Zeit getroffen.

Der Vorteil von Echtzeitsteuerung im produzierenden Gewerbe wird vor allem in der Prozessoptimierung gesehen. Generell lassen sich durch den Einsatz von Big-Data-Analytics Fehlentwicklungen (z. B. von Produktionsvorgängen in der Prozessindustrie (Chemie, Biotech, Stahlerzeugung) durch Online-Analysen der Prozessdaten gleichsam in Echtzeit) abbremsen oder gar verhindern. Die Transparenz hinsichtlich des Werteflusses und Verzehrs stellt zudem im Bereich des Controllings einen bedeutenden Vorteil dar. Neben den genannten Vorteilen muss jedoch noch detailliert untersucht werden, in welchem Ausmaß Echtzeit-Ökonomie zu Fehleranfälligkeit führen an.

Data-Management-Plattformen als Kernbestandteil des Digital Segment Targeting im Marketing
Im Zeitalter von Big Data müssen für eine bessere Werbeansprache Entscheidungen immer öfter in Echtzeit getroffen werden. Kernbestandteil des Digital Segment Targeting bilden Data-Management-Plattformen, mit deren Hilfe Webaktivitäten oder demographische Profile (FTC 2014, S. 2) teilweise anonymisiert gespei-

---

174 Der Einsatz von Big Data erlaubt Uber eine sogenannte Dynamische Preissetzung. Auf Basis vielfältiger und gut zugänglicher Datenquellen (z. B. Wetter, Verkehrsaufkommen, Streik) können Preise in Abhängigkeit von Angebot und Nachfrage in Echtzeit angepasst und optimiert werden. Im Rahmen des Geschäftsmodelles von UBER kann eine dynamische Preissetzung zu einer deutlichen Ausweitung der Konsumentenrente führen. So führt beispielsweise eine höhere Nachfrage bei Uber zunächst zu höheren Preisen pro Fahrt (Uber Surge Pricing). Der gestiegene Preis macht das Angebot für weitere Uber-Fahrer attraktiv, die daraufhin ebenfalls ihre Fahrdienste anbieten. Das zusätzliche Angebot kann daraufhin wieder zu einer Verringerung des Preises führen. Insgesamt können durch diese dynamischen Preisanpassungen mehr Fahrten realisiert werden, wodurch im Zuge einer erhöhten Konsumenten- und Produzentenrente die Gesamtwohlfahrt steigt (Koch 2016; Gurley 2014).

chert werden. Diese Einzeldatensätze über Personen, u. a. ihren Konsum bzw. Click-Verhaltensprofile (Christl und Spiekermann 2016), die über Cookies oder Loyalitätsprogramme gesammelt werden, tragen wesentlich dazu bei, mehr als nur das Online-Verhalten der Individuen zu verstehen, sondern auch ihre Bedürfnisse zu erahnen, Markensympathien zu erkennen und damit datengetriebene Profile zu erstellen. Derzeit steht das Marketing in Deutschland damit noch am Anfang. Die Daten der „Digitalen Personen" sind bislang noch sehr breit und unspezifisch und stammen in erster Linie aus dem Click-Verhalten der Konsumenten. Die kontinuierliche Anreicherung dieser Profile wird eine einfachere und gezieltere Ansprache der jeweiligen Zielgruppen ermöglichen, z. b. dadurch, dass diese Profile mit Echtzeitdaten des Kundenverhaltens zusammengespielt und daraus Empfehlungen abgeleitet werden. Inwiefern dies tatsächlich in personalisierter Weise möglich sein wird, wird sich erst innerhalb der nächsten Monate bzw. Jahre zeigen. Im Zuge der kontinuierlichen Anreicherung von Datenschätzen durch Data-Management-Plattformen, muss beobachtet werden, welche Entwicklungen hin zur Monopolisierung einzelner Plattformbetreiber auftreten und ob an dieser Stelle unter Umständen Regulierungsbedarf auftreten könnte.

Wert der Daten für Kunden oft nicht ersichtlich – Notwendigkeit für Return-on-Data Studien

Bei neuen datengetriebenen Produkten oder Services lässt sich oft beobachten, dass zusätzliche Big-Data-Applikationen nur als „nice-to-have" gesehen werden. Dies hat zur Folge, dass trotz eines zusätzlich generierten Wertes für den Kunden, dessen Zahlungsbereitschaft bei nahezu null liegt. Für Unternehmen stehen folglich hohe Investitionskosten in neue datengetriebene Applikationen einer minimalen Zahlungsbereitschaft gegenüber. Ein Grund hierfür ist sicherlich, dass dem Kunden zu selten und zu wenig aufgezeigt wird, welcher Mehrwert z. B. auf Basis von Nutzerdaten generiert werden kann. Ähnlich wie einem Return-on-Investment, müssten Return-on-Data Studien durchgeführt werden, die den Wert des Dateneinsatzes (siehe Kapitel 5.9.2.) ersichtlicher machen.

5.6.3 Transformation und Wandel durch Big Data: Neue Anforderungen an Strategie, Führung und Mitarbeiter

Big Data bringt viele Veränderungen mit sich, die sämtliche Unternehmensbereiche betreffen – angefangen bei übergeordneten Unternehmensstrategien bis hin zu den einzelnen Mitarbeitern. Dabei geht es um Strategien, Führung, Geschäftsmodelle, Geschäftsprozesse oder datenbasierte Entscheidungen – Begriffe, die hier kurz voneinander abgegrenzt werden sollen. Während Geschäftsmodelle (siehe Kapitel 5.5.1) die Strategie unterstützen, dient die Modellierung von Geschäftsprozessen insbesondere einer besseren Gestaltung der operativen Ebene. Ausgehend von einer übergeordneten Unternehmensstrategie bestimmen Geschäftsmodelle auch darüber, ob und welche Art von Zusammenarbeit mit anderen Unternehmen sinnvoll erscheint. Geschäftsprozesse werden dann widerum von den jeweiligen Geschäftsmodellen abgeleitet (Picot und Kranz 2016, S. 367ff.). Damit wird nochmals deutlich, dass die Entwicklung Aufkommen einer Big-Data-Strategie sowohl Geschäftsmodelle, strategische sowie operative Entscheidungen als auch Führung und Mitarbeiter eines Unternehmens verändert. Eine tragfähige Big-Data-Strategie impliziert damit nicht nur die Transformation der Geschäftsmodelle, sondern auch den damit einhergehenden personellen, strukturellen und kulturellen Wandel.

Strategie, Führung und datenbasierte Entscheidungen

Information und Wissen sind seit jeher elementar für die Gestaltung und Durchführung von Entscheidungsprozessen eines Unternehmens. Die Analyse, das Teilen oder aber auch die Visualisierung von Daten tragen mittlerweile wesentlich dazu bei, Entscheidungsprozesse effizienter und effektiver zu gestalten (Poleto et al. 2015, S. 14). Entscheidungen, die früher Menschen getroffen haben, werden immer mehr auf Maschinen und Algorithmen übertragen (Mittelstadt et al. 2016, S. 3). Maschinen geben Produktempfehlungen oder empfehlen uns, welche Route wir fahren sollen. Auch in Unternehmen werden Datenanalysen immer häufiger zur Entscheidungsunterstützung eingesetzt (McAfee und Brynjolfsson 2012, S. 62; Provost und Fawcett 2013, S. 51). Um eine evidenzbasierte Entscheidungsfindung zu erleichtern, setzen Unternehmen Big-Data-Analysen ein, um Unmengen an Daten in nützliche Erkenntnisse zu verwandeln (Gandomi und Haider 2015, S. 140). Solche datengetriebenen Entscheidungen basieren sehr viel stärker auf Datenanalysen als auf Intuition. Viele Forscher sehen in einem datengetriebenen Entscheidungsprozess zahlreiche Vorteile verglichen mit Entscheidungen, welche auf einem Bauchgefühl und persönlichen Erfahrungswerten basieren (Brynjolfsson et al. 2011; McAfee und Brynjolfsson 2012; Provost und Fawcett 2013). Auch Predictive Analytics kann entscheidend zur Optimierung und Automatisierung von strategischen, aber insbesondere zur Verbesserung von regelmäßig wiederkehrenden operativen Entscheidungen beitragen (Blue Yonder 2012). Aus diesem Grund wird der Einsatz von Big Data zur Entscheidungsfindung im operativen Bereich bereits ausführlich behandelt (Bertei et al. 2015, S. 101), während Big Data im Zusammenhang mit strategischen Fragen ein relativ neues Thema darstellt (Provost und Fawcett 2013; Wladawsky-Berger 2013). Große Datenmengen sollen im strategischen Bereich die Informationsbasis über Kunden, Wettbewerber, Märkte sowie Produkte und Services verbessern (Blue Yonder 2012). Damit Unternehmen besser vom Wert ihrer Daten profitieren können, muss Big Data integraler Bestandteil der Unternehmensstrategie und organisatorisch verankert werden (Pearson und Wegener 2013). Dabei können sowohl die betriebliche Effizienz, das Kundenerlebnis und Geschäftsmodelle als übergreifende Themen im Fokus stehen (T-Systems 2014, S. 11). Vielen Unternehmen fehlt allerdings bislang eine klare Linie, um einen langfristigen strategischen Rahmen zu entwickeln. Praktische Anleitungen für Unternehmen mit sogenannten Building Blocks einer Big-Data-Strategie fallen dabei sehr unterschiedlich aus. Während sich manche Ansätze eher mit Infrastrukturthemen und technologischen Komponenten von der Datensammlung bis hin zur Auswertung beschäftigen (Marr 2016), basieren andere Empfehlungen auf einem breiten Ansatz von Datenverständnis über Technologie und Analyse bis hin zu erforderlichen Veränderungen und Anpassungen von Personal, Struktur und Kultur (PWC 2014, S. 14). Zukünftige Forschungsarbeiten könnten sich mit der Aufbereitung einer Anleitung für eine umfassende, erfolgreiche Big-Data-Implementierung auseinandersetzen. Die Orientierung an bereits existierenden Best-Practice-Ansätzen ist dabei zu empfehlen.

Ebenso wie Technologie-Architekturen können sich auch Organisationsstrukturen durch den Einsatz von Big Data weiterentwickeln. Davenport (2014) hat in seinen Untersuchungen beobachtet, dass keine neuen Strukturen für den Einsatz von Big Data innerhalb der befragten Unternehmen geschaffen wurden, stattdessen aber Big-Data-Bereiche in bestehende Analyse- und Technologiegruppen integriert wurden (Davenport 2014, S. 45). Im Zusammenhang mit Big Data spielt die Agilität von Organisationen eine wachsende Rolle, erfährt jedoch bisher nur ein begrenztes Maß an Aufmerksamkeit (siehe Vertiefung 5). Aufgrund der sich kontinuierlich verändernden Anforderungen von Big Data Projekten, ist ein agiler Ansatz[175] in diesen Fällen empfehlenswert (Franková et al. 2016, S. 577).

Vertiefung 5: Agile Organisationen und Big Data[176]

Die Agilität von Organisationen wird in Wissenschaft und Praxis ähnlich stark diskutiert wie Big Data. In zahlreichen Publikationen findet diese Auseinandersetzung allerdings in getrennten Kontexten statt, obwohl der enge Zusammenhang dieser beiden Themenfelder nicht von der Hand zu weisen ist.

---

175 Agilität bedeutet in diesem Zusammenhang die Freiheit, Prozesse und Methoden an die jeweils vorherrschenden Bedürfnisse des Projektes anzupassen.
176 Vertiefung von Laura Miller (comSysto GmbH, München), Quelle: Aulinger 2016.

Die Literatur unterscheidet zwischen innerer und äußerer Agilität einer Organisation (Aulinger 2016). Dabei ist ein Unternehmen äußerlich agil, wenn seine Innovationen bewirken, dass andere Unternehmen ihre Umwelt als volatil, unsicher, komplex und viel- bzw. mehrdeutig wahrnehmen (ebenda). Als innerlich agil gilt ein Unternehmen dann, wenn Organisations- und Führungsprinzipien vorherrschen, die dem Unternehmen erlauben, Veränderungen in der Umwelt flexibel zu begegnen und Innovationen zu fördern (ebenda). Agile Unternehmen weisen ein hohes Entwicklungstempo mit kalkulierbarem Risiko auf, wobei der Fokus stets auf Kundenanforderungen liegt. Im Zusammenhang mit Agilität kommen vielfach Begriffe wie Big-Data-Analytics, Predictive Analytics und Echtzeit-Ökonomie zum Tragen. Dahinter werden Technologien bzw. Zustände verstanden, deren Einsatz bzw. Vorliegen Wettbewerbsvorteile und erhöhte Innovationskraft versprechen. Es kristallisiert sich heraus, dass Big Data eine zentrale Rolle sowohl im Kontext von Innovationen als auch im Kontext der Agilität in Organisationen spielt. Obwohl Big Data alleine nicht ausreicht, um ein Unternehmen agil zu machen, so besteht die begründete Annahme, dass Big Data die Agilität eines Unternehmens fördern kann.

Folglich erscheint es sinnvoll, den Zusammenhang mit Organisationsstrukturen in zukünftige Betrachtungen miteinzubeziehen. Dabei soll auch der Frage nachgegangen werden, wie sich die Potenziale einer kollaborativen Nutzung von Big Data auf die Unternehmensgrenzen (z. B. Kunden, Lieferanten) auswirken. Eng damit verbunden ist der Aspekt, welche Rolle Intermediäre zukünftig spielen werden. Unabhängige Datenintermediäre waren anfangs vor allem in Nischenpositionen, wie der Analyse der Werbung auf Webseiten zu finden, ohne das jeweilige Geschäftsmodell der Dateninhaber zu verändern. Von Interesse ist es nun, zu untersuchen, in welchen Bereichen solch unabhängige Datenintermediäre in Zukunft zu finden sein werden. In eine Untersuchung zu dem Einfluss von Big Data auf Unternehmensgrenzen sollten zudem Internationalisierungsaspekte miteinbezogen werden.

Experten lassen sich nicht in allen Bereichen durch Datenanalyse ersetzen

Analysierbare physikalische Gegebenheiten, die allein mit Hilfe einer Datenanalyse bearbeitet werden können, werden in Zukunft kaum mehr einen Experten in der Datenauswertung erfordern; das Expertenwissen ist dann nur noch in den Algorithmen enthalten. Auch wenn Experten durch die zahlreichen Möglichkeiten der Datenaufbereitung und -auswertung in vielen Feldern ersetzbar werden, wird es weiterhin eine Vielzahl an Bereichen geben, in welchen sie nicht wegzudenken sind. Insbesondere der kreative Ideenbereich wird weiterhin vor allem in menschlicher Hand verbleiben, während spezifische Mustererkennung und vor allem routinebasierte Tätigkeiten zunehmend datenbasiert automatisiert werden können. Speziell die Haftungsfrage könnte zukünftig ein Kriterium sein, ob ein Experte herangezogen wird oder nicht. Derzeit kann vor allem im Gesundheitsbereich beobachtet werden, dass datengesteuert nur Entscheidungsvorschläge (i. S. d. Unterstützung) möglich sind, die Entscheidung und damit auch die Haftung selbst obliegt weiterhin dem Experten, hier dem Arzt. Es ist zu erwarten, dass – abgesehen von Kreativität und Innovation – vor allem in solch kritischen Bereichen, in welchen Maschinen keine Haftung übernehmen können, das Expertentum weiterhin Bestand haben wird.

Neue Anforderungen an Mitarbeiter

Wie jede neue Technologie verändert Big Data bestehende Tätigkeitsfelder zum Teil gravierend bzw. ersetzt existierende Arbeitsprozesse (Kaiser und Kraus 2014, S. 384; Watson 2014, S. 1248). Gleichzeitig hat Big Data ein großes Potenzial für neue Jobs. Häufig fehlen jedoch die für veränderte oder neue Tätigkeiten erforderlichen Qualifikationen bei den Mitarbeitern (Wilkinson und Price 2012, S. 17; Kim et al. 2014, S. 80; Sivarajah et al. 2017, S. 265). Eine entsprechende Fort- und Weiterbildung ist in der Praxis erschwert, da z. T. neuartige Fähigkeiten für die Ausübung des Jobs eines Data Scientists oder Data Analysts gefordert sind, für die noch vergleichsweise geringe Aus- und Weiterbildungsangebote existieren. Gartner, ein US-amerikanisches Marktforschungsunternehmen, schätzt den Bedarf an Data Scientists weltweit auf über 4 Millionen (Stange 2013, S. 18). Eine Studie des McKinsey Global Institute hat hervorgehoben, dass im Jahre 2018 ein Mangel an Personal mit analytischen Fähigkeiten in einer Größenordnung von 140.000 bis 190.000 herrschen wird (Manyika et al. 2011). Qualifiziertes Personal fehlt in allen wichtigen Big-Data-Bereichen von IT, über Datenanalyse, bis hin zu Anwendungsdomänen (Kamschitzki 2015). Die Angebote für eine Ausbildung zum Data Scientist sind in letzter Zeit rapide gestiegen, um dieser Entwicklung entgegenzuwirken (Davenport und Patil 2012, S. 72). Viele Universitäten bieten Kurse und Abschlüsse[177] im Bereich Big Data Analytics an (Provost und Fawcett 2013), um Studenten mit den erforderlichen Fähigkeiten auszustatten (Watson 2014, S. 1248). Es gibt erste Forderungen, die darauf hinweisen, dass Basiskompetenzen sowohl in Schulcurricula als auch in Lehrerfortbildungen verankert werden müssten (DIHK 2016).

---

[177] Der Elitestudiengang (Master) „Data Science", gefördert durch das Elitenetzwerk Bayern, wird von der Ludwig-Maximilians-Universität seit dem Wintersemester 2016/17 angeboten. Getragen wird er von den Fachrichtungen Statistik und Informatik, in Zusammenarbeit mit den Partneruniversitäten Technische Universität München, Universität Augsburg und Universität Mannheim, http://www.m-datascience.mathematik-informatik-statistik.uni-muenchen.de/index.html.

Kunden sind einzigartig – Mitarbeiter aber auch: Potenzial von Big Data Analytics im HR auf Vormarsch

Die ansteigende Datenflut hat inzwischen auch das Personalwesen erreicht. Begriffe wie Human Resource Intelligence und Analytics (HRIA) (Strohmeier und Piazza 2015, S. 5), People Analytics (Reindl 2016) oder auch Workforce Analytics stehen synonym für Ansätze in Unternehmen, welche Daten nutzen, um das Verhalten und Eigenschaften von Mitarbeitern zu erfassen, zu analysieren und auch vorherzusagen. Immer mehr Unternehmen beginnen in notwendige Kompetenzen und Analysetools zu investieren, um das große Potenzial von Mitarbeiterdaten zu nutzen (Meißner et al. 2014b, S. 64). Neben Google haben auch zahlreiche andere Unternehmen erkannt, dass Entscheidungen im Bereich „People Management" zu den wichtigsten und einflussreichsten gehören, die ein Unternehmen treffen kann (Sullivan 2013). Derzeit profitieren insbesondere das Recruiting und das Talentmanagement von Big-Data-Anwendungen (MetaHR 2015). Daneben gibt es auch Einsatzbeispiele in Personalplanung sowie Leistungsmessung. Längst haben Unternehmen erkannt, dass People Analytics bei der Entwicklung und dem Erhalt von Toptalenten unterstützen kann (Kaiser und Kraus 2014; Accenture und Oracle 2016). So können Analysen das Management auf verminderte Personalbindung und Wechsalabsichten hinweisen, um rechtzeitig präventive Maßnahmen einzuleiten (Edwards und Fenwick 2016, S. 218). Ebenso können Recruiting Algorithmen eingesetzt werden, um vorherzusagen, welche Kandidaten nach ihrer Einstellung die besten Leistungen erzielen (Meißner et al. 2014a, S. 26). Damit können zum einen sowohl Interviewrunden verkürzt werden; zum anderen wird das Risiko minimiert, Toptalente im Auswahlprozess zu übersehen (Edwards und Fenwick 2016, S. 218). Aber nicht nur Unternehmen können davon Vorteile erzielen. Mitarbeiter profitieren unter Umständen von Arbeitsbedingungen, die exakt auf ihre Wünsche zugeschnitten sind. Big-Data-Anwendungsbeispiele im Bereich „People und Talent Analytics" sind derzeit vermehrt in US-amerikanischen Unternehmen zu finden und stecken in Deutschland noch in den Kinderschuhen (CIPD 2013, S. 13; Meißner et al. 2014a, S. 32). Der Grund dafür wird in fehlenden Budgets, unzureichenden Analysekenntnissen und einer mangelnden strategischen Verankerung des Personalmanagements gesehen. Zusätzlich fürchten sowohl Mitarbeiter als auch Management die Entwicklung eines „Gläsernen Mitarbeiters" (Meißner et al. 2014b, S. 65; siehe auch folgenden Abschnitt). Die großen Vorreiter[178] aus den USA

---

[178] Eine zunehmende Anzahl an amerikanischen Unternehmen setzt ein datengetriebenes Personalmanagement ein (Kaiser und Kraus 2014, S. 380). Dies zeigt auch folgende Aussage von Google zu diesem Thema: „Alle Personalentscheidungen bei Google werden auf Basis von Daten und Analysen getroffen" (Sullivan 2013). Dabei werden

5.6 Das Unternehmen im Zeitalter von Data Analytics

jedoch, zu welchen auch Google, IBM oder Walmart gehören, zeigen, wie Analysen im Human Resource Bereich gemäß dem „Moneyball Approach"[179] sinnvoll integriert werden können. Sowohl in praktischer als auch wissenschaftlicher Literatur wird der Wechsel vom „Bauchgefühl" hin zu Analytics im HR-Bereich begrüßt (Strohmeier und Piazza 2015, S. 6), welcher zu fundierten und evidenzbasierten Personalentscheidungen durch den Einsatz objektiver Kriterien beitragen sollen (Cachelin 2013; Smith 2013; Rasmussen und Ulrich 2015).

Angst vor totaler Überwachung – Der gläserne Mitarbeiter

Analytics im Bereich Human Resources hat aufgrund einer möglicherweise vollkommenen Transparenz der Mitarbeiter nicht nur Befürworter (Cachelin 2013; Meißner et al. 2014a, S. 26). In Deutschland achten insbesondere Gesetzgeber, Gewerkschaften und Betriebsräte auf den Schutz dieser hochsensiblen personenbezogenen Mitarbeiterdaten. Gegner von People Analytics sehen in den angewandten Big-Data-Technologien zudem neue Möglichkeiten der Überwachung des Mitarbeiters, seiner Arbeitsweise und Tätigkeiten. Unsicher bleibt, welche Strategien Unternehmen dabei unterstützen, eine Balance zwischen dem Einsatz von Analysewerkzeugen und dem Erhalt des Vertrauens zu den Mitarbeitern zu finden (Dexperty 2016). Die Besorgnis der Mitarbeiter ist insbesondere durch den starken Personenbezug der verwendeten Daten begründet (Kaiser und Kraus 2014).

Big Data bedeutet Veränderung für Führung und Mitarbeiter[180]

Neben den häufig diskutierten, sich verändernden Qualifikationen für Mitarbeiter ist bisher nicht untersucht worden, ob und wie sich unternehmensinterne Füh-

---

unterschiedliche Ziele verfolgt. Royal Dutch Shell nutzt Algorithmen, um Innovationserfolge einzelner Mitarbeiter zu prognostizieren (Peck 2013), während Xerox die Mitarbeiterfluktuation um 50 % reduzieren konnte (Meißner et al. 2014b).

179 Der Moneyball Approach ist im Grunde einfach: statistische Analysen verhelfen kleinen Teams mit geringem Budget dazu, am Markt unterbewertete Spieler zu finden und diese zu verpflichten. Dies ist der Fall des amerikanischen Baseball Teams der Oakland A's. Aufgrund des geringen Budgets sah sich diese Mannschaft immer benachteiligt, wenn es darum ging, erfolgreiche Spieler zu kaufen. Auf dieses Problem reagierte der General Manager Billy Beane mit folgender Lösung: Datenanalyse. Ab diesem Zeitpunkt wurde mit Hilfe datengetriebener Auswertungen bestimmt, welche guten Spieler am Markt unterbewertet sind. Diese wurden gekauft. Im Gegenzug wurden Spieler, die am Markt über ihrem Wert gehandelt wurden, verkauft. Durch diese datengetriebenen Analysen konnten die Oakland A's 2002 insgesamt 103 Spiele für sich entscheiden und zu den reicheren Mannschaften, wie den New York Yankees aufschließen (Miller 2011; Zeszut 2013).
180 In den folgenden Abschnitten werden die Ergebnisse des Arbeitskreises dargestellt.

rungskonzepte durch Big Data ändern müssen. Bisher ist völlig offen, wie sehr die Verfügbarkeit über sämtliche Mitarbeiterinformationen zu einer Detailkontrolle führen kann. Eine zunehmende datengestützte Fremdsteuerung von Mitarbeitern widerspricht den häufig im Zusammenhang mit neuen digitalen Technologien und dadurch möglichen flexiblen Arbeitsformen geforderten Prinzipien der Selbständigkeit und des Selbstmanagements. Ebenso sind im Zusammenhang mit Big Data bisher keine Implikationen einer Entwicklung hin zum „Gläsernen Mitarbeiter" untersucht worden. Es ist davon auszugehen, dass die Frage, ob diese technisch realisierbaren Veränderungen tatsächlich so eintreten, auch stark von der jeweiligen Führungsphilosophie abhängig ist.

Data Scientist mehr Wunschvorstellung als Realität – Komplementärkompetenz gefordert

Die Berufsgruppe des oft diskutierten Data Scientists, der insbesondere technologische und methodische Kompetenz mit einem tiefgreifenden Verständnis für Geschäftsmodelle und betriebswirtschaftliche Zusammenhänge in einer Person vereint, wird als wünschenswert, aber in der Praxis kaum erreichbar beschrieben. Vielmehr scheint der Anspruch alle Felder in einer Person vereinigen zu wollen zu hoch gesteckt zu sein. Dennoch ist es unabdingbar, Kompetenzen im Feld von Big Data komplementär zu einer jeweiligen Ausbildung in Schule und Studium zu etablieren. Es wird gefordert, dass die Ausbildung generell stärker auch unter dem Aspekt von Daten und vor dem Hintergrund von Big Data erfolgen muss. Die derzeit ausreichende Verfügbarkeit von Data Providern erleichtert es, Daten als Service bzw. on Demand in standardisierter Form zu beziehen. Umso wichtiger erscheint zukünftig die Kompetenz, Situationen einzuschätzen, die richtigen Fragen zu stellen (Birkinshaw 2016) und über Domänen hinweg zu denken.

Fortbildung im Big Data Umfeld unzureichend

In Deutschland sind die Investitionen in Digitale (Fort)Bildung weiterhin zu gering. Obwohl das Bewusstsein wächst, dass Fortbildung in diesem Bereich unumgänglich ist, fehlt es den Unternehmen häufig an Umsetzungskompetenz oder auch an den notwendigen Ressourcen. Als großes Problem gilt die oft offene Frage, welche Kompetenzen letztendlich für den Arbeitsbereich eines Data Scientist benötigt werden (Jarchow und Estermann 2015, S. 8). Um sich im Allgemeinen mit datenbezogenen Zukunftsberufen und Tätigkeitsfeldern beschäftigen zu können, ist ein out-of-the-box-Denken gefordert, da zukünftige Berufsfelder nicht viel mit vorhergehenden gemeinsam haben werden. Zudem ist daran zu denken, dass neben traditionellen Fortbildungsmethoden gerade in diesem Feld auch wesentlich mehr flexible und agile Formen der kollaborativen und individuellen digitalen Weiterbildung eingesetzt werden.

Datengetriebene Kooperationen

In einer Studie von Capgemini und EMC^2 (2015) konnte gezeigt werden, dass Big Data das Potenzial besitzt, traditionelle Industriegrenzen zu verschieben und neuen Unternehmen die Möglichkeit bietet, in bestehende Branchen einzudringen. Schon jetzt ist am Markt zu beobachten, dass neue Akteure aus anderen Branchen den Wettbewerb erhöhen und vor allem das Eindringen von Start-ups von der bestehenden Industrie befürchtet wird. Eine Case Study des MIT aus dem Jahre 2016 zeigt in mehreren Fällen sehr deutlich, dass jedes Unternehmen, das im Big Data Umfeld agiert, an den Punkt kommen wird, Partnerschaften im Bereich von Big Data eingehen zu müssen (Jernigan et al. 2016). In Folge müssen Grenzen innerhalb von Unternehmen oder sogar zwischen Unternehmen aufgebrochen werden. Denn erst durch einen gewissen Grad an Zusammenarbeit lässt sich das volle Potenzial von Big Data ausschöpfen. Big Data verändert somit die Grenzen, die Tiefe sowie die Qualität von Kollaborationen und ist insofern ein weiterer Schritt auf dem Weg zum „grenzenlosen Unternehmen" (Picot et al. 2003; Picot et al. 2008). Jedoch können datengetriebene Kooperationen auch zu neuen Konflikten führen.[181] In Konsequenz erscheint es sinnvoll, Einflüsse, Grenzen und Möglichkeiten datenbasierter Kooperationen näher zu untersuchen.

Kollaborative Big Data Nutzung stößt auf Hindernisse[182]

Die kollaborative Nutzung von Big Data in und zwischen Unternehmen wird durch die Frage erschwert, wem mögliche Produkte, Services oder Daten anschließend gehören. Bereits in frühen Stadien von Kooperationsverhandlungen kann diese Frage oft ein frühes Aus für eine mögliche Zusammenarbeit bedeuten. Insbesondere die rechtlichen Erfordernisse, die eine erfolgreiche kollaborative Big Data Nutzung beeinflussen, erscheinen bisher ungeklärt. Bei dieser Frage zeigen sich Querverbindungen zu der weiter oben aufgezeigten Problematik der Organisation von Datenplattformen (siehe Kapitel 5.5.4).

Kultureller Wandel

Um die Potenziale von Big Data effizient realisieren zu können, ist eine Investition in Big-Data-Technologien allein nicht ausreichend. Alle Bemühungen, (Mehr-)Wert aus

---

181 z. B. „Eigentumsrechte" an Daten, welche während der Kooperation entstehen.
182 Der folgende Abschnitt bezieht sich auf die Erkentnisse des Arbeitskreises.

Datenanalysen zu schöpfen sind zum Scheitern verurteilt, wenn die Organisationskultur nicht im Einklang mit den erforderlichen Aktivitäten steht (McClure 2014). Führungspersonen spielen hierbei eine entscheidende Rolle, denn es reicht nicht, selbst datenbasierte Analysemethoden zu verwenden. Die Mitarbeiter müssen dazu ermutigt werden, ihre vorhandenen Fähigkeiten auf die datengetriebene Welt zu übertragen. Datenbasierte Entscheidungen und ein experimentelles Vorgehen sollten dafür explizit gefördert werden. Um Big Data wertgenerierend einsetzen zu können, müssen Unternehmen insgesamt agiler werden (Jarchow und Estermann 2015, S. 16).

Unternehmenskultur als großer Stolperstein für erfolgreichen Big-Data-Einsatz

Die Unternehmenskultur den neuen Anforderungen des Datenzeitalters anzupassen, gilt für viele Unternehmen als große Herausforderung (König 2013; Jarchow und Estermann 2015, S. 15). Um Big Data in Unternehmen erfolgreich zu verankern und Datensilos aufzubrechen, muss ein kultureller Wandel eingeleitet werden (Tata Consultancy Services 2013). Mehrere Faktoren bestimmen den Wechsel hin zu einer datenbasierten Kultur. Zum einen müssen Mitarbeiter den Mehrwert einer Datenanalyse verstehen und dann gezielt darin geschult werden, neue Erkenntnisse durch die Arbeit mit Daten entwickeln zu wollen. Dafür ist eine Kultur notwendig, die den Einsatz von Daten oder die Auseinandersetzung mit Daten belohnt und Anreize setzt, datenbasierte Entscheidungen treffen zu wollen. Zusätzlich wird vom Unternehmen ein flexibles und durchsetzungsfähiges Reaktionsvermögen erwartet, um auf Anforderungen und Ergebnisse von Datenanalysen in Echtzeit reagieren zu können (Teradata 2016). Datenbasierte Entscheidungen und analytische Methoden müssen für Mitarbeiter als auch Führungskräfte alltäglich werden und, wo sinnvoll, intuitive Entscheidungsprozesse ablösen. Als große Herausforderung gilt dabei die hierfür erforderliche Transparenz in Bezug auf Unternehmensdaten. Über das komplette Unternehmen hinweg müssen alle Zugriff auf Unternehmensdaten erhalten. Die Fähigkeit, Informationen über Unternehmensbereiche oder sogar Organisationsgrenzen hinweg zu teilen, gilt als kulturelle Herausforderung (Economist Intelligence Unit 2012, S. 5). Erforderlich sind daher die Möglichkeiten eines uneingeschränkten Datenaustausches sowie Vertrauen. Innerbetriebliche, oft hierarchische Blockaden, welche diesen Forderungen entgegenstehen, müssen identifiziert und beseitigt werden.

Trial-and-Error Kultur muss mehr gefördert werden[183]

Derzeit gibt es viele Felder, in denen Big-Data-Anwendungen entwickelt werden oder Datenauswertungen vorgenommen werden. Dabei handelt es sich letzendlich oft um einen so genannten „Trial-and-Error"-Ansatz. Gerade im Bereich dieser großen

---

183 Die folgenden Abschnitte fassen die Ergebnisse des Arbeitskreises Ökonomie zusammen.

Datenmengen sind Unternehmen gezwungen, Auswertungen unterschiedlichster Datenkombinationen „auszuprobieren". Dieses Vorgehen findet in der Praxis jedoch wenig Unterstützung, da beispielsweise der Einsatz zusätzlicher Sensoren zu hohen Investitionen – bedingt durch Material- aber auch Verständniskosten für die Sensorik – führen würde. Oftmals ist auch nicht die Menge an Daten entscheidend, sondern vielmehr die Frage, die richtigen Daten zu finden (Wessel 2016; siehe Kapitel 5.3.3). In deutschen Unternehmen sollten derartige Ansätze mehr miteinbezogen werden.

Paradigmenwechsel in der Datenwelt: Von der Erforderlichkeit zur Abundanz von Daten

Während die alte Datenwelt darauf bedacht war, Daten mit einer bestimmten Zielsetzung zu erheben, werden in der neuen Big-Data-Welt alle vorhandenen Daten gesammelt, ohne nach der Notwendigkeit zu fragen. Die Abundanz von Daten wird in der neuen Datenwelt zum Standard und stellt die alte Datenwelt, aber auch Datenschutzexperten, vor neue Herausforderungen und wird somit nicht nur zu einer juristischen, sondern auch Mentalitätsfrage. Eine Datenschutzrichtlinie, dass Daten nur zu einem bestimmten Zweck erhoben werden dürfen, widerspricht einer breiten, generalistischen, nicht zweckbestimmten Datensammlung, bei welcher der Zweck der Datenerhebung und der anschließende Verwendungszweck immer öfter auseinanderlaufen. Dieser Paradigmenwechsel führt zu rechtlichen, gesellschaftlichen sowie ökonomischen Implikationen.

Unterschiedliche Lebenswelten als große Hürde – Expertisen müssen für einen erfolgreichen Big-Data-Einsatz vereint werden

Ein wichtiges Erfolgskonzept von Big Data in Unternehmen besteht darin, Domänenwissen, Device Know-how und Analytics Know-how zusammenzubringen. Während es im Bereich des Domänenwissens darum geht, Märkte, Kundenbedürfnisse oder Möglichkeiten der Marktpositionierung richtig abzuschätzen, spielen auch das Verständnis für datenproduzierende Maschinen und das Beherrschen von Analysemethoden wie Machine Learning Algorithmen (z. B. Neuronale Netze) für Big Data eine ebenso wichtige Rolle (siehe Vertiefung 6).

Das Zusammenbringen der unterschiedlichen Lebenswelten dieser Expertengruppen kann zu einer großen Herausforderung für einen erfolgreichen Umgang mit Big Data führen. Aus Praxissicht wird dabei häufig eine erschwerte Kommunikation zwischen den Beteiligten angesprochen. Auch hier zeigt sich wiederum, dass in den operativen Domain-Bereichen häufig Daten oder auch Big Data nicht richtig verstanden werden, was unter Umständen einen langen Veränderungsprozess erfordert.

Vertiefung 6: Siemens – Von Big Data zu Smart Data[184]

Mit Hilfe von Big-Data-Technologien und -Anwendungen können auch im industriellen Bereich große und komplexe Daten analysiert und so neue und wichtige Erkenntnisse generiert werden. Beispielsweise kann mit Hilfe von beschreibender Datenanalyse genau beobachtet werden, was aktuell in einer Anlage passiert und mit Hilfe von diagnostischer Datenanalyse kann die Suche nach der Ursache eines Fehlverhaltens signifikant verbessert werden. Noch einen Schritt weiter gehen Verfahren der vorhersagenden und präskriptiven Datenanalyse, die es möglich machen, vorherzusagen, wann bspw. ein Sensor oder eine Turbine ausfallen wird und Empfehlungen geben, wie ein solcher Ausfall verhindert bzw. deren Auswirkung reduziert werden kann.

Um Daten richtig auswerten zu können, wird aber nicht nur Wissen über die Funktionsweise von Anlagen und Geräten benötigt, sondern auch ein Verständnis darüber, mit welcher Sensorik und Messtechnik die Daten erzeugt wurden. Aufgrund der Relevanz des Hintergrundwissens wird im industriellen Umfeld nicht die „Masse" (im Sinne von Big Data) sondern vielmehr der „wertvolle Inhalt" (im Sinne von „Smart Data") zum entscheidenden Kriterium. Beispielsweise ist es Siemens möglich, auf Basis der Smart-Data-Analyse die Effizienz von Windturbinen signifikant zu verbessern. Die bei schwachem oder mäßigem Wind nicht voll ausgelasteten Windturbinen können durch angepasste Einstellung ein paar Prozent mehr Energie produzieren. Messdaten der Vergangenheit werden genutzt, um optimale Einstellungsmuster für verschiedene Wetterszenarien wie Sonnenscheinzeiten, Dunstwetterlagen oder Gewitter zu errechnen. Diese optimale Einstellung kann genau dann abgeleitet werden, wenn das Wissen aus

a. dem Bereich der Winderzeugung (Domain-Knowhow), wie das Wissen über die Winddynamik, Wetterdynamik, Kundenbedürfnisse oder Marktfaktoren
b. dem Bereich der Windturbinen(Geräte-Knowhow), wie das Wissen über die Eigenschaften der Sensoren und dem Setup der Kontroller, sowie
c. dem Bereich des Maschinen-Lernens (Datenanalyse-Knowhow), wie das Wissen über Neuronale Netze und selbstlernende Systeme

auf intelligente „smarte" Weise miteinander verknüpft wird. Erhalten die Regler der Windturbine die Ergebnisse der Smart-Data-Analyse, kann die Steuerung und der Ertrag der Windturbine optimiert werden. Liegt das notwendige und oft hoch spezialisierte Expertenwissen vor, können Smart-Data-Anwendungen in Unternehmen jeder Größe umgesetzt werden.

---

184 Vertiefung von Prof. Dr. Sonja Zillner (Siemens AG, München).

Bezogen auf den Themenbereich „Das Unternehmen im Zeitalter von Data Analytics" ergeben sich nun die folgenden zentralen Themen und offenen Fragen:
- Datenbasierten Prognosen darf nicht blind vertraut werden.
- Experten lassen sich nicht durch Datenanalysen ersetzen.
- Umfassend ausgebildete Data Scientists sind eher Wunschvorstellung als Realität; erforderlich sind Komplementärkompetenzen.
- Paradigmenwechsel in der Datenwelt ist erkennbar: von der Erforderlichkeit zur Abundanz.
- Unterschiedliche Lebenswelten stellen eine große Hürde dar – Expertisen müssen vereint werden.

5.7 Wettbewerb und Regulierung[185]

Daten sind ein wichtiger Inputfaktor für eine Großzahl von Unternehmen, da sie eine effizienz- und innovationssteigernde Wirkung entfalten können. Durch Daten und Informationen können bessere Services sowie maßgeschneiderte Produkte erstellt, zielgenaue Werbung geschaltet und Preisgestaltungen durch Nachfrageschätzungen erleichtert werden. Diese Vorteile, die auch im Rahmen dieses Beitrags immer wieder thematisiert wurden, ließen sich beliebig erweitern. Aufgrund der vielfältigen Potenziale werden Daten aus wettbewerbsökonomischem Blickwinkel immer öfter als mögliche Markteintrittsbarriere diskutiert. Deutliche Verbesserungen bestehender Angebote sowie die Realisierung neuer Produkte und Services (siehe Kapitel 5.5.1), mögliche Lock-in Effekte durch persönliche Informationen (Shapiro und Varian 1998) und Skalenerträge von Informationen geben Anlass zu dieser Diskussion. Erhöhte Wechselkosten und eine nicht vorhandene Datenportabilität können zu Eintrittsbarrieren für andere Wettbewerber werden. Ist die Portabilität von Daten nicht gegeben, entstehen Wechselkosten und der Wechsel zwischen Plattformen (z. B. Social Media) wird erschwert (Dewenter 2016). Sind diese Daten exklusiv und somit von anderen Unternehmen nicht zu erheben, können unter Umständen Monopole auf der Basis von Daten gebildet werden. Dass Daten oftmals nicht als Markteintrittsbarriere gesehen werden, ist der Tatsache geschuldet, dass ein entscheidender Wettbewerbsvorteil meist nicht durch den Besitz der Daten an

---

185 Inhalte dieses Kapitels basieren u. a. auf folgendem Impulsvortrag: „Wettbewerbsökonomische Aspekte von Big Data", PD Dr. Ulrich Heimeshoff (Heinrich-Heine-Universität, Düsseldorf), 18.07.2016.

sich, sondern vielmehr durch geeignete Analysetechnologien erlangt wird (z. B. Workshop des Hamburger Forums für Medienökonomie 2016).

Die geprüften und wettbewerbsrechtlich für unproblematisch befundenen Unternehmensübernahmen von DoubleClick durch Google oder WhatsApp durch Facebook (Dewenter 2016) legen trotz zahlreicher Bedenken erstmal die Vermutung nahe, dass durch derartige Fusionen eine Gefahr des Marktmachtmissbrauchs nicht zwangsläufig gegeben sein muss. Die Zusammenführung unterschiedlicher Informationen könnte durch Synergieeffekte verschiedener Datendienste (Kerber 2014) dennoch zu Marktmacht in diesen neuen, datengetriebenen Märkten führen.

Die Novellierung des Gesetzes gegen Wettbewerbsbeschränkungen (GWB[186]) im Jahr 2016 hat die Forderung nach einer Neuorientierung der Wettbewerbspolitik in digitalen Märkten noch intensiver werden lassen (Jentzsch 2016). Unterschiedliche Ansätze, um die Wettbewerbspolitik neu auszurichten, werden schon länger diskutiert; angefangen bei der Kontrolle datengetriebener Fusionen und Zugangslösungen zu akkumulierten Daten (Kerber 2014) stehen auch die Themen der Datenportabilität, der Marktabgrenzung und mögliche Aufgreifsschwellen bei Fusionskontrollen im Fokus. Die Monopolkommission hatte bereits in einem Sondergutachten festgestellt, dass der existierende Rechtsrahmen den neuen Bedingungen angepasst werden muss (Sondergutachten 68[187]). Vor diesem Hintergrund hat das folgende Kapitel zum Ziel den Einsatz von Big Data aus wettbewerbspolitischer und regulatorischer Sicht kritisch zu beleuchten und offene, ungelöste Fragen aufzuzeigen.

5.7.1 Maßgeschneiderte Produkte und Preisdifferenzierung – Eine kritische Betrachtung

Personalisierte Preise, die nur für ein Individuum oder eine gewisse Kundengruppe gelten, werden als Preisdifferenzierung bezeichnet. Mithilfe von Big-Data-Anwendungen treten personalisierte Preise zunehmend im Online Handel auf, aber auch andere Bereiche wie z. B. UBER/Sears, sind betroffen. Bisher war eine perfekte Preisdiskriminierung aufgrund fehlender Informationen über individuelle Zahlungsbereitschaft jedoch nicht möglich. Allerdings ist eine Diskriminierung nichts

---

186 Beschluss der Bundesregierung für den Entwurf für die neunte GWB-Novelle vom 28. September 2016.

187 Sondergutachten 68: Wettbewerbspolitik: Herausforderung digitale Märkte der Monopolkommission. http://www.monopolkommission.de/index.php/de/gutachten/sondergutachten/283-sondergutachten-68.

5.7 Wettbewerb und Regulierung

Neuartiges[188] (Christl und Spiekermann 2016, S. 41), sondern wird durch Big Data lediglich auf eine neue Ebene gehoben. Auf Basis der gesammelten Daten lassen sich jetzt das Verbraucherverhalten und die Zahlungsbereitschaft der einzelnen Konsumenten besser prognostizieren (Newell und Marabelli 2015, S. 7). Dadurch ist es möglich, dass zwei unterschiedliche Verbraucher zum gleichen Zeitpunkt beim selben Anbieter das identische Produkt zu unterschiedlichen Preisen angeboten bekommen. Für amerikanische E-Commerce-Webseiten konnte Preisdifferenzierung im Onlinehandel wissenschaftlich bestätigt werden (Hannak et al. 2014, S. 311). In Deutschland ist dies aufgrund des aufwendigen Verfahrens bisher nur bei hochpreisigen Pauschalreisen gelungen. Die Verbraucherzentrale Bundesverband e. V. geht aufgrund aktueller Entwicklungen davon aus, dass auch der deutsche Verbraucher in Zukunft stärker davon betroffen sein wird, da eine auf das Individuum bezogene, optimale Preisdiskriminierung für Unternehmen sehr profitabel ist (Shiller 2014, S. 21; Brown 2016, S. 248). Ebenso erlaubt der Einsatz von Big Data eine sogenannte dynamische Preissetzung. Auf Basis vielfältiger und gut zugänglicher Datenquellen (z. B. Wetter, Verkehrsaufkommen, Streik) können Preise in Abhängigkeit von Angebot und Nachfrage in Echtzeit angepasst und optimiert werden.

Preisdifferenzierung wirtschaftlich reizvoll, aber nicht unumstritten[189]

Die Tendenz, Preise individuell maßzuschneidern, lässt sich zunehmend erkennen. Bereits im stationären Einzelhandel sind Entwicklungen zu beobachten, die darauf abzielen, Konsumentenrenten individuell abzuschöpfen. Für viele Unternehmen bietet die Einführung maßgeschneiderter, flexibler Preise einen starken wirtschaftlichen Anreiz; allerdings ist dies derzeit aber auch stark umstritten und könnte zu einer größeren gesellschaftlichen Debatte werden. Aktuelle Diskussionen beschäftigen sich u. a. im Marketingbereich damit, unter welchen Bedingungen eine 360°-Sicht auf den Konsumenten von diesen selbst als fair wahrgenommen werden könnte. Dabei werden die Unternehmen vor die Herausforderung gestellt, dass die Erwartungen der Kunden durch eine individuell ausgeprägte Gerechtigkeitswahrnehmung bestimmt werden, deren Identifizierung derzeit für Unternehmen nicht möglich ist. Gewisse Akzeptanzprobleme ergeben sich allerdings nicht nur hinsichtlich der Umverteilung zwischen Händler und Verbraucher, sondern auch innerhalb der Verbraucher. Unzufriedenheit entsteht dann, wenn Händler

---

188 Preisdiskriminierungen haben schon immer stattgefunden, um Produkte und Services auf bestimmte Zielgruppen zuzuschneiden und die häufig damit verbundenen unterschiedlichen Zahlungsbereitschaften abzugreifen (z. B. Happy Hour; Änderung der Benzinpreise abhängig von Tageszeit, Flugpreise).
189 Die folgenden Abschnitte geben die Ergebnisse des Arbeitskreises wieder.

die Konsumentenrente des Verbrauchers komplett abschöpfen können und wenn Situationen offensichtlich werden, in welchen andere Verbraucher andere Preise für identische Güter zahlen und die Gründe dieser unterschiedlichen Preissetzung nicht transparent und nachvollziehbar sind. Als Gefahr der individuellen Preisgestaltung gilt außerdem der fließende Übergang von einer Personalisierung hin zur Manipulation. Dabei haben jedoch nicht nur Unternehmen den Anreiz, ihre Kunden durch Manipulationen zum Produktkauf zu verleiten. Auch Individuen können Nutzen daraus gewinnen, ihre Daten zu manipulieren, um eine komplette Abschöpfung ihrer Konsumentenrente zu verhindern. Um die Folgen einer Entwicklung hin zur perfekten individuellen Preisdifferenzierung besser abschätzen zu können, wäre es empfehlenswert, unterschiedliche Szenarien zu entwerfen, welche die Auswirkungen für Individuen und soziale Einheiten aufzeigen.

Sogwirkungen für weitere Konsumenten befürchtet

Für Konsumenten, die derzeit noch nicht bereit sind, ihre Daten preiszugeben, wird eine Sogwirkung in Richtung Datenpreisgabe befürchtet. Bekommen gewisse Konsumenten durch die Auswertung ihrer Daten beispielsweise vergünstigte Preise mithilfe eines Rabattcoupons, stellt dies automatisch Verbraucher vor die Wahl zu entscheiden, wie viel sie bereit sind, für ein Produkt zu bezahlen ohne ihre Daten preisgeben zu müssen. Dies wird jedoch nur bis zu einer gewissen Grenze der Fall sein. Ab einem gewissen Preis wird erwartet, dass Verbraucher gezwungen sind, ihre Daten zu teilen[190].

Auch Preisdifferenzierung hat ihre Grenzen

Big Data eröffnet einen größeren Spielraum für Preisdifferenzierungen. Was bisher nur von Tankstellen bekannt war, könnte auch auf andere Konsumgüter übertragen werden. Vorstellbar wären z. B. individuelle Preise in Supermärkten entsprechend der individuellen Zahlungsbereitschaft. Waren träge Konsumenten bisher durch andere Verbrauchergruppen wie „Schnäppchenjäger" geschützt[191], könnte die Schutzfunktion des Wettbewerbs bei individuellen Preisen durch den Einsatz von Big Data außer Kraft gesetzt werden. Allerdings unterliegen auch Preisdifferen-

---

190 Es wird erwartet, dass bei einem durch Rabattcoupons vergünstigten Preis X nicht alle Käufer bereit sind, dafür ihre Daten preiszugeben. Es kann aber davon ausgegangen werden, dass es eine gewisse Preisschwelle Y gibt, bei welcher alle Konsumenten ihre Daten teilen, um den günstigen Preis Y zu bekommen.

191 Schnäppchenjäger wurden bisher durch andere träge Verbrauchergruppen geschützt. Diese haben indirekt von den günstigen Preisen, die Schnäppchenjäger ansprechen sollen, auch profitiert. Durch maßgeschneiderte Preise basierend auf Big-Data-Analysen, könnten diese Vorteile in Zukunft nicht mehr vorhanden sein (Haucap 2015a).

zierungen gewissen Grenzen im Wettbewerb und durch Arbitrage. Schließlich ist insbesondere bei Online-Käufen zu erwarten, dass sich systemgestützte Akteure mit „falscher Identiät und falschen Daten" im Internet präsentieren, um für Dritte günstiger einzukaufen oder dass sich Preisvergleichportale herausbilden, die beim Auffinden „günstiger" Preise für Auftraggeber sogleich Transaktionen abschließen. Solche und ähnliche Gegenkräfte können die Abschöpfung von Konsumenten in internetbasierten Marktbeziehungen ebenfalls eindämmen.

Maßgeschneiderte Produkte und Prozessoptimierung als positive Effekte im Wettbewerbsprozess

Big Data ermöglicht bessere Analysen von Kundenwünschen sowie Prognosen des Konsumentenverhaltens und damit bessere maßgeschneiderte Produkte für jeden Einzelnen. Ein weiterer Nutzen aus wettbewerbsökonomischer Sicht ergibt sich durch mögliche Prozessoptimierungen und Kosteneinsparungen. Diverse Anwendungsbeispiele[192] verdeutlichen, dass der Einsatz von Big Data zu Kostensenkungen, effizienteren Prozessen oder verbesserten Produkten beitragen kann.

5.7.2 Der Big-Data-Markt: Zwischen Monopolisierung und Regulierung

Wettbewerbspolitische Lösungen im Datenzeitalter werden zunehmend diskutiert. Dabei stehen derzeit Plattform-Anbieter wie Google, Facebook oder Amazon im Mittelpunkt. Können diese Unternehmen durch ihren Datenbesitz tatsächlich Marktmacht aufbauen, die zu Markteintrittsbarrieren, Monopolen und Missbrauch führt? Wie mit derartigen Situationen aus wettbewerbspolitischer und regulatorischer Sicht umzugehen ist, steht noch nicht endgültig fest. Im Falle Google wirft die Europäische Kommission in ihrer Beschwerde vom April 2015 dem Unternehmen Marktmissbrauch vor, und zwar in Bezug auf Suchergebnisse. Neben der Aufgabe, als Intermediär Informationssuchende und Inhalte-Anbieter zusammenzubringen, betreibt Google noch Dienste mit eigenen Inhalten, wie Google Shopping. Bei der Darstellung der Suchergebnisse sollen diese Inhalte bevorzugt behandelt werden, ohne dass die Nutzerdarüber aufgeklärt werden. Damit läge eine Wettbewerbsverzerrung vor (Höppner 2015). Im März 2016 hat zudem das Bundeskartellamt

---

192 z. B. Prozessoptimierung bei UPS: Sensoren in Lieferwagen zur Routenoptimierung; Rolls Royce: Turbinendaten zur Vorhersage von Reparatur- und Wartungsbedarf.

ein Missbrauchsverfahren gegen Facebook[193] aufgrund von Datenschutzverstößen eingeleitet (HZ-Partner 2016). Dabei wird erstmals nicht nur diskutiert, ob Datenschätze in Unternehmen zu Marktmarkt führen können, sondern es werden auch Datenschutzaspekte miteinbezogen (Jentzsch 2016).

Daten als Markteintrittsbarriere – Eine andauernde Diskussion

Im Kontext digitaler Märkte sind Bedenken darüber, dass Daten eine enorme Markteintrittsbarriere darstellen können, längst keine Seltenheit mehr. Die Forderungen nach einem angepassten Wettbewerbsgesetz im Zusammenhang mit Big Data basieren auf der Befürchtung, dass der Besitz und die kontinuierliche Anhäufung von Daten zu Wettbewerbsvorteilen etablierter Unternehmen führen könnte (Kucharczyk 2015). Insbesondere Organisationen im Bereich von Suchmaschinen, Kommunikationsdiensten und sozialen Netzwerken können von Netzwerk- sowie Skaleneffekten profitieren. Gegner dieser Einschätzungen argumentieren, dass Daten nicht mit Marktmacht und Eintrittsbarrieren in Verbindung gebracht werden sollten. Zum einen wird oft behauptet, dass der Wettbewerb nur einen Mausklick entfernt ist. Zudem bringen sie vor, dass es sich bei Daten nicht um ein exklusives Gut handelt, sondern dass Daten für viele zugänglich sind. Ebenso sei nicht die Fülle an Daten für den Erfolg eines Geschäftsmodells ausschlaggebend, sondern die Idee, wie diese für ein entsprechendes Offering genutzt werden können (Manne und Sperry 2015).

Vertiefung 7: Daten als „Essential Facility"?[194]

Daten seien das Öl des 21. Jahrhunderts wird manchmal gesagt. Dies ist jedoch kein besonders treffendes Bild, denn Daten können, im Gegensatz zu Öl, von vielen Parteien zugleich oder auch nacheinander grenzkostenlos genutzt werden. Für Wettbewerbsökonomen ist dies erst einmal eine gute Nachricht, denn es gibt – anders als beispielsweise beim Frequenzspektrum im Mobilfunk – keine natürliche Ressourcenknappheit, die den Wettbewerb begrenzt. Gleichwohl kann der Zugriff auf bestimmte Daten essenziell für die effektive Teilnahme am Wettbewerb sein. Im Fall von Google wird etwa intensiv diskutiert, ob Wettbewerber wie Microsoft oder Yahoo! einen Zugriff auf historische Suchdaten von Google benötigen (Haucap und Heimeshoff 2014), um genauso gute Suchalgorithmen programmieren zu können.

---

193 Zur Diskussion steht, ob marktmächtige Anbieter wie Facebook ihren Nutzern schlechtere Datenschutzkonditionen bieten, als sie dies unter fairen Wettbewerbsbedingungen tun würden.

194 Vertiefung von Prof. Dr. Justus Haucap und PD Dr. Ulrich Heimeshoff (Heinrich-Heine-Universität, Düsseldorf), Quellen: Haucap und Heimeshoff 2014; Haucap 2015b; Haucap 2016.

Ob dies so ist, lässt sich nicht allein theoretisch beantworten, es ist eine empirische Frage. Google selbst nutzt nach eigenen Angaben nur einen Bruchteil der Daten zur Verbesserung des eigenen Suchalgorithmus, denn auch hier gilt die Logik der Äquivalenz von Grenzkosten und Grenznutzen im Optimum. Die Daten werden solange analysiert, bis die Grenzkosten der weiteren Analyse dem Grenzertrag entsprechen. Nichtsdestotrotz ist prinzipiell denkbar, dass der Zugriff auf Daten, die ein Wettbewerber erhoben hat, für die Teilnahme am Wettbewerb essenziell sein kann. So ist etwa denkbar, dass auch (freie) Werkstätten Zugriff auf Daten aus Automobilen benötigen, um ihre Dienstleistungen anbieten zu können. Dasselbe gilt für Energiedienstleister bei Smart Grids. Um Wettbewerb zu ermöglichen und damit Auswahlmöglichkeiten für Nutzer zu schaffen, mag es somit manchmal notwendig sein, auf von einem Konkurrenten erhobene Daten zurückzugreifen. In diesem Kontext existieren zurzeit noch viele ungeklärte Fragen:

- Der Zugang zu welchen Daten ist wann essenziell, um eine Monopolisierung oder Konzentration von Märkten effektiv zu verhindern?
- Wie und in welchem Umfang kann und sollte die Portabilität von Daten gewährleistet werden? Dies ist mit schwierigen eigentumsrechtlichen Fragen verbunden. Wem etwa gehört das geistige Eigentumsrecht an einem witzigen Kommentar in Reaktion auf ein bei Facebook gepostetes Bild? Facebook, der Person, die das Bild gepostet hat, derjenigen, die es kommentiert hat oder allen? Wem sollte es gehören? Wer muss um Genehmigung bei einer etwaigen Portierung gebeten werden?
- Wie kann ein mögliches Spannungsfeld zwischen Datenschutz und Wettbewerb aufgelöst oder wenigstens ausbalanciert werden? Die Einwilligung, dass Unternehmen A persönliche Daten nutzen kann, impliziert noch nicht, dass der Kunde von Unternehmen A auch in der Nutzung durch Unternehmen B einwilligt.
- Sollte die Möglichkeit, Daten zu kombinieren, bei der kartellrechtlichen Kontrolle von Fusionen und Kooperationen eine eigene Rolle spielen? Sollte das bei einer völlig hypothetischen Fusion von EON, Mercedes, Facebook und einer Bank eine Rolle spielen? Sollten Datenschützer ein eigenes Mitspracherecht bei Unternehmensfusionen bekommen?
- Wie gestalten sich kartellrechtliche Grenzen des Datenaustauschs, etwa über Trackingsysteme? Welche Wettbewerbseffekte lösen diese Trackingsysteme aus?

In der Nutzung umfangreicher Daten können zugleich aber auch große Vorteile für den Wettbewerb liegen. Zahlreiche Modelle der sogenannten Sharing Economy, für welche Uber, AirBnB sowie Carsharing prominente Beispiele sind, basieren auf der intelligenten Nutzung von großen Datenmengen. Das Teilen von Ressourcen (Sharing

Economy) ist zwar prinzipiell gar nichts Neues. Jedoch macht die Digitalisierung das Teilen zwischen Verbrauchern wesentlich einfacher, weil zum einen das so genannte Matching erleichtert wird, also den passenden Partner zu finden, zum anderen durch Reputationssysteme fehlendes Vertrauen zwischen ansonsten anonymen Partnern erzeugt werden kann. War früher das Trampen zum einen mit Risiken verbunden, zum anderen umständlich, ist das vermittelte „Ride Sharing" über Plattformen vergleichsweise sicher, da die Anonymität überwunden wird, und es ist auch vergleichsweise unkompliziert. Ähnliches gilt für das temporäre Überlassen von Wohnungen und Zimmern oder anderen Objekten (Haucap 2015b). Ganz allgemein lässt sich prognostizieren, dass auf langfristigen Geschäftsbeziehungen basierendes Vertrauen weniger wichtig wird, da über Datenauswertungen und Reputationssysteme Substitute bereitstehen, die auch einen kurzfristigen Aufbau von Vertrauen ermöglichen. Zugleich kann bei den Modellen der Sharing Economy die Kapazitätsauslastung der entsprechenden Ressourcen regelmäßig erheblich gesteigert werden.

Um die veränderten Geschäftsmodelle und das stärkere Teilen zu ermöglichen, wird zudem eine angemessene digitale Infrastruktur benötigt. Neben der Frage der optimalen Ausbaugeschwindigkeit und der Finanzierung derselben stellt sich auch die Frage, ob große Infrastrukturbetreiber, sowohl bei Netzen als auch von IT-Infrastruktur (etwa für das Cloud Computing), Systemrelevanz erlangen können und einer besonderen Aufsicht bedürfen (wie etwa aus dem Finanzsektor bekannt). Ähnlich wie Banken können diese Anbieter essenziell für das Funktionieren von Wirtschaftsprozessen sein, sie benötigen besonderes Vertrauen. Über die Frage einer möglichen Systemrelevanz und ihrer Konsequenzen ist jedoch noch relativ wenig nachgedacht worden.

Marktbeherrschende Stellung durch Big Data zunächst im Bereich der Suchmaschinen diskutiert[195]

Suchmaschinen, wie auch andere zweiseitige Plattformen, zeichnen sich insbesondere durch indirekte Netzeffekte aus. Aus ökonomischer Perspektive ist die Entstehung großer Plattformen wie Amazon oder Google sinnvoll, um den Kunden ein reichhaltiges Angebot unterbreiten zu können. Hier stellt sich jedoch die Frage, ob durch den Besitz großer Datenmengen eine marktbeherrschende Stellung entsteht. Obwohl es Alternativen am Markt gibt, werden diese nur selten wahrgenommen, da es großen Plattformen auf Grund unterschiedlicher Gründe gelungen ist, die Kunden an sich zu binden. Dies liegt neben der Anwendung entsprechender Technologien auch an den Volumina relevanter Daten, die diese Unternehmen über die Zeit gesammelt haben. Im Bereich der Suchmaschinen wird es Google auf Grund der existierenden

---

195 Die folgenden Abschnitte fassen die Ergebnisse der Arbeitskreistreffen zusammen.

5.7 Wettbewerb und Regulierung

Mengen an Daten ermöglicht, Suchalgorithmen besser anzupassen und dadurch wiederum die Qualität ihrer Services zu verbessern. Der Markteintritt für andere Suchmaschinen ist durch das Fehlen der erforderlichen Daten bzw. die prohibitiv hohen Kosten des Aufbaus eigener relevanter Datenbestände erschwert. In Folge können fehlende Wettbewerber langfristig zu einer marktbeherrschenden Stellung von großen Plattformen führen. Allein aufgrund der Größe des Marktanteils darf jedoch noch nicht auf einen Marktmissbrauch geschlossen werden.

Datenmärkte: Zwischen Wettbewerbspolitik und rechtlicher Regulierung

Um einem Marktmissbrauch großer Plattformanbieter vorzubeugen, stehen unterschiedliche Lösungsmöglichkeiten zur Auswahl. Eine entsprechende regulatorische Sicherung des Datenzugangs für berechtigt Interessierte wäre ein Vorschlag, um die Wettbewerbsposition marktbeherrschender Unternehmen zu kontrollieren. Ähnlich wie bei anderen Netzindustrien würde für die Nutzung von Daten ein Entgelt anfallen. Im Bereich solcher datengetriebenen Plattformen scheint dies in vielen Fällen keine überzeugende Alternative zu sein, da es sich bei den Daten um den Kernbestandteil des Geschäftsmodells handeln kann und ein Entgelt für die Nutzung nur schwer zu berechnen sein dürfte. Ferner wäre zu prüfen, inwiefern durch eine Zugangsregulierung die Gesamtwohlfahrt vermindert werden könnte, falls dadurch Innovationen gebremst würden. Demgegenüber können natürlich durch die Zugriffsmöglichkeit auf Daten anderweitig innovative bzw. wettbewerbsfördernde Initiativen mit Wachstumsimpulsen entstehen. Diese Aspekte werden in den aktuellen Diskussionen nicht ausreichend berücksichtigt. Derzeit scheint in Datenmärkten der ex post Missbrauchsaufsicht eine höhere Bedeutung zuzukommen als einer ex ante Regulierung. Sollte diese Wettbewerbspolitik nicht das gewünschte Ziel erreichen, könnte in einem zweiten Schritt die Regulierung datengetriebener Märkte angedacht werden.

Transaktionshöhe datengetriebener Fusionen als sinnvolles, neues Kriterium im Wettbewerbsrecht

Damit das Kartellamt bei Fusionen ein Prüfrecht hat, müssen gewisse Kriterien (sogenannte Aufgreifschwellen) erfüllt sein; derzeit handelt es sich dabei insbesondere um das Umsatzvolumen. Bei datengetriebenen Fusionen ergibt sich häufig das Problem, dass Umsätze geringer sind als die genannten Schwellen vorgeben; zugleich sind die Preise, die für relativ kleine datenbasierte Unternehmen bezahlt werden, manchmal außerordentlich hoch, was auf eine erhebliche Markt- und Wettbewerbsrelevanz schließen lässt. Die teilweise enormen Transaktionshöhen für übernommene Unternehmen sind nicht von der Umsatzhöhe dieser Unternehmen getrieben, sondern erklären sich aufgrund des Wertes der akquirierten Netzwerke und Daten[196]. Daher wird in der aktuellen GWB-Novelle mit der Transaktionshöhe eine neue Aufgreifschwelle eingeführt. Dies würde ein Eingriffsrecht für die Wettbewerbsbehörde ermöglichen, auch wenn die derzeit gültige Umsatzschwelle von den fusionierenden Unternehmen nicht erreicht wird. Inwieweit diese und ähnliche Regelungen notwendig und hilfreich und/oder durch weitere Kriterien zu ergänzen sind, kann ein interessanter Gegenstand vertiefender Forschung sein.

Die Frage nach der Marktabgrenzung in datengetriebenen Märkten muss verstärkt erforscht werden

Bisher hat sich im deutschen Kartellrecht der Begriff eines „Marktes" nur auf monetäre Leistungen bezogen. Dieses Verständnis soll nun auf nicht-monetäre Leistungen bzw. Gegenleistungen (z. B. Hergabe von Daten) ausgeweitet und damit auch für Märkte anwendbar werden, die zumindest auf einer Marktseite keine Zahlungsflüsse aufweisen. Dieser Änderungsvorschlag für die kommende GWB-Novelle bezieht sich zunächst nur auf den deutschen, aber nicht auf den gesamten europäischen Raum. Aber auch auf dem europäischen Markt wurde seit der Übernahme der Suchmaschinensparte von Yahoo durch Microsoft[197] im Jahr 2010 die Frage nach der Marktabgrenzung stärker diskutiert. Zusätzlich wird die Marktdefinition dadurch erschwert, dass datengetriebene und plattformbasierte Märkte sich in ihren Aktivitäten zunehmend nicht innerhalb klassischer Branchengrenzen bewegen, sondern branchenübergreifend und -vernetzend tätig sind, so dass die wettbewerbspolitische Marktabgrenzung problematischer wird. Aus den angeführten Gründen sind in diesem Bereich weitere Forschungsprojekte zu empfehlen, die sich unter anderem auch mit der Frage beschäftigen, wie man die Stärke der Marktposition und der Netzwerkeffekte dominierender Anbieter in Datenmärkten zukünftig messen und transparent machen kann.

---

196 Beispiel: Übernahme von Whatsapp durch Facebook. Der Umsatz von Facebook belief sich zur Zeit der Übernahme USD 7,8 Mrd., während Whatsapp nur einen Umsatz von EUR 10 Mio. vorweisen konnte. Trotz dieses niedrigen Umsatzes belief sich die Transaktionshöhe bzw. der Kaufpreis auf USD 19 Mrd. Folglich scheint die Umsatzhöhe von Whatsapp durch Facebook eine eher nebensächliche Rolle gespielt zu haben. Dahinter verbergen sich die Werte des Netzwerkes und der Daten.

197 Die Europäische Kommission hat im Februar 2010 den von Microsoft geplanten Erwerb der Geschäftsbereiche Internetsuche und Suchmaschinenanzeigen des Internetunternehmens Yahoo! Inc. nach der EU-Fusionskontrollverordnung genehmigt. Die Kommission kam zu dem Ergebnis, dass das Vorhaben den wirksamen Wettbewerb im Europäischen Wirtschaftsraum (EWR) bzw. in einem wesentlichen Teil desselben nicht erheblich behindern wird (Europäische Kommission 2010).

In Bezug auf das Themenfeld „Wettbewerb und Regulierung" ergeben sich zusammenfassend folgende zentrale Themen und offene Fragen:
- Bisher ungelöst ist die Frage, ob und inwieweit Daten als Markteintrittsbarriere fungieren.
- Wettbewerbspolitische Maßnahmen müssen vor Regulierungen stehen.
- Themen der Marktabgrenzung in datengetriebenen Märkten müssen verstärkt erforscht werden.

5.8 Big Data & die Gesellschaft: Ein ökonomischer Blickwinkel[198]

Die digitale Revolution hat schon längst begonnen. Während der Nutzen von Big Data in der Ökonomie meist deutlich zu erkennen ist, ist der Einfluss auf die Gesellschaft und die einzelnen Individuen nicht in vollem Umfang absehbar (Michael und Miller 2013, S. 24; Newell und Marabelli 2015, S. 4; Hashem et al. 2015, S. 99). Den Anfang dieser Entwicklungen kennt fast jeder: Personalisierte Vorschläge zu Produkten und Dienstleistungen durch Suchmaschinen sind längst keine Seltenheit mehr. Heute wissen Algorithmen oft besser als ein Freund, was wir tun oder denken. Je mehr persönliche Informationen über die Finanzen, Gesundheit oder Webaktivitäten jedes Einzelnen gesammelt werden, umso präziser werden individuelle Empfehlungen oder Gesundheitsleistungen. Big Data kann in vielen Bereichen auch zu einem gesellschaftlichen Nutzen werden, denkt man z. B. an die Verhinderung von Epidemien oder die Bekämpfung von Kriminalität (Tene und Polentsky 2012). Es existieren aber auch Bedenken zum Thema Diskriminierung (Brown 2016), Manipulation, Freiheitseinschränkungen (Richards und King 2014, S. 395), Überwachung (Kitchin 2014; Lyon 2014; Newell und Marabelli 2015; Zuboff 2015, S. 76) oder Kontrollverlust (Tene und Polonetsky 2013, S. 251; Zuboff 2015, S. 75). Die Konsequenzen eines flächendeckenden Einsatzes von Big Data sind in vielen dieser Bereiche (z. B. im Fall der Überwachung) zum heutigen Zeitpunkt nicht absehbar (Lyon 2014, S. 6). Diese Themen zeigen jedoch, dass der Einsatz von Big Data schnell zu einem Horrorszenario werden kann (siehe auch Vertiefung

---

198 Inhalte dieses Kapitels basieren u. a. auf folgenden Impulsvorträgen:
- „Consumer Behavior – When Disclosing Personal Data", Prof. Dr. Manfred Schwaiger und Antje Niemann, MBR (Ludwig-Maximilians-Universität, München), 18.07.2016.
- „Privatheit, Freiheit und Reversibilität", Prof. Dr. Dres. h.c. Arnold Picot, †, (Ludwig-Maximilians-Universität, München), 18.07.2016.

8). Laut aktuellen Berichten soll in China ein Punktekonto, das unter anderem das Surfverhalten oder die sozialen Kontakte jedes einzelnen Bürgers auswertet, über Kreditvergabe, Berufswahl oder sogar die Einreise nach Europa bestimmen (Helbing et al. 2016). In einer Studie des Vodafone Institut für Gesellschaft und Kommunikation konnte gezeigt werden, dass in der Gesellschaft allgemein eine Skepsis gegenüber Big Data herrscht. Mehr als die Hälfte der Studienteilnehmer sieht in Big Data mehr Nachteile als Vorteile. Bezüglich der Nutzung ihrer persönlichen Daten können Individuen sowohl Unternehmen als auch dem Staat wenig Vertrauen entgegenbringen (Vodafone Institut für Gesellschaft und Kommunikation 2016). Eine unzureichende Transparenz, welche Daten über den einzelnen Nutzer werden (Christl und Spiekermann 2016, S. 119), schränkt seine Möglichkeiten ein, diese zu prüfen und zu korrigieren (Jarchow und Estermann 2015, S. 7). Interessante Ansatzpunkte zu möglichen und relevanten Transparenzrichtlinien, liefert Runde (2016) in einer Forderung nach einem „Digitalgesetz".

Vertiefung 8: Big Data und Gesellschaft[199]

Die Nutzung von Big Data ist nicht auf Unternehmen beschränkt: 2014 wurde in Bayern die Software *Precobs* (Pre-Crime Observation System) getestet, die in Datenbeständen der Polizei nach Mustern sucht, um Einbrüche vorherzusagen. Ziel ist es dabei, sogenannte Gefahrengebiete zu identifizieren und Polizisten diese provisorisch überwachen zu lassen (Predictive Policing, vorausschauende Polizeiarbeit). *Precobs* basiert u. a. auf der Annahme, dass Verbrechen in bestimmten Regionen häufiger auftreten als in anderen, weil Kriminelle überlegt vorgehen und sich Einbruchsziele suchen, bei denen sie mit möglichst geringem Aufwand und Risiko Beute machen können. Waren sie erfolgreich, werden sie annahmegemäß ähnliche Objekte bevorzugen oder gar ein zweites Mal in dasselbe Haus einsteigen.

Während insbesondere in den USA von Erfolgen durch Predictive Policing berichtet und somit ein gesellschaftlicher Nutzen konstatiert wurde, steht zu befürchten, dass Einbrechende nach einer gewissen „Lernphase" die Wirkungsweise der neuen Software antizipieren und bisher nicht als Gefahrengebiet identifizierte Gegenden heimsuchen. Es besteht das Risiko, dass Big-Data-Analysen dann dazu führen, dass Polizeikräfte zur Prävention an den falschen Orten eingesetzt werden.

---

199 Vertiefung von Prof. Dr. Manfred Schwaiger (Ludwig-Maximilians-Universität, München), Quellen: http://www.zeit.de/digital/datenschutz/2015-03/predictive-policing-software-polizei-precobs; https://netzpolitik.org/2015/lka-studie-erklaert-fuer-und-wider-von-predictive-policing-auch-bka-liebeaugelt-jetzt-mit-vorhersagesoftware/; http://www.sueddeutsche.de/kultur/digitales-zeitalter-die-total-technisierte-gesellschaft-braucht-romantik-1.2645569.

5.8 Big Data & die Gesellschaft

Kritiker sehen im Predictive Policing eine Art Rasterfahndung, eine anlasslose und automatisierte Suche in beliebigen Daten mit dem Ziel, bestimmte Verhaltensmuster mittelbar Tätertypen zu finden. Das etwa in Chicago eingesetzte computergestützte Vorhersagesystem *Predpol* sucht bereits gezielt nach bestimmten Individuen, die in naher Zukunft an einem Gewaltverbrechen beteiligt sein könnten. „Heat List" heißt die Sammlung der Gefährder, die anschließend gezielt von der Polizei angesprochen werden. Analogien zum Minority Report, Steven Spielbergs Zukunftsvision, in welchem Menschen verurteilt werden noch bevor sie eine Straftat begangen haben, wird von Befürworten des Programms hierbei stets bestritten: Der Score beruhe ausschließlich auf vergangenen Straftaten und damit persönlichem Verhalten, nicht auf Zugehörigkeit zu einer bestimmten Ethnie oder soziodemografischen Daten.

Man kann sich auf der Suche nach der gesellschaftlichen Relevanz von Big Data aber auch sehr viel stärker der individuellen Erfahrbarkeit der Konsequenzen annähern: Während mancher solvente und bisher unbescholtene Online-Shopper vielleicht gar nicht registriert, dass ihm die Option „Zahlung auf Rechnung" bei seinem Einkauf nicht angeboten wurde (weil der von diversen Auskunfteien errechnete Bonitätsscore weder Vermögen noch Einkommen des Käufers berücksichtigt, dafür aber mikrogeografische Daten und somit das Zahlungsverhalten der Nachbarn, und weil nicht jene einen besonders hohen Score erhalten, die Einkäufe brav aus dem Ersparten bezahlen, sondern jene, die häufig auf Kredit kaufen und diese Kredite dann auch bedienen), ist die als „Grausamkeit der Algorithmen" bekannt gewordene fehlende Empathie von Big-Data-Analysen in vielen Fällen direkt spürbar: Während einer Geiselnahme in Sydney erkannte der Algorithmus des Fahrdienstleisters UBER eine Nachfragespitze (für Fahrten weg vom Tatort) und erhöhte die Preise drastisch. Denkt man die technischen Möglichkeiten konsequent zu Ende, so könnten z. B. Sensoren des SmartPhones bald den Grad der Dehydrierung seines Besitzers erfassen und somit dessen maximale Zahlungsbereitschaft für eine Flasche Wasser einem Getränkeladen übermitteln. Ein Horrorszenario, selbst wenn man mildernd ins Kalkül zieht, dass derartige Praktiken rasch Arbitrageure auf den Plan rufen würden.

5.8.1 Datenschutzrichtlinien und die ökonomischen Implikationen

In der Gesellschaft ist eine zunehmende Sensibilisierung für Datenschutzfragen zu beobachten, welche sich jedoch nicht immer im Handeln der Individuen widerspiegelt (Jarchow und Estermann 2015, S. 20). Das sogenannte Privacy-Paradox bezeichnet die Tatsache, dass trotz geäußerter Sicherheitsbedenken persönliche Daten in sozialen

Netzwerken geteilt werden[200] (Govani und Pashley 2005; Gross und Acquisti 2005; Tufekci 2008). Zudem hat sich auch eine gewisse Resignation eingestellt. Selbst wenn Nutzungsbedingungen von Online-Diensten dem geforderten Datenschutz nicht entsprechen, werden diese oftmals aufgrund eines Mangels an vergleichbaren Alternativen akzeptiert. Die Sammlung von Gesundheits-, Aufenthalts- oder Handydaten sind nur einige der Informationen, die tagtäglich über jedes Individuum gesammelt werden. In vielen Big-Data-Anwendungen sind somit oft personenbezogene Daten im Spiel. Die Analysen all dieser Daten können eine Gefahr für unsere Privatheit und den Schutz unserer Daten darstellen (Tene und Polonetsky 2012), falls diese ohne das Wissen der betroffenen Person oder Zustimmung erfolgt (Crawford und Schultz 2014, S. 94). Bei diesen personenbezogenen Daten greifen die Regelungen des Datenschutzrechtes. Für Unternehmen stellt der Schutz der Privatheit oft eine große Herausforderung dar (Wong 2012), sowohl hinsichtlich der Verwendung der Daten als auch in technologischer Hinsicht (siehe Kapitel 5.6.1).

Differenzierung zwischen personenbezogenen und nicht-personenbezogenen Daten wird zunehmend komplexer – Anonymisierung als adäquate Lösung für Datenschutzfragen?

Die in der Gesetzgebung und Praxis gegebene Differenzierung zwischen personenbezogenen und nicht-personenbezogenen Daten erscheint auf den ersten Blick überzeugend. Diese Unterscheidung wird jedoch immer schwieriger. Werden zunächst nicht-personenbezogene, technische Daten in einem zweiten Schritt direkt oder auch indirekt mit Personendaten verknüpft, können auch diese schnell zu personenbezogenen Daten werden. Eine geeignetere Differenzierung könnte deshalb eine Unterscheidung zwischen Daten für Prozessoptimierungen im Sinne des Wertschöpfungsprozesses und Daten für Verhaltensunterstützung im Sinne des Endnutzenden bringen. Rechtliche Probleme, die mit der bisherigen Unterscheidung zusammenhängen, lassen sich durch diese Unterscheidung möglicherweise verringern. Im Sinne dieser Unterscheidung ist jedoch Vorsicht geboten, sobald Prozessoptimierung mit Verhaltensbeobachtung eng verknüpft ist, wie dies im Falle der Logistik ist. Hier ist eine Prozessoptimierung nur möglich, wenn das Verhalten der LKW- Fahrer beobachtet werden kann.

Aufgrund der erwähnten Problematiken könnte das Potenzial für einen neuen Wirtschaftszweig in der Umwandlung von personenbezogenen zu nicht-personen-

---

200 Beispiel: Acquisti und Gross (2006) konnten bei Facebook-Nutzern größere Bedenken hinsichtlich ihrer Privatheit finden als gegenüber terroristischen Akten oder Umweltkatastrophen. Trotz dieser Bedenken haben diese User persönliche Informationen wie Geburtsdatum, politische Einstellungen oder auch sexuelle Orientierungen weiterhin öffentlich auf Facebook geteilt (Acquisti und Gross 2006, S. 38).

5.8 Big Data & die Gesellschaft

bezogenen Daten liegen. Eine derartige Anonymisierung könnte z. B. auch eine wichtige Aufgabe von zukünftigen Plattformen sein. Neben der Berücksichtigung rechtlicher Aspekte ist aber auch aus technischer Sicht fraglich, ob derzeit eine vollständige Anonymisierung überhaupt möglich ist (Ohm 2009; Christl und Spiekermann 2016, S. 22). Da die Bedeutung anonymisierter personenbezogener Daten in der Praxis steigt, um Probleme mit dem Datenschutz zu vermeiden, kommt der Weiterentwicklung technischer Methoden in diesem Zusammenhang ein hoher Stellenwert zu.

Kunden bleiben weiterhin kritisch bei Zweitnutzung ihrer Daten[201]

Die grundsätzliche Einstellung von Konsumenten, dass persönliche, über sie gesammelte Daten ihnen selbst gehören sollten, konnte in empirischen Arbeiten nachgewiesen werden (Niemann 2016). Vor allem der Zweitnutzung ihrer Daten stehen Individuen sehr kritisch gegenüber. Dabei spielt es keine Rolle, ob diese Daten in aggregierter Form verwendet werden, was bedeutet, dass man die Daten keiner bestimmten Person zuordnen kann. Verbraucher sehen die Nutzung ihrer Daten für einen anderen Zweck und noch mehr die Monetarisierung ihrer Daten als Vorgang an, in den sie einbezogen werden müssten.

Verbesserte Kontrollmöglichkeiten über Daten steigern Vertrauen der Konsumenten

Konsumenten legen einen großen Wert auf die Möglichkeit, ihre Daten selbst modifizieren zu können. Dafür ist ein gewisser Grad an Transparenz darüber nötig, welche Daten über den jeweiligen Konsumenten gesammelt werden. Die Möglichkeit, Information zu kontrollieren, die über einen selbst gesammelt werden und diese auch bei Bedarf zu korrigieren und zu verbessern (Vodafone Institut 2016; siehe auch Vertiefung 9), würde das Vertrauen der Kunden in das Unternehmen wie auch die Qualität der Daten an sich steigern (siehe Vertiefung 5).

Wunsch nach mehr Transparenz und vereinfachten AGB bleibt bisher unerfüllt

Im Hinblick auf die Datennutzung verspürt der Bürger das Bedürfnis zu wissen, was oder was nicht mit ihren persönlichen Daten passiert (Vodafone Institut für Gesellschaft und Kommunikation 2016). Die vorherrschenden AGB sind dabei häufig für den Durchschnittsbürger ohne nähere juristische Kenntnisse und erheblichen Zeiteinsatz kaum verständlich. Dies zeigt auch das gegen Facebook im März 2016 eingeleitete Verfahren durch das Bundeskartellamt (siehe Kapitel 5.7.2).

---

201 Die folgenden Abschnitte fassen die Erkenntnisse des Arbeitskreises Ökonomie zusammen.

Der Machtmissbrauch findet laut Bundeskartellamt dahingehend statt, dass AGB komplizierter und mit schlechteren Datenschutzkonditionen versehen sind, als dies unter fairen Wettbewerbsbedingungen der Fall wäre. Aufgrund einer monopolähnlichen Stellung, welche Facebook einnimmt, werden diese AGB von Kunden nur aufgrund mangelnder Alternativen geduldet. Mehr Transparenz könnte auch mit der Einführung einer Art Sicherheitssiegel für Datensicherheit erreicht werden. Derartige Siegel haben sich in den USA als nicht geeignet herausgestellt, da selbst Unternehmen nach Niederlagen in einschlägigen Gerichtsverfahren diese noch behalten durften. Die Bürger in Deutschland könnten sich ein staatliches Siegel oder eine Art Einstufung der Stiftung Warentest für Privatsphäre vorstellen, wenn es um Datenschutz geht. Ebenso wäre ein Ampelsystem vorstellbar, das dem jeweiligen Vertragspartner auf den ersten Blick erkennen lässt, wie mit seinen persönlichen Daten umgegangen wird. Adäquate Lösungen für die Datenwelt sind bisher ein offener Punkt. Vor diesem Hintergrund wäre zu klären, welche Möglichkeiten einer einfachen und transparenten Darstellungsform der jeweiligen Datennutzung umsetzbar wäre, die gleichzeitig auch rechtlich tragbar ist. Die Lösung dieser bisher ungeklärten Thematik könnte vielfältig nützen. Aus wirtschaftlicher Sicht ließe sich damit das grundlegende Misstrauen gegenüber der Nutzung persönlicher Daten eindämmen. Aus gesellschaftlicher Sicht könnte für die Verbraucher die von ihnen gewünschte Transparenz erlangt werden.

Irreversibilität im Datenhandel als Problem

Die Privatsphäre gilt als eine besondere Form von Freiheit. Jeder Eingriff in die Privatsphäre beschneidet deshalb die Freiheit. Für den Datenschutz bedeutet dies, dass für Verträge, die den Datenhandel betreffen, eine freiwillige und informierte Zustimmung erforderlich ist. Auch Privatsphäre kann als handelbares Gut gesehen werden. Jeder Einzelne kann sich durch die Herausgabe seiner persönlichen Daten in seiner Privatsphäre einschränken, erwartet jedoch im Gegenzug dazu einen bestimmten Service. Diese Aufgabe von Freiheit sollte jedoch nicht irreversibel sein. Im Falle der Auflösung des Vertragsverhältnisses, sollte der Vertragspartner die Möglichkeit haben, die Herausgabe bzw. die Löschung seiner Daten zu beantragen. Picot et al. (2017) untersuchten diese Möglichkeiten anhand der AGB von Google, Ebay, Facebook und Amazon. Lediglich Ebay bot in eingeschränkter Weise eine verlässliche Löschung der Daten an. Die Ergebnisse zeigen deutlich die Problematik der Irreversibilität im Datenhandel. Die ab 2018 auch in Deutschland gültige europäische Datenschutzgrundverordnung enthält erste Möglichkeiten zur

5.8 Big Data & die Gesellschaft

Berücksichtigung dieses Erfordernisses in Form des Rechts auf Datenportabilität[202]. Im intraindustriellen Bereich wird diese Forderung nach Kontrolle und Hoheit über Daten ansatzweise bereits im Projekt Industrial Data Space umzusetzen versucht. Dabei handelt es sich um einen virtuellen Datenraum, der den sicheren Austausch von Daten unterstützt. Die Datensouveränität liegt in diesem Fall bei dem „Eigentümer" der Daten, der die Nutzungsbedingungen, wie Berechtigungen oder zeitliche Nutzungsbeschränkungen, selbst bestimmt (Fraunhofer-Gesellschaft 2016, S. 4; S. 13). Ähnliche Anwendungsszenarien sind auch im Konsumentenbereich denkbar. Die offene Frage nach der Ausgestaltung der Reversibilität von Daten muss hierbei noch geklärt werden, die Option sollte den Vertragspartnern aber auf jeden Fall eingeräumt werden. Seit dem Urteil des Europäischen Gerichtshofes im Mai 2014 haben Nutzer unter bestimmten Bedingungen ein Recht darauf, dass persönliche Daten, die das Recht auf Privatsphäre des Betroffenen verletzen, gelöscht werden müssen und damit nicht mehr über Suchmaschinen auffindbar und abrufbar sind. Internetdienste wie Google müssen seitdem, wenn von Verbrauchern der Wunsch geäußert wird, diesen Verweis löschen. Das sogenannte „right to be forgotten" („Recht auf Vergessenwerden") greift allerdings nur, wenn die Daten veraltet sind und kein öffentliches Interesse daran mehr besteht. Das Recht der Verbraucher auf Privatsphäre ist damit ein Anspruch, der geltend gemacht werden kann; allerdings nicht automatisch in Kraft tritt. Zudem setzt es voraus, dass das Individuum weiß, welche persönlichen Daten gespeichert und verarbeitet werden (DIVSI 2015, S. 12). Als wichtig bei der Umsetzung eines „Rechtes auf Vergessenwerden" wird die Balance zwischen Privatsphärenschutz und Informationsfreiheit gesehen (DIVSI 2015, S. 43). Das „Recht auf Vergessenwerden" steht in einem Spannungsfeld zwischen Datenschutz, Recht auf Privatsphäre einerseits sowie andererseits der Meinungs- und Pressefreiheit. Das Deutsche Institut für Vertrauen und Sicherheit im Internet (DIVSI) hat sich deshalb mit einem digitalen Kodex zum Umgang mit dem „Recht auf Vergessenwerden" beschäftigt, um die Lücke zwischen den Regeln der analogen Welt und der Internetwelt zu schließen (DIVSI 2015).

---

202 Weitere Informationen: https://www.datenschutz-notizen.de/datenschutz-grundverordnung-betroffenenrechte-2114429/; https://www.haendlerbund.de/de/leistungen/rechtssicherheit/agb-service/datenschutzgrundverordnung, https://www.noerr.com/de/newsroom/News/eu-datenschutz-grundverordnung-eu-minister-erzielen-einigung-auf-europaweite-standards.aspx.

5.8.2 Gesellschaftliche Implikationen – Zwischen Chancen und Risiken

Wie zum Teil schon im Rahmen dieses Beitrages deutlich wurde, wird Big Data zweifelsohne nicht nur positive Folgen für die Gesellschaft haben (Newell und Marabelli 2015, S. 3). Kerr und Earle (2013) zeigen diese Gradwanderung von Datenanalysen am Beispiel von Konsumgütern. Während es bei Empfehlungen darum geht, dem Kunden aufgrund seiner Präferenzen eine Kaufentscheidung zu erleichtern, sind auch Situationen möglich, in welchen die Produkte bereits vorbestimmt sind und somit die Entschiedungsfreiheit des Individuums einschränken können. Im Gegensatz zu einem Nutzen für den Kunden, stellt der zweite Fall einen Eingriff in unsere Privatheit dar (Kerr und Earle 2013).

Durchschnittsbürger zu schlecht über das Geschäft mit Daten informiert[203]

Neue Services wie Facebook oder Whatsapp werden von der Gesellschaft oft als Geschenk der Internetökonomie wahrgenommen. Dabei wissen viele nicht, dass auch für diese Dienste bezahlt werden muss, allerdings in Form von Daten. Es ist nur ein geringes Maß an Wissen vorhanden, wie zahlreiche Institutionen persönliche Daten sammeln (Jarchow und Estermann 2015, S. 15), wer sie sammelt und wie sie verwendet werden (McAfee und Brynjolfsson 2012, S. 65). Je höher das Bildungsniveau ist, desto besser sind auch das Wissen und das Verständnis über diese Zusammenhänge (Vodafone Institut für Gesellschaft und Kommunikation 2016). Die Fähigkeit abzuschätzen, welche Einflüsse Big Data auf das Individuum hat, steht somit in engem Zusammenhang mit dem jeweiligen Bildungsniveau. Hier könnte eine, die gesamte Gesellschaft betreffende, Informations- und Aufklärungskampagne helfen.

Fehlende Wettbewerbsfähigkeit der deutschen Industrie als gesellschaftliche Bedrohung

Neben wichtigen gesellschaftlichen Themen wie dem Datenschutz tritt oftmals ein gesellschaftlich ebenfalls sehr bedeutendes Thema in den Hintergrund: Die Frage nach der Zukunft der deutschen Industrie und der gesellschaftlichen Konsequenzen, falls es insbesondere dem Mittelstand nicht gelingen sollte, Big Data erfolgreich in Strategie und Prozesse zu integrieren und daraus nachhaltig Wert zu schöpfen. Dabei bleibt die Frage ungeklärt, wie wahrscheinlich es ist, dass kleine und mittelständische Unternehmen es schaffen, sich selbst zu transformieren oder ob ein weiterer Anstoß von außen nötig ist. Gerade das Domänenwissen der deutschen

---

203 Die folgenden Abschnitte geben die Erkenntnisse der Arbeitskreissitzungen wieder.

5.8 Big Data & die Gesellschaft

Industrie, das dazu führen sollte, mit Komplexität und Dynamik umzugehen, gilt sowohl als Stärke als auch als mögliches Hindernis für eine erfolgreiche digitale Transformation etablierter Unternehmen und Branchen. Nur wenn es insgesamt gelingt, die Wettbewerbsfähigkeit der deutschen Wirtschaft, insbesondere der Industrie, auch unter den Bedingungen von Big Data zu erhalten und weiter zu entwickeln, wird die Gesellschaft als Ganzes Nutzen aus der Entwicklung ziehen können.

Wo sinnvolle Big Data Anwendungen aufhören und Diskriminierung anfängt – Ausweichmöglichkeiten für Konsumenten?

Angefangen bei der oft erwähnten Preisdiskriminierung stellt sich die Frage, bis zu welchem Punkt es sich noch um eine sinnvolle Vertragsgestaltung handelt und ab wann Diskriminierung beginnt. Auf den ersten Blick scheint es zunächst ausreichend zu sein, dass es für die Konsumenten transparent und nachvollziehbar ist, auf welchen Kriterien diese preisliche Differenzierung beruht, ob die Verbraucher dies umgehen könnten, wie bei einer Happy Hour, oder welche Alternativen wählbar sind. Betrachtet man Predictive Policing, zu übersetzen vielleicht mit „vorausschauende Regulierungs- bzw. Polizeiarbeit", dagegen näher, scheint eine ausreichende Erklärbarkeit und Transparenz kein hinreichendes Kriterium zu sein (siehe Vertiefung 8). Auf einer Liste von Personen geführt zu werden, die mit großer Wahrscheinlichkeit in ein Gewaltdelikt verwickelt sein könnten – z. B. aufgrund von Wohnort und ethnischer Zugehörigkeit – ist zwar transparent, wird aber nicht als gerecht wahrgenommen. Ähnliches mag für die Vergabe von Krediten oder Versicherungspolicen gelten. Im Falle der Preisdiskriminierung wäre es von Vorteil, einen Kriterienkatalog zu entwickeln, der detailliert und begründet festhält, welche Kriterien nicht angebracht sind und für die Gesellschaft unzumutbar sind. Erste Hilfestellungen für Konsumenten bieten neue Geschäftsmodelle, die sich darauf spezialisieren, Services anzubieten, die es ermöglichen, individuelle Preisdifferenzierungen zu umgehen. Ein Beispiel hierfür wären Preisvergleichsportale oder zusätzliche Preismeldeservices wie skyscanner.de, welche Preise der gewünschten Flüge verfolgen und Benachrichtigungen an den Verbraucher senden, wenn der Flug zu einem gewünschten Preis gebucht werden kann, unabhängig von den persönlichen Daten des Fluggastes. Im Bereich des Predictive Policing ist jedoch noch völlig unklar, welche gesellschaftlichen Implikationen zu erwarten sind und wie sich das Individuum dagegen schützen kann.

Relativieren datenbasierte Prognosen und Empfehlungen die Entscheidungsfreiheit des Individuums? – Eine ungelöste Frage

Hat Big Data die Macht, das Individuum zu steuern? Stellt Big Data unter Umständen sogar eine Gefahr für die Demokratie[204] dar und entzieht dem Individuum jegliche Entscheidungsfreiheit? Diese Fragestellungen sind nicht nur aus sozialer, sondern auch wirtschaftlicher Sicht sehr bedeutend. Die vorhandenen Daten und deren Auswertung ermöglichen zweifelsohne neue Formen der Kundensegmentierung. Zusätzliche Dimensionen an Informationen über Verbraucher und ihr Verhalten sind die Basis für die Entwicklung ganz neuer personalisierter Produkte. Dabei entstehen bisher unbekannte Produktkategorien und Services. Unterscheiden sich diese Angebote von denjenigen, die den Konsumenten vor dem Big-Data-Zeitalter angeboten wurden? Einerseits können Unternehmen in Echtzeit auf potenzielle Käufer zugehen, um ihnen im One-to-One Marketing maßgeschneiderte Produkte anzubieten, teilweise sogar, wie manchmal behauptet wird, früher als der Konsument selbst weiß, dass er einen solchen Wunsch haben könnte; andererseits war es Konsumenten davor auch möglich, jederzeit Angebote zu suchen und wahrzunehmen. Sind also die grundlegenden Mechanismen gleichgeblieben und das Angebot erfolgt jetzt nur über andere Medien oder sind tieferliegende Veränderungen zu erwarten? Um diesen offenen Punkt ausreichend beantworten zu können, sind Untersuchungen nötig, die sich mit der (begrenzten) Rationalität und Souveränität des Konsumenten unter den veränderten Bedingungen befassen. Dabei muss geklärt werden, ob eine Beeinflussung der Gesellschaft durch die optimierte Kundenansprache überhaupt möglich ist und ein Interesse an neuen Dingen verloren geht, indem man sich in einer vorgefilterten Welt bewegt? Denn auch auf Kundenseite sind Lerneffekte zu erwarten, da viele Möglichkeiten der Informationsbeschaffung nicht nur auf Unternehmensseite gegeben sind. Dem Kunden stehen ebenso Informationsplattformen, wie etwa Vergleichsportale, zur Verfügung. Deshalb gilt es zu klären, inwiefern

---

204 Während im Wahlkampf früher Likes und Follower auf Facebook gekauft wurden, werden inzwischen Fakeprofile eingesetzt. Im US-Wahlkampf zwischen Hillary Clinton und Donald Trump sollen knapp 60 % aller Likes durch sogenannte Bots erstellt worden sein. Damit können automatisiert täuschend echt Botschaften massenhaft in sozialen Netzwerken verteilt werden. In Kombination mit Big Data sind Social Bots in der Lage, zielgenau potenzielle Wähler mit politischen Botschaften anzusprechen, als echte Menschen getarnt und sogar dialogfähig. Die zunehmende Intelligenz dieser Social Bots, welche sich komplette Biographien aufbauen und Identitäten verschaffen, sorgt dafür, dass sie immer schlechter von realen Menschen zu unterscheiden und aufzuspüren sind. Der Einfluss der Maschine auf politische Meinungsbildung ist damit kaum erkennbar und nur schwer nachweisbar. Während die einen nicht von Manipulation sprechen, ist es für Andere sehr wohl eine Täuschung und Beeinflussung der Öffentlichkeit (Fischer 2016; Muth 2016).

5.8 Big Data & die Gesellschaft

eine Verschiebung der gesellschaftlichen Wohlfahrt tatsächlich stattfindet und ob diese Effekte tatsächlich so stark sind wie von manch einem erwartet wird.

Daten als Allgemeingut?

In einer Studie von Jarchow und Estermann (2015) wird ein fehlender Zugang zu Daten als wichtige Herausforderung identifiziert. Demnach könne auf eine große Zahl von Daten nicht zugegriffen werden, obwohl diese in weiteren Verwendungen einen hohen gesellschaftlichen Nutzen stiften könnten (Jarchow und Estermann 2015, S. 15). Als nicht-rivale Güter, welche im Konsum nicht verbraucht werden, können Daten bei vielen verschiedenen Produktionsprozessen Wert stiften. Im Rahmen der Open Data-Bewegung gelten Daten im weiteren Sinne als Infrastrukturgüter, ebenso wie Verkehrs- und Kommunikationsnetze, das Bildungssystem oder die Energie- und Wasserversorgung (OECD 2014, S. 22; Jarchow und Estermann 2015, S. 9). Welche Daten gemäß eines Open-Data-Prinzips der gesamten Öffentlichkeit zur Verfügung gestellt werden sollten sowie die damit verbundenen positiven als auch negativen Externalitäten, die Allgemeingüter in diesem Fall mit sich bringen würden, gilt es in zukünftigen Forschungsarbeiten zu klären.

Zusammenfassend ergeben sich in Bezug auf den Themenbereich „Big Data und Gesellschaft" folgende zentrale Themen und offene Fragen:
- Wunsch der Kunden nach mehr Transparenz und vereinfachten AGB bleibt bisher unerfüllt.
- Irreversibilität im Datenhandel stellt ein Problem dar.
- Durchschnittsbürger sind zu schlecht über Chancen und Risiken des wirtschaftlichen Umgangs mit Daten informiert.
- Fehlende Wettbewerbsfähigkeit der deutschen Industrie kann zu einer gesellschaftlichen Bedrohung führen.
- Einschränkungen der Entscheidungsfreiheit und Diskriminierung lassen sich als gesellschaftliche Probleme identifizieren.

5.9 Übergreifende Betrachtungen

Neben den bisher behandelten Themen, die eher dem Unternehmenskontext oder den gesellschaftlichen Implikationen zugeordnet werden konnten, existieren weitere relevante Aspekte, die sowohl für einzelne Unternehmen, aber auch für die gesamte Wirtschaft und Gesellschaft von Interesse sind und deshalb in einer übergreifenden Betrachtung behandelt werden. Dazu gehören insbesondere offene eigentumsrechtliche Fragen sowie die Bestimmung des Wertes von Daten.

5.9.1 Wem gehören die Daten? Die Frage nach dem Eigentum

Bei der Frage, ob an Daten eigentumsähnliche Ansprüche begründet werden können und wer „Eigentümer" von Daten sein kann, sind sowohl das Datenschutz- als auch das Urheberrecht zu berücksichtigen. Für die Anwendung des Datenschutzrechts muss grundsätzlich zwischen personenbezogenen und nicht-personenbezogenen Daten unterschieden werden. Bei der ersten Kategorie handelt es sich um Daten, die Informationen über eine bestimmte Person beinhalten. Bei dieser Art von Daten greifen die Regelungen des Datenschutzrechtes (Kapitel 5.8.1). Der Grundsatz dieses Gesetzes beinhaltet, dass es in der Hand des Individuums liegt, personenbezogene Daten freizugeben und damit z. B. der weiteren Verwertung durch Unternehmen zuzustimmen (Sahl 2015). Unabhängig davon gewährt das Urheberrecht bei Inhalten, die sich durch die individuelle Prägung und geistig-ästhetische Wirkung bzw. eine wesentliche Investition auszeichnen, dem Schöpfer bzw. Datenbank-Hersteller Schutz für diese Inhalte. Im Zeitalter von Industrie 4.0 und Smart Manufacturing steht die Nutzung von personenbezogenen Daten ohnehin nicht mehr alleine im Vordergrund. Nicht-personenbezogene Daten, die primär maschinell und über Sensoren generiert werden, rücken in den Fokus der Diskussion. Derartige Daten dokumentieren – im Gegensatz zu Informationen über Personen – Maschinenzustände, Prozessabläufe oder ähnliches. Diese nicht-personenbezogenen Industriedaten stehen im folgenden Abschnitt im Mittelpunkt der Diskussion.[205] Ökonomische Aspekte zum Thema Datenschutz und personenbezogene Daten wurden in Kapitel 5.8.1 diskutiert. Deutlich zeigt sich, dass die Abgrenzung zwischen personenbezogenen und nicht-personenbezogenen Daten unter den Bedingungen von Big Data immer

---

205 Zum rechtlichen Eigentumsaspekt von personenbezogenen Daten sowie weiterführende Fragen zu eigentumsähnlichen Rechten an Daten vgl. den Beitrag „Big Data – eine informationsrechtliche Einordnung" in diesem Sammelband. Dort findet sich auch eine rechtliche Auseinandersetzung mit nicht-personenbezogenen Daten.

schwieriger wird (siehe Kapitel 5.8.1). Ging es bisher um klar benennbare personenbezogene Tatbestände wie individuelle Eigenschaften und Verhaltensweisen, so können im Zuge der Integration heterogener Daten, z. B. bei Personenprofilen, auch Daten, die auf den ersten Blick keinen personenbezogenen Charakter haben (z. B. Wetterdaten), durch Kombination mit anderen Daten Personenbezug bekommen.

Für die Frage nach dem Eigentum an Daten könnte es hilfreich sein, auf die Property-Rights-Theorie zurückzugreifen. Sie befasst sich mit der Herausbildung und den Auswirkungen verschiedener Property-Rights-Strukturen bei Austausch und Nutzung von Gütern (Furubotn und Pejovich 1974; Alchian und Demsetz 1972; Picot 1981). Die dabei existierenden durchsetzbaren Rechte werden als Handlungs- und Verfügungsrechte oder kurz Property Rights bezeichnet (Picot et al. 2015, S. 57). Unter Gütern werden hier nicht nur physische Gegenstände, sondern auch abstrakte Konzepte verstanden. Der ökonomische Wert eines Gutes wird neben seinen physikalischen Eigenschaften auch durch die dazugehörigen Handlungs- und Verfügungsrechte determiniert, zu denen das Recht ein Gut zu nutzen (usus), es zu verändern (abusus), zu verkaufen (ius abutendi), oder die Aneignung der daraus resultierenden Gewinne (usus fructus) gehören. Diese Rechte müssen nicht gleichzeitig auftreten und auch nicht einer einzelnen Person zugeordnet sein. Die Property-Rights-Theorie verdeutlicht anschaulich, dass ökonomische und rechtliche Fragestellungen nicht getrennt voneinander untersucht werden können (Coase 1960; Posner 1998; Picot und Dietl 1993). Somit können auch Veränderungen im Rechtssystem in Bezug auf Big Data zu einer veränderten Zuordnung von Property-Rights führen, woraus sich ökonomische Auswirkungen ergeben können. Insofern müssen diese auch aus einem ökonomischen Blickwinkel beurteilt werden.

Der Begriff des „Eigentums" aus ökonomischem Blickwinkel[206]

Um sich mit der Frage nach dem Eigentum an Daten überhaupt auseinandersetzen zu können, ist zunächst zu klären, unter welchen Bedingungen die Aufbereitung und Nutzung von Daten ein Schutzrecht im Sinne von definierten Eigentumsrechten erfordern. Wie auch in anderen Bereichen ist der Begriff der Daten auch in der BWL und Wirtschaftsinformatik eher unscharf. Deshalb müsste zunächst festgelegt werden, unter welchen Voraussetzungen überhaupt von Daten, an denen grundsätzlich eigentumsähnliche Ansprüche geltend gemacht werden können, zu sprechen ist und inwiefern solche Daten wertvoll werden können, so dass Werte entstehen. Es ist nämlich keineswegs klar, wie Daten von Nicht-Daten zu unterscheiden sind. Wenn

---

206 In den folgenden Abschnitten sind die Ergebnisse des Arbeitskreises Ökonomie sowie die aktuellen Einschätzungen in Literaturarbeiten zur Thematik des „Eigentums" an Daten dargestellt.

man im vorliegenden Zusammenhang unter Daten „zum Zwecke der Verarbeitung zusammengefasste Zeichen" (Gabler Wirtschaftslexikon) versteht, dann fragt sich, ab welchem Grad und bei welchen Zwecken der Zusammenfassung von Zeichen von Daten zu sprechen ist. Da in einer digitalen Welt nahezu alle Zeichen digital und damit prinzipiell verarbeitbar sind, fällt eine Grenzziehung nicht leicht. Zum anderen wäre zu klären, inwiefern an so verstandenen nicht-personenbezogenen Daten Rechte geltend gemacht werden können. Im Rahmen der Betrachtung von Big Data aus eigentumsrechtlicher Perspektive, gilt es, sich zukünftig auch damit zu beschäftigen, in welchen Fällen Daten ein Allgemeingut sind (siehe Kapitel 5.8.2).

Notwendigkeit eines Eigentumsrechtes an nicht-personenbezogenen Daten wird in Frage gestellt

Obwohl Daten aus wirtschaftlicher Sicht ein erhebliches Potenzial darstellen, gibt es zum Thema Dateneigentum viele offene Punkte. Sollen nicht-personenbezogene Daten als immaterielle Güter über Eigentumsrechte geregelt werden? Diese Frage wird aktuell angeregt diskutiert. Einerseits wird angemerkt, dass Daten ohne Personenbezug rechtlich nicht ausreichend geschützt sind. So sind Daten ohne „Eigentümer" niemandem zur ausschließlichen Nutzung zugeordnet. Sind die Eigentumsrechte nicht geklärt, wird es strittig, wer über Daten verfügen kann. Dies betrifft neben der eigenen Nutzung vor allem den Verkauf und die Überlassung von Verwertungs- und Nutzungsrechten an Daten, aber auch Zugangsinteressen der Allgemeinheit (z. B. Sicherheit, Forschungsinteressen, NGO). Die Klärung der Eigentumsrechte von Industriedaten würde zudem die Zuordnung der Erlöse bzw. Werte erleichtern, die aus der Nutzung der Daten resultieren. Insbesondere im Fall datengetriebener Kooperationen, wie beispielsweise Connected Cars, könnte dies von Vorteil sein. Allgemein könnte die Definition klarer Schutzrechte die Herausbildung von Datenmärkten positiv beeinflussen (Kerber 2014).

Sind die Eigentumsrechte an Daten dagegen nicht geklärt, könnte jeder sich darauf Zugriff verschaffen. Im Bürgerlichen Gesetzbuch oder auch in der Rechtssprechung gibt es bisher keine passenden Regeln dafür. Weder das Eigentumsrecht, noch das Urheberrecht oder das Recht des Datenbankherstellers regeln das Eigentum an nicht-personenbezogenen Daten. Die Frage, ob es einer konkreten Regelung dieser Art überhaupt bedarf, wird immer lauter. Im Allgemeinen, können Tendenzen beobachtet werden, sich von dem Begriff „Eigentum" loszulösen. Eine Zerlegung in Teilrechte, wie ein Zugangs- und Nutzungsrecht, wird in der Praxis häufig diskutiert. Ein exklusives Eigentumsrecht an Daten birgt Gefahren für Wettbewerb und Innovationskraft in sich. Möglicherweise könnten sich juristische Unsicherheiten ergeben, Datenmonopole bilden oder Gefahren für den freien Datenfluss ergeben. Ein exklusives Eigentumsrecht scheint aus diesem Blickwinkel für die Datenökonomie daher nicht geeignet zu sein. Dennoch sollten auch die Rechte an nicht-personenbezogenen Daten geklärt werden, insbesondere auch die Zugangsrechte Dritter. Aus diesem Grund sollte es die Aufgabe zukünftiger Forschungsarbeiten sein, sich mit Offenheit und Schutz nicht-personenbezogener Daten zu beschäftigen und geeignete Lösungen für den Industriesektor zu finden. Dabei sollten auch vorhandene Ansätze (z. B. Industrial Data Space, siehe Kapitel 5.5.4) mit bewertet werden.

5.9.2 Der Wert von Daten

Im Zeitalter der Datenökonomie sind Daten zu einem essenziellen Vermögensgegenstand von Unternehmen geworden. Dennoch hat sich bis heute die Situation nicht wesentlich verändert, dass es selbst für Unternehmen schwer ist, zu bestimmen, wie viel ihre gesammelten Daten tatsächlich wert sind. Abgesehen von einem gewissen Bauchgefühl bleibt die Wertbestimmung weiterhin schwierig und in hohem Maße subjektiv. Allein das Gefühl, dass bestimmte Daten in Zukunft einen Wert haben könnten, veranlasst Unternehmen jedoch, diese zunächst einmal zu sammeln, um sie bei Bedarf dann auswerten zu können.

Bei Daten geht es allerdings nicht ausschließlich um monetäre Werte. Der Wert von Daten zeigt sich oftmals schon an der Tatsache, dass der Besitz von Daten eine Eintrittsbarriere für gewisse Märkte darstellt, ohne dass diesen Daten ein monetärer Wert zugesprochen werden kann. Ebenso ist in Daten ein Wert verborgen, wenn diese zum Erreichen von unternehmensinternen Leistungskennzahlen beitragen. Auch indirekte Effekte auf Wirtschaft und Gesellschaft durch Datennutzungen können wertgenerierend sein (OECD 2013). Daneben gibt es auch erste finanzielle Modelle, mit Hilfe derer sich monetäre Werte von Daten bestimmen lassen. Erste wegweisende Studien haben sich mit Methoden zur Messung und Schätzung des Wertes von Daten beschäftigt. Dabei wurden primär Werte personengebundener Daten untersucht. Innerhalb dieser Methoden lassen sich Datenbewertungen unterscheiden, die durch Markttransaktionen geschehen und solche, die durch Nutzer vorgenommen werden (Harhoff 2016). Aufgrund der erhöhten Aussagekraft erfolgen Untersuchungen zum Wert von Daten in erster Linie für Unternehmen, deren Geschäftsmodelle primär auf Daten basieren. Eine Studie der OECD zeigt unterschiedliche Methoden auf, um den Wert von Daten zu bestimmen. Während Marktkapitalisierungen[207] großen Schwankungen unterliegen und nur ein ungenauer Indikator sind, sind Umsätze pro

---

207 Die Marktkapitalisierung eines Facebook Nutzers schwankte im Zeitraum von 2006 bis 2012 zwischen USD 40 und USD 300. Daher eignet sich die Marktkapitalisierung nur bedingt als zuverlässiger Indikator für den Wert von Daten (OECD 2013, S. 3).

User besser geeignet. Als besserer Ansatz eignen sich die tatsächlichen Marktpreise[208], zu welchen Daten tatsächlich gekauft und verkauft werden. Auch Experimente oder Umfragen können erste Anhaltspunkte dazu liefern. Dabei werden Teilnehmer gefragt, welchen Beitrag man ihnen zahlen müsste, damit sie persönliche Informationen preisgeben. Ebenso können Versicherungsprämien[209], die Identitätsdiebstähle abdecken, ein Indiz für den Wert von Daten sein (OECD 2013). Erste Ansätze für Privatpersonen, um den Wert ihrer persönlichen Daten zu bestimmen, lassen sich bspw. auf der Webseite der Financial Times[210] finden.

Schwierigkeiten bei der Wertbestimmung[211]

Wie bereits erörtert, stellen vor allem nicht quantitativ erfassbare Werte von Daten ein Problem bei der Bestimmung des Wertes dar. Problematisch scheinen hier fehlende Kriterien zu sein. Doch selbst monetäre Modelle stoßen an ihre Grenzen, denn bei allen Ansätzen muss berücksichtigt werden, dass der Wert von Daten einerseits hochgradig kontextabhängig, andererseits abhängig von den jeweiligen Wertschöpfungsstufen ist. Zudem können die gleichen Daten auf jeder Stufe einen anderen Wert generieren, was als „Variety of Value[212]" bezeichnet werden könnte. Oftmals ergibt sich der „wahre" Wert zudem erst durch Netzeffekte. Aus diesem Grund kann der Wert eines isolierten Datums lange nicht den Wert im Netzwerk widerspiegeln.

---

208 Auch Marktpreise unterliegen gewissen Einschränkungen. Dadurch, dass nur der Verkaufsbetrag als Wert eines Datums angesehen wird, werden darauffolgende Verwertungen des jeweiligen Datums nicht weiter berücksichtigt. Beispiele für Marktpreise sind: USD 0.50 für eine Adressangabe, USD 2 für ein Geburtsdatum oder USD 8 für eine Sozialversicherungsnummer (OECD 2013, S. 4).

209 Das amerikanische Unternehmen Experian verkauft einen Service, welcher vor Identitätsdiebstählen schützen soll, für USD 155 in den Vereinigten Staaten (OECD 2013, S. 5).

210 Um den Individuen zu demonstrieren und ein Gefühl dafür zu verschaffen, wie wertvoll ihre Daten sind, bietet die Financial Times einen interaktiven Rechner auf ihrer Webseite an. Dort kann jeder beliebige Daten eingeben und erhält einen korrespondierenden Wert dazu. Zusätzlich gibt es Erklärungen, wodurch der Wert der Daten beeinflusst wird (http://www.ft.com/cms/s/2/927ca86e-d29b-11e2-88ed-00144feab7de.html?ft_site=falcon#axzz4VYhB8LUS).

211 Die folgenden Abschnitte geben die Erkenntnisse des Arbeitskreises wieder.

212 Beispiel: Eine Adresse eines Kunden oder die Informationen über den Absatz eines bestimmten Produktes kann jeweils für sich genommen einen gewissen Wert für das Unternehmen haben. Werden diese Informationen aber miteinander kombiniert und das Unternehmen weiß, welcher Kunde welche Produkte kauft, kann dadurch noch ein größerer Nutzen entstehen als durch das Datum per se. Somit haben beide Daten für sich genommen in der Phase der Datensammlung einen gewissen Wert X. Dieser Wert X kann aber in der Stufe der Datenanalyse wiederum stark ansteigen.

5.9 Übergreifende Betrachtungen

Kommerzialisierung persönlicher Daten – Daten als Währung

Damit Individuen in Zukunft Daten als Währung noch stärker als jetzt nutzen, muss transparenter werden, was im Hintergrund mit den Daten passiert. Derzeit herrscht noch eine große Unsicherheit in der Gesellschaft. Geschäftsmodelle, die versuchen, persönliche Daten auf Plattformen zu speichern, diese dann verkaufen und den „Eigentümer" der Daten an der Monetarisierung beteiligen, sind bisher gescheitert. Dies zeigt das mangelnde Vertrauen und die Angst vor der Gefahr, durch das Teilen seiner Daten mehr Schaden zu nehmen als davon zu profitieren. Ebenso könnte das Scheitern dadurch bedingt sein, dass Konsumenten nicht primär erwarten, an der Monetarisierung beteiligt zu werden, sondern immaterielle Gegenleistungen erwarten (siehe Vertiefung 9).

Zusätzlich wird die Durchsetzung der individuellen Interessen von anderen Interessensgruppen blockiert, die den Markt für persönliche Daten aktuell beherrschen. Erste Konzepte, die objektive und allen Stakeholdern dienliche Lösungen entwickeln, könnten zukunftsweisend sein (vgl. Independent Health Record Banks[213]). Der Ansatz einer Independent Health Record Bank ermöglicht bspw. dem Patienten an den Erlösen, die durch seine Daten generiert werden, beteiligt zu werden. Entscheidend ist, dass es nur Non-Profit-Organisationen erlaubt ist, IHRB aufzubauen. Die mögliche Herausbildung solcher Datenmärkte, auf welchen User selbst entscheiden können, welche Daten sie handeln, könnte weitere Aufschlüsse über den Wert von Daten geben. Zudem könnten Plattformen, die es Usern erlauben ihre Daten zu kontrollieren, korrigieren oder zu löschen, positiv zum Vertrauen und damit zur Bereitschaft Daten zu teilen beitragen (siehe Kapitel 5.8.1).

Vertiefung 9: Wert von Daten und korrespondierende Nutzererwartungen[214]

„Personal data is the new oil of the internet and the new currency of the digital world", behauptete die ehemalige EU Kommissarin Meglena Kuneva. Daten müssen demzufolge etwas Werthaltiges sein – aber wie kann man sich der Frage nähern, wie dieser Wert zu bestimmen ist? Die Beratungsgesellschaft McKinsey hat bereits im Jahr 2013 hochgerechnet, dass Produzenten und Händler weltweit ihr Ergebnis um 325 Milliarden USD steigern könnten, wenn die existierenden Big-Data-Analysemöglichkeiten flächendeckend eingesetzt würden.

---

213 Nähere Informationen unter: http://independenthealthrecordbanks.blogspot.de/.
214 Vertiefung von Prof. Dr. Manfred Schwaiger (Ludwig-Maximilians-Universität, München), Quellen: McKinsey Global Institute 2013; Niemann und Schwaiger (forthcoming).

Angesichts derartiger Zahlen liegt die Vermutung nahe, dass Konsumenten erwarten, in bestimmter Weise an dieser Wertschöpfung teilzuhaben. Eine quantitative Studie der Ludwig-Maximilians-Universität München zeigt jedoch, dass Erwartungen der Konsumenten im Hinblick auf einen „fairen Austausch" nicht in erster Linie von materiellen Gegenleistungen bestimmt werden. Viel wichtiger ist den Daten-Gebern eine (dauerhafte) Kontrolle ihrer Daten – also auch die Möglichkeit, bestimmte Daten bei Bedarf wieder einzuziehen – und eine klare, verständliche Information darüber, wie diese Daten genutzt werden. Leider zeigt sich gerade in letztgenanntem Punkt, dass die größten deutschen Unternehmen hier den Erwartungen der Konsumenten (noch) nicht gerecht werden: Fast die Hälfte der Kunden sind mit den diesbezüglich bereitgestellten Informationen der Unternehmen überwiegend oder völlig unzufrieden.

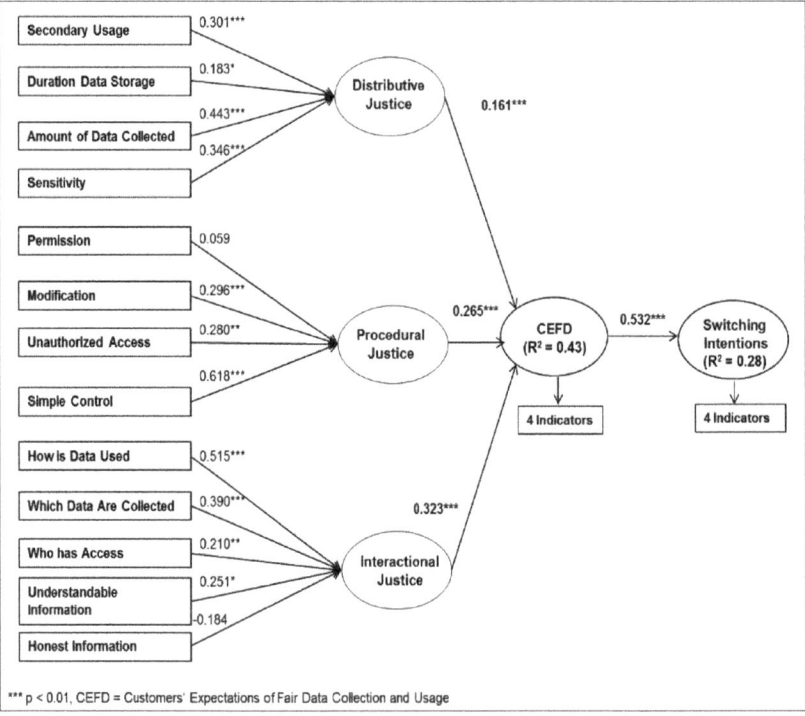

Abb. 11 Erwartungen von Kunden an Unternehmen im Datenumgang
Quelle: Niemann und Schwaiger (forthcoming) ©

Zusammenfassend ergeben sich in Bezug auf den abschließenden Teil „Übergreifende Betrachtungen" folgende zentrale Themen und offene Fragen:
- Die Notwendigkeit eines Eigentumsrechtes an nicht-personenbezogenen Daten ist näher zu diskutieren.
- Die Wertbestimmung von Daten bleibt weiterhin schwierig.
- In der Gesellschaft ist eine hohe Unsicherheit in Bezug auf die Kommerzialisierung von Daten zu beobachten.

Literatur

Accenture (2014). Neue Geschäfte, neue Wettbewerber. Die Top500 vor der digitalen Herausforderung. https://www.accenture.com/_acnmedia/Accenture/Conversion-Assets/DotCom/Documents/Local/de-de/PDF_3/Accenture-Deutschlands-Top500.pdf. Zugegriffen: 13. September 2016.
Accenture & Oracle (2016). The Future of HR. Five Technology Imperatives. https://www.accenture.com/t20150523T020904__w__/us-en/_acnmedia/Accenture/Conversion-Assets/DotCom/Documents/Global/PDF/Digital_1/Accenture-Oracle-HCM-eBook-Future-of-HR-Five-Technology-Imperatives.pdf#zoom=50. Zugegriffen: 13. Oktober 2016.
Acquisti, A., & Gross, R. (2006). Imagined communities: Awareness, information sharing, and privacy on the Facebook. *International workshop on privacy enhancing technologies* (S. 36-58). Berlin: Springer.
Agarwal, R., & Dhar, V. (2014). Editorial – Big Data, Data Science, and Analytics: The Opportunity and Challenge for IS Research. *Information Systems Research 25(3)*, 443-448.
Akerkar, R. (2013). *Big Data Computing.* CRC Press.
Alchian, A. A., & Demsetz, H. (1972). Production, Information Costs and Economic Organization. *American Economic Review 62(5)*, 777-795.
Arreola González, A., Becker, K., Cheng, C., Döricht, V., Duchon, M., Fehling, M., von Grolman, H., Hallensleben, S., Hopf, S., Ivandic, N., Klein, C., Läßle, E., Linder, J., Neuburger, R., Prehofer, C., Schätz, B., Scholdan, R., Schorp, R., Sedlmeir, J., Vittorias, I., Walckhoff, S., Wenger, M., & Zoitl, A. (2016). Digitale Transformation: Wie Informations- und Kommunikationstechnologie etablierte Branchen grundlegend verändert – Der Reifegrad von Automobilindustrie, Maschinenbau und Logistik im internationalen Vergleich. Abschlussbericht des vom Bundesministerium für Wirtschaft und Technologie geförderten Verbundvorhabens „IKT-Wandel" (Steuerkreis: Grolman von, H., Krcmar, H., Kuhn, K.-J., Picot, A., & Schätz, B.).
Arthur, C. (2013). Data is the new oil: Tech giants may be huge, but nothing matches big data. http://www.rawstory.com/2013/08/data-is-the-new-oil-tech-giants-may-be-huge-but-nothing-matches-big-data/. Zugegriffen: 06. Juni 2015.
Aulinger, A. (2016). Die drei Säulen agiler Organisation. White Paper. https://www.steinbeis-iom.de/iom-thinktank/iom-whitepaper/. Zugegriffen: 08. Dezember 2016.

Ayankoya, K., Calitz, A., & Greyling, J. (2014). Intrinsic Relations Between Data Science, Big Data, Business Analytics and Datafication. *Proceedings of the Southern African Institute for Computer Scientist and Information Technologists Annual Conference on SAICSIT* (S. 192-198). New York.
Azhari, P., Faraby, N., Rossmann, A., Steimel, B., & Wichmann, K. S. (2014). *Digital Transformation Report 2014*. neuland GmbH & Co. KG (Hrsg.).
Back, A., & Berghaus, S. (2014). Digital Maturity Model. http://crosswalk.ch/media/25590/digital_maturity_model_download.pdf. Zugegriffen: 01. Oktober 2016.
BARC (2013). Big Data Use Cases. Getting Real on Data Monetization. http://www.sas.com/de_de/whitepapers/ba-st-barc-bigdata-use-cases-de-2359583.html. Zugegriffen: 05. April 2016.
Barton, D., & Court, D. (2012). Making Advanced Analytics Work for You. *Harvard Business Review 90(10)*, 78-83.
BdEW (2015). Digitalisierung in der Energiewirtschaft. Bedeutung, Treiber und Handlungsempfehlungen für die IT-Architektur in den Unternehmen. https://www.bdew.de/internet.nsf/id/B62300F1678E91A9C1257E7B00509CBA/$file/Energie_Info_Digitalisierung_09_06_2015_clean_oe.pdf. Zugegriffen: 09. Januar 2016.
BearingPoint (2016). Big Data und Analytics in der Automobilindustrie. http://www.bearingpoint.com/de-de/adaptive-thinking/insights/big-data-automobilindustrie/. Zugegriffen: 03. November 2016.
Berchtold, Y. (2016): *Business Models and Big Data* (unveröffentlichte Masterarbeit). Munich School of Management, Institute of Electronic Commerce and Digital Markets, Ludwig Maximilian University, Munich.
Berinato, S. (2015). There's No Such Thing as Anonymous Data. https://hbr.org/2015/02/theres-no-such-thing-as-anonymous-data. Zugegriffen: 25. September 2016.
Berners-Lee, T., & Shadbolt, N. (2011). There's gold to be mined from all our data. The Times, London. http://www.thetimes.co.uk/tto/opinion/columnists/article3272618.ece. Zugegriffen: 25. Mai 2016.
Bertei, M., Marchi, L., & Buonchristiani, D. (2015). Exploring Qualitative Data: the use of Big Data technology as support in strategic decision-making. *The International Journal of Digital Accounting Research 15*, 99-126.
Berylls Strategy Advisors (2015). Big Data in der Automobilindustrie – Eine Managementperspektive. http://www.berylls.com/media/wissen/studien/150326_Berylls_Studie_Big_Data_short.pdf. Zugegriffen: 09. September 2015.
Beyer, M. A., & Laney, D. (2012). The Importance of 'Big Data': A Definition. *Gartner report* (S. 1-9).
Big Data Public Private Forum (2014). The Big Project. http://big-project.eu/sites/default/files/BIG_Introduction.pdf. Zugegriffen: 05. Januar 2016.
Big Data Value Association (2015). European Big Data Value Strategic Research & Innovation Agenda. Big Data Value Association. http://ok-bdva.iais.fraunhofer.de/sites/default/files/europeanbigdatavaluepartnership_sria__v1_0_final.pdf. Zugegriffen: 05. Januar 2016.
Birkinshaw, J. (2016). Beyond Big Data. *London Business School Review 27(1)*, 8-11.
BITKOM (2016). Big Data Summit. Big Data Use-Cases für die Energiewirtschaft. https://www.bitkom-bigdata.de/sites/default/files/1430-1500_Energy_Koller_enersis.pdf. Zugegriffen: 09. August 2016.
BITKOM (2015). Big Data und Geschäftsmodell-Innovationen in der Praxis: 40+ Beispiele. https://www.bitkom.org/noindex/Publikationen/2015/Leitfaden/Big-Data-und-Gescha-

eftsmodell-Innovationen/151229-Big-Data-und-GM-Innovationen.pdf. Zugegriffen: 05. Januar 2016.
BITKOM (2014). https://www.bitkom.org/noindex/Publikationen/2014/Studien/Studie-Big-Data-in-deutschen-Unternehmen/Studienbericht-Big-Data-in-deutschen-Unternehmen.pdf. Zugegriffen: 04. April 2015.
BITKOM (2013). Management von Big-Data-Projekten. https://www.bitkom.org/Publikationen/2013/Leitfaden/Management-von-Big-Data-Projekten/130618-Management-von-Big-Data-Projekten.pdf. Zugegriffen: 12. Dezember 2015.
Blue Yonder (2012). Big Data und Predictive Analytics – Der Nutzen von Daten für präzise Prognosen und Entscheidungen in der Zukunft. http://docplayer.org/952813-Big-data-und-predictive-analytics-der-nutzen-von-daten-fuer-praezise-prognosen-und-entscheidungen-in-der-zukunft.html. Zugegriffen: 13. November 2015.
Borkar, V. R., Carey, M. J., & Li, C. (2012). Big data platforms: What's next?. *XRDS: Crossroads, The ACM Magazine for Students 19(1)*, 44-49.
Boyd, D., & Crawford, K. (2012). Critical Questions for Big Data: Provocations for a Cultural, Technological, and Scholarly Phenomenon. *Information, Communication & Society 15(5)*, 662-679.
Brown, B., Chui, M., & Manyika, J. (2011). Are You Ready for the Era of 'Big Data'. *McKinsey Quarterly 4*, 24-35.
Brown, I. (2016). The economics of privacy, data protection and surveillance. In J. M. Bauer & M. Latzer (Hrsg.). *Handbook on the Economics of the Internet* (S. 247-261). Cheltenham, UK: Edward Elgar Publishing.
Brownlow, J., Zaki, M., Neely, A., & Urmetzer, F. (2015). *Data and Analytics – Data-Driven Business Models: A Blueprint for Innovation*. Cambridge Service Alliance Working Paper. University of Cambridge.
Bründl, S., Matt, C., & Hess, T. (2016). Daten als Geschäft – Rollen und Wertschöpfungsstrukturen im deutschen Markt für persönliche Daten. *Wirtschaftsinformatik & Management 2016(6)*, 78-83.
Buhl, H. U., Röglinger, M., Moser, F., & Heidemann, J. (2013). Big Data – Ein (ir-)relevanter Modebegriff für Wissenschaft und Praxis? *Wirtschaftsinformatik & Management, 2013(2)*, 24-31.
Bundeskartellamt (2016). Bundeskartellamt eröffnet Verfahren gegen Facebook wegen Verdachts auf Marktmissbrauch durch Datenschutzverstöße. http://www.bundeskartellamt.de/SharedDocs/Meldung/DE/Pressemitteilungen/2016/02_03_2016_Facebook.html. Zugegriffen: 01. Juni 2016.
Burton, C., & Hoffmann, S. (2015). Personal Data, Anonymization, and Pseudoanonymization in the EU. http://www.wsgrdataadvisor.com/2015/09/personal-data-anonymization-and-pseudonymization-in-the-eu/. Zugegriffen: 13. Juli 2016.
Brynjolfsson, E., Hitt, L. M., & Kim, H. H. (2011). Strength in numbers: How does data-driven decisionmaking affect firm performance? https://pdfs.semanticscholar.org/dde1/9e960973068e541f634b1a7054cf30573035.pdf. Zugegriffen: 13. Juni 2015.
Cachelin, J. L. (2013). BigData Mining im HRM. Wie die Transparenz der Daten bessere Entscheidungen im HRM ermöglicht. Wissensfabrik. https://www.wissensfabrik.ch/hr-big-data/. Zugegriffen: 03. Mai 2016.
Capgemini (2015). Digitaler Darwinismus: Unternehmen unter Veränderungszwang. https://www.de.capgemini.com/news/wie-unternehmen-ihre-innovationskraft-starken. Zugegriffen: 03. März 2016.

Capgemini & EMC² (2015). Big & Fast Data: The Rise of Insight-Driven Business. Insights at the Point of Action will Redefine Competitiveness. https://www.capgemini.com/resource-file-access/resource/pdf/big_fast_data_the_rise_of_insight-driven_business-report.pdf. Zugegriffen: 01. März 2016.
Cárdenas, A. A., Manadhata, P. K., & Rajan, S. (2013). *Big Data Analytics for Security Intelligence*. Cloud Security Alliance. University of Texas.
Cassandra (2016). The Apache Cassandra Project. http://cassandra.apache.org/. Zugegriffen: 08. März 2016.
CeBit (2014). Datability. http://www.cebit.de/de/news-trends/trends/big-data-datability/big-data-datability.xhtml. Zugegriffen: 13. Januar 2016.
Chen, H., Chiang, R. H., & Storey, V. C. (2012). Business Intelligence and Analytics: From Big Data to Big Impact. *MIS Quarterly 36(4)*, 1165-1188.
Chen, M., Mao, S., & Liu, Y. (2014): Big Data: A Survey. *Mobile Networks and Applications 19(2)*, 171-209.
Christl, W. & Spiekermann, S. (2016). *Networks of Control. A Report on Corporate Surveillance, Digital Tracking, Big Data & Privacy*. Wien, Österreich: Facultas Verlags- und Buchhandels AG.
Chong, D., & Shi, H. (2015). Big data analytics: a literature review. *Journal of Management Analytics 2(3)*, 175-201.
Church, A. H. & Dutta, S. (2013). The Promise of Big Data for OD: Old Wine in New Bottles or the Next Generation of Data-Driven Methods for Change. *OD Practitioner 45(4)*, 23-31.
Cintellic Consulting Group (2014). Big Data im Mittelstand. Ein Interview mit Dr. Jörg Reinnarth. http://cintellic.com/Interview-Big-Data-im-Mittelstand/. Zugegriffen: 04. August 2015.
CIPD (2013). Talent analytics and big data – the challenge for HR. Research report. https://www.oracle.com/assets/talent-analytics-and-big-data-2063584.pdf. Zugegriffen: 03. August 2015.
Cisco Internet Business Solution Group (IBSG) (2012). Wertschöpfung in der fragmentierten Welt der -Big-Data-Analysen. Schaffung eines neuen Daten-Ökosystems durch Daten-Infomediäre. http://www.cisco.com/c/dam/global/de_de/assets/pdfs/unlocking-value-big-data-analytics.pdf. Zugegriffen: 25. April 2015.
Citron, D. K., & Pasquale, F. A. (2014). The scored society: due process for automated predictions. http://digitalcommons.law.umaryland.edu/cgi/viewcontent.cgi?article=2435&context=fac_pubs. Zugegriffen: 25. August 2015.
Coase, R. H. (1960). The problem of social cost. *Journal of Law and Economics 3*, 1-44.
Crawford, K., & Schultz, J. (2014). Big data and due process: Toward a framework to redress predictive privacy harms. *Boston College Law Review 55(1)*, 93-128.
Crisp Research (2014). Von Business Intelligence zur Data Economy. https://www.crisp-research.com/von-business-intelligence-zur-data-economy/. Zugegriffen: 23. September 2015.
Dabidian, P., & Clausen, U. (2013). Big Data – Entwicklungen und Trend in der Logistik. Working Paper. http://www.itl.tu-dortmund.de/cms/Medienpool/Forschung_und_Entwicklung/Aktuelle_Forschungstrends/Working_Paper_BigData_2013.pdf. Zugegriffen: 07. November 2016.
Datanomiq (2016). Big Data in der Energiewirtschaft. https://www.datanomiq.de/blog/2016/08/19/big-data-in-der-energiewirtschaft/. Zugegriffen: 05. August 2016.
Davenport, T. H. (2014). *Big Data at Work. Dispelling the Myths, Uncovering the Opportunities*. Boston: Harvard Business School Publishing.

Davenport, T. H., & Patil, D. (2012). Data scientist: the sexiest job of the 21st century. *Harvard Business Review 90(10),* 70-78.
Davenport, T. H., Barth, P., & Bean, R. (2012). How Big Data is Different. *MIT Sloan Management Review 54(1),* 22-24.
Deloitte (2014a). Big Data und Analytics in der Automobilindustrie. https://www2.deloitte.com/content/dam/Deloitte/de/Documents/manufacturing/sonderbeilage_automobilwoche_nov_2014_final.pdf. Zugegriffen: 08. Juni 2015.
Deloitte (2014b). Data Analytics im Mittelstand. Die Evolution der Entscheidungsfindung. https://www2.deloitte.com/content/dam/Deloitte/de/Documents/Mittelstand/studie-data-analytics-im-mittelstand-deloitte-juni-2014.pdf. Zugegriffen: 25. April 2015.
Deutsche Industrie- und Handelskammer (2016). Big Data – Große Chance für deutsche Unternehmen. http://www.dihk.de/ressourcen/downloads/eckpunktepapier-big-data.pdf. Zugegriffen: 11. November 2016.
De Mauro, A., Greco, M., & Grimaldi, M. (2015). What is big data? A consensual definition and a review of key research topics. *AIP Conference Proceedings 1644(1),* 97-104.
De Montjoye, Y. A., Hidalgo, C. A., Verleysen, M., & Blondel, V. D. (2013). Unique in the crowd: The privacy bounds of human mobility. Scientific Reports, No. 1376. http://www.nature.com/articles/srep01376?utm_source=feedburner&utm_medium=feed&utm_campaign=Feed%3A+mediaredef+jason+hirschhorn%E2%80%99s+Media+ReDEFined. Zugegriffen: 15. September 2016.
Dewenter, R. (2016). „Big Data": Eine ökonomische Perspektive. http://docplayer.org/19825409-Big-data-eine-oekonomische-perspektive-ralf-dewenter-helmut-schmidt-universitaet-hamburg.html. Zugegriffen: 23. März 2016.
Dexperty (2016). Arbeitswelt 4.0 – Worauf müssen sich Unternehmen und Mitarbeiter einstellen. https://connected.messefrankfurt.com/2016/06/06/arbeitswelt-4-0-worauf-muessen-sich-unternehmen-und-mitarbeiter-einstellen/. Zugegriffen: 13.September 2015.
Dhar, V., Jarke, M., & Laartz, J. (2014). Big Data. *Business & Information Systems Engineering 6(5),* 257-259.
Dickson, B. (2016). How fog computing pushes IoT intelligence to the edge. https://techcrunch.com/2016/08/02/how-fog-computing-pushes-iot-intelligence-to-the-edge/. Zugegriffen: 25. September 2016.
DIHK (2016). BIG DATA – Große Chance für deutsche Unternehmen. http://www.dihk.de/branchen/informations-und-kommunikationsbranche/wirtschaft-4-0. Zugegriffen: 18. September 2016.
DIVSI (2015). Das Recht auf Vergessenwerden. https://www.divsi.de/wp-content/uploads/2015/01/Das-Recht-auf-Vergessenwerden.pdf. Zugegriffen: 16. April 2016.
Dong, X., Li, R., He, H., Zhou, W., Xue, Z., & Wu, H. (2015). Secure sensitive data sharing on a big data platform. *Tsinghua Science and Technology 20(1),* 72-80.
DPDHL & Detecon (2013). Big Data in Logistics – A DHL perspective on how to move beyond the hype. http://www.dhl.com/content/dam/downloads/g0/about_us/innovation/CSI_Studie_BIG_DATA.pdf. Zugegriffen: 07. November 2016.
Driscoll, K. (2012). From Punched Cards to „Big Data": A Social History of Database Populism. *Communication +1 1(1),* 1-33.
Eberspächer, J., & Wohlmuth, O. (Hrsg.). (2012). *Big Data wird neues Wissen – Vorträge der am 24. Mai 2012 in München abgehaltenen Fachkonferenz.* Münchner Kreis.

Economist Intelligence Unit (2012). The deciding factor: big data & decision making. Capgemini. https://www.es.capgemini.com/resource-file-access/resource/pdf/Big_Data__el_factor_decisivo_y_la_toma_de_decisiones__ingl__s_.pdf. Zugegriffen: 23. Januar 2016.
Edwards, R., & Fenwick, T. (2016). Digital analytics in professional work and learning. *Studies in Continuing Education 38(2)*, 213-227.
EITO (European Information Technology Oberservatory) (2013). Big Data in Europe: Evolution AND Revolution. http://leanbi.ch/wp-content/uploads/studien/LeanBI_EITO_Big_Data_in_Europe.pdf. Zugegriffen: 06. April 2015.
EMC² & IDC (2014). The Digital Universe of Opportunities: Rich Data and the Increasing Value of the Internet of Things. http://www.emc.com/leadership/digital-universe/2014iview/executive-summary.htm. Zugegriffen: 15. Dezember 2015.
Erevelles, S., Fukawa, N., & Swayne, L. (2016). Big Data Consumer Analytics and the Transformation of Marketing. *Journal of Business Research 69(2)*, 897-904.
Europäische Kommission (2010). Fusionskontrolle: Kommission gibt geplante Übernahme der Suchmaschinensparte von Yahoo durch Microsoft frei. Press Release. http://europa.eu/rapid/press-release_IP-10-167_de.htm. Zugegriffen: 23. November 2016.
Europäisches Parlament (2016). Big data and data analytics – The potential for innovation and growth. Briefing September 2016. http://www.europarl.europa.eu/RegData/etudes/BRIE/2016/589801/EPRS_BRI(2016)589801_EN.pdf. Zugegriffen: 14. Januar 2017.
Experton Group (2013). Real-Time Economy – Promise and potential of instant processes for a better future. https://www.bt.es/img/gestor/Challenges_of_the_real-time_economy.pdf. Zugegriffen: 03. Januar 2016.
Experton Group (2014). Big Data Vendor Benchmark 2014. Hardware-Anbieter, Software-Anbieter und Dienstleister im Vergleich. http://www.experton-group.de/index.php?eID=dumpFile&t=f&f=743&token=1e54e8e08afe8a2f86f73b5122f49af6d3e46e33. Zugegriffen: 28. November 2015.
Experton Group (2016). Big Data Vendor Benchmark 2016. Der Markt für Big Data in Deutschland. http://www.experton-group.de/research/ict-news-dach/news/big-data-vendor-benchmark-2016-der-markt-fuer-big-data-in-deutschland.html. Zugegriffen: 05. September 2016.
Fasel, D. (2014). Big Data – Eine Einführung. *HMD Praxis der Wirtschaftsinformatik 51(4)*, 386-400.
Feijóo, C., Gómez-Barroso, J., & Aggarwal, S. (2016). Economics of big data. In J. M. Bauer & M. Latzer (Hrsg.), *Handbook on the Economics of the Internet* (S. 510-528). Cheltenham, UK: Edward Elgar Publishing.
Fischer, D. (2016). Der Roboter als Wahlkampfhelfer. http://www.tagesspiegel.de/medien/social-bots-im-us-wahlkampf-der-roboter-als-wahlkampfhelfer/14756570.html. Zugegriffen: 15. November 2016.
Franková, P., Drahošová, M., & Balco, P. (2016). Agile Project Management Approach and its Use in Big Data Management. *Procedia Computer Science 83*, 576-583.
Fraunhofer IAIS (Intelligente Analyse- und Informationssysteme) (2012). Big Data – Vorsprung durch Wissen. Innovationspotenzialanalyse. https://www.iais.fraunhofer.de/content/dam/iais/gf/bda/Downloads/Innovationspotenzialanalyse_Big-Data_FraunhoferIAIS_2012.pdf. Zugegriffen: 03. Juni 2016.
Fraunhofer-Institut IAIS (2015). https://www.ihk-bonn.de/fileadmin/dokumente/Downloads/Innovation_und_Umwelt/Innovation_Allgemein/Vortrag_Dr._Koch.pdf. Zugegriffen: 22. November 2016.

Fraunhofer-Gesellschaft (2016). Industrial Data Space. Digitale Souveränität über Daten. White Paper. http://www.industrialdataspace.org/wp-content/uploads/2016/07/Industrial-Data-Space_whitepaper.pdf. Zugegriffen: 27. Juli 2016.
FTC, US Federal Trade Commission (2014). Data Brokers. A Call for Transparency and Accountability. https://www.ftc.gov/system/files/documents/reports/data-brokers-call-transparency-accountability-report-federal-trade-commission-may-2014/140527databrokerreport.pdf. Zugegriffen: 01. Oktober 2016.
Fujitsu (2016). A new pace of change. The Fujitsu European Financial Survey 2016. http://www.newpaceofchange.com/Fujitsu%20European%20Financial%20Services%20Survey%202016.pdf. Zugegriffen: 15. Oktober 2016.
Furubotn, E. G., & Pejovich, S. (1974). Introduction: The New Property Rights Literature. In E. G. Furubotn & S. Pejovich (Hrsg.), *The Economics of Property Rights* (S. 1-9). Cambridge: MA: Ballinger.
Gandomi, A., & Haider, M. (2015). Beyond the hype: Big data concepts, methods, and analytics. *International Journal of Information Management 35(2)*, 137-144.
Gerhardt, B., Griffin, K., & Klemann, R. (2012). Wertschöpfung in der Fragmentierten Welt der Big-Data-Big-Data-Analyse. http://www.cisco.com/web/DE/assets/executives/pdf/Unlocking_Value_in_Big_Data_Analytics.pdf. Zugegriffen: 02. März 2016.
GFT (2014). Big Data – Uncovering Hidden Business Value in the Financial Services Industry. http://www.gft.com/int/en/index/discovery/thought-leadership/gft-blue-paper-big-data/. Zugegriffen: 06. Mai 2015.
Govani, T., & Pashley, H. (2005). Student awareness of the privacy implications when using Facebook. Unpublished paper presented at the „*Privacy Poster Fair*" *at the Carnegie Mellon University School of Library and Information Science 9*, 1-17.
Gross, R., & Acquisti, A. (2005). Information revelation and privacy in online social networks. *ACM*, 71-80.
Gurley, B. (2014). A Deeper Look at Uber's Dynamic Pricing Model. http://abovethecrowd.com/2014/03/11/a-deeper-look-at-ubers-dynamic-pricing-model/. Zugegriffen: 20. April 2016.
Gustafson, T., & Fink, D. (2013). Winning within the data value chain. Innosight. https://www.innosight.com/insight/winning-within-the-data-value-chain/. Zugegriffen: 24. Oktober 2015.
Hannak, A., Soeller, G., Lazer, D., Mislove, A., & Wilson, C. (2014). Measuring Price Discrimination and Steering on E-commerce Web Sites. *Proceedings of the 2014 Conference on Internet Measurement Conference*, 305-318.
Harhoff, D. (2016). *Daten als Wirtschaftsgut*. Deutsche Vereinigung für gewerblichen Rechtsschutz und Urheberrecht. Vortrag am 13. Oktober 2016.
Hartmann, P., Zaki, M., & McFarlane, D. (2015). *Capturing Value from Big Data through Data-Driven Business Models*. Cambridge Service Alliance, Working Paper, University of Cambridge.
Hashem, I. A. T., Yaqoob, I., Anuar, N. B., Mokhtar, S., Gani, A., & Khan, S. U. (2015). The rise of „big data" on cloud computing: Review and open research issues. *Information Systems 47*, 98-115.
Haucap, J. (2015a). *Ordnungspolitik und Kartellrecht im Zeitalter der Digitalisierung* (No. 77). DICE Ordnungspolitische Perspektiven.
Haucap, J. (2015b). Ökonomie des Teilens – nachhaltig und innovativ? Die Chancen der Sharing Economy und ihre möglichen Risiken und Nebenwirkungen. *Wirtschaftsdienst 95*, 91-95.

Haucap, J. (2016). "Ordnungspolitik und Kartellrecht im Zeitalter der Digitalisierung". In FIW (Hrsg.), *FIW Jahrbuch 2014/2015* (S. 13-30). Köln: Carl Heymanns.
Haucap, J., & Heimeshoff, U. (2014). Google, Facebook, Amazon, eBay: Is the Internet Driving Competition or Market Monopolization? *International Economics and Economic Policy 11*, 49-61.
Hayek, F. A. (1945). The use of knowledge in society. *The American economic review*, 519-530.
Heinrich, L. J., Riedl, R., & Stelzer, D. (2014). *Informationsmanagement: Grundlagen, Aufgaben, Methoden*. Berlin: De Gruyter.
Helbing, D., Frey, B., Gigerenzer, G., Hafen, E., Hagner, M., Hofstetter, Y., van den Hoven, J., Zicari, R., & Zwitter, A. (2016). Digitale Demokratie statt Datendiktatur. *Spektrum der Wissenschaft 2016(1)*, 50-61.
Heuring, W. (2014). Why Big Data has to become Smart Data. https://www.siemens.com/press/pool/de/feature/2014/corporate/heuring-factsheet-en.pdf. Zugegriffen: 24. November 2015.
Höppner, T. (2015). Neutralität von Intermediären – zwischen Wettbewerb und Regulierung. Kommunikation und Recht 2015, 1. http://online.ruw.de/suche/kur/Neutralit-von-Intermediae---zwisc-Wettbew-und-Regu-7b88d7e42dc2ad33b6e0704734fe4ea4. Zugegriffen: 22. April 2016.
Horey, J. L., Begoli, E., Gunasekaran, R., Lim, S. H., & Nutaro, J. J. (2012). Big Data Platforms as a Service: Challenges and Approach. HotCloud.
Horváth & Partners (2014). Big Data als strategisches Wertschöpfungsinstrument. https://www.horvath-partners.com/fileadmin/horvath-partners.com/assets/05_Media_Center/PDFs/deutsch/140728_manager_magazin_Big_Data_Vocelka.pdf. Zugegriffen: 10. November 2016.
HZ-Partner (2016). Bundeskartellamt eröffnet Missbrauchsverfahren gegen Facebook. https://hz-partner.com/bundeskartellamt-eroeffnet-missbrauchsverfahren-gegen-facebook/. Zugegriffen: 05. Mai 2016.
IBM (2015). Empowering the edge. Practical insights on a dezentralized Internet of Things. https://www-935.ibm.com/services/multimedia/GBE03662USEN.pdf. Zugegriffen am 26. November 2016.
IDC (2016). 44 Millionen Petabytes. http://blog.fast-lta.de/de/idc-studie-digital-universe-2014-prognostiziert-mal-wieder-enormes-datenwachstum. Zugegriffen: 25. Mai 2016.
Intel IT Center (2013). Predicitve Analytics 101: Next-Generation Big Data Intelligence. http://www.intel.eu/content/dam/www/public/us/en/documents/best-practices/big-data-predictive-analytics-overview.pdf. Zugegriffen: 13. November 2015.
International Institute for Analytics (2016). Advanced Analytics & Big Data Adoption Report 2016. http://iianalytics.com/analytics-resources/advanced-analytics-big-data-adoption-report-2016. Zugegriffen: 05. November 2016.
IW-Report (2016). Digitalisierung, Industrie 4.0, Big Data. Institut der deutschen Wirtschaft Köln, Report 24/2016. https://www.iwkoeln.de/_storage/asset/293210/storage/master/file/9963166/download/IW-Report_2016_24_Digitalisierung%20Industrie%204%200%20Big%20Data.pdf. Zugegriffen: 26. November 2016.
Jain, P., Gyanchandani, M., & Khare, N. (2016). Big data privacy: a technological perspective and review. *Journal of Big Data 3(1)*, 1-25.
Jandt, S. (2015). Big Data und die Zukunft des Scoring. *Kommunikation und Recht 2015(6, Beihefter 2)*, 6-8.
Jarchow, T., & Estermann, B. (2015). Big Data: Chancen, Risiken und Handlungsbedarf des Bundes. Ergebnisse einer Studie im Auftrag des Bundesamtes für Kommunikation.

https://www.bakom.admin.ch/bakom/de/home/das-bakom/medieninformationen/bakom-infomailing/bakom-infomailing-40/big-data-chancen-und-risiken.html. Zugegriffen: 08. Januar 2016.

Jentzsch, N. (2016). Wettbewerbspolitik in digitalen Märkten: Sollte Datenschutz eine Rolle spielen? https://www.diw.de/de/diw_01.c.530874.de/presse/diw_roundup/wettbewerbspolitik_in_digitalen_maerkten_sollte_datenschutz_eine_rolle_spielen.html. Zugegriffen: 24. Oktober 2016.

Jernigan, S., Ransbotham, S., & Kiron, D. (2016). Data Sharing and Analytics Drive Success with IoT. http://sloanreview.mit.edu/projects/data-sharing-and-analytics-drive-success-with-internet-of-things/. Zugegriffen: 05. November 2016.

Jung, M. (2015). Business Analytics für KMUs – Zukunftsorientierte Datenanalyse als Wettbewerbsvorteil. http://codaweb.de/wp-content/uploads/2015/08/Business_Analytics_fuer_KMUs.pdf. Zugegriffen: 04. Februar 2016.

Kaiser, S., & Kraus, H. (2014). Big Data im Personalmanagement: Erste Anwendungen und ein Blick in die Zukunft. *Zfo 83(6)*, 379-385.

Kambatla, K., Kollias, G., Kumar, V., & Grama, A. (2014). Trends in big data analytics. *Journal of Parallel and Distributed Computing 74(7)*, 2561-2573.

Kamschitzki, W. (2015). *Status Quo von BIG DATA in Industrieunternehmen -Entwicklung und Verifizierung eines Reifegradmodells*. Masterthesis MHP.

Kapdoskar, R., Gaonkar, S., Shelar, N., Surve, A., & Gavhane, S. (2015). Big Data Analytics. *International Journal of Advanced Research in Computer and Communication Engineering 4(10)*, 518-520.

Katal, A., Wazid, M., & Goudar, R. H. (2013). Big data: issues, challenges, tools and good practices. *Sixth International Conference on Contemporary Computing*, 404-409.

Kerber, W. (2014). Digital Markets, Data, and Privacy: Competition Law, Consumer Law, and Data Protection. https://www.uni-marburg.de/fb02/makro/forschung/magkspapers/paper_2016/14-2016_kerber.pdf. Zugegriffen: 15. November 2015.

Kerr, I., & Earle, J. (2013). Prediction, preemption, presumption: How Big Data threatens big picture privacy. *Stanford Law Review Online 66*.

Kettleborough, J. (2014). Big Data. *Training Journal*, 17-21.

Khan, N., Yaqoob, I., Hashem, I. A. T., Inayat, Z., Mahmoud Ali, W. K., Alam, M., & Gani, A. (2014). Big Data: Survey, Technologies, Opportunities, and Challenges. *The Scientific World Journal 2014*, 1-18.

Kim, G. H., Trimi, S., & Chung, J. H. (2014). Big-data applications in the government sector. *Communications of the ACM 57(3)*, 78-85.

Kinni, T. (2016). Using Predictive Analytics to Enhance Your Company Culture. *MIT Sloan Management Review*.

Kitchin, R. (2014). Big Data, new epistemologies and paradigm shifts. *Big Data & Society 1(1)*, 1-12.

Klein, D., Tran-Gia, P., & Hartmann, M. (2013). Big Data. *Informatik Spektrum 36(3)*, 319-323.

Koch, R. (2016). Was uns Uber über Dynamic Pricing lehrt. http://etailment.de/news/stories/Was-uns-Uber-ueber-Dynamic-Pricing-lehrt--4348. Zugegriffen: 13. November 2016.

König, A. (2013). Big Data kontra Erfahrung – Wie Manager entscheiden. http://www.cio.de/a/wie-manager-entscheiden,2914212,2. Zugegriffen: 16. November 2016.

KPMG (2014). Survival of the smartest 2.0: Wer zögert, verliert. Verschlafen deutsche Unternehmen die digitale Revolution? KPMG. http://docplayer.org/13716536-Studie-survival-of-the-smartest-2-0-wer-zoegert-verliert-verschlafen-deutsche-unternehmen-die-digitale-revolution.html. Zugegriffen: 25. Mai 2015.

KPMG (2016). Mit Daten Werte schaffen – Report 2016. https://home.kpmg.com/de/de/home/themen/2016/06/mit-daten-werte-schaffen.html. Zugegriffen: 03. Januar 2017.

Krcmar, H. (1990). Bedeutung und Ziele von Informationssystem-Architekturen. *Wirtschaftsinformatik (WI) 32(5)*, 395-402.

Kucharczyk, J. (2015). Competition Authorities and Regulators should not worry too much about Data as a Barrier to Entry into Digital Markets. http://www.project-disco.org/competition/050715-competition-authorities-and-regulators-should-not-worry-too-much-about-data-as-a-barrier-to-entry-into-digital-markets/#.WCD7V_nhBeU. Zugegriffen: 07. November 2016.

Kwon, O., Lee, N., & Shin, B. (2014). Data quality management, data usage experience and acquisition intention of big data analytics. *International Journal of Information Management 34(3)*, 387-394.

Laney, D. (2001). 3D Data Management: Controlling Data Volume, Velocity, and Variety. https://blogs.gartner.com/doug-laney/files/2012/01/ad949-3D-Data-Management-Controlling-Data-Volume-Velocity-and-Variety.pdf. Zugegriffen: 08. Dezember 2015.

Laney, D. (2012). Deja Vu: Others Claiming Gartner's Construct for Big Data. http://blogs.gartner.com/doug-laney/deja-vvvue-others-claiming-gartners-volume-velocity-variety-construct-for-big-data/. Zugegriffen: 08. Dezember 2015.

Leetaru, K. (2016). The Big Data Era of Mosaicked Deidentification: Can We Anonymize Data Anymore? http://www.forbes.com/sites/kalevleetaru/2016/08/24/the-big-data-era-of-mosaicked-deidentification-can-we-anonymize-data-anymore/#6499e9c48397. Zugegriffen: 15. September 2016.

Linde, F. (2008). *Ökonomie der Information* (Bd. 1). Universitätsverlag Göttingen.

Loebbecke, C., & Picot, A. (2015). Reflections on Societal and Business Model Transformation Arising from Digitization and Big Data Analytics: A Research Agenda. *The Journal of Strategic Information Systems 24(3)*, 149-157.

Lünendonk (2013). Big Data in der Energieversorgung – Spannungsfeld zwischen Regulatorien und verändertem Verbraucherverhalten. http://luenendonk-shop.de/out/pictures/0/lue_trendpapier_utilities_f140813_fl.pdf. Zugegriffen 18. Juli 2016.

Lycett, M. (2013). Datafication: Making Sense of (Big) Data in a Complex World. *European Journal of Information Systems 22(4)*, 381-386.

Lyon, D. (2014). Surveillance, Snowden, and big data: Capacities, consequences, critique. *Big Data & Society 1(2)*, 1-13.

Machlup, F. (1962). *The production and distribution of knowledge in the United States* (Bd. 278). Princeton university press.

Machlup, F. (1981). *Knowledge: its creation, distribution and economic significance: Knowledge and knowledge production* (Bd. 1). Princeton University Press.

Macolic, O. (2015). Big Data as a Business – Die Feuerprobe für die Deutsche Automobilindustrie. In E. Sucky, J. Werner, R. Kolke, & N. Biethahn (Hrsg.), *Mobility in a Globalised World* (S. 240-264). Bamberg: University of Bamberg Press.

Mainzer, K. (2014). *Die Berechnung der Welt: Von der Weltformel zu Big Data.* München: C.H. Beck.

Mallinger, M., & Stefl, M. (2015). Big Data Decision Making. *Graziadio Business Review 18(2)*.

Manne, G., & Sperry, B. (2015). Debunking the Myth of a Data Barrier to Entry for Online Services. https://truthonthemarket.com/2015/03/26/debunking-the-myth-of-a-data-barrier-to-entry-for-online-services/. Zugegriffen: 07. November 2016.

Manovich, L. (2011). Trending the Promises and the Challenges of Big Social Data. In M. K. Gold (Hrsg.), *Debates in the Digital Humanities*. Minneapolis, MN: The University of Minnesota Press.

Manyika, M. C., Brown, B., Bughin, J., Dobbs, R., Roxburgh, C., & Byers, A. H. (2011). Big Data: The Next Frontier for Innovation, Competition, and Productivity. http://www.mckinsey.com/business-functions/business-technology/our-insights/big-data-the-next-frontier-for-innovation. Zugegriffen: 08. Dezember 2016.

Marr, B. (2016). How Big Data and Analytics are Transforming Supply Chain Management. Forbes Magazine. http://www.forbes.com/sites/bernardmarr/2016/04/22/how-big-data-and-analytics-are-transforming-supply-chain-management/#69d319a54c2d. Zugegriffen: 07. November 2016.

Mayer-Schönberger, V., & Cukier, K. N. (2013). *Big Data: A Revolution That Will Transform How We Live, Work, and Think*. New York: Houghton Mifflin Harcourt Publishing Company.

McAfee, A., & Brynjolfsson, E. (2012). Big Data: The Management Revolution. *Harvard Business Review 90(10)*, 61-67.

McClure, S. (2014). Transform Your Culture to Realize Big Data`s Full Potential. Zugegriffen: 03. September 2015.

McKinsey Global Institute (2013). Game changers: Five opportunities for US growth and renewal. https://www.mckinsey.com/global-themes/americas/us-game-changers. Zugegriffen: 05.10.2016.

McKinsey Global Institute (2016). The Age of Analytics: Competing in a Data-Driven World. http://www.mckinsey.com/business-functions/mckinsey-analytics/our-insights/the-age-of-analytics-competing-in-a-data-driven-world. Zugegriffen: 05. Dezember 2016.

Meißner, M., von Bernstoff, C., & Nachtwei, J. (2014a). Big Data = Big Chance: Wie sich Datenmengen im HR-Bereich (effizient und sicher) nutzen lassen. *Empirische Evaluationsmethoden Band 19 Workshop 2014, 26-76*.

Meißner, M., von Bernstoff, C., & Nachtwei, J. (2014b). Potenzialanalysen per Knopfdruck validieren – Big Data leben. Big Data – Datenverarbeitung im großen Stil. *HR Performance 2014(8)*, 64-68.

Mertens, P., Bodendorf, F., König, W., Schumann, M., Hess, T., & Buxmann, P. (2017). *Grundzüge der Wirtschaftsinformatik*. Luxemburg: Springer-Verlag.

MetaHR (2015). Big Data im HR: Sieben praktische Gedanken über ein Trendthema. http://blog.metahr.de/2015/02/05/big-data-im-hr-sieben-praktische-gedanken-ueber-ein-trendthema/. Zugegriffen: 24. Oktober 2015.

Michael, K., & Miller, K. W. (2013). Big data: New opportunities and new challenges. *Computer 46(6)*, 22-24.

Miller, R. (2011). The Lessons of Moneyball for Big Data Analysis. http://www.datacenterknowledge.com/archives/2011/09/23/the-lessons-of-moneyball-for-big-data-analysis/. Zugegriffen: 23. November 2016.

Miller, H. G., & Mork, P. (2013). From Data to Decisions: A Value Chain for Big Data. *IT Professional 15(1)*, 57-59.

Mithas, S., Lee, M. R., Earley, S., Murugesan, S., & Djavanshir, R. (2013). Leveraging Big Data and Business Analytics. *IT professional 15(6)*, 18-20.

Mittelstadt, B., Allo, P., Taddeo, M., Wachter, S., & Floridi, L. (2016). The Ethics of Algorithms: Mapping the Debate. *Big Data & Society 3(2), 1-21.*
MongoDB (2016). Big Data Explained. https://www.mongodb.com/big-data-explained. Zugegriffen: 08. März 2016.
Morabito, V. (2014). *Trends and Challenges in Digital Business Innovation.* New York: Springer International Publishing.
MSM Research (2016). Big Data / Smart Data – Der Schweizer Markt bis 2018. http://www.msmag.ch/shop/studie-big-data/. Zugegriffen: 23. September 2016.
Müller, S. C., Böhm, M., Schröer, M., Bakhirev, A., Baiasu, B. C., Krcmar, H., & Welpe, I. M. (2016). *Geschäftsmodelle in der digitalen Wirtschaft. Studien zum deutschen Innovationssystem Nr. 13-2016.* Expertenkommission Forschung und Innovation (EFI).
Muth, M. (2016). Wie Social Bots das Meinungsklima manipulieren. http://www.fluter.de/wahlkampf-mit-fake-accounts-wie-social-bots-meinungsklima-manipulieren. Zugegriffen 22. Dezember 2016.
Nagel, M. (2015). Business Analytics in der Produktion. N³ Data Analysis, Software Development & Consulting GmbH & Co. KG. Presentation at Go-Visual – Visuelle Assistenz in der Produktion, Fraunhofer IGD, Berlin.
Narayanan, A., & Shmatikov, V. (2008). *Robust de-anonymization of large sparse datasets. Security and Privacy, 2008. IEEE Symposium* (S. 111-125).
Nationaler ITGipfel (2016). Smart Data in der Energiewirtschaft. http://deutschland-intelligent-vernetzt.org/app/uploads/sites/4/2015/12/151116_FG2_018_PG_Smart_Data_Thesenpapier_SmartData_Thesenpapier_Schwerpunkt_Energie_und_SmartData.pdf. Zugegriffen: 25. Juli 2016.
Newell, S., & Marabelli, M. (2015). Strategic opportunities (and challenges) of algorithmic decision-making: A call for action on the long-term societal effects of 'datification'. *The Journal of Strategic Information Systems 24(1),* 3-14.
NewVentage Partners (2016). Big Data Executive Survey 2016 – An Update on the Adoption of Big Data in the Fortune 1000. http://newvantage.com/wp-content/uploads/2016/01/Big-Data-Executive-Survey-2016-Findings-FINAL.pdf. Zugegriffen: 03. November 2016.
Niemann, A. (2016). *Consumer Behavior in the Age of Digitization and Big Data – Selected Essays.* Dissertation. München.
NTT Data (2015). Big Data Governance – eine Reifegrad-Analyse in Deutschland. https://emea.nttdata.com/uploads/tx_datamintsnodes/2015_DE_Factsheet_Big_Data_Governance_-_eine_Reifegrad-Analyse_in_Deutschland_Summary.pdf. Zugegriffen: 09. November 2016.
OECD (2016). Stimulating Digital Innovation for Growth and Inclusiveness: The Role of Policies for the Successful Diffusion of ICT. http://www.oecd.org/officialdocuments/publicdisplaydocumentpdf/?cote=DSTI/ICCP(2015)18/FINAL&docLanguage=En. Zugegriffen: 25. August 2016.
OECD (2014). Data-driven Innovation for Growth and Well-being. Interim Synthesis Report. http://www.oecd.org/sti/inno/data-driven-innovation-interim-synthesis.pdf. Zugegriffen: 11. Juni 2015.
OECD (2013). Exploring the Economics of Personal Data: A Survey of Methodologies for Measuring Monetary Value. OECD Digital Economy Papers, No. 220, OECD Publishing. http://www.oecd-ilibrary.org/science-and-technology/exploring-the-economics-of-personal-data_5k486qtxldmq-en. Zugegriffen: 13. Oktober 2016.

O'Hea, K. (2011). *Digital Capability. How to Understand, Measure, Improve and Get Value from it*. Innovation Value Institute.
Ohm, P. (2009). Broken Promises of Privacy. Responding to the Surprising Failure of Anonymization. *UCLA Law Review 57*, 9-12.
O'Neil, C. (2016). *Weapons of math destruction. How big data increases inequality and threatens democracy*. New York: Crown Publishing Group.
Otto, B., Auer, S., Cirullies, J., Jürjens, J., Menz, N., Schon, J., & Wenzel, S. (2016). Industrial Data Space. Digital Sovereignity Over Data. White Paper der Fraunhofer-Gesellschaft zur Förderung der angewandten Forschung e. V., https://www.fraunhofer.de/de/forschung/fraunhofer-initiativen/industrial-data-space.html. Zugegriffen: 16. August 2016.
Pearson, T., & Wegener, R. (2013). Big data: the organizational challenge. Bain & Company. http://www.bain.com/publications/articles/big_data_the_organizational_challenge.aspx. Zugegriffen: 08. September 2015.
Peck, D. (2013). They're Watching You at Work. http://www.theatlantic.com/magazine/archive/2013/12/theyre-watching-you-at-work/354681/. Zugegriffen: 15. Oktober 2015.
Picot, A. (1981). Der Beitrag der Theorie der Verfügungsrechte zur ökonomischen Analyse von Unternehmensverfassungen. In A. Bohr (Hrsg.). *Unternehmensverfassung als Problem der Betriebswirtschaftlehre* (S. 153-197), Berlin: Schmidt.
Picot, A. (1977). Prognose und Planung – Möglichkeiten und Grenzen. *Der Betrieb 30*, 2149-2153.
Picot, A., & Dietl, H. (1993). Neue Institutionenökonomie und Recht. In C. Ott & H. B. Schäfer (Hrsg.), *Ökonomische Analyse des Unternehmensrechts* (S. 307-330). Heidelberg: Physica.
Picot, A. & Franck, E. (1993a). Aufgabenfelder eines Informationsmanagement. *Das Wirtschaftsstudium 22(5)*, 433-437.
Picot, A. & Franck, E. (1993b). Aufgabenfelder eines Informationsmanagement. *Das Wirtschaftsstudium 22(6)*, 520-526.
Picot, A., & Hess, T. (2005). Business process management in real-time companies. In B. Kuhlin & H. Thielman (Hrsg.), *The practical real time enterprise* (S. 29-44).
Picot, A., & Hopf, S. (2014). Geschäftsmodelle mit Big Data im Dienstleistungsbereich. In A. Boes (Hrsg.), *Dienstleistung in der Digitalen Gesellschaft – Beiträge zur Dienstleistungstagung des Bundesministeriums für Bildung und Forschung im Wissenschaftsjahr 2014* (S. 259-272). Frankfurt/New York: Campus Verlag.
Picot, A., & Propstmeier, J. (2013). Big Data. *MedienWirtschaft – Zeitschrift für Medienmanagement und Kommunikationsökonomie 2013(1)*, 34-38.
Picot, A., & Hopf, S. (2016). Crypto-Property and Trustless Peer-to-Peer Transactions: Blockchain as Disruption of Property Rights and Transaction Cost Regimes? In J. Wulfsberg, T. Redlich & M. Moritz (Hrsg.), *1. interdisziplinäre Konferenz zur Zukunft der Wertschöpfung, Hamburg, Laboratorium Fertigungstechnik* (S. 159-172).
Picot, A., & Kranz, J. (2016). Internet Business Strategies. In J. M. Bauer & M. Latzer (Hrsg.), *Handbook on the Economics of the Internet* (S. **365-384**). Cheltenham, UK: Edward Elgar Publishing.
Picot, A., & Reichwald, R. (1992). Informationswirtschaft. In E. Heinen (Hrsg.), *Industriebetriebslehre* (S. 241-393). 9. Auflage. Wiesbaden: Gabler Verlag.
Picot, A.; Reichwald, R.; Wigand, R. T. (2003). Die Grenzenlose Unternehmung – Information, Organisation und Management: Lehrbuch zur Unternehmensführung im Informationszeitalter. 5. aktualisierte Auflage. Wiesbaden: Gabler Verlag.

Picot, A., Theurl, T., Dammer, A., & Neuburger, R. (2007). *Transparenz in Kreditmärkten – Auskunfteien und Datenschutz vor dem Hintergrund asymmetrischer Information*. 1. Auflage. Frankfurt: Frankfurter Allgemeine Buch.
Picot, A.; Reichwald, R.; Wigand, R. T. (2008). *Information, Organization and Management*. 1. Auflage. Berlin: Springer.
Picot, A., Kranz, J., & Roemer, B. (2011). Unlocking the Potential of the Smart Metering Technology – How Can Regulation Level the Playing-Field for New Services in Smart Grids? *22nd European Regional ITS Conference*. Budapest, Hungary.
Picot, A., Dietl, H., Franck, E., Fiedler, M. & Royer, S. (2015). *Organisation. Theorie und Praxis aus ökonomischer Sicht*. 7. Auflage. Stuttgart: Schäffer-Poeschel Verlag.
Picot, A., Eberspächer, J., Grove, N., Hipp, C., Hopf, S., Jänig, J. R., Kellerer, W., Neuburger, R., Sedlmeir, J., Weber, G., & Wiemann, B. (2014). Informations- und Kommunikationstechnologien als Treiber für die Konvergenz Intelligenter Infrastrukturen und Netze – Analyse des FuE-Bedarfs. Studie im Auftrag des Bundesministeriums für Wirtschaft und Energie, Projekt-Nr. 39/13, Schlussbericht. http://www.bmwi.de/Redaktion/DE/Publikationen/Digitale-Welt/Intelligente-Vernetzung/informations-und-kommunikationstechnologien-als-treiber-fuer-die-konvergenz.pdf?__blob=publicationFile&v=3. Zugegriffen: 25. Juli 2016.
Picot, A., van Aaken, D., & Ostermaier, A. (2017). Privatheit als Freiheit. Die ökonomische Sicht. In M. Friedewald, J. Lamla & A. Roßnagel (Hrsg.), *Informationelle Selbstbestimmung im digitalen Wandel*. Wiesbaden: Springer Vieweg.
Pierre Audoin Consultants (2014). Predictive Analytics in der Fertigungsindustrie. https://www.pac-online.com/predictive-analytics-der-fertigungsindustrie. Zugegriffen: 15. August 2015.
Poleto, T., de Carvalho, V. D. H., & Costa, A. P. (2015). The roles of big data in the decision-support process: an empirical investigation. *International Conference on Decision Support System Technology*, 10-21.
Porat, M. (1977). *The information economy: definition and measurement*. Washington, DC: United States Department of Commerce.
Porter, M. E. (1985). *Competitive Advantage: Creating and Sustaining Superior Performance*. New York: The Free Press: A Division of Simon & Schuster Inc.
Posner, R. A. (1998). *Economic Analysis of Law*. 5. Auflage. Boston: Little, Brown & Co.
Pospiech, M., & Felden, C. (2012). Big Data – A State-of-the-Art. *Proceedings of the 18th American Conference on Information Systems (AMCIS)*. Seattle, WA.
Provost, F., & Fawcett, T. (2013). Data Science and its Relationship to Big Data and Data-Driven Decision Making. *Big Data 1(1)*, 51-59.
PWC (2014). Revolution Big Data. https://www.pwc.de/de/publikationen/paid_pubs/pwc_revolution_big_data_2014.pdf. Zugegriffen: 08. April 2015.
PWC (2015a). Big Data in der Medizin: Zusammenspiel von Mensch und Maschine. http://www.pwc.de/de/gesundheitswesen-und-pharma/big-data-in-der-medizin-zusammenspiel-von-mensch-und-maschine.html. Zugegriffen: 07. November 2016.
PWC (2015b). Big Data – Ein Weg zur digitalen Wertschöpfungsstrategie. http://www.pwc.de/de/prozessoptimierung/big-data-ein-weg-zur-digitalen-wertschoepfungsstrategie.html. Zugegriffen: 10. November 2015.
Ramge, T. (2016). Disruption, Plattform, Netzwerkeffekt. Die drei Zauberworte. Brand eins 04/2015. https://www.brandeins.de/archiv/2015/handel/disruption-plattform-netzwerkeffekt-die-drei-zauberworte-neue-wirtschaft/. Zugegriffen: 18. Dezember 2016.

Rasmussen, T., & Ulrich, D. (2015). Learning from practice: how HR analytics avoids being a management fad. *Organizational Dynamics 44(3)*, 236-242.

Reddi, V. J., Lee, B. C., Chilimbi, T., & Vaid, K. (2011). Mobile Processors for Energy-Efficient Web Search. *ACM Transactions on Computer Systems (TOCS) 9(4)*, 1-40.

Reindl, C. U. (2016). People Analytics: Datengestützte Mitarbeiterführung als Chance für die Organisationspsychologie. Gruppe. Interaktion. Organisation. *Zeitschrift für Angewandte Organisationspsychologie (GIO) 47(2)*, 193-197.

Richards, N. M., & King, J. H. (2014). Big data ethics. *Wake Forest Law Review 49*, 393-432.

Rotella, P. (2012). Is Data the New Oil? http://www.forbes.com/sites/perryrotella/2012/04/02/is-data-the-new-oil/#31b8da8377a9. Zugegriffen: 25. Februar 2016.

Rubinstein, I., & Hartzog, W. (2016). Anonymization and Risk. *Washington Law Review 91(703)*, 702-760.

Runde, M. (2016). Wir brauchen ein Digitalgesetz. http://www.faz.net/aktuell/feuilleton/debatten/die-digital-debatte/digitalisierung-wir-brauchen-ein-digitalgesetz-14391040.html. Zugegriffen: 28. September 2016.

Russom, P. (2011). Big Data Analytics. TDWI Best Practices Report, Fourth Quarter. https://tdwi.org/research/2011/09/~/media/TDWI/TDWI/Research/BPR/2011/TDWI_BPReport_Q411_Big_Data_Analytics_Web/TDWI_BPReport_Q411_Big%20Data_Exec-Summary.ashx. Zugegriffen: 09. Februar 2016.

Rust, F. (2017). *Virtuelle Bilderwolke. Eine qualitative -Big-Data-Analyse der Geschmackskulturen im Internet*. Wiesbaden: Springer Fachmedien.

Saha, B., & Srivastava, D. (2014). Data quality: The other face of big data. *IEEE 30th International Conference on Data Engineering*, 1294-1297.

Sahl, J. (2015). Brauchen wir ein Datenschutzrecht für Maschinendaten? Berliner Datenschutzrunde. https://berliner-datenschutzrunde.de/node/162. Zugegriffen: 05. November 2016.

Schachtner, D. (2002). *Die Beziehung zwischen werbungtreibendem Unternehmen und Werbeagentur – Theoretische Systematisierung und empirische Überprüfung eines Prinzipal-Agenten-Modells*. Wiesbaden: Springer Fachmedien Wiesbaden GmbH.

Scheer, A. W. (2013). *Handbuch Informationsmanagement: Aufgaben—Konzepte—Praxislösungen*. Luxemburg: Springer-Verlag.

Schermann, M., Hemsen, H., Buchmüller, C., Bitter, T., Krcmar, H., Markl, V., & Hoeren, T. (2014). Big Data. *Business & Information Systems Engineering 6(5)*, 261-266.

Schroeck, M., Shockley, R., Smart, J., Romero-Morales, D., & Tufano, P. (2012). Analytics: The Real-World Use of Big Data: How Innovative Enterprises Extract Value from Uncertain Data. IBM Report, IBM Institute for Business Value. https://www.ibm.com/smarterplanet/global/files/se__sv_se__intelligence__Analytics_-_The_real-world_use_of_big_data.pdf. Zugegriffen: 02. März 2016.

Sedayao, J., Bhardwaj, R., & Gorade, N. (2014). Making big data, privacy, and anonymization work together in the enterprise: Experiences and issues. *IEEE International Congress on Big Data*, 601-607.

Shah, N., & Pathak, J. (2014). Why Health Care May Finally Be Ready For Big Data. Harvard Business Review, https://hbr.org/2014/12/why-health-care-may-finally-be-ready-for-big-data. Zugegriffen: 07. November 2016

Shah, S., Horne, A., & Cappellà, J. (2012). Good Data Won't Guarantee Good Decisions. *Harvard Business Review 4*, 1-4.

Shapiro, C. V., & Varian, H. (1998). *Information Rules. A Strategic Guide to the Network Economy*. Boston, Massachusetts: Harvard Business School Press.

Shapiro, Z. (2015). Big Data, Genetics, and Re-Identification. http://blogs.harvard.edu/billofhealth/2015/09/24/big-data-genetics-and-re-identification/. Zugegriffen: 26. August 2016.
Shiller, B. R. (2014). First-Degree Price Discrimination Using Big Data. https://www8.gsb.columbia.edu/faculty-research/sites/faculty-research/files/finance/Industrial/Ben%20Shiller%20--%20Nov%202014_0.pdf. Zugegriffen: 05.08.2016.
Sivarajah, U., Kamal, M. M., Irani, Z., & Weerakkody, V. (2017). Critical analysis of Big Data challenges and analytical methods. *Journal of Business Research 70*, 263-286.
Smith, T. (2013). *HR Analytics: The What, Why and How*. Numerical Insights LLC.
Sondhi, S., & Arora, R. (2014). Applying Lessons from E-Discovery to Process Big Data Using HPC. *Proceedings of the 2014 Annual Conference on Extreme Science and Engineering Discovery Environment*.
Spence, A. M. (1974). An economist's view of information. *Annual review of information science and technology 9(5)*, 142-162.
Stange, H. (2013). Big Data in Motion. In *Big Data Automotive – Eine Sonderedition von autmotiveIT*. 5. Jahrgang.
Steinebach, M., Winter, C., Halvani, O., Schäfer, M., & Yannikos, Y. (2015). Begleitpapier Bürgerdialog. Chancen durch Big Data und die Frage des Privatsphäreschutzes. https://www.sit.fraunhofer.de/fileadmin/dokumente/studien_und_technical_reports/Big-Data-Studie2015_FraunhoferSIT.pdf. Zugegriffen: 23. August 2016.
Stigler, G. J. (1961). The economics of information. *Journal of political economy 69(3)*, 213-225.
Stiglitz, J. E. (1975). *Information and Economic Analysis*. Technical Report No. 155, Institute for Mathematical Studies in the Social Sciences, Stanford University.
Strategic Polics Forum (2016). Big Data and B2B digital platforms: the next frontier for Europe's industry and enterprises. http://www.digitaleurope.org/DesktopModules/Bring2mind/DMX/Download.aspx?Command=Core_Download&entryID=2163&language=en-US&PortalId=0&TabId=353. Zugegriffen: 08. Oktober 2016.
Stricker, K., Wegener, R., & Anding, M. (2014). Big Data revolutioniert die Automobilindustrie. Bain & Company. http://www.bain.de/Images/Bain-Studie_Big%20Data%20revolutioniert%20die%20Automobilindustrie_FINAL_ES.pdf. Zugegriffen: 05. Juni 2015.
Strohmeier, S., & Piazza, F. (2015). *Human Resource Intelligence und Analytics. Grundlagen, Anbieter, Erfahrungen und Trends*. Wiesbaden: Springer Gabler.
Sullivan, J. (2013). How Google is Using People Analytics to Completely Reinvent HR. http://www.ceo-cf.com/wp-content/uploads/2014/06/07_How-Google-Is-Using-People-Analytics-to-Completely-Reinvent-HR.pdf. Zugegriffen: 03. November 2015.
Tata Consultancy Services (2013). The Emerging Big Returns on Big Data. http://www.tcs.com/big-data-study/Pages/default.aspx. Zugegriffen: 25. August 2016.
Tene, O., & Polonetsky, J. (2012). Big data for all: Privacy and user control in the age of analytics. *Northwestern Journal of Technology and Intellectual Property 11(5)*, 237-274.
Teradata (2016). A Business Case That Varies By Sector. http://bigdata.teradata.com/US/Big-Ideas/Industries/. Zugegriffen: 08. August 2016.
Tsai, C. W., Lai, C. F., Chao, H. C., & Vasilakos, A. V. (2015). Big data analytics: a survey. *Journal of Big Data 2(1)*. doi:10.1186/s40537-015-0030-3.
T-Systems (2014). Big Data Vendor Benchmark 2016. https://www.t-systems.com/blob/252534/33b3ad7f00c41f9c4c0164111a5f2d23/dlmf-wp-bigdata-big-data-vendor-benchmark-2016-data.pdf. Zugegriffen: 05. August 2016.
Tufekci, Z. (2008). Can you see me now? Audience and disclosure regulation in online social network sites. *Bulletin of Science, Technology & Society 28(1)*, 20-36.

Van den Driest, F., Sthanunath, S. & Weed, K. (2016). Building an Insights Engine. *Harvard Business Review 9*, 64-74.
Veltjens, K., & Müller, U. (2013). Daten in einen Wettbewerbsvorteil verwandeln – Aus Analysen werden Vorhersagen. *BI-Spektrum*.
Vodafone Institut für Gesellschaft und Kommunikation (2016). BIG DATA. Wann Menschenbereit sind, ihre Daten zu teilen. http://www.vodafone-institut.de/bigdata/links/VodafoneInstitute-Survey-BigData-Highlights-de.pdf. Zugegriffen: 18. Juli 2016.
Vossen, G., Lechtenbörger, J., & Fekete, D. (2015). Big Data in kleinen und mittleren Unternehmen – eine empirische Bestandsaufnahme. https://www.uni-muenster.de/imperia/md/content/angewandteinformatik/aktivitaeten/publikationen/bigdata.pdf. Zugegriffen: 04. März 2016.
Vroom, V., & Jago, A. (1974). Leadership and Decision Making. *Decision Science 5*, 734-755.
Waller, M. A., & Fawcett, S. E. (2013). Data science, predictive analytics, and big data: a revolution that will transform supply chain design and management. *Journal of Business Logistics 34(2)*, 77-84.
Wamba, S. F., Akter, S., Edwards, A., Chopin, G., & Gnanzou, D. (2015). How 'Big Data' Can Make Big Impact: Findings from a Systematic Review and a Longitudinal Case Study. *International Journal of Production Economics 165*, 234-246.
Ward, J. S., & Barker, A. (2013). Undefined by Data: A Survey of Big Data Definitions. University of St Andrews. http://arxiv.org/abs/1309.5821. Zugegriffen: 12. Dezember 2015.
Watson, H. J. (2014). Tutorial: Big data analytics: Concepts, technologies, and applications. *Communications of the Association for Information Systems 34(1)*, 1247-1268.
Wegner, N. (2014). Mit Tempo in die Real – Time-Economy. Capital. Wirtschaft ist Gesellschaft. Zugegriffen: 15. November 2016.
Wehle, H. (2015). *Effizienzgewinn durch Integration und Anwendung Analytischer Verfahren im Produktionsumfeld*, IBM Germany R&D – Systems & Software. Presentation at Go-Visual 2015 – Visuelle Assistenz in der Produktion. Fraunhofer IGD, Berlin.
Wessel, M. (2016). You don't need data – You need the right data. Harvard Business Review. https://hbr.org/2016/11/you-dont-need-big-data-you-need-the-right-data. Zugegriffen: 26. November 2016.
Westerman, G., Tannou, M., Bonnet, D., Ferraris, P., & McAfee, A. (2012). The Digital Advantage: How digital leaders outperform their peers in every industry. Capgemini Consulting, MIT Center for Digital BusinessCapgemini. https://www.capgemini.com/resource-file-access/resource/pdf/The_Digital_Advantage__How_Digital_Leaders_Outperform_their_Peers_in_Every_Industry.pdf. Zugegriffen: 05. Mai 2015.
Wilkinson, M., & Price, K. (2012). Big Data Analytics. Adoption and Employment Trends, 2012 – 2017. E-Skills UK. http://www.sas.com/offices/europe/uk/downloads/bigdata/eskills/eskills.pdf. Zugegriffen: 13. April 2016.
White, T. (2012): *Hadoop: The Definitive Guide*. Sebastopol, CA: O'Reilly Media, Inc.
Wladawsky-Berger (2013). Data-Driven Decision Making Promises and Limits. *CIO Journal*.
Wong, R. (2012). Big data privacy. *Journal of Information Technology & Software Engineering 2(5)*. http://dx.doi.org/10.4172/2165-7866.1000e114
Workshop des Hamburger Forums für Medienökonomie (2016). Big Data und Privacy: Regulierungsfragen aus ökonomischer Sicht. http://www.hsu-hh.de/hfm/index_H6r8i7Kcw2YYc7K5.html. Zugegriffen: 25. November 2016.
Yi, X., Liu, F., Liu, J., & Jin, H. (2014). Building a network highway for big data: architecture and challenges. *IEEE Network 28(4)*, 5-13.

Ylijoki, O., & Porras, J. (2016). Perspectives to definition of big data: a mapping study and discussion. *Journal of Innovation Management* 4(1), 69-91.
Zeszut, J. (2013). A 'Moneyball' Approach to Marketing and Big Data. http://www.targetmarketingmag.com/article/a-moneyball-approach-marketing-big-data/all/. Zugegriffen: 23. November 2016.
Zikopoulos, P., deRoos, D., Parasuraman, K., Deutsch, T., Corrigan, D., Giles, J., & Melnyk, R. (2012). Harness the Power of Big Data – The IBM Big Data Platform. http://www.mhebooklibrary.com/doi/abs/10.1036/9780071808187. Zugegriffen: 14. Dezember 2015.
Zuboff, S. (2015). Big other: surveillance capitalism and the prospects of an information civilization. *Journal of Information Technology* 30(1), 75-89.
Zyskind, G., Nathan, O., & Pentland, A. (2015a). Decentralizing Privacy: Using Blockchain to Protect Personal Data. IEEE Security and Privacy Workshops, 2015. http://web.media.mit.edu/~guyzys/data/ZNP15.pdf. Zugegriffen: 28. Juli 2016.
Zyskind, G., Nathan, O., & Pentland, A. (2015b). Enigma: Decentralized Computation Platform with Guaranteed Privacy. arXiv Whitepaper. http://web.media.mit.edu/~guyzys/data/enigma_full.pdf. Zugegriffen: 28. Juli 2016.

Verzeichnis der Abbildung und Tabellen

Abbildungen

Abb. 1	Das Big-Data-Prozessmodell	74
Abb. 2	Google Trends	108
Abb. 3	Google Flu Trends	109
Abb. 4	Vertrauen im Big-Data-Prozess	133
Abb. 5	Kernthemen aus ökonomischer Perspektive	313
Abb. 6	Elementare Bestandteile der Big-Data-Wertschöpfung	324
Abb. 7	Rollen und Datenflüsse im deutschen Datenmarkt für echtzeitbasierte Online-Werbung	326
Abb. 8	Systematisierung von Big-Data-Geschäftsmodellen	335
Abb. 9	Ausschnitt AXOOM-Plattform.	345
Abb. 10	Entwicklungsstufen bei der Nutzungsintensität von Datenquellen	354
Abb. 11	Erwartungen von Kunden an Unternehmen im Datenumgang	398

Tabellen

Tab. 1	Jahresumsätze ausgewählter IT-Unternehmen in US-Dollar	80
Tab. 2	Dimensionen für eine politkwissenschaftliche Analyse von Big Data	154
Tab. 3	Erklärung der elementaren Bestandteile der Big-Data-Wertschöpfung	325

Autorenverzeichnis

Berchtold (geb. Attenberger), Yvonne, M.Sc., wissenschaftliche Mitarbeiterin an der Forschungsstelle für Information, Organisation und Management an der Munich School of Management der Ludwig-Maximilians-Universität München – Fakultät für Betriebswirtschaft, berchtold@bwl.lmu.de.

Delisle, Marc, Diplom-Ökonom, wissenschaftlicher Mitarbeiter im Fachgebiet Techniksoziologie der Technischen Universität Dortmund – Fakultät Wirtschaftswissenschaften, marc.delisle@tu-dortmund.de.

Forgó, Nikolaus, Prof. Dr. iur., Leiter des Instituts für Rechtsinformatik der Leibniz Universität Hannover, forgo@iri.uni-hannover.de.

Hänold, Stefanie, Ass. iur., wissenschaftliche Mitarbeiterin am Institut für Rechtsinformatik der Leibniz Universität Hannover, haenold@iri.uni-hannover.de.

Haunss, Sebastian, PD Dr. rer. pol., wissenschaftlicher Mitarbeiter am SOCIUM Forschungszentrum Ungleichheit und Sozialpolitik der Universität Bremen, sebastian.haunss@uni-bremen.de.

Hofmann, Jeanette, Prof. Dr. rer. pol., Leiterin der Projektgruppe Politikfeld Internet am Wissenschaftszentrum Berlin für Sozialforschung (WZB) und Professur für Internetpolitik an der Freien Universität Berlin, jeanette.hofmann@wzb.eu.

Kiehl, Marcel, M. Sc. wissenschaftlicher Mitarbeiter im Fachgebiet Techniksoziologie der Technischen Universität Dortmund – Fakultät Wirtschaftswissenschaften, marcel.kiehl@tu-dortmund.de.

Kappler, Karolin, Dr., wissenschaftliche Mitarbeiterin am Institut für Soziologie (LG Soziologie II - Soziologische Gegenwartsdiagnosen) an der FernUniversität in Hagen, karolin.kappler@fernuni-hagen.de.

Klinger, Ulrike, Dr. phil., Oberassistentin am Institut für Publizistikwissenschaft und Medienforschung (IPMZ) der Universität Zürich, u.klinger@ipmz.uzh.ch.

Merz, Christina, wissenschaftliche Mitarbeiterin am Institut für Technikfolgenabschätzung und Systemanalyse (ITAS) am Karlsruher Institut für Technologie (KIT), christina.merz@kit.edu.

Nerurkar, Michael, Dr. phil., wissenschaftlicher Mitarbeiter am Institut für Technikfolgenabschätzung und Systemanalyse (ITAS) am Karlsruher Institut für Technologie (KIT), nerurkar@kit.edu.

Neuburger, Rahild, Dr. oec. publ., Akademische Oberrätin an der Forschungsstelle für Information, Organisation und Management an der Munich School of Management der Ludwig-Maximilians-Universität München – Fakultät für Betriebswirtschaft, neuburger@lmu.de.

Passoth, Jan-Hendrik, Dr. phil., Leiter des Post/Doc Labs Digital Media am Munich Center for Technology in Society (MCTS) an der Technischen Universität München, jan.passoth@tum.de.

Pentzold, Christian, Prof. Dr. phil., Juniorprofessur für Kommunikations- und Medienwissenschaft mit dem Schwerpunkt Mediengesellschaft am Zentrum für Medien-, Kommunikations- und Informationsforschung der Universität Bremen, christian.pentzold@uni-bremen.de.

Picot †, Arnold, Prof. Dr. Dres. h.c., Leitung der Forschungsstelle für Information, Organisation und Management an der Munich School of Management der Ludwig-Maximilians-Universität München – Fakultät für Betriebswirtschaft.

Schneider, Ingrid, Prof. Dr. phil., Arbeitsbereich Ethik in der Informationstechnologie am Fachbereich Informatik der Universität Hamburg und Professur am Institut für Politikwissenschaft der Universität Hamburg, ingrid.schneider@uni-hamburg.de.

Schrape, Jan-Felix, Dr. phil., wissenschaftlicher Mitarbeiter am Institut für Sozialwissenschaften in der Abteilung VI (Prof. Dolata) Organisations- und Innovationssoziologie der Universität Stuttgart, felix.schrape@sowi.uni-stuttgart.de.

Schütze, Benjamin, RA, LL.M. (Wellington), wissenschaftlicher Mitarbeiter am Institut für Rechtsinformatik der Leibniz Universität Hannover, schuetze@iri.uni-hannover.de.

Straßheim, Holger, Dr. rer. soc., wissenschaftlicher Mitarbeiter am Wissenschaftszentrum Berlin für Sozialforschung (WZB) – Forschungsgruppe Wissenschaftspolitik, holger.strassheim@sowi.hu-berlin.de.

Ulbricht, Lena, wissenschaftliche Mitarbeiterin der Projektgruppe Politikfeld Internet am Wissenschaftszentrum Berlin für Sozialforschung (WZB), lena.ulbricht@wzb.eu.

Voß, Jan-Peter, Prof. Dr., Fachgebietsleitung am Institut für Soziologie der Technischen Universität Berlin – Fakultät VI: Planen Bauen Umwelt, jan-peter.voss@tu-berlin.de.

Wadephul, Christian, M.A., wissenschaftlicher Mitarbeiter am Institut für Technikfolgenabschätzung und Systemanalyse (ITAS) am Karlsruher Institut für Technologie (KIT), christian.wadephul@kit.edu.

Weyer, Johannes, Prof. Dr. phil., Inhaber des Fachgebiets Techniksoziologie der Technischen Universität Dortmund – Fakultät Wirtschaftswissenschaften, johannes.weyer@tu-dortmund.de.

Wiegerling, Klaus, Prof. Dr. phil., wissenschaftlicher Mitarbeiter am Institut für Technikfolgenabschätzung und Systemanalyse (ITAS) am Karlsruher Institut für Technologie (KIT), klaus.wiegerling@kit.edu.

Glossar

Algorithmus:	ist eine präzise Handlungsvorschrift unter Verwendung elementarer Verarbeitungsschritte zur Lösung einer gegebenen Aufgabe oder Aufgabenklasse.
Anonymisierung:	ist gemäß § 3 Abs. 6 BDSG bzw. Erwägungsgrund 26 DSGVO das Verändern personenbezogener Daten dergestalt, dass Einzelangaben über persönliche oder sachliche Verhältnisse nicht mehr oder nur mit einem unverhältnismäßig großen Aufwand an Zeit, Kosten und Arbeitskraft einer bestimmten oder bestimmbaren natürlichen Person zugeordnet werden können.
Business Intelligence:	stellt einen Sammelbegriff für Verfahren zur systematischen Datenanalyse dar, welche das Ziel verfolgen, Kennzahlen für die Nutzung im Unternehmenskontext insbesondere für Unternehmensentscheidungen bereitzustellen.
Cloud Computing:	beinhaltet Technologien und Geschäftsmodelle im Hinblick darauf, IT-Ressourcen wie etwa Speicherplatz, Rechenleistung oder (Auswertungs-) Dienste von Servern dynamisch zur Verfügung zu stellen und ihre Nutzung nach flexiblen Bezahlmodellen abzurechnen. Dadurch wird die dynamische Auslagerung von IT-Ressourcen ermöglicht. Der Begriff kann sowohl für die Technologie als auch für das Geschäftsmodell isoliert verwendet werden.
Cloud-Dienste:	siehe Cloud Computing

Commodity:	sind austauschbare und an Börsen handelbare Güter wie Brennstoffe, Edelmetalle sowie landwirtschaftliche oder auch chemische Erzeugnisse. Zunehmend umfasst der Begriff auch IT-Ressourcen, wie etwa Softwarekomponenten.
Cross Selling:	ist der Verkauf weiterer Produkte an den Kunden durch Ausschöpfung der vorhandenen Kundenbeziehung, insbesondere mittels der gegenseitigen Nutzung des Adresspotenzials zwischen den Vertriebspartnern.
Cyber-physikalische Systeme:	bestehen aus einer Kopplung von informations- und softwaretechnischen Systemen mit bautechnischen Komponenten, die in Echtzeit über eine Dateninfrastruktur – etwa das Internet – kommunizieren
Data Analytics:	meint die Untersuchung, Aufbereitung, Transformation und Modellierung von Daten unterschiedlicher Art mit dem Ziel der Entdeckung neuer Informationen.
Datafizierung:	bezeichnet den Trend im Technikbereich, eine Fülle an Dingen und Aktivitäten datentechnisch zu erfassen und die daraus gewonnenen Informationen neu zu nutzen.
Data Mining:	ist die Anwendung computergestützter Methoden und Algorithmen auf große Datenbestände (insbesondere Big Data bzw. Massendaten) mit dem Ziel des automatischen, empirischen Gewinns von Zusammenhängen zwischen verschiedenen Objekten.
Datenbroker:	sind wirtschaftliche Akteure, die durch Nutzung verschiedener öffentlicher und nicht-öffentlicher Quellen Daten und Informationen über Personen und Organisationen sammeln, diese analytisch aufbereiten (z. B. durch eine Profilerstellung), sie zu neuen Produkten und Diensten zusammenstellen und schlussendlich solche Produkte und Dienste an Firmen, Einzelpersonen oder staatliche Einrichtungen verkaufen. Datenbroker werden auch

Glossar

	als Information Reseller, Data Aggregators oder Information Solutions Provider bezeichnet.
Data Sharing:	bezeichnet das Zurverfügungstellen von zur Fachforschung und in Behörden verwendeten Daten an andere Forscher bzw. den gemeinsamen Zugriff auf Daten durch vernetzte Arbeitseinheiten.
Decision Support:	sind computergestützte Planungssysteme, die die Entscheidungsvorbereitung auf Führungsebenen durch Darstellung verdichteter und entscheidungsrelevanter Informationen unterstützt.
Digital Segment Targeting:	Marketingstrategie basierend auf Erkenntnissen aus aggregierten Datenströmen betreffend das Konsumverhalten von Bestandskunden wie auch potenziellen Kunden
Fraud Detection:	das Aufdecken und adäquate Reagieren auf sicherheitsrelevante Aktivitäten in Informationssystemen von Unternehmen zum Schutz von Kunden- und Unternehmensinformationen mittels der umfangreichen, teils kontinuierlichen Sammlung und Analyse von Daten über die Aktivitäten der Nutzer, wie z. B. die Entdeckung von Verhaltensabweichungen.
Gamification:	bezeichnet die Anwendung und Übertragung von spieltypischen Elementen auf spielfremde Sachverhalte, um eine Typen- und Verhaltenserkennung sowie, in einigen Fällen, darauf aufbauend eine Verhaltensanpassung der Nutzer zu erreichen.
Hadoop:	Apache Hadoop ist ein frei zugängliches und in Java geschriebenes Framework (= Programmiergerüst in der Softwaretechnik) zur dezentralen Speicherung und Verarbeitung großer Datensätze.
Industrie 4.0:	meint – angestoßen vom „Zukunftsprojekt" der deutschen Bundesregierung – die so genannte vierte industrielle Revolution mit Hilfe der fortschreitenden Digitalisierung, der Anwendung von intelligenten Systemen und der weiteren Vernetzung von Kunden und Geschäftspartnern entlang von Wertschöpfungsketten und innerhalb von

	Industrieunternehmen. Dabei wird zum einen die Optimierung der Produktion angestrebt, zum anderen aber auch die Optimierung ganzer Wertschöpfungsketten sowie die Integration von Hardware, Software und menschlicher Arbeitskraft.
Intelligentes Stromnetz:	Der Begriff Smart Grid umfasst die weitere informations- und kommunikationstechnische Vernetzung der Anlagen und Akteure des Energiesystems. Durch den Austausch der Daten werden eine Optimierung des Systembetriebs sowie eine stärkere Automatisierung angestrebt, die vor allem durch die größere Einbindung einer gesteigerten fluktuierenden Energieeinspeisung aus regenerativen Quellen erforderlich wird.
Internet der Dinge:	beschreibt die zunehmende Vernetzung von Gegenständen mit dem Internet.
Internet of Things (IoT):	siehe Internet der Dinge.
Machine Learning:	meint das automatische Erkennen von Datenmustern per Algorithmus, wobei die Kriterien zur Erkennung vom Algorithmus weiterentwickelt werden oder aber der Algorithmus selbst Kriterien erstellt.
Maschinelles Lernen:	siehe Machine Learning.
Map Reduce:	ein Programmiermodell und eine darauf basierende Anwendung, die die Verarbeitung und Skalierung großer Datensätze auf Computerclustern (verteilte Computersysteme, z. B. Hadoop Cluster) ermöglicht.
Metadaten:	strukturierte Daten, die wiederum Informationen über Daten, Datenflüsse und Kommunikationsbeziehungen bereitstellen; sie geben Auskunft über die Merkmale anderer Daten und deren Beziehungen.
MongoDB:	eine plattformübergreifende und dokumentenorientierte Open Source- und NoSQL-Datenbank, die eine hohe Skalierbarkeit von Anwendungen erlaubt.
Neuronale Netze:	in den Neurowissenschaften besteht ein neuronales Netz aus vielen adaptiven (lernenden) Neuronen, die für sich genommen zwar einfache Aufgaben,

	in der Gesamtheit allerdings eine komplexe Aufgabe ausführen. In der Informatik sind neuronale Netze ein Zweig der Künstlichen Intelligenz, deren Algorithmus von biologischen neuronalen Netzen inspiriert ist. Effektiv beim Erkennen von zunächst nicht abstrakten Mustern (siehe Machine Learning)
Online Analytical Processing:	Instrument zur Strukturierung und mehrdimensionalen Visualisierung großer Datenmengen zur Entscheidungsunterstützung insbesondere im Management. Es wird außerdem als Instrument in der Business Intelligence verwendet.
Open Access:	unbeschränkter und kostenfreier Zugang zu Ergebnissen wissenschaftlicher Forschung und zu anderen Materialien, wie z. B. Datensätzen.
Open Data:	ist die Bezeichnung für ein transparentes und gegenüber der Bevölkerung offenes Verwaltungs- und Regierungshandeln mittels der Bereitstellung von Dienstleistungen und Informationen durch die Regierung, mit dem Ziel der Stärkung gemeinschaftlicher Belange.
Open Government:	ist die Bezeichnung für ein transparentes und gegenüber der Bevölkerung offenes Verwaltungs- und Regierungshandeln mittels der Bereitstellung von Dienstleistungen und Informationen durch die Regierung, mit dem Ziel der Stärkung gemeinschaftlicher Belange.
Peers:	meint mehrere Rechner, die gleichgestellt in einem Netz kommunizieren und zusammenarbeiten, indem jeder Rechner Funktionen und Dienstleistungen anbietet und gleichzeitig die Angebote der anderen Rechner nutzt (Peer-to-Peer-Netzwerk).
People Analytics:	Die Analyse des Verhaltens oder der Eigenschaften von Arbeitnehmern und Bewerbern auf der Grundlage großer Datenmengen zur Optimierung des Personalwesens.
Plattform:	Sammelbegriff für unterschiedliche Typen technischer und organisatorischer Systeme, die als

einheitliche technische Basis dienen können. Zum einen schafft diese Basis die Voraussetzung für den Betrieb und die Ausführung von Programmen, welche auf solch einer Basis aufgesetzt werden können (z. B. Betriebssysteme). Zum anderen kann die Basis auf sozialer oder wirtschaftlicher Ebene für Kommunikation oder auch Transaktionen genutzt werden (z. B. Soziale Netzwerke, Suchmaschinen oder Plattformen der so genannten Sharing-Ökonomie, wie Plattformangebote von Uber oder Airbnb).

Predictive Analytics: Instrument des Data Minings mit dem Ziel, die Wahrscheinlichkeit zukünftigen Verhaltens anhand der Analyse verschiedener Faktoren vorherzusagen.

Predictive Policing: die Analyse verschiedener Datenbanken zur Vorhersage der Wahrscheinlichkeit der Begehung zukünftiger Straftaten (vorausschauende Polizeiarbeit).

Privacy by Design: Konzept des Datenschutzes, wodurch Datenschutz von Nutzern bereits durch die technische und organisatorische Gestaltung eines Produkts oder Dienstes und vor allem durch datenschutzfreundliche Voreinstellungen gewährleistet werden soll. Privacy by Design wird in Art. 25 DSGVO geregelt.

Profiling: die Erstellung eines Persönlichkeits- oder Verhaltensprofils durch die Sammlung und Auswertung von Daten, wobei häufig verschiedene Quellen genutzt werden, vgl. Art. 4 Nr. 4 DSGVO.

Pseudonymisierung: ist gemäß § 3 Abs. 6a BDSG (Art. 4 Nr. 5 DSGVO) das Ersetzen des Namens und anderer Identifikationsmerkmale durch ein Kennzeichen zu dem Zweck, die Bestimmung des Betroffenen auszuschließen oder wesentlich zu erschweren.

Reality Mining: die meist sensorbasierte Echtzeit-Erfassung, Sammlung und Auswertung von Daten aus dem Umfeld einer Person, mit dem Ziel, Muster in menschlichem Verhalten zu finden und Prognosen für zukünftiges Verhalten zu entwickeln. Hierzu wird sich verschiedener Quellen bedient (z. B. Smartphone).

Glossar

Real-Time-Economy/ Echtzeit-Ökonomie: der Einsatz von Technologien in der Wirtschaft, um anfallende Daten in Echtzeit, d. h. nahezu ohne zeitliche Verzögerung und rechtzeitig zu sammeln, auszuwerten und verfügbar zu machen und in festgelegten Zeiträumen darauf reagieren zu können.

Recht auf Löschung bzw. „Recht auf Vergessenwerden": bezeichnet vor allem gemäß Art. 17 Abs. 1 DSGVO das Recht einer durch Datenverarbeitung betroffenen Person, von der verarbeitenden Stelle die unverzügliche Löschung der sie betreffenden personenbezogenen Daten zu verlangen. Dieses Recht und parallel dazu eine Pflicht zur Löschung besteht u. a., wenn der Zweck der Datenverarbeitung erfüllt ist, die Einwilligung des Betroffenen zurückgezogen wird oder Daten unrechtmäßig verarbeitet werden. Wurden Daten von der verarbeitenden Stelle veröffentlicht, so sind von ihr Maßnahmen zu treffen, auch Dritte über die verlangte Löschung informieren, Art. 17 Abs. 2 DSGVO.

RFID-Chips: sorgen für das Aussenden kennzeichnender elektromagnetischer Wellen bzw. für die Rücksendung solcher; diese Wellen können von einem Empfangs- bzw. Lesegerät kontaktlos ausgelesen werden. Eine Anwendungsmöglichkeit ist eine automatische Identifikation des Trägers (z. B. in Mautsystemen oder auf Produkten).

Smart Car: Fahrzeuge, die im Ideal mit systemgesteuerten Formen künstlicher Intelligenz ausgestattet sind, insbesondere mit modernen Wahrnehmungs- und Kommunikationssystemen, und die sowohl Fahrleistungen wie Antrieb, Bremsen und Lenkung automatisiert übernehmen sollen als auch Infotainmentdienste ermöglichen.

Smart Factory: ein Teil des Zukunftsprojekts Industrie 4.0, der Produktionsstätten schaffen soll, in denen sich Fertigungsanlagen und -prozesse weitestgehend selbst steuern.

Smart Governance:	meint das vernetzte Politik- und Verwaltungshandeln unter verstärkter Einbeziehung der Bürger durch moderne Technologien zur Erleichterung und Förderung der wirtschaftlichen und politischen Entwicklung.
Smart Grid:	siehe Intelligentes Stromnetz.
Smart Home:	bezeichnet technische Verfahren und Systeme im privaten Wohnbereich zur Erhöhung der Lebens- und Wohnqualität durch den verstärkten Einsatz automatisierter Systeme. Im Mittelpunkt stehen Verfahren der Sensortechnik, Datenvernetzung und Fernsteuerung.
Smart Meter:	ein Teilaspekt des Smart Home, der Verfahren zur Messung, Anzeige und Vernetzung von Energieverbrauchsdaten bezeichnet. Das Smart Meter ist ein elektronischer Strom- oder Gaszähler, welcher dem jeweiligen Anschlussnutzer regelmäßig den tatsächlichen Energieverbrauch sowie die individuelle Nutzungszeit anzeigen soll sowie ggf. die Daten auch an den Lieferanten weitergeben kann.
Smart Mobility:	bezeichnet mit Hilfe von Informations- und Kommunikationstechnologien optimierte Mobilitätsangebote. Ziel ist es, eine energieeffiziente, komfortable und kostengünstige Mobilität zu schaffen.
Social Networks:	Soziale Netzwerke sind Internetdienste, die einer virtuellen Gemeinschaft eine Plattform zum gegenseitigen Austausch von Meinungen und Informationen zur Verfügung stellen. Zu den bekanntesten sozialen Netzwerken gehören Twitter, Facebook oder XING.
Soziale Netzwerke:	siehe Social Networks.
Text Mining:	Text Mining ist der Oberbegriff für algorithmusbasierte Analyseverfahren zur Entdeckung von Bedeutungsstrukturen in Textdaten.
Wearables:	sind Computersysteme, die während ihrer Anwendung am Körper des Benutzers getragen werden.

The manufacturer's authorised representative in the EU is Springer Nature Customer Service Centre GmbH, Europaplatz 3, 69115 Heidelberg, Germany. If you have any concerns regarding our products, please contact ProductSafety@springernature.com

Printed and bound by CPI Group (UK) Ltd, Croydon, CR0 4YY
25/03/2026
02078188-0007